豪雨のメカニズムと水害対策

降水の観測・予測から浸水対策、自然災害に強いまちづくりまで

監修　中谷　剛　三隅　良平

NTS

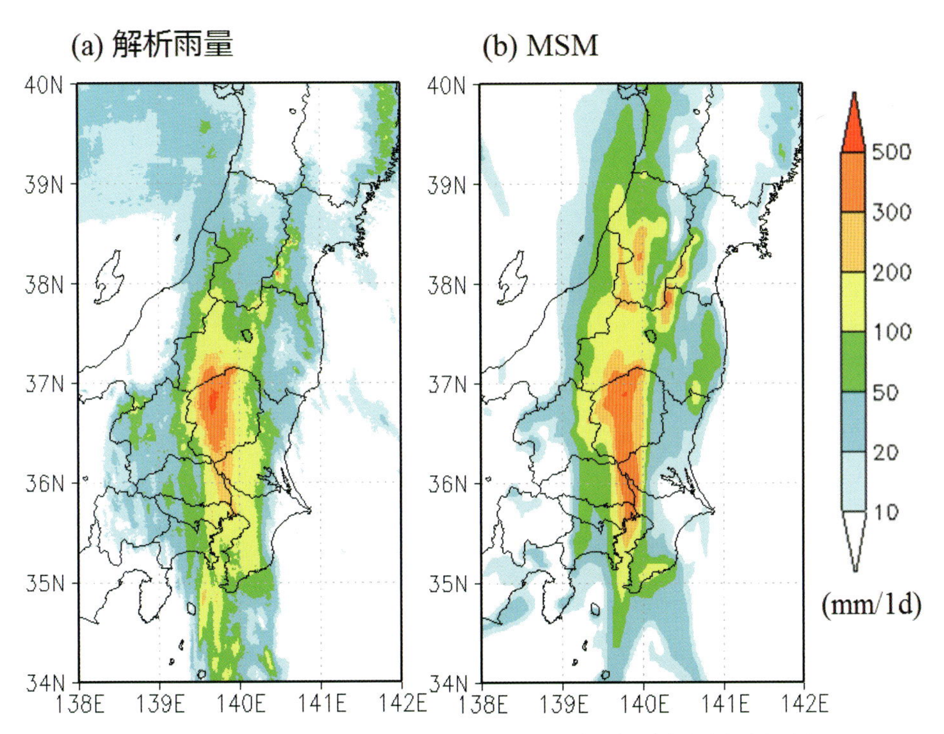

図 15　2015 年 9 月 10 日 12：00 までの 24 時間積算雨量（mm）。(a) 解析雨量，(b) 9 日 00：00 初期時刻の MSM による降水量予測結果（p.26）

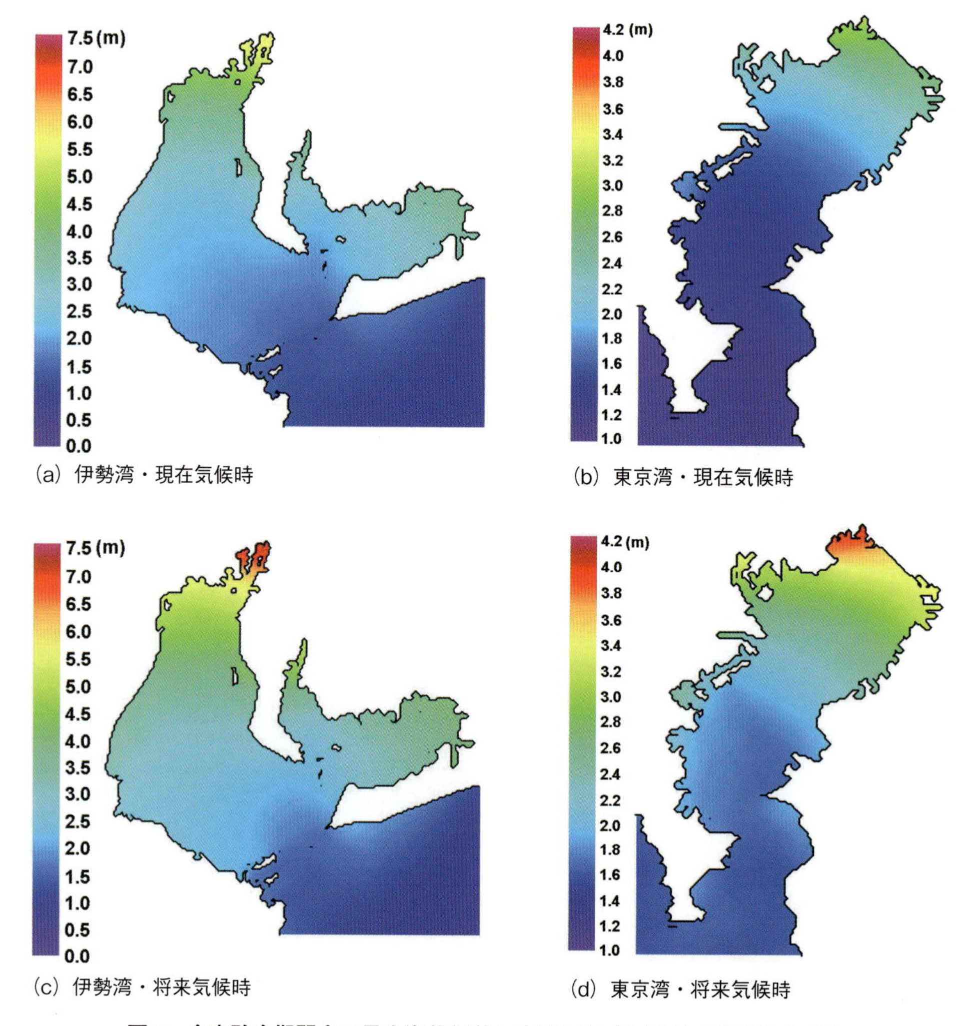

(a) 伊勢湾・現在気候時

(b) 東京湾・現在気候時

(c) 伊勢湾・将来気候時

(d) 東京湾・将来気候時

図５　全実験全期間中の最大潮位偏差の空間分布（文献８）を改変）(p.36)

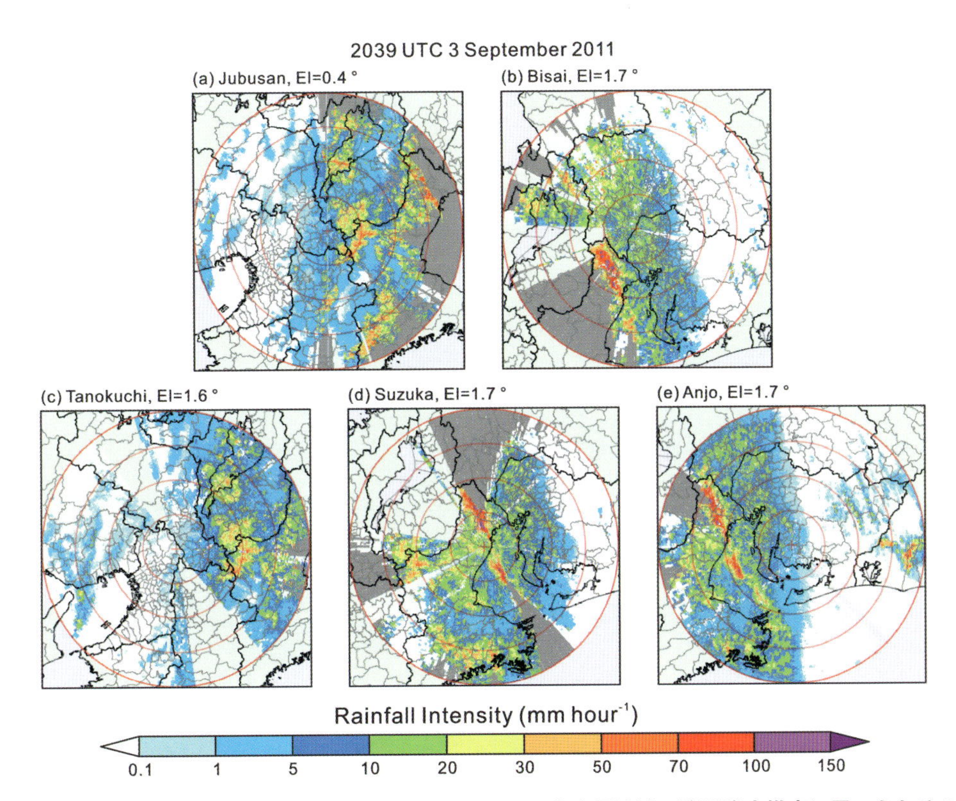

図6　2011年9月3日20：39（世界協定時）に，XRAIN名古屋地域の降雨強度推定に用いられる5台のレーダの観測値から推定された降雨強度のPPI画像。カラースケールは降雨強度を示し，レーダからの距離を示す赤線のリングは20 km毎に作画されている。灰色で示す領域は電波消散領域である。(a) 鷲峰山レーダ，(b) 尾西レーダ，(c) 田口レーダ，(d) 鈴鹿レーダ，(e) 安城レーダ

(p.64)

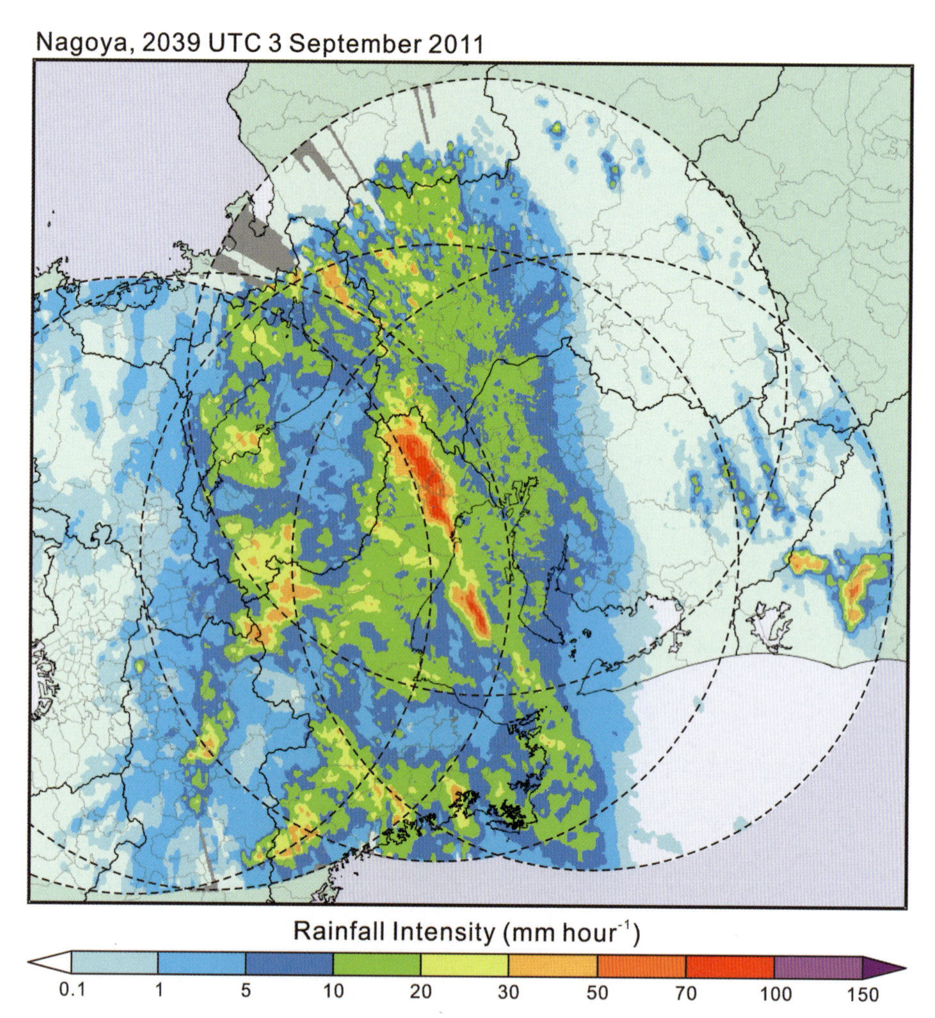

図７　図６に示すレーダで観測された降雨強度を合成・内挿して作成された XRAIN 名古屋地域における 2011 年 9 月 3 日 20：39（世界協定時）の降雨強度の分布図。カラースケールは降雨強度を示し，灰色で示す領域は電波消散領域である（p.65）

図５　気象庁ホームページ高解像度降水ナウキャスト用コンテンツ（スマートフォン用）の表示例（p.73）

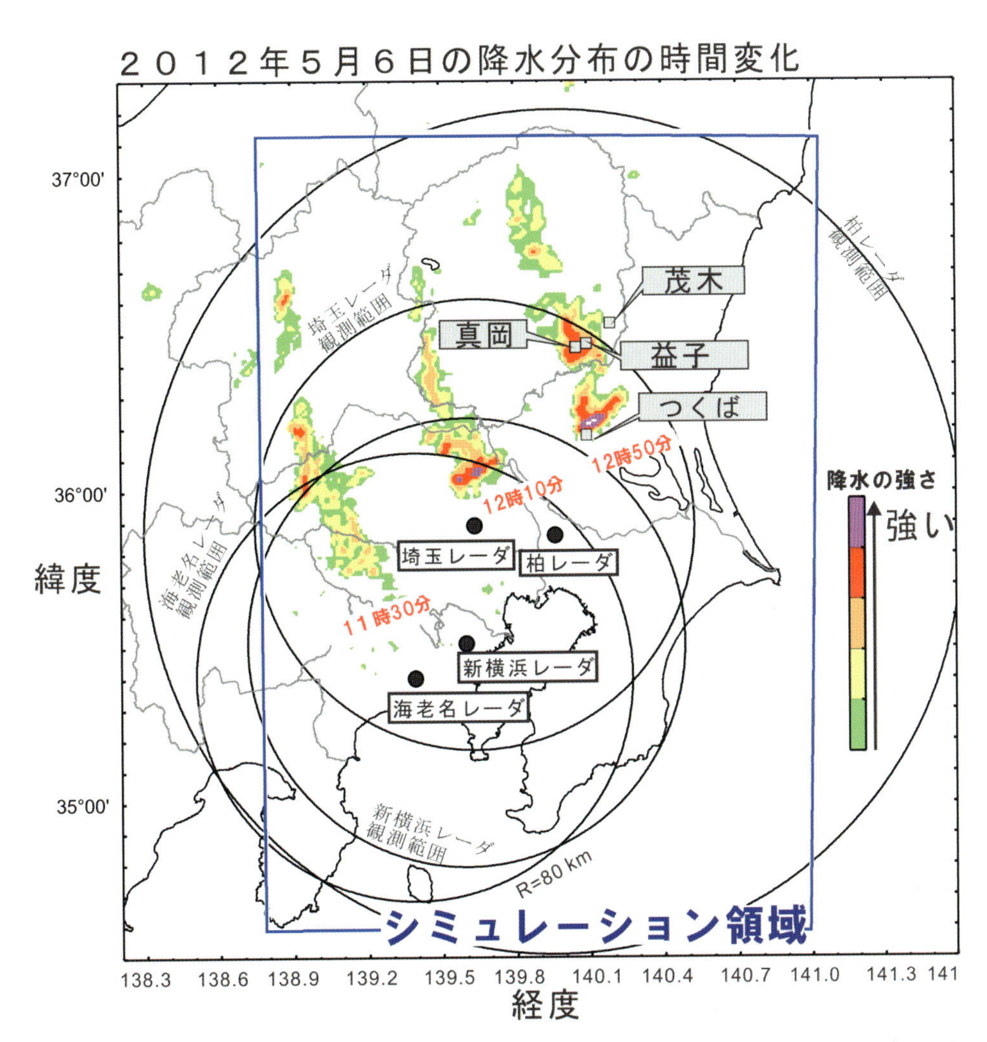

図１　レーダの位置と観測範囲，および数値計算の計算領域（青い四角）。海老名レーダは防災科研のＸバンドMPレーダ，新横浜レーダおよび埼玉レーダは国土交通省ＸバンドMPレーダ，柏レーダは気象庁のＣバンドドップラーレーダを指す。高度１kmにおける2012年５月６日の11時30分，12時10分，12時50分に観測された降水の強さ（レーダ反射強度）をそれぞれカラーで示す。竜巻被害が報告された，つくば市，真岡市，益子町，茂木町の位置をグレーの四角で示す（p.81）

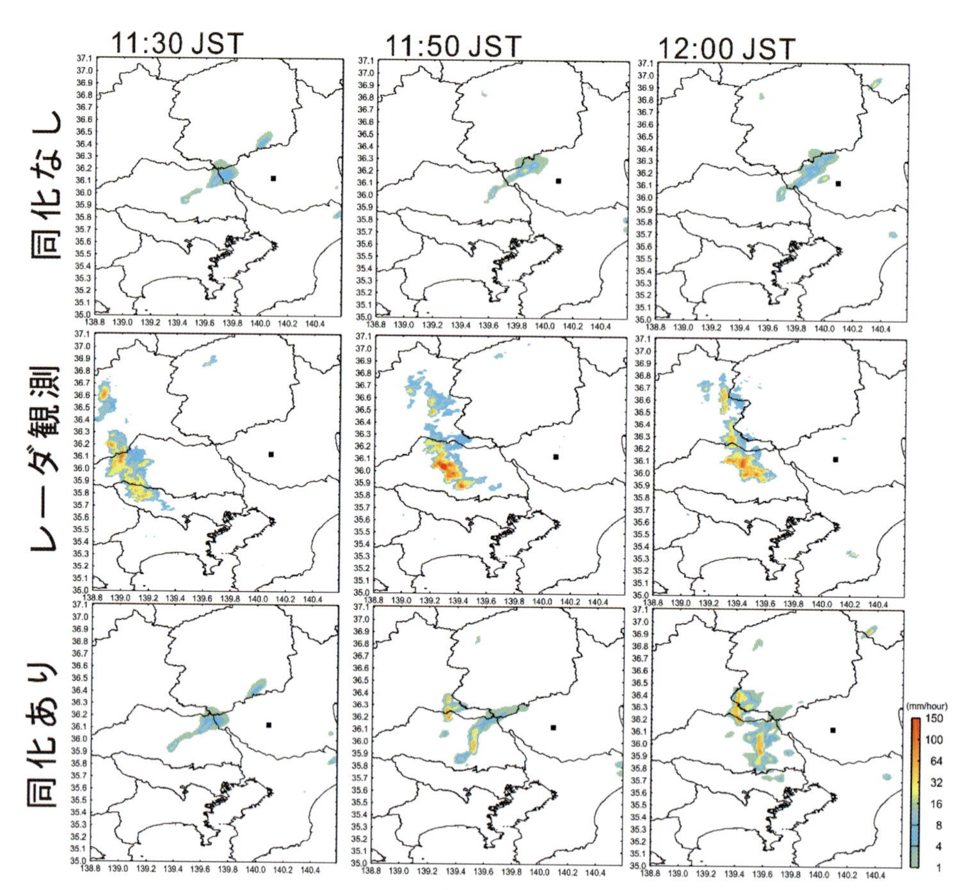

図２　レーダ観測による高度２kmの降水強度（中段）と数値予測で再現された降水強度①（上段：データ同化なし，下段：データ同化あり）。11時30分（左列），11時50分（中列），12時00分（右列）のそれぞれの時刻を示す。図中黒四角はつくば市の位置を示す (p.82)

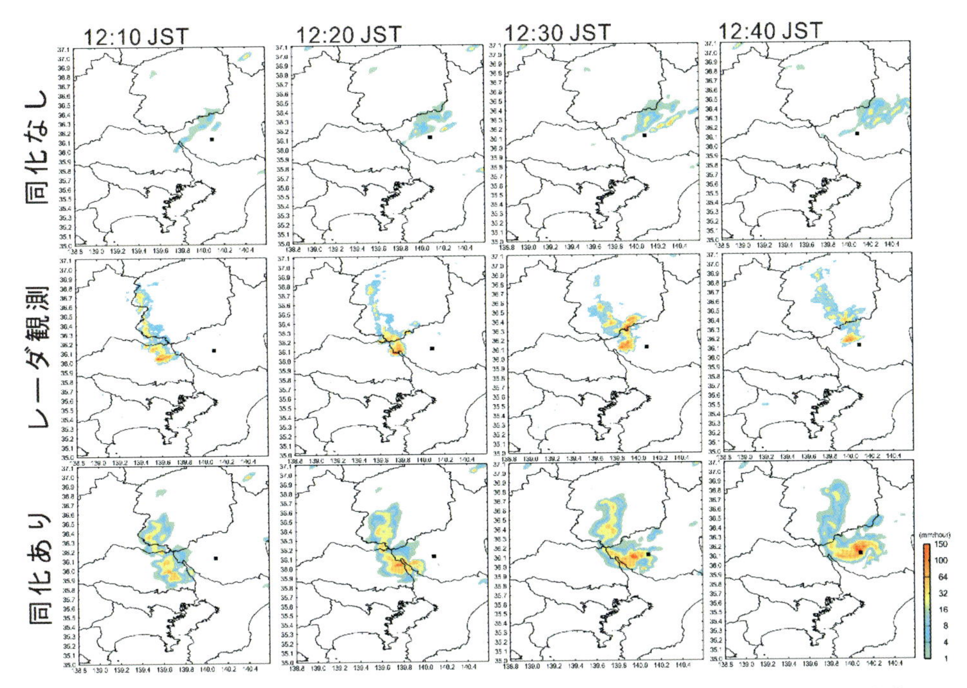

図３　レーダ観測による高度２kmの降水強度（中段）と数値予測で再現された降水強度②。ただし，12時30分（左列），11時50分（中列），12時00分（右列）のそれぞれの時刻を示す

(p.83)

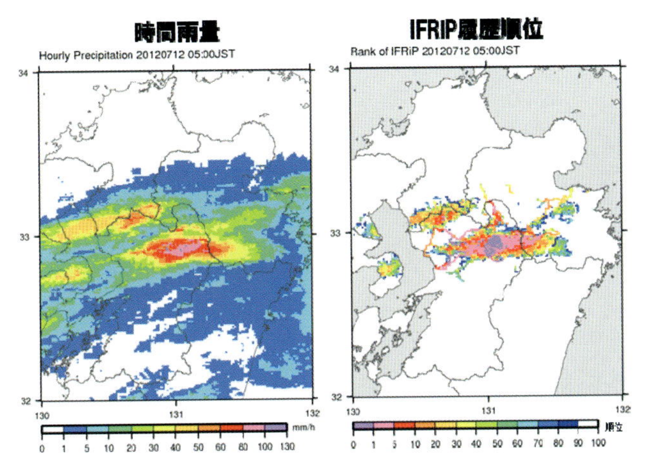

図２　平成24年７月九州北部豪雨時の洪水リスクポテンシャル指数の事例（p.86）

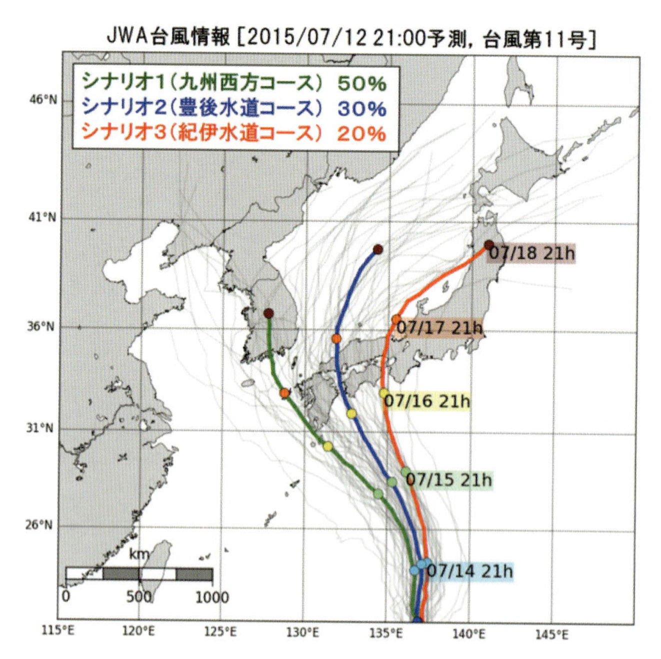

図４　確率付きシナリオ型台風予測情報の例（p.87）

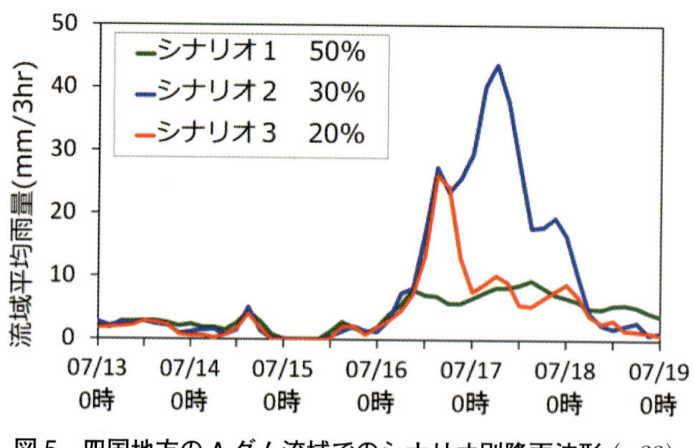

図５　四国地方のＡダム流域でのシナリオ別降雨波形（p.88）

図６　2014 年 8 月 20 日未明の高解像度降水ナウキャスト。広島県内で線状降水帯が見られ、同じ場所で強い降水強度を長時間観測している（p.89）

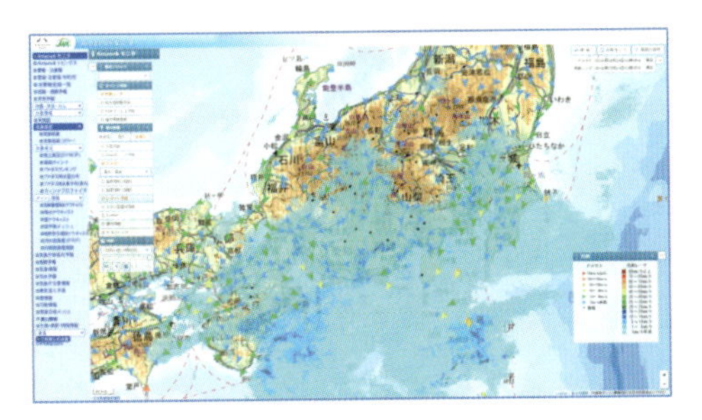

図 10　スタジオ内のアマネクモニタ（p.91）

図 11　Go 雨！探知機の表示画面例（p.91）

図 12　Go 雨！探知機での通知例（p.92）

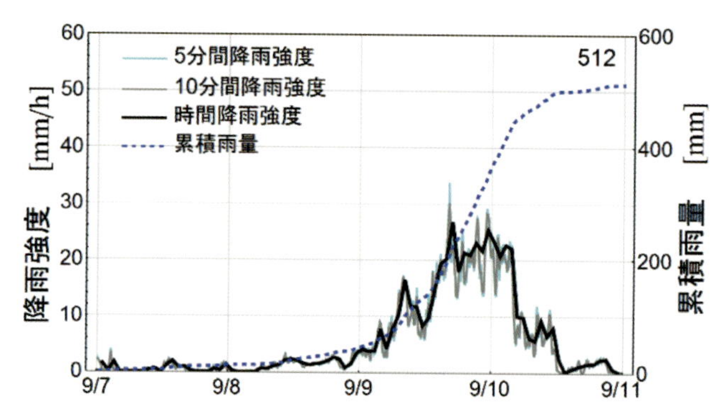

図５　Ｃバンドレーダにより観測された鬼怒川上流域の流域平均雨量（p.99）

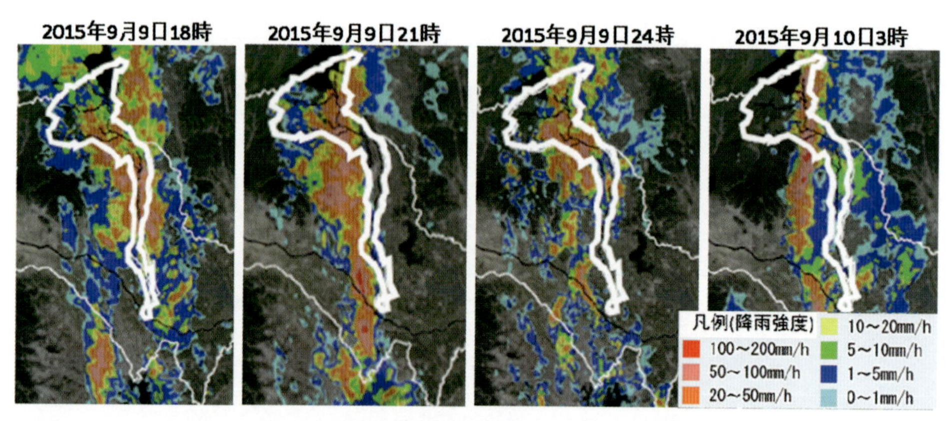

図６　関東・東北豪雨時の降雨強度の空間分布の時間変化。線状降水帯が形成されていることが分かる（p.100）

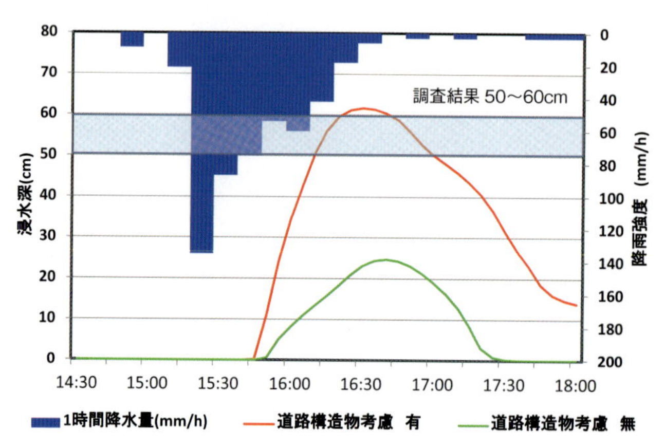

図５　2011 年 8 月 27 日豪雨によるモデル検証結果（大阪梅田地区）（p.109）

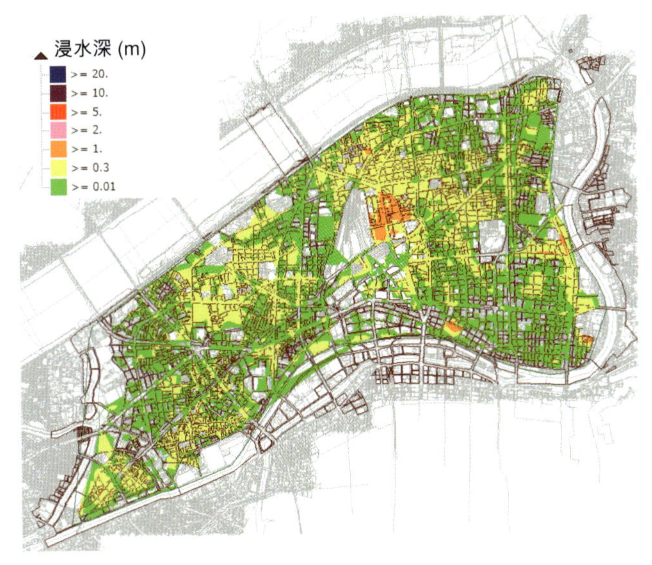

図６　浸水深の計算結果（岡崎豪雨）（p.110）

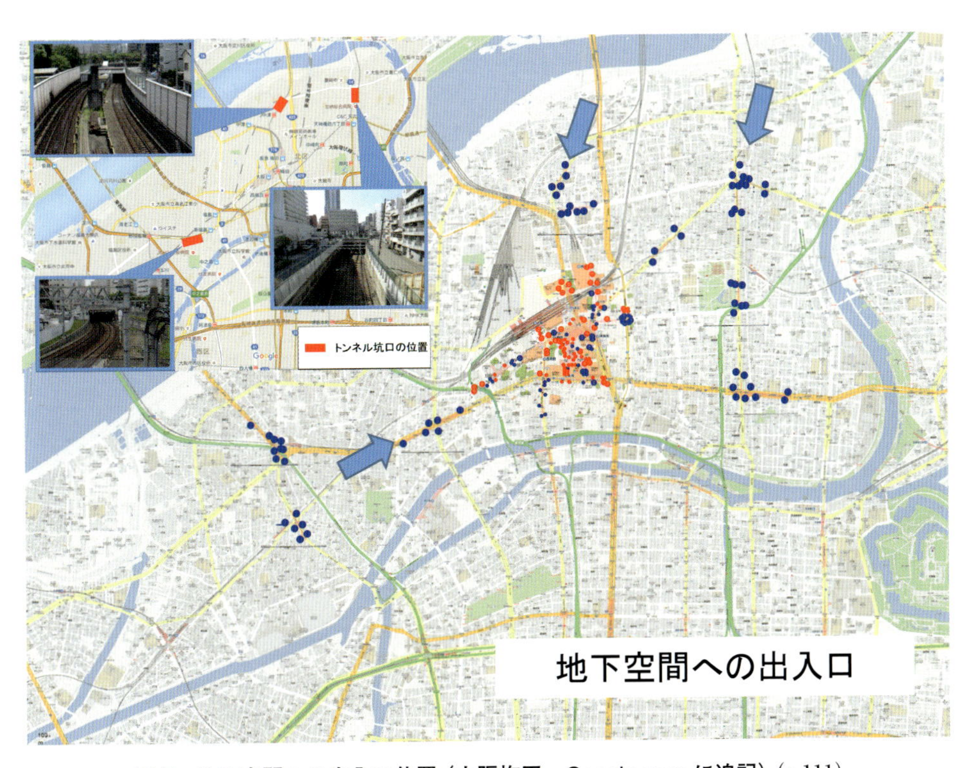

図７　地下空間への出入口位置（大阪梅田，Google map に追記）（p.111）

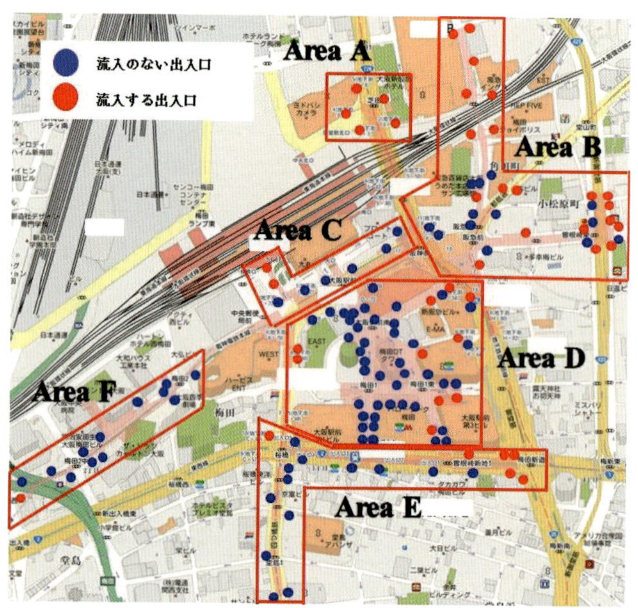

(a) 大規模地下街出入口のブロック分けと流入する出入口（Google map に追記）

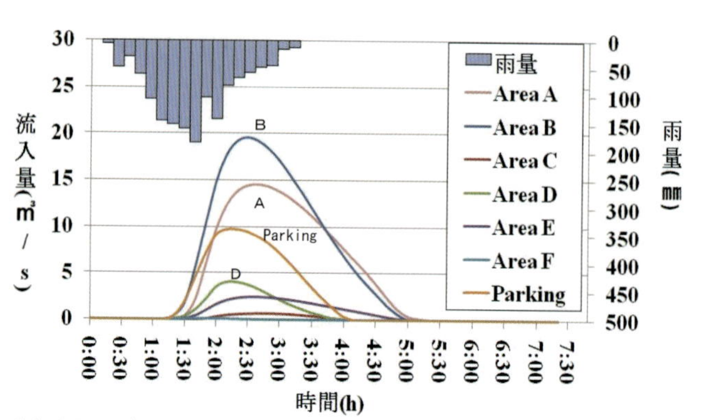

(b) 上図のブロック毎の流入ハイドログラフ

図８　流入出入口とエリアごとの流入量（大阪梅田）（p.112）

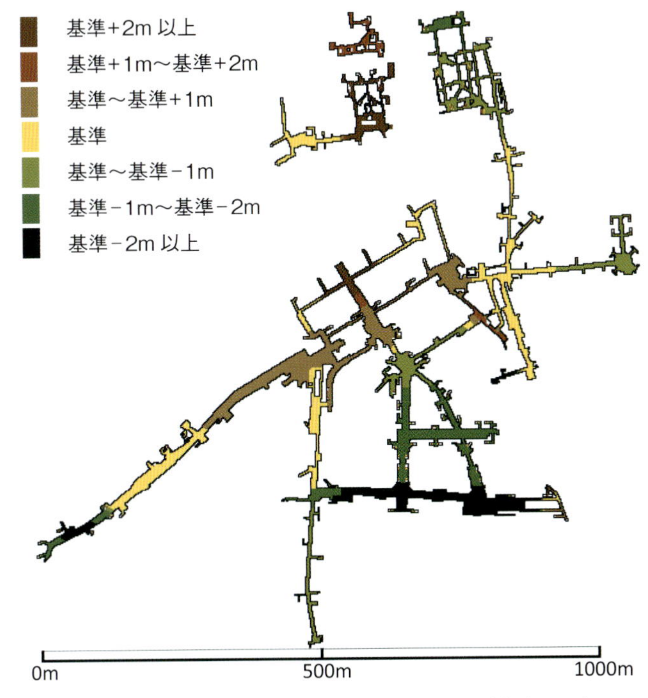

図 9　同一階層のフロア高（大阪梅田地下街）(p.113)

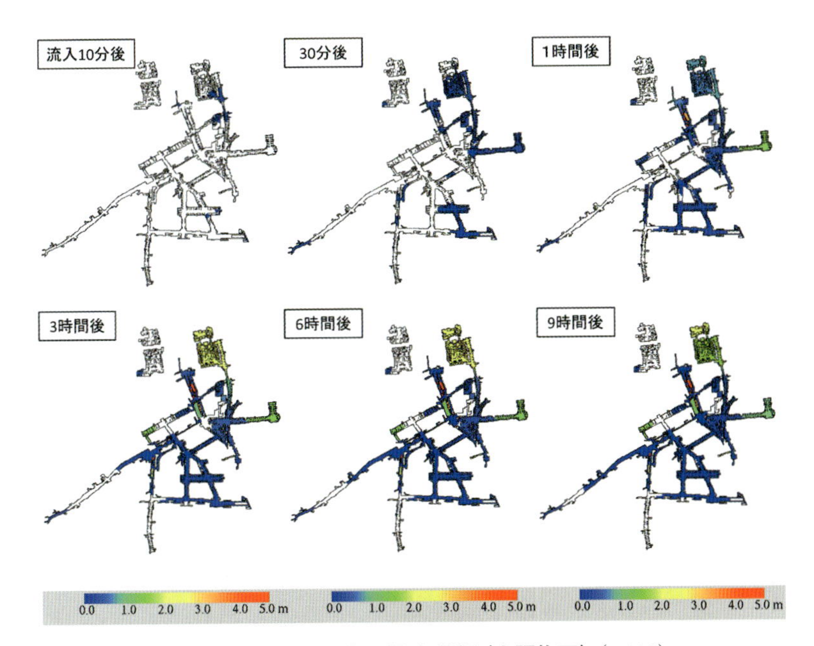

図 10　大規模地下街の浸水過程（大阪梅田）(p.113)

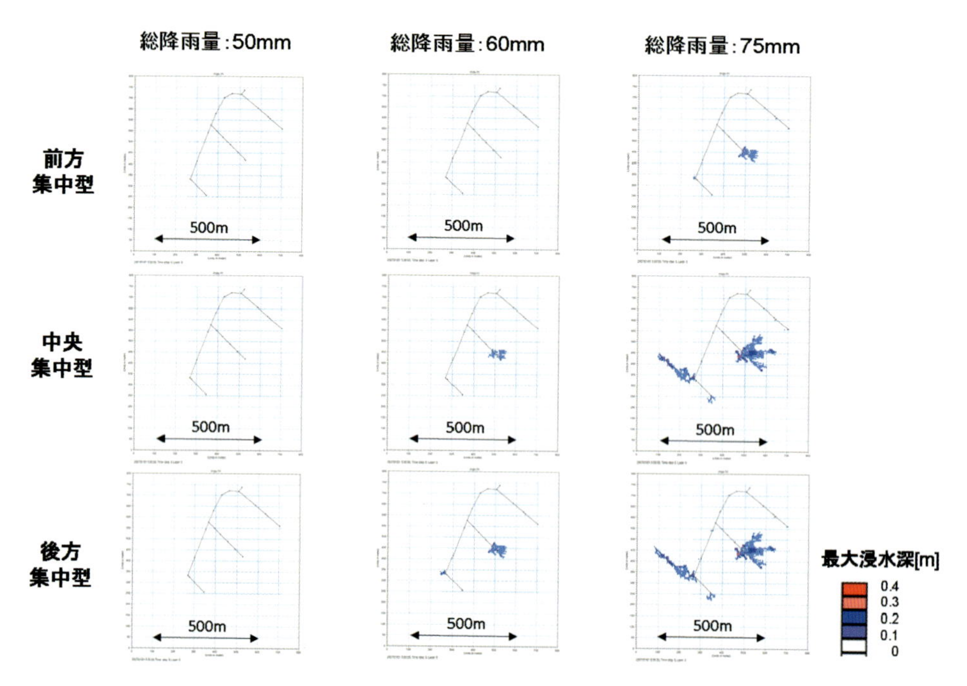

図4　異なる総降雨量と降雨波形による氾濫計算結果 (p.120)

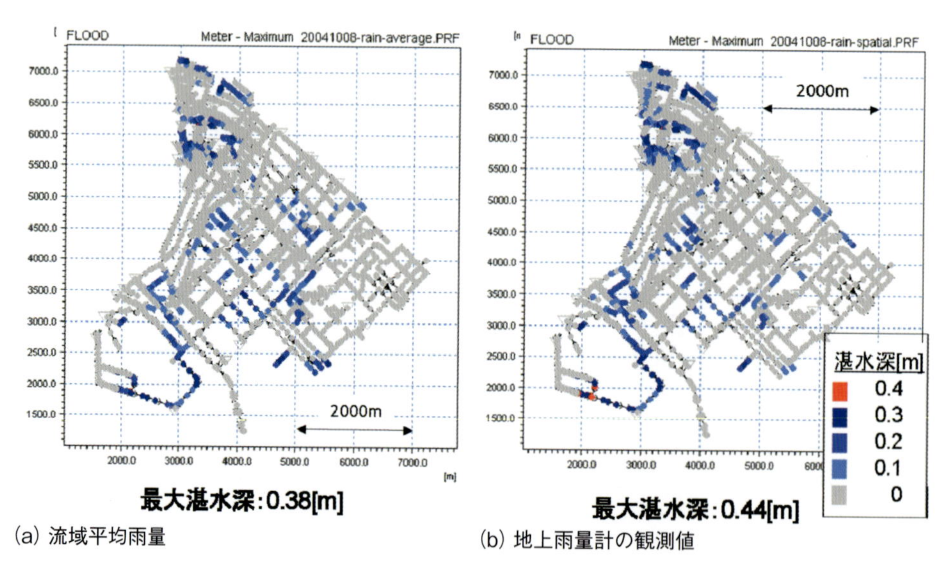

(a) 流域平均雨量　　(b) 地上雨量計の観測値

図5　降雨の空間分布による湛水深の空間分布の比較 (p.121)

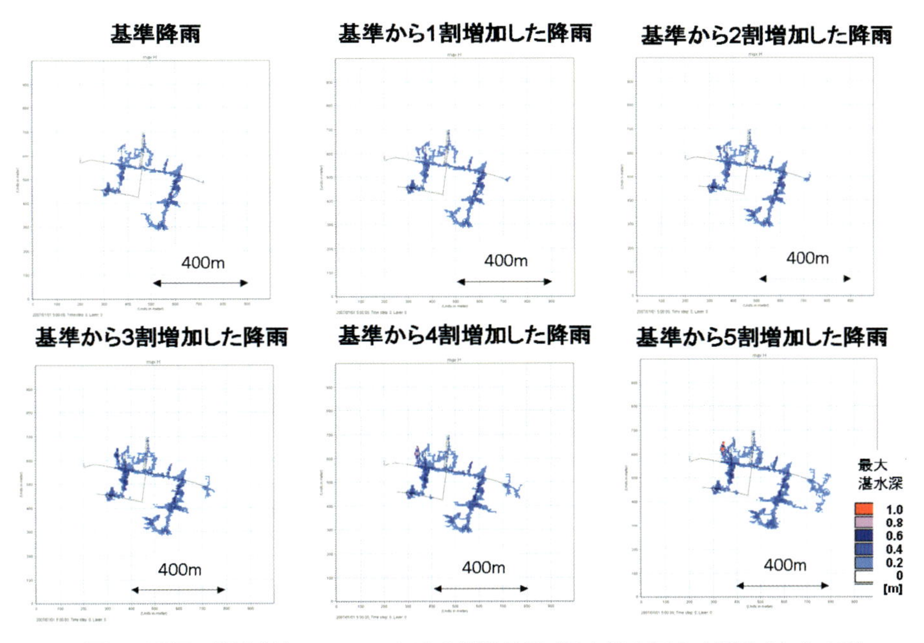

図７　現況の管路網システムにおける計算結果（最大湛水深の空間分布）(p.122)

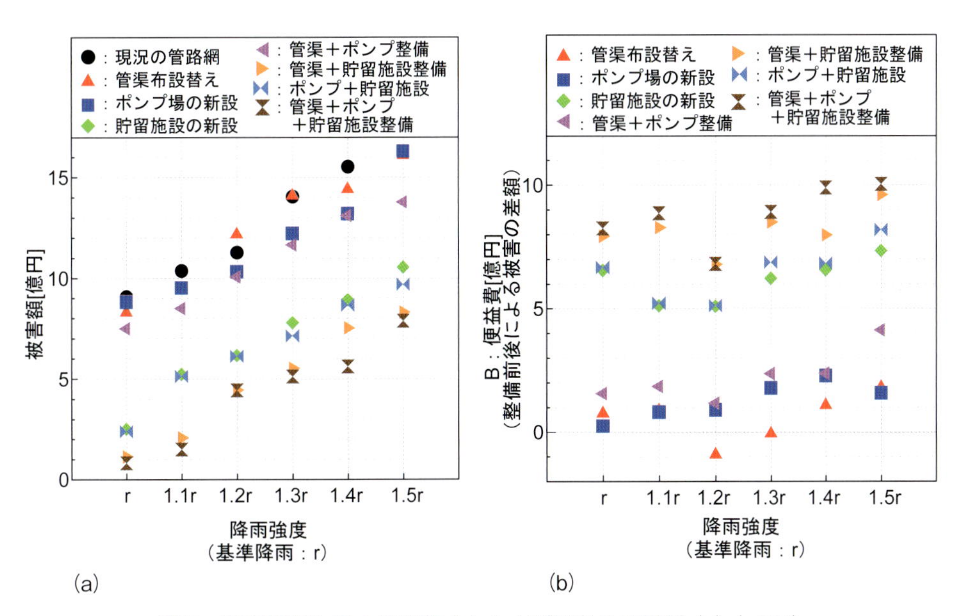

図８　降雨規模と浸水被害額 (a) および便益比の関係 (b) (p.123)

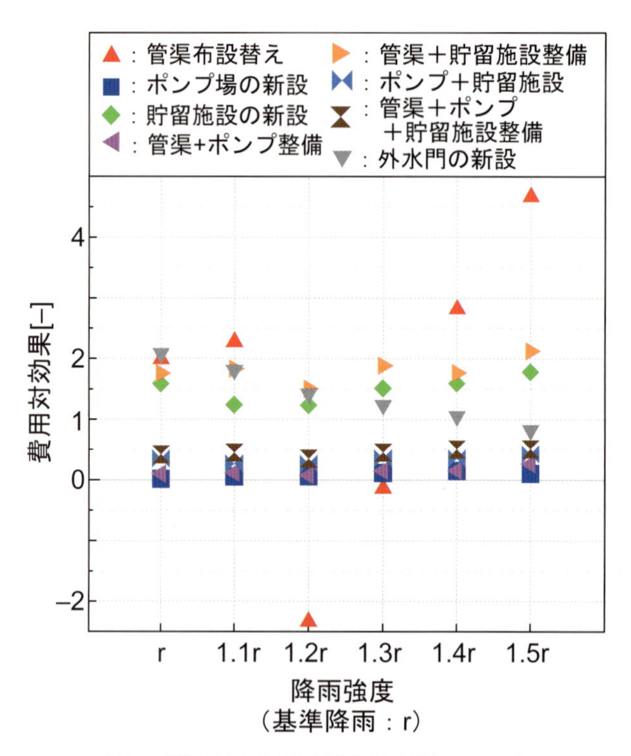

図９　降雨規模と費用対効果の関係（p.123）

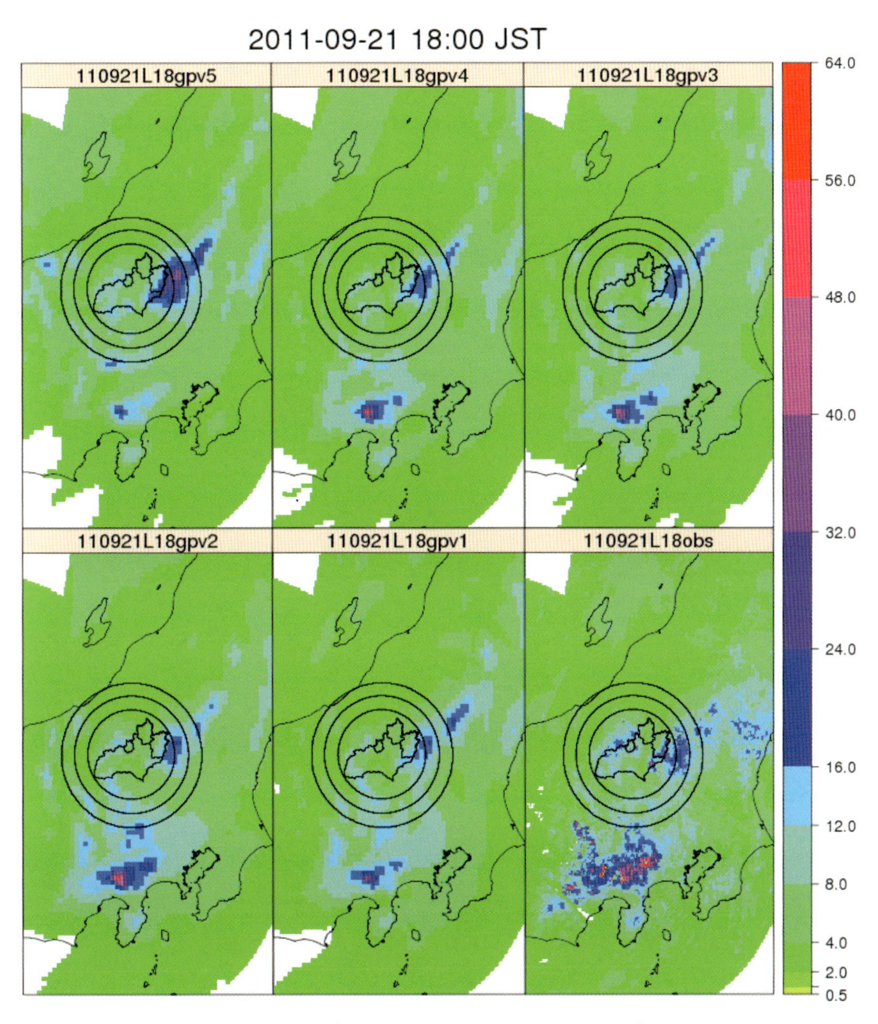

図４　アンサンブル降水予測モデルに適用するメソ数値予報モデル MSM-GPV と C バンドレーダ雨量の３時間累加雨量の比較。上段左から右，下段左から右の順に，15, 12, 9, 6, 3 時間前に発行された MSM-GPV の３時間累加雨量（mm），当該時間のレーダ累積雨量（mm）（p.146）

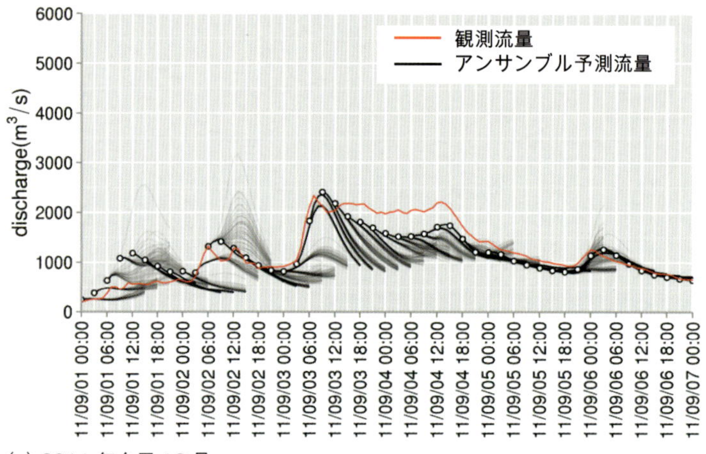

(a) 2011 年台風 12 号

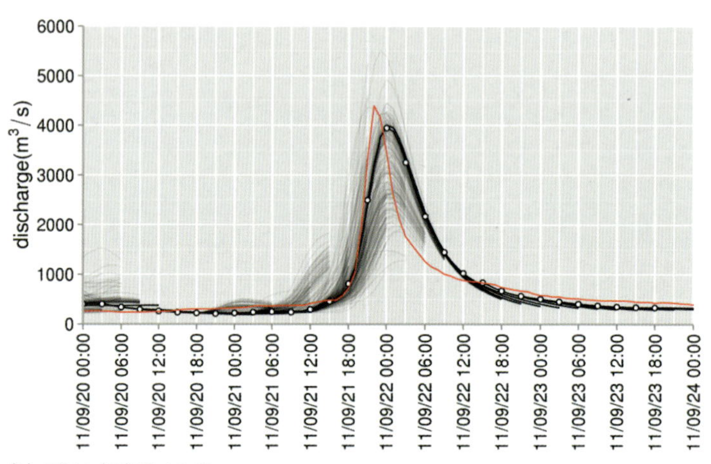

(b) 2011 年台風 15 号

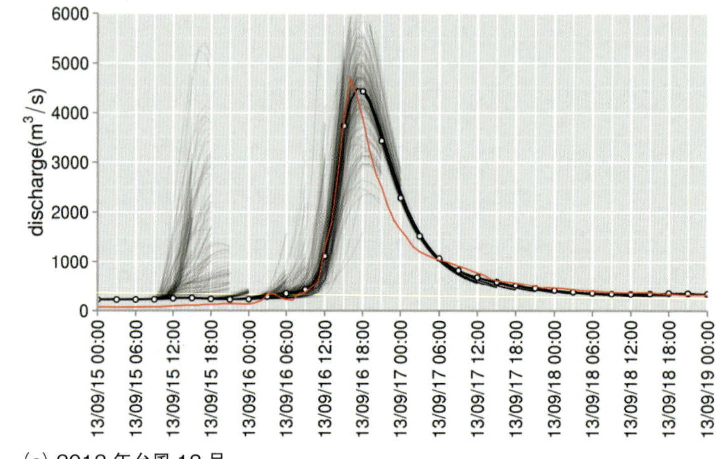

(c) 2013 年台風 18 号

図 5　(a) 2011 年台風 12 号，(b) 同年台風 15 号，(c) 2013 年台風 18 号における観測流量（赤線）とアンサンブル河川流量予測値（黒線）の比較。アンサンブル予測は 3 時間毎（白点）51 のアンサンブルメンバーによって 15 時間先までの河川流量が予測，更新される (p.148)

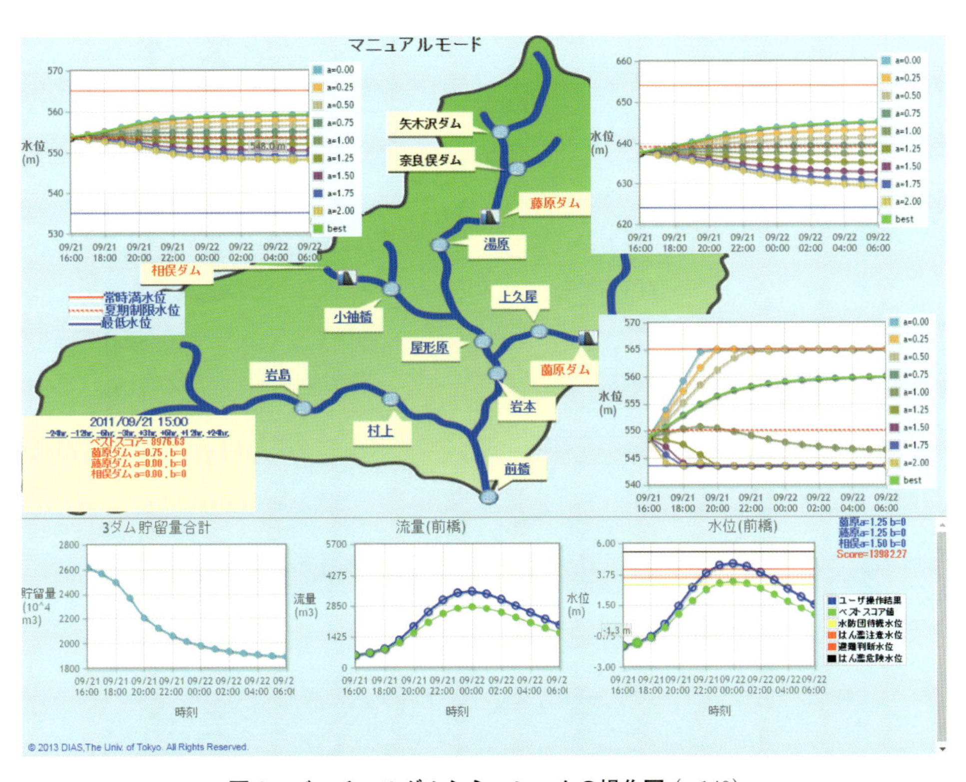

図６　バーチャルダムシミュレータの操作図（p.149）

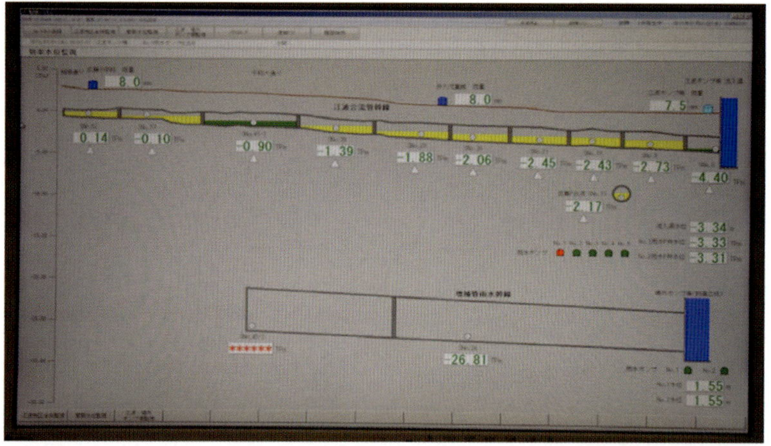

時刻 3:15

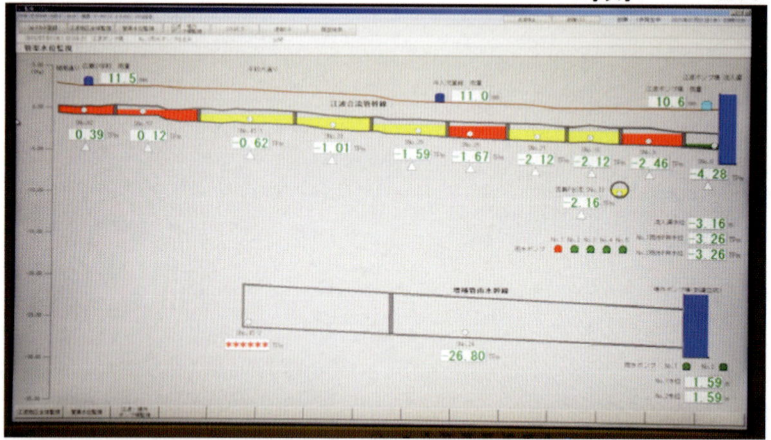

時刻 3:24

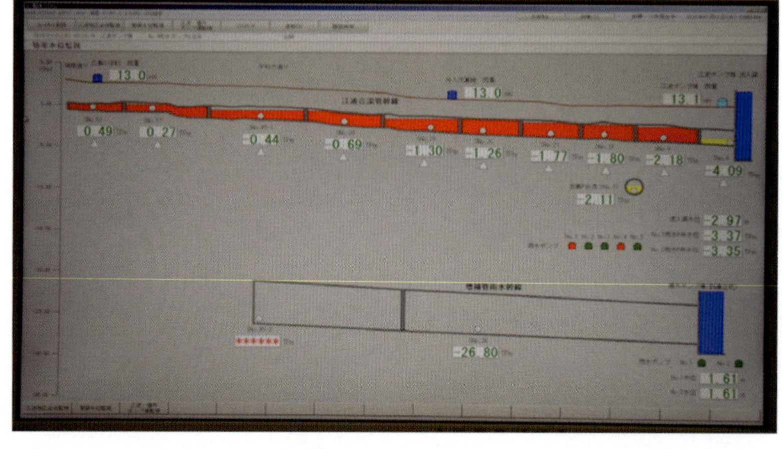

管内計測水位の表示	5割水深未満	5割以上8割水深未満	8割水深以上

図10　管内水位計測計測表示（例）(p.175)

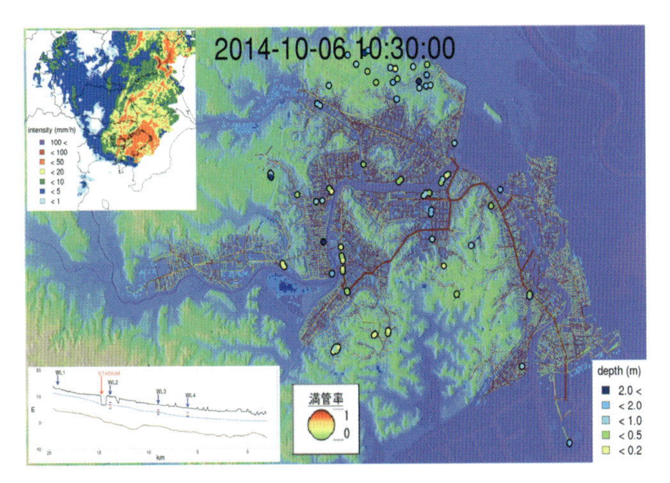

図3　シームレスモデルによる浸水予測計算の出力例 (p.194)

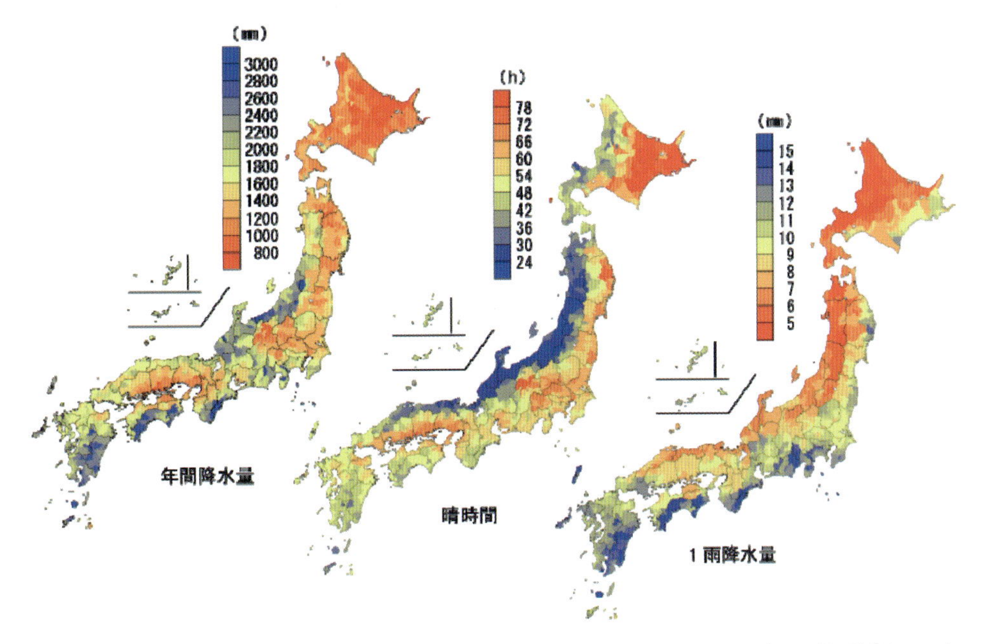

図2　日本国内における降水パターン (2000～2009年 AMeDAS 10分値データ集計)[4] (p.214)

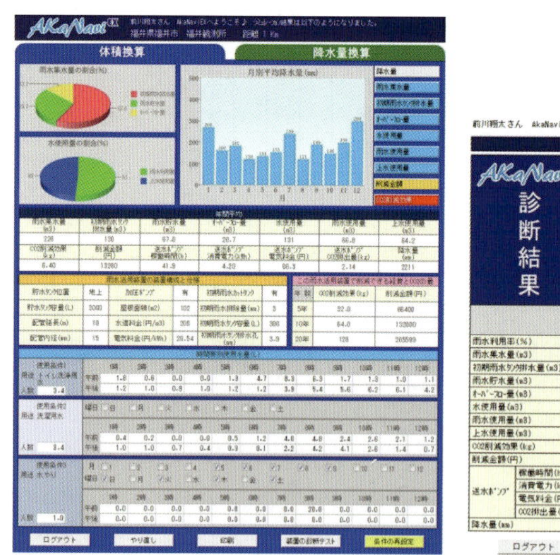

(a) シミュレーション結果画面

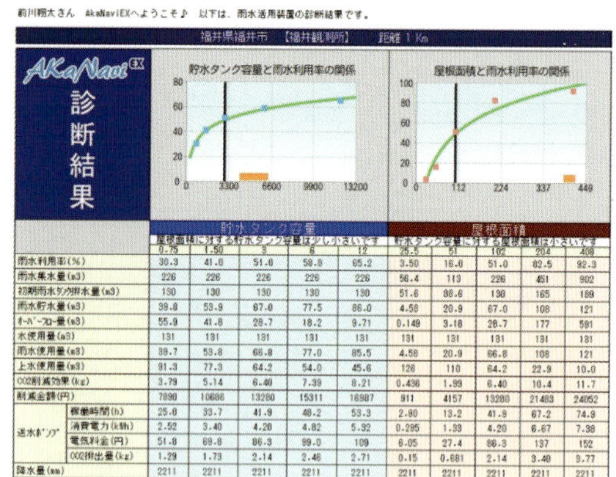
前川翔太さん　AkaNaviEXへようこそ♪　以下は、雨水活用装置の診断結果です。

福井県福井市　【福井観測所】　距離 1 Km

		貯水タンク容量 屋根面積に対する貯水タンク容量は少し小さいです					屋根面積 貯水タンク容量に対する屋根面積は小さいです				
		0.75	1.50	3	6	12	25.5	51	102	204	408
雨水利用率(%)		30.3	41.0	51.0	58.8	65.2	3.50	16.0	51.0	82.5	92.3
雨水集水量(m3)		226	226	226	226	226	56.4	113	226	451	902
初期雨水ﾀﾝｸ排水量(m3)		130	130	130	130	130	51.6	88.6	130	165	189
雨水貯水量(m3)		39.8	53.9	67.0	77.5	86.0	4.58	20.9	67.0	108	121
ｵｰﾊﾞｰﾌﾛｰ量(m3)		55.9	41.8	28.7	18.2	9.71	0.149	3.18	28.7	177	591
水使用量(m3)		131	131	131	131	131	131	131	131	131	131
雨水使用量(m3)		39.7	53.8	66.8	77.0	85.5	4.58	20.9	66.8	108	121
上水使用量(m3)		91.3	77.3	64.2	54.0	45.6	126	110	64.2	22.9	10.0
CO2削減効果(kg)		3.79	5.14	6.40	7.39	8.21	0.436	1.99	6.40	10.4	11.7
削減金額(円)		7890	10686	13280	15311	16987	911	4157	13280	21483	24052
送水ﾎﾟﾝﾌﾟ	稼働時間(h)	25.0	33.7	41.9	48.2	53.3	2.90	13.2	41.9	67.2	74.9
	消費電力(kWh)	2.52	3.40	4.20	4.82	5.32	0.295	1.33	4.20	6.67	7.38
	電気料金(円)	51.8	68.8	86.3	99.0	109	6.05	27.4	86.3	137	152
	CO2排出量(kg)	1.29	1.73	2.14	2.46	2.71	0.15	0.681	2.14	3.40	3.77
降水量(mm)		2211	2211	2211	2211	2211	2211	2211	2211	2211	2211

(b) 診断結果画面

AkaNaviEX：福井工業大学笠井研究室

図 3　雨水活用システム稼働シミュレーション実施例[5] (p.215)

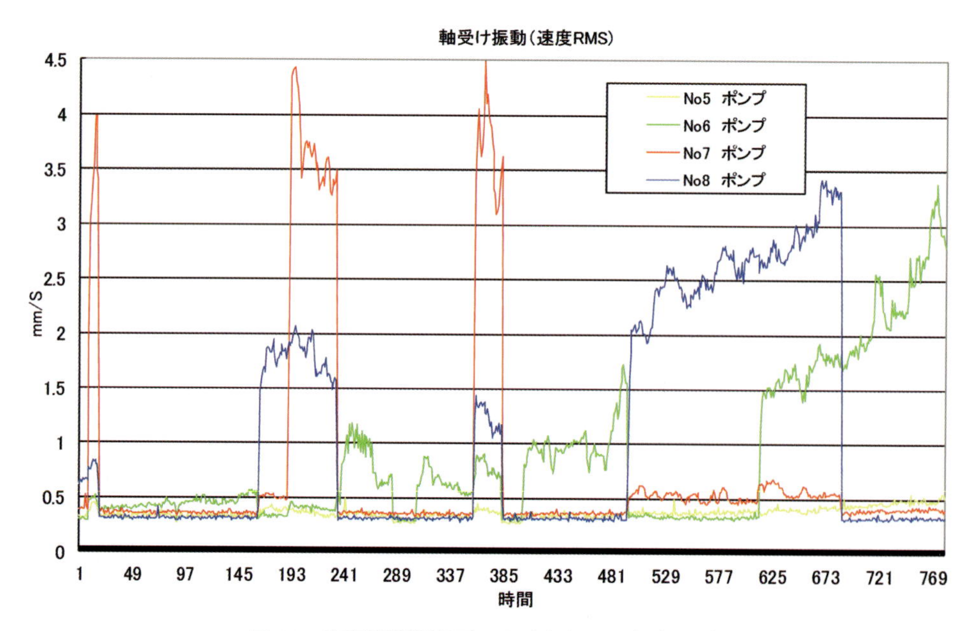

図 11　実証試験検証データ（速度 RMS）(p.228)

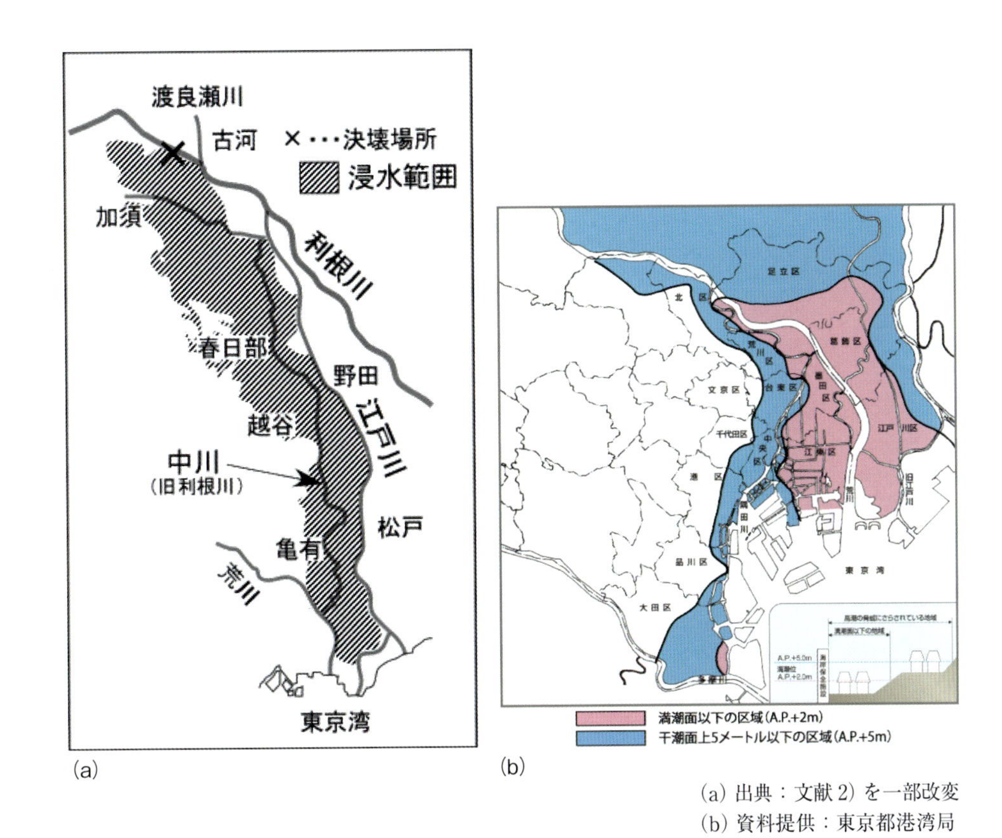

(a)　(b)

(a) 出典：文献 2) を一部改変
(b) 資料提供：東京都港湾局

図1　カスリーン台風時の浸水域 (a) ならびに，東京東部低地帯のゼロメートル地帯 (b)[2] (p.236)

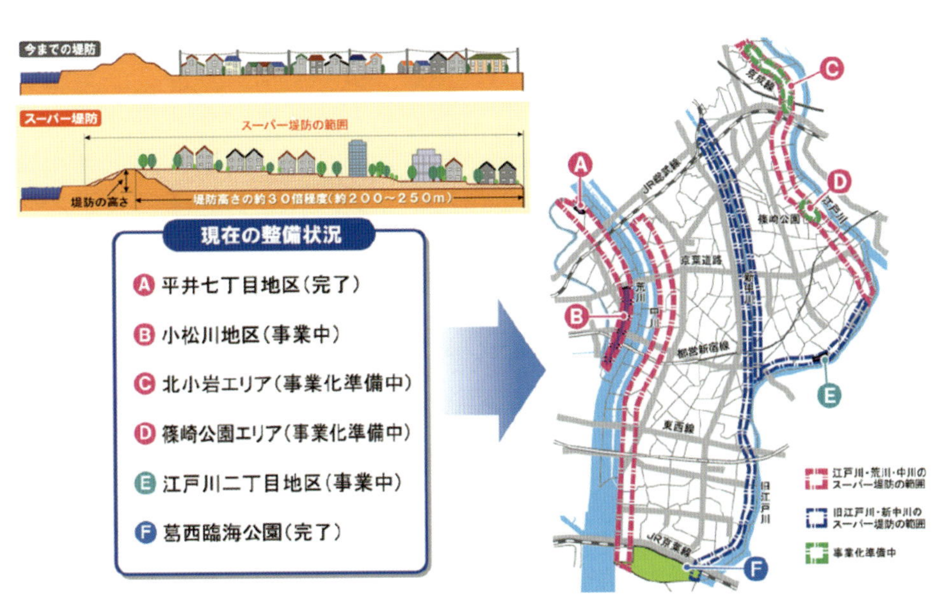

図2　東京都江戸川区におけるスーパー堤防の整備状況[7] (p.237)

図３　郡山市浸水ハザードマップ（文献 11）より一部抜粋）(p.238)

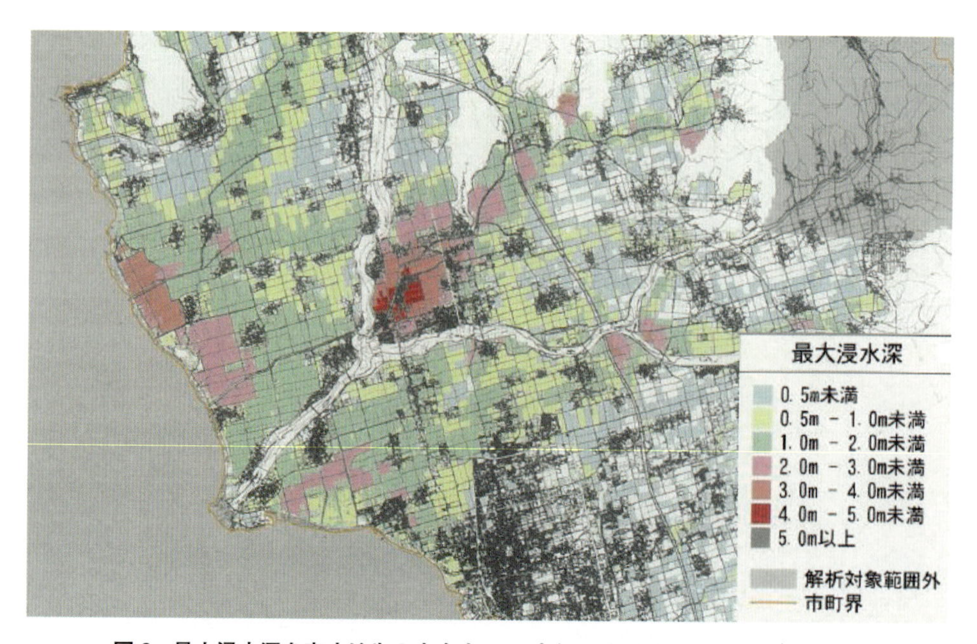

図２　最大浸水深を表す地先の安全度マップ（100 年確率降雨）の例[2)](p.245)

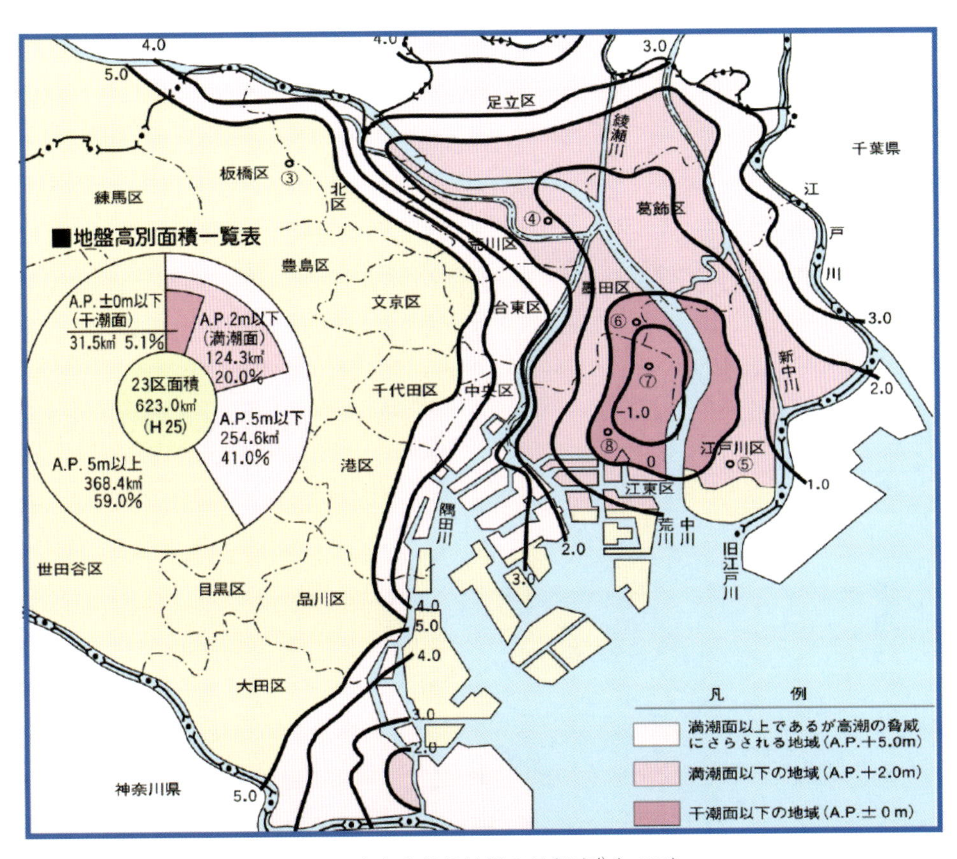

図６　東京東部低地帯の地盤高[4]（p.251）

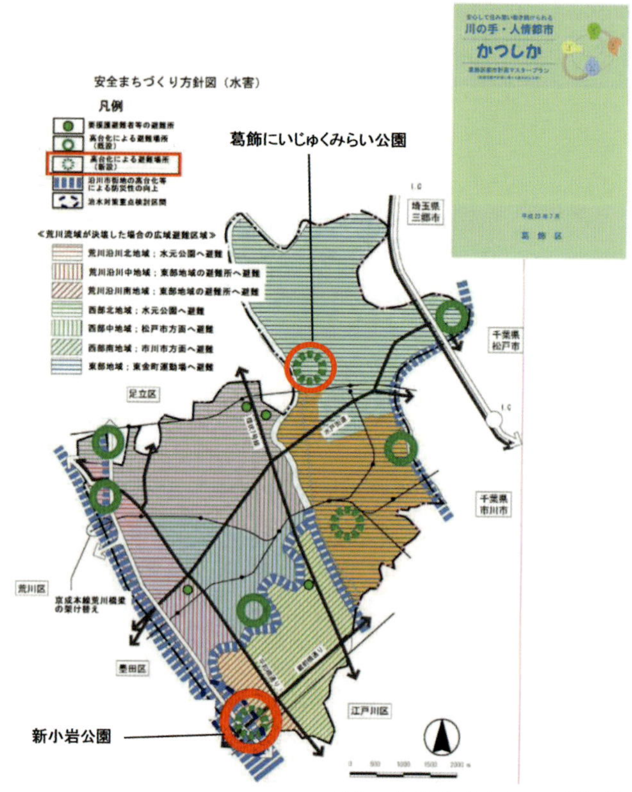

出典：文献7）をもとに一部加筆

図７　葛飾区都市計画マスタープラン：安全まちづくり方針図（水害）(p.253)

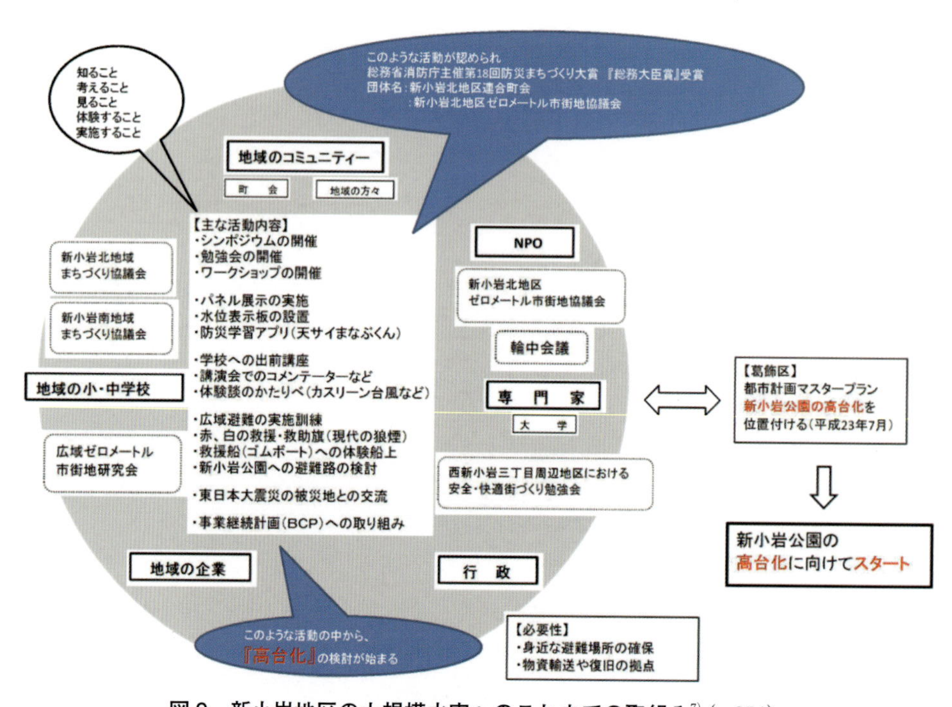

図９　新小岩地区の大規模水害へのこれまでの取組み[7] (p.254)

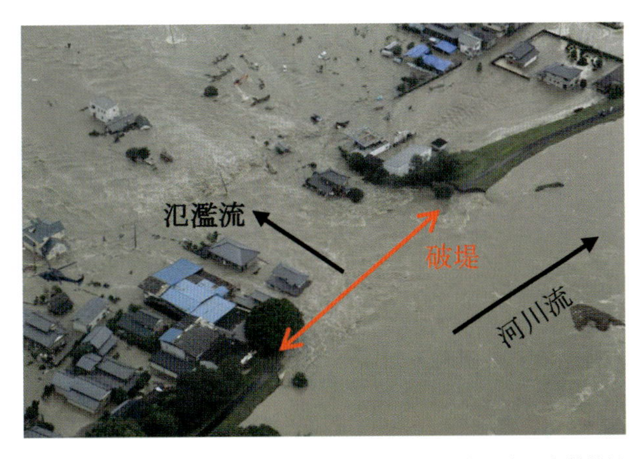

提供：国土交通省関東地方整備局

図1　鬼怒川の堤防決壊状況[6]（2015年9月10日15：07撮影）（p.273）

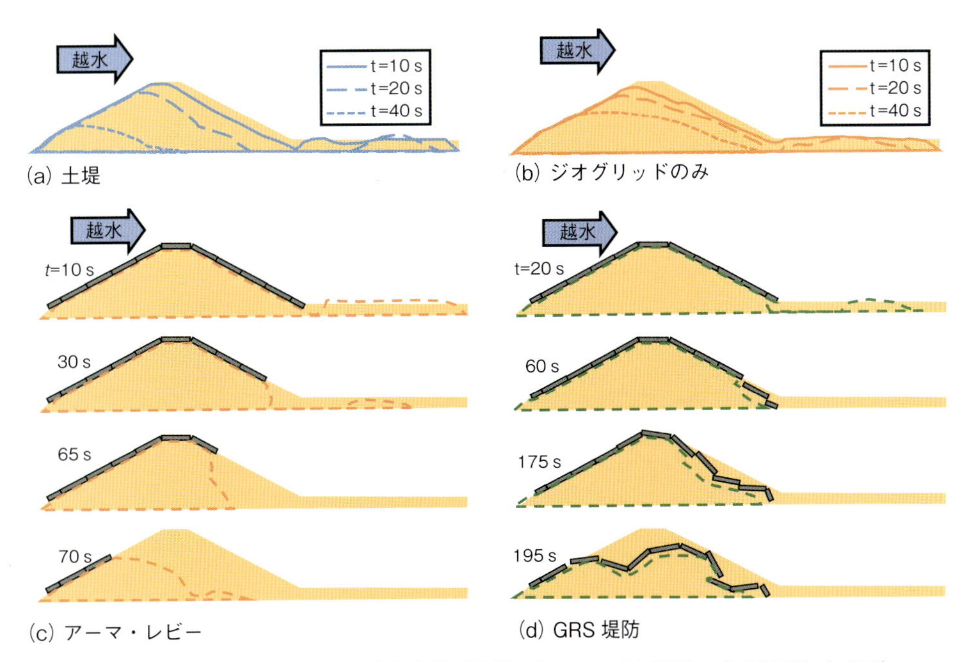

図10　堤体の侵食状況の時間変化（洗掘工無，t：越水開始からの時間）（p.279）

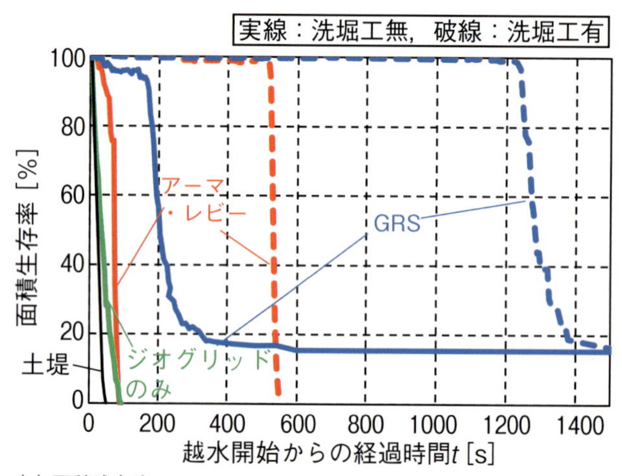

(a) 面積残存率

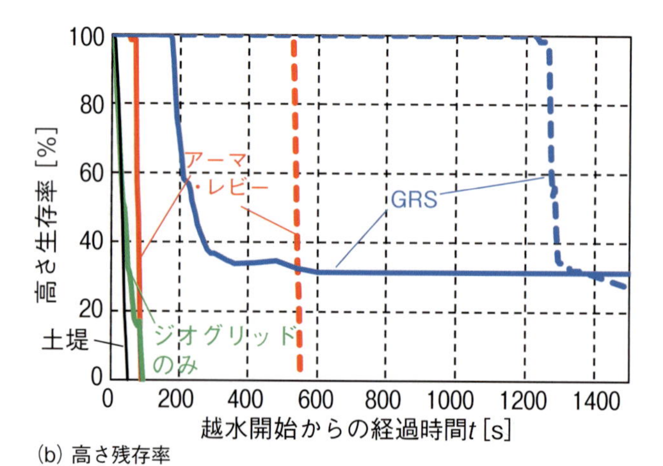

(b) 高さ残存率

図 11　洗掘工有無による堤防面積・高さ残存率の比較 (p.280)

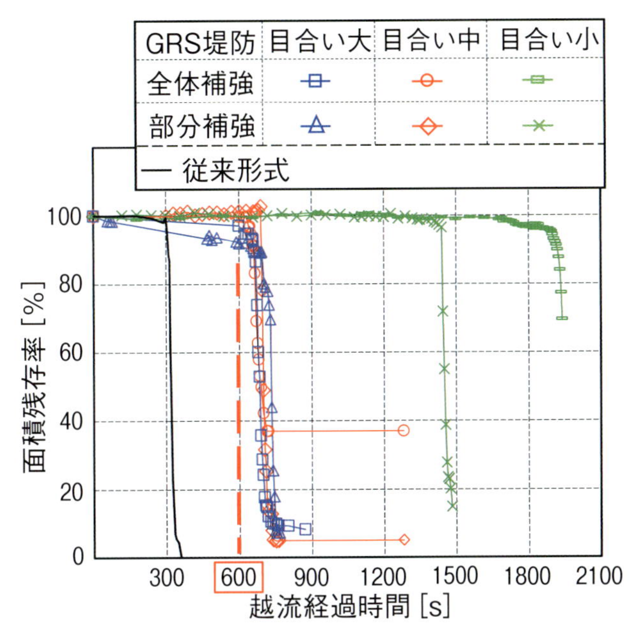

図 14　GRS 堤防の目合い大・中・小の面積残存率の時間変化（全体・部分補強）(p.282)

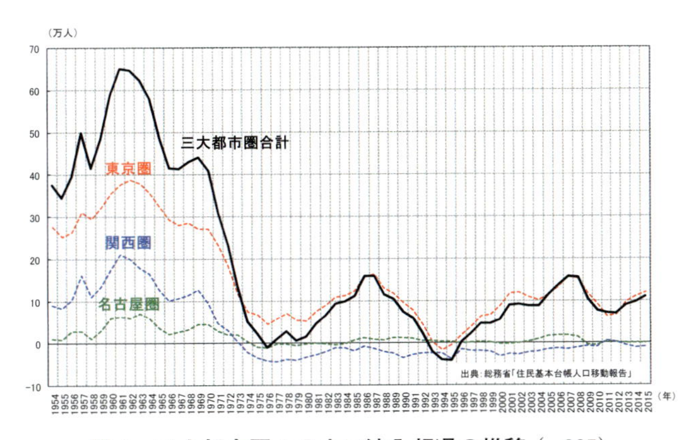

図 1　三大都市圏への人口流入超過の推移 (p.285)

図３　総合治水対策で実施される対策イメージ（p.286）

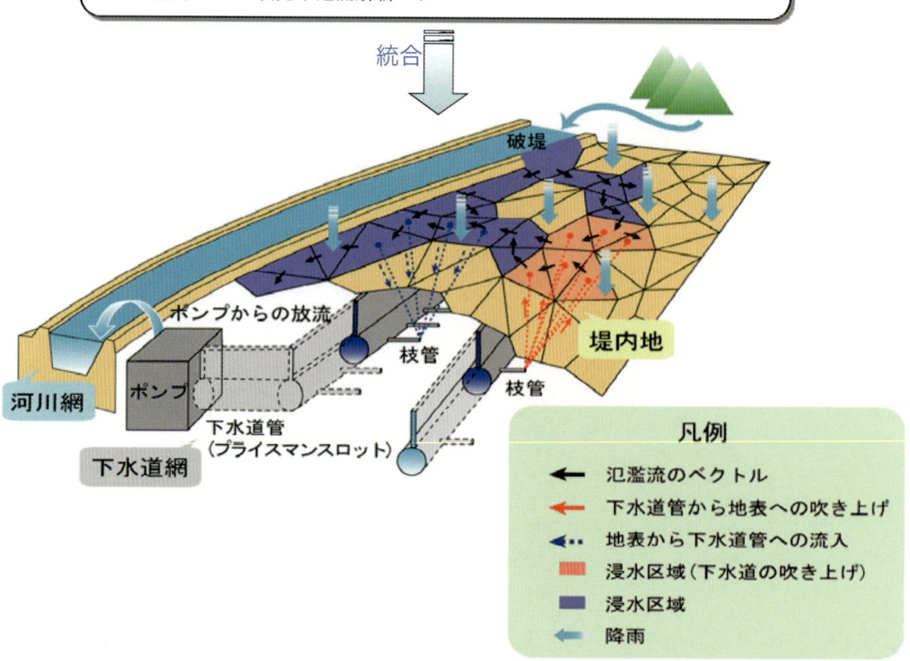

図５　総合的な浸水解析モデルイメージ（p.288）

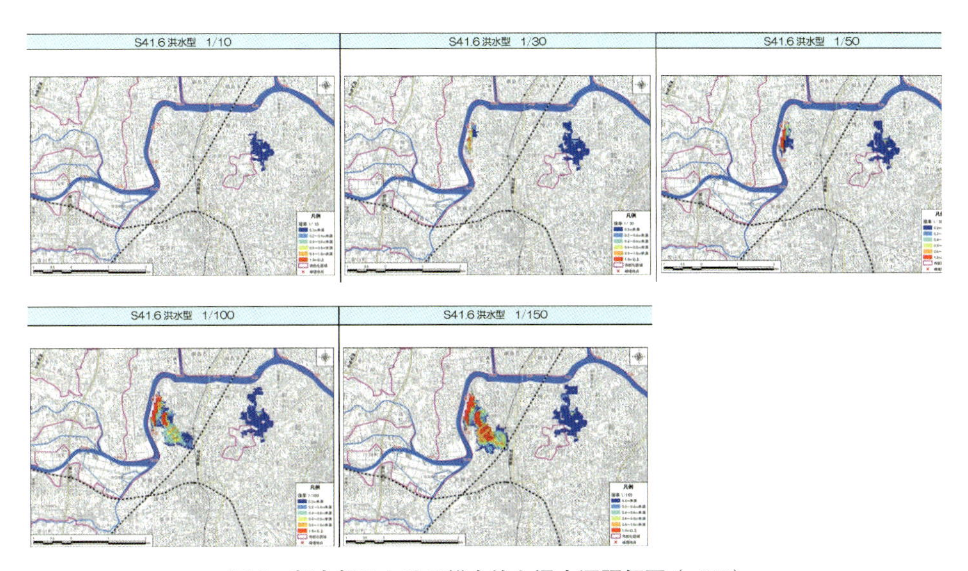

図６　都市部における総合的な浸水深評価図 (p.289)

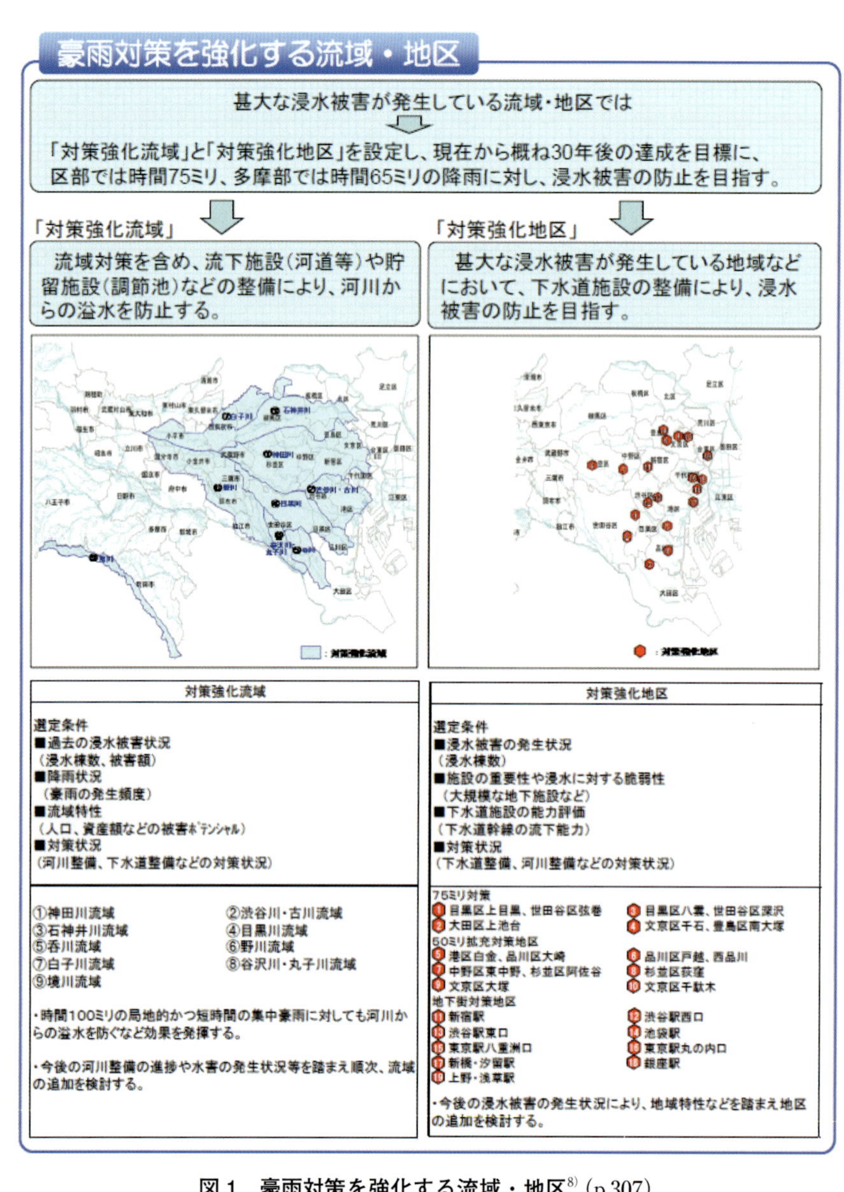

図１　豪雨対策を強化する流域・地区[8] (p.307)

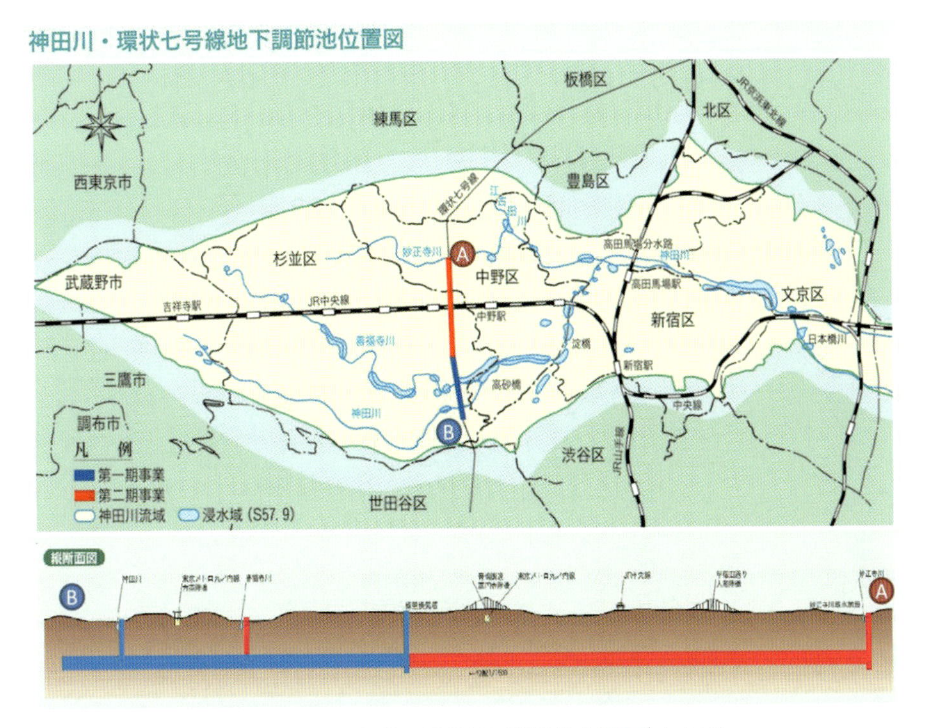

図２　神田川・環状七号線地下調節池位置図[9]（p.308）

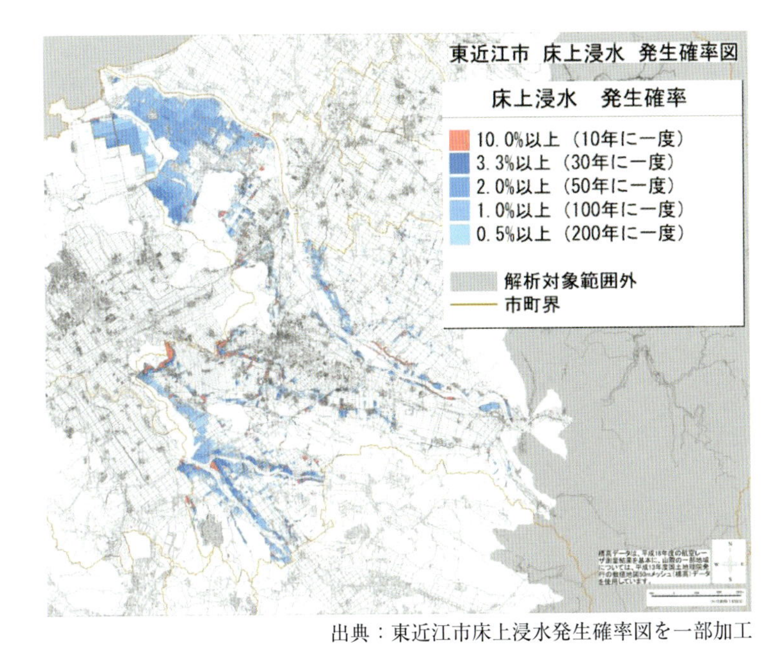

出典：東近江市床上浸水発生確率図を一部加工

図８　滋賀県の地先の安全度マップの例（p.312）

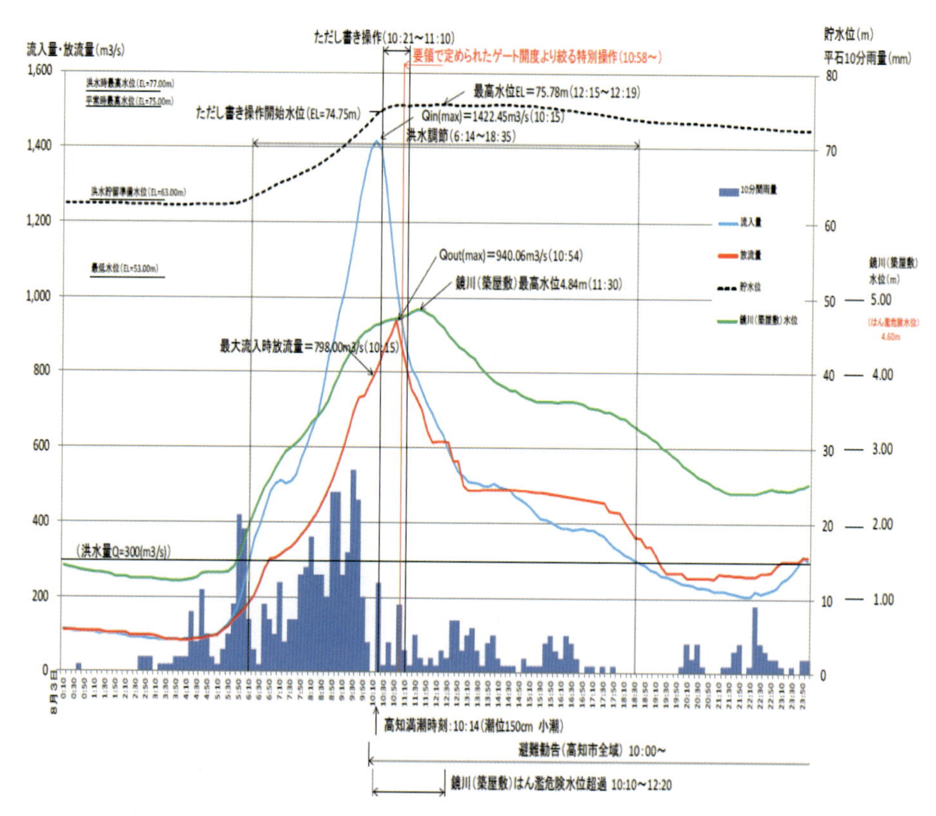

図 15 平成 26 年 8 月 3 日の鏡ダムハイドログラフ[27] (p.319)

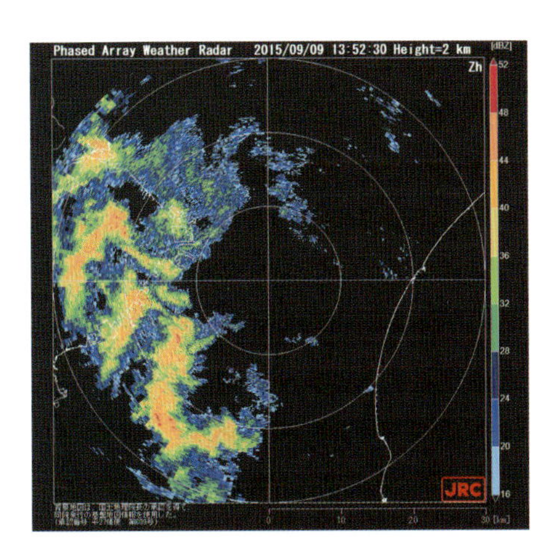

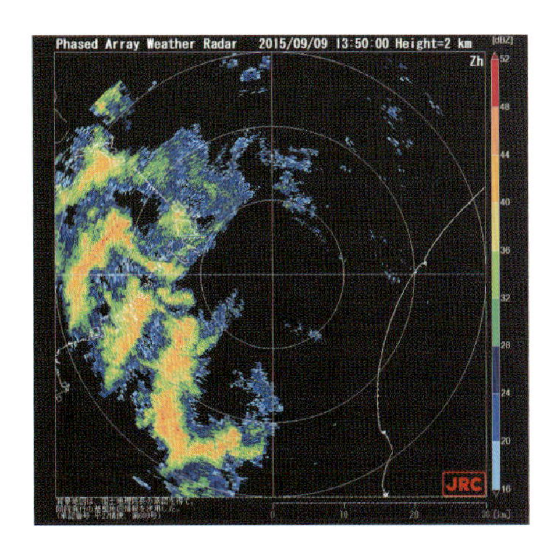

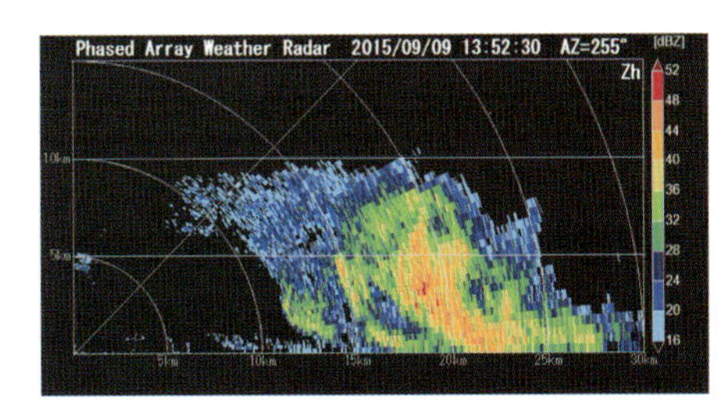

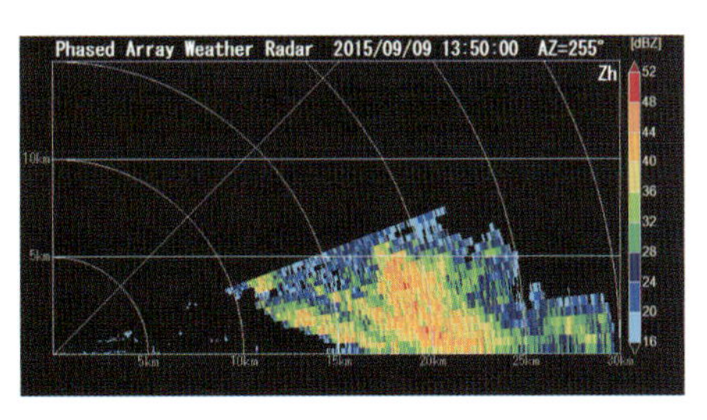

図6　開発したフェーズドアレイ気象レーダ（左）と従来レーダ（右）のボリュームスキャン結果の違い。上段図は高度 2 km における水平方向断面図（中心はレーダ位置）。下段図は方位角 255 °の方向の垂直断面図。両者ともにエコー強度である。開発したレーダの画像は，13 時 52 分 30 秒からの 30 秒間のボリュームスキャン結果。従来レーダの画像は，開発したレーダのボリュームスキャン結果を 2015 年 9 月 9 日 13 時 50 分からの 5 分間データを用いて，30 秒毎に 2°分のデータを 2°ステップ毎集約し 20 °の範囲を合成することで模擬した（背景地図は，国土地理院長の承認を得て同院発行の基盤地図情報を使用した。承認番号 平 27 情使，第 609 号）（p.339）

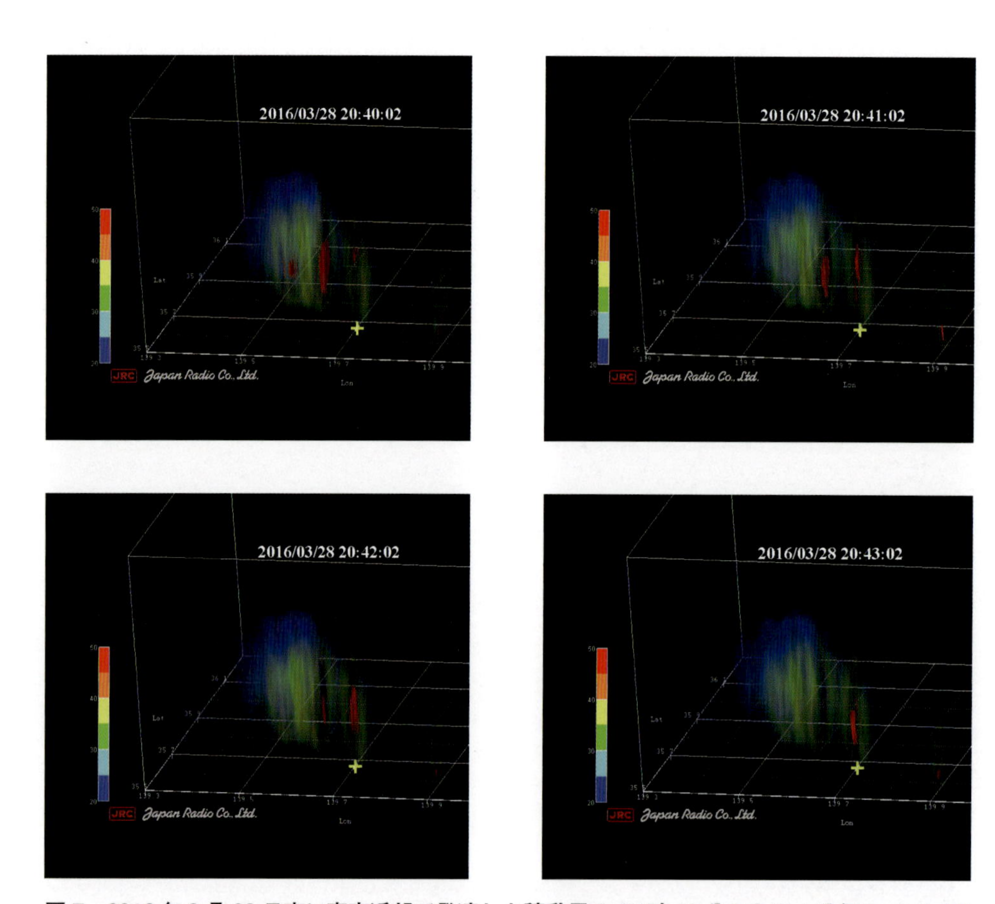

図7　2016年3月28日夜に東京近郊で発達した積乱雲の20時40分からの1分毎のエコー強度の3次元画像（左上→右上→左下→右下）。図中の黄色十字は新宿の位置を示す（p.340）

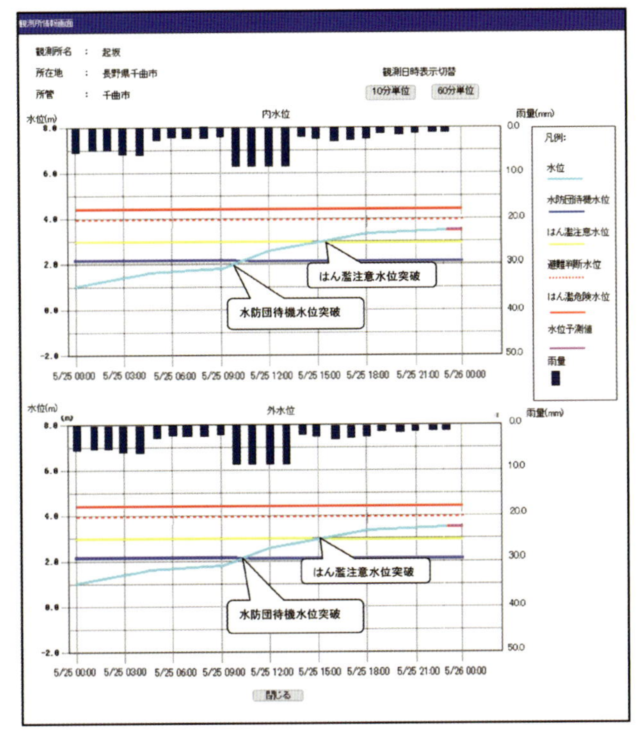

図５ 画面表示例（p.346）

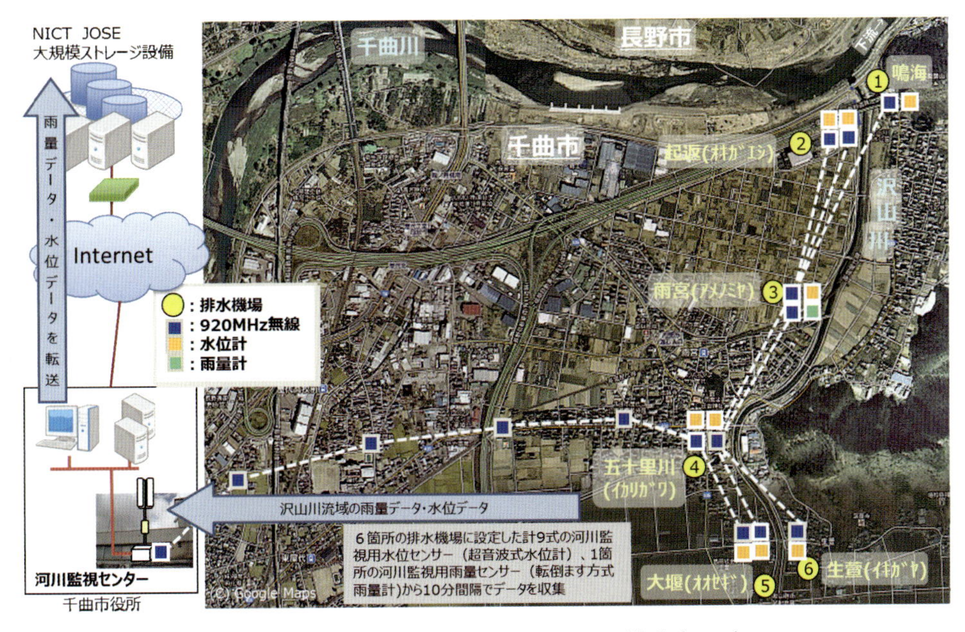

図７ 千曲市沢山川に設置したシステム構成（p.347）

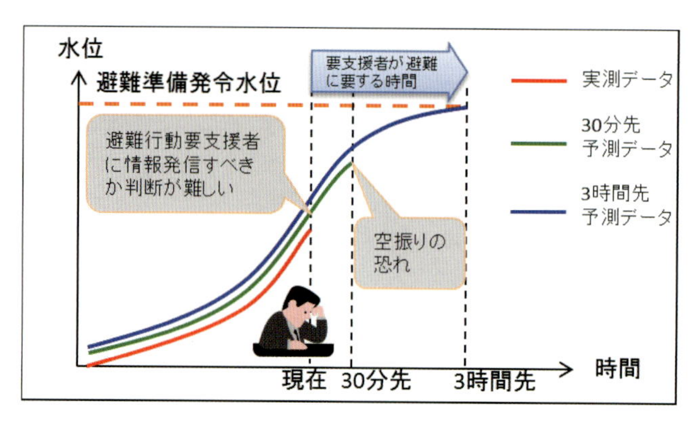

図 9　水位予測による情報発信支援 (p.348)

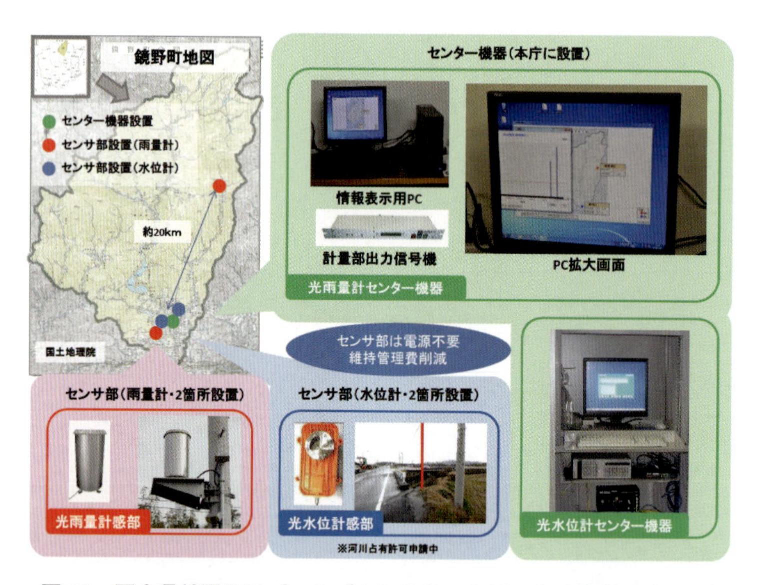

図 10　岡山県鏡野町のパッシブセンサネットワークの取組み (p.354)

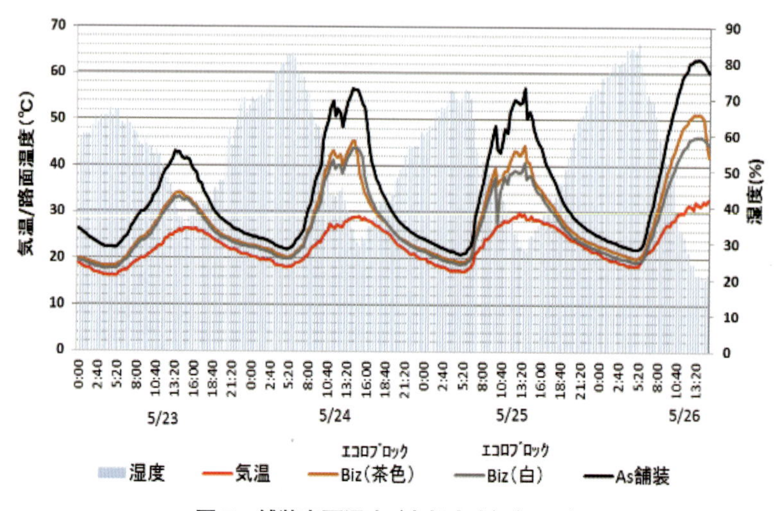

図 5　舗装表面温度（京都市内）(p.366)

監修者・執筆者一覧（掲載順）

◆監修者

中谷　剛　国立研究開発法人防災科学技術研究所水・土砂防災研究部門　主幹研究員
三隅　良平　国立研究開発法人防災科学技術研究所水・土砂防災研究部門　部門長

◆執筆者

三隅　良平　国立研究開発法人防災科学技術研究所水・土砂防災研究部門　部門長
中谷　剛　国立研究開発法人防災科学技術研究所水・土砂防災研究部門　主幹研究員
荒木健太郎　気象庁気象研究所予報研究部第三研究室　研究官
下川　信也　国立研究開発法人防災科学技術研究所水・土砂防災研究部門　副部門長 / 総括主任研究員
村上　智一　国立研究開発法人防災科学技術研究所水・土砂防災研究部門　主任研究員
飯塚　聡　国立研究開発法人防災科学技術研究所水・土砂防災研究部門　総括主任研究員
吉野　純　岐阜大学大学院工学研究科　准教授
安田　孝志　愛知工科大学　学長
牧原　康隆　一般財団法人気象業務支援センター試験部　部長
前坂　剛　国立研究開発法人防災科学技術研究所水・土砂防災研究部門　主任研究員
西嶋　信　気象庁予報部予報課　主任予報官
清水　慎吾　国立研究開発法人防災科学技術研究所水・土砂防災研究部門　主任研究員
本間　基寛　一般財団法人日本気象協会事業本部防災ソリューション事業部　専任主任技師
寺川奈津美　気象キャスター / 気象予報士 / 防災士
山田　正　中央大学理工学部　教授
諸岡　良優　中央大学大学院理工学研究科
石垣　泰輔　関西大学環境都市工学部　教授
里深　好文　立命館大学理工学部　教授
川池　健司　京都大学防災研究所　准教授
渋尾　欣弘　国立研究開発法人土木研究所水災害・リスクマネジメント国際センター　専門研究員 / 政策研究大学院大学政策研究科　連携准教授
鈴木　猛康　山梨大学大学院総合研究部 / 地域防災・マネジメント研究センター　学系長（教授）/ センター長
中山　義一　ICT を活用した浸水対策施設運用支援システム実用化に関する技術実証事業共同研究体　代表研究者
藤田　一郎　神戸大学大学院工学研究科　教授
古米　弘明　東京大学大学院工学系研究科　教授

尾﨑　平	関西大学環境都市工学部　准教授
笠井　利浩	福井工業大学環境情報学部　教授
長谷川　孝	中日本建設コンサルタント株式会社事業推進室事業推進部　部長
佐藤　克己	日本大学生産工学部　准教授
中村　洋介	福島大学人間発達文化学類　准教授
中村　仁	芝浦工業大学システム理工学部　教授
髙木　朗義	岐阜大学工学部　教授
杉浦　聡志	岐阜大学工学部　助教
二瓶　泰雄	東京理科大学理工学部　教授
倉上　由貴	東京理科大学大学院理工学研究科　日本学術振興会特別研究員 DC
湧川　勝己	一般財団法人国土技術研究センター情報・企画部　研究主幹 / 部長
上総　周平	一般財団法人河川情報センター　業務執行理事
中田　方斎	東京海上日動リスクコンサルティング株式会社企業財産本部経営リスク定量化ユニット　エキスパートリスクアナリスト
篠原　瑞生	東京海上日動リスクコンサルティング株式会社企業財産本部経営リスク定量化ユニット　エキスパートリスクアナリスト
泉　安展	東京海上日動リスクコンサルティング株式会社ビジネスリスク本部　研究員
福谷　陽	東京海上日動リスクコンサルティング株式会社企業財産本部経営リスク定量化ユニット　シニアリスクアナリスト
町田　武士	東京地下鉄株式会社安全・技術部　課長
柏柳　太郎	日本無線株式会社研究所研究開発部センシングシステムグループ　主任
諸富　和臣	日本無線株式会社研究所研究開発部センシングシステムグループ
小松﨑　司	沖電気工業株式会社情報通信事業本部交通・防災ソリューション事業部システム第三部
山下　鉄広	古河電気工業株式会社情報通信ソリューション統括部門ファイテル製品事業部門アクセスネットワーク部光システム課　課長
宮近　孝昌	株式会社大奉金属　代表取締役
奥谷　晃宏	小松精練株式会社　取締役先端資材営業本部長 / 技術開発本部長

目　次

序　論　雨と河川に関する基礎知識

第２編　浸水メカニズムと防災システム

第３章　河川／下水施設モニタリングシステム開発

第４章　雨水制御システム

第３編　まちづくりとリスク管理

序　論

雨と河川に関する基礎知識

国立研究開発法人防災科学技術研究所　三隅　良平
国立研究開発法人防災科学技術研究所　中谷　剛

1 はじめに

本書の読者は，気象を専門にする人と，広い意味での土木工学を専門にする人の二通りに分かれると思う。それぞれの専門知識は大学や講座などで学ぶが，気象学は理学系の教員が担当し，土木工学は工学系の教員が担当するため，気象学を専門にする人は土木工学の知識が不足し，また土木工学を専門にする人は気象学についての知識が不足しがちである。

水害という現象を総合的に理解し，今後の対策を立案していくためには，気象学から土木工学にまたがる広範な知識が必要となる。本書の目的は，両方の分野の橋渡しをすることである。まず本編に入る前に，両分野で使われる基本的な用語について簡単に解説しておきたい。

2 雲と雨に関する用語

2.1　積乱雲

雲の種類は，1803年にイギリスの薬剤師 Luke Howard が考案した十種雲形が広く用いられている。Luke Howard による雲の分類は，「積」(鉛直に発達する)，「層」(水平方向に広がる)，「乱」(雨をもたらす)，「巻」(繊維状）という単語と，高度を表す表現の組み合わせで成り立っており，雲を目視によって「巻雲 (Ci)」「巻層雲 (Cs)」「巻積雲 (Cc)」「高層雲 (As)」「高積雲 (Ac)」「乱層雲 (Ns)」「層雲 (St)」「層積雲 (Sc)」「積雲 (Cu)」「積乱雲 (Cb)」の十種類に分類するものである。

Luke Howard の分類基準に従えば，「積乱雲」とは，「鉛直に発達し，雨をもたらす雲」ということになる。つまり「積雲」と「積乱雲」の違いは，雨を降らせるか否かであり，雲自体の形状（かなとこ雲を伴うかどうか）は問題ではないことに注意を要する。なお広義には，「鉛直に発達する雪雲」もまた積乱雲に分類される。

豪雨を引き起こす雲は，積乱雲であることが多いが，乱層雲が豪雨を引き起こすこともある。実際，「層状雲による山岳性の大雨の数値実験」[1] という論文が刊行されている。豪雨＝積乱雲，という単純な図式を想定する人も多いが，実際には，積乱雲と乱層雲が渾然一体となった雨雲によって豪雨が引き起こされることが多い。

2.2　ゲリラ豪雨

気象学で用いる用語は，その時間・空間スケールを明確に定義することが重要である。なぜならば，気象学では扱う現象は，その時間・空間スケールによって，用いる方程式系が異なるからである。

例えば低気圧や高気圧，台風のような天気図に描かれる現象では，地球回転の影響であるコリオリの力の影響が非常に重要であり，それを無視した方程式系では現象を表現できない。一方，数時間程度で終息する雨雲の挙動には，コリオリの力はあまり重要ではなく，そのシミュレーションにおいてしばしばその影響が無視される。

「時間・空間スケールを明確にする」という観点からは，「ゲリラ豪雨」という用語は不適当である。なぜならば「ゲリラ」という言葉は，「不意打ちの」「予測不可能な」という意味をもつが，現象の時間・空間スケールを規定しないからである。

実際，筆者の手元にある『気象の事典』[2] や『気象災害の事典』[3] には，「ゲリラ豪雨」という項

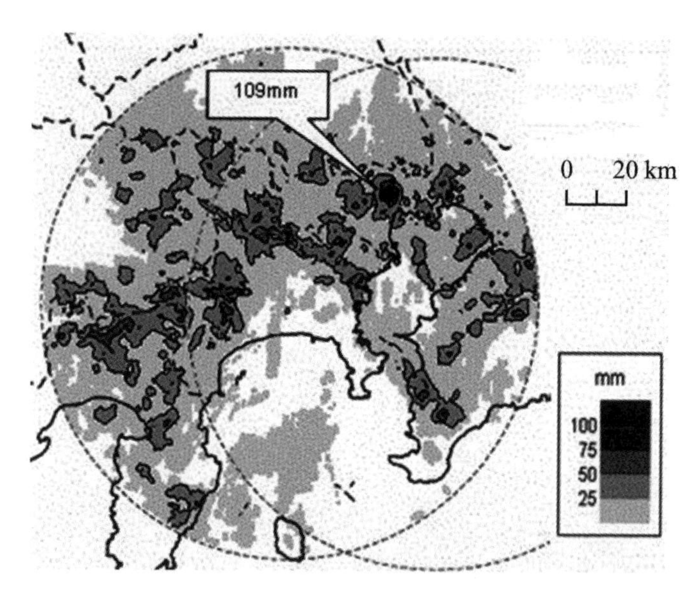

図1　2008年8月5日，東京都豊島区で「ゲリラ豪雨」による災害が起こった日の最大1時間雨量の分布

目はない。つまり「ゲリラ豪雨」は気象学における学術用語として採用されていないのである。のみならず，気象学者の中には「ゲリラ豪雨」という用語自体に不快感を表明する人もいる[4)]。

このように「ゲリラ豪雨」の時間・空間スケールははっきりしないが，一般には，「空間スケールが20 km未満で，1時間程度の時間スケールをもつ激しい降雨」をゲリラ豪雨として認識しているようである。例えば2008年8月5日に東京都豊島区で発生した「ゲリラ豪雨」は，下水道工事に従事していた5人の命を奪う災害をもたらしたが，100 mm以上の降雨が2.75 km^2の範囲に集中し，雨は1時間程度で終息した（**図1**）。

一方で，気象情報を伝える立場からは「一般の人が現象をイメージしやすいかどうか」もまた重要な観点である。例えば冬期における気温低下を「冬将軍」と表現することで，厳しい寒さの到来とそれに対する備えを喚起することができる。同じように，不意打ちの大雨を「ゲリラ豪雨」と表現することで，現在の気象予測に限界があることや，局地的な大雨で被害が生じ得ることを効果的に啓発できると思われる。

以上から「ゲリラ豪雨」は気象学で用いる学術用語ではなく，啓発のための用語として位置づけられるものである。

2.3　集中豪雨

ゲリラ豪雨と似た言葉で，「集中豪雨」という用語もよく使われる。『気象の事典』[2)]には，「この言葉は報道関係者によって名づけられたもので，量的な定義はない」と書かれている。「ゲリラ豪雨」と同様に，「集中豪雨」もまた，時間・空間スケールが明確ではないので，学術用語として扱うことができない。

気象庁では集中豪雨を「同じような場所で数時間にわたり強く降り、100 mmから数百mmの雨量をもたらす雨」と定義している[5)]。この定義では，雨量については規定されているが，どのような時間・空間スケールをもつ現象を指しているかは明確ではない。

筆者らの印象では，ゲリラ豪雨の空間スケールが 20 km 未満であるのに対し，集中豪雨の空間スケールは 20～200 km 程度，時間スケールは数時間程度の大雨に対して用いられている。しかしどこかにそのような定義が書かれているわけではないので，「冬将軍」「ゲリラ豪雨」と同様，集中豪雨もまた一般への啓発を目的とした用語として位置づけるべきであろう。

2.4　バックビルディング

1985 年にアメリカの Bluestein と Jain[6] が「メソスケールの降水ラインの形成：春季オクラホマにおける激しいスコールライン」という論文を発表した。この論文では，既存の積乱雲の後ろ側に次々と新しい積乱雲が形成され，やがて線状の降水域が形成されることを「バックビルディング」と呼んでいる。

日本でも，似たような現象は過去に報告されていたが[7]，バックビルディングとは呼んでいなかった。1993 年に横田[8] は，大阪平野に発生する「淀川チャネル型大雨」の維持過程を，Bluestein と Jain にならってバックビルディングと呼んだ。こうして，線状の降水系の維持過程を日本でも「バックビルディング」と呼ぶようになってきた。その後，Kato[9] は日本で起こったバックビルディングのシミュレーションに成功し，瀬古[10] はさまざまな環境場におけるバックビルディングの発生機構を議論した。

厳密に言えば，Bluestein と Jain がバックビルディングと名づけたのは，線状の降水系の「形成過程」であって，「維持過程」ではない。したがって，日本における「バックビルディング」という用語の使われ方は，元々の定義を少し拡張したものとなっている。ただし形成過程であっても維持過程であっても，そのメカニズムは共通していると思われるので，元の定義を拡張することに特段の問題はないと思われる。

図 2 に平成 16 年（2004 年）新潟・福島豪雨時のバックビルディングの例を示す。既存の雨雲の後方に新しい雨雲が形成されることで，同じ場所に長時間の雨が持続する。なおバックビルディングのメカニズムについては，本書の［第 1 編第 1 章第 1 節］で荒木が解説しているので参照していただきたい。

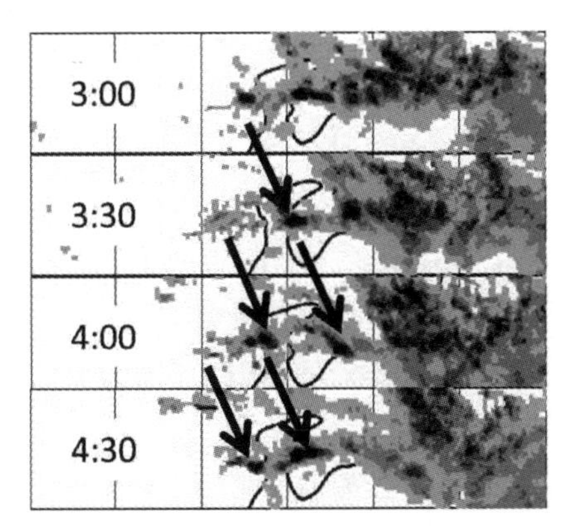

図 2　バックビルディングの例（2004 年 7 月 13 日，新潟・福島豪雨時のレーダ画像）。既存の雨雲の風上側に新しい雨雲が出現し，全体が停滞する[11]

ところで「バックビルディング」という用語を，日本語に訳すとすればどうすべきであろうか。小倉[12]は，「訳せば後面作りか背骨作り型」としている。一方インターネットでは，バックビルディングについて「風上（後方）の積乱雲が，ビルが林立するように並んで見えることから名づけられた」[13]という説明が流通している。つまりビルディングを「ビル（建物）」と訳したわけであるが，原著のBluesteinとJainは雨雲の3次元構造を見ていたわけではないので，ここでいうビルディングは建物という意味ではなく，「作る」「形成する」の動名詞である。したがって小倉[12]にならい「後面形成」と訳すのが適当であろう。

2.5　線状降水帯

「線状降水帯」という用語は，『気象の事典』[2]にも『気象災害の事典』[3]にも載っていない。『オックスフォード気象事典』[14]には「線状対流（line connection）」という用語が載っているが，これは「幅5km以下の狭い帯状の対流域のこと」であり，後述する線状降水帯の空間スケールとは異なるものである。このように「線状降水帯」とは，古くから使われている学術用語ではなく，比較的最近使われ始めた用語である。

吉崎と加藤[15]によると，「（豪雨発生時の）降水分布をみると，どの例も長さが100〜200km程度で，幅が10〜30kmの線状の降水域がみられる」「その降水域が少なくとも3時間はほとんど移動していない」として線状降水帯の特徴が書かれていることから，「長さが100〜200km程度，幅が10〜30km程度で，時間スケールが数時間の降水域」が線状降水帯の定義であると思われる。

この定義に従えば，2014年8月20日広島豪雨を引き起こした幅約20km，長さ数十キロメートルの帯状降水域は「線状降水帯」であるが，平成27年（2015年）9月関東・東北豪雨をもたらした幅約100km，長さ数百キロメートルに及ぶ大規模な降水帯は，空間スケールが大きすぎるので「線状降水帯」には該当しないことに注意を要する。

2.6　地形性降雨

筆者らの手元にある高校生向けの地理の参考書に，地形性降雨についての説明がある。そこには以下のように書かれている。「湿った空気が山脈にぶつかると、斜面に沿って上昇気流が発生します。そのため、空気中に含まれる水蒸気が雲となり、風上側で雨が降ります。このような雨を地形性降雨といいます」。この説明とともに，**図3**左のような図が掲載されている。

図3左の説明図は，気象学的には誤っていることにお気づきだろうか。飽和している空気は，上昇している限り必ず凝結して雲をつくるので，図3左のように，空気が上昇しているにもかかわらず途中で空気が乾燥することはあり得ない。

実際には図3右のように，湿った空気は凝結しながら山頂に達し，山頂付近にも雲をつくる。また，雲粒が雨滴に成長するまで通常1,000秒程度を要するので，山頂付近で形成された雲は，山の風上側ではなく風下側に雨をもたらす。すなわち地形性降雨は，山の風上側のみならず，風下側にも雨をもたらすのである。

山地の雨量を詳細に解析した山田ほか[16]の研究によれば，「山地流域では降雨量は標高が高い地点ほど多い傾向があり」「降雨量の分布はピークが山の風下側にズレた形状になる」という。つまり地形性降雨のピークは山地の風上斜面ではなく，山頂から少し風下側にずれた地点に検

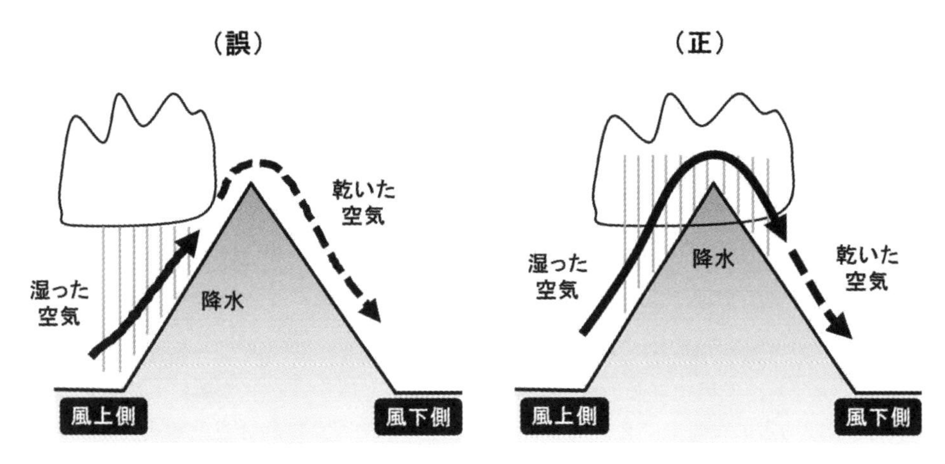

図３　地形性降雨の説明図。左は高校生用の参考書に載っている図（元図を参考に筆者作成）で，明らかに誤っている。右は正しい説明図

出されることに注意していただきたい。

学校で図３左のような説明がなされているためか，「山頂よりも山脈の風上側で雨量が多い」と信じている人が多い。しかし，空気が乗り越えられないような高い山を除けは，地形性降雨は「標高が高いほど雨量が多い」と理解すべきである。

2.7　台風に伴う大雨

図４は2011年台風第12号に伴う紀伊半島の雨量分布である。アメダス上北山（標高334 m）では1,800 mmを超える大量の降雨が観測された。台風は風の被害も恐ろしいが，記録的な大雨をもたらすという点でも大変恐ろしいものである。

図４に示す雨量分布は，明らかに地形の影響を受けている。すなわち，全般に標高が高いほど多くの雨量が記録されている。これは図３で説明したような，単独の雲による地形性降雨が起こっているのではなく，むしろ「台風に伴う雨が地形で増幅された」と解釈すべきである。

降雨が地形によって増幅されるメカニズムは，Seeder-Feeder（シーダー・フィーダー）メカニズムと呼ばれている。詳しい説明は本書［第１編第１章第１節］の荒木の解説に譲るが，台風は湿った空気を大量に陸地に送り込んでくるので，Seeder-Feederメカニズム

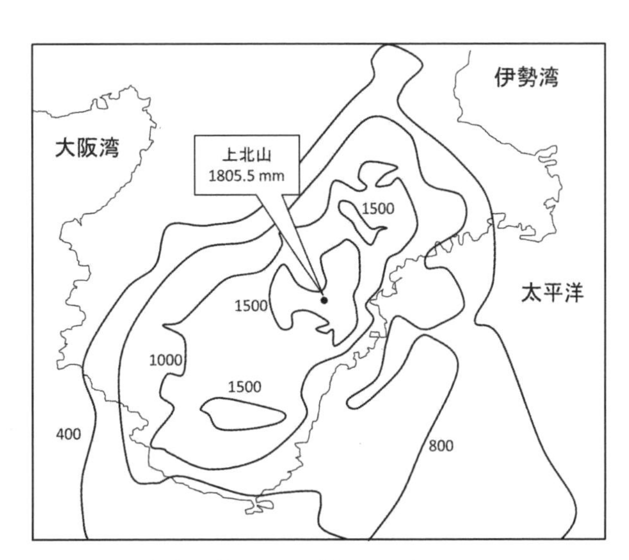

図４　2011年台風第12号に伴う，8月30日から9月6日までの紀伊半島周辺の総雨量

が起こりやすく，標高の高い場所に大量の雨がもたらされる。これは地形による降水増幅の基本的なメカニズムなので，ぜひとも知っておいて頂きたい。

2.8 梅雨前線

筆者らは中学校で，「梅雨前線とは，暖かい小笠原高気圧と，冷たいオホーツク海高気圧の境目に形成される前線である」と習った。しかしこの説明は正しくないことを後に知った。なぜならば，日々の天気図を見ていれば分かることであるが，オホーツク海高気圧の存在は，梅雨前線の存在に必須ではないからである。

1987年に栗原[17]は「オホーツク海高気圧は梅雨にとって何なのか」と題する講演で，「梅雨期間が大体40日間あるのに対し，オホーツク海高気圧の平均寿命は約3日と短く，水平スケールでも，梅雨前線は1/4半球に及ぶが，オホーツク海高気圧はせいぜい2,000 kmである。これらのことは，オホーツク海高気圧が梅雨前線の形成を支配するものでないことを裏づけている」と指摘している。時間スケール，空間スケールともにオホーツク海高気圧は梅雨前線よりもはるかに小さく，梅雨前線を維持する主役にはなり得ないのである。

おそらく，筆者らが中学校で習った「梅雨前線とは，暖かい小笠原高気圧と，冷たいオホーツク海高気圧の境目に形成される前線である」という説明は，まだ気象衛星が無かった時代に，梅雨前線を日本のローカルな現象と捉えていた頃の名残であると思われる。梅雨前線とは，「太平洋高気圧の北西縁辺におけるフロントゲネシス（前線形成）によって維持される前線」[18]であると現在では説明されている。

梅雨前線では前線に沿って一様に雨が降るのではなく，さまざまなスケールの小さな擾乱が前線に沿って発生し，それが豪雨の原因となる。その代表的なものは，「メソαスケール低気圧」[19]（メソ低気圧，小低気圧，中間規模低気圧等とも言う）である。

メソαスケール低気圧は，200～2,000 km程度の空間スケールをもつ。大きなものは天気図にも描かれるが，小さなものは梅雨前線の単なる「くびれ」として天気図では描かれる（**図5**）。気象衛星の画像では，梅雨前線に沿った白い雲のかたまりとして検出される。

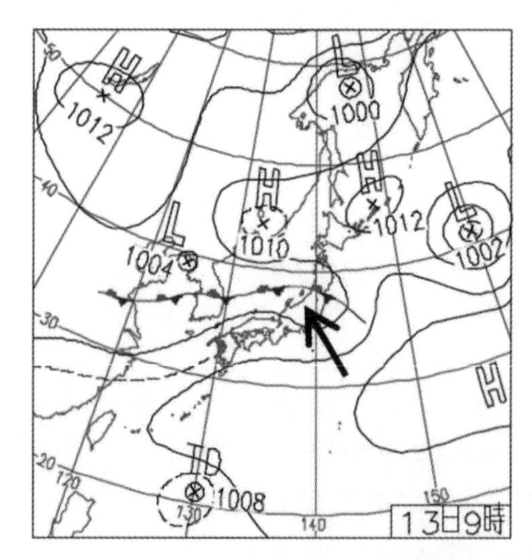

図5　2004年7月13日9時の天気図。矢印の位置にメソαスケール低気圧があり，平成16年新潟・福島豪雨を引き起こした（気象庁「日々の天気図」に加筆）

梅雨前線によって引き起こされた豪雨のうち，1993年8月6日の鹿児島豪雨や，2004年7月12～13日に発生した平成16年新潟・福島豪雨は，メソαスケール低気圧が豪雨の直接の原因となっていたことが分かっている[20)21)]。このように，メソαスケール低気圧は大きな被害をもたらすことがあるので，その発生，発達を監視していくことが大事である。

3 河川に関する用語

河川に関する用語の中には，法令等で定義されたものや，学会や各種団体が定義しているものなどがあり，同じ用語でも厳密には定義に若干の相違があることがある。

また，同じ用語でも異なる専門分野では，用語の意味が異なっているものもあるだろう。例えば，土木工学では,「内水」は堤内地にある水，あるいは堤内地の水路を流れる水のことで，堤外地を流れる河川の水に対する用語だが，陸水学では，海洋に対する陸地の淡水や塩水という，もっと広い意味で使われる。

本稿の目的は，気象を専門とする人と土木工学を専門とする人の橋渡しであって，用語の定義をするものではないので，一般に水害と関わりの深い河川用語として，分かりやすさを重視して説明することにする。厳密さに欠けるところがあるかもしれないが，その点ご容赦願いたい。

3.1　河川の流域

雨が広い範囲に降ると，一部は地面に浸透し大部分は地形に沿って流れ出す。流れ出した流水は，小さな渓流や河川に集まり，さらに大きな河川に合流しながら，最終的には海まで到達する。このように地上に降った雨が最終的にある河川に集まってくる範囲のことを，その河川の流域と呼んでいる。日本では河川流域の最上流部は山地であることが多いが，山の頂上を連ねた稜線と流域の境界（分水嶺）は一致していることが多い。流域の大きさは，どの河川に着目するかによって変わる。大きな河川に合流する小さな河川（支川という）にも，それぞれの流域がある。

大雨の情報として，気象庁のアメダスや最近では国土交通省のXRAINなど気象レーダで観測された降雨量が利用されるが，情報を受け取るユーザーは，どの流域に大雨が降っているのかはあまり意識していないことが多いように思う。しかし，河川の増水に影響するのは，この流域に降った雨の量である（**図6**）。

3.2　ハイドログラフ

ハイドログラフとは，横軸に時間をとり縦軸に流量または水位をとって，河川のある地点の流量や水位の時間的変化の様子をグラフ化したもので，それぞれ流量ハイドログラフまたは水位ハイドログラフと呼ばれる（**図7**）。河川整備の計画規模は，100年に1回程度発生する大雨でも安全に流せる川づくり，といったように流域に降る総雨量を基準に決められるのが一般的である。この時の降雨を，計画規模の降雨と言う。計画規模の降雨がそのまま河川に流出した時の流量ハイドログラフを基本高水と言い，その最大値は基本高水ピーク流量と呼ばれる。多くの場合，治水上の安全性への配慮から流域の上流にダムや調節池などの洪水調節施設を造る等して，下流に流下してくる流量を小さくすることが行われる。上流の洪水調節施設で減少できた流量を洪水調節流量と言い，基本高水からこの洪水調節流量を差し引いた流量を，計画高水流量と言う。河川の流量を直接観測することは，水位観測や雨量観測と比較すると難しい。

図6　2015年9月9日（平成27年9月関東・東北豪雨）の15：00からの24時間雨量（mm）と鬼怒川流域（太い実線）。鬼怒川流域の上流で大雨があり，そのことが下流の常総市での洪水氾濫を引き起こした。雨量の計算にはXRAINを利用した

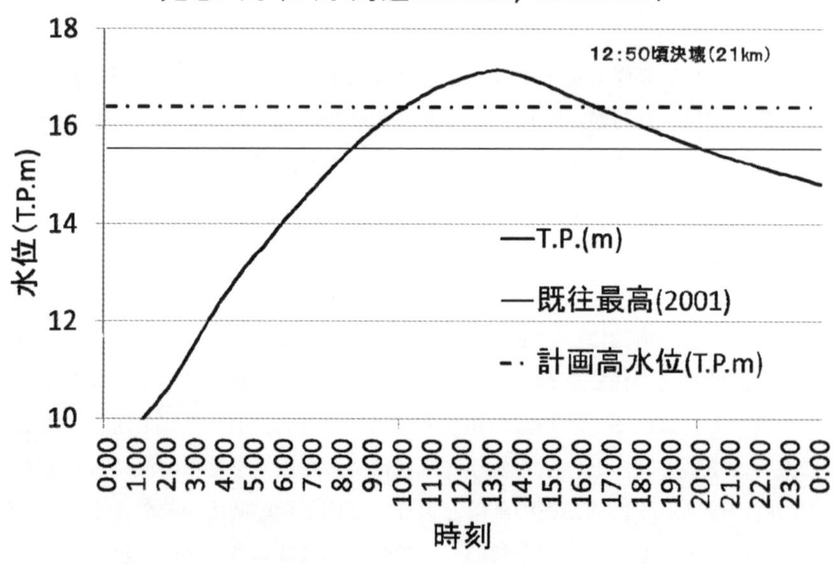

出典：国土交通省水文水質データベース（http://www1.river.go.jp/）を利用し加工

図7　2015年9月10日の鬼怒川水海道の水位ハイドログラフ。2015年9月の関東・東北豪雨では，結果的に多くの人が救助されたが，午前中には計画高水位を上回っていたことが分かる。決壊の時刻は，第1回鬼怒川堤防調査委員会資料（平成27年9月28日，国土交通省関東地方整備局）[22]による

そのため，流出計算モデルにより降雨量から流量ハイドログラフを求めることが一般的である。

ここまでは，数日程度の比較的期間の短い洪水のハイドログラフについて述べてきたが，一日の平均流量の年間変動を表す日流量ハイドログラフのような長期的なものもある。日流量ハイドログラフを利用し，日流量の大きいものから並べ直したグラフを流況曲線と言う。年間の流況の特徴を表す豊水流量（一年間を通して95日はこれを下らない流量），平水流量（一年間を通して185日はこれを下らない流量），低水流量（一年間を通して275日はこれを下らない流量）および渇水流量（一年間を通して355日はこれを下らない流量）を求めることができる。

3.3 計画高水位

河川管理施設等構造令では，計画高水位とは，河川整備基本方針に従って，計画高水流量および計画横断形に基づいて，または流水の貯留を考慮して，河川管理者が定めた高水位のこととなっている。

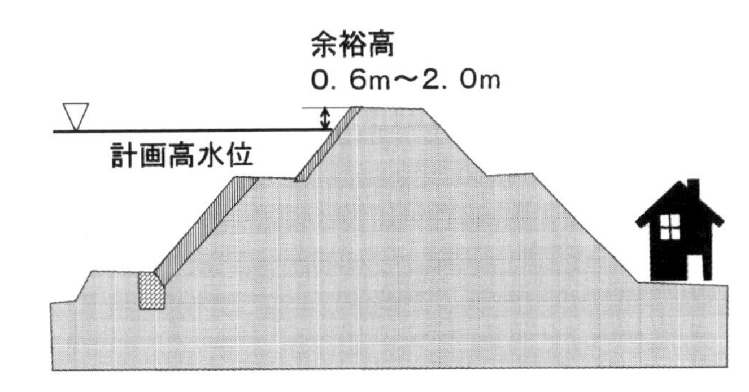

図8 堤防の高さと計画高水位

河道計画では，計画高水流量を安全に流下させることができる河道を設計する。設計された標準的な断面を計画断面と言う。この計画断面を計画高水流量が流下した時の水位は，水面形計算等で求めることができる。計算によって得られた最高水位を計画高水位と言う。河川の堤防の高さは，この計画高水位に余裕高を加えて決定される（**図8**）。

3.4 外水と内水

図9は，河川の横断面のイメージを示したものである。紙面表から裏に向かって河川が流れているとすると，この図は上流から下流方向を見ていることになる。このとき，左側を左岸，右側を右岸といい，堤防の内にある住宅地側を堤内地，堤防の外にある河川側を堤外地と言う。

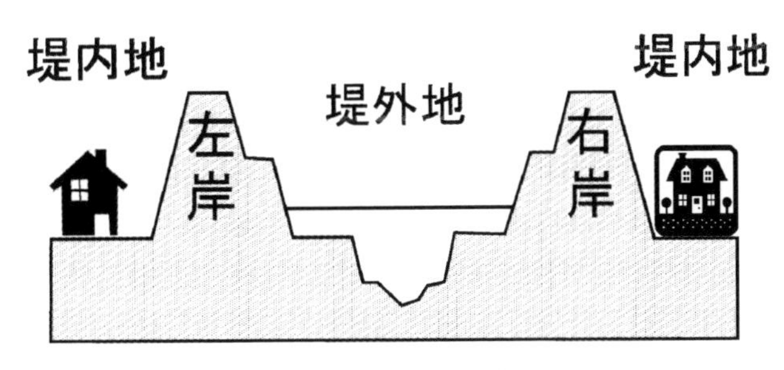

図9 堤内地と堤外地

外水，内水とは，堤防を境界としてどちら側にある水かということで，河川側の水を外水，住宅地側にある水を内水と呼んでいる。

3.5　洪水，外水氾濫，内水氾濫

洪水とは，大雨等が原因で河川の流量や水位が異常に増大する現象のことで，この水位の異常な上昇や，その結果として堤防の決壊による氾濫が原因で生じる被害を，水害または水災害と呼ぶ。

外水氾濫とは，洪水により河川水が堤防を越水したり堤防が決壊して，堤内地に大量の氾濫流が流下することを言う。一般的に外水氾濫は，流域に計画を上回る降雨があった場合に生じる可能性が高い。

内水氾濫とは，堤内地に降った大雨が排水能力を超えて溜まってしまうことで生じる氾濫で，これによる住宅地の浸水や道路冠水による被害を内水被害と呼ぶ。排水能力を超える原因は，排水ポンプの容量不足や河川水位の増大により内水が排出できないこと等である。近年の都市部では，ゲリラ豪雨のように狭い範囲に急に激しい豪雨があると，一気に雨水が集中する傾向がある。あっという間に排水路や中小河川の流下能力を上回り溢水が生じたり，下水道からの逆流や噴き出しなどによる浸水が生じやすくなっている。

3.6　バックウォーター（背水）

河川や水路の下流側の水位の変化が，上流の水位にも影響する現象のことをバックウォーター（背水）と言い，この影響範囲を背水区間と言う。

水路の下流に堰を置いて流下できる流量を小さくすると，堰の上流側の水位が上昇しながら上流に伝播していくことを観察することができる。この現象を，堰上げ背水と言う。洪水時に，本川と支川の合流点付近で本川の水位が支川の水位より高くなると，この堰上げと同じ効果が生じ，支川側の水位が上昇しながら上流へと伝搬する。その影響で支川が溢れ内水氾濫が生じることがある。こうした内水被害の原因として，バックウォーターという用語が使われることもある。

この背水が生じるのは流れが常流の場合だけで，射流の場合は生じない。流れを常流と射流に区別する指標は，フルード数（Fr 数）と呼ばれる無次元量である。Fr 数が 1 より大きいことは，河川の流れ（流速）に対して水面の変化（波）が遡上できないことと等しい。なお，山地部の急勾配河川や水路の流れは射流になることもあるが，洪水時を含め，一般的な河川の流れは，通常は常流である。

3.7　洪水ハザードマップ

洪水ハザードマップとは，浸水想定区域とその浸水深を示した地図のことで，水防法によって浸水想定区域に該当する市町村の長は，地図の印刷物を住民に配布する等して周知することになっている。水防法によって，洪水ハザードマップに記載すべき事項についても規定されている。例えば，洪水予報等の伝達方法，避難施設や避難場所，および避難経路に関する事項など，洪水時の円滑迅速な避難の確保を図るために必要な事項である。その他，浸水想定区域に地下街や学校，医療施設および社会福祉施設等の要配慮者利用施設等がある場合は，それらの名称や所在地を記載することになっている。

近年，集中豪雨等による水害が頻発しており，これまでより短い時間で河川が急増水することによる内水氾濫や，堤防の決壊による大規模な水災害が発生する事例も増えてきている。これらの教訓から，洪水ハザードマップに掲載される情報も継続的に工夫がなされている。例えば，想定し得る最大規模の降雨を対象とした洪水ハザードマップや，洪水時に家屋が倒壊する危険のある区域を示したもの等である。また，雨水出水を対象とした内水ハザードマップも作成されている。

洪水ハザードマップ作成・公表状況[23]によると，平成23年（2011年）3月末時点で，1,291市町村が作成している。目標とする市町村は，1,342市町村であることから，ほぼ全ての市町村で洪水ハザードマップは作成されていると言ってもよいだろう。本書の読者の方も，ご自分の住む市町村の洪水ハザードマップを再確認してみてはいかがだろう。

文 献

1) Y. Gocho: *J. Meteor. Soc. Japan*, **56**, 405-423 (1978).
2) 和達清夫監修：新版気象の事典，東京堂出版，704 (1974).
3) 新田尚監修：気象災害の事典—日本の四季と猛威・防災—，朝倉書店，558 (2015).
4) 小倉義光：天気，**56**，555-563 (2009).
5) http://www.jma.go.jp/jma/kishou/know/yougo_hp/kousui.html
6) H. B. Bluestein and M. H. Jain: *J. Atmos. Sci.*, **42**, 1711-1732 (1985).
7) T. Takeda and K. Seko: *J. Meteor. Soc. Japan*, **64**, 941-955 (1986).
8) 横田寛伸：日本気象学会大会講演予稿集，6 (1993).
9) T. Kato: *J. Meteor. Soc. Japan*, **76**, 97-128 (1998).
10) 瀬古弘：気象庁研究時報，**62**，1-74 (2010).
11) 三隅良平：気象災害を科学する，ベレ出版，271 (2014).
12) 小倉義光：天気，**37**，439-465 (1990).
13) https://kotobank.jp/dictionary/chiezomini/
14) S. Dunlop著（山岸米二郎監訳）：オックスフォード気象辞典，朝倉書店，306 (2005).
15) 吉崎正憲，加藤輝之：豪雨・豪雪の気象学，朝倉書店，187 (2007).
16) 山田正，日比野忠史，荒木隆，中津川誠：土木学会論文集，**Ⅱ-33** (527)，1-13 (1995).
17) 栗原泰子：天気，**34**，766 (1987).
18) K. Ninomiya: *J. Meteor. Soc. Japan*, **62**, 880-894 (1984).
19) 二宮洸三：天気，**47**，27-39 (2000).
20) K. Saito: 気象庁欧文彙報，**2** (2)，109-137 (1998).
21) 三隅良平：防災科学技術研究所主要災害調査，**40**，9-32 (2006).
22) 国土交通省関東整備局：第1回鬼怒川堤防調査委員会資料 (2015).
http://www.ktr.mlit.go.jp/ktr_content/content/000632889.pdf
23) http://www.mlit.go.jp/river/bousai/

第１編

降水と災害

第1節　局地的大雨と集中豪雨

気象庁気象研究所　荒木　健太郎

1 「局地的大雨」と「集中豪雨」とは

近年，局地的大雨（**図1**）や集中豪雨（**図2**）による水害が社会的に注目されている。これらの大雨は発達した積乱雲によってもたらされる現象であり，低地の浸水や道路の冠水，土砂災害や河川氾濫等による災害の原因となる。本稿では，これらの大雨の基本的な性質やメカニズムについて簡単に紹介する。詳細については筆者の著書[1]の他，関連する文献[2)-5) 7)]を参照いただきたい。

まず，気象庁は局地的大雨を「急に強く降り、数十分の短時間に狭い範囲に数十 mm 程度の雨量をもたらす雨」と定義している。一方，集中豪雨については正式な定義はないものの，「同じような場所で数時間にわたり強く降り、100 mm から数百 mm の雨量をもたらす雨」と説明されている。特に災害をもたらす大雨を豪雨と呼ぶことが多く，著者は災害をもたらす局地的大雨を局地豪雨と呼んでいるが[1]，本稿ではこれらを区別せずに局地的大雨と呼ぶこととする。これらの大雨の例を**図3**に示す。局地的大雨の例では，数～数十キロメートルの限られた範囲に降水強度が 80 mm/h を超える大雨が関東平野のあちこちで発生しているが，降水域は限定的であり，雨の降っていない地域も多い（図3(a)）。2014年8月20日に広島市で大規模な土砂災害を引き起こした集中豪雨の事例では，3時間で 200 mm を超える雨量が狭い範囲に集中して観測された（図3(b)）。

図1　局地的大雨の様子[1]。2013年9月3日に茨城県つくば市で発生したもの

図2　集中豪雨をもたらす雲の様子。2014年9月11日に北海道に集中豪雨をもたらした積乱雲群の一部

局地的大雨は，定義上は狭い範囲での短時間強雨を指すが，降水強度が一時的でも極めて大きい場合や，同じ地域で連続して同様な降水が発生した場合に

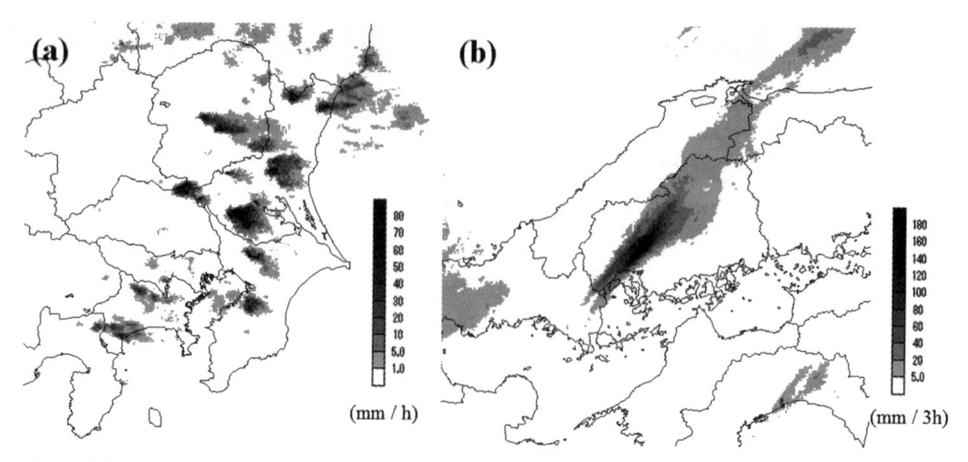

図 3　(a) 2015 年 7 月 24 日 15：30（日本時間，以下同様）の気象庁全国合成レーダーによる降水強度（mm/h），(b) 2014 年 8 月 20 日 04：00 までの解析雨量による 3 時間積算雨量（mm/3h）

は，短時間で鉄砲水や地下を含む低地の浸水等が発生する「都市型水害」[2] に結びつきやすい。これに対して集中豪雨では，図 3(b)のように特定の地域に限定して総降水量が大きくなる大雨だけでなく，より広い範囲で 100 mm 以上の降水量が観測されることもある。そのため，集中豪雨は土砂災害や河川の氾濫等の大規模な水害を引き起こしやすい。

2 大雨をもたらす積乱雲のしくみ

2.1　積乱雲の発達する大気の状態

ここでは，大雨をもたらす積乱雲がどのように発生するかを概観する。まず，積乱雲を作る空気塊（Air Parcel）の性質を考える。**図 4** は，水蒸気を含む湿潤な空気塊を表すパーセルくん[1] が断熱的に持ち上げられる様子である。パーセルくんは温度が高いほど多くの水蒸気を含むことができるという特徴がある。彼を上空に持ち上げると，上空ほど気圧が低いために身体が膨張（断熱膨張）し，その際に行う仕事量に相当する熱が失われるために温度が下がる（断熱冷却）。すると，彼の含むことのできる水蒸気量が限界に達し（飽和），溢れた水蒸気は凝結して雲を形成する。

ここで，水の状態が変化（相変化）する際には，周囲の空気と熱（潜熱）のやり取りが行われる。水蒸気（気体）から水（液体）や氷（固体）に変化する際には潜熱放出によって周囲の空気は加熱され，逆の場合は冷却される。未飽和の空気塊を持ち上げる場合には約 1℃ /100 m の割合（乾燥断熱減率）で温度が下がるが，飽和していれば凝結を伴うために温度低下の割合（湿潤断熱減率）は小さくなる。実際，日本付近での平均的な湿潤

図 4　空気塊が断熱変化に伴って飽和する様子[1]

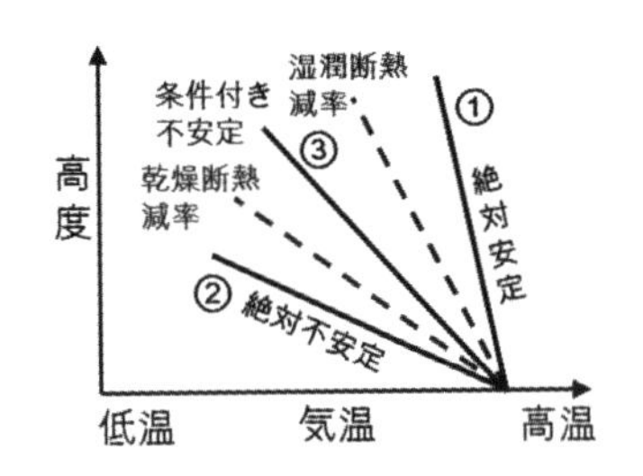

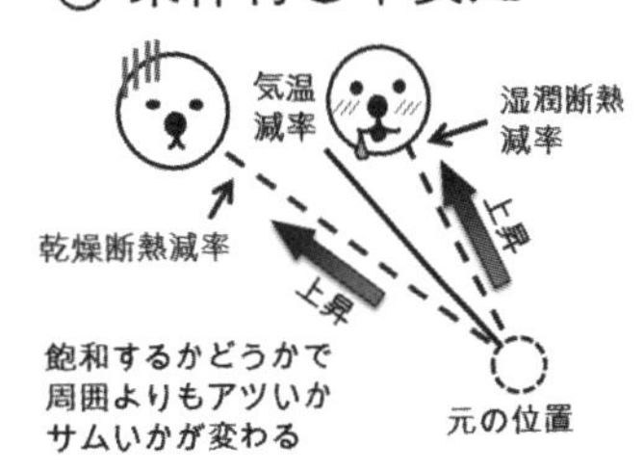

図５　周囲の空気の気温減率による安定度の違い[1)]

断熱減率は約 0.6 ℃ /100 m であることがわかっている。

周囲の空気の気温と同じ温度の空気塊を持ち上げた後の空気塊の鉛直運動は，周囲の空気の気温減率に左右される（**図５**）。周囲の気温減率が湿潤断熱減率より小さい場合，飽和した空気塊を持ち上げても空気塊は周囲よりも温度が低くなるため，相対的に重い状態になって鉛直下向き（負）の浮力がかかる（絶対安定，図５①）。一方，周囲の気温減率が乾燥断熱減率よりも小さければ，未飽和の空気塊を持ち上げても周囲より気温が高く，相対的に軽くなるために鉛直上向き（正）の浮力がかかって空気塊は自発的に上昇する（絶対不安定，図５②）。気温減率が湿潤断熱減率より大きく乾燥断熱減率より小さい場合，空気塊が飽和すれば不安定だが，未飽和であれば安定である（図５③）。暖候期の日本付近はこのような状態であることが多く，これは条件付き不安定と呼ばれる。

条件付き不安定の大気中で，積乱雲が発生する際の空気塊の運動を考える（**図６**）。未飽和の空気塊を大気下層から持ち上げたとき，空気塊は乾燥断熱減率で温度が低下し，ある高さで空気塊は飽和して凝結が始まる。この高さを持ち上げ凝結高度と呼び，雲底高度とほぼ対応する。さらに空気塊を持ち上げると，空気塊は湿潤断熱減率で温度が下がり，ある高さを超えると周囲の気温より温度が高くなる。この高さを自由対流高度と呼び，この上空では空気塊は外部からの持ち上げメカニズムなしに自発的に上昇できる。空気塊がさらに上昇すると，ある高さで空気塊の温度が周囲の気温よりも低くなってそれ以上は上昇できなくなる。この高さは平衡高度（中立高度，浮力ゼロ高度）と呼ばれ，概ね雲頂高度に対応する。

積乱雲の発達する暖候期では，平衡高度は対流圏界面（高度十数キロメートル）であることが多い。また，上空に寒気が流入したり，大気下層に温かく湿った空気が流入すると，平衡高度が上昇するとともに持ち上げ凝結高度と自由対流高度が低下し，わずかな持ち上げメカニズム（**3**参照）でも積乱雲が発生・発達可能な不安定な大気の状態となる[1)]。

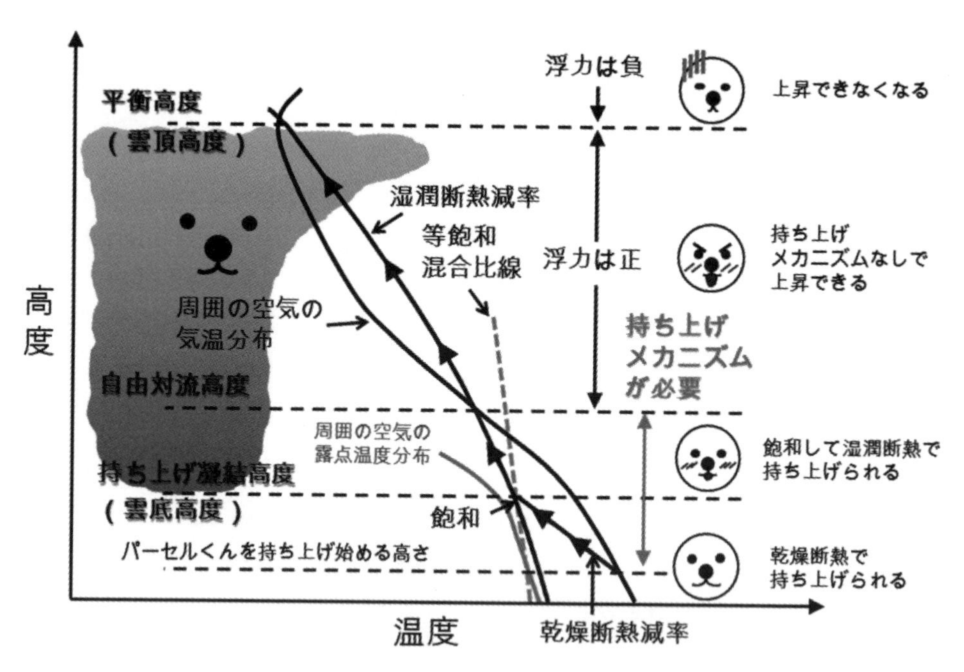

図6　積乱雲が発生する際の空気塊の運動[1)]

2.2　積乱雲の中で起こっていること

雲は小さな水滴や氷粒子の集合体であり，これらの粒子が可視光を散乱したものを私たちは雲として認識している。ここでは，積乱雲の中でこれらの雲粒子がどのように相互作用して雨をもたらすかを考える (**図7**)。

雲を0℃より気温の高い層と低い層で分けて考えると，それぞれ液体の雲粒子による「暖かい雲」と固体の雲粒子を含む「冷たい雲」と呼べる。暖かい雲では，水蒸気が雲核形成によって雲粒となり，周囲の水蒸気を取り込む凝結成長によって大きくなる。大きくなった粒子は自身

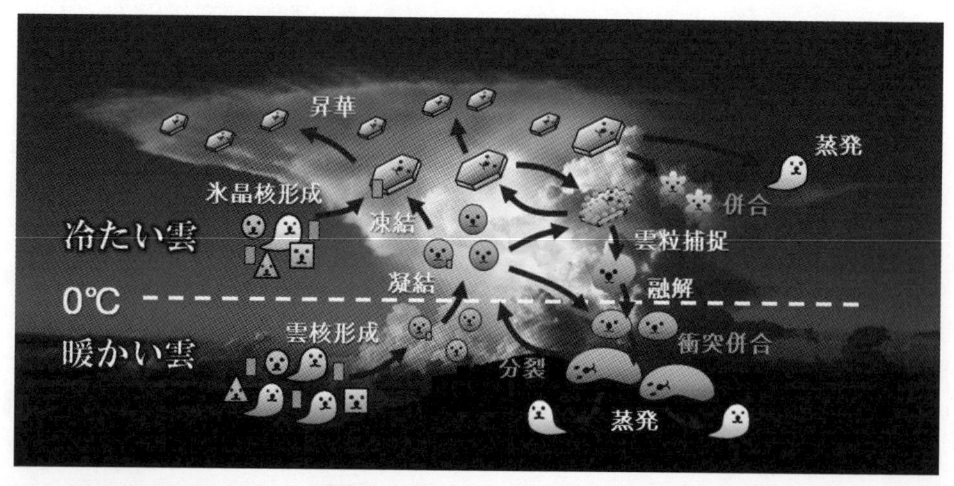

図7　積乱雲の雲物理過程。各過程の名称の色は，白（灰色）が相変化を伴う（伴わない）ものを意味する[1)]

の重さで落下するようになり，大きさの異なる雲粒と衝突・併合して雨粒を形成する（衝突併合成長）。冷たい雲では，水蒸気からの氷晶核形成や雲粒の凍結によって氷晶が発生する。氷晶が周囲の水蒸気を取り込んで大きくなり（昇華成長），落下するようになると，氷晶同士が併合して雪片を形成したり（併合成長），雲内に０℃以下で存在している雲粒（過冷却雲粒）を捕捉して霰を形成する（雲粒捕捉成長）。これらの降雪粒子が０℃高度より下層に落下すると融解して雨粒になり，衝突併合成長等を経て地上に落下する。日本付近の降水の大部分はこのような冷たい雲のプロセスが関わっていると考えられている。

2.3　積乱雲の一生

次に，積乱雲の時間発展について紹介する。ここでは，高度方向の風の変化（鉛直シア）が小さく，不安定な大気の状態で孤立して発生する積乱雲を考える（**図 8**）。

まず，積乱雲の発達期では，何らかの持ち上げメカニズムによって大気下層で上昇流が発生し，持ち上げ凝結高度を超えた空気が飽和して雲が形成される。この上昇流によって自由対流高度を超えた空気塊は積乱雲中で強い上昇流を作り，雲粒子は成長して落下し始める。成熟期では積乱雲の雲頂は平衡高度まで達し，落下する降水粒子の昇華・融解・蒸発による潜熱吸収で冷却されて重くなった空気が下降流を作る。この下降流は，降水粒子が周囲の空気を引きずりながら落下すること（ローディング）によっても強化される。この下降流は積乱雲中の上昇流を打ち消し，積乱雲の衰退期では下降流が支配的になる。すると，積乱雲内部への水蒸気供給が断たれ，積乱雲は衰弱してその一生を終える。地上での大雨は，積乱雲の成熟期から衰退期にかけて発生する。積乱雲の水平スケールは数〜数十キロメートルで，寿命は約１時間である。ひとつの積乱雲が地上にもたらす雨量はせいぜい数十ミリメートル程度と言われている。

積乱雲内の下降流は地上に達して水平方向に広がるが，この冷たく重い空気の流れ（冷気外出流）の風速とその時間変化率がある程度大きいものはガストと呼ばれる。ガストと周囲の空気との境界をガストフロントと呼び，ガストフロント上で持ち上げられた空気塊が新たな積乱雲を発生させることもある。

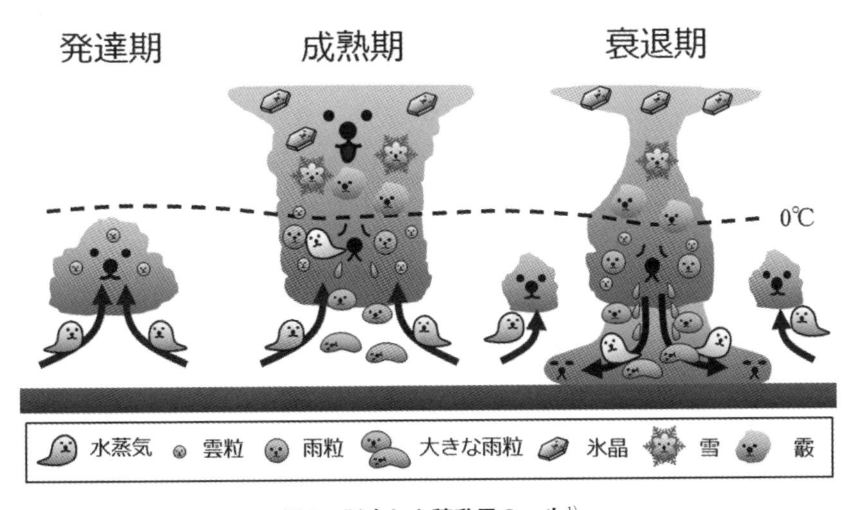

図８　孤立した積乱雲の一生[1)]

3 局地的大雨のしくみ

局地的大雨は「ゲリラ豪雨」と呼ばれることがある。ゲリラ豪雨は局地的に突然発生し，予測が困難であり，災害をもたらし得る大雨のことを指すが[1]，世間では予測可能かどうかや災害をもたらすかどうかに関係なく，並みの雨でもゲリラ豪雨と呼んでいる傾向がある。ここでは，局地的大雨がなぜ局地的に突然発生するかについて述べる。

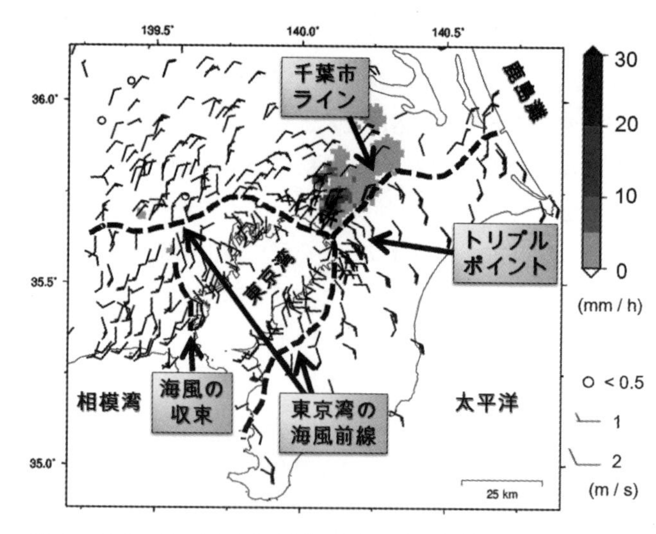

図 9　2009 年 8 月 9 日に関東平野で局地的大雨を引き起こしたトリプルポイント。矢羽は気象庁アメダスと環境省大気汚染物質広域監視システム「そらまめ君」で観測された地上風。塗り分けは気象庁全国合成レーダによる降水強度 (mm/h)[1) 6)]

積乱雲が発生・発達するためには，大気の状態が不安定な環境で，下層の空気塊が自由対流高度より上空まで持ち上げられる必要がある。これは対流の起爆（CI：Convection Initiation）と呼ばれ，局地的大雨発生に必要不可欠なメカニズムである。特に予測の難しい局地的大雨は，地上天気図に現れる低気圧や前線等の時空間スケールの大きな持ち上げメカニズムが存在しない環境で発生する。CI を引き起こす持ち上げメカニズムには，ガストフロント，暖候期の静穏日の日中に海陸の温度差によって生じる局地循環が関係する海風前線等，局地的に形成された前線（局地前線）が特に重要である。

2009 年 8 月 9 日の地上気象観測結果とレーダー観測結果を**図 9** に示す。この日，千葉市で 3 時間積算雨量が 150 mm を超える局地的大雨が発生し，低地の浸水被害が引き起こされた。この事例では，大雨をもたらした積乱雲群が発生する前の環境場として，東京湾沿いに形成された海風前線と，茨城沖からの冷たい北東風と太平洋からの南東風が収束する局地前線（千葉市ライン）が千葉市付近で交差しており，トリプルポイントと呼ばれる 3 つ以上の性質の異なる空気がぶつかる環境が存在していた[6]。このトリプルポイントは CI が起こる 1 時間半以上前から千葉市付近に形成されており，上昇流が強く CI の起こりやすい環境である。このようなごく局地的な持ち上げメカニズムが CI を引き起こし，局地的大雨を発生・発達させることが多い。

4 集中豪雨のしくみ

4.1　線状降水帯による集中豪雨

ひとつの積乱雲の寿命は約 1 時間で，数十ミリメートル程度の雨量をもたらすことから，集中豪雨が発生するためには複数の積乱雲が組織化することが必要である。孤立した積乱雲が組織化するかどうかは，鉛直シアの強さによって決まる（**図 10**）。鉛直シアのない環境では，冷気外出流による周囲の空気の持ち上げが弱く，新たな積乱雲は発生しないため組織化できない。鉛直シアがある程度大きければ，冷気外出流にぶつかる下層空気の水蒸気供給が持続するため，新たな積乱雲が古い積乱雲の近傍で発生し，組織化が可能である。一方，鉛直シアが大きすぎると，古い積乱雲自身が風に流されてしまい，新たに発生する積乱雲と離れてしまうため，組織化できなくなる。

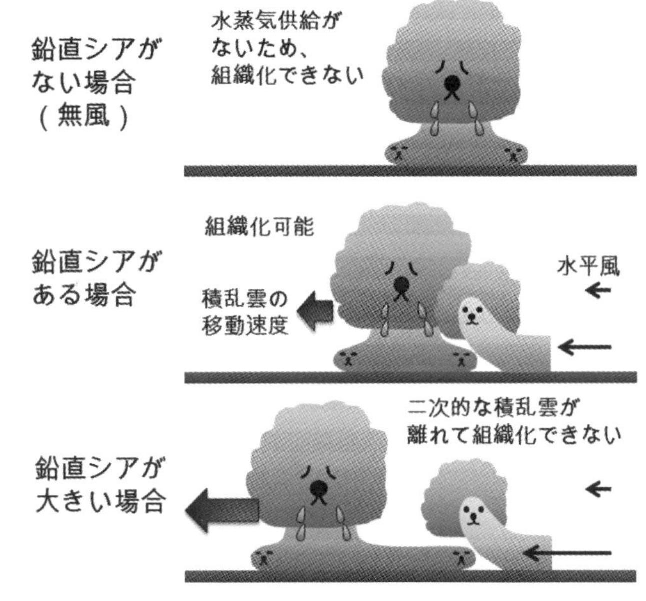

図 10　鉛直シアと積乱雲の組織化の関係[1)]

このように適度な鉛直シアの存在する環境下で組織化した積乱雲群は，しばしば線状降水帯と呼ばれる降水システムを形成する。線状降水帯の形態は，スコールライン型，バックビルディング型，バックアンドサイドビルディング型の３つに大きく分類でき[1) 7)]，それぞれの降水システム内で下層風と中層風の気流構造に違いが見られる（**図 11**）。スコールライン型は移動速度が大きく，短時間強雨や突風の原因にはなるものの集中豪雨はもたらさない。一方，バックビルディング型とバックアンドサイドビルディング型では線状降水帯の移動速度が小さく，古い積乱雲（降水セル）に対して下層風の風上側で新たな積乱雲が発生し続ける。そのため，これらの型の線状降水帯は，特定の地域での降水量を増大させ，集中豪雨をもたらす典型的な降水システムである。

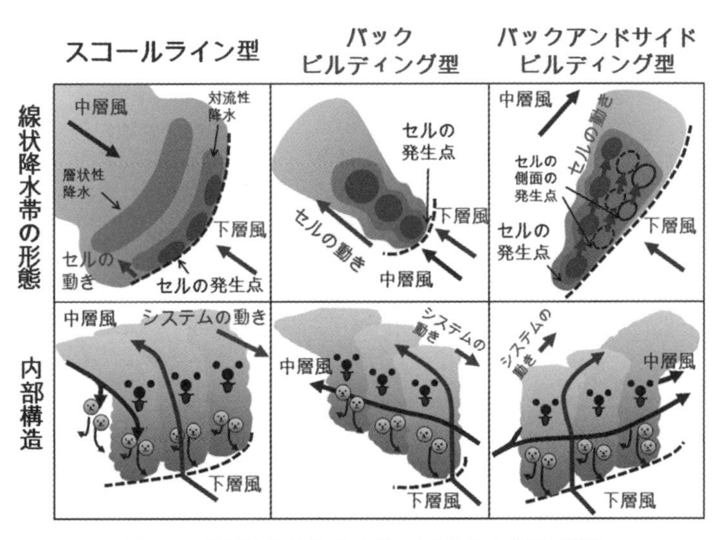

図 11　典型的な線状降水帯の形態と内部構造[1) 7)]

4.2　地形による降水の集中

線状降水帯は狭い範囲での集中豪雨を引き起こす典型的な降水システムであるが，台風接近時など，多量の下層水蒸気が供給され続ける環境場では，地形性の集中豪雨が発生する。**図12**は2011年の台風第12号が四国に上陸し，日本海に移動していくまでの7日間の気象庁アメダスによる総降水量分布である。南アルプスや四国の山地の南東斜面では総降水量が600 mmに達し，紀伊半島では1,000 mmを超える豪雨となった。特に，奈良県では1,800 mmを超える雨量が観測され，多くの地域で土砂災害や河川の氾濫が発生した。台風がこれらの山地の西側を北上する場合等に，このような地形性豪雨が発生する。

地形性豪雨の発生メカニズムには，山地における下層空気の強制上昇に加えて，積乱雲が変質して効率的に大きな雨粒が成長できるようになることが重要である[1)8)]。まず，海上の積乱雲が陸上に流入する際，地上付近での摩擦により下層風が弱まり，水平方向に風が収束することで上昇流が発生する（**図13**）。これにより積乱雲が発達するだけでなく，下層風が弱まったことで雨粒が雲の前方に落下できるようになる。このため，冷気外出流が風上側に流れ，下層風と収束することでも上昇流が発生して積乱雲が発達する。積乱雲が山地斜面に近付くと，斜面を滑昇する空気による上昇流の影響も受け，下層で雲粒が成長する。すると，発達した積乱雲の上中層の雲から落下する降水粒子が下層の雲粒を効率的に捕捉できるようになり，山地での降水効率が上がる。このような増雨効果は，上中層の雲が種をまく雲（Seeder），下層の雲が種をまかれる雲（Feeder）として働くことから，Seeder-Feeder

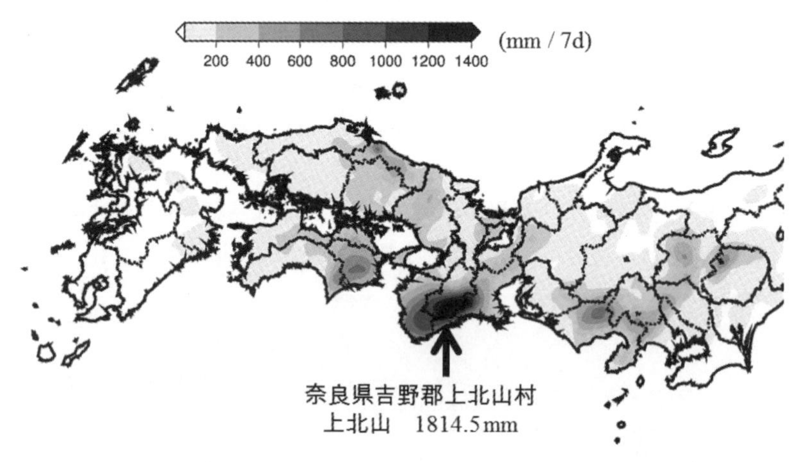

図12　2011年8月30日から9月5日の7日間の総降水量[1)]

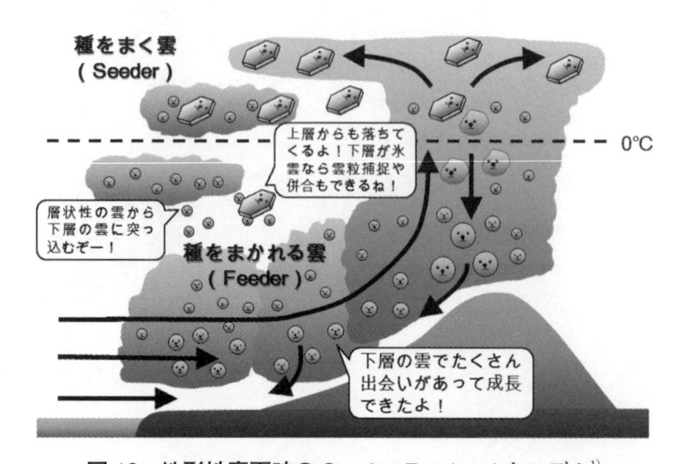

図13　地形性豪雨時のSeeder-Feederメカニズム[1)]

メカニズムと呼ばれている。地形性豪雨による降水の集中には，これらのメカニズムが必要不可欠である。

5 豪雨の発生前予測

5.1　局地的大雨の予測可能性

すでに発生している積乱雲の移動や盛衰予測にはナウキャスト（[第1編第3章第1節]），積乱雲の発生前予測には数値予報が用いられる（[第1編第3章第2節]）。数値予報は，観測データをもとに現実的な大気場を作成（データ同化）し，これを初期値として大気の運動方程式を数値的に解くことで，将来の大気の状態を予測する手法である。このとき，実験・観測から明らかになっているさまざまな物理過程が組み込まれた方程式系（数値予報モデル）が用いられる。気象庁では全球モデル（GSM，水平解像度 20 km），メソモデル（MSM，5 km），局地モデル（LFM，2 km）による数値予報を行っており，局地的大雨の発生前予測には LFM が有効であることが多い。

ただし，局地的大雨をもたらす積乱雲は水平スケールが数キロメートルであることから，LFM でも積乱雲内の詳細な構造を表現できるわけではない。また，データ同化に用いられる観測データで CI を引き起こす局地前線等が捉えられていない場合等は，特に局地的大雨の発生前予測が難しい。LFM の運用前であった 2009 年 8 月 9 日に関東平野で発生した局地的大雨も，当時の MSM では全く予測できなかった。この事例では，気象庁アメダスと環境省大気汚染物質広域監視システム「そらまめ君」による高密度地上気象観測から CI にトリプルポイントが重要であることが明らかになっているので（図 9），これらの観測値をデータ同化に用いた局地的大雨の発生前予測実験（水平解像度 2 km）を行った（**図 14**）[6]。地上気象観測をデータ同化しない実験では局地的大雨は全く再現できなかったが，アメダスの風，気温を同化した実験では一部の大雨を再現できた。さらに，アメダスよりも高密度なそらまめ君の風，気温，相対湿度をデータ同化に用いることで，千葉市や東京都の局地的大雨を高精度に再現することができた。これは，高密度地上気象観測のデータ同化により，CI とその後の積乱雲群の維持に必要な詳細な下層収束と気温，水蒸気分布を初期値に表現できたためである。

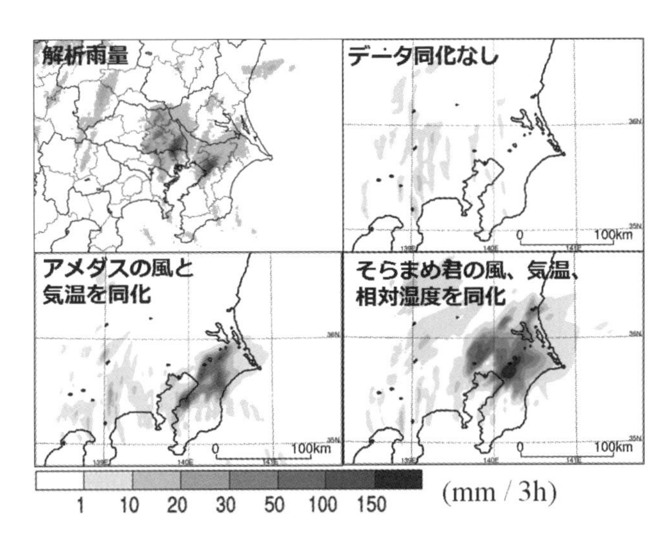

図 14　高密度地上観測値のデータ同化を用いた局地的大雨の発生前予測実験[1) 6)]。解析雨量と各実験結果の3時間積算雨量の比較

近年では，このように新しい観測データを同化する技術開発や，高分解能な数値予報モデルを用いた局地的大雨の予測研究が進められている。しかし，局地的大雨をもたらす積乱雲の発生・発達メカニズムは多様であり，未解明なプロセスも多い。そのため，高分解能な気象レーダを用いた積乱雲の観測研究も進められており，今後の進展が期待される。

5.2 集中豪雨の予測可能性

低気圧や台風，前線等の時空間スケールの大きな現象は，大雨をもたらす個々の積乱雲に比べれば精度良く予測することができることが多い。これらの現象の位置等が発生要因として重要である台風接近時の地形性豪雨や，梅雨前線に伴う集中豪雨についても，ある程度は発生前の予測が可能である。

鬼怒川の決壊により大規模な水害の発生した「平成27年9月関東・東北豪雨」は，日本海に台風第18号から変わった低気圧，太平洋上の台風第17号が存在する環境下で発生した。関東地方から東北地方では，低気圧や台風に伴う大気下層の温かく湿った空気による南東から南寄りの風が持続し，多数の線状降水帯が近接して発生して集中豪雨をもたらしたと報告されている[9]。集中豪雨の期間を含む2015年9月10日12：00までの24時間積算雨量は，栃木県の一部で600 mmを超えており，降水量の大きい地域が南北に線状にのびている（**図15**(a)）。同じ期間のMSMによる降水量予測では，降水量の最大値は約500 mmと実際よりは過小ではあるものの，観測に近い降水分布が1日以上前から予測できていた（図15(b)）。

このように，集中豪雨は局地的大雨に比べて時空間スケールが大きいため，積乱雲の発生し続ける大気場が上手く表現できれば，数値予報モデルによる発生前予測が上手くいくことがあ

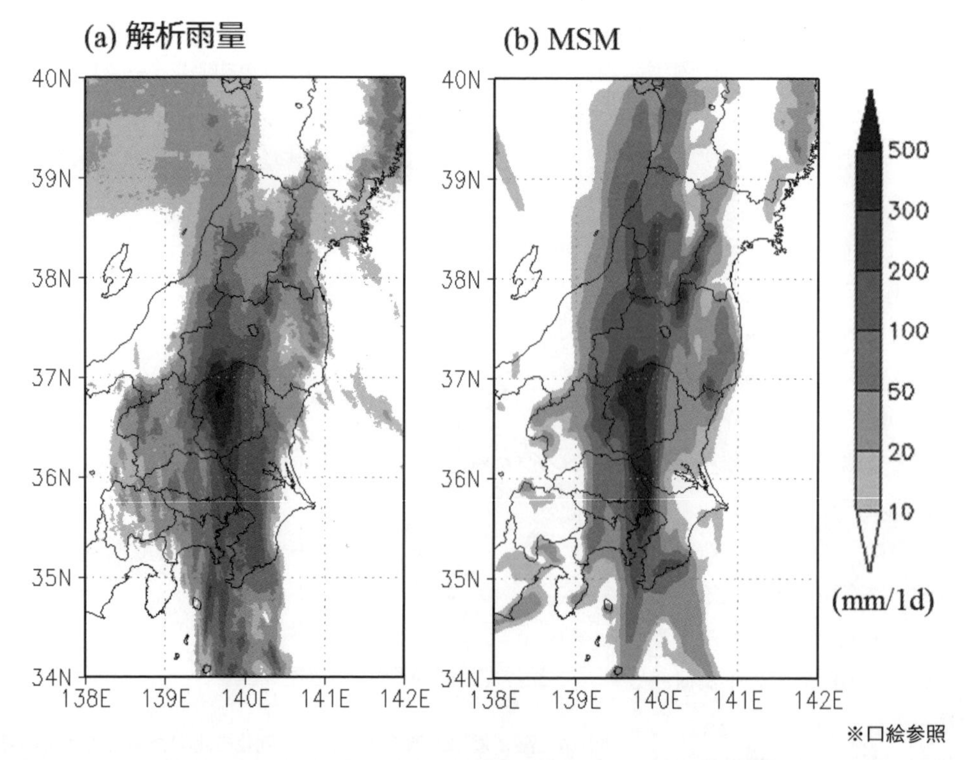

※口絵参照

図15　2015年9月10日12：00までの24時間積算雨量（mm）。(a) 解析雨量，(b) 9日00：00初期時刻のMSMによる降水量予測結果

る。ただし，降水量の量的予測の精度は不十分であり，Seeder-Feederメカニズム等の雲物理過程を正確に表現することのできる数値予報モデルの開発が必要である。また，集中豪雨のメカニズムは事例によって異なり，2014年8月20日の広島市での集中豪雨をはじめ，十分なリードタイムを確保した発生前予測の難しい集中豪雨も存在する。このため，事例解析を重ねて日本付近で発生する集中豪雨の実態把握をしていくことが望まれる。

6 水害をもたらす豪雨といかに向き合うか

水害をもたらす局地的大雨や集中豪雨は，積乱雲によってもたらされるという点では同じであるが，その時空間スケールの違いにより水害の種類や規模も大きく異なる。また，局地的大雨は特に時空間スケールの小さい現象であり，発生前予測の難しいことが現状では多い。そのため，レーダ観測技術を用いた積乱雲の早期探知，ナウキャストによる積乱雲の運動学的予測が，局地的大雨を「ゲリラ豪雨」ではなく「ただの通り雨」にするためには重要であろう。また，局地的大雨や集中豪雨は多様であり，詳細なCIプロセスや積乱雲群の維持メカニズムの解明等，解決すべき課題は多いのが現状である。これらの豪雨の高精度な発生前予測には数値予報モデルやデータ同化技術の高度化が必要不可欠であるが，そのためには最新のレーダ観測技術や降水粒子観測等を駆使し，豪雨をもたらす積乱雲の中で実際に何が起こっており，数値予報モデルに何が不足しているのかを精査する必要がある。

局地的大雨や集中豪雨は日本国内のどのような地域でも発生する可能性がある。そのため，それぞれの地域でこれまでに経験したことのない豪雨に対して，どのようなハード・ソフト対策をすべきかを精査しなければならない。一方，観測や予測結果に基づく防災気象情報の精度が向上したとしても，その情報の意味する「災害発生の危険性」が国民に上手く伝わらなかったり，伝わったとしても避難行動に結びつかなければ，災害が発生し得る。このような防災気象情報の伝達の観点でも検討の余地がある（コラム「気象キャスターからのひとこと❷」参照）。また，防災気象情報の利活用を含め，局地的大雨や集中豪雨が発生しても身を守ることのできる気象防災教育を充実させる必要がある。

文　献

1）荒木健太郎：雲の中では何が起こっているのか，ベレ出版，343 (2014).
2）三隅良平：気象災害を科学する，ベレ出版，271 (2014).
3）小倉義光：日本の天気　その多様性とメカニズム，東京大学出版会，403 (2015).
4）大野久雄：雷雨とメソ気象，東京堂出版，309 (2001).
5）吉崎正憲，加藤輝之：豪雨・豪雪の気象学，朝倉書店，187 (2007).
6）K. Araki et al.：*WMO CAS/JSC WGNE Research Activities in Atmospheric and Oceanic Modelling*, **45**, 1.07 (2015).
7）瀬古弘：気象庁研究時報，**62**，1 (2010).
8）R. A. Houze Jr.：*Reviews of Geophysics*, **50**, RG1001 (2012).
9）気象庁気象研究所：報道発表資料 (2015).

第2節　地球温暖化と水害—台風の可能最大強度と高潮について—

国立研究開発法人防災科学技術研究所　下川　信也
国立研究開発法人防災科学技術研究所　村上　智一
国立研究開発法人防災科学技術研究所　飯塚　聡
岐阜大学　吉野　純　　愛知工科大学　安田　孝志

1 はじめに

近年，巨大自然災害は増加傾向にあり，その中でも台風を含む気象災害は，2015年において発生数で41%，経済的損失で47%，保険損失で69%と，地震災害等よりも大きな割合を占めている（死者数では，地震災害が42%と最も大きな割合を占めている）[1)]。地震災害は一度起こると被害が大きいが，気象災害は毎年の発生回数が多いので，トータルの被害としては大きくなるのである。

その気象災害の中でも，台風による高潮を主因とする大きな沿岸災害が近年頻発している。有名なハリケーンカトリーナ（2005年：米国）のほかに，記憶に新しいところでは，ハリケーンサンディ（2012年：米国）や台風ヨランダ（2013年：フィリピン）等が挙げられる。このような沿岸災害の増加の原因の一つは，沿岸域への人口集中にある。このことは，日本学術会議（2008）[2)]やUNEP（国連環境計画）（2012）[3)]でも強調されている。日本学術会議（2008）[2)]では，陸域－縁辺海域（すなわち，沿岸域）は，人間活動の主要な場の一つであるが，大きな自然災害がしばしば起こる場でもあると指摘している。UNEP（2012）[3)]では，全陸地の2%である沿岸域の人口は，全人口の13%に達し，現在も増加中であり，その沿岸域には自然災害を含むさまざまな問題が山積していると指摘している。

また，台風による高潮を主因とする沿岸災害の増加には，上に挙げた沿岸域への人口集中だけでなく，地球温暖化による台風の強大化が関係している可能性もある[4)]。数値シミュレーションによる予測によると，地球温暖化に伴って台風の発生数は減少するが，その強度は増加すると考えられている[5)6)]。しかし，これらの結果は数値モデルに依存し，絶対的な真実というわけではない。つまり，異なる予測を示している研究もある。例えば，Knutsonほか（2008）[7)]は，地球温暖化に伴って大西洋のハリケーンは発生数も強度も減少すると予測している。この点には，注意が必要である。

しかし，また防災・減災という観点からは，考えられる可能最大強度の自然災害に対する準備をしておくことが重要である。これは，2011年3月11日に起こった東日本大震災から学んだ教訓でもある。もし沿岸域の大都市に強大化した台風が来襲した場合，大きな高潮が発生し，沿岸域のみならずその周辺域まで浸水し，壊滅的な被害を引き起こす可能性がある。そして，東京，名古屋，大阪等日本の大都市の多くは沿岸域にある。

そこで，筆者らは，現在および将来気候（地球温暖化）時に想定される伊勢湾台風級の可能最大強度の台風が，伊勢湾と東京湾に来襲したときに発生し得る高潮（可能最大高潮）について，

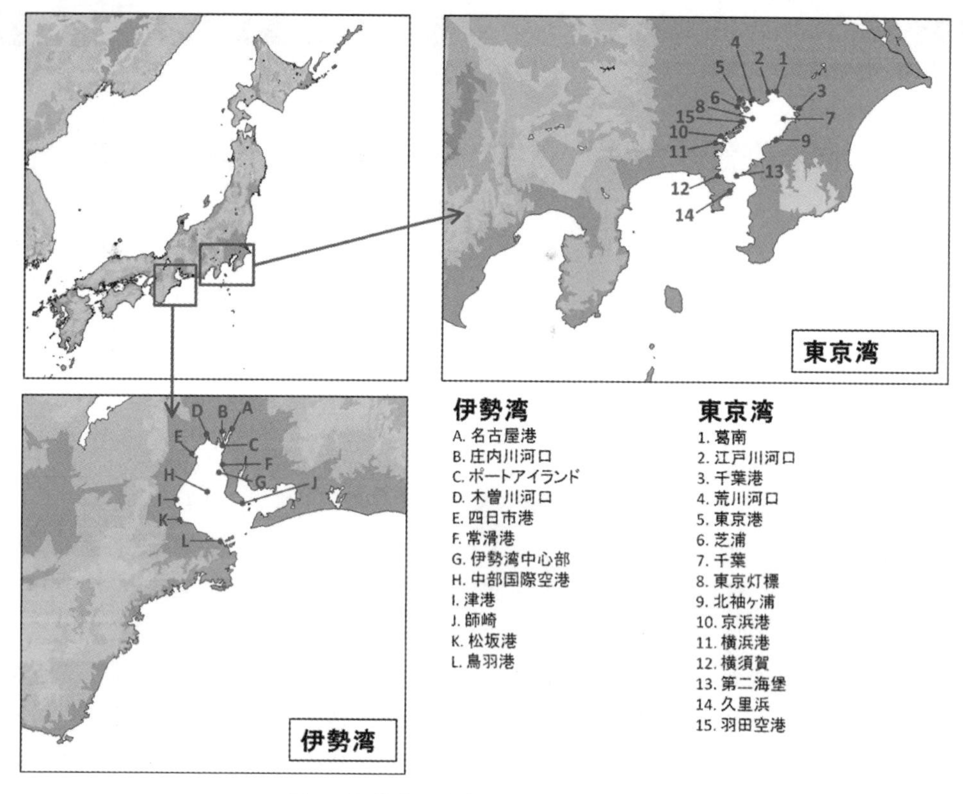

図１　伊勢湾と東京湾（文献 8）を改変）

数値シミュレーションによる予測評価を実施した[8]（**図１**参照）。この目的のために，渦位逆変換法による台風ボーガススキームを含む大気・海洋・波浪結合モデルを用いた。**2**では，可能最大強度台風と可能最大高潮の定義，**3**では渦位逆変換法による台風ボーガススキーム，**4**では大気・海洋・波浪結合モデルとそれによる予測実験の方法について解説する。**5**では，可能最大高潮の予測結果について述べる。**6**では，まとめとして伊勢湾と東京湾の結果の差異とその空港施設への影響について考察する。

2 可能最大強度台風と可能最大高潮

台風は，低緯度域の海表面水温がある温度（通常，27 ℃）以上の海域で発生する。高温の海表面からの熱による上昇流に伴って，水蒸気が凝結すると，そこで潜熱を放出し，それにより軽くなった空気はさらに上昇する。それに伴って，海表面付近では周囲から湿った空気が中心に向かい（摩擦収束し）上昇するので，さらに潜熱を放出するという正のフィードバックが生じる。このようなメカニズムのもとに台風は発達する。そして，台風は，海表面から熱エネルギーの供給を受けながら，その発生域から高緯度に移動し，沿岸域に近づくと，高潮を発生させる。

その台風は，海表面という高温源と対流圏界面という低温源の間で駆動する熱機関と考えることができる。したがって，台風の発生には，海表面水温だけでなく，大気の鉛直構造や海表面気圧等も関係している。それ故，台風の発生に関して，海表面水温だけでなく，これらの物理量も反映した指標があるとよい。そのような理論的な指標として，台風の最大可能強度（最大可能風速または最小可能中心気圧[9)10)]がある。台風の最大可能風速（V_c）は，カルノーサイクルとしての台風の熱力学的効率（e），台風への熱エネルギーの取り込み率（Q），台風の力学的な散逸率（D）の関係（D＝eQ）から，式(1)のようになる。

$$V_c^2 = C_k/C_d \cdot e \cdot (k_o - k_a) \tag{1}$$

風速から圧力への変換は，旋衡風の仮定から式(2)のようになる。

$$P_c = P_{env} \cdot \exp(-V_c^2/RT_o) \tag{2}$$

ここで，V_c：最大可能風速，C_k：エンタルピー輸送係数，C_d：運動量輸送係数，k_o：海表面でのエンタルピー，k_a：海表面に近い大気でのエンタルピー，P_c：最小可能気圧，P_{env}：環境場の気圧，R：空気の気体定数，T_o：海表面水温である。

この台風の最大可能強度は現在気候時だけでなく，将来気候（地球温暖化）時にも適用し得るが，あくまで理論的な上限（または下限）を与えるのみである。現実的な状況においては，海陸分布等地形的な境界条件が存在し，また，上記の理論において仮定されている台風の内部構造の軸対称性は，中緯度帯のジェット気流や温帯低気圧の影響を受けるため，通常満たされない。

現実的な可能最大強度台風は，この最大可能強度理論に基づく台風ボーガススキーム（**3**参照）を用いた大気モデルによって得ることができる。そのようにして得られた可能最大強度台風から，大気・海洋・波浪結合モデル（**4**参照）によって求められた高潮が可能最大高潮となる。

3 渦位逆変換法による台風ボーガススキーム

数値モデルにより気象場を予測・再現するためには，入力値となる初期値・境界値が必要となる。しかし，数値モデルで台風を予測・再現する際には，台風の種となるものが初期値に含まれていないと（観測や客観解析データから得られた単なる環境場のままでは），台風を十分に再現できない（初期値が台風にまで発達できない）ことが多い。そこで，台風に見立てた擬似的な渦構造を初期値に埋め込む処理を行う。これを台風ボーガスと呼ぶ。しかし，渦の埋め込み方によっては，台風周辺の気象場と大きな不連続を生むことになり，逆に誤差を生じる恐れがある。本研究のように現在および将来気候時における可能最大強度台風による高潮（可能最大高潮）を評価するためには，台風周辺の気象場との不連続が少ない物理的整合性をもった台風内部の気象場を作成することが必要になる。また，評価の信頼性を高めるために，想定台風数を増加させ，また他地域にも適用できるようにすることが重要である。つまり，台風の中心位置や強度を台風周辺の気象場の条件を考慮して物理的整合性を保持したまま変更することが必要になる。しかし，既存の台風ボーガススキーム[11)-13)]では，台風の内部構造と環境場の両方を，物理的整合性を保持したまま変更することはできない。

本研究で用いる台風ボーガススキームは，吉野ら（2007，2009）[14)15)]による渦位逆変換法とEmanuel (1995)[10)]による軸対称台風渦位モデルを組み合わせることにより，現在および将来気候時に発生し得る最大規模の台風の環境場を作成するものである。この方法の大きな特徴は，渦位という物理量の持つ可逆性原理を利用し，渦位という単一の物理量から適切な境界条件の下で気象場（風速・温度・気圧または高度）を同時に解くことができる点にある。単一の物理量から変換するため，台風の中心位置や強度の変更を容易に行うことができ，かつ，物理的整合性のとれた連続的な気象場を得ることができる。これまでの台風ボーガススキームと渦位逆変換法による台風ボーガススキームの概念図を**図 2** に示す。

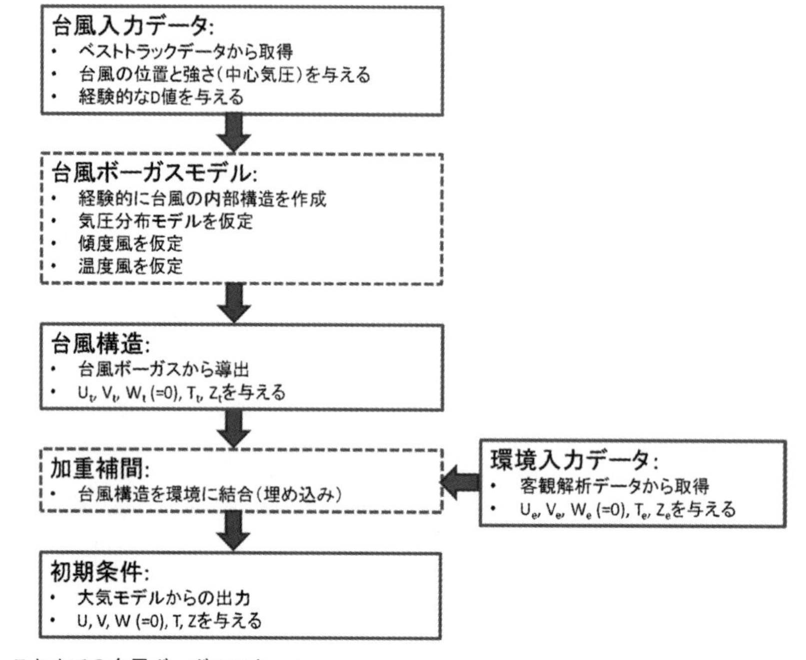

(a) これまでの台風ボーガススキーム

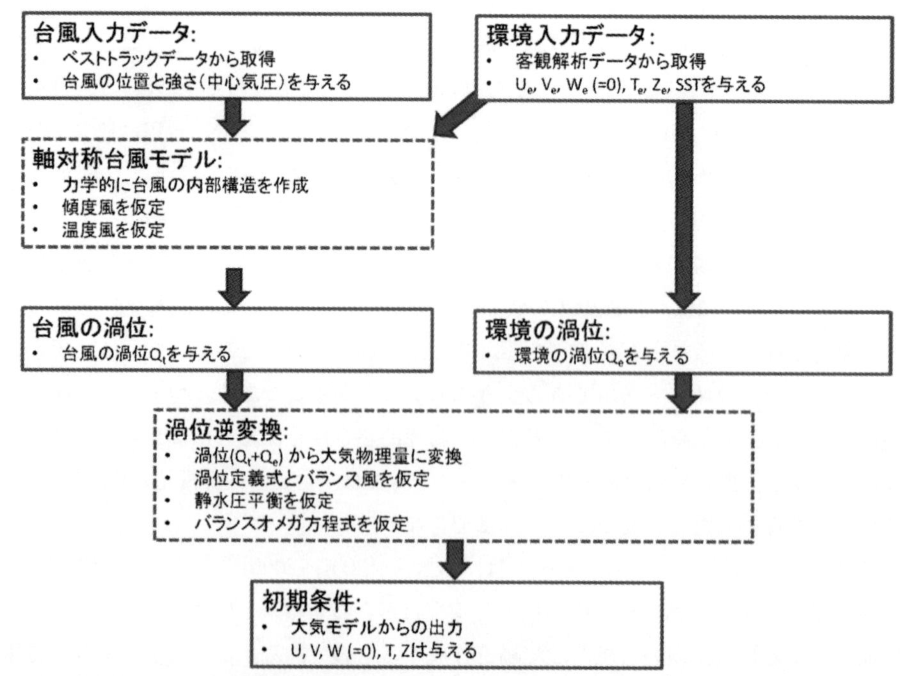

(b) 渦位逆変換法による台風ボーガススキーム

図 2　台風ボーガススキームの概念図（文献 8）を改変）

また，通常，他地域において伊勢湾台風級の台風の評価を行おうとする際には，過去の台風事例を調査し，その中からその地域に接近した最大規模の台風事例をピックアップする必要があるが，必ずしも最適な事例が存在するとは限らない（むしろ，存在しないことが多い）。これを解決する一つの方法は，伊勢湾台風の環境場をなんらかの方法で改変し，他地域に適用することである。それは，渦位という物理量を使うこと，すなわち，伊勢湾台風の環境場の渦位を比較的長い周期で変化する地域固有の渦位平均場（すなわち，海陸分布など地形的な境界条件に起因する平均的な気象場）と，比較的短い周期で変動する渦位偏差場に分離し，渦位偏差場のみを経度方向に平行にずらすことにより可能となる。

4 数値モデルと予測実験の方法

本研究では，可能最大強度台風による高潮（可能最大高潮）の予測のために，3で解説した渦位逆変換法による台風ボーガススキームを含む大気・海洋・波浪結合モデルを用いる。大気・海洋・波浪結合モデルは，大気モデル：MM5（PSU/NCAR mesoscale model[16]），海洋モデル：CCM（Coastal ocean Current Model[17) 18]），波浪モデル：SWAN（Simulating WAves Nearshore[19]）から構成される。それぞれのモデルの詳細については，それぞれの文献を，また，結合モデルの精度検証については，Murakami ほか（2011）[20] を参照されたい。

台風の経路により，台風下の海表面水温や地形が異なり，台風はそれらの要因の影響を受ける。例えば，台風は，高い海表面水温をもつ海洋上では強くなり，山地等の高い地形付近では弱くなる。したがって，台風による高潮もそれらの要因の影響を受ける。これらの要因は，経路や強度をあらかじめ仮定する経験的台風モデルでは評価できず，結合モデルを用いることにより，正確に評価できるものである。

また，結合モデルには，台風や高潮を物理的整合性をもって再現できる，特に，台風下の大気－海洋－波浪間の複雑な相互作用を考慮することができるという利点もある。例えば，海表面水温が高くなると，海洋から台風に供給されるエネルギーが増え，台風が強くなり，風速が増すので，海洋が強くかき混ぜられる。そうすると水深の深いところにある低温の海水が上がってきて，海表面水温が低くなり，海洋から台風に供給されるエネルギーが減り，今度は，台風が弱くなる。このような効果は，単独の大気モデルや海洋モデルでは考慮することができず，結合モデルを用いることにより，正確に評価できるものである。

この結合モデルを用いて，次の4ケース：(a) 伊勢湾・現在気候時，(b) 東京湾・現在気候時，(c) 伊勢湾・将来気候時，(d) 東京湾・将来気候時の可能最大強度台風による高潮（可能最大高潮）の予測実験を行った。各ケースの詳細は，以下の通りである。

(a) 伊勢湾・現在気候時

まず，1959年9月（伊勢湾台風発生時）のECMWFの全球再解析データ（ERA-40）[21] を台風ボーガススキームに与え，現在気候時の可能最大強度台風とその環境場を評価する。次に，北緯26.5°の経度ライン：東経131.35～135.70°の間に上記の手法で得られた可能最大強度台風を9 km間隔で順に50個（**図3**(a)）を埋め込む。これら50個の可能最大強度台風は，初期においては同じ強度を持つが，その位置は異なっている。

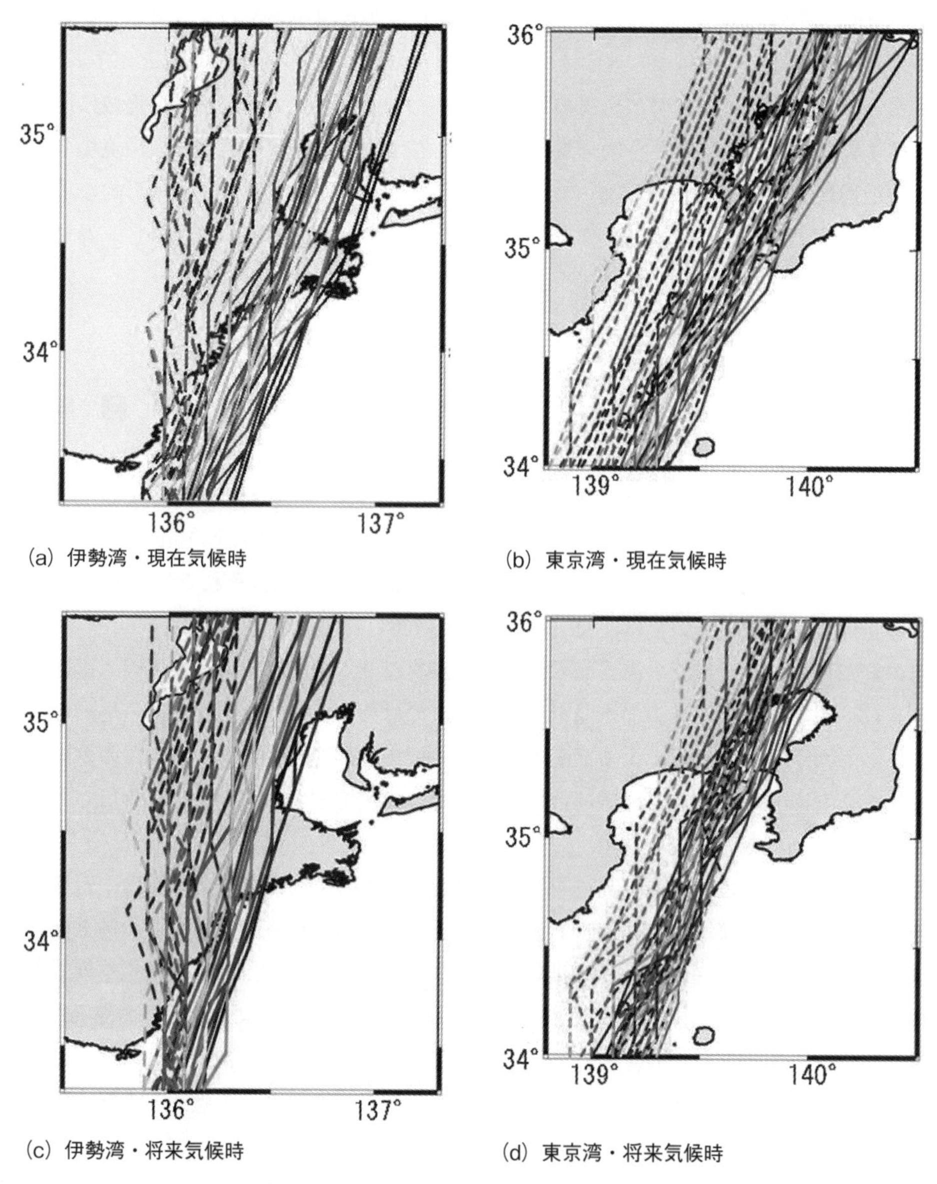

(a) 伊勢湾・現在気候時
(b) 東京湾・現在気候時
(c) 伊勢湾・将来気候時
(d) 東京湾・将来気候時

図 3　数値モデルで計算された台風の経路（文献 8）を改変）

(b) 東京湾・現在気候時

ERA-40 に基づく渦位場を平均場（1 ヵ月平均）とその偏差場に分離し，偏差成分のみを経度 3.25°東に移動し，現在気候時の環境場を得る。この環境場を台風ボーガスキームに与え，現在気候時の可能最大強度台風を評価する。次に，北緯 26.5°の経度ライン：東経 134.6 ～ 138.9°の間に上記の手法で得られた可能最大強度台風を 9 km 間隔で順に 50 個（図 3（b））を埋め込む。

(c) 伊勢湾・将来気候時

ERA-40 に基づく渦位場を平均場（1 ヵ月平均）とその偏差場に分離し，IPCC（気候変動に関する政府間パネル）の A1B シナリオ[22] の 2099 年 9 月の大気と海表面の温度をその平均場に加え，将来気候時の環境場を得る。この環境場を台風ボーガスキームに与え，将来気候時の可能最大強度台風を評価する。次に，北緯 26.5°の経度ライン：東経 131.35 ～ 135.7°の間に上記の手法で得られた可能最大強度台風を 9 km 間隔で順に 50 個（図 3（c））を埋め込む。

(d) 東京湾・将来気候時

ERA-40 に基づく渦位場を平均場（1 ヵ月平均）とその偏差場に分離し，IPCC の A1B シナリオの 2099 年 9 月の大気と海表面の温度をその平均場に加え，さらに偏差成分のみを経度 3.25°東に移動し，将来気候時の環境場を得る。この環境場を台風ボーガスキームに与え，将来気候時の可能最大強度台風を評価する。次に，北緯 26.5°の経度ライン：東経 134.6 ～ 138.9°の間に上記の手法で得られた可能最大強度台風を 9 km 間隔で順に 50 個（図（d））埋め込む。

5 可能最大高潮の予測結果

図 4 は，全実験の台風の中心気圧の時間変化を示す。将来気候時の台風の中心気圧は，現在気候時に比べると，かなり小さくなっており（台風が強大化しており），将来気候時には，台風による高潮の危険度が増すと考えられる。

図 5（a）は，現在気候時の伊勢湾の可能最大高潮の空間分布を示す。値は，全実験全期間中の各地点の最大潮位偏差を表す（したがって，地点により記録された時間は異なる）。伊勢湾台風時（1959 年 9 月 26 日）の湾内で観測された最大潮位偏差は 3.5 m であるが，予測された可能最大高潮は四日市港および名古屋港内部で 5.6 m に達している。図 5（b）は，現在気候時の東京湾の可能最大高潮の空間分布を示す。東京湾台風時（1917 年 9 月 30 日）の湾内で観測された最大潮位偏差は 2.3 m であるが，予測された可能最大高潮は江戸川河口付近で 3.1 m，葛南付近

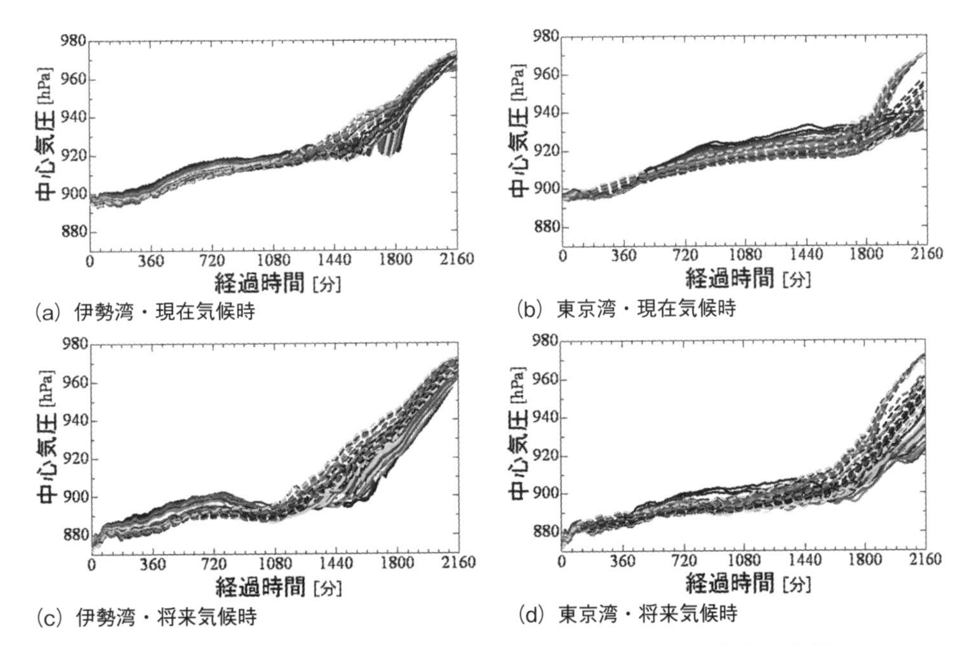

図 4　数値モデルで計算された台風の中心気圧の変化（文献 8）を改変）

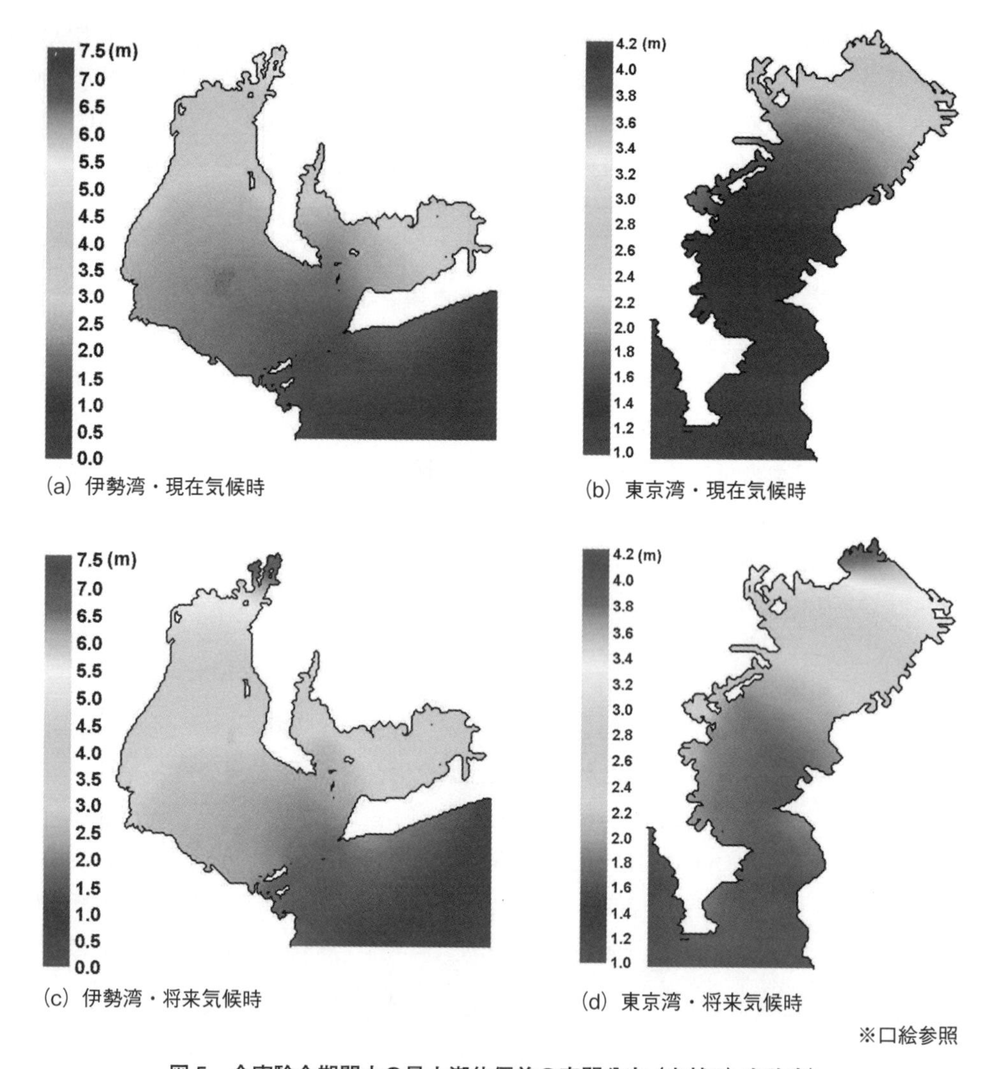

図5　全実験全期間中の最大潮位偏差の空間分布（文献8）を改変）

で3.3 m に達している。これらの結果は，現在気候時であっても，伊勢湾と東京湾では，過去に観測された最大潮位偏差を越える高潮が発生し得ることを示す。

図5 (c) は，将来気候時の伊勢湾の可能最大高潮の分布を示す。予測された可能最大高潮は，名古屋港および庄内川河口付近では7 m 近くに達している。これらは，伊勢湾の計画潮位偏差 (3.5 m) を超えている。図5 (d) は，将来気候時の東京湾の可能最大高潮の分布を示す。予測された可能最大高潮は，江戸川河口および葛南付近で4 m に達している。これらは，東京湾の計画潮位偏差 (2.0～3.0 m) を超えている。これらの結果は，将来気候時には，伊勢湾と東京湾では，計画潮位偏差を超える大きな高潮が発生し，人口の集中する大都市圏に甚大な被害を引き起こす可能性を示唆している。

図6は，伊勢湾と東京湾における現在気候時に対する将来気候時の可能最大高潮の増幅率を示す。これらは，図4に示した両湾における現在気候時に対する将来気候時の可能最大強度の台風の中心気圧の減少（台風の強大化）に対応していると考えられる。

6 まとめと考察

筆者らは，現在および将来気候（地球温暖化）時に想定される伊勢湾台風級の可能最大強度の台風が，伊勢湾と東京湾に来襲したときに発生し得る高潮（可能最大高潮）について，渦位逆変換法による台風ボーガススキームを含む大気・海洋・波浪結合モデルを用いた予測評価を行った[8]。その結果，伊勢湾と東京湾において，現在および将来気候時において，これまで観測された最大値のみならず現在の計画値を超える大きな高潮が発生し得ることを示した。これらの結果は，可能最大強度台風が東京や名古屋等の人口の集中する大都市圏に来襲すれば，高潮により甚大な被害を引き起こす可能性を示唆する。

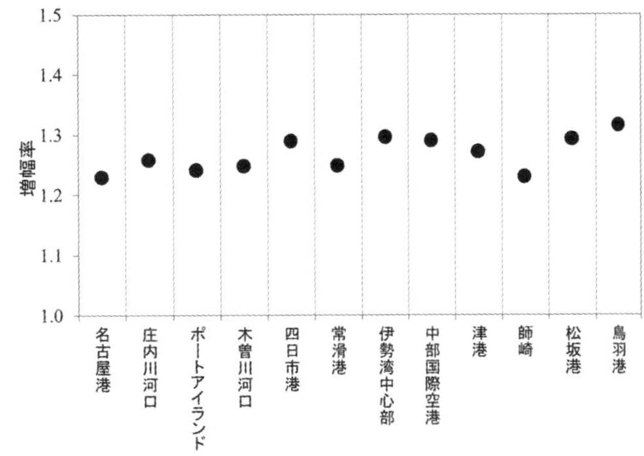

(a) 伊勢湾

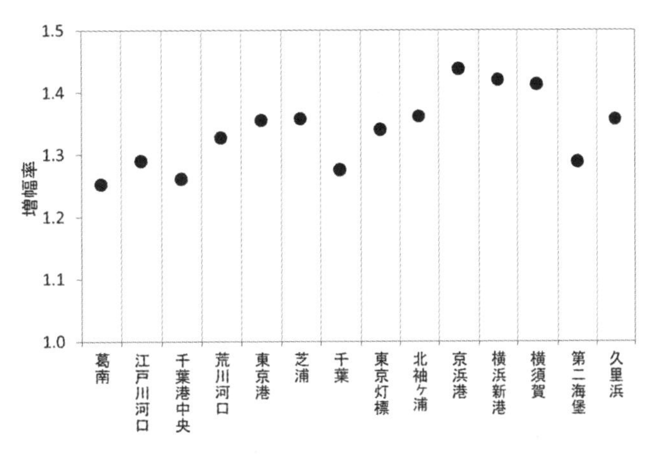

(b) 東京湾

図6　現在気候時に対する将来気候時の最大潮位偏差の増幅率（文献8）を改変）

可能最大高潮の予測結果は，計算を実施した4ケースの中では，将来気候時の伊勢湾において最大を示した。これは，伊勢湾が，広い湾口（約35 km：志摩半島の大王埼と渥美半島の伊良湖岬を結んだ線）と浅い水深（平均約17 m）[23]を有するため高潮が増幅されやすく，また，その周辺領域に高い山が存在しないため台風が減衰しにくいからであると考えられる。一方，東京湾は相対的に狭い湾口（約20 km：内湾部境界より南側で，三浦半島の剱崎と房総半島の洲崎を結んだ線）と深い水深（平均約40m）[23][24]有し※，また，周辺領域に富士山等の高い山が存在する。ただし，このことは高潮に関し東京湾が安全ということを意味しているわけではなく，伊勢湾よりは危険度は小さいということであり，日本の太平洋岸の都市は総じて高潮の危険度は高いことを忘れてはならない。

このことは，両湾の港湾施設の安全性の差異にも影響にも及ぼすと考えられる。例えば，中

※　東京湾の内湾部（三浦半島の観音崎と房総半島の富津岬を結んだ線より北側）の湾口は約7kmとさらに狭い。また，東京湾の内湾部の平均水深は約15 mであるが，外湾部（内湾部境界より南側で，三浦半島の剱崎と房総半島の洲崎を結んだ線より北側）では水深が700mに達するところもある[24]。一方，湾長は両湾共約60km程度と大きく変わらない。

部国際空港では，将来気候時の伊勢湾において予測された最大潮位偏差は3.54 m に達し，これに，伊勢湾の平均海水面 T.P.（東京湾平均海面）+1.22 m と地球温暖化による海面上昇+0.26～0.82 m[4] を加えると，T.P.+5.02～5.58 m に達する。これは，中部国際空港の滑走路の高さT.P.+3.29 m のみならず，堤防の高さ T.P.+4.79 m も越える。加えて，この予測結果には，高波の効果は考慮されていない。この高波の効果は，最大6.0 m[8] に達し，この効果を加えると，さらに危険度は増すと考えられる。

また，堤防等の護岸施設の設計のためには，高潮による浸水の予測評価も重要である。本稿では，誌面の都合からその詳細は省略するが，例えば，川崎ほか（2012，2016）[25) 26)] 等を参照されたい。

謝　辞

本稿は，Shimokawa ほか（2014）[8] の要約を元に，最新の情報や補足的な解説を追加したものである。Springer 社には、Shimokawa ほか（2014）[8] の図の使用の許可をいただいた。ここに記し、感謝の意を表する。

文　献

1) Munich Re：Topics Geo Annual Review：Natural Catastrophes 2015 (2016).
2) 日本学術会議・地球惑星科学委員会：陸域－縁辺海域における自然と人間の持続可能な共生に向けて (2008).
3) UNEP：The fifth Global Environment Outlook, GEO-5 (2012).
4) IPCC：Climate Change 2013-The Physical Science Basis, Cambridge University Press (2013).
5) R.E. McDonald, D.G. Bleaken, D.R. Cresswell, V.D. Pope and C.A. Senior：Tropical storms：Representation and diagnosis in climate models and impacts of climate change, *Climate Dyn.*, **25**, 19-36 (2005).
6) K. Oouchi, J. Yoshimura, H. Yoshimura, R. Mizuta, S. Kusunoki and A. Noda：Tropical cyclone climatology in a global-warming climate as simulated in a 20-km-mesh global atmospheric model：frequency and intensity analysis, *J. Meteor. Soc. Japan*, **84**, 259-276 (2006).
7) T.R. Knutson, J.J. Sirutis, S.T. Garner, G.A. Vecchi and I.M. Held：Simulated reduction in Atlantic hurricane frequency under twenty-first-century warming conditions, *Nature Geoscience*, **1**, 359-364 (2008).
8) S. Shimokawa, T. Murakami, S. Iizuka, J. Yoshino and T. Yasuda：A new typhoon bogussing scheme to obtain the possible maximum typhoon and its application for assessment of impacts of the possible maximum storm surges in Ise and Tokyo Bays in Japan, *Nat. Hazards*, **74**, 2037-2052 (2014).
9) K.A. Emanuel：The dependence of hurricane intensity on climate, *Nature*, **326**, 483-485 (1987).
10) K.A. Emanuel：Sensitivity of tropical cyclones to surface exchange coefficients and a revised steady-state model incorporating eye dynamics, *J. Atmos. Sci.*, **52**, 3969-3976 (1995).
11) M. Ueno：Operational bogussing and numerical prediction of typhoon in JMA, *JMA/NPD Tech. Rep.*, 28, 48 (1989).
12) M. Ueno and K. Ohnogi：Changes in the preparing method of bogus typhoon, Summary Report to WGNE meeting at NCAR, Report NO.5, Boulder, CO, 13 (1991).
13) N.E. Davidson, J. Wadsley, K. Puri, K. Kurihara and M. Ueno：Implementation of the JMA typhoon bogus in the BMRC tropical prediction system, *J. Meteor. Soc. Japan*, **71**, 437-467 (1993).
14) 吉野純，村上智一，小林孝輔，安田孝志：台風気象場初期値化アプリケーションによる可能最大高潮評価手法の検討，海岸工学論文集，**54**，316-320 (2007).
15) 吉野純，小林孝輔，児島弘展，安田孝志：大気・海洋力学的手法に基づく伊勢湾の可能最大高潮・波浪の評価，土木学会論文集 B2（海岸工学），**65**，396-400 (2009).
16) J.A. Dudhia：Nonhydrostatic version of the Penn State-NCAR mesoscale model：Validation test and simulation of an Atlantic cyclone and cold front, *Mon. Wea. Rev.* **121**, 1493-1513 (1993).
17) 村上智一，安田孝志，大澤輝夫：気象場と結合させた湾内海水流動計算のための多重σ座標モデルの開発，海岸工学論文集，**51**，366-370 (2004).

18) 村上智一，安田孝志，吉野純：気象モデルおよび多重 σ 座標系海洋モデルを用いた台風0416号による広域高潮の再現，土木学会論文集B，**63**，282-290 (2007).
19) N. Booij, L.H. Holthuijsen and R.C. Ris：The SWAN wave model for shallow water, Proc. 25th Int. Conf. Coastal Eng., 1，668-676 (1996).
20) T. Murakami, J. Yoshino, T. Yasuda, S. Iizuka and S. Shimokawa：Atmosphere-Ocean-Wave Coupled Model Performing 4DDA with a Tropical Cyclone Bogussing Scheme to Calculate Storm Surges in an Inner Bay, *Asian J. Environ. Disaster Manag.*，**3**，217-228 (2011).
21) S.M. Uppala, et al.：The ERA-40 re-analysis, *Quart. J. Roy. Meteor. Soc.*，**131**，2961-3012 (2005).
22) IPCC：Climate Change 2007-The Physical Science Basis, Cambridge University Press (2007).
23) 伊勢湾再生推進会議：伊勢湾再生行動計画 (2015).
24) 国土交通省関東地方整備局：東京湾水環境再生計画 (2015).
25) 川崎浩司，大橋峻，鈴木一輝，村上智一，下川信也，安田孝志：地球温暖化に伴う最大級台風による東京湾周辺の高潮・高波氾濫解析，土木学会論文集B3 (海洋開発)，**68**，852-857 (2012).
26) 川崎浩司，下川信也，村上智一：超巨大台風による伊勢湾湾奥部における高潮浸水予測，土木学会論文集B2 (海岸工学)，**72**，211-216 (2016).

第1節　解析雨量

一般財団法人気象業務支援センター　牧原　康隆

1 はじめに

解析雨量は，浸水，洪水，土砂災害等の誘因となる大雨をはじめとした雨量を的確に把握するために開発された１時間雨量分布であり，気象レーダと雨量計の観測値を使用して日本全土を１km メッシュに区切って解析を行う。開発当初は，気象庁レーダー，アメダス雨量計が使われていたが，現在は国土交通省のレーダー雨量計，国や地方機関等の雨量計のデータも取り込んでおり，“国土交通省「解析雨量」”として 30 分毎に配信されている。

1988 年に気象庁で降水短時間予報業務が始まり，5 km メッシュの１時間雨量分布「レーダーアメダス合成図」とその予想「降水３時間予想図」の配信が開始された。1994 年には，「レーダー・アメダス解析雨量」として，その数値が記録的短時間大雨情報，大雨，洪水の警報・注意報の基準値として利用されるようになった。レーダー・アメダス解析雨量は当初 5 km メッシュであったが，2001 年 4 月の 2.5 km メッシュ化を経て 2006 年からは国土数値情報の３次メッシュ（緯度 30 秒，経度 45 秒の約 1 km 四方）で配信されている[1]。

解析雨量の特長の１つは，全国 5 km メッシュの１時間雨量が 1988 年から現在に至るまで利用できることである。気象庁では，過去 20 年以上の解析雨量および解析雨量から作られる土壌雨量指数，流域雨量指数の過去の災害時の数値を調査して，それらを大雨，洪水に関する警報・注意報の基準として使用している。2013 年に開始された大雨特別警報の基準についても，発生頻度が 50 年以下の稀な現象であることの指標として，解析雨量および土壌雨量指数のアーカイブが使われている。

また，解析雨量は海上でも解析されており，降水短時間予報のほか，数値予報の初期値解析等に用いられ，それぞれの精度向上に貢献している。

2 大雨の局地性と気象レーダ

大雨の観測に使われている雨量計の観測精度は降水強度 100 mm/h においても 3% 以内（気象業務法に基づく測器検定基準）である。ただ，大雨がしばしば局地的であることは，「夕立は馬の背を分ける」と昔から言い伝えられているとおりで，雨量計を 5 km 間隔に設置しても，大雨の分布を正確に観測できないことがある。**図１**[2]は，1999 年 6 月に広島県で土砂災害が発生したときの日雨量である。この災害で 32 名の死者・行方不明者が出た。等値線は黒点で示した雨量計の観測をもとに内挿してある。図１からは雨量計が 5 km より密に配置されていることではじめて広島市西部における集中豪雨の分布が捉えられることが分かる。一方，250 mm の等値線の南西端より南の雨量計のない部分は自由度が大きい。この地域でも多くの土砂災害が発生しており，この図より多くの雨が降っているかもしれないが，これらの雨量計から推定することは困難である。

図2[3]は，1998年8月29日12時に新宿区に記録的短時間大雨情報が発表されたときの，東京レーダーおよび東京都の雨量計の観測結果である。破線が記録的短時間大雨の対象となった5 kmメッシュで，新宿区はその中で面積が最も大きい。当時，気象レーダは2.5 kmメッシュで観測されていたが，解析雨量には，4メッシュの最大値が使用されていた。

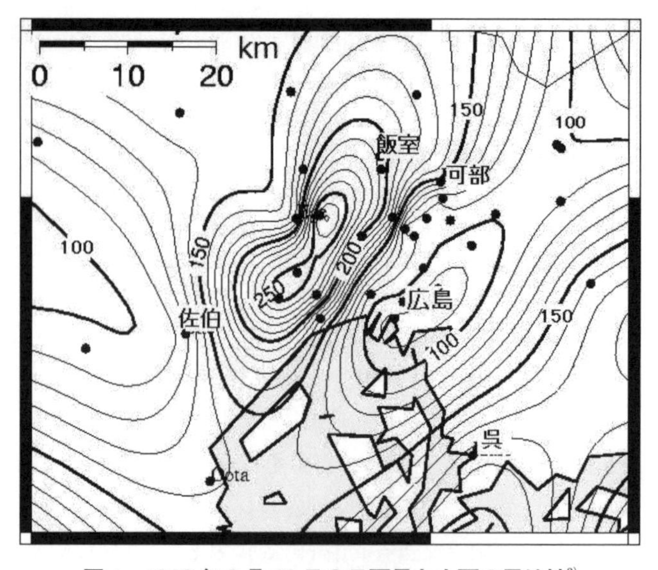

図1　1999年6月29日の日雨量と大雨の局地性[2]

図2から，気象レーダで観測された大雨も新宿区役所の7 mmも誤りではなく，雨が局地的であることがこれらの差異の要因であり，少なくとも2，3 kmに1箇所以上の雨量の観測がなければ大雨を的確に捉えられないことがわかる。

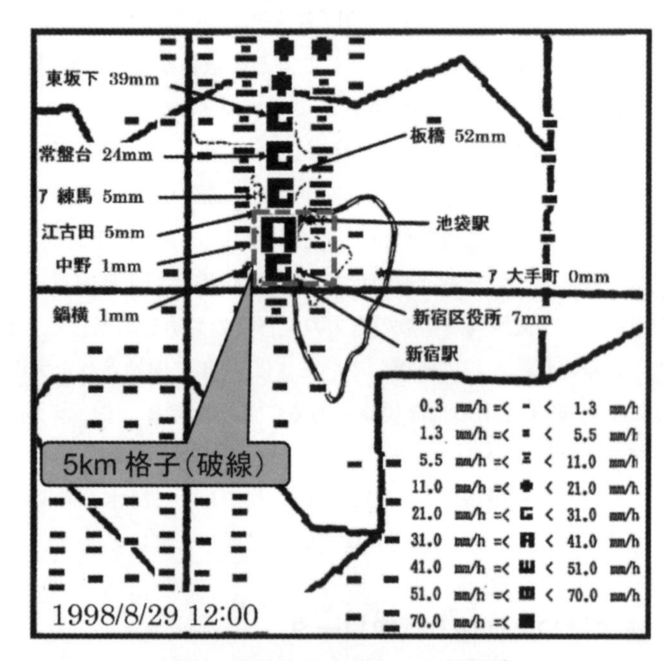

図2　局地的な大雨とレーダ観測[3]

現在解析雨量に使用されている雨量計は9,000箇所ほどであるが，雨量計だけで日本中を1 km格子間隔でカバーするには38万箇所，2 km格子でも9万箇所の観測が必要であることから，雨量計のみで山岳，湖沼等を含む日本中を詳細に観測することは現実的ではない。

一方気象レーダは，空間的，時間的に連続して降雨を把握することができる。ただ，リモートセンシング機器でさまざまな制約があるため，測定精度は雨量計に劣る。そこで，気象レーダと雨量計のそれぞれの利点を活用して作られた雨量分布が解析雨量である。

図2で52 mmを観測した板橋は，レーダの強度「三」と「c」のレベルが表示されている中間付近に位置する。「c」の代表値は26 mm程度であるので，この気象レーダからは，「c」のレベルの付近では少なくとも52 mmの雨が降ると推定することができる。図2の最大レベルは「A」で新宿と池袋の間にあり，レーダの強度の代表値は36 mm程度である。「c」と板橋の雨量との

関係を当てはめれば「A」付近では，少なくとも72 mmを超える大雨となったと推定される。これが解析雨量における解析の基本的な考え方である。

3 雨量の解析に関わる気象レーダの特性

解析雨量で使用されている気象レーダによる雨量の測定原理，および測定の精度を低下させている主な要因は次項に示すようなものである。いずれも雨量の解析に関わる要素となる。

3.1　レーダ方程式と粒径分布

気象庁レーダーや国土交通省レーダー雨量計は，気象レーダから発射された電波の，雨滴による反射強度に基づいて降水強度を推定している。

雨滴による反射強度の総計（受信電力）と降水粒子の分布には次の関係がある（式(1)）。

$$\overline{P_r}=\{\frac{\pi^3}{2^{10}\log_e 2}\frac{P_t h}{\lambda^2}G^2\theta^2|K|^2\}\frac{1}{r^2}\sum_i D_i^6=\{\frac{\pi^3}{2^{10}\log_e 2}\frac{P_t h}{\lambda^2}G^2\theta^2|K|^2\}\frac{1}{r^2}Z \quad (1)$$

ここで$\overline{P_r}$：平均受信電力，P_t：送信電力，λ：送信波長，h：パルス幅，G：アンテナ利得，θ：レーダビームの範囲，D：降水粒子の直径，r：レーダからの距離，K：複素誘電率。

また，降水粒子Dと降水強度Rには以下の関係がある（式(2)）。

$$R=3.6\times10^4\frac{\pi}{6}\sum_i V_D D_i^3 \quad (2)$$

ここでV_D：直径Dの雨滴の落下速度。上の式(1)，式(2)を通して，気象レーダの反射強度P_rから降水強度Rが推定できるわけである。ただ，一般には同一直径毎の降水粒子の密度が一定ではない。そこで，一定の条件下でZ（受信強度の項のうち降水粒子に関する項）とRとに，以下のZ-R関係を仮定することが一般的である（式(3)）。

$$Z=BR^\beta \quad (3)$$

実際には，**図3**[4]が示すように，Bとβにはかなりの幅がある。したがって，より正確な雨量を推定するには，雨量計の観測値等により較正することが必要である。

3.2　レーダビームの高度と幅の広がり

気象レーダでは，地上の地物からの反射等によるノイズがない限り，できるだけ地上に近いところでの観測が望ましい。一方，地球の曲率のため，気象レーダから離れるに従って，電波の高度が増加する。

アンテナ仰角θで発射された電波の地表からの高さHは，標準大気では式(4)のようになる。

$$H=H_0+r\sin\theta+0.0589\times10^{-6}r^2\cos^2\theta \quad (4)$$

ここでH_0：レーダアンテナの高さ，r：レーダからの距離。これによると，アンテナが標高0 mの場合，水平に発射した電波の中心は200 km先では2,400 mに達する。なお，アンテナの高さが983 m（気象庁福岡レーダー）の場合，アンテナの仰角を下げることで，200 km先でも上空296 mで観測することが可能である。

気象レーダから遠くなるにつれて，測定精度が低下するもう一つの要因は，ビーム幅の広がりである。レーダのビーム幅θ_0は，波長λ，アンテナの直径dから式(5)で求まる。

$$\theta_0 = 1.22\lambda / d \qquad (5)$$

気象庁レーダーのビーム幅は1.0°程度である。ただ，これでもレーダから200 km離れるとビームの広がりは3.5 kmとなる。3.5 kmでは雲頂高度2 km程度の霧雨や冬の降雪による降水量の推定誤差は大きくならざるを得ない。

これらのことから，気象レーダから遠ざかるにつれ，降雨に対する受信電力が次第に減少していくことは明らかだが，その減少の割合は降雨の性質によっても異なる（**図4**[5]）。

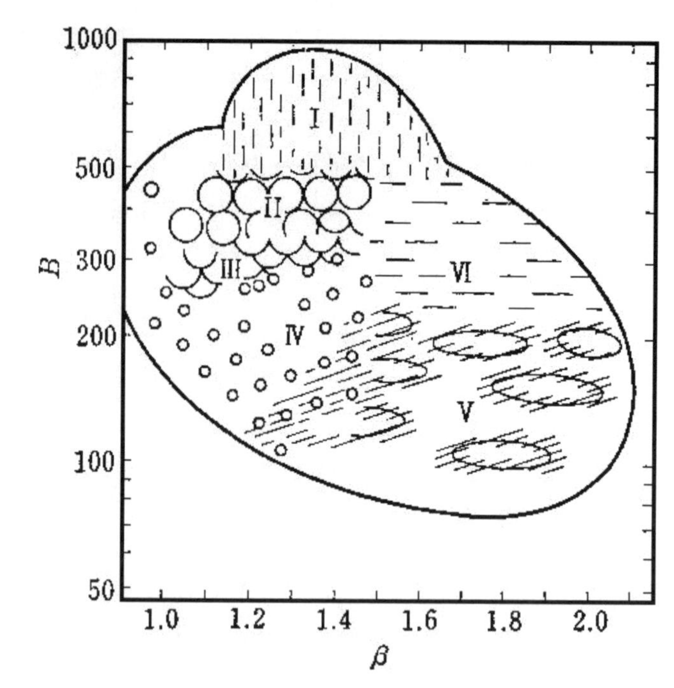

Ⅰ：雷雨エコーの拡散状のやや重厚な部分，または乾燥大気中の高い孤立した対流エコー
Ⅱ：雷雨エコーの強い中心部，またはいくらか拡散状を呈している強い団塊状エコー
Ⅲ：対流セルの発生ないし成長段階
Ⅳ：小さな固い感じの対流性エコーで散乱状態，ないし線状に並んでいるエコー
Ⅴ：一様に拡がった層状エコーまた弱い拡散状エコー
Ⅵ：雷雨から完全に拡散してしまった終りの段階または拡散した部分

図3　係数B, βとエコーの特長[4]

3.3　降雨による電波の減衰

Kodaira[6]によると，波長毎の単位距離当たりの降雨強度による減衰量K_λ（r, R）(dB)は**表1**のとおりである。これによると，80 mm/hの猛烈な雨が5 kmの長さで発生している場合，

表1　降雨による電波の減衰量

波長	減衰量K_λ（r, R）(dB)
3.2 cm	$0.005\,rR^{1.1}$～$0.013\,rR^{1.3}$
5.5 cm	$0.0013\,rR$～$0.0015\,rR^{1.3}$
10 cm	$0.0003\,rR$～$0.0005\,rR$

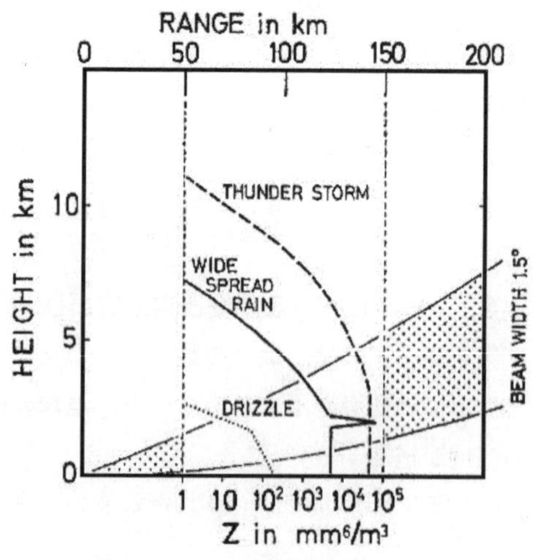

雷雨，広範囲に広がった雨，霧雨それぞれの鉛直分布。レーダビーム幅は1.5°。

図4　降水エコーの鉛直分布とレーダビームの広がり[5]

減衰量は 3.2 cm で 6～39（dB），5.5 cm で 1～4（dB）となる。波長 3 cm の電波では，降雨による減衰が大きく，猛烈な雨が広範囲に降る場合，その先の降雨の探知に大きな影響がある。なお，気象庁レーダー，国土交通省レーダー雨量計の波長は約 5 cm であり，減衰をまったく無視することはできないものの，ある程度の範囲で補正することが可能である。

4 解析雨量の作成手順

解析雨量は，3で述べた気象レーダによる雨量測定の誤差要因を，それぞれの特性を考慮しながら雨量計の観測値に基づいて較正している（図 5[7]）。

4.1　気象レーダデータの品質管理

気象レーダの観測値のうち，地形エコーの消え残りは，統計的な出現頻度の検討，あるいは複数レーダでの出現状況の比較等の処理によって消去される。また，レーダデータに特有の放射状のエコーなど，明らかにレーダや電波の異常と思われる観測値は欠測扱いとするなどの品質管理を行っている。異常と見られる一部のデータが解析雨量に取りこまれてオンライン配信された場合でも，事後解析が行われ，保存される場合にはそのようなデータは取り除かれる。

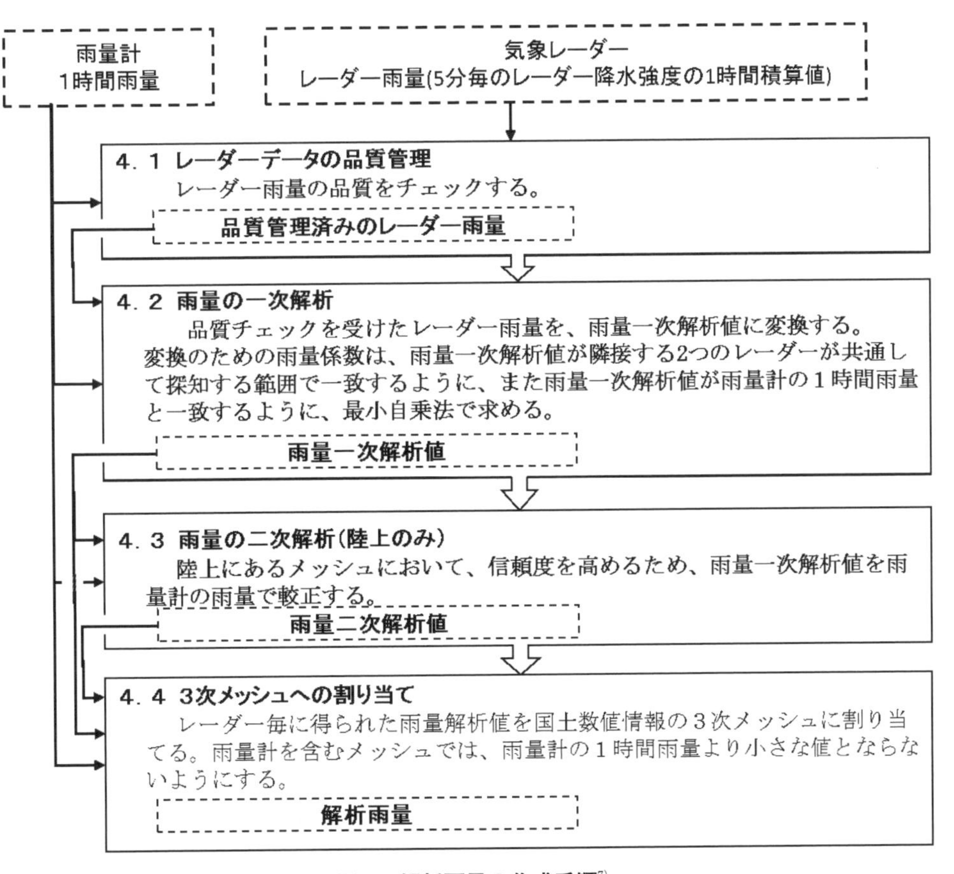

図５　解析雨量の作成手順[7]

4.2 異なる気象レーダからの雨量推定値に基づく較正

地上の地点 (x, y) の雨量 R (x, y) を複数のレーダから推定した場合，それらは本来一致すべきだが，送信電力，観測高度，ビーム幅の違い等により，一般には異なる。その違いを，レーダビームの高さと幅により変化する部分と一つのレーダで一様に変化する部分に集約し式(6)を適用することで，その係数をレーダ毎に算出する。これにより，複数のレーダから雨量推定値を合成した場合でも，空間的に連続的した解析値を得ることができるようになる（一次解析）。海上においては，ここで較正された値が最終的な解析雨量となる。

$$R(x,y) = E_m(x,y)Fa_m\{1 + Fx_m(H_m(x,y))^2\} = E_n(x,y)Fa_n\{1 + Fx_n(H_n(x,y))^2\} \quad (6)$$

ここで，E_m：レーダ m の観測値，H_m：レーダ m のビームの高度，Fa_m，Fx_m：解析する時刻におけるレーダ m の係数。式(6)において，地点 (x, y) における変数はレーダの観測値（以下レーダ雨量と称す）の他は Fa_m，Fx_m，Fa_n，Fx_n の4つであることから，3つ以上の観測点があれば，右辺と中央辺の差が最小となる条件のもと Fa_m/Fa_n，Fx_m，Fx_n を算出することができる。なお，陸上における R (x, y) が雨量計の雨量と等しくなるべきとの条件を付加することで Fa も求まる。

4.3 雨量計による雨量推定値の較正

4.2の較正の後に残っている推定値の誤差の軽減のため，雨量計の観測値により較正を行う。レーダ雨量の測定誤差をもたらす要因はそれぞれに「空間的な影響範囲」が異なるが，その要因の影響の強さを雨量計からの距離とレーダ雨量の関数として取り扱っている（式(9)）[8]。また，影響する距離の大きい要素から小さい要素へと逐次に計算を行うことで，影響の距離による違いに対応している。さらに，レーダ雨量と雨量計の観測値との対応は，たとえレーダ雨量が理想的に観測されている場合でも，雨量の局地性のために1対1とならないため（図2を参照されたい），その対応の信頼性の強弱を雨量計ごとに考慮している。

$$R_m = F_m E_m \quad (7)$$

$$F_m = \exp\left\{\frac{\sum_i (\ln F_i) W_i}{\sum_i W_i}\right\} \quad (8)$$

$$W_i = \frac{\exp(-d^2/D^2)}{1 + a(E_m/E_i - 1)^2} P_i \quad (9)$$

ここで，R_m：メッシュ m の解析雨量，F_m：m の較正係数，E_m：m のレーダ雨量，F_i：雨量計 i に対するレーダ雨量の較正係数，W_i：F_i に対する信頼度の重み，d：地点 i と m との距離，D：逐次修正における重み（修正回数の増加とともに小さくなる），P_i：雨量計観測値の信頼度に対応する重み

① 雨の性質の違いによる較正（B-β の変化に対応）は，逐次修正の初期に有効となる。式(9)における E_m/E_i の部分が相当する。広い範囲と多数の雨量計で修正する。

② 地形性降水の較正は，逐次修正の最終段階で有効となる。狭い範囲と少数のアメダスで修正する。

③ 電波が降雨により減衰した場合の較正は，求める格子と同程度の降雨減衰を受けているアメダスに大きい重みを使い，較正分布を修正。式(9)では P_i の重みを使い，同様の減衰を受けた地点の重みを重くした修正を行う。

④ アメダスの格子の位置と上空の風の影響による誤差の較正
較正係数 F_i を，周囲格子のレーダ雨量を含めて推定する。また，レーダ雨量の局地性に応じて，解析の範囲（時間・空間），実況の信頼度 P_i を変化させている。したがって，i 地点のあるメッシュのレーダ雨量をそのまま使用するわけではない。

4.4　全国領域への合成

各気象レーダで 1 km メッシュの大きさで解析された値は，緯度 30 秒，経度 45 秒の 3 次メッシュに割り当てられる。3 次メッシュには解析された値のうち「信頼度の最も高い」値を割り当てる。基本的には，気象レーダから近く，観測された高度の低いレーダによる解析値がそれにあたるが，大雨による降雨減衰が認められ，観測強度が小さい場合は，他の気象レーダの値が割り当てられる。

4.5　日本全体を常時監視するための対応

気象レーダは，その精度を維持するため保守・管理が必要であり，運休は避けられない。レーダ本体の更新等の長期休止の場合を含め，隣接レーダでカバーすることになる。

気象庁レーダーや国土交通省レーダー雨量計は，波長 5 cm のため粒径の小さい雨が把握しにくい性質がある。また地域によっては 2 km 程度以上の高度で観測していることもあり，1 時間数ミリ程度の雨が観測できない場合がある。このような場合は，次善の手段として雨量計の観測値を空間外挿するなどして，空間分布としての精度の向上を図っている。

5 精度と利用上の注意

図 6 に，アメダスを用いた解析雨量の精度の検証結果を示す。これは，全国のアメダス観測所のうち約 20% を除外した上で解析雨量を作成し，除外したアメダスに対する解析雨量の精度を検証したものである。0.5 mm 以上の雨量を対象にしており，期間は 2011 年 4～7 月までの 4 ヵ月間である。

図 6 (a) は，検証を除外したアメダス雨量とその真上のメッシュの解析雨量との比較，(b) はアメダスを含む 9 格子の解析雨量のうちアメダスの雨量に最も近いものとの比較である。

周辺を含む 9 メッシュでの精度検証は，レーダが上空の降水エコーを観測しているために，特に対流性降水において雨粒が地上に到達するまでに生じる水平方向の位置ずれや，3 次メッシュへの合成の際に生じる 0.5 メッシュ未満の位置ずれなどを考慮したものである。実際，レーダの観測高度 2 km の上空で 5 m/s の風が吹いているならば，上空の雨滴が落下するまでに 1 km ずれることも台風接近時などは稀ではない。(b) は，1 km 程度のずれを考慮することで，対応の良い雨量分布が得られることを表している。

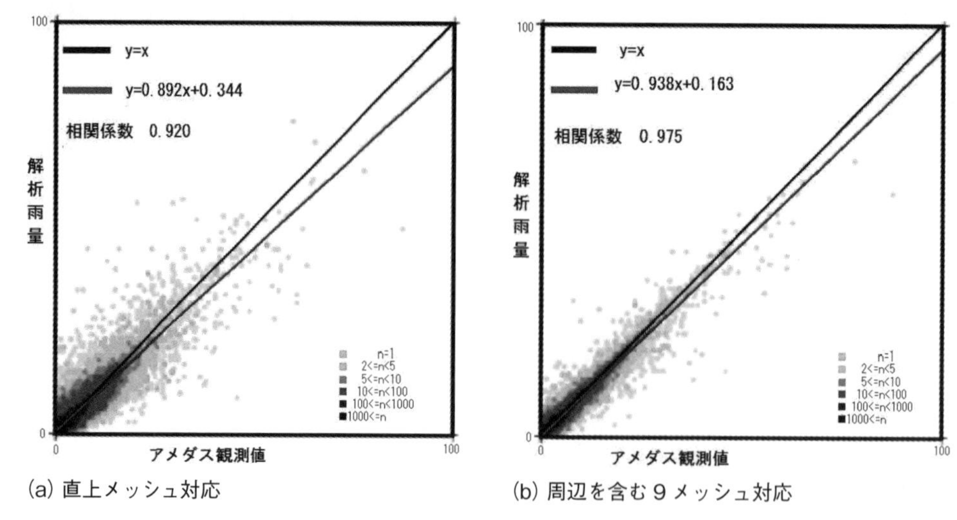

(a) 直上メッシュ対応　(b) 周辺を含む９メッシュ対応

図６　アメダス雨量と解析雨量との対応

図６からも分かるように，解析雨量は，平均的にはいくぶん弱めに解析されている。これは特に発生頻度の小さい，警報級の大雨を過大とならないように把握することを目的として解析されているためである。なお，雨量計のあるメッシュでは，雨量計の観測値とレーダ雨量から解析された値の大きいほうが解析値となる。

1988年から蓄積されている解析雨量には5 kmメッシュ，2.5 kmメッシュ，1 kmメッシュがある。5 kmメッシュの解析雨量に使われているレーダ雨量には2.5 kmメッシュで観測された4つのレーダ雨量の最大値が使われていたことから，5 kmメッシュの解析雨量は，平均するとやや強めに（総雨量の比較で１割程度）解析されている[9]。

解析雨量は，地域や降水の性質によって精度に違いがある。1時間0.5 mm未満の雨，特に降雨強度が0.5 mm未満の場合には精度が低下する。また雹のように粒径が大きい降水では過大評価することがある。地域的には，気象レーダから遠くなるにつれて精度が低下する傾向がある。レーダから200 km以上離れている場合やレーダビームの中心高度が3 km以上ある場合などには，雲頂高度の低い，地形性降水を伴う雨に対する解析精度の低下は避けられない[9]。

6 利用例

気象業務法における警報は「重大な災害の起こるおそれのある旨を警告して行う予報」である。したがって，本来警報は単に大雨を定量的に予報するものでなく，災害を発生させるような大雨を予報し警告するものである。土砂災害，洪水は，対象となる地点の積算降水量だけでは十分に推定ができなかったことから，解析雨量を入力とする土壌雨量指数，流域雨量指数が開発された。これにより，警報の精度が向上するとともに，警報の対象地域の細分が可能となった。2010年5月から，大雨と洪水に関する警報・注意報には市町村毎にそれぞれ基準が設定されており，その指標として，1時間または3時間の解析雨量，土壌雨量指数，および流域雨量指数が使われている。

6.1　土壌雨量指数

土砂災害は，大雨等を誘因とした地盤中の水分の増加による，地盤のせん断応力やせん断抵抗力の変化や，地表面を流下する水の増加により発生することが多い。これには数週間以上前から直前までの降雨が影響する。そこで，風化花崗岩を主な対象とした代表的な斜面の水分量を直列３段タンクで表し，解析雨量を入力として５kmメッシュの全国分布にしたのが，土壌雨量指数である。パラメータには過去の土砂災害に対する有効性が報告されている[10] Ishihara と Kobatake[11] を使用している。土壌雨量指数は実際の斜面の土壌水分量を表しているわけではないが，タンクモデルの総貯留量と土砂災害（主に表層崩壊，土石流）の発生件数や発生確率には正の強い相関があり，1，3，24時間の各降雨量と比べ明らかに精度が高い[12]。現在では，大雨警報の他，気象庁と各都道府県が共同で発表している「土砂災害警戒情報」の基準値の一つとしても使用されている[13]。

大雨特別警報の土壌雨量指数に関する基準は，発生頻度が50年以下となる土壌雨量指数値のメッシュ数が一定数を超えることであるが，斜面崩壊，特に表層崩壊は地表面の風化が主因の1つになっており，一定期間のなかで土壌雨量指数が最大となる場合に，災害が多く発生するとの報告とも整合性のある活用法である。

6.2　流域雨量指数

洪水は，大雨の地表面から河川への流出，河川内の水の流下により，河川の流量や水位が通常より大きくなることから発生する。水の移動には，地形，地質，土地利用形態，河道が大きく影響している。これらの情報は３次メッシュで公開されていることから，解析雨量と組み合わせることにより，降雨から河川を流れる水の状況を推定できる。従来，洪水警報は大雨による洪水の規模を推定することを目的とし，その基準は，対象となる地域内の1，3，24時間降水量であった。この，洪水の規模の推定精度を改善する目的で開発された流域雨量指数は，ダム等による人工的な水の制御を受けない場合の，河川の流量の平方根として算出されている。地表面からの流出には，都市域用のタンクモデルと非都市域用の shihara と Kobatake のタンクモデルを使用し，流下にはマニングの式を適用し，長さ約15km以上の全国約4,000の河川を対象に，5kmメッシュ毎に算出している。必要なパラメータはメッシュ単位に国土数値情報に基づいて設定している[14]。流域雨量指数は30分毎に配信されており，防災関係者は防災情報提供システムを通じて監視することもできる。流域雨量指数の導入により，洪水警報・注意報の発表回数は大きく減少し，精度も向上している。

7 おわりに

5で見たように，解析雨量は1kmメッシュであるが，対象となるメッシュのみでなく，隣接メッシュも含めて大雨の有無を判断するほうが有効であり，気象庁が警報，注意報，情報を運用する際には，そのようなことを前提にして活用している。

大雨の監視に際しては，ポイントにおける正確性のみでなく，空間的，時間的な広がりを含めた総合的な観点から，目的に応じて資料を活用することが重要である。

文　献

1) 牧原康隆ほか：測候時報，**58** (4)，279 (1991).
2) 牛山素行ほか：自然災害科学，**18**，165 (1999).
3) 牧原康隆：天気，**54** (1)，22 (2007).
4) M. Fujiwara：*J. Atmos. Sci.*，**22**，585 (1965).
5) 立平良三：気象研究ノート，139，79-108 (1980).
6) N. Kodaira：*Papers in Meteor. And Geophysics*，**14** (3・4)，181 (1963).
7) 予報部予報課：測候時報，**62** (6)，279 (1995).
8) 牧原康隆：気象研究所技術報告，39，63 (2000).
9) Y. Makihara et al.：Accuracy of Radar-AMeDAS precipitation，IEICE Trans. Commun.，e79-b，751-762 (1996).
10) 道上正規，檜谷治：文部省科学研究費重点領域研究「自然災害の予測と防災力」研究成果，94, (1990).
11) Y. Ishihara and S. Kobatake：Runoff Model for Flood Forecasting，*Bull. D.P.R.I.*，29，27-43 (1979).
12) 岡田憲治ほか：天気，**48** (5)，349 (2001).
13) 立原秀一：天気，**53** (1)，43 (2006).
14) 田中信行ほか：測候時報，**75** (2)，35 (2008).

第2節　XバンドMPレーダ

国立研究開発法人防災科学技術研究所　前坂　剛

1 はじめに

第二次世界大戦後，主に軍事的な目的で使用されてきたレーダが気象学の分野に応用され，面的な降雨強度の推定に用いられてきた。その降雨強度の推定原理は非常に単純で，受信される電波の電力が大きいほど，その測定場所に多くの雨滴があると考える。通常，受信電力の強さ（実際には，受信電力にレーダの仕様により決定される定数と，距離が遠くなると電波が弱くなることを考慮したレーダ反射因子という値を使用する）と降雨強度の間の経験的な関係式を作成しておき，その関係式を用いて降雨強度の推定を行う。しかし，この経験的な関係式を用いた手法では，その推定誤差が非常に大きいことが知られており，その精度向上のためには，［第１編第２章第１節］で述べられているように雨量計の観測値を用いた補正を行う必要がある。

一般的に雨量計による雨量の観測の精度は，リモートセンシングを用いた観測よりも高いと考えられている。しかし，雨量計の観測結果から降雨強度（1時間当たりの降雨量）を算出する時，その精度は求める時間間隔に依存する。現在設置されている雨量計のほとんどは転倒升雨量計であり，降雨はある降雨量（多くの雨量計では0.5 mm）毎にカウントされるため，雨量計による観測には1カウント分の量子化誤差が存在する。例えば，1時間分の観測から降雨強度を求めた時の量子化誤差は0.5 mm hour^{-1} であるが，1分間の観測から降雨強度を求めたときの量子化誤差は $0.5 \times 60 = 30$ mm hour^{-1} と非常に大きな値となる。このことは，雨量計の観測値を用いてレーダ観測値を補正する場合，数十分～1時間程度の平均（積算）時間が必要であることを意味する。気象レーダの利点の一つに，アンテナを1回転させれば面的な降雨量を推定できるという時間分解能の高さが挙げられるが，雨量計による補正を行うことで，その利点が失われるという問題が発生する。

近年，「ゲリラ豪雨」という言葉がマスコミで盛んに使われるようになった。ゲリラ豪雨という言葉は気象学的に定義された言葉ではないが，「現在の技術では予測ができない，または間に合わない神出鬼没な局地的大雨」というのが我々の共通認識であろう。特に，2008年7月28日に兵庫県神戸市灘区の都賀川で発生した水難事故や，同年8月5日に東京都豊島区雑司が谷における下水道工事現場で発生した水難事故の原因となった降雨はそのようなタイプの局地的大雨であった。いわゆるゲリラ豪雨と呼ばれるような局地的大雨を監視するためには1分程度の時間分解能が必要であるが，既に述べたとおり，これまでのレーダ技術では短い時間間隔で精度良く監視を行うことができなかった。

ここで少し論点を変え，気象レーダで用いられる電波の波長（周波数）に注目する。気象レーダでは主にSバンド（波長約10 cm，周波数約3 GHz），Cバンド（同5 cm，5 GHz），Xバンド（同3 cm，9 GHz）の電波が用いられる。一般にレーダでは電波の波長が長くなると，大きなアンテナが必要になる。例えば約1°のレーダビーム幅を形成するためには，Sバンドで直径約8m，Cバンドで同4m，Xバンドで同2mのパラボラアンテナが必要である。アンテナサイズが小さいほど設置が容易であるため，Xバンドの気象レーダの設置コストはSバンドやCバンドに比べて安価である。しかし，Xバンドの気象レーダには降雨減衰という大きな問題がある。降雨減衰とは，電波が降雨中を通過するとき，その強度が減衰してしまう現象であり，この効果は波長が短いほど顕著になる。Sバンドでは降雨減衰の影響は殆ど無いが，Xバンドでは顕著であり，Xバンドの気象レーダで観測されるレーダ反射因子は実際のレーダ反射因子よりも過小評価される場合がある。非常に強い降雨がある場合，その降雨により電波が遮られ，その後ろ側の観測ができない場合もある。そのため，Xバンドの気象レーダは定量的な降雨観測には不向きであると考えられていた。日本においても，広い範囲を安定的に観測する必要のある現業的な用途のためには主にCバンド気象レーダが使用されてきた。しかし，日本の大学や試験・研究機関において研究目的で使用する気象レーダに関しては，SバンドやCバンドを使用する免許を取得することが非常に難しく，またコスト的な問題もあり，定量性に問題があることを承知しながらもXバンドの気象レーダを使用していた。

このような気象レーダの状況は，マルチパラメータ（MP）レーダの実用化により一変する。MPレーダは偏波レーダとも呼ばれ，これまでのレーダは水平偏波のみを使用して観測を行っていたのに対し，MPレーダは水平と垂直の2種類の偏波を使用して観測を行う。MPレーダで観測される偏波間位相差の情報から降雨強度を推定する手法が，これまでの電波の強さを用いて降雨強度を推定する手法に比べて高精度であり，かつ，この新しい手法は波長が短いほど感度が良い（弱い雨でも適用可能）ことが明らかになった。特に，XバンドMPレーダの観測にこの手法を適用した場合，従来から行われていた雨量計の補正を行わずとも，これまでと同等以上の降雨強度推定精度が得られることが分かった。雨量計の補正を必要としないことは，元々気象レーダが持っていた高時間分解能という利点を発揮できることを意味する。

XバンドMPレーダによる高精度かつ時間分解能の細かな降雨強度推定手法は，ゲリラ豪雨と呼ばれるような局所的大雨の監視という社会的なニーズに合致し，また，国立研究開発法人防災科学技術研究所（以下、防災科研）が関東地方で行った実証的試験により，雑司が谷の水難事故をもたらした局所的大雨が精度良く監視できたことから，国土交通省がXバンドMPレーダのネットワークの全国展開を開始した。現在，このレーダネットワークはXRAINという愛称で呼ばれ，レーダの台数は40弱，人口カバー率は約90%となった。XRAINの観測による水平分解能約250mの降雨強度データは1分毎に更新され，ウェブページ等で画像が公開されるとともに，㈳河川情報センターを通じてデータのリアルタイム配信も行われている。

本稿では，気象レーダによる降雨強度の推定方法（従来手法および偏波間位相差情報を用いた新しい手法），および，気象レーダのネットワーク化の重要性について解説し，最後に，リアルタイム配信が行われているXRAINの降雨強度情報がどのように作成されているかについて解説する。

2 在来型気象レーダにおける降雨強度推定手法（Z-R関係）

前項でも述べたとおり，在来型気象レーダでは，電波の受信電力強度から降雨強度を推定する。一般にパルス状の電波を発射する気象レーダの受信電力 P_r [mW] は，レイリー散乱を仮定することにより，以下に示すレーダ方程式で記述される（式(1)）。

$$P_r = \left(\frac{\pi^3 P_t G^2 \theta^2 c\tau |K|^2}{2^{10} (\mathrm{In}\,2) \lambda 10^{12}} \right) \cdot \frac{1}{r^2} \cdot Z \tag{1}$$

ここで，P_t は送信尖塔電力 [mW]，G はアンテナゲイン，θ はビーム幅 [rad]，c は光速 [ms^{-1}]，τ はパルス幅 [s]，$|K|^2$ は誘電率に関する係数，λ は電波の波長 [m]，r はレーダからターゲットまでの距離 [km]，Z はレーダ反射因子 [mm^6 m^{-3}] である。式(1)の括弧内は物理定数とレーダの仕様により決まる定数であるのでレーダ定数と呼ばれる。レーダからターゲットまでの距離は電波の送受信にかかる時間から決定される。レーダ反射因子は大気中に含まれる雨滴の濃度のような値であり，次のように定義される（式(2)）。

$$Z = \sum_D N(D) D^6 \tag{2}$$

ただし，D は雨滴の粒径 [mm]，$N(D)$ は単位体積当たりに含まれる粒径 D の雨滴の個数 [m^{-3}] である。このレーダ方程式より，距離 r における受信電力 P_r が計測されれば，雨の量に関係する値であるレーダ反射因子 Z を知ることができる。受信電力 P_r もレーダ反射因子 Z も非常にダイナミックレンジの広い値であるため，実用上，式(1)は対数（デシベル）形式で，

$$10 \log Z = -10 \log C + 10 \log P_r + 20 \log r \tag{3}$$

と記述する（式(3)）。ここで，C はレーダ定数であり，$10 \log Z$ と $10 \log P_r$ の単位はそれぞれ [dBZ] および [dBm] と表記される。

我々が最終的に求めたい降雨強度 R [mm hour^{-1}] は，雨粒の形が球であると仮定した場合，

$$R = \frac{3600\,\pi}{6 \times 10^6} \sum_D v(D) N(D) D^3 \tag{4}$$

と表現される（ただし，$v(D)$ は粒径 D の雨滴の落下速度 [ms^{-1}]，式(4)）。式(2)と式(4)はよく似た形で表現されるが，我々は粒径 D の雨滴の落下速度 $v(D)$，および，単位体積当たりに含まれる個数 $N(D)$ を同じ観測から知ることはできない。特に，$N(D)$ は降雨により変動の激しい量であるため，式(2)で示されるレーダ反射因子 Z から，式(4)で示される降雨強度 R を直接的に求めることはできない。そこで，地上の雨量計とレーダ観測の結果や，雨滴の粒径分布の観測結果を元に，経験的な関係式を予め作成しておき，その関係式を用いて降雨強度の推定を行う。この関係式(5)は，

$$Z = BR^{\beta} \tag{5}$$

の形で表現されることが多く（B および β は経験的な定数），Z-R 関係式と呼ばれる。$N(D)$ が降雨により変動の激しい量であることと同様に，経験的な定数 B および β も降雨による変動が激しく，**表１**に示すようにいろいろな値が提案されている。しかし，事前に最適な定数 $B \cdot \beta$ を知ることはできないため，このことが在来型気象レーダにおける降雨強度推定の大きな誤差

要因となっている。

3 偏波間位相差情報を用いた降雨強度推定手法（K_{DP}-R関係）

MP レーダは偏波レーダとも呼ばれ，水平偏波と垂直偏波の2種類の電波を使用して観測を行うレーダである。偏波とは電場（磁場）の振動方向が揃っている電波を意味し，電場の振動面が地面に対して水平な偏波を水平偏波と呼び，地面に対して直交している偏波を垂直偏波と呼ぶ。降雨強度の推定を目的としたMPレーダでは水平・垂直の偏波を同時に送信し，2つの受信機を使用してそれぞれの偏波を同時に受信する。2種類の偏波を使って降水の観測を行う意義は，落下する雨滴の形状にある。**図1**に示すとおり，終端速度で大気中を落下する雨滴は空気抵抗の影響により球形から鏡餅のような形につぶれる。しかも，そのつぶれ具合（縦横比）は粒径が大きくなるほど大きくなる。つぶれ具合が大きくなると，水平偏波と垂直偏波の観測に差が生じる。この差を観測することにより，在来型のレーダよりも多くの情報が得られるわけである（マルチパラメータと呼ばれる由縁である）。

表1　Z-R関係式の例

Z-R 関係式	出　典
Z=400$R^{1.4}$	J.O.Laws and D.A.Parsons (1943)[1]
Z=310$R^{1.56}$	K.L.S.Gunn and T.W.R.East (1954)[2]
Z=200$R^{1.6}$	J.S.Marshall et al. (1955)[3]
Z=450$R^{1.46}$	M.Fujiwara (1965)[4], thunderstorms
Z=300$R^{1.37}$	M.Fujiwara (1965)[4], rainshowers
Z=205$R^{1.48}$	M.Fujiwara (1965)[4], continuous rain
Z=300$R^{1.35}$	R.S.Sekhon and R.C.Srivastava (1971)[5], thunderstorm

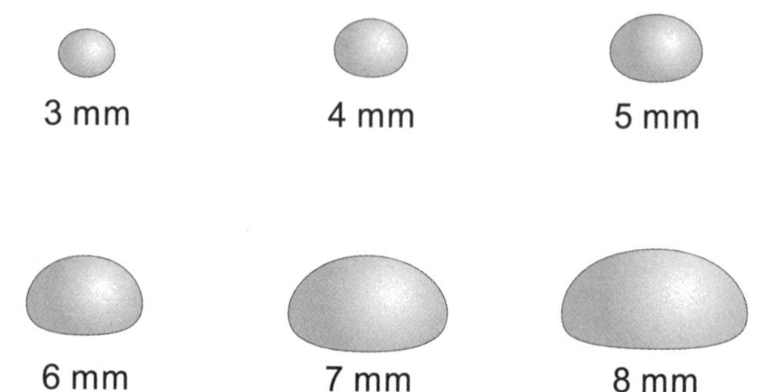

図1　真横から見た落下する雨滴の形状

一般に，降雨中を通過する電波の伝搬速度は真空中における伝搬速度に比べて若干遅くなる。この降雨中の雨滴が扁平な形をしていると，つまり，粒径の大きな雨滴が存在すると，水平偏波の遅れの方が垂直偏波に比べて大きくなる。レーダでは，この遅れの差は水平偏波と垂直偏波の位相の差として計測され，これを偏波間位相差Φ_{DP} [°] と呼ぶ（**図2**）。レーダ反射因子はある地点に存在する降雨による散乱を観測しているが，偏波間位相差は電波がある区間を往復したときの位相差の積算値であることに注意が必要である。そのため，ある特定の地点における位相差を議論する場合は，偏波間位相差を距離微分することにより，単位距離当たりの偏波間位相差K_{DP} [° km^{-1}] を求める。単位距離当たりの偏波間位相差はレーダで検出される偏波間位相差が往復分の位相差であることを考慮し，式(6)で与えられる。

$$K_{DP} = \frac{1}{2}\frac{\partial}{\partial r}\Phi_{DP} = \frac{\Phi_{DP}(r+\Delta r) - \Phi_{DP}(r)}{2\Delta r} \tag{6}$$

このK_{DP}も式(5)のような関係式（K_{DP}-R関係式）を作成し，その関係式から降雨強度を推定

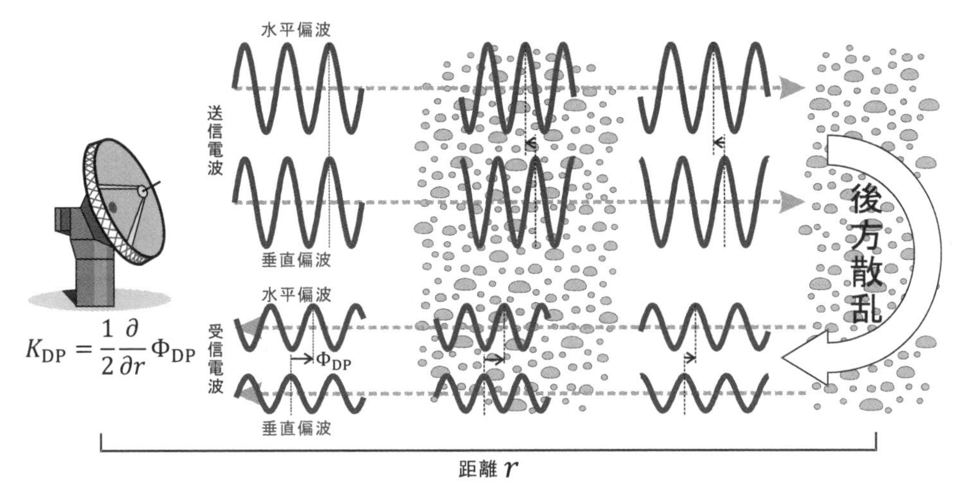

図 2　偏波間位相差の概念図

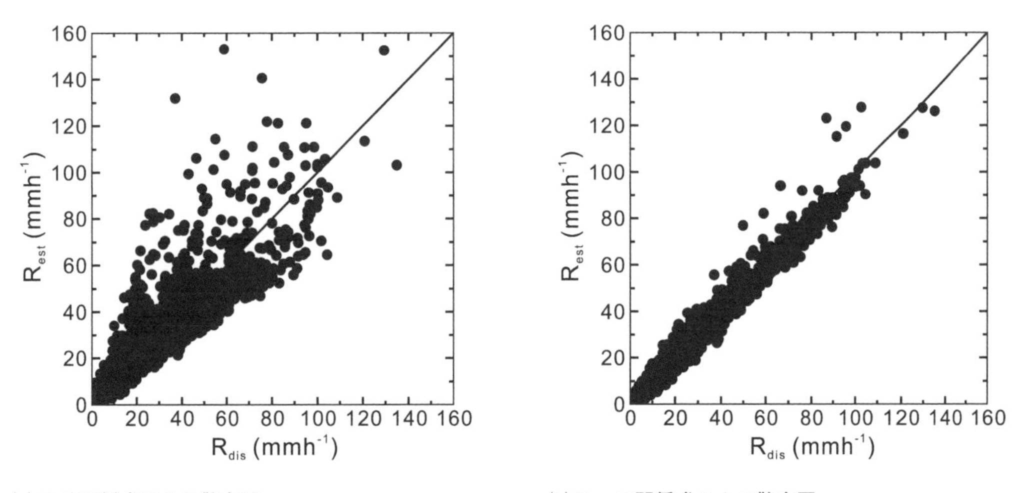

(a) Z-R 関係式による散布図　　(b) K_{DP}-R 関係式による散布図

図 3　雨滴粒径観測の結果より直接計算した降雨強度（横軸）と，同結果より電波の散乱シミュレーションを行うことにより計算したレーダ反射因子および単位距離当たりの偏波間位相差から，Z-R 関係式および K_{DP}-R 関係式より推定した降雨強度（縦軸）の散布図

する。**図 3** は雨滴粒径分布の観測から計算した降雨強度（ここでは真値と見なす）を横軸に，同じ粒径分布のデータを用いた電波の散乱計算からレーダ反射因子と単位距離当たりの偏波間位相差を算出し，その結果を用いて Z-R 関係式および K_{DP}-R 関係式により推定した降雨強度をそれぞれ縦軸にプロットした散布図である。この散布図はレーダの観測ではなく，散乱計算というシミュレーションの結果であり，Z-R 関係式と K_{DP}-R 関係式という二つの推定手法自体の精度を確認できる。図 3 (a)に示す Z-R 関係式の結果では，一対一を示す直線から大きく外れたプロットが多く，降雨強度の推定誤差が大きいことが分かる。一方，(b)に示す K_{DP}-R 関係式の結果では，一対一を示す直線の近傍にプロットが分布しており，Z-R 関係式よりも推定精度が高いことが分かる。この推定精度の違いは，K_{DP}-R 関係式の方が Z-R 関係式よりも雨滴粒径分布の違いに敏感ではないためである。

また，偏波間位相差情報を使用する利点として，降雨減衰の影響を受けないという点がある。特に，X バンドの気象レーダでは，降雨中を電波が通過する際に，電波の強度が弱くなる特徴があり，Z–R 関係を用いた降雨強度推定は過小評価となる。しかし位相情報は降雨減衰の影響を受けないので，降雨減衰が誤差要因とはならない。さらに，この偏波間位相差は降雨減衰量とも良い関係があり，降雨減衰の補正も行うことができる。ただし，あまりにも降雨減衰が顕著であり，検出可能な電波がレーダまで戻ってこない場合（受信電力がレーダのノイズレベルを下回る場合）は位相情報も使用できなくなる。

既に述べたとおり，偏波間位相差は，水平・垂直偏波の伝搬の遅れの差を位相差として検出したものである。この場合，電波の 1 波長分の遅れが 360° 分の位相として検出されるので，検出可能な遅れ量は電波の波長（周波数）に依存する。これは使用する電波の波長が短い方が，より小さな遅れ量を検出できる，つまり，より弱い雨まで検出できることを意味する。一般的な X バンドの MP レーダでは，K_{DP}–R 関係式を用いて検出可能な降雨強度は数 mm hour^{-1} 程度であるが，S バンドの場合は 30 mm hour^{-1} 程度である。

4 X バンド MP レーダのネットワーク化

前項で述べたとおり，X バンド MP レーダを用いた K_{DP}–R 関係式による降雨強度推定は，他の波長に比べて高精度であるが，一方，降雨減衰により検出可能な電波がレーダに戻ってこない場合があるという致命的な欠点がある。この欠点を補うためには，降雨減衰で生じた検知不能領域（電波消散領域）を別のレーダで観測すればよい。つまりはレーダのネットワーク化である。例えば，重点的に監視をしたい領域を取り囲むようにレーダを配置すれば，あるレーダの検知不能領域を別のレーダでカバーできるようになり，強雨時にも安定した降雨強度観測が継続可能となる。

また，レーダのネットワーク化には以下に挙げるような歓迎すべき副作用がある。

- 通常の MP レーダではドップラー速度も観測可能である。雨粒などの散乱体が移動していると，ドップラー効果により受信される電波の周波数は微妙に変化する。この周波数の変化分（ドップラー周波数）は散乱体の移動速度にほぼ比例するため，ドップラー周波数を計測すれば散乱体の移動，つまり風速を求めることができる。ただし，求められる風速はレーダに近づく（または遠ざかる）成分のみであり，任意の場所の風向・風速が分かるわけではない。ここで，レーダをネットワーク化し観測範囲を重複させると，複数台のレーダで観測されたドップラー速度をベクトル合成し，風向・風速を導出することが可能になる。これまでの現業用レーダは数百キロメートル程度の間隔で配置されていたため，ドップラー速度の合成は難しかった。
- C バンドや S バンドの気象レーダの観測範囲は 200 ～ 400 km 程度であるが，地球の曲率ため，その観測範囲端での観測高度は仰角 0° でも 2.4 ～ 9.4 km 程度となる（レーダ設置高度からの相対高度）。つまり，観測範囲が長いレーダでも地表面に近い高度 1 km 以下の高度が観測できる場所はレーダの近傍のみに限られる。通常の X バンド気象レーダの観測距離は 60 ～ 80 km 程度と短いが，数十キロメートル程度の間隔で多数配備すれば，我々の生活に直接関係のある地表面付近を広範囲で観測できる。

- 気象レーダは工業製品であるため，ネットワーク化により出荷数が増えるとその単価が下がる。さらに，Xバンドのレーダは，CバンドやSバンドの気象レーダに比べて小型であるため，設置費用も含めた1台あたりのコストは比較的小さく，多数のレーダを同時展開しやすくなる。

以上のような理由から，日本では防災科研を中心に首都圏Xバンド気象レーダネットワーク（X-NET）と呼ばれる研究用Xバンド気象レーダネットワークが構築され，アメリカではNational Science Foundation（NSF）により，Collaborative Adaptive Sensing of the Atmosphere（CASA）プロジェクトが開始された。特に，日本では，大学や試験・研究機関が長年Xバンド気象レーダを使ってきた経緯もあり（Xバンドは降雨の定量観測に適さないと認識されており，必ずしも望んで使用していたわけでは無いが），世界に先駆けて実用化され，国土交通省により現業用Xバンド気象レーダのネットワークが構築された（XRAIN）。

5 XRAINにおける降雨強度推定手法とネットワーク合成手法

XRAINでは大都市や地方の主要都市を中心に，2014年3月までに14の地域で39機のXバンドMPレーダを導入した。一つの地域は平均して約3台のレーダから成り，それらのレーダは重点観測領域を取り囲むように設置されている。レーダ毎に降雨強度推定を行い，地域毎に四分の一基準地域メッシュ（解像度約250 m）の格子点へ合成・内挿される。

本項ではレーダ毎に行われる降雨強度を推定するまでの手順と格子点へ合成・内挿する手法について解説する。

5.1　降雨強度推定に使用する観測パラメータ

MPレーダではさまざまな観測パラメータが測定できる。**表2**にXRAINのレーダで観測されるパラメータを示す。P_rは受信電力［dBm］であり，添え字のHおよびVは偏波面を，同mtiおよびnorは地形エコー除去処理の有効・無効を示す。通常，気象レーダはパラボラアンテナを上空に向けて電波を送受信するが，パラボラアンテナの中心軸方向以外にもわずかながら電波が漏れ出している（サイドローブ）。このサイドローブが地形や建物にあたり，それらのエコー（グランドクラッタ）が観測される場合がある。このグランドクラッタは降雨と紛らわしいため，消去する必要があるが，地形や建物はレーダに対して移動しないためそのドップラー速度はゼロであるという特徴がある。そのような条件を満たすエコーを消去する処理をMoving Target Indication（MTI）という。

偏波間相関係数ρ_{HV}は水平偏波と垂直偏波の相関係数である。均一な雨滴からなる降雨ではほぼ1の値となるが，形状の時間変化の激しい粒子から成る降水や，複数の種類の粒子で構成される降水，非気象エコーの場合は値が小さくなるため，品質管理に利用される。

表2に挙げるパラメータの内，降雨強度推定に使用されるパラメータを○印で示す。

5.2　初期品質管理

観測データは，観測後に関東および近畿の合成処理局に集められ，まず，ノイズやグランドクラッタ，非降水エコーを除去するための品質管理処理が行われる。

表2　XRAINのレーダで観測されるパラメータ

観測パラメータ	説　明	降雨強度推定に使用
$P_{r\,(H,\ mti)}$	水平偏波受信電力，MTI処理あり	○
$P_{r\,(H,\ nor)}$	水平偏波受信電力，MTI処理なし	○
$P_{r\,(V,\ mti)}$	垂直偏波受信電力，MTI処理あり	
$P_{r\,(V,\ nor)}$	垂直偏波受信電力，MTI処理なし	
V	ドップラー速度	
W	ドップラー速度幅	
Φ_{DP}	偏波間位相差	○
ρ_{HV}	偏波間相関係数	○

5.2.1　マスキング処理

常時異常なデータが観測される既知の領域（例えば，強いグランドクラッタ，高層ビルや鉄塔等）のデータを削除する。事前にこのような領域のポリゴンデータ（緯度・経度座標）を各レーダの仰角毎に作成しておく。

5.2.2　近距離データの削除

レーダから1km以内の近距離ではデータの品質が悪いので，該当するデータを削除する。

5.2.3　低いS/N比データの削除

S/N比の低い（例えば3dB未満）データを削除する。ここで削除されたデータは異常値ではなく無降水データとして扱う。

5.2.4　受信電力の補正

水平・垂直偏波の受信電力に既知のバイアスがある場合，それらを補正（バイアスを減算）する。

5.2.5　グランドクラッタの削除

$P_{r\,(H,nor)}$と$P_{r\,(H,mti)}$の差が5dBより大きな場合，グランドクラッタの影響が大きいとみなして，Φ_{DP}，ρ_{HV}のデータを削除する。ただし，この処理はグランドクラッタだけではなくドップラー速度がゼロに近い気象エコーに対しても働く場合がある。Φ_{DP}を削除したことにより，K_{DP}が算出されず，レーダ反射因子から降水強度が推定された場合，その部分の降水強度が過小評価される可能性がある。後の合成処理で大きな重みのつきやすいレーダ付近（15km以内）でこのような状況になった場合，その領域は「観測なし」として扱う。（合成時に他のレーダの観測で埋められる）。

5.2.6　Φ_{DP}の折り返し補正

Φ_{DP}が360°を越えて0°に折り返る場合がある。Φ_{DP}の距離方向の連続性を仮定し，折り返し補正を行う。

5.2.7　Φ_{DP} の外れ値の除去

グランドクラッタや非降水エコーによる Φ_{DP} の外れ値を除去するために，Φ_{DP} の距離方向移動平均を計算し，観測された Φ_{DP} との差が 10° を越えるデータを削除する。

5.2.8　ρ_{HV} の閾値

観測された ρ_{HV} が閾値（0.6）を下回る場合，Φ_{DP}，ρ_{HV} のデータを削除する。

5.2.9　ポイントクラッタの除去

飛行機や船舶等によるポイントクラッタの除去を行う。ポイントクラッタの判別は $P_{r\,(H,mti)}$ の距離方向の移動平均偏差が 20 dB を越えるかどうかで行う。ただし，移動平均の計算には自身のレンジビンを含めないこととする。

5.3　K_{DP} の算出

K_{DP} は X バンドの MP レーダを用いた降雨強度推定において最も重要なパラメータである。K_{DP} は Φ_{DP} の距離微分を計算することにより求められるが，観測される Φ_{DP} にはノイズや後方散乱の偏波間位相差が含まれており，これらが K_{DP} の算出に悪影響を与える。そのような理由から，観測された Φ_{DP} に距離方向のローパスフィルタを適用し，それらの影響を抑える必要があるが，このローパスフィルタの適用は K_{DP} の空間分解能を悪化させ，また，強雨域で降雨強度を過小評価する可能性もある。本システムでは，そのようなことを押さえるために，2 種類の Finite impulse response（FIR）フィルタを適用し，ある調節された幅で Φ_{DP} の線形回帰直線の傾きを求めることにより K_{DP} を算出する。

5.3.1　Φ_{DP} のフィルタリング

Φ_{DP} の距離微分が行われる前に，長・短のカットオフ周期を持つ二種類の FIR フィルタが適用される。まず長いフィルタが（カットオフ周期は 4 km），強雨域における後方散乱の偏波間位相差を除去するために使用される。ここでは Hubbert ら[6]により提案された方法が使用される。その後，短いフィルタ（カットオフ周波数は 2 km）がノイズを除去するためのスムージングに使用される。

5.3.2　Φ_{DP} の線形回帰（仮）

本ステップでは，30 レンジビン幅の間（あるレンジビンの傾きを求めるために前後 15 レンジビンまでの Φ_{DP} を使用する）で線形回帰直線を求め，その傾きを 2 で割ることにより仮の K_{DP} を求める。この仮の K_{DP} は最終的に K_{DP} を求める際の距離幅を決定するために使用される。

5.3.3　Φ_{DP} の線形回帰（アダプティブ）

フィルタリングされた Φ_{DP} 距離プロファイルにも数キロメートル程度の波長を持つ変動が残る場合がある。氷晶を含まない純粋な雨の場合，K_{DP} は常に正の値をとるはずだが，この変動のため，計算された K_{DP} には正と負の繰り返しパターンが距離方向に現れる。本解析において

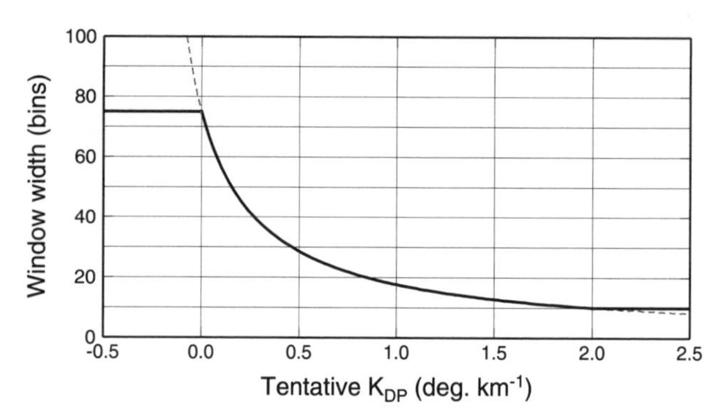

図 4　線形回帰による最終的な K_{DP} 算出に用いる距離幅（レンジビン数）。横軸はあらかじめ計算しておく仮の K_{DP}，縦軸はレンジビン数。XRAIN レーダのレンジビン幅は 150 m である

望ましくない負の K_{DP} は，線形回帰を行う際の距離幅を広く設定すると抑えることができるが，距離幅を広くすると K_{DP} のピークを過小評価してしまう。通常このような Φ_{DP} の変動は弱雨域で顕著になるため，最終的な K_{DP} を求める際には，雨の強度に応じて線形回帰の際の距離幅を調節する。つまり，弱雨の場合は広い距離幅で線形回帰を行い，強雨の場合は狭い距離幅で線形回帰を行う。この雨の強度の指標として前ステップで求めた仮の K_{DP} を使用する。

図 4 は最終的な K_{DP} を求める際の，線形回帰に用いる距離幅（レンジビン数）と仮の K_{DP} の関係を示している。まず仮 K_{DP} のから図 4 に示されるレンジビン数が求められ，このレンジビン数の距離幅で最終的な K_{DP} が線形回帰により求められる。

図 5 に本手法により求められる K_{DP} の例を示す。図 5 (a)の破線で示される観測された Φ_{DP} にはノイズが多く含まれており，この観測結果から 2 km 幅の線形回帰で K_{DP} を求めると，(b)の破線のように負の値を持つ K_{DP} が演算される。自然界の雨滴は縦軸よりも横軸の方が長くなる方向につぶれるため，K_{DP} は常に正の値となることが想定されるが，この結果はその想定とは一致しないため，降雨強度推定ができない。(b)の実線示される本手法により計算された手法では，負の K_{DP} が現れておらず，降雨強度推定が可能となる。

5.4　降雨減衰補正（仮）

X バンドの場合降雨減衰の影響は無視できないので，その補正は必須である。まずここでは水平偏波のレーダ反射因子に関して，その単位距離当たりの減衰量 A_H [dB km^{-1}] を，式(7)により K_{DP} から求める。

$$
\begin{aligned}
A_H &= a_1 K_{DP}^{b_1} \\
a_1 &= 0.2925 + 7 \times 10^{-4} el + 1 \times 10^{-5} el^2 + 3 \times 10^{-6} el^3 \\
b_1 &= 1.1009 - 3 \times 10^{-5} el - 4 \times 10^{-6} el^2
\end{aligned}
\qquad (7)
$$

ここで el はレーダビームの仰角 [°] である。この関係式は Park ら[7]による散乱シミュレーションの結果から仰角を考慮して近似曲線を求めたものである。ここで求めた A_H を往復分の距離で積分し，$P_{r\,(H,mti)}$ からレーダ方程式により求められた水平偏波のレーダ反射因子 Z_H に足し合わせることにより減衰補正が行われ，仮の Z_H が算出される。この仮の Z_H は次のステップである K_{DP} の品質管理に使用される。

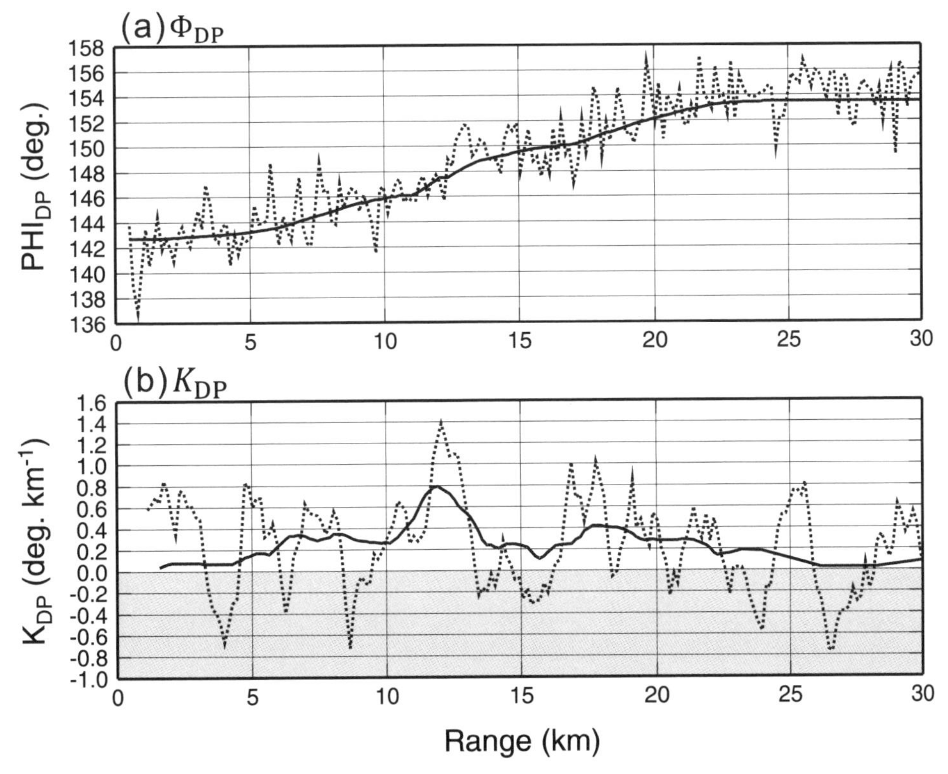

図5　(a) 偏波間位相差の距離分布。横軸は距離，縦軸は偏波間位相差。破線はレーダで観測されたもの，実線は (b) の実線を距離積分して得られものを示す。(b) 単位距離当たりの偏波間位相差の距離分布。破線は観測された偏波間位相差から 2 km 幅の線形回帰により求めたもの，実線は本文で述べられるアダプティブな手法を用いて計算されたものを示す

5.5　品質管理 (K_{DP})

既に述べたとおり弱雨域では K_{DP} の推定精度に問題があるため，K_{DP} を用いた降雨強度推定は難しい。また，K_{DP} の正負繰り返しパターンが残っている場合もある。そこで弱雨域で K_{DP} を使用しないよう仮の Z_H が 30 dBZ 未満の場合，K_{DP} のデータを削除する。

5.6　降雨減衰補正（最終）

前ステップで品質管理された K_{DP} を用いて，Z_H の減衰補正を式(7)により行う。

5.7　電波消散領域の推定

X バンドの気象レーダでは降雨減衰の影響により，豪雨域の後ろ側の降水エコーを観測できない場合がある。そのような降水エコーを観測できない領域（電波消散領域）では，そこに降水があるかどうかを知ることはできない。そのため，レーダによる降雨強度推定結果を作画する際には，この電波消散領域を無降水領域ではなく不明な領域として示す必要がある。また，他のレーダによる降雨強度推定結果と合成処理を行う場合，この領域を無降水として扱ってはならない。X バンド気象レーダのデータを解析する上で，この電波消散領域の推定は非常に重要であり，本項では岩波ら[8]に従ってその推定を行う。

電波消散領域はレーダからの距離 r が次の方程式(8)を満たす領域である。

$$2 \times PIA(r) \geq dBZ_{\mathrm{thresh}} - dBZ_0(r) \tag{8}$$

ここで $dBZ_0(r)$ は距離 r における検出可能最小レーダ反射因子（水平），dBZ_{thresh} は本手法における検出閾値，PIA は距離積分（片道）された降雨減衰量で，

$$PIA(r) = \int_0^r A_{\mathrm{H}}(r)\,dr \tag{9}$$

である（式(9)）。検出閾値 dBZ_{thresh} には降雨強度 3 mm hour^{-1} に相当するレーダ反射因子が Z-R 関係式により設定される。この閾値の設定は，推定された電波消散領域において 3 mm hour^{-1} より弱い降水の有無が不明であることを意味する。

5.8 降雨強度推定

5.8.1 K_{DP}-R 関係式

融解層よりも低い高度で K_{DP} の値が存在する場合，降雨強度は式(10)（K_{DP}-R 関係式）によって計算される。

$$R = c \times a_2 K_{\mathrm{DP}}^{b_2}$$
$$a_2 = 19.6 + 2.71 \times 10^{-2}el + 1.68 \times 10^{-3}el^2 + 1.11 \times 10^{-4}el^3 \tag{10}$$
$$b_2 = 0.815$$

これらの関係式も Park ら[7]による散乱シミュレーションの結果から仰角を考慮して近似曲線を求めたものである。c は調整係数で，この値は雨量計観測との比較から決定されており，現在のところ 1.2 である。融解層の上端高度は，その時点で入手可能な最新の気象庁メソ数値予報モデル（MSM）の計算結果における気温 0℃の高度で決定し，融解層の厚さは 1 km を仮定している。つまり，K_{DP}-R 関係式が用いられる高度は気温 0℃の高度から 1 km 低い高度よりも下の高度である。

5.8.2 Z-R 関係式

K_{DP}-R 関係式が使用できない場合は，式(5)の Z-R 関係式で降雨強度推定を行う。係数 B および β は雨（融解層より低い高度）と雪（融解層よりも高い高度）で異なる値の組み合わせが使用される。融解層内部では雨と雪を仮定した両方の推定結果の重み付き平均が計算され，その計算結果が融解層内でなめらかに遷移するよう，その重みは高度に関する 1 次関数（バイリニア補間係数）となっている。

XRAIN システムでは，雨に対するこれらの係数はレーダ毎に異なる値が設定されている。本来，これらの係数は降雨の粒径分布に依存する値であり，レーダシステムには依存しない。しかし，XRAIN ではシステム毎の Z_{H} のバイアスが不明であること，また，これらの係数の決定にあたっては，減衰補正された Z_{H} と地上に設置した雨量計の観測値との直接比較を行っていることから，求めた係数に Z_{H} のバイアスが含まれている。このため，これらの係数はレーダシステムに依存した値となっている。このことは，XRAIN では雨量計による観測と減衰補正

済み Z_H との直接比較により，レーダサイト付近の降雨に特徴的な Z-R 関係と Z_H のバイアスを同時に算出していることを意味する。

5.9　降雨強度の地域合成

レーダ毎に推定された降水強度は，四分の一基準地域メッシュ（3 次メッシュとも呼ばれる）の格子に内挿・合成される。この格子は経度幅 45/4 秒，緯度幅 30/4 秒の解像度をもち，日本付近ではおよそ 250 m の解像度に相当する。内挿・合成にはクレスマン内挿に準ずる方法を用いる。クレスマン内挿は，内挿される格子点からサンプリング半径内に存在するデータ点の値の重み付き平均を内挿値とする方法である。

クレスマン内挿におけるサンプリング半径 R_s [m] は次のようなレーダからの距離 r [m] に関する一次関数式⑾で定義する。

$$R_s = a_3 r + b_3 \tag{11}$$

一次関数で表現するのは，レーダビームの広がりを考慮するためであり，現在のところ a_3 と b_3 には 0.013 と 150 m が設定されている。

クレスマン内挿における重み関数 W は，式⑿のように定義される。

$$\begin{aligned} W &= w_h \times w_a \\ w_h &= \frac{1}{1 + C_h\left(\frac{d}{R_s}\right)^2} \\ w_a &= \frac{1}{1 + C_a\left(\frac{h}{H}\right)^2} \end{aligned} \tag{12}$$

w_h は水平方向に関する重みで，d は格子点とデータ点（レーダのレンジビン）の間の距離，C_h は重みを調整する係数である。サンプリング半径の外側にあるデータ点（$d > R_s$）は平均に用いない（$w_h = 0$）。w_a は高度方向に関する重みで，h はデータ点の地上高度，H は最大内挿高度，C_a は重みを調整する係数である。データ点の地上高度が最大内挿高度よりも高い場合（$h > H$），そのデータは平均に用いない。高度方向の重みは，グランドクラッタや非気象エコーが適切に除去されている限り，より低い高度の降水強度の方が地上の降水強度と良い相関を持つと期待されることから導入されている。現在，C_h，C_a，H の値は，それぞれ 0.5，20.0，5,000 m に設定されている。

この内挿において，ある格子点からサンプリング半径以内の距離にあり，かつ最大内挿高度よりも低い高度にあるデータ点のデータは，仰角やレーダに関係なく，全て等しく平均化される。この方法を用いることにより，レーダデータの格子点への内挿と複数のレーダデータの合成が同時に行われる。

全てのレーダ・仰角に関しての重み付き平均が計算された後，スムージングを目的とした 3×3 のメディアンフィルタが適用され，最後にギャップ格子点（建物による影領域や，データ品質管理によりデータの内挿が行われなかった格子点）に対して，5×5 のガウシアンフィルタを適用し，ギャップ格子点の内挿を行う。

XRAIN システムでは，各レーダでは1分間当たり3仰角分のデータが観測され，そのうち1仰角は下層の観測である。この下層の観測は2種類の仰角の観測が毎分交互に行われており，過去2分間の2種類の仰角データを用いて降雨強度の合成が行われる（つまり，1回の合成にはレーダの数×2の PPI データが使用される）。この合成は毎分行われ，合成データは毎分更新される。

図6および**図7**は本手法による内挿・合成の例を示している。図6は XRAIN 名古屋領域において領域合成に用いられる5つのレーダについて，2011年9月3日 20：39（世界協定時）に観測されたデータから推定された降雨強度の PPI（Plan Position Indicator; アンテナを水平回転させた観測結果を地面に投影する表示）画像を示している。この時，台風1112号（Talas）に伴うレインバンドが名古屋付近を通過しており，最大で 100 mm hour^{-1} 程度の降雨強度が推定された。そのため，多くの電波消散領域が推定されている（図6の灰色の影の部分）。 図7は同時刻における，名古屋領域での合成降雨強度の分布を示している。複数のレーダで観測される領域では電波消散領域が他のレーダでカバーされており，個々の PPI 画像よりもレインバンドの構造がより明瞭に把握できる。

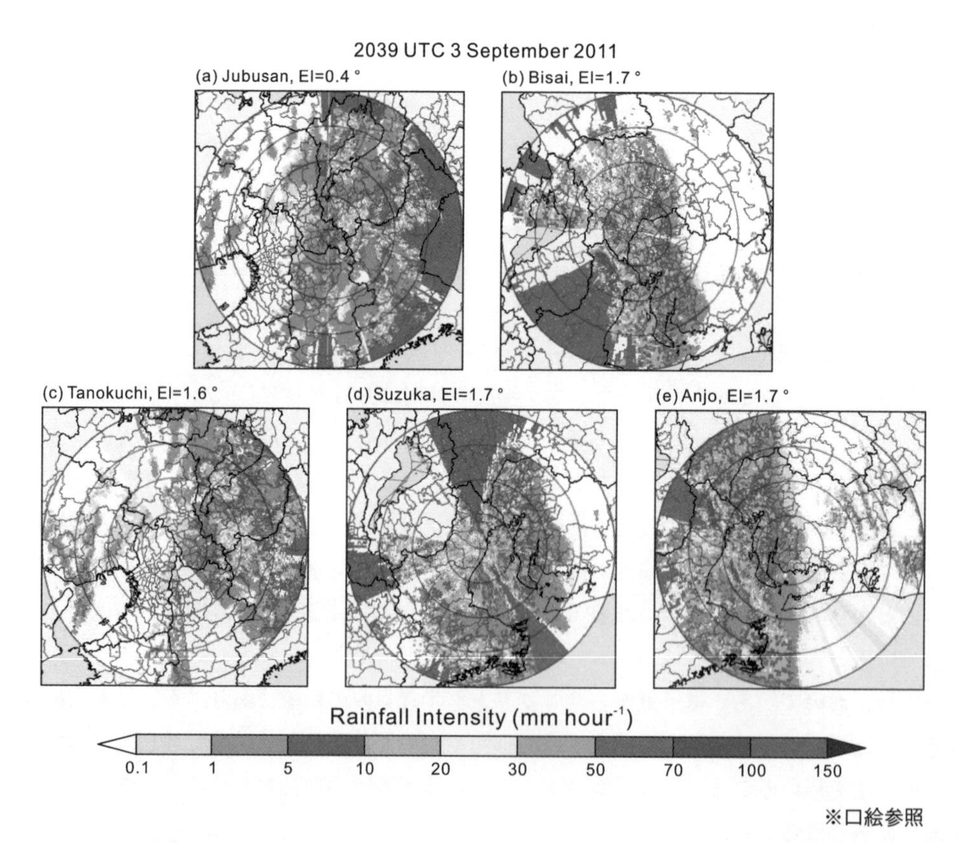

※口絵参照

図6　2011年9月3日 20：39（世界協定時）に，XRAIN 名古屋地域の降雨強度推定に用いられる5台のレーダの観測値から推定された降雨強度の PPI 画像。カラースケールは降雨強度を示し，レーダからの距離を示す赤線のリングは 20 km 毎に作画されている。灰色で示す領域は電波消散領域である。(a) 鷲峰山レーダ，(b) 尾西レーダ，(c) 田口レーダ，(d) 鈴鹿レーダ，(e) 安城レーダ

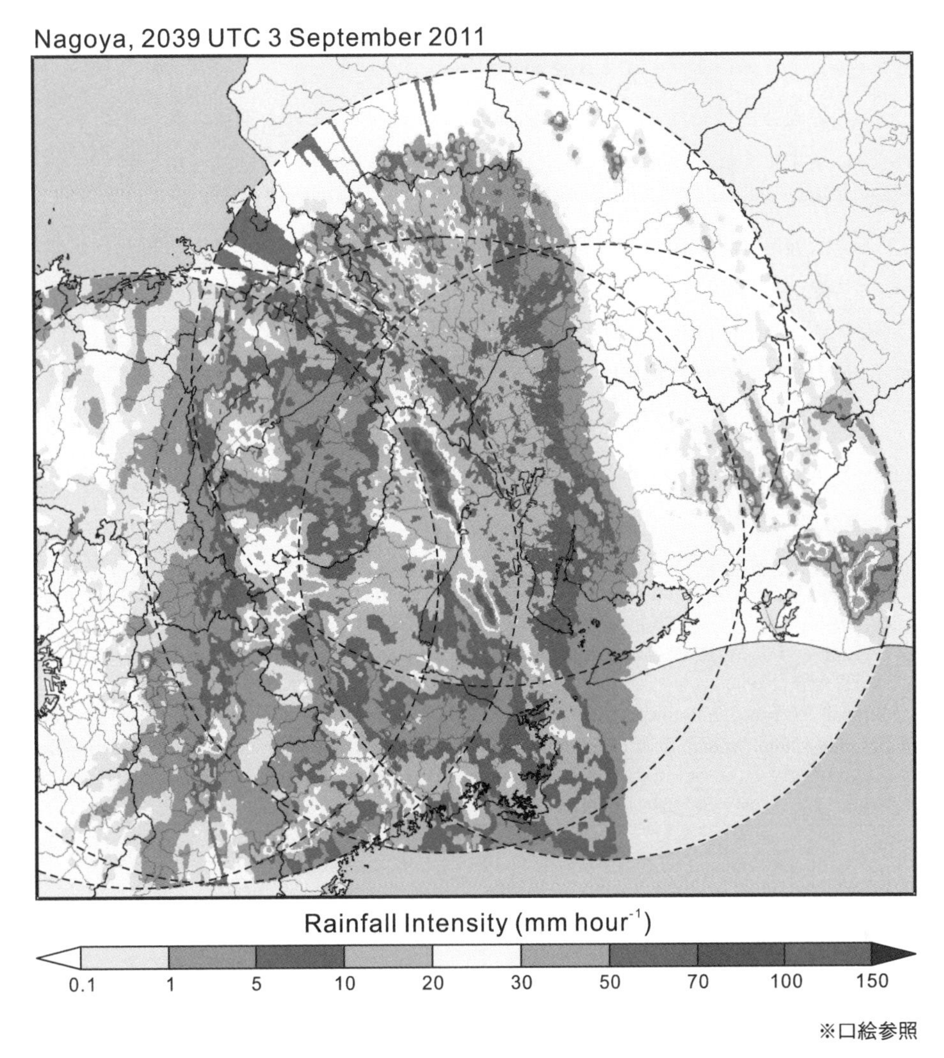

※口絵参照

図７　図６に示すレーダで観測された降雨強度を合成・内挿して作成されたXRAIN名古屋地域における2011年９月３日20：39（世界協定時）の降雨強度の分布図。カラースケールは降雨強度を示し，灰色で示す領域は電波消散領域である

6 まとめ

近年，その高精度な降雨観測が注目されているＸバンドMPレーダに関して，本稿では降雨強度の測定原理，レーダネットワークの重要性に関して説明し，また，実際に現業観測が行われている国土交通省のXRAINで行われている降雨強度推定手法と地域毎の内挿・合成手法について解説した。

Ｘバンドの気象レーダは降雨減衰のため，降雨の定量観測には向かないレーダとして長年認識されてきたが，MPレーダおよびK_{DP}-R関係式が実用化されたことにより，その評価は一変した。日本の大学や試験・研究機関がＸバンドの気象レーダを長年使用してきた経緯もあり，世界に先駆けてＸバンドMPレーダのネットワーク観測が現業化され，その降雨強度推定結果はリアルタイムで配信されている。時間分解能の優れた高精度の降雨強度情報は，近年ゲリラ豪雨と呼ばれるような局所的な大雨の監視に非常に有用である。

今後，この降雨強度情報は，いろいろな場面で利用されることが期待され，このデータを扱う人の裾野はますます広がるだろう。観測データからどのように降雨強度を推定しているかについて興味を持つ人向けに，XRAINで行われているデータ処理の概要も紹介した。K_{DP}-R関係式による降雨強度推定は簡単な手法ではあるが，ノイズが多く含まれる観測された偏波間位相差からより確からしいK_{DP}を求めるには，データの品質管理と距離微分の方法が重要であることを理解していただけたと思う。この分野に関する研究は，現在でも世界中で行われている。

なお，本稿で例示のために掲載したXRAINのレーダデータは，国土交通省から提供されたものであり，国家基幹技術「海洋地球観測探査システム」データ統合・解析システム（DIAS）の枠組みを通して入手したものである。

文　献

1) J. O. Laws and Parsons D. A.：The relation of raindrop-size to intensity, *Trans. Amer. Geophys. Union*, **24**, 452-460 (1943).
2) K. L. S. Gunn and T. W. R. East：The microwave properties of precipitation particles, *Q. J. R. Meteorol. Soc.*, **80**, 522-545 (1954).
3) J. S. Marshall, W. Hitschfeld and K. L. S. Gunn：Advances in radar weather, *Adv. Geophys.*, **2**, 1-56 (1955).
4) M. Fujiwara：Raindrop-size distribution from individual storms, *J. Atmos. Sci.*, **22**, 585-591 (1965).
5) R. S. Sekhon and R. C. Srivastava：Doppler radar observations of drop-size distributions in a thunderstorm, *J. Atmos. Sci.*, **28**, 983-994 (1971).
6) J. Hubbert and V. N. Bringi：An interactive filtering technique for the analysis of copolar differential phase and dual-frequency radar measurements, *J. Atmos. Oceanic Technol.*, **12**, 643-648 (1995).
7) S.-G. Park, V.N. Bringi, V. Chandrasekar, M. Maki and K. Iwanami：Correction of radar reflectivity and differential reflectivity for rain attenuation at X-band wavelength. Part I：Theoretical and Empirical Basis, *J. Atmos. Oceanic Technol.*, **22**, 1621-1632 (2005).
8) 岩波越，前坂剛，木枝香織，真木雅之，三隅良平，清水慎吾：Xバンド偏波レーダーによる降雨観測における簡易減衰補正，日本気象学会2007年度春季大会講演予稿集，B463 (2008).

第1節　高解像度降水ナウキャスト

気象庁　西嶋　信

1 はじめに

積乱雲がもたらす急な強い雨は，中小河川の水位の急激な上昇や地下施設の浸水などの災害の要因となる。このような災害を防ぐためには積乱雲に対する精度の高い予測が必要となるが，積乱雲は大きさが数キロメートル程度と小さく，寿命も1時間程度と短いため，その発生場所と時間をあらかじめ正確に予測することは難しい。このように事前の予測が困難な現象に対して有効な予測手法がナウキャストである。ナウキャストとは，観測・解析・予測という一連の処理を短い間隔で繰り返すことにより，気象状況の変化をすばやく捉え，最新の気象状況に基づいて予測を更新していく手法である。

降水に対するナウキャストとして，気象庁は，250 m という高い解像度で降水の分布を解析・予測する高解像度降水ナウキャストを2014年8月から提供している。本稿では高解像度降水ナウキャストの概要および利用上の留意点について述べる。高解像度降水ナウキャストの技術的な詳細については，巻末に挙げる参考文献を参照されたい。

2 情報の内容

高解像度降水ナウキャストが提供する情報の内容は**表１**のとおりである。本項ではそれぞれの内容について解説する。

表１　高解像度降水ナウキャストが提供する情報の内容

項目	内容
更新間隔	5分
予測時間	60分先までの5分毎
解像度	解析値および30分後までの予測値：250 m（ただし沖合いは1 km） 35～60分後までの予測値：1 km
予測要素	降水強度，5分間降水量，誤差情報

高解像度降水ナウキャストは，60分先までの5分毎の降水分布の予測を，5分間隔で更新している。降水分布の解像度は予測時間に応じて変化する。解析値と30分先までの予測値は250 m 格子毎の，35～60分先までの予測値は1 km 格子毎の値として提供される。格子の大きさが予測期間の前半と後半とで異なるのは，一般に予測時間が長くなるほど予測の誤差が大きくなることを考慮して，予測精度に応じた格子サイズを用いているためである。また解析値と30分先までの予測値も，沖合の海上では1 km 格子毎の値となっている。これはデータ量の増加を抑えるための措置である。

提供される予測要素は降水強度と5分間降水量である。降水強度はその時点における降水分布の把握に，5分間降水量は積算降水量の算出に，それぞれ適している。

これに加えて，利用者が予測の信頼性を評価できるように，予測値の誤差に関する情報も提供される。誤差情報には，解析に起因する誤差と，予測における誤差それぞれに関する情報が含まれる。解析に起因する誤差の情報として，後述する解析処理において，解析の誤差要因であるクラッター，ブライトバンド，上空エコー，雹が検出された格子を示すフラグが提供される。フラグがある格子では解析値の誤差が大きくなっている可能性があるので注意が必要である。予測における誤差の情報としては，1時間降水量予測値の誤差幅推定値が提供されている。これは，高解像度降水ナウキャストの5分間降水量予測値を1時間分積算した値に対する誤差の程度を推定したものである。誤差幅推定値を ε とすると，実際に降る1時間降水量が予測値 $+\varepsilon$ ～予測値 -2ε の範囲に70%の確率で入るように ε の値が調整されている。安全のための余裕をもって雨量を見積もりたい場合には1時間降水量予測値に ε を加える，などという利用を想定している。なお，誤差の範囲として降水量が少ない側が -2ε となっているのは，実際の降水では降水量が多い事例よりも少ない事例のほうが多いため，降水量予測値に誤差が生じる場合には少ないほうに外れる場合が多いことに対応している。

3 利用する観測データ

ナウキャストは気象状況の変化に応じて予測を更新する技術であるため，最新の気象状況を把握する手段である観測が重要な役割を持つ。本項では高解像度降水ナウキャストが利用する観測データについて解説する。

降水に対するナウキャストの作成においては，広い範囲の降水を，高い解像度で，かつ短時間に観測できるレーダが中心的な役割を果たす。高解像度降水ナウキャストは，気象庁が運用する気象ドップラーレーダに加えて，国土交通省のXバンドMPレーダネットワーク（XRAIN）の観測データも利用している。XRAINは2種類の偏波を利用することにより降水量を精度良く観測できるため，そのデータは高解像度降水ナウキャストの精度向上に大きく寄与している。また，気象ドップラーレーダおよびXRAINともに，雨雲内の風の分布も観測している。

一方で，レーダ観測にはリモートセンシングに伴う誤差が生じるため，直接観測により精度良く降水量を観測できる雨量計のデータも利用している。気象庁のアメダスだけでなく，国土交通省や地方自治体が設置した雨量計からもデータの提供を受けることで，全国で約10,000地点という高い密度の降水量観測データを利用可能である。

降水観測だけではなく，雨雲の移動や発達に影響を与える風や気温，湿度などの状態を3次元的に把握するために，気温や湿度などの地上気象観測データ，さらにラジオゾンデやウィンドプロファイラ，GPS可降水量などの高層観測データも利用している。

このように，多様で高密度な観測ネットワークから得られる観測データを利用していることが，高解像度降水ナウキャストの特長の1つである。

4 解析処理の手法

将来の降水分布を精度良く予測するためには，まず現在の降水分布を正しく把握する必要がある。現在の降水分布に関する情報は観測を通して得られるが，観測にはさまざまな要因により誤差が生じる。そこで高解像度降水ナウキャストでは，予測の初期値を作成するために，観測データをもとに品質の高い降水分布を作成する解析処理を実行している。本項では解析処理

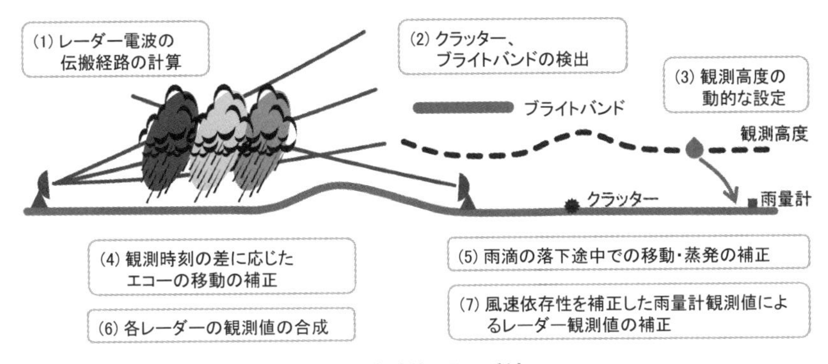

図１　解析処理の手法

の主要なアルゴリズムについて概要を示す（**図１**。以下の(1)〜(7)は図１内の番号に対応）。

(1)　レーダ電波の伝播経路の計算

レーダの電波は，大気中を進む際に空気の密度の変化に応じて屈折する。大気の状態によっては，通常の伝播経路から大きく外れる異常伝播となることがある。異常伝播の影響を軽減するために，解析処理ではまず，レーダから送信された電波の伝播経路を，空気の密度に影響を与える気圧，気温および水蒸気の鉛直分布をもとに計算する。ここで計算された伝播経路は，以後に述べる観測高度の設定などの処理で使われる。

(2)　クラッター，ブライトバンドの検出

レーダ観測における主要な誤差要因として，クラッターおよびブライトバンドと呼ばれる現象がある。クラッターとは，異常伝播により電波が地表面や地表の構造物などに当たって反射し，降水がないところにエコーが現れる現象である。クラッターのエコーには，反射強度が地上付近で強く，上空に向かうにつれて急速に弱くなるという特徴がある。ブライトバンドとは，雪が落下する途中で融けて雨になる領域ではレーダの電波が強く反射されるため，実際よりも強い降水として観測される現象で，レーダを中心とする円形のエコーとして現れることが多い。解析処理では，エコー強度の鉛直分布などからクラッターを，気温の鉛直分布やエコーの形状などからブライトバンドを検出している。

(3)　観測高度の動的な設定

レーダの複数の仰角で観測した異なる高度の観測値から，最終的なレーダ観測値としての降水分布を求める高度を，以下では観測高度と呼ぶ。観測高度は，実際に地上で降る降水との対応という観点からは地表に近いほど望ましい一方で，地表近くではクラッターや建物などの影響を受ける。これらを総合的に考慮して，高解像度降水ナウキャストでは観測高度を1〜2 km に設定している。クラッターやブライトバンドが検出された領域では，その影響を避けるために観測高度を上下に調整している。

(4)　観測時刻の差に応じたエコーの移動の補正

レーダは，仰角を変えてアンテナを回転させることで３次元的な降水分布を観測している。アンテナが回転する間にも雨雲は移動しているので，同じ雨雲でも，その上部と下部では観測された位置にずれが生じる。このずれは250 m という高い解像度で解析す

る際には無視できない大きさとなり，観測結果をそのまま利用したのでは雨雲内の雨滴の鉛直分布を正しく再現できない。そこで解析処理の中で，上空の風の分布をもとに各仰角のエコーの位置を補正している。

(5) 雨滴の落下途中での移動・蒸発の補正

観測高度である地上1～2 kmの高さに存在する雨滴は，地上に落下する途中で風に流される，あるいは蒸発する場合がある。蒸発量が多い場合には，地上では降水が観測されない上空エコーとなる。解析処理では，雨滴の移動による降水位置のずれや蒸発による降水量の減少の効果を風や湿度に応じて計算し，降水分布に反映させている。

(6) 各レーダの観測値の合成

全国の降水分布を得るために各レーダの観測値を合成する際には，レーダの観測範囲が重なる領域の扱いに配慮が必要である。一般的にはレーダと雨雲との距離が近いほど観測の精度が高くなるが，場合によっては近い方にあるレーダがブライトバンドの影響を受けているなど，観測条件によって各レーダの観測値の信頼性は変化する。そこで解析処理では，各レーダの観測値をそれぞれの観測条件に応じた重みで加重平均する，あるいは最大値を採用するなど，最適な降水分布となるように調整を行っている。

(7) 風速依存性を補正した雨量計観測値によるレーダ観測値の補正

リモートセンシングであるレーダに比べて，直接観測である雨量計は観測の精度が高い。そこで解析処理において，レーダで観測した降水量を雨量計の観測値で補正している。一方，雨量計にも，風が強い場合には雨滴が雨量計内に入らないため実際よりも少ない観測値となる，という誤差が存在する。この誤差の影響を軽減するため，雨量計観測値に対して地上付近の風速に応じた補正を行っている。

上記のように，高解像度降水ナウキャストの解析値は単なるレーダエコーの合成値ではなく，観測システムの特性や解析時点の気象状況に応じたアルゴリズムを適用することで，実際の降水の状況を高い品質で再現したデータとなっている。

5 予測処理の手法

ナウキャストで一般的に利用される予測手法は，実況補外と呼ばれる，雨雲の現在までの移動速度や発達・衰弱の傾向を延長することで将来の位置と強さを予測する方法である。しかし，実際の雨雲は現在と同じ変化を将来に渡って続けるとは限らないため，精度の良い予測を行うためには，気象状況に応じたさまざまな手法を組み合わせる必要がある。本項では，予測処理の主要なアルゴリズムについて概要を示す（**図2**。以下の(1)～(5)は図2内の番号に対応）。

(1) 実況補外による降水位置の予測

実際の雨雲は一直線に進むとは限らず，曲線状に移動する場合もあるため，高解像度降水ナウキャストの予測処理では次に述べる方法により雨雲の将来位置を予測している。①雨雲の過去と現在の位置を比較することで得られる移動ベクトルを，まず，格子毎の値として割り振る。②雨雲は現在存在する格子の移動ベクトルに沿って1ステップ移動する。③次のステップでは，雨雲は移動先の格子の移動ベクトルに乗り換えて移動する。このステップを繰り返すことで，直線の連結により曲線に沿った動きを近似している。

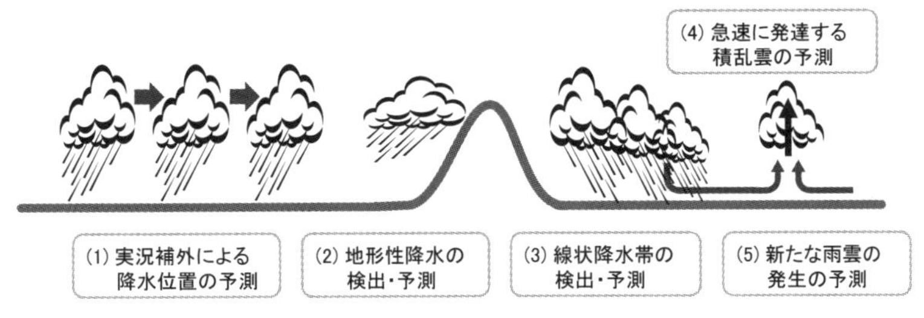

図2　予測処理の手法

特に台風の中心付近では，台風の中心を取り巻くように回転する雨雲の動きを適切に予測するために，台風の中心位置と風速に応じて降水パターンを回転させる処理を加えている。

また，強い雨に対する予測精度を向上させるために，発達した雨雲の内部における雨滴の3次元的な動きを，雨滴の落下速度や雨雲内の風の分布に基づいて予測している。

⑵　地形性降水の検出・予測

山地では，山の風上側で上昇流により新たな雨雲が発生し，風下側では下降流により雨雲が消散する結果，山の風上側に降水域が停滞する場合がある。これを地形性降水と呼ぶ。予測処理では，地形性降水が発生している領域を上空の風や雨雲の発達・衰弱傾向などをもとに検出し，その領域では雨雲を停滞させるとともに，気象状況に応じて降水を強める処理を行っている。

⑶　線状降水帯の検出・予測

雨雲が同じ場所で次々と発生しては同じ方向に移動していくことにより，発達した雨雲が直線状に並ぶ現象を線状降水帯と呼ぶ。予測処理では，3次元的な大気の状態や雨雲の発達・衰弱傾向，エコーの形状などから線状降水帯を検出し，その構造を持続させることにより，線状降水帯により強雨が続く状況を予測している。

⑷　急速に発達する積乱雲の予測

現在までの状態の変化を延長することで将来を予測する実況補外では，積乱雲の急速な発達を適切に予測できない場合がある。そこで予測処理では，積乱雲の発達の要因となる対流活動を，気象学の理論に基づいた鉛直1次元対流モデルによってシミュレートすることにより，急速に発達する積乱雲からの降水の予測精度の向上を図っている。

⑸　新たな雨雲の発生の予測

1時間先の降水分布の予測精度を向上させるためには，現在存在する雨雲だけでなく，今後新たに発生する雨雲についても予測する必要がある。予測処理では，強雨域の周辺で風が収束する地点を検出し，前述の鉛直1次元対流モデルにより雨雲の発達を予測するなどの手法により，新たな積乱雲の発生の予測にも取り組んでいる。

上記のアルゴリズムの中で，⑷や⑸は，運動方程式や熱力学の法則などの物理法則に則って現象の変化を予測するという意味で力学的計算手法と呼ばれる。力学的計算手法の導入は，実況補外が主体であった従来のナウキャスト技術の枠を超える，高解像度降水ナウキャストの特長の1つである。

6 予測事例

高解像度降水ナウキャストの予測事例として，2015年9月4日に東京都で発生した，積乱雲による急な強い雨の事例を**図3**に示す。

図3の上段は14：00，14：15および14：30の解析値，中段は14：00を初期時刻とする15分後と30分後の予測値である。上段図と中段図とを比較すると，発達した積乱雲による降水域(A)が東進していく状況が適切に予測されていることが分かる。しかし，14：00の解析値には存在せず，14：15以降の解析値で図の上端付近に現れる小規模ながらも強い降水域(B)は，14：00を初期時刻とする予測値では表現されていない。前項で述べたように高解像度降水ナウキャストでは新たな雨雲の発生に対する予測も行っているものの，その予測精度には改善の余地が残されている。

一方で，14：10の解析値を初期値とする予測値(下段図)では，降水域(B)を解析値で捉えることで，その後の動き適切に予測できている。この事例が示すように，気象状況の変化に応じてすばやく予測を修正できることがナウキャストの最大の特長である。

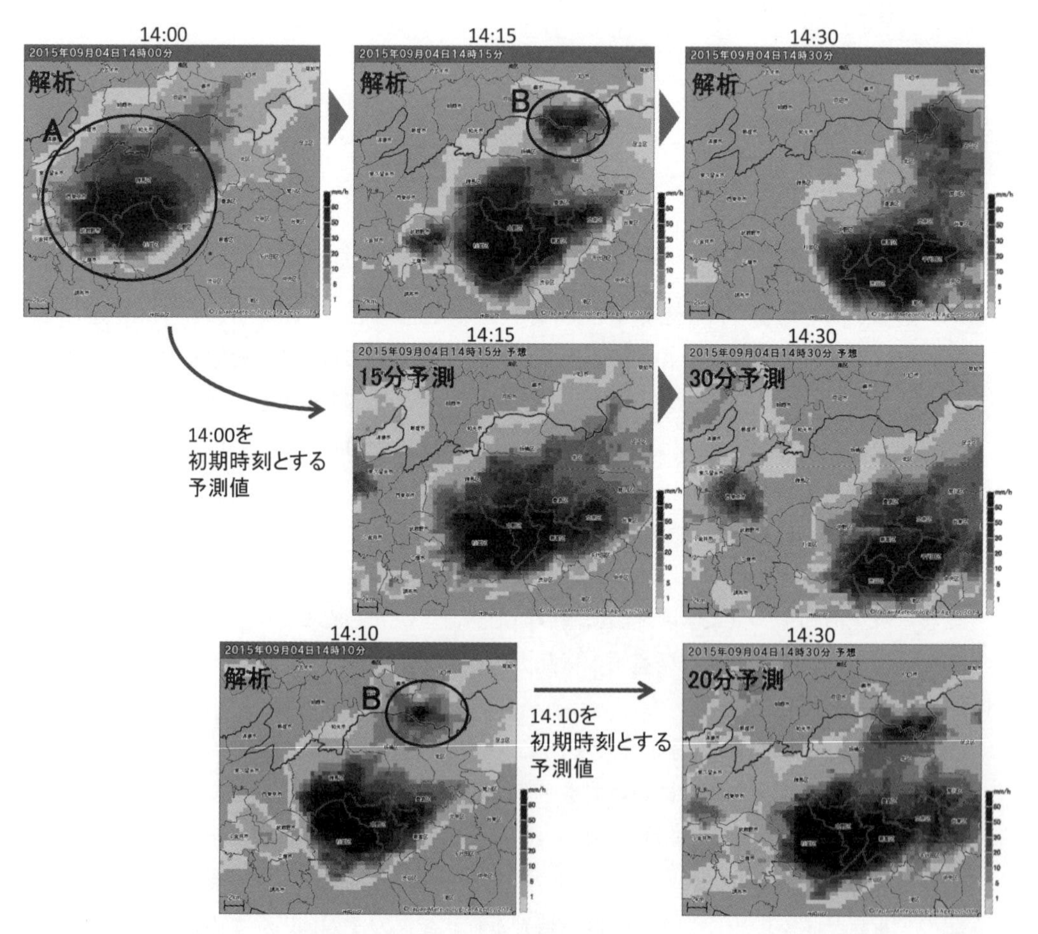

上段：14：00から14：30までの15分毎の解析値
中段：14：00を初期時刻とする15分後と30分後の予測値
下段：14：10の解析値と、14：10を初期時刻とする20分後の予測値

図3　急な強い雨に対する高解像度降水ナウキャストの予測事例（2015年9月4日）

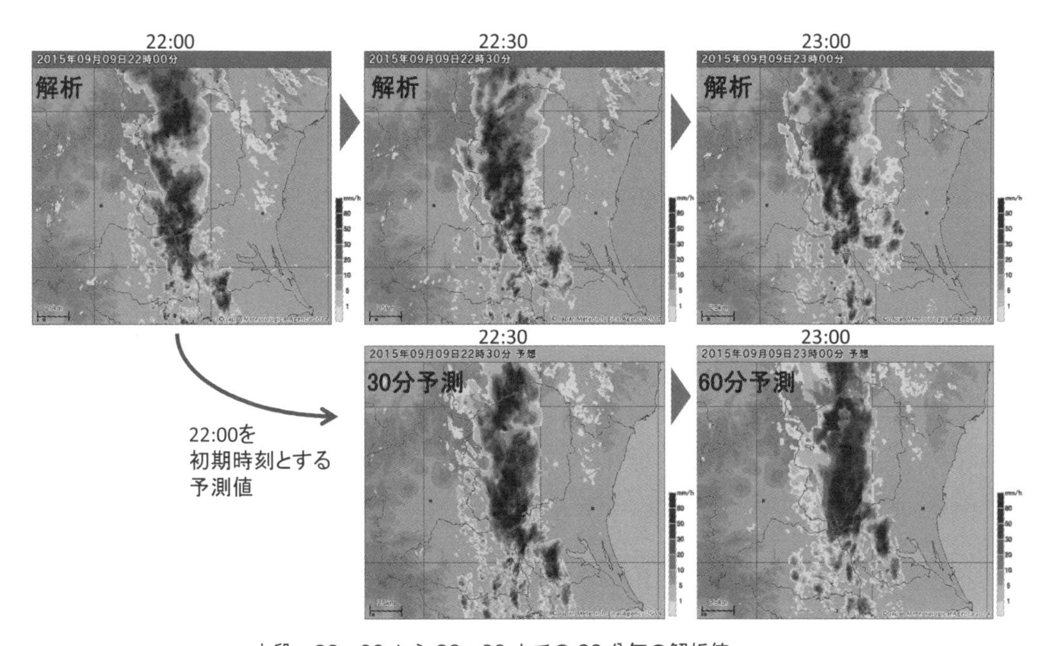

上段：22：00 から 23：00 までの 30 分毎の解析値
下段：22：00 を初期時刻とする 30 分後と 60 分後の予測値

図４　線状降水帯に対する高解像度降水ナウキャストの予測事例（2015 年 9 月 9 日）

次に，より規模の大きな降水系に対する予測の例として，2015 年 9 月 9 日に関東地方で発生した線状降水帯の事例を**図４**に示す。上段図は 22：00，22：30 および 23：00 の解析値，下段図は 22：00 を初期時刻とする 30 分後と 60 分後の予測値である。予測値には，細部には解析値との違いがあるものの，線状降水帯が停滞して同じ地域で強い雨が続く状況がよく表れている。この事例のように，高解像度降水ナウキャストの解析・予測処理は組織化された降水系に対しても有効である。

7 利用手段

高解像度降水ナウキャストが持つ詳細な情報を効果的に利用できるように，気象庁ホームページで，高解像度降水ナウキャストに適した形式のコンテンツが提供されている。屋外でも利用しやすいように，スマートフォン用として，小さい画面でも操作しやすいユーザインタフェースや，位置情報をもとにワンタッチで現在位置を中心に表示する機能などを持ったバージョンも用意されている（**図５**）。

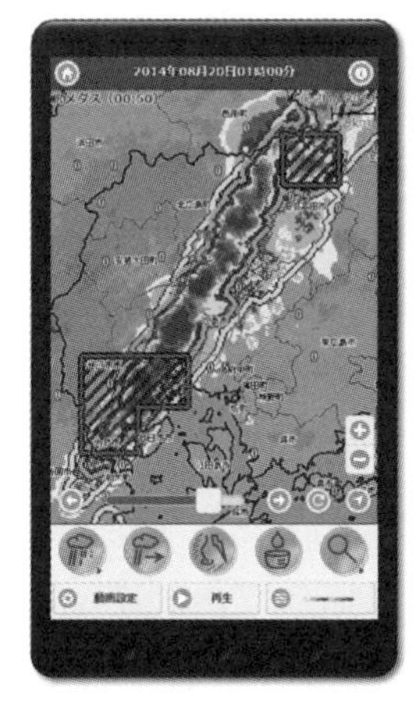

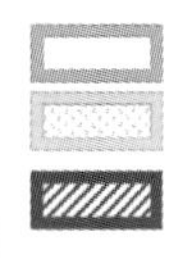

※口絵参照

図５　気象庁ホームページ高解像度降水ナウキャスト用コンテンツ（スマートフォン用）の表示例

このコンテンツは，任意の領域を拡大して表示できることに加えて，「最少の操作でひとめでわかる」というコンセプトのもと，強い雨が移動する領域をひとつの静止画像で見て取れる機能や，積乱雲がもたらす現象として強い雨と並んで注意が必要な竜巻等の激しい突風と雷に対して，竜巻発生確度ナウキャストと雷ナウキャストの判定結果を重ね合わせて表示する機能などを持つ。アメダスの10分間降水量観測値を表示することもできる。

ホームページで画像として提供されるだけではなく，解析値と予測値は，コンピュータ処理可能な格子点データとして民間事業者に配信されている。すでに民間事業者の間では，地図情報サービスで高解像度降水ナウキャストを表示する，あるいはスマートフォン用のアプリケーションを提供する，などの利用が進められている。

8 おわりに

高解像度降水ナウキャストは，積乱雲がもたらす急な強い雨という予測の難しい現象に対して，多様で高密度な観測ネットワークで捉えた最新の気象状況をもとに，高度なアルゴリズムを用いて解析・予測した降水分布を提供するものである。一方で，ナウキャストに要求される短時間での更新を実現するために，計算時間の短縮とのトレードオフとして処理内容を簡略化した部分もあり，予測には誤差が生じ得る。高解像度降水ナウキャストを利用する際には以下の点に留意願いたい。

- 積乱雲の大きさは数～10 km 程度に及ぶ。250 m という格子サイズから見ると，積乱雲の予想位置のわずかなずれが 250 m 格子上では複数格子のずれとして表れる場合がある。高解像度降水ナウキャストを利用する際には，一つの格子の値のみに注目するのではなく，周辺の格子の値も含めて判断することが適当である。
- ナウキャストの最大の特長は，最新の気象状況をもとに予測を更新していくことにある。図3で例を示したように，ある時刻では予測されなかった現象が，次の時刻では適切に予測される可能性がある。高解像度降水ナウキャストを利用する際には，常に最新の予測値を参照することが重要である。

降水予測の精度のさらなる向上を目指して，気象庁は今後も技術開発を進めていく。高解像度降水ナウキャストが読者各位の防災活動の一助になれば幸いである。

文　献

1)　気象庁：配信資料に関する技術情報（気象編），第398号（2014）.
2)　木川誠一郎：測候時報，81，55（2014）.
3)　木川誠一郎：測候時報，81，77（2014）.

第2節　数値予測

国立研究開発法人防災科学技術研究所　清水　慎吾

1 はじめに

数値予測とは，流体力学や熱力学等の物理学の方程式を用いて，現在の状態変数（風や気温，さらに雨の分布等）から，その時間変化量をコンピュータで計算し，未来の状態を予測する手法を指す。実際には，数～数十秒という短い時間刻みで逐次的に予測することで，数時間から数日までの未来の状態を予測する。数値予測の利点は，物理法則に基づいた，時間発展する予測を行うことができることである。この点が，現在の降雨分布とその移動のパターンが1時間先まで持続すると仮定した降水ナウキャスト予測とは大きく異なる点である。したがって，局地的大雨をもたらすような急激に発達する積乱雲や，集中豪雨をもたらすような継続性の高い降水システムの予測に適した方法といえる。しかし，数値予測も万能ではない。

本稿では，特に降雨予測における数値予測の概要を紹介した上で，予測データの利用における注意点などを紹介する。現在，数値予測の予測精度は日進月歩で向上しているが，データ同化と呼ばれる観測データを適切に予報に反映させる手法がその向上に大きく貢献している。本稿では，そのデータ同化手法を用いた予測例を示すことで，数値予測の精度がどの程度向上するかを示す。

2 数値予測を構成する物理法則と雨の形成過程について

まずは数値予測の具体的な方法について紹介する。気象学における数値予測で取り扱うさまざまな物理学の方程式の中で最も重要であるものは，大気の運動方程式（ナビエ・ストークス方程式と呼ばれる）である。このナビエ・ストークス方程式によって，地球による重力，周囲に比べて大気密度が低い場所で生じる浮力，さらに気圧の高い方から低い方へ風を吹かせる気圧傾度力等によって，大気の流れ（すなわち風）がコントロールされていることが説明できる。気象学で取り扱う範囲では大気を理想気体と見なすことができ，かつ，平衡状態にあると見なすことができるので，高校物理で学習した理想気体の状態方程式が成り立つ。したがって，気圧は，気温と大気密度および気体定数で一意に決まる。また，大気密度は質量保存則に従い，気温は熱力学第一法則（エネルギー保存則）にそれぞれ従う。このように，風，大気密度，および気温の時間変化が，運動方程式，質量保存則，エネルギー保存則でそれぞれ予測され，予測された大気密度と気温から状態方程式により気圧が決定されることで，大気の基本変数（風，気温，気圧，大気密度）の全てが予測できるという仕組みとなっている（さらに詳しい説明は文献1）の付録Aを参照）。

ここまでは，大気に水蒸気が含まれていない乾燥大気における気象予測の概要を説明したことになる。しかし，大気の中で対流圏とよばれる高度約10 km以下[※1]には，多くの水蒸気が含まれる。この水蒸気が大気の現象を複雑にし，大雨等をもたらす直接的な原因となる。中学の理科および高校の化学で学習したように，大気中には単位体積当たりに存在できる水蒸気量の限界がある。その限界の水蒸気量は飽和水蒸気量と呼ばれ，大気の気温と比例関係にある。したがって，気温が下がることで飽和水蒸気量も下がり，大気中に存在できる水蒸気の限界が小さくなっていく。限界量を超えた水蒸気量が存在する状態を飽和状態と呼ぶ。飽和に達すると水蒸気は凝結し，水滴となる。この水滴こそが雲である。水蒸気が凝結すると潜熱と呼ばれる熱を放出し，大気を暖める。この暖められた空気の密度が同じ高度の周辺の空気の密度よりも小さい場合には，浮力を生じる。この浮力によって上昇流[※2]が形成されると，一般に高度とともに気圧が下がるので，持ち上げられた空気は膨張する。空気が膨張すると，熱力学第一法則から内部エネルギーすなわち気温が下がる[※3]。気温が下がることで，再び飽和水蒸気量が下がるので，飽和状態を保つことができる。

このように上昇流などのさまざまな要因によって，飽和状態が継続されると，次々と多くの雲が形成され，今度は雲どうしの衝突が発生する。衝突した雲の中には，衝突の結果として大きな粒となるものが現れる。代表的な雲粒のサイズは 0.01 mm と言われて，その落下速度は毎秒 1 cm 程度で殆ど空気中に浮かんでいると考えてよい。しかし，衝突併合などの結果として 0.1 mm 程度に達すると，重力落下による鉛直下向きの速度が毎秒 1 m 程度となり，無視できない速度となる。この下向きの運動によって，他の小さな雲粒とさらに衝突し，それを併合するチャンスが大きくなる（さらに詳しい説明は文献 3) を参照)。この落下に伴う衝突併合によって，雲粒は飛躍的に大きくなることができる。このように落下運動が顕著にみられる大きさまでに成長した水滴を雨粒と呼ぶ。雨粒は，0.1～7 mm 程度の大きさを持つ。このような大きな粒に成長した雨粒が落下し地上に達することで降雨をもたらす。雨が地上に達するまでには，多くの場合，飽和状態に無い大気を通過する（地上付近は気温が上空よりも高いので，飽和水蒸気量が大きくなっている)。このとき，雨は蒸発する。蒸発によって地上に達する雨量が少なくなり，また雨が完全に大気中で蒸発すれば降雨は発生しないことになる。

ここまで述べたように，雨が形成される物理過程を記述するには，熱力学第一法則や上昇運動を記述する運動方程式に加え，水蒸気の相変化とそれに伴う熱のやりとりを記述する式も必要となってくる。本項では簡単のため，気相と液相の相変化のみを紹介したが，実際には上空 5 km 以上では常に氷点下となっているので，背の高い積乱雲等では固相への相変化も含む。したがって，液相，固相，気相の 3 相のそれぞれの相変化を説明するために，さらに多くの式を用意する必要がある（詳しくは文献 3) を参照)。

3 気象予測に関する方程式系の差分化

これまで紹介してきた運動方程式，熱力学第一法則および連続の式など，多くの式は連続関

※1　季節や地域によって対流圏の高さは異なる。

※2　必ずしも浮力が生じたときに上昇流が形成されるわけではない。大気の安定度によって上昇運動は決定されている。大気の安定度と上昇運動の関係は，文献 1) および 2) で詳しく説明されている。

※3　潜熱放出以外の熱の出入りは無視できるとすると，一般に潜熱加熱よりも空気の膨張による外部への仕事量が大きいので，気温が下がることになる。

数を仮定した偏微分方程式で記述されている（本稿では紙面の都合上，詳細な式の解説を行わない。具体的な定式化は文献1）の付録Ａを参照）。ナビエ・ストークス方程式，熱力学第一法則，質量保存式はいずれも時間発展についての方程式となっており，いわゆる初期値問題と言える。適切な初期値を与え，偏微分方程式を時間方向に積分することで，未来の時間発展を予測することができる。気象学で扱う偏微分方程式は解析的に解くことはできないため，方程式を差分近似することで得られる差分方程式を数値積分することで解を得ることになる（偏微分方程式の差分化や差分解法については文献4）に詳しい説明がなされている）。差分方程式は有限の空間格子分解能Δｘと有限の時間分解能Δｔで，元の偏微分方程式の微分演算子を近似した方程式である。ΔｘやΔｔが十分に小さい場合は近似精度が高いが，その計算コストは大きくなる。一方でΔｘやΔｔが十分大きい場合には，細かい時空間変動をもつ現象を表現することはできない。解像したい現象の水平スケールに対して，５分の１から10分の１のサイズのΔｘを設定することが一般的である。

差分化された初期値問題は一般に，“未来の値＝現在の値＋時間変化量×Δｔ”という計算式で与えられる。この時間変化量は現在の値を使って求められる※4。したがって左辺が未知変数で右辺が既知変数である。次の計算ステップでは，未来の値を現在の値に置き換えることで逐次的に未来の予測が可能となる。上記の式の左辺の未知変数の数が１つの場合を陽解法スキームと呼び，複数の場合を陰解法スキームと呼ぶ。１つの物理法則の式から，なぜ異なる差分方程式のスキームができるかというと，それは微分演算子を差分近似する方法は無限にあるからである。例えば，$x=x_0$における関数Ｆの導関数は，

$$\left.\frac{\partial F}{\partial x}\right|_{x=x_0} \approx \frac{F(x_0+\Delta x)-F(x_0)}{\Delta x} \approx \frac{F(x_0)-F(x_0-\Delta x)}{\Delta x} \approx \frac{F(x_0+\Delta x)-F(x_0-\Delta x)}{2\Delta x} \tag{1}$$

のように，ｘ軸にひとつ隣の格子点（$x=x_0\pm\Delta x$）とx_0における値の差で与える場合や，前方（$x=x_0+\Delta x$）と後方（$x=x_0-\Delta x$）の差で与える場合など，多様性がある（式(1)）。具体的な差分近似式の与え方は文献5）を参照して頂くことになるが，一般により多くの周囲の格子点の情報を利用するスキーム（高次オーダの差分スキームと呼ばれる）の方が微分の精度は向上する。ただし，高次オーダの差分スキームでは，多くの境界条件を設定する必要があるため，プログラムは複雑になる欠点もある。

ここで，陽解法と陰解法の違いを分かりやすく説明するために，１次元移流方程式∂F/∂t＝C（∂F/∂x）をそれぞれの方法で差分化する例を示す。ここで，Ｆは，あるスカラー変数を指し，Ｃは移動速度を示す。陽解法としての最もシンプルな差分化の方法では，時間微分を時間が１つ進んだスカラー変数$F(x_0, t_0+\Delta t)$と現在のスカラー変数$F(x_0, t_0)$との差で表現し，空間微分については上記の例で示したように，現時刻における前後の格子点情報の差で表現すると，

$$\frac{F(x_0,t_0+\Delta t)-F(x_0,t_0)}{\Delta t} = \mathrm{C}\frac{F(x_0+\Delta x,t_0)-F(x_0-\Delta x,t_0)}{2\Delta x} \tag{2}$$

と差分化される（式(2)）。ここで，$F(x_0, t_0+\Delta t)$だけが未知なので，左辺に移動させると，

※４　現在の値を差分化された上記の物理法則の式に代入し，時間変化量が与えられる。

$$F(x_0,t_0+\Delta t)=F(x_0,t_0)+C\Delta t\frac{F(x_0+\Delta x,t_0)-F(x_0-\Delta x,t_0)}{2\Delta x} \tag{3}$$

と表される（式(3)）。右辺は全て既知であるので，未知数 $F(x_0, t_0+\Delta t)$ が求まる。式(3)はまさに，“未来の値＝現在の値＋時間変化量×Δt”という式の形をしている。このように陽解法は一つの式に未知数がひとつだけ含まれるので，①非常にシンプルであり，② $t=t_0+\Delta t$ における任意の x（式(3)の x_0 を x と読み替える）は，それぞれ式(3)によって独立に求めることができ，並列計算に大変向いている。欠点としては，式(3)の右辺第二項で示されるように，空間微分演算は周辺の有限個のグリッド情報を用いて表現されることに起因した，Δt の制約があることである。この Δt の制約について，以下で説明する。

陽解法では，目的とする現象の代表的な移動速度（波動現象を扱う場合には伝搬速度）を c とすると，数値計算のタイムステップΔt は，Δt < Δx/c を満たす範囲で与えなければならないという制約がある[※5]。すなわち，細かい空間分解能で予測を行おうとすると，タイムステップ幅も同時に小さくする必要があるということになる。例えば，竜巻のような水平スケールが数～数十メートルのような現象の場合，仮にΔx＝5 m とし，竜巻に伴う風の最大値が毎秒 100 m と仮定すると，Δt は 0.05 秒程度まで小さくする必要がある。この場合，1 時間先（3,600 秒後）の予測でさえ，18,000 回の時間積分を必要とし，それだけ計算時間がかかることを意味する。高い空間解像度が必要で，風速も大きくなると予想される竜巻のシミュレーションなどは特に小さいタイムステップ幅が要求され，計算にかかる時間は非常に長くなる。このため，現在の科学技術を用いてもリアルタイムでの竜巻予測を行うことは不可能であると言える。

陽解法は，ある格子点の時間発展を予測する際にその周辺の限られたグリッドの情報を利用する。Δt の時間内で陽解法が使用するグリッドよりも遠くのグリッドから情報が予想しようとする格子点に伝達されてしまう場合は想定外となり，計算が不安定となる。一方，陰解法は未来の全ての格子点の情報を現在時刻の全てのグリッドの情報から同時に計算する方法である。以下では陽解法と同様に陰解法のスキームの例として移流方程式を差分化する。時間微分項に対しては，陽解法と同様であるが，空間微分項については，式(4)で示すように，未来における空間微分と現在における空間微分を平均することで表現することにする。

$$\frac{F(x,t_0+\Delta t)-F(x,t_0)}{\Delta t}=\frac{C}{2}\left[\frac{F(x+\Delta x,t_0+\Delta t)-F(x-\Delta x,t_0+\Delta t)}{2\Delta x}\right]+\frac{C}{2}\left[\frac{F(x+\Delta x,t_0)-F(x-\Delta x,t_0)}{2\Delta x}\right] \tag{4}$$

式(4)の右辺の 2 つの項は式(3)の右辺第二項に対応する。ここで未知変数である $F(x, t_0+\Delta t)$，$F(x+\Delta x, t_0+\Delta t)$ および $F(x-\Delta x, t_0+\Delta t)$ の 3 つの項を左辺に移項すると，

※5　cΔt/Δx はクーラン数と呼ばれ，安定な計算を行うためにはクーラン数が 1 よりも小さくなることが必要であると知られている。ただし，クーラン数の具体的な上限値については差分スキームによって異なる。詳しくは，文献 4）および 5）を参照。

$$F(x,t_0+\Delta t)-\frac{C\Delta t}{4\Delta x}F(x+\Delta x,t_0+\Delta t)+\frac{C\Delta t}{4\Delta x}F(x-\Delta x,t_0+\Delta t)$$
$$=F(x,t_0)+\frac{C\Delta t}{2}\left[\frac{F(x+\Delta x,t_0)-F(x-\Delta x,t_0)}{2\Delta x}\right] \quad (5)$$

と変形できる（式(5)）。左辺が未知数で，右辺が既知となっている。陽解法の式(3)と違って，一つの式に未知数が３つあるので，この一つの式だけからは未知数を解くことができない。式(5)について，$t=t_0+\Delta t$ における全ての $x=x_{i=1,2,\ldots N}$（N は格子数）を書き下すと，

$$F(x_1,t_0+\Delta t)-\alpha F(x_2,t_0+\Delta t)+\alpha F(x_0,t_0+\Delta t)=G(x_1,t_0)$$
$$F(x_2,t_0+\Delta t)-\alpha F(x_3,t_0+\Delta t)+\alpha F(x_1,t_0+\Delta t)=G(x_2,t_0)$$
$$F(x_3,t_0+\Delta t)-\alpha F(x_4,t_0+\Delta t)+\alpha F(x_2,t_0+\Delta t)=G(x_3,t_0) \quad (6)$$
$$\vdots$$
$$F(x_N,t_0+\Delta t)-\alpha F(x_{N+1},t_0+\Delta t)+\alpha F(x_{N-1},t_0+\Delta t)=G(x_N,t_0)$$

のようにＮ個の連立１次方程式を作ることができる（式(6)）。ここでＧは式(5)の右辺全体を指し，既知の値である。α は式(5)の左辺第２項の $C\Delta t/4\Delta x$ を指す。領域外の $F(x_{N+1}, t_0+\Delta t)$ および $F(x_0, t_0+\Delta t)$ を境界条件として与えることで，Ｎ個の未知数をＮ個の連立１次方程式から解くことが可能となる。陰解法は，式(6)の連立方程式の数が大きくなると巨大な行列計算が必要となり，計算コストが陽解法よりも大きくなる。しかし，式(6)で示したように十分離れた格子点の情報も同時に利用されて計算されるので，予測しようとする格子点に遠方の格子点からの情報伝達を必要とする場合にも対応できる。したがって，Δtへの制約が大幅に緩和される[※6]。陰解法は計算領域全体の情報が１タイムステップの計算に必要なことから並列計算には向いていない。しかし，計算領域を東西方向や南北方向に分割することで並列計算を行うような場合には，鉛直方向には分割しないことが多く，鉛直方向の計算にのみ陰解法が適用されることがある。メソ気象学で利用される数値計算モデルでは，伝搬速度が非常に大きい音波に関する計算のみを陰解法で解き，その他の物理過程については陽解法で解くことが主流となっている。大規模計算機による並列計算能力が大きく向上している今日では，積乱雲（水平スケールが数～10 km 程度）を解像できるように細かい水平スケール（1～2 km 程度）を設定し，また，積乱雲の発達に重要な対流圏下層を細かく解像できるように鉛直格子分解能を数十～数百メートル程度に設定した上で，領域分割による並列計算を行うことがメソスケールモデルによるシミュレーションのメジャーな設定となっている。鉛直方向には格子分解能が高いので，陽解法であればタイムステップは１秒未満に設定する必要があるが，鉛直方向に陰解法を採用すれば，タイムステップを数秒程度に設定することが可能となり，十分にリアルタイムでの運用が可能となってきている（気象庁の局地モデルでは鉛直方向に音波項に関して陰解法を採用しており，日本全域を格子解像度２km で９時間先までの予報をタイムステップ８秒で運用している[6)]）。したがって，ユーザとしては，使っているモデルが陽解法と陰解法のどちらのスキームを利用し

※６　現実問題としては，陰解法であっても安定計算のためにはΔtを極端に大きくできるわけではない。

ているのかを理解し，陽解法であれば適切なタイムステップを設定できているかについて注意を払う必要がある。

このように現在の計算科学の進歩と適切な計算スキームの選択によって，積乱雲を陽に解像できる数値予測がリアルタイムで行えるようになっているが，依然として急激に発達する積乱雲の予測精度には課題があると言われている。予測が難しい理由と予測の精度を上げるための試みを次項に説明する。

4 積乱雲スケールの気象予測に使われているパラメタリゼーションについて

計算領域や問題設定によって変わるが，積乱雲に関するシミュレーション研究を行う場合に，最近10年くらいまで1～2 km程度の格子解像度を採用することが多いと思われる。積乱雲の水平スケールが10 km程度であるので基本的な構造は十分に表現できると考えられる。しかし，当然ながら格子解像度よりも小さなスケールの現象は表現することができない。例えば，雲物理過程では数マイクロメートル～数センチメートルのスケールで現象が発生している（既に説明した雲の発生，雲の衝突・併合，雨の形成と落下等）。また対流圏下層では1 cm～1 km程度までのスケールで乱流による大気の混合が盛んに発生している[7]。こうした小さいスケールの現象が予測に影響を全く及ぼさないのであれば，数値モデルで解像できなくても問題はないはずである。しかし，雲物理過程は言うに及ばず，乱流混合過程も対流圏下層では大変重要な役割を果たしているので，その効果を数値モデルに取り込む努力をする必要がある。格子解像度よりも小さい現象の役割を（格子解像度を上げることなく）数理モデル化し，数値予測への影響を定量化することをパラメタリゼーション法と呼ぶ。このパラメタリゼーション法によって雲降水過程や乱流混合過程が数値計算の中で考慮されることになる。本稿では詳細にパラメタリゼーションについて説明することはしないが，雲物理過程のパラメタリゼーションについては，やや専門家向きであるが，文献8）や9）が詳細に記述している。また，乱流混合過程のパラメタリゼーションについては文献10）が詳細に記述している。両者を含めた数値予測で取り扱われているさまざまな計算に関する一般向けの解説は，文献11）に詳しく述べられている。興味がある読者は上記の文献を参考にして頂きたい。このようなパラメタリゼーションを数値計算は数多く扱っている。

こうしたパラメタリゼーションの高度化は直接的に数値予測の予測精度を向上させるので，多くの研究が現在でも進められており，パラメタリゼーションの種類も大変多く，数値予測を行う際にユーザは数多いパラメタリゼーションの中から目的に合致した適切なパラメタリゼーションを選択する必要がある。このことは，全ての事例に万能なパラメタリゼーションは現状として存在していないということを意味している。つまり，数値予測が完全でないことの1つの原因であるとも言える。

5 データ同化による予測精度の向上

現在，数値予測の精度向上として，精度の高いパラメタリゼーションスキームの開発だけでなく，限られた観測情報を有効に利用し予測を逐次修正することで，予測精度を高めるようなデータ同化手法という方法が盛んに研究されている。データ同化の専門的な説明については，文献12) を参照して頂きたい。本項では2012年5月6日に北関東で発生した竜巻を引き起こしたスーパーセルに伴うメソサイクロンの事例で，データ同化によって予測がどの程度変わるのかを簡単に紹介する。

2012年5月6日に北関東で発生した竜巻を引き起こしたスーパーセルに伴うメソサイクロンについて，国立研究開発法人防災科学技術研究所（以下，防災科研）が所有するMPレーダや国土交通省MPレーダ，および気象庁ドップラーレーダの動径風データを同化した場合と，同化しない場合での予測結果の差を紹介する。**図1**に本研究で用いたレーダの位置と観測範囲を示す。防災科研のMPレーダ（神奈川県海老名市に設置）はX-band（波長3 cm）で，5分毎に

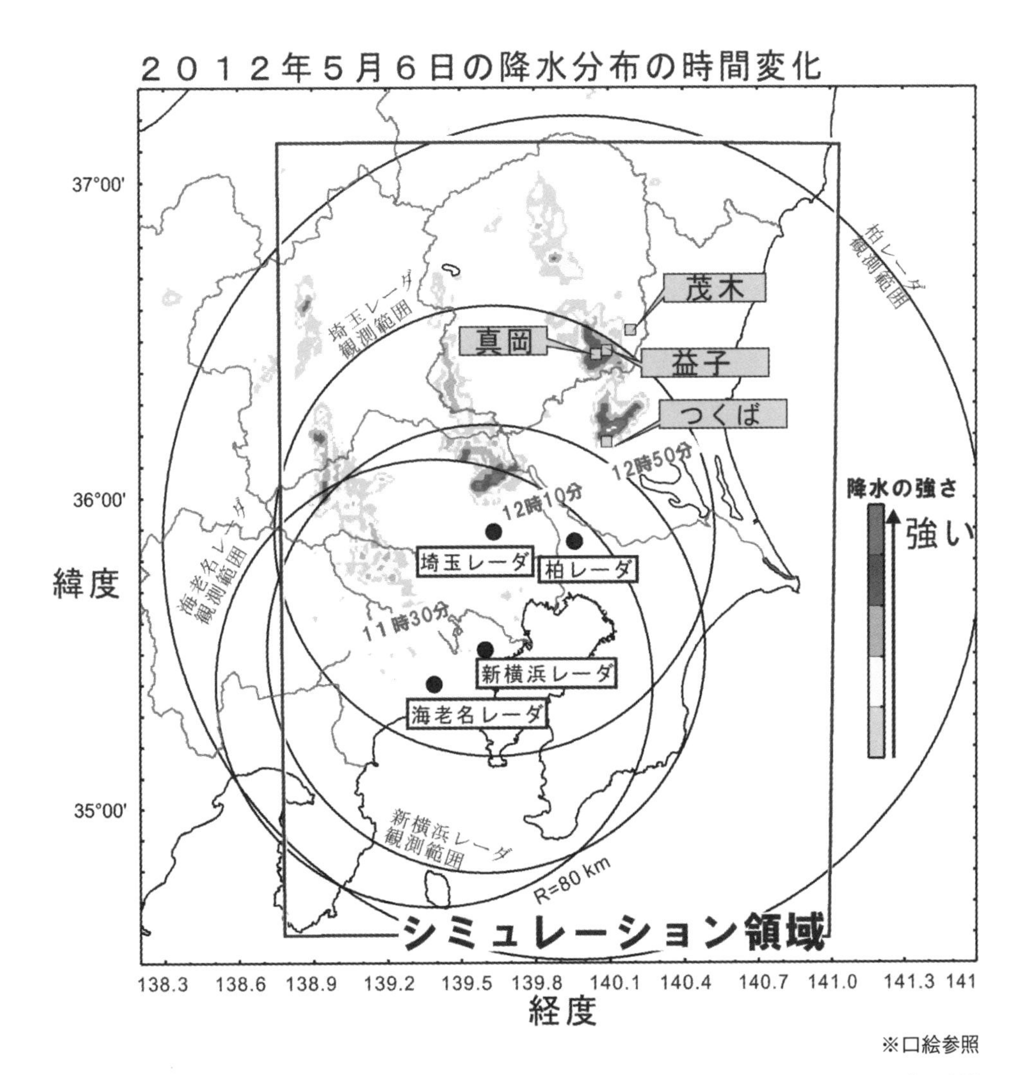

※口絵参照

図1　レーダの位置と観測範囲，および数値計算の計算領域（青い四角）。海老名レーダは防災科研のXバンドMPレーダ，新横浜レーダおよび埼玉レーダは国土交通省XバンドMPレーダ，柏レーダは気象庁のCバンドドップラーレーダを指す。高度1 kmにおける2012年5月6日の11時30分，12時10分，12時50分に観測された降水の強さ（レーダ反射強度）をそれぞれカラーで示す。竜巻被害が報告された，つくば市，真岡市，益子町，茂木町の位置をグレーの四角で示す

積乱雲の三次元構造を観測している。観測変数は反射強度，反射因子差，ドップラー速度，偏波間位相差，偏波間位相差変化率，偏波間相関係数であり，最大探知距離は 80 km である。国土交通省の MP レーダ（埼玉県さいたま市，神奈川県横浜市に設置）も X-band で，同様の観測変数を得ることができる。一方，気象庁のレーダ（千葉県柏市に設置）は C-band（波長 5.6 cm）の波長を持ち，150 km 以内で，10 分毎に積乱雲の三次元風速場を観測できる。数値モデルの水平格子解像度は 1 km とし，格子数は東西方向に 220 個，南北方向に 280 個，鉛直方向に 70 個とした。計算に用いた数値モデルは名古屋大学が開発した CReSS[13] と呼ばれる非静力学雲解像数値モデルである。この CReSS をベースとしたデータ同化システムを防災科研が構築した。数値計算の領域を図 1 の青い四角で示す。数値積分は 9 時から 13 時まで行った。全てのレーダのドップラー速度を用いたデータ同化を 11 時から 12 時まで 5 分間隔で同化し，竜巻が発生した 12 時 40 分までの降水分布の再現性について調べた（**図 2**）。データ同化を開始して 30 分後の 11 時 30 分にはデータ同化した結果としない結果を比べると，降水分布では差がでなかった。これはデータ同化によって上昇流などの風の分布を適切に修正しても，その上昇流から降水を形成するためには 30 分程度はかかるので，降水分布において差がでなかったと言える[※7]。

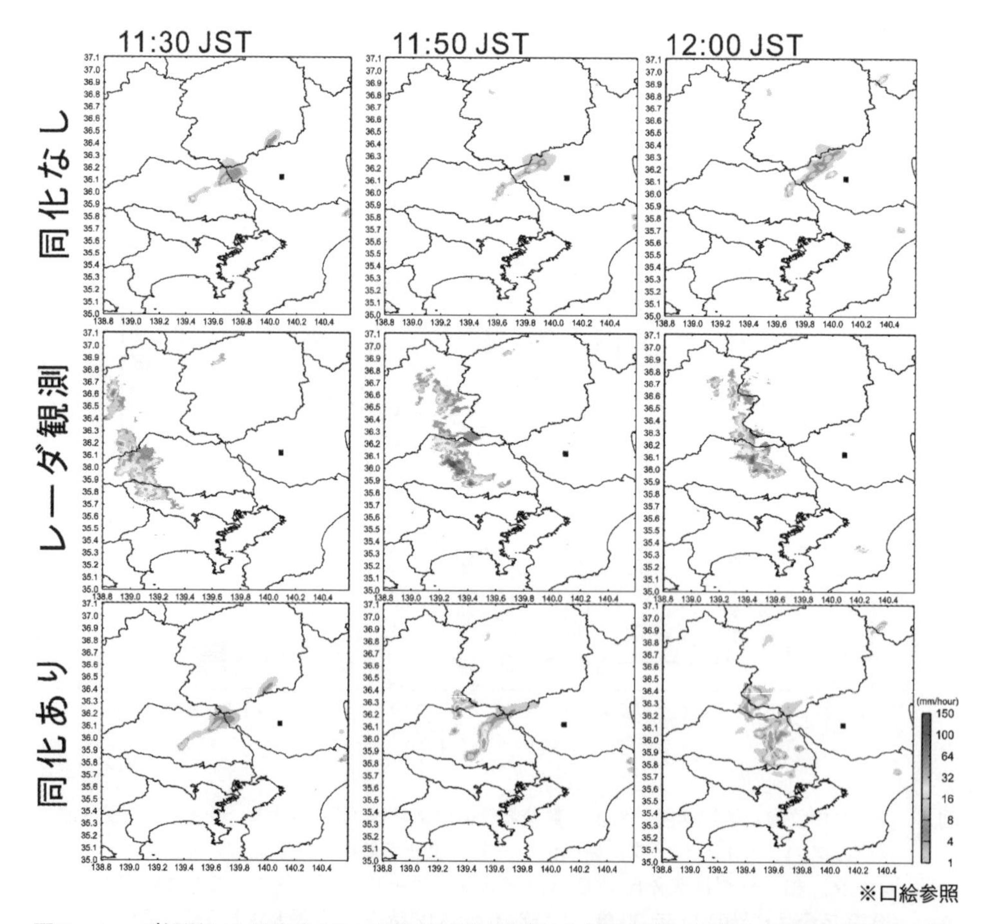

※口絵参照

図 2　レーダ観測による高度 2 km の降水強度（中段）と数値予測で再現された降水強度①（上段：データ同化なし，下段：データ同化あり）。11 時 30 分（左列），11 時 50 分（中列），12 時 00 分（右列）のそれぞれの時刻を示す。図中黒四角はつくば市の位置を示す

降水そのものをデータ同化する方法もあるが，同化した降水が現実的な振る舞いを示すためには，降水粒子を支える上昇流と，その上昇流を維持させる気圧場と浮力場を同時に同化する必要がある。しかし，積乱雲の発達に関連する全ての運動場・熱力学場を同時に観測することは大変難しいので，降水分布のデータ同化は現在でも課題の多い挑戦である。したがって，30分先までを比較的精度よく予測できる降水ナウキャストは依然として重要な役割を担っている。

同化開始50分後の11時50分には，データ同化を行った実験では観測された雨域と同じように次第に降水域が予測され始めた。一方，データ同化を行わない実験では，誤った位置に降雨を予測し続けている。さらにデータ同化を継続させることで12時00分には，データ同化実験では，観測とほぼ同じ位置に降雨を予測することができた。12時以降は観測データを同化していないため，この時刻以降は数値モデルのみによって時間発展を予測していることになる（**図3**）。メソサイクロンが最盛期となった12時40分ごろには，非常に強い降水が正しく，つくば市上空に予測されている。しかし，この予報にも問題がある。同化を終了した12時から時間が経つとともに，同化実験結果では降雨域が広がってしまった。降雨域の位置とその広がりを継続的に正しく予測することは依然として難しいと言える。このようにデータ同化を行うことで，予測を観測に近づけるだけでなく，観測されていない未来の情報に対しても予測を改善させることが可能となるが，その有効期限をさらに長くすることが求められている。データ同化による予測と降水ナウキャストの予測を混ぜ合わせる試みなども進められている。

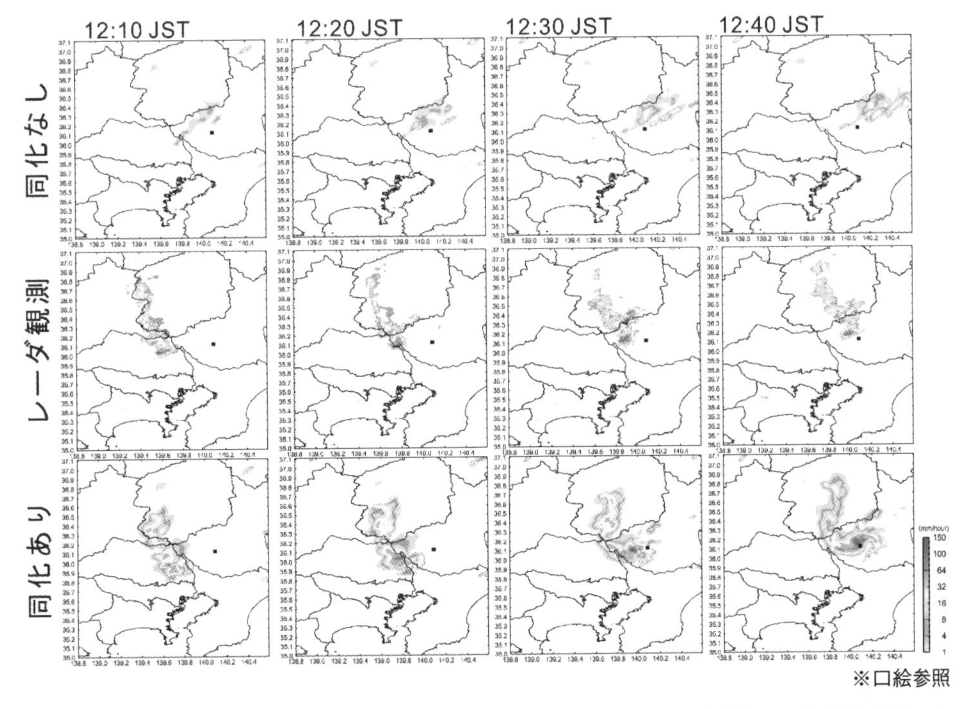

※口絵参照

図３　レーダ観測による高度２kmの降水強度（中段）と数値予測で再現された降水強度②。ただし，12時30分（左列），11時50分（中列），12時00分（右列）のそれぞれの時刻を示す

※７　もちろん風の場は同化の有無で大きく異なる。

6 おわりに

本稿では数値予測の基礎となる差分法，降水過程に関するパラメタリゼーション，およびレーダデータのデータ同化法を紹介した。近年問題となっている局地的大雨の予測精度を向上させるために，数値予測の高解像度化，数値モデルの改良，ならびに観測データの同化技術の高度化が日進月歩で進められている。

文　献

1) 吉崎正憲，加藤輝之：豪雨・豪雪の気象学，朝倉出版，187 (2006).
2) 荒木健太郎：雲の中で何が起こっているのか，ベレ出版，343 (2014).
3) 水野量：雲と雨の気象学，朝倉出版，196 (2000).
4) 田辺行人，河村哲也：偏微分方程式の差分解法，東京大学出版会，228 (1994).
5) 藤井孝蔵：流体力学の数値計算法，東京大学出版会，234 (1994).
6) 永戸久喜，原旅人，倉橋永：日本域拡張・高頻度化された局地モデルの特性，平成25年数値予報研修テキスト，46，18-34 (2013).
7) 小倉義満：メソ気象の基礎理論，東京大学出版会，215 (1997).
8) 村上正隆：雲の微物理パラメタリゼーション，気象研究ノート，196，57-84 (1999).
9) 山田芳則：雲の微物理過程，数値予報課報告別冊，49，52-56 (2003).
10) 原旅人：気象庁非静力学モデルⅡ 第4章乱流過程，数値予報課報告別冊，54，117-145 (2008).
11) 室井ちあし：数値予報の基礎知識と最新の数値予報システム，平成25年数値予報研修テキスト，45，23-41 (2012).
12) 露木義，川畑拓矢：気象学におけるデータ同化，気象研究ノート，217，277 (2008).
13) 坪木和久：気象のシミュレーション，計算科学講座全10巻 第3部計算科学の横断概念【10】巻　超多自由度系の新しい科学，金田行雄，笹井理生（監修），共立出版，115-180 (2010).
14) 三隅良平：気象災害を科学する，ベレ出版，271 (2014).

第４章　気象情報の防災への有効活用

一般財団法人日本気象協会　本間　基寛

1 はじめに

観測技術および計算機能力の向上により，高解像度かつ高頻度の降雨予測情報が開発されている。これらの情報を地方自治体，民間企業の防災担当者や一般の方々に有効活用してもらい，防災・減災へとつなげていくためには，雨量情報をそのまま提供するのではなく，利用者の目的に応じた指標化や危機感を高めるための表現方法にするといった工夫が必要である。

本稿では，(一財)日本気象協会（以下，日本気象協会）などが取り組んでいる防災気象情報コンテンツの開発や提供方法について紹介し，気象情報の防災への有効活用について考察する。

2 防災コンテンツの開発

2.1　洪水リスクポテンシャル指数による河川洪水予測

豪雨時に河川の洪水による災害危険度が高まっている様子を理解するためには，実況および予測の降水量が参考になる。ただし，同じような降水量であっても，降水の時空間的な集中度合いやその河川の流域特性などによって洪水の発生危険度は異なる。したがって，洪水の発生危険度が高まっているかどうかを判断するためには，降水量を変換した災害危険度指標を提供することが有効である。

日本気象協会では，洪水リスクポテンシャル指数 IFRiP（Index of Flood Risk Potential）といった指標を開発し，地方自治体等の防災担当者へ提供することによって災害発生予測の支援情報としている。洪水リスクポテンシャル指数の構成を**図１**に示す。洪水リスクポテンシャル指数は，河道の任意地点において，上流域の降雨量を洪水到達時間内で積分し，水害発生の危険度を降水量の単位で表現するものである。また，予め同様の手法で計算された過去のデータベースと比較し順位として表すことで，既往災害との比較も可能となっている。地域において

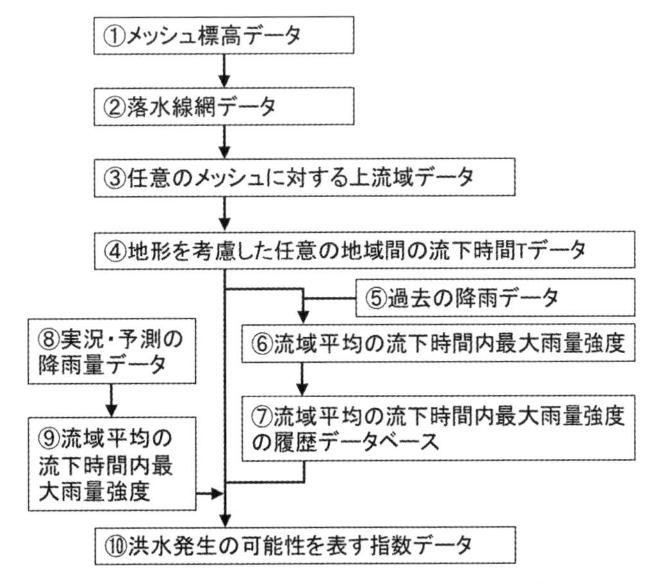

図１　洪水リスクポテンシャル情報の構成[1)]

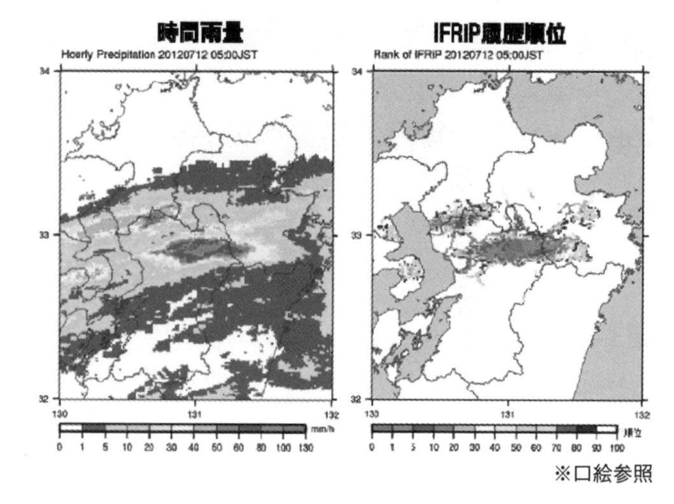

図2　平成24年7月九州北部豪雨時の洪水リスクポテンシャル指数の事例

災害が発生する降水量の多寡は異なり，地方自治体の防災担当者が降水量だけから判断することは必ずしも容易ではない。このように順位の情報を併せて提供することにより，現在の豪雨が過去に比べてどの程度危険なのかを理解することが可能となり，地方自治体での避難勧告等の発表の判断を支援する情報として有効である。

平成24年7月九州北部豪雨時の洪水リスクポテンシャル指数の例を**図2**に示す。九州北部豪雨では，熊本市や阿蘇市などを流域とする白川が下流域の熊本市内で越流し，氾濫被害が発生した。当時，氾濫が発生した熊本市内などの下流域では総雨量が相対的に少なく，上流域の阿蘇市周辺で降水量が多かった。しかし，洪水リスクポテンシャル指数は上流域の降水量も積算した指標となっていることから，指数が履歴1位超過となっていることを解析しており，熊本市内で氾濫が発生する前に洪水の発生危険度を予測することができている。

2.2　近年の高解像度データから開発された豪雨の直前予測

殆ど雨が降っていない地域で突発的に発生する局地的豪雨は，現時点の気象予測技術でも予測が難しいことが多い。しかし，近年の観測技術の発達により，地上で雨が降り出す前に上空の雨滴を観測することによって，豪雨の直前予測を試みる研究が行われている。中北ほか[2)3)]は，国土交通省が全国的に展開しているXバンドMP（マルチパラメータ）レーダによって観測された3次元観測値をもとに，局地的豪雨をもたらす積乱雲が発生または急激に発達するごく初期の段階で「ゲリラ豪雨のタマゴ」が上空で出現すること，ドップラー風速から計算される渦度が確認されることを明らかにしている。

片山ほか[4)]は，大阪・神戸・京都を含む近畿地域を対象に，国土交通省XRAINの5サイトの観測値から，水平・鉛直方向ともに格子間隔500 mの等高度面データ（CAPPI）を1分毎に高度10 kmまで作成し，渦度や収束量に加えて，エコー頂高度差（セル発生時からのエコー頂高度増加量），鉛直発達速度（エコー頂高度差を時間で除した値），鉛直積算反射強度の5指標を統合した豪雨危険度指数を作成し，各セルの豪雨警戒ランクを3段階で判定する手法を開発している。豪雨に発達する危険性の高い方から順に豪雨警戒ランク3,2,1を設定し，豪雨警戒ランク2,3を豪雨セルと判定した場合の的中率は79.3%，空振り8.3%（12事例）となり，渦のみによる判定手法と比べて判定精度が向上したことを報告している。

国土交通省近畿地方整備局淀川ダム統合管理事務所では，CAPPI作成，セル自動抽出・追跡，豪雨警戒ランク判定，画像生成・表示の各処理を組み合わせてリアルタイムで豪雨発生の

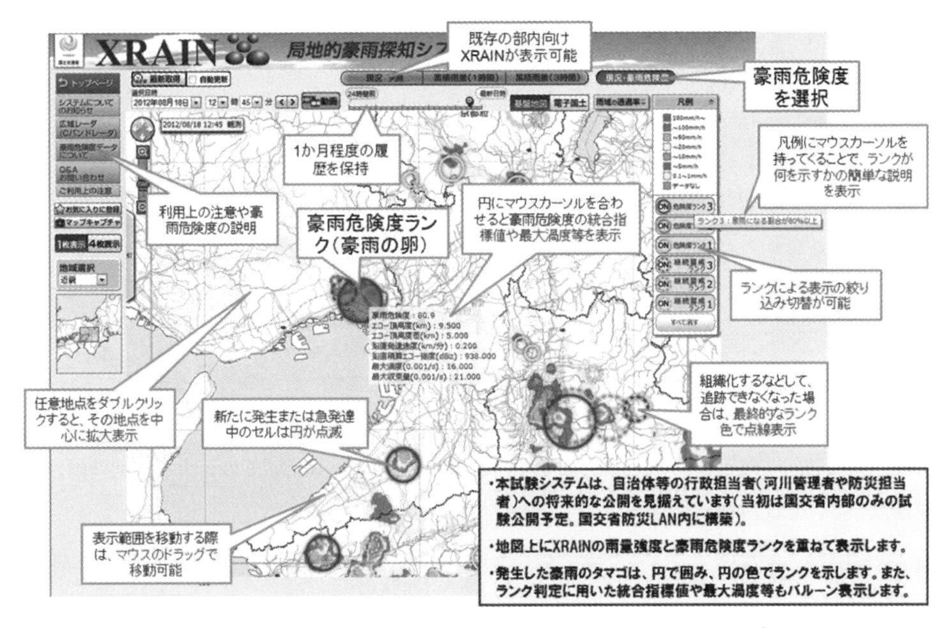

図3　局地的豪雨探知システムによるリアルタイム表示例[4)]

直前予測を行う「局地的豪雨探知システム」を構築し，2014年4月よりリアルタイム表示による試験運用を行っている。「局地的豪雨探知システム」のリアルタイム表示例を**図3**に示す。

2.3　確率付きシナリオ型台風予測情報の開発

日本気象協会では，アンサンブル予測と呼ばれる気象予測技術を利用し，「シナリオ型台風予測情報」の開発に取り組んでいる。アンサンブル予測とは，わずかに異なる多数の大気の状態（初期値）から数値シミュレーションを行い，その平均やばらつきの程度といった統計的な性質を利用して最も起こりやすい現象を予測する手法である。この手法を応用することで，台風予測を従来のような1つの予報円ではなく，複数の「確率付きシナリオ予測情報」として提供することが可能となる（**図4**）。

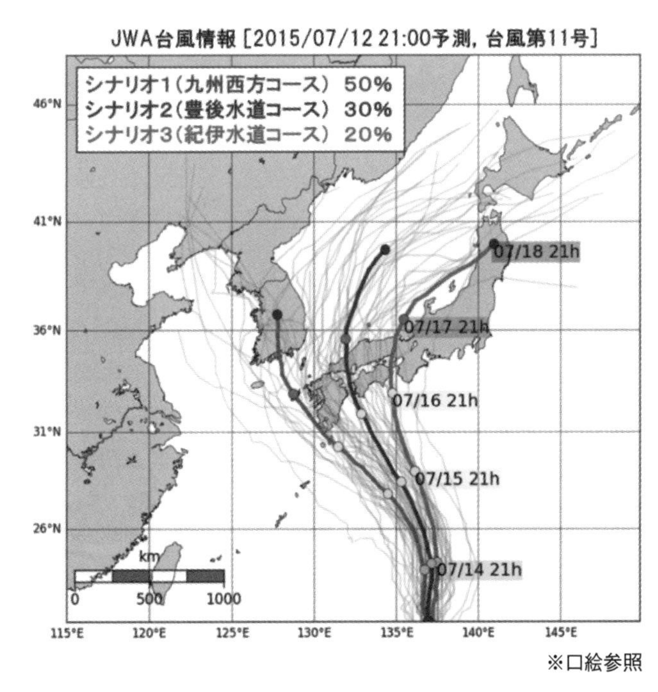

※口絵参照

図4　確率付きシナリオ型台風予測情報の例

日本気象協会が開発している「シナリオ型台風予測情報」で

は，最大で10日先までの進路予測が可能である。5日以上先の時点では台風の進路の予測精度は低く，確定情報を発表することは難しいが，確率付きのシナリオ予測情報とすることで，早い時点からの災害対応の準備が可能になる。また，台風の進路だけではなく，雨量もシナリオ情報として提供することも可能である（**図5**）。対象となる地点で雨量が多くなる台風進路を把握することで，「台風による災害危険度が高まってきたかどうか」を判断することに役立つことが期待される。

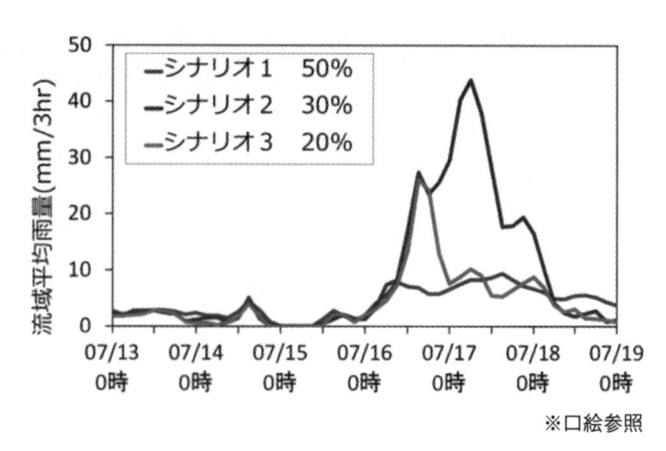

※口絵参照

図5　四国地方のAダム流域でのシナリオ別降雨波形

3 防災気象情報の提供

3.1　天気予報の提供方法

日本気象協会は，テレビ，ラジオ，新聞といったメディアを通して，防災情報を視聴者の方に分かりやすく伝える工夫をしている。このうち，テレビについては情報を画面化し，天気番組として送出するシステムを構築・運用している。このシステムでの防災・減災に向けた取り組みについて，以下に紹介する。

3.1.1　「気象状況に合わせて」番組を自動送出

毎日天気予報の番組は同じ内容を送出，ということではなく，「気象状況に合わせて」番組を自動送出する。夜間や早朝帯に大雨による浸水や土砂災害が頻発しているが，放送局の人手が少ない時間帯でも，番組内容を自動変更し送出する。例えば，県内に大雨警報が発表されている場合は，気象警報の発表状況やアメダス降水量の画面等が含まれる番組内容に自動変更し，視聴者の方に注意喚起を行う。

例）

【通常】

予想天気図 → あすの天気 → 降水確率 → 予想気温 → 週間予報

【大雨警報発表時】

気象レーダ → 警報一覧 → アメダス降水量 → あすの天気 → 週間予報

【台風接近時】

気象衛星雲画像 → 台風進路予想図 → 警報一覧 → あすの天気 → 週間予報

3.1.2 「防災アラーム」で報道支援

近年は，局地的に強い雨雲が同じ場所にかかり続ける，いわゆる「線状降水帯」が発生し，毎年のように各地で災害が発生している。この「線状降水帯」をいち早く検知するため，局地的豪雨の把握に有用な高解像度降水ナウキャストを利用し，単に画面としてコンテンツを提供するだけでなく，降水強度を監視し，同じ場所で閾値以上の強い降水強度を設定時間観測した場合は，放送局に設置のアラーム通報機を鳴動させ，通知を行っている（**図6**）。放送局関係者にいち早く危険を伝えることで，視聴者の方への注意喚起が可能になる。

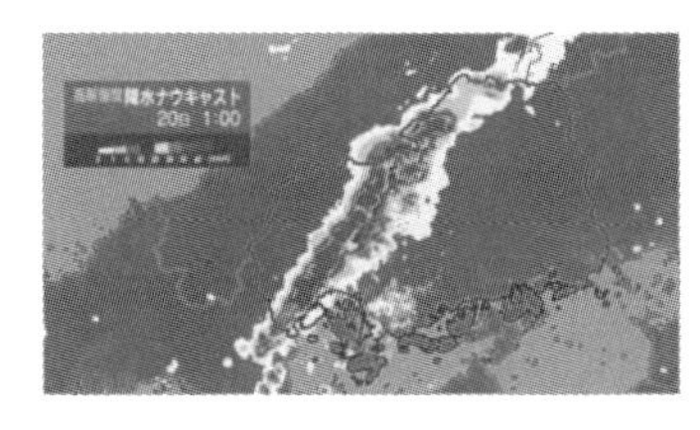

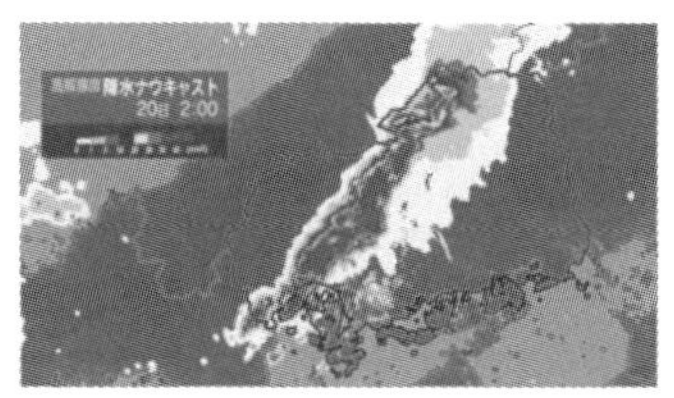

※口絵参照

図６　2014 年８月 20 日未明の高解像度降水ナウキャスト。広島県内で線状降水帯が見られ、同じ場所で強い降水強度を長時間観測している

3.2 ピンポイントでの情報提供

3.2.1 一般インターネットユーザ向けの気象情報提供

日本気象協会が運営する天気予報専門サービス「tenki.jp」では，日々の天気予報に加え，生活指数情報，桜・紅葉・熱中症情報の季節特集，地震・津波・火山の防災情報など，インターネットを通じ，幅広く情報提供を行っている（**図7**）。近年，スマートフォンが急速に普及し，デバイスの発展とともにユーザの利用シーンも大きく変わってきている。現在，インターネット環境における気象分野は，気象庁，民間気象事業者が入り混じる競争市場となっている。

(1) 天気予報専門サービス「tenki.jp」

「tenki.jp」は，日本気象協会が一般向け利用者向けに運営しているサービスである。気象庁から発表される各種気象情報，防災情報を提供するとともに，日本気象協会独自の予報も提供し市場における差別化を図っている。現在 tenki.jp では，PC/ スマートフォン Web サイトの

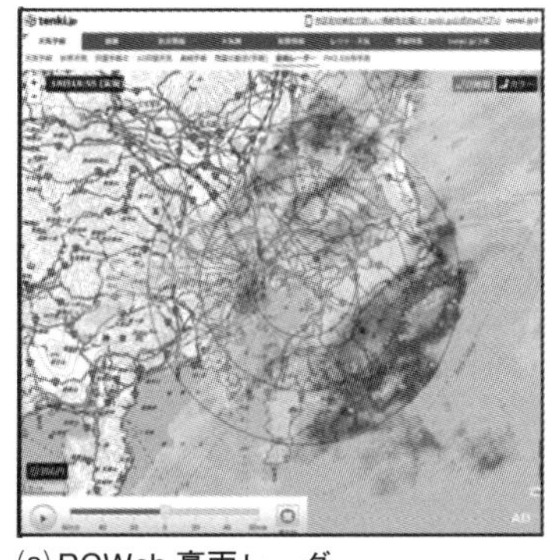

(a) PCWeb 豪雨レーダ

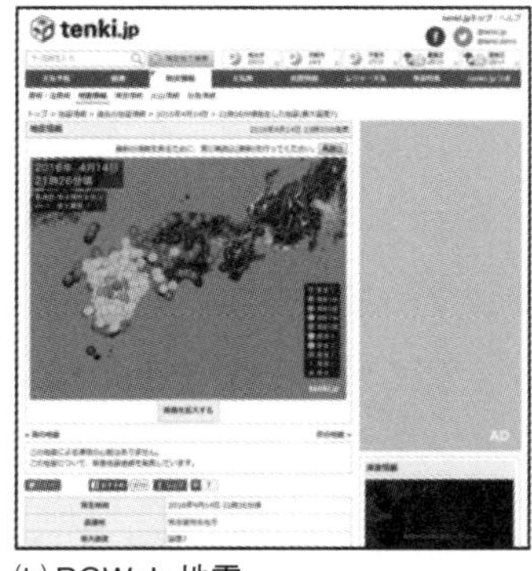

(b) PCWeb 地震

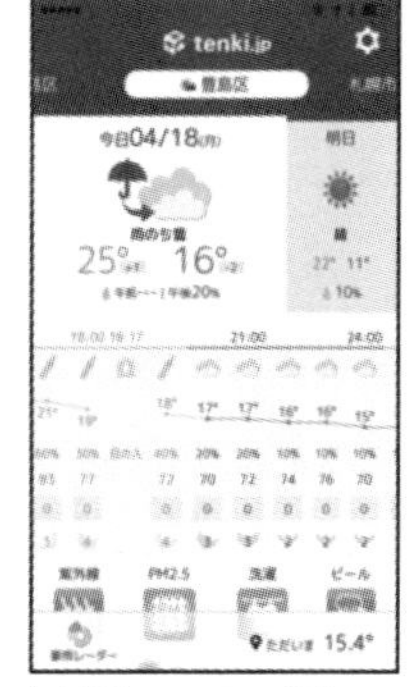

(c) iPhone アプリ

図７　tenki.jp サービスイメージ

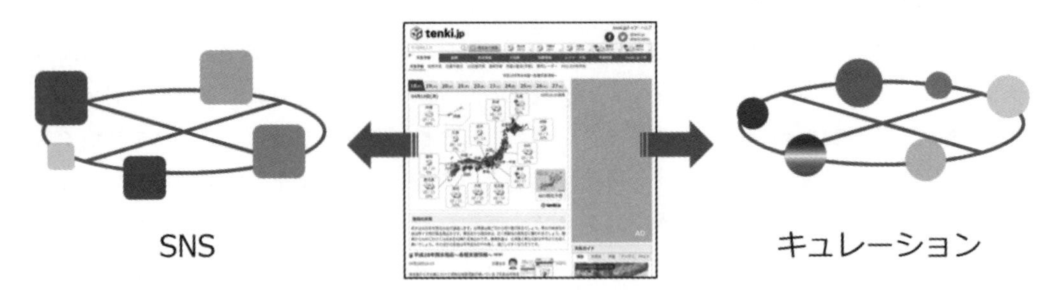

図8　SNS・キュレーションとの連携および情報提供

他，iPhone/iPad アプリ，Android アプリを展開している（図7）。

(2) 外部サービスを活用した情報拡散

ここ数年，インターネット市場のサービスでは，「SNS」「キュレーション」というキーワードを目にする。ユーザが日常的に触れるSNSを活用することで，より多くのユーザへ情報が届く。ここでの「キュレーション」は，インターネット上のニュースをまとめるサービスを指すが，tenki.jp が気象情報専門のニュースメディアとして，各種サービスへ情報提供している（**図8**）。また，インターネット市場では，情報の信頼性が重要なため，確かな情報提供元であり続けることにも気を配る必要がある。

3.2.2　ドライバーのための地域特化型放送

日本気象協会は2015年10月にマルチメディア放送ビジネスフォーラムにて発表された「V-Low マルチメディア放送事業」に関して，気象情報提供事業者として参画した。日本気象協会は，「V-Low マルチメディア放送（サービス名：i-dio）」のコンテンツプロバイダの一社である㈱アマネク・テレマティクスデザインと協業し，運転者（ドライバー）に対し，その走行エリアで有用な気象情報を発信していく。

(1) 東日本大震災をきっかけに事業構想スタート

東日本大震災では，携帯電話・固定電話・インターネット等の通信網への被害が甚大であり，その中で情報を提供し続けたテレビ・ラジオ等の放送メディアの重要性が再認識された。また，ラジオ放送は，ドライバーとの相性も良く，災害情報・支援情報等の重要な情報をリアルタイムに届けることができる。そこから，自動車ドライバー向け専用のラジオ放送「アマネクチャンネル」の構想がスタートした。

(2)「アマネクチャンネル」での天気予報の活用

アマネクチャンネルは，スマートフォンやカーナビ等の移動体端末に向けた，放送と通信，位置情報と気象・交通・観光等のビッグデータを融合した日本初のモビリティ向け専用デジタルラジオチャンネルである。アマネクチャンネルでは，車の走行位置に合わせた，1 km 毎の天

※　テレマティクスサービスとは
自動車や輸送車両向けの次世代情報提供サービス。スマートフォン等の端末を利用した自動車等移動体向けのリアルタイムな情報通信サービス。テレマティクスは，「テレコミュニケーション（通信）」と「インフォマティクス（情報工学）」を合わせた造語。

気予報をTTS (text to speach) 技術を用い，提供する。また，スタジオ (**図9**) は，日本気象協会内にあり，気象の急変に対応していく。スタジオ内には，アマネクモニタ (**図10**) があり，ドライバーの安心・安全のために，気象情報や，通行実績，道路の混雑状況（トラフィックスコープ），観光情報などが地図上に表示され，リアルタイムに確認し，放送することができる。

図9　アマネク tenki.jp スタジオ

3.3　天気を実感させる工夫

日本気象協会では，スマートフォンアプリを利用した気象情報の活用も進めている。「Go雨（ごうう）！探知機（たんちき）－XバンドMPレーダ－」は，XバンドMPレーダを利用したスマートフォンアプリであり，2013年7月から配信を開始し，iOS版とAndroid版を無償で配信している（2016年4月時点）。

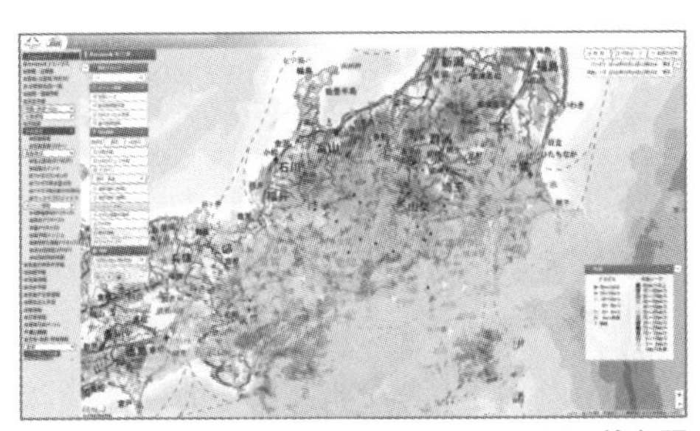

※口絵参照

図10　スタジオ内のアマネクモニタ

「Go雨！探知機」は国土交通省XRAINによる1分間隔の雨量観測データをリアルタイムで表示している。また，スマートフォンのAR機能（拡張現実：Argument Reality）を利用することで，現在見えている雨雲に実際の雨量データを重ねて表示することができ，直感的に雨の様子を把握することができる。夏場に急速に発達する局地的大雨の把握に最適なアプリとなっている (**図11**)。

※口絵参照

図11　Go雨！探知機の表示画面例

※口絵参照

図 12　Go 雨！探知機での通知例

局地的に発達する豪雨は利用者自ら気づくことが難しく，また雨が降っていない場所でも落雷の危険性があるため，可能な限り早く危険性を伝える必要がある。「Go 雨！探知機」では，周囲で雨雲が観測された場合にプッシュ通知で雨の接近を知らせる機能や，雷情報を表示する機能など，最新の ICT 技術を駆使して可能な限り危険性を速やかに伝える工夫をしている（**図 12**）。

4 おわりに

本稿では，気象情報の防災への有効活用として，日本気象協会が取り組んでいる防災コンテンツの開発および提供方法について説明した。気象や防災の専門家ではない方々に対しては，降雨の観測および予測のデータをそのまま提供しても，災害の危険度を理解することは難しい。受け手がイメージしやすい形への「翻訳」や最新の loT 技術を利用した情報提供により，受け手の防災行動を促していくことも重要であると考えている。日本気象協会では，今後も気象情報が防災の場面で有効活用されるよう，引き続き技術開発を進めていく予定である。

文　献

1) 辻本浩史ほか：水工学論文集，49，481-486 (2005).
2) 中北英一ほか：水工学論文集，54，343-348 (2010).
3) 中北英一ほか：京都大学防災研究所年報，54B，381-395 (2011).
4) 片山勝之ほか：河川技術論文集，21，401-406 (2015).

コラム｜気象キャスターからのひとこと❶

気象情報の豆知識

みなさんは気象情報の中に登場する予報用語が，それぞれどのような意味を持っているかを気にされたことはあるでしょうか？時を表す「未明」「夜のはじめ頃」や，雨量を表す「激しい雨」「猛烈な雨」など，実はそれぞれ気象庁で定義されていて，意味を持っています。私も気象予報士の資格を取得するために勉強をしていた頃に初めて知り，「なるほど！」と思ったことがたくさんあります。本コラムでは，気象情報の豆知識として，予報用語をいくつかおさらいしましょう。

まず，「降水確率」についてご紹介します。私自身，「降水確率 30 パーセントってどういう意味？」という質問をよく受けます。ちなみにこの質問は，大学の理工学部時代の友人からも質問されたことがあります。どうやら，「降水確率」の定義を理解して利用されているかどうかは，理系や文系は関係なさそうです。

「降水確率 30 パーセント」は，全く同じ天気の状態（気圧配置や気温，湿度など）が 10 回あったとした場合，そのうち 3 回は雨が降るという意味です。では，「降水確率 30 パーセント」という数字は，高いのでしょうか？それとも低いのでしょうか？野球のバッターの打率に置き換えてみましょう。打率 3 割は，10 回の打席で 3 回ヒットを打ったことを意味しますね。3 割バッター登場！となると，なんとなく打ちそう（降りそう）ですよね。

「降水確率 100 パーセント」というと，とても強い雨が降る印象があるかもしれません。実際，降水確率が大きいほど強い雨が降るという認識をされている方が多いようです。しかし，実は降水確率はあくまで雨が降るかどうかの確率で，強さは考慮していないのです。このことから，しとしと降る弱い霧雨でも確実に降る場合には降水確率が 100 パーセントになりますし，降水確率 30 パーセントでも激しい雨が降ったりすることがあるのです。特に，夏は降水確率がそれほど高くなくても，「大気の状態が不安定」なときは局地的に雷を伴い激しい雨が降ったりすることがあります。現在の数値予報モデルは局地的大雨の予測において発展途上であり，局地的大雨がどこかで発生しそうという意味合いで「降水確率 30 パーセント」が天気予報上では使われることがあるのです。テレビのお天気コーナーなどで，「大気の状態が不安定」という言葉を聞いたら要注意です。雷注意報の発表状況や対象期間などの内容を自分から確認して，局地的大雨に備えておいてくださいね。

降水確率 0 パーセントの予報だったのに，弱い雨に濡れてしまったとします。これは予報が外れていたのでしょうか？実は，このような状況では必ずしも予報が外れているとは限りません。なぜなら，降水確率は「1 時間に 1 ミリ（メートル）以上の雨」が降る確率を意味しているからです。降った雨が 1 ミリ未満であるなら，予報は外れていないことになります。

では，1時間に1ミリの雨は，一体どれくらいの雨なのでしょうか？「雨量」という言葉は，降った雨が地面にしみこんだり流れ去ったりせず，そのままそこに溜まった場合の水の深さをミリ単位で表したものです。量という名前であるのに，実際には深さで表しているので，イメージがわきにくいかもしれませんね。例えば1ミリの雨，たたみ一畳の広さに降る雨の量としてはどのくらいでしょうか。計算すると，およそ一升瓶一本分になります。畳はしっかり濡れてしまいますよね。実際に1時間に1ミリの雨が降った場合，地面がしっとりと濡れる程度になります。ちょっとお買い物へ外出しようというときも，傘がないと濡れてしまう雨の降り方なのです。

では，1時間に100ミリの雨は，どのくらいの強さの雨なのでしょうか？このような雨は，「猛烈な雨」と表現されます（ちなみに「激しい雨」は1時間に30ミリ以上50ミリ未満，「非常に激しい雨」は50ミリ以上80ミリ未満，「猛烈な雨」は80ミリ以上の雨です）。例えば1メートル四方の面積に100ミリの雨が降ったとすると，水の重さに換算して考えれば，100キログラムになります。つまり，1メートル四方の範囲で1時間にひとり，小ぶりなお相撲さんが空から落ちてくるイメージです。しかも，このような猛烈な雨が発生するときは，1メートル四方の範囲だけでなく，数キロメートルから数十キロメートルの範囲にわたって小ぶりなお相撲さんが落ちてくるのと同じような状況になります。これはまさに，本書のタイトルにある「豪雨」と呼ばれる雨の降り方ということがわかりますね。

私自身，1時間に100ミリの大雨を経験したことはありませんが，50ミリの雨についてはある防災施設で体験したことがあります。このとき，レインコートを着ていてもその中の服がずぶ濡れになりました。1時間に50ミリの大雨が降る状況では，傘をさすことは困難で，辺りの視界は悪く，足元も滑りやすくなります。場所や状況によっては災害に結びつき，命を落とすことも十分に考えられる数字です。東京など都市域では50ミリを超えるような雨になると，下水道や都市河川の許容量を超え，浸水被害が発生する危険性が高まります。

降水確率や雨量をはじめ，気象情報の中で数字をお伝えするときは，その数字が意味するものをなるべく具体的にお伝えしなければならないと常々思っています。一方，みなさんにも，ぜひ普段からさまざまな予報用語に慣れ親しんでいただけると嬉しく思います。数字が意味する状況を豆知識として頭の片隅にとどめておいていただければ，いざというときに私たち気象キャスターがお伝えしている気象情報の正しい理解につながり，防災行動に役立てられると思うのです。

〈寺川　奈津美〉

第２編

浸水メカニズムと防災システム

第1節　外水氾濫による浸水メカニズム

中央大学　山田　正　　中央大学　諸岡　良優

1 はじめに

近年，ゲリラ豪雨のように短時間で局所的な大雨や大型台風のように比較的長い時間に亘って広範囲にもたらされる大雨により，大規模な水害が発生するリスクが高まっている[1)]。日本全国において毎年のように洪水による浸水被害や土砂災害等の水害が発生しているのは皆さんご存知のことだろう。最近では，2015年9月に発生した関東・東北豪雨による鬼怒川での洪水や，2016年8月に発生した台風第10号による岩手県と北海道で発生した洪水が記憶に新しい。これらの洪水は，大雨により河川水位が上昇することで堤防から水が溢れたり，堤防が決壊することによって水が流れ込んだ外水氾濫によるものである。

本稿では，外水氾濫の原因を解説するとともに，2015年に発生した関東・東北豪雨による鬼怒川洪水の事例と，当該洪水時に筆者らの研究室で実施したヒアリング調査によって明らかになった住民の洪水時避難行動から見えてきた課題について紹介する。

2 外水氾濫の原因と対策

一般的に，河川堤防を境界として，居住地側を「堤内地」，河川側を「堤外地」と呼ぶ。流域の上流部にまとまった雨が降り続くと河川の水位は上昇し，ここで言う外水に当たる河川水が堤防を乗り越えたり堤防を決壊させる等して堤内地へ流れ込むことがある。この現象を「外水氾濫」と言い，大量の氾濫水が居住地に押し寄せ，甚大な人的被害，住家被害を誘発する。また，氾濫水は泥水であるため，洪水が去った後も住宅等に土砂が堆積することから，復旧が困難である場合が多い。河川水が堤内地へ溢れ出る現象のことを，堤防があるところでは「越水（えっすい）」，堤防がないところでは「溢水（いっすい）」と呼ぶ。

本項では，深刻な浸水被害がもたらされる外水氾濫の主要因と言える堤防決壊のメカニズムについて説明する。堤防決壊のメカニズムは大きく分けて，「①河川水の越水による堤防決壊」，「②河川水の浸透による堤防決壊」，「③河川水の侵食・洗掘による堤防決壊」の3形態に分類される[2)]。また，これらが複合的な要因となって堤防が決壊することもある。

① 河川水の越水による堤防決壊

堤防天端を河川水が乗り越えて流れ，堤体の斜面やのり尻が越流水によって侵食・洗掘され堤体が損傷する。それが進行することで，最終的に堤防決壊に至る。これが要因となって決壊する堤防が最も多い[3)]（**図1**[2)]）。

② 河川水の浸透による堤防決壊

(1) パイピング破壊

堤防基部が砂等の浸透性の高い材料で築造されている場合，河川水位が高くなると基礎

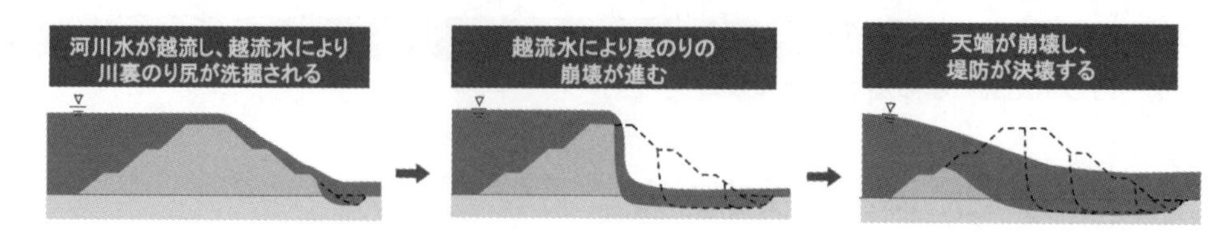

図１　越水による堤防決壊のイメージ図[2)]

地盤内に水が浸み込み，川裏側の地盤から水が噴出する「ボイリング現象」が発生する。これによって堤防基部に水みちが形成され，その水みちに水と土砂が流れ込み，堤内地に噴出する（「パイピング現象」と言う）。そして，土砂の流失が続き水みちが拡大していくことによって堤防が沈下し，最終的に堤防決壊に至る（**図２**[2)]）。

(2) 浸透破壊

降雨と河川水が堤体内に浸透し，堤防内の水位が上昇する。これが原因となって土の強さ（せん断強度）が低下し，堤体の安定性を保てなくなることで円弧状に堤防法面が滑り，最終的に堤防決壊に至る（**図３**[2)]）。

③　河川水の侵食・洗掘による堤防決壊

河川水により堤防前面の高水敷や堤体が侵食・洗掘され，それが続くことにより最終的に堤防決壊に至る。この現象は，河川水が堤防に当たる場所や，堰，床止め（とこどめ）等の河川横断構造物を越え，側岸侵食や迂回流による侵食が生じる場所で発生する（**図４**[2)]）。

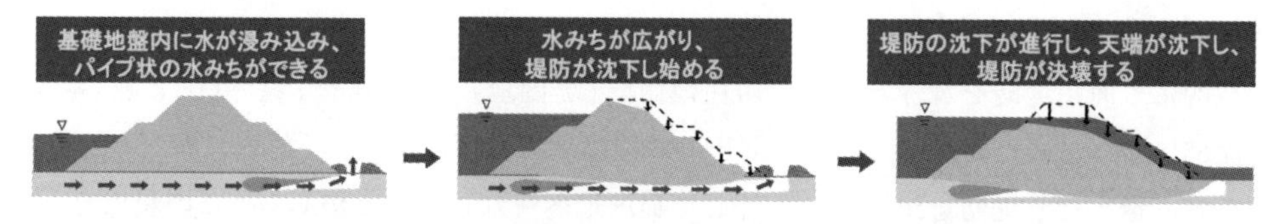

図２　パイピング破壊による堤防決壊のイメージ図[2)]

図３　浸透による堤防決壊のイメージ図[2)]

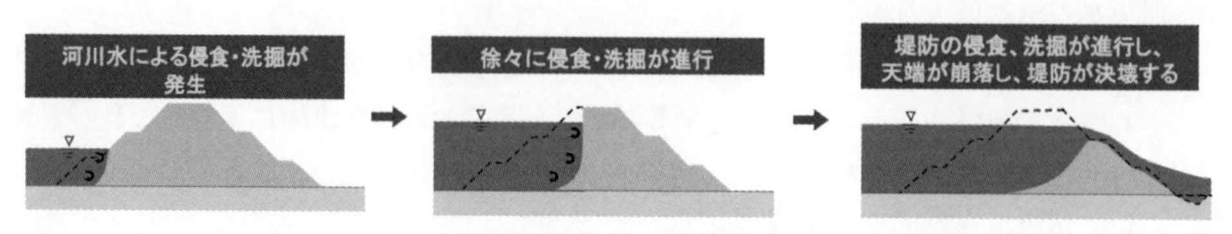

図４　河川水の侵食・洗堀による堤防決壊のイメージ図[2)]

3 外水氾濫による浸水被害の事例

本項では，外水氾濫による被災事例として，2015年関東・東北豪雨による鬼怒川洪水による事例を紹介する。また，当該洪水時に筆者らの研究室で実施したヒアリング調査によって明らかになった住民の洪水時における避難行動から見えてきた課題について紹介する。

3.1　2015年関東・東北豪雨による鬼怒川洪水の概要

2015年9月に発生した台風第17号と，台風第18号から変わった温帯低気圧によって南から湿った空気が流れ込み，関東から東北地方までの広範囲に大雨がもたらされた。特に，栃木県と茨城県を流れる利根川水系鬼怒川では，2015年9月9日から10日にかけて，上流域における流域平均24時間雨量・2日雨量・3日雨量が，1938年の統計開始以降最多の値を記録した。この大雨によって，茨城県常総市において溢水が生じ，また，常総市内の別の箇所では，堤防が約200 m決壊した。その結果，常総市の凡そ1/3の面積を占める約40 km^{2}が浸水した。常総市内では多くの住民が逃げ遅れて孤立し，約4,300人がヘリコプターや地上部隊により救助されることとなり，住家に関しては，全壊53戸，大規模半壊1,575戸，半壊3,475戸，床上浸水148戸，床下浸水3,072戸という甚大な被害となってしまった[4)]。

まず，2015年9月関東・東北豪雨災害時の常総市において浸水被害が発生したメカニズムについて解説する。**図5**の国土交通省Cバンドレーダで観測された降雨強度が示すように，鬼怒川上流域では9月9日18時頃から9月10日4時頃にかけて強い雨が降り続いた（この期間の累積雨量は512 mm）。このような大雨になった要因は，**図6**に示すように積乱雲が帯状に次々と形成され，長時間に亘って同じ地域に強い雨を降らせる「線状降水帯」が発生したことによるものである。こうして鬼怒川上流域に強い雨が長時間降り続いたことにより，鬼怒川本川では水位が急激に上昇し，9月10日6時過ぎに常総市若宮土地先において最初の溢水が発生した。

その後も水位は上昇し続け，9月10日12時50分に常総市三坂町地先において堤防が決壊し最終的にその決壊幅は約200 mに達した（**図7**）。本洪水による堤防の決壊は，堤防を越水した洪水（河川水）により堤体が削り取られたことによる「越水破壊」が主な原因であり，堤防下部の砂質土に浸透した河川水によって発生したパイピング現象が決壊を助長した可能性があると結論づけられている[4)]。また，市内を流れる鬼怒川支川の八間堀川の堤防においても2箇所の決壊と複数箇所での越水が確認されており，常総市内の浸水域拡大に影響したと推察される。

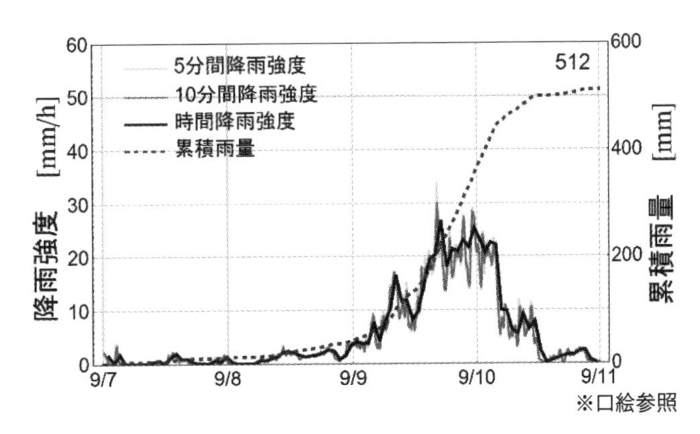

※口絵参照

図5　Cバンドレーダにより観測された鬼怒川上流域の流域平均雨量

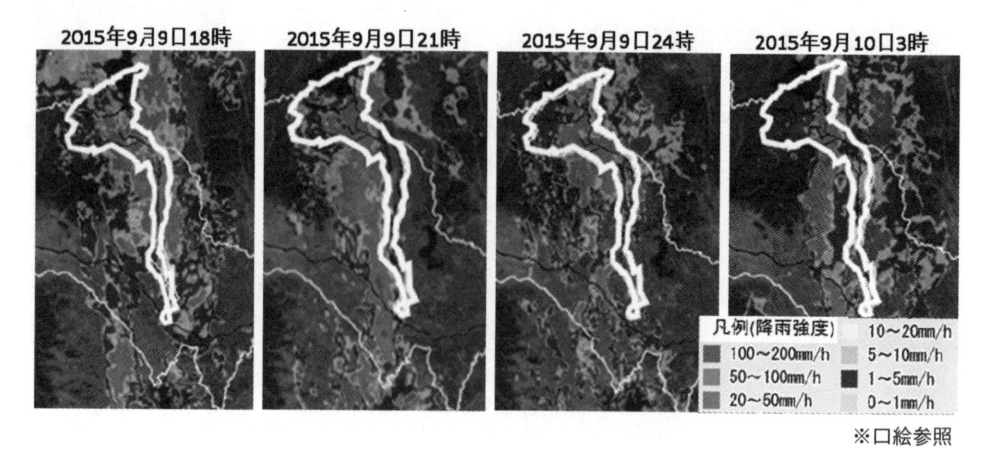

※口絵参照

図６　関東・東北豪雨時の降雨強度の空間分布の時間変化。線状降水帯が形成されていることが分かる

図７　時系列でみる鬼怒川堤防決壊の状況[4)]

3.2　2015年関東・東北豪雨災害時における常総市住民の避難行動

本洪水で浸水した常総市域は鬼怒川と小貝川に挟まれたエリアであり，洪水ハザードマップにおいて浸水想定区域として示されていた区域である。こうした区域であり，かつ，鬼怒川の溢水および堤防の決壊が日中の出来事であったにも関わらず，多くの住民は逃げ遅れ，孤立してしまった。この原因を分析するため，筆者らの研究室では常総市の被災した住民に対して，洪水時の避難行動や日頃の防災意識等に関するヒアリング調査を行った[5)]。

常総市は，人口6万4,854人[6)]，世帯数2万3,349世帯（2015年10月1日現在）であり，鬼怒川流域の最下流部に位置している。市内には鬼怒川と小貝川の2本の1級河川が流れており，過去には両河川による浸水被害が度々発生している。最も近いものでは，1986年に発生した小貝川の堤防決壊による浸水被害が挙げられる。本調査は，常総市において本洪水時に浸水した区域，および避難勧告・指示が発令された地区の住民を対象に，自宅訪問によるヒアリング形式で実施した。調査期間は発災から2ヶ月後の2015年11月21日から23日の3日間である。主な調査項目は，①浸水状況および避難状況について，②災害情報および避難情報の取得状況について，③日頃の防災意識についてであり，516件の回答を得た。また，筆者らの研究室では，2013年と2014年の２年連続で氾濫による浸水被害が発生した京都府福知山市[7]（人口７万9,916人：2016年２月末現在）由良川流域でも同様の調査（2015年８月29日から30日の２日間で実施，回答数215）を実施しており，常総市の調査結果と比較した。なお，福知山市は，1945年から現在に至る約70年の間に13回の浸水被害を伴う洪水氾濫が発生している地域である[8]。

図８は，緊急時の家族の避難場所の決定状況を常総市と福知山市で比較した結果である。福知山市では約52％の住民が緊急時の家族の避難場所を決めていると回答したのに対して，常総市ではその半分の約26％の住民しか決めていないことが分かった。

図９は防災用語である「避難判断水位」という言葉の認知度を常総市と福知山市で比較した結果である。福知山市の住民の約47％が避難判断水位について「言葉も意味も知っている」と回答したのに対して，常総市では約49％の住民が避難判断水位について「聞いたことがない」と回答した。つまり，福知山市では約半数の住民が避難判断水位の言葉も意味も知っているの

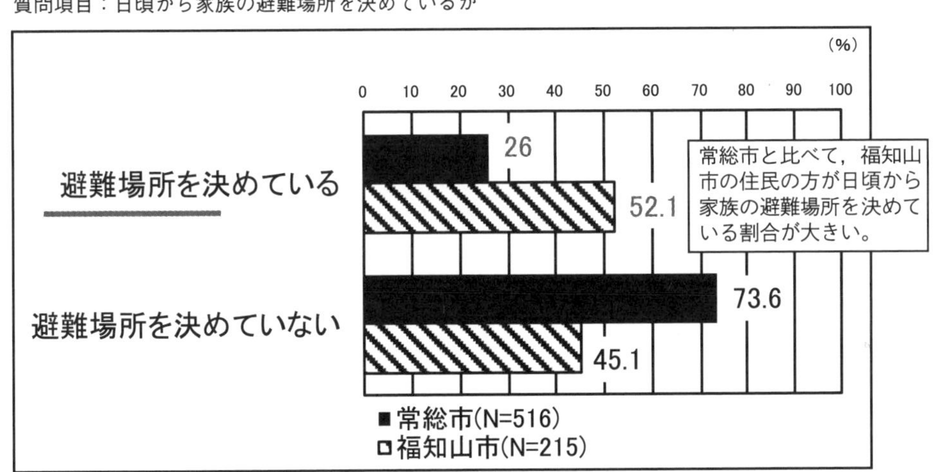

図８　常総市と福知山市における緊急時の家族の避難場所の決定状況

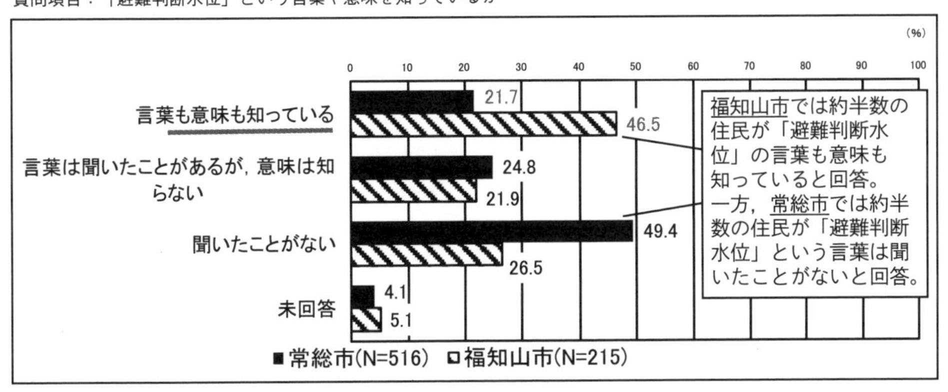

図９　常総市と福知山市における「避難判断水位」という言葉の認知度の比較

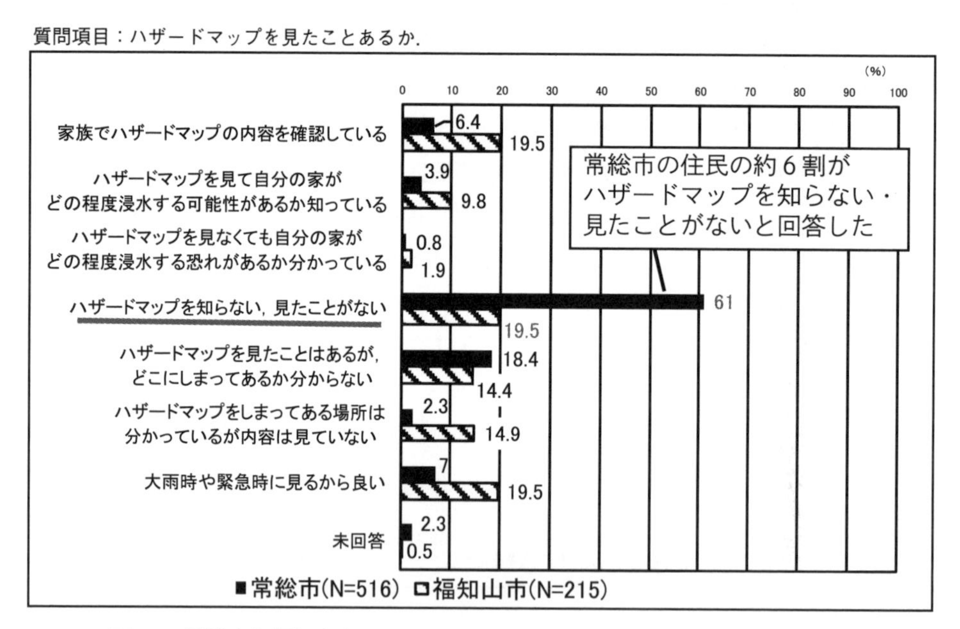

図 10　常総市と福知山市における日頃のハザードマップの確認状況の比較

に対して，常総市では約半数の住民が聞いたことがないことが明らかとなった。

図 10 は日頃のハザードマップの確認状況を常総市と福知山市で比較した結果である。福知山市の住民の約 20% がハザードマップを「知らない・見たことがない」と回答したのに対して，常総市では約 61% の住民がハザードマップを「知らない・見たことがない」と回答した。つまり，常総市の約 6 割の住民はハザードマップの存在を知らなかったことが明らかとなった。

次に，常総市における災害時の情報取得状況と救助要請状況について整理した結果を**図 11** に示す。救助を求めなかった住民（自主避難した人や避難する必要がなかった人）の方が救助を求めた住民（逃げ遅れてしまった人）と比較して，避難に関する情報の一つである「避難準備情報」や「避難勧告・指示」を聞いていた割合が多かった。また，救助を求めた住民（逃げ遅れてしまった人）は救助を求めなかった住民（自主避難した人や避難する必要がなかった人）と比較して，何も情報を得ていなかった住民の割合が多いことが分かった。つまり，避難に関する情報を適切・確実に伝えることが，災害時の避難誘導にとって重要であることが明らかとなった。

常総市における日頃のハザードマップの確認状況と本洪水時における避難のきっかけについて整理した結果を**図 12** に示す。ハザードマップを「見ている・見たことがある」住民はハザードマップを「見たことがない」住民と比較して，「自宅が浸水しそうだと感じたから」避難した住民の割合が多いことが分かった。また，ハザードマップを「見たことがない」住民はハザードマップを「見ている・見たことがある」住民と比較して，「自宅が浸水したから」避難した住民の割合が多いことが分かった。常総市の住民の約 6 割がハザードマップを「知らない・見たことがない」一方で，ハザードマップを見たことがある住民は見たことがない住民と比較して早いタイミングで避難していたことが明らかとなった。つまり，ハザードマップを適切に周知することが早期避難の実現には重要であると考えられる。

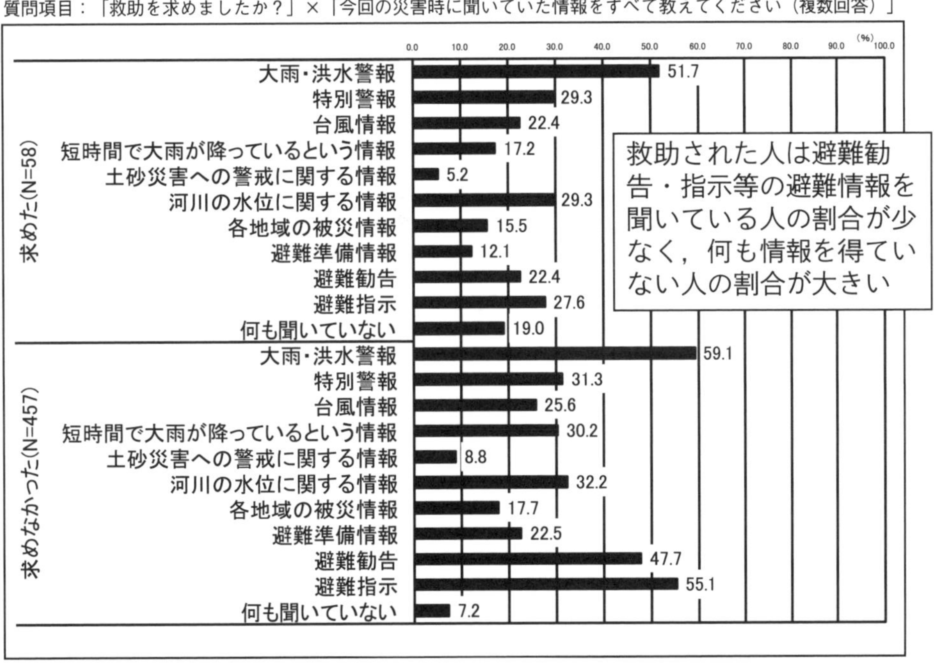

図11　常総市における災害時の情報取得状況と救助要請状況の関係

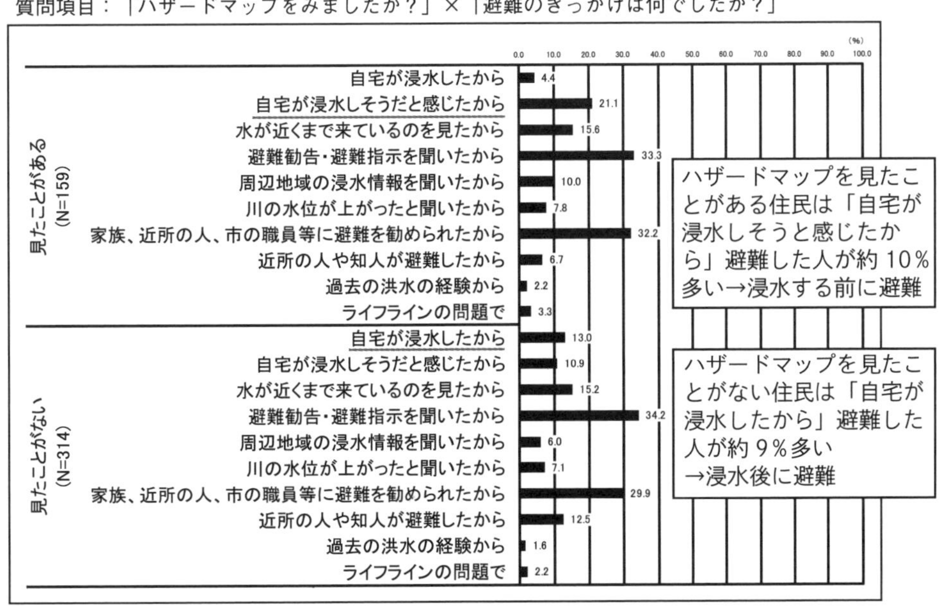

図12　常総市における日頃のハザードマップの確認状況と避難のきっかけの関係

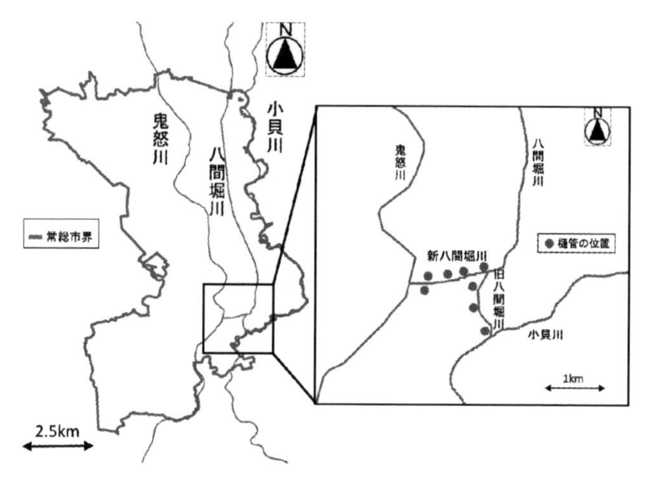

図 13 水海道市街地の位置図

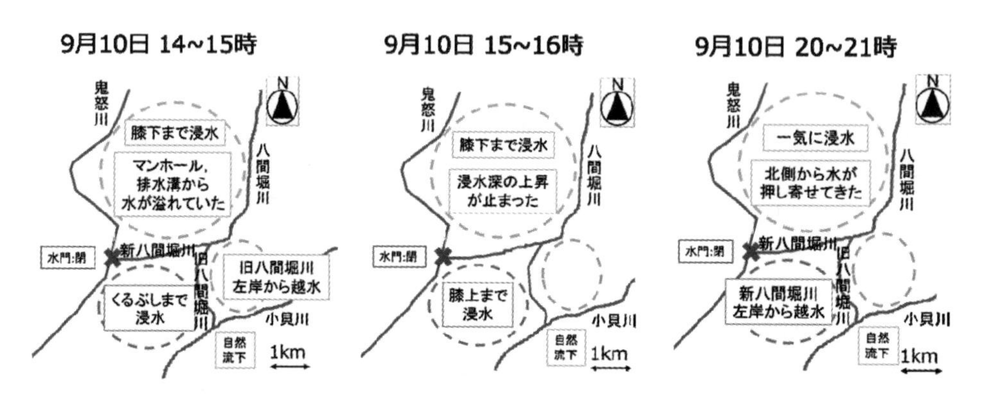

図 14 ヒアリング調査により得られた水海道市街地の浸水状況

さらに，多くの住民が逃げ遅れた水海道市街地（**図 13**）において，鬼怒川支川の八間堀川の越水・決壊が住民の避難行動へ影響を及ぼした可能性を分析するために浸水状況のヒアリング調査を行った。**図 14** にヒアリング調査により得られた水海道市街地の浸水状況を示す。

まず，9 月 10 日 14 時から 15 時には新八間堀川の北側で「マンホール・排水溝から水が溢れ出していた」，新八間堀川の南側で「くるぶしまで浸水していた」，「旧八間堀川の左岸から溢水していた」という住民からの証言を得た。次に，9 月 10 日 15 時から 16 時にかけては，新八間堀川の北側で「浸水深の上昇が止まった」という住民からの証言を得た。そして，9 月 10 日 20 時から 21 時にかけては新八間堀川の北側で「一気に浸水した」，「北側から水が押し寄せてきた」という住民からの証言を得た。

以上の住民からの証言をもとに水海道市街地の浸水状況を整理すると以下の通りとなる。

① 9 月 10 日 14 時から 15 時頃に八間堀川の水位上昇に伴う内水氾濫が発生した。

② 9 月 10 日 15 時から 16 時頃に浸水深の上昇が止まった。

③ 9 月 10 日 20 時以降に鬼怒川本川の氾濫流と思われる氾濫水が水海道市街地へ到達した。

水海道市街地では，浸水深の上昇が一度止まったことにより，住民がこれ以上水位は上昇しないだろうと安心して避難しなかったところに，しばらくして鬼怒川本川の氾濫水が到達し，避難することができずに孤立してしまったと想定される。

本調査により，洪水時には本川の大きい河川だけでなく支川である中小河川の氾濫にも着目する必要があると言える，今後は住民の避難行動と洪水氾濫流の動きをシミュレーションにより再現し，住民が的確に避難できるための適切な避難情報のあり方について進める予定である。

4 おわりに

本稿では，深刻な浸水被害がもたらされる外水氾濫の主要因である堤防決壊のメカニズムについて解説した。また筆者らの研究室で行った関東・東北豪雨による鬼怒川洪水時の調査を紹介し，本洪水時の浸水メカニズムや洪水時の避難行動の課題を明らかにした。昨今の激甚化する洪水から社会を守るためには，河川整備計画で検討されるような本格的な堤防補強工法だけでなく，緊急時の効果的な土嚢積みや緊急対策的に実施できる堤防補強工法を開発・普及するとともに，ソフト対策として，国・自治体・市民を含んだ情報伝達方法や危機管理システムの全面的な見直しが必要であると筆者らは考える。

文　献

1)　国土交通省：水災害分野における気候変動適応策のあり方について（中間とりまとめ）(2015).
2)　国土交通省関東地方整備局：鬼怒川堤防調査委員会報告書 (2016).
3)　建設省土木研究所土質研究室：河川堤防の土質工学的研究（土木研究所資料），688，6-35 (1971).
4)　国土交通省関東地方整備局：『平成 27 年 9 月関東・東北豪雨』に係る洪水被害及び復旧状況について（平成 28 年 1 月 29 日）(2016).
5)　諸岡良優，郷津勝之，寺井しおり，布村明彦，山田正：平成 27 年 9 月関東・東北豪雨災害時における住民の情報取得状況及び避難行動の実態調査，河川技術論文集，**22**，345-350 (2016).
6)　茨城県常総市：常総市平成 27 年度地区別世帯数・人口集計表（平成 27 年 10 月 1 日現在）(2015).
7)　京都府福知山市：福知山市行政区別人口世帯集計表（平成 28 年 2 月末現在）(2016).
8)　国土交通省福知山河川国道事務所：由良川洪水主要記録.
http://www.kkr.mlit.go.jp/fukuchiyama/river/shiryoukan/kouzui_kiroku.html.

第2節　大規模地下空間の浸水メカニズム

関西大学　石垣　泰輔

1 地下空間浸水の実態と問題点

近年，記録的な豪雨が頻発しており，1時間 40～50 mm を超える降雨時には雨水排水施設の能力を超えるために道路が冠水する。このような映像を見る機会が増加しているのが現状である。**表1**は，1990年以降に内水氾濫（雨水出水）により地下空間浸水が発生した事例を示したものであり，多種の地下空間で浸水が発生していることが分かる。なお，浸水要因に内水氾濫と外水氾濫を併記している事例では，雨水排水を担う中小河川や開水路部分からの氾濫が同時に発生している。この外水氾濫は，下水道と同様の時間 50 mm の降雨に対応する計画規模で整備された水路からの氾濫であることから，内水氾濫による地下空間浸水とした。道路側溝やマンホールから溢水して道路が冠水する場合にくらべ，開水路から溢れた場合には浸水速度も規模も大きくなる。**図1**は，アンダーパスと水路が平行しており，水路から溢水すると短時間でアンダーパスが浸水することが容易に推定できる。大きな一級河川が氾濫した場合には，大量の氾濫水が地下空間に流れ込むことで完全に水没する場合も有り得る。さらには，台風に伴う高潮や，地震に伴う津波による浸水が発生した場合も同様の地下空間浸水が発生することが解

表1　内水氾濫（雨水出水）による地下空間浸水事例

発生年月	発生場所	地下空間の種類	浸水要因
1993.8	東京	地下鉄	内水氾濫（雨水出水）
1999.6	福岡	地下鉄，地下街，地下室	内水氾濫＋外水氾濫
1999.7	東京	地下室	内水氾濫
2000.9	名古屋	地下鉄	内水氾濫＋外水氾濫
2003.7	福岡	地下鉄，地下街，地下室	内水氾濫＋外水氾濫
2008.7	向日市	アンダーパス	内水氾濫
2009.11	和歌山	地下駐車場	内水氾濫
2011.8	大阪	地下街，地下室	内水氾濫
2011.9	春日井市	地下改札，地下道	内水氾濫
2012.8	京都・大阪	地下鉄，アンダーパス	内水氾濫

図1　アンダーパスと平行する水路

析結果から推測される[1]。東日本大震災に伴う津波氾濫では，仙台空港アクセス線のトンネルが水没した。一方，高潮氾濫では，2003年9月に韓国の馬山で発生した高潮による地下空間浸水で，海岸から約800mも離れたビル地下のカラオケ店が浸水し，8名もの犠牲者を出している。また，2012年10月にニューヨークを襲ったハリケーン・サンディに伴う高潮では，マンハッタン島内の地下鉄と対岸地区に繋がる地下の道路トンネルや鉄道トンネルに大量の海水が流れ込んだ。タイムラインに沿った対応がなされた結果，早期に復旧されたが，**図2**に示すように一部の地下鉄出入口が浸水発生から7カ月以上経過した時点（2013年6月）でも閉鎖されていたことから，大規模な地下空間浸水の影響が長期化することが知れる。

図2　1カ月以上閉鎖されたニューヨークの地下鉄出入口

わが国には，640以上の地下鉄駅，78以上の地下街と多数の地下駐車場，アンダーパスおよび地下室といった地下空間があり，東京，名古屋，大阪といった都市では，地盤高が海面より低いゼロメートル地帯にも多く存在する。地下鉄や地下街とビルの地下階は接続されていることが多く，地下空間の構造は3次元で複雑化しているのが現状であり，そのため，氾濫水が流入する可能性がある出入口は多数存在することになる。水は低きに流れ，地下空間のような低い場所に流れ込むため，浸水発生時の危険性は言うまでもなく，前述したように，内水氾濫，外水氾濫，高潮氾濫および津波氾濫の浸水要因によって浸水過程が異なるため，外力に応じた対策が必要となる。以下では，豪雨による地下空間浸水（内水氾濫時）について述べる。

2 地下空間浸水メカニズム

雨水排水能力を超える降雨があった場合，道路側溝およびマンホールから溢れ出た雨水が道路面を流れ局所的に低い交差点等で道路冠水が発生し，湛水深が地下に続く出入口の高さを超えて流入するという過程を経て地下空間浸水が発生する。地下空間浸水に関する検討は，高橋ら[2]によって2次元氾濫解析モデルを用いた検討が始められ，京都および大阪を対象とし，ポンドモデルを用いた戸田ら[3]の研究，汎用プログラムを用いて大阪を対象とした石垣ら[4]の研究，独自に開発したモデルによる東京を対象とした関根ら[5]の研究，二次元氾濫モデルを用いた名古屋を対象とした武田ら[6]の研究が行われている。また，井上ら[7]および中川ら[8]による水理模型実験結果と数値解析結果の比較検討から，2次元氾濫解析モデルによる結果の妥当性が確認されている。その結果，地下空間浸水の検討は，解析モデルによるものが主流となっている。

特に都市域では種々の地下空間が存在しており，豪雨時を対象とした解析をするためには下水管路網や雨水排水ポンプを考慮した解析が必要であるため，雨水排水施設を考慮した解析が実施されている。前述した研究では独自の開発された解析モデルを使用しているものもあるが，わが国では汎用プログラムとして，InfoWorks CS，Mouse，XP-SWMMなどの表面流出モデル，管路水理モデルおよび氾濫解析モデルを統合したものが使用されている。以下では，InfoWorks CSを用いた解析例を用いて地下空間浸水メカニズムについて説明する。

2.1　地上の氾濫と地下空間浸水

図3は一般的な地下街出入口（大阪梅田地区）に止水板が設置された状況を示したものである。この写真のように，出入口は階段等によりマウンドアップされていて周囲の路面より高くなっているため，道路冠水の水深がマウンドアップ高さを超えると地下に流入することになる。この流入を防ぐために写真のような止水板が設置される。この地区の出入口を対象にマウンドアップ高さを調査した結果が**図4**であり，路面より30 cm程度までの浸水であれば地下への流入を防ぐことができる。しかしながら，近年はバリアフリーを考慮した出入口も存在するため，浸水対策として止水板の設置が必要である。

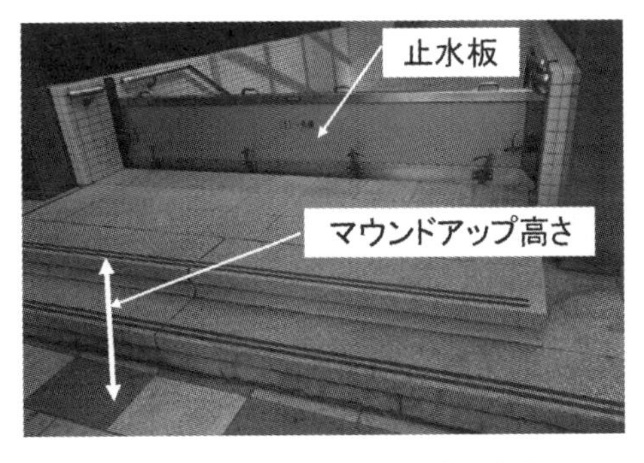

図3　止水板が設置された地下出入口

地下空間への流入を検討するためには，出入口の場所，幅，マウンドアップの高さおよび止水板の有無を調査する必要があるが，図3からも分かるように氾濫水が流入するか否かを判断するためには，階段1段分より低い10 cm程度の解析精度が要求される。**図5**は解析精度を検証するため，大阪梅田地区で発生した2011年8月27日豪雨（最大1時間77.5 mm：観測史上1位タイ，10分間最大雨量22.5 mm：観測史上2位，総雨量88 mm，降雨継続時間3時間20分）による浸水深の解析結果と現地調査結果（最大浸水深）を比較したものである[9]。対象とした地区は密集市街地であり，現地調査結果より道路が水路となって氾濫水が流れたと推定されたため，解析では道路のみを氾濫水が流れるという条件で計算を行ったが，実績浸水深を検証することはできなかった。この問題を解決するため，図に示した赤線のように，道路上の構造物（高架橋の橋脚）を

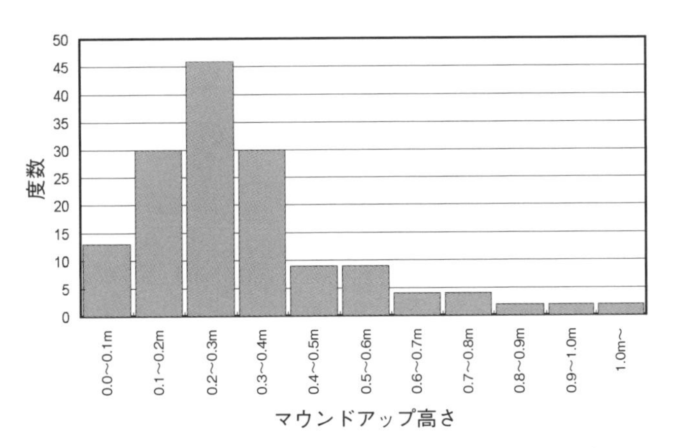

図4　地下街出入口のマウンドアップ高さ（大阪梅田）

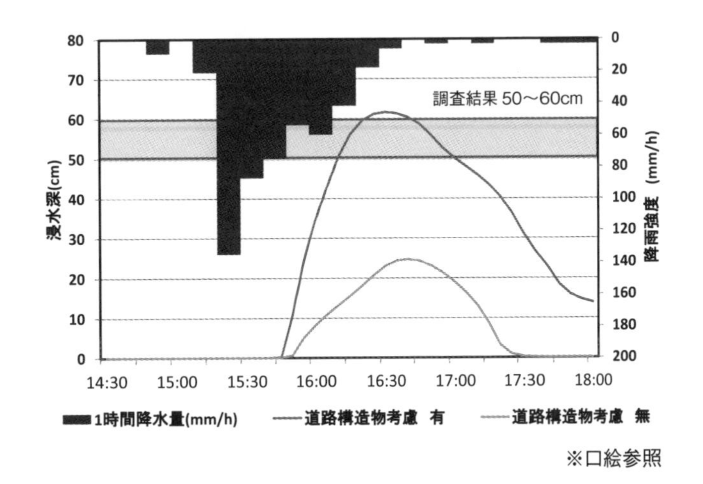

※口絵参照

図5　2011年8月27日豪雨によるモデル検証結果（大阪梅田地区）

考慮することによって現地の調査結果に近い計算結果を得られ，10 cm 精度の計算が可能となった。この結果より，密集市街地では道路が水路となって氾濫水が流れ，局所的に低い場所が冠水することから，氾濫計算は道路のみを対象としても妥当であること，また，道路上の構造物を考慮する必要のあることが指摘された。同様の結果は，中央分離帯の存在する道路での検証結果でも見られ，片側車線のみが浸水するという浸水実績を計算することができる。

密集市街地での豪雨による氾濫解析を行うためには，前述した点を考慮した解析モデルを用いる必要があるが，降雨パターンによって地上の氾濫状況が異なるため，地下空間浸水状況にも影響する。**表 2** に示すパターンの異なる 2 種の実績降雨，すなわち，短時間に集中した 2008 年 8 月の岡崎豪雨（平成 20 年 8 月末豪雨）と，多くのハザードマップに使われている比較的強い雨が長時間継続した 2000 年 9 月の東海豪雨を用いた場合の大規模地下空間（大阪梅田の地下街）への流入特性を比較した結果を**表 3** に示す[10]。いずれの降雨も下水道の雨水排水能力を超える降雨が発生しているが，地下街への総流入量を比較すると，地下街への出入口 129 箇所のうち岡崎豪雨による流入箇所は 52 ヵ所でピーク流入量 4.31 m^3/s，東海豪雨による流入箇所は 29 箇所でピーク流入量 2.83 m^3/s となり，流入箇所，ピーク流入量，総流入量とも短時間に集中する岡崎豪雨の降雨パターンの方が大きいことから，地下空間浸水を検討する際には降雨パターンを考慮する必要があることが分かる。

以上述べた点を考慮したモデルを用い，大阪の中心部を対象に，岡崎豪雨の降雨条件のもと，InfoWorks CS という下水道と地上氾濫が計算可能な汎用プログラムを用い，雨水排水ポンプ稼働，止水板設置なしという条件で浸水解析した結果を示すと**図 6** のようになる[4]。対象

表 2　降雨パターンの異なる実績降雨

	岡崎豪雨	東海豪雨
生起年月日	2008.8.29	2000.9.11～12
観測地点	岡崎市美合町	名古屋
最大 1 時間降水量	146.5 mm	97.0 mm
総降雨量	242.0 mm	567.0 mm

（注）岡崎豪雨については，8 月 28 日，30 日にも降雨が発生しているが，無降雨時間が 6 時間以上空いているため，ここでは総降雨量から除外した。

表 3　大規模地下空間への流入特性

	岡崎豪雨	東海豪雨
流入箇所数※1	52 箇所	29 箇所
ピーク流入量※2（1 箇所当）	4.31 m^3/s	2.83 m^3/s
総流入量※3	332 千 m^3	276 千 m^3

※1 解析対象とした地下への出入り口数の合計は 129 箇所である。また，地下駐車場への出入り口も含んでいる。
※2 流入箇所のうち，最も大きなピーク流入量となる箇所（1 箇所）の値を示す。
※3 地下街への総流入量を示す。

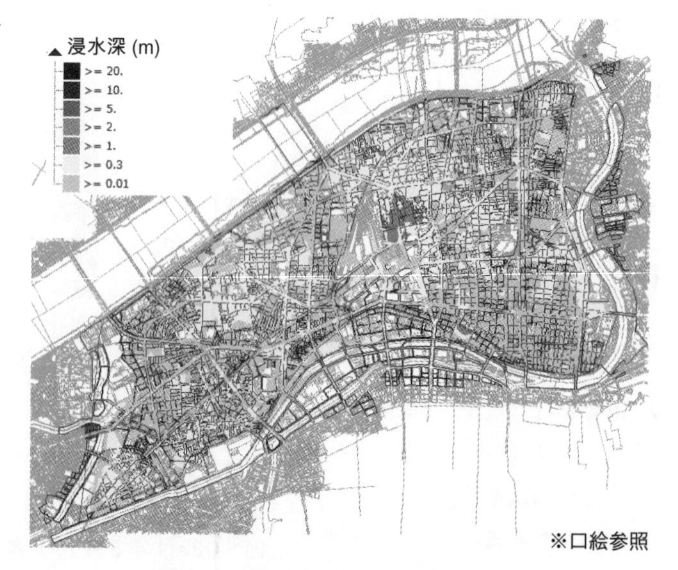

図 6　浸水深の計算結果（岡崎豪雨）

地域の地盤高は，東側（図の右側）の一部が８ｍ程度と高いものの大部分が標高１ｍ以下と低く，西側にはゼロメートル地帯が広がっている。このような地形であるが，全域一様に道路浸水が発生している。これは，雨水排水施設の能力を超えた豪雨の場合，排水しきれない雨水が道路に氾濫して局所的に低い箇所に溜まるために全域で浸水が発生することを示している。このような状態では，排水計画上の集水域を超えて氾濫が拡大することが知られており，2000年の東海豪雨の際，集水区域界となっていた小河川を超えて隣接する集水区に流れ込んで建物の２階まで達する浸水被害が発生している[11]。

2.2　地下空間への流入

地下空間への流入量は，地下鉄や地下街などの出入口の位置，向き，標高，幅，マウンドアップ高さおよび止水板の有無に関係する。位置と向きは氾濫水の広がりと流れる方向に関係し，標高，幅，マウンドアップ高さおよび止水板の有無は流入量に直接関係する。さらに，鉄道や道路の地下トンネルの出入口（トンネル坑口）の位置，向き，標高および止水扉の有無が流入に関係する。これらのパラメータは，ビル地下室や地下鉄および地下街に接続しているビルへの流入に関わるものであり，現地調査して把握しておく必要がある。

図７は，図６で示した地区で考慮された地下空間への出入口の位置を示している。図７には，地下鉄駅の出入口，地下街への公的出入口および鉄道のトンネル坑口の位置が示されているが，地下街や地下鉄に接続している民間ビルの出入口からも流入する可能性がある。さらに，独立したビルの地下室や地下店舗への出入口は多数存在するが，全ての詳細を把握することは難し

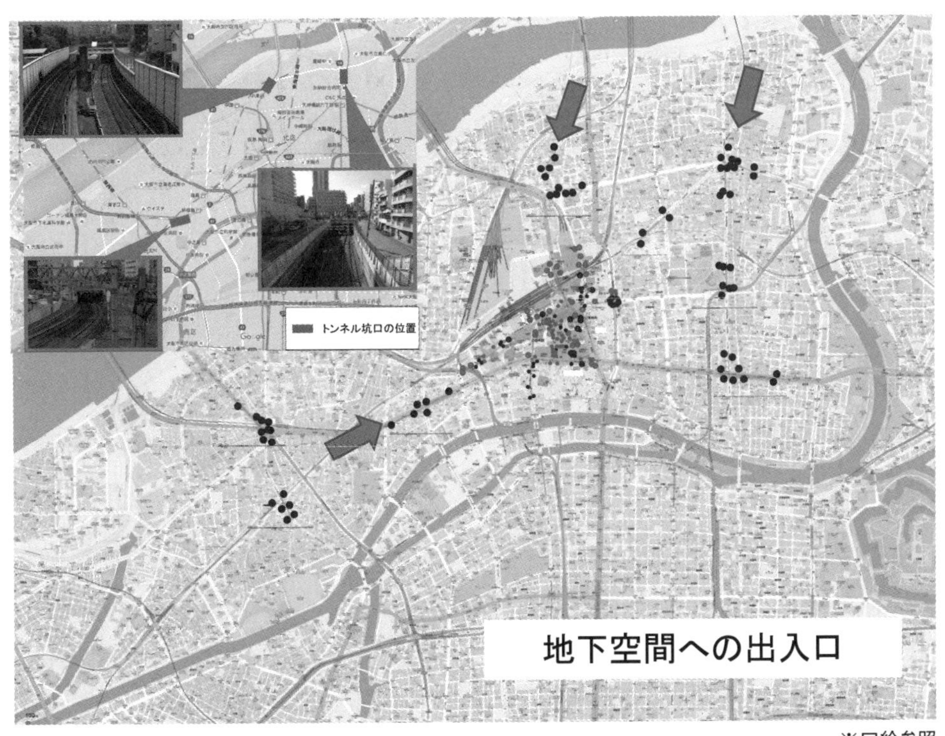

※口絵参照

図７　地下空間への出入口位置（大阪梅田，Google map に追記）

いのが現状である。

上述の出入口の諸元と各出入口前の道路冠水深の時間変化が得られれば，地下空間への流入量の時間変化を堰の公式を用いて計算することができる。その一例として，図6の条件で大規模地下街での流入量の時間変化を図8に示す[12]。このケースでは，総雨量の13%が全地下空間に，大規模地下街には7%が流入する結果となっている。図に示すように大規模地下街を6つのブロックに分け，それぞれの流入量と降雨波形を示している。結果をみると，ブロック毎に流入が始まるタイミングは変わらないものの流入量に差があること，降雨のピークと流入のピークに時間差があることが知れる。これは，前述したように，豪雨によりマンホール等から溢れた雨水が道路上を流れて局所的に低い箇所に集まって浸水深が増加し，出入口の高さを超えて流入するまでの時間差が生じることで説明できる。解析結果を細かく見ると，流入する出入口の順序は降雨パターンによらず同様であることが分かっている。したがって，このような解析結果は，豪雨発生時の出入口の浸水対策を立案する際に，何時，何処の出入口に止水板を設置するとともに避難誘導を行うことに役立つ。

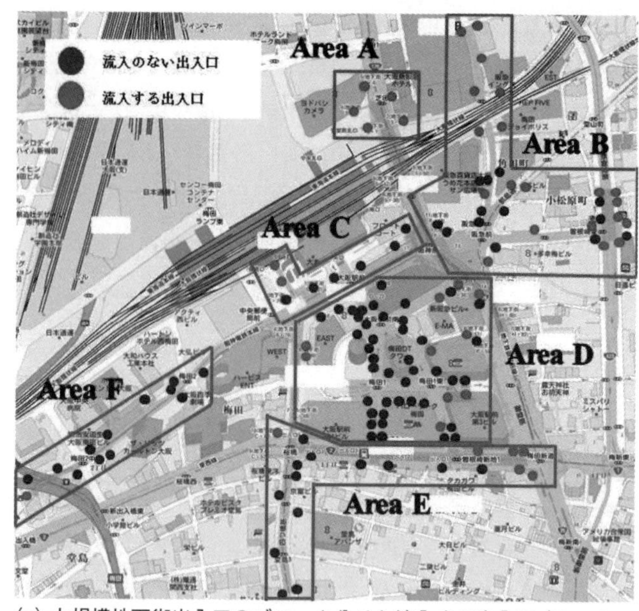

(a) 大規模地下街出入口のブロック分けと流入する出入口（Google map に追記）

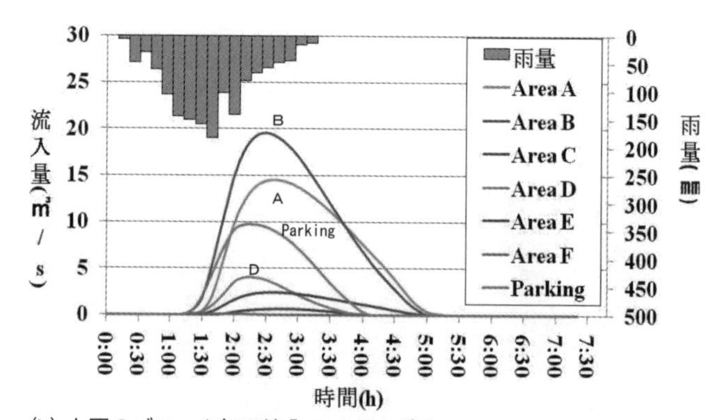

(b) 上図のブロック毎の流入ハイドログラフ

※口絵参照

図8　流入出入口とエリアごとの流入量（大阪梅田）

2.3　地下空間浸水と拡大過程

地下空間に流入した雨水による浸水状況は，空間の規模や構造によって異なる。ビルの地下室では通路浸水から始まるため，ドアに水圧が作用して開けることが困難になる。体験実験の結果，成人でもドア前に30 cmの湛水があるとドアを開けることができなくなることが分かっており[13]，30 cmになるまでの時間は分単位で非常に短い。アンダーパスや地下通路も満水になるまでの時間が短く，取り残される危険性が高い。これらに対し，地下街や地下鉄は空間容積が大きく，短時間で満水になることはないが，その構造が複雑なことから浸水対策や避難誘導を実施するためには，浸水域の拡大過程を検討する必要がある。

図９は，これまで例示した地区に存在する大規模地下街の同一階層の高さ分布を示している[12)]。このような大規模な地下街は，地下鉄や地下埋設物の関係から建設時期により階層の高さが異なるとともに，地下駅等が存在する場合にも高低差が生じるため，同一階層が階段や斜路によって接続されている。図を見ると，この地下街では同一階層でも４m以上の高低差のあることがわかる。これは，地下に流入した浸水の拡大過程にも影響するため，構造調査を行う必要がある。**図10**は，図６に示した結果で得られた各出入口からの流入量を用いた地下街の浸水過程の計算結果である。図に示すように，北東部（地下街図の

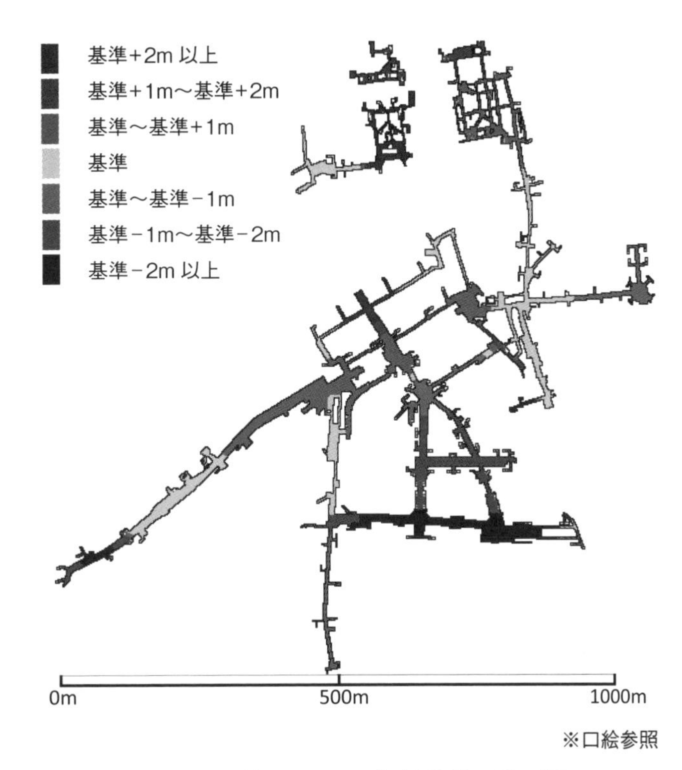

※口絵参照

図９　同一階層のフロア高（大阪梅田地下街）

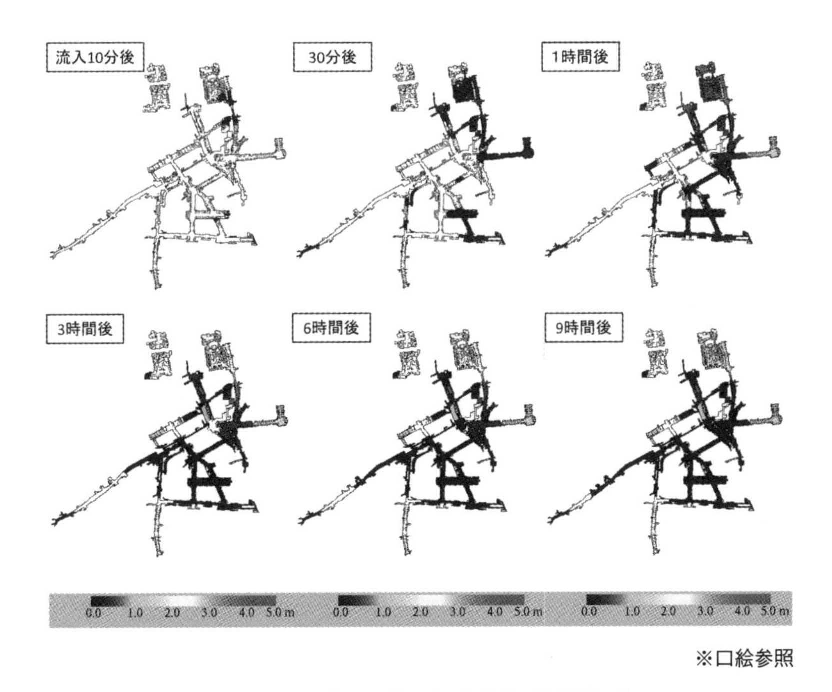

※口絵参照

図10　大規模地下街の浸水過程（大阪梅田）

右上）から浸水が始まって全体に広がっていくが，浸水深があまり変化しない箇所のあることが分かる。これは，5つの地下駅が存在し，地下街に流入した雨水がより下層の地下駅に流れ込むためであり，このケースでは地上から流入した総量の約78%が5つの地下駅に流入するという結果となっている。さらに，地下駅に流れ込んだ雨水は地下鉄トンネルを流れて地下鉄網に広がっていくことが容易に推定されることから，地下鉄網も含んだ検討が行われている[14]。

3 浸水対策の現状

想定される浸水の危険性は，地下空間の種類によって異なる。前述したようにビルの地下室ではドアを開扉できなくなって取り残されるとともに，ドアの開扉限界水深に達するまでの時間が短いことから救助できる可能性が低いという危険性がある。アンダーパスや地下道も空間容量が小さく，雨水が大量に流れ込んだ場合には排水用のポンプ能力を超えるために短時間で危険な水位に達するとともに，アンダーパスの場合は侵入した車が流されてより深い位置に移動して脱出不能になる危険性がある[13]。

地下鉄および地下街では，出入口から流入した雨水は階段を流れ下る速度は階段上の流入水深で決まり，階段上の水深が30 cmで秒速4 m以上，40 cmでは秒速5 mを上回ることが分かっている[13]。このような高速流に逆らって上ることが非常に危険であり，階段上水深30 cmが成人にとって安全に上ることができる限界である[13]。また，流入した雨水は速度をもって広がって行くため，地下通路でも安全に歩行することができなくなる。浸水した際の避難時歩行安全度は，実物大の実感装置を用いた避難実験結果より水深と流速を用いて計算される単位幅比力で性別および年齢別の判定図が得られている[15]（**図11**）。浸水によって停電となった場合には危険性が増すことは明らかである。このような浸水に対する策として図3に示すような止水板が設置されている。図10に示した結果は止水板が設置されていない場合であるが，50 cmの止水板を設置すると流入量を約48%低減させることができ，1 mの止水板では92%の減災効果がある。止水板の高さは50 cmから1 m程度であるため，豪雨による浸水には有効であるが，1 mを超える浸水が想定される外水氾濫，高潮氾濫および津波氾濫に対しては浸水を防ぐことは難しい。その対策として，完全防水形式の出入口への改良も行われているが，すべての外力に対する対策には長期間を要するというのが現状である。

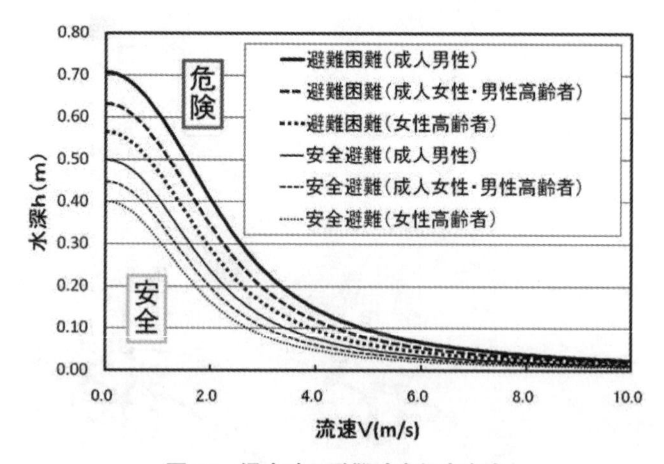

図11　浸水時の避難時歩行安全度

文　献

1) 濱口舜，石垣泰輔，尾崎平，戸田圭一：記録的水災害に対する大規模地下空間の浸水脆弱性に関する検討，土木学会論文集 B1（水工学），**72**（4），I_1363-I_1368（2016）．
2) 高橋保，中川一，野村出：洪水氾濫に伴う地下街浸水のシミュレーション，京都大学防災研究所年報，**33**（B-2），427-442（1990）．
3) 戸田圭一，栗山健作，大八木亮，井上和也：複雑な地下空間の浸水解析，土木学会水工学論文集，**47**，877-882（2003）．
4) T. Ishigaki，R. Kawanaka，T. Ozaki and K. Toda：Vulnerability to Underground Inundation and Evacuation in Densely Urbanized Area，*Journal of Disaster Research*，**11**（2），298-305（2016）．
5) 関根正人，竹順哉：大規模地下空間を抱える東京都心部を対象とした内水氾濫ならびに地下浸水の数値解析，土木学会論文集 B1（水工学），**69**（4），I_1567-I_1572（2013）．
6) 武田誠，島田嘉樹，川池健司，松尾直規：庄内川の想定破堤氾濫による地下空間への流入量の検討，土木学会地下空間シンポジウム論文・報告集，**20**，155-164（2015）．
7) 井上和也，戸田圭一，中井勉，竹村典久，大八木亮：地下空間への浸水過程について，京都大学防災研究所年報，**46**（B），115-125（2003）．
8) 中川一，石垣泰輔，武藤裕則，井上和也，戸田圭一，多河秀雄，吉田義則，辰巳賢一，張浩，八木博嗣：都市における洪水氾濫—大規模な洪水氾濫模型装置を用いた実験と解析，京都大学防災研究所年報，**46**（B），575-584（2003）．
9) 浅野統弘，尾崎平，石垣泰輔，戸田圭一：密集市街地における内水氾濫時の歩行避難および車両移動の危険度評価，土木学会論文集 B1（水工学），**69**（4），I_1561-I_1566（2013）．
10) 森兼政行，石垣泰輔，尾崎平，戸田圭一：大規模地下空間を有する都市域における地下空間への内水氾濫水の流入特性とその対策，土木学会水工学論文集，**55**，S967-S972（2011）．
11) K. Inoue，M. Ushiyama，T. Ishigaki，K. Toda and K. Kuriyama：On Heavy Rainfall Disaster in Tokai District in September 2000，京都大学防災研究所年報，**44**（B-2），277-287（2001）．
12) 井上知美，川中龍児，石垣泰輔，尾崎平，戸田圭一：内水氾濫による大規模地下街の浸水過程と避難の安全性に関する検討，土木学会水工学論文集，**55**，S973-S978（2011）．
13) 馬場康之，石垣泰輔，戸田圭一，中川一：実物大模型を用いた地下浸水時の避難困難度に関する実験的研究，土木学会論文集 F2（地下空間研究），**67**（1），12-27（2011）．
14) 寺田光宏，岡部良治，石垣泰輔，尾崎平，戸田圭一：密集市街地における内水氾濫時の地下鉄浸水に関する検討，土木学会論文集 B1（水工学），**72**（4），I_1357-I_1362（2016）．
15) 浅井良純，石垣泰輔，馬場康之，戸田圭一：高齢者を含めた地下空間浸水時における避難経路の安全性に関する検討，土木学会水工学論文集，**53**，859-864（2009）．

第3節　内水氾濫による都市域の浸水メカニズム

中央大学　山田　正　　中央大学　諸岡　良優

1 はじめに

近年,「ゲリラ豪雨」と呼ばれる局所的な大雨が頻発し，全国各地において浸水被害が多発，住民生活や社会・経済活動に影響を来している。こうしたゲリラ豪雨のような強い降雨強度をもつ雨の発生回数がどの程度あるのかアメダスデータを集計した結果を見てみると[1]，50 mm/h以上の降雨の発生回数[※1]が1976年から1985年の間では平均174回だったものが，2004年から2013年の間で平均241回となっており，1.4倍以上になっていることが分かる。このような雨の降り方が変わっていることに加えて，都市部では地下空間を利用することが増え，内水氾濫の発生リスクが増大している。都市化の進展に伴い，アスファルトやコンクリートで土地が被覆されると，地中へ浸透する雨の量が減少し，川へ流れ込む流量が増加する。国土交通省は，2004年から2013年の10年間の全国の浸水被害額の合計は約2.8兆円で，その約3割が内水氾濫による被害であると報告している[1]。さらに，東京都のみに注視すると，浸水被害額の約7割が内水氾濫による被害が占めている。このように，都市化された地域ほど，内水氾濫による被害の占める割合が大きいと言える（図1）。

筆者らの研究室では，長年に亘って内水氾濫を含む降雨流出現象に関する研究を続けてきた。本稿では，内水氾濫の原因と対策について解説するとともに，実際の都市流域において降雨の時空間特性が内水氾濫に及ぼす影響と，その対策としての効率的な雨水排水対策について研究した成果を紹介する。

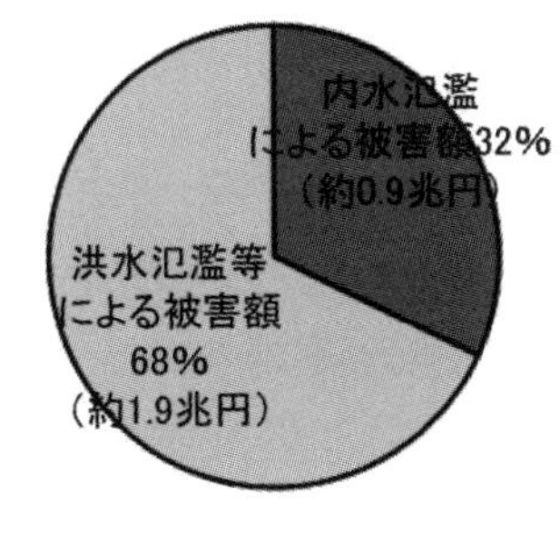

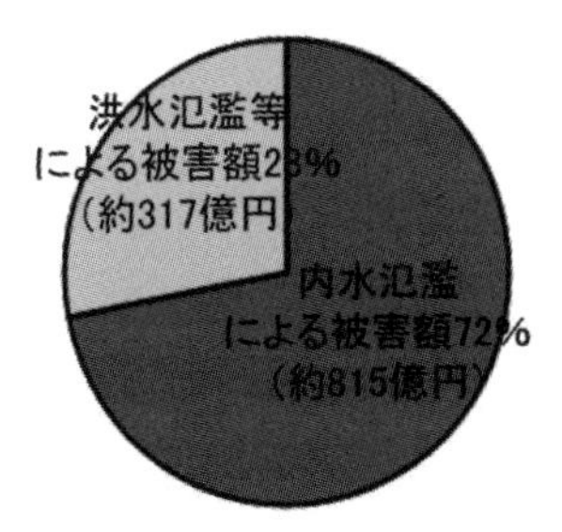

出典：水害統計（平成16〜25年の10年間の合計）より集計

図1　過去10年間の浸水被害額の割合（左：全国，右：東京都）[1]

2 内水氾濫の原因と対策

都市化された市街地や平坦な地域に計画以上の強い雨が降ると，排出できなくなった雨水がマンホール等を通じて地表に溢れたり，川へ掃け切らずに地表に留まることで堤内地[※2]が浸水する。本川の堤防が切れたり溢れたりして発生する水害を「外水氾濫」と呼び，堤防の内側（居

※1　アメダス1,000地点当たりの平均値。
※2　河川堤防を境界として，居住地側を「堤内地」，川側を「堤外地」と呼ぶ。

住地側）で発生する水害を「内水氾濫」と呼ぶ。内水氾濫が発生する原因としては，前述した局所的な大雨の発生頻度が増加していることや都市化の進展に伴う雨水の流出量の増加に加えて，都市部の雨水の流動が貯留施設やポンプ排水，および外水門の整備等により煩雑化していることが考えられる。本項ではそのような内水氾濫が発生するメカニズムとその対策について説明する。

通常，都市部に降った雨は，下水道を通じて川に排水されるが，大雨が降ると川の水位が上昇し，雨水が川へ排水されにくくなることでマンホール等から汚水下水道が溢れ出ることがある。また，大雨が降ると道路の側溝にゴミ等が集まってくることで側溝が詰まり，排水されずに道路が冠水したり，高速道路や鉄道の高架下のような道路が低くなっている箇所に雨水が溜まり冠水してしまう場合がある（**図2**）。

通常，都市部に降った雨は下水道を通じて川へ排水されるが，大雨が降ると川の水位が上がることで雨水が排水されにくくなり下水道が溢れる．

大雨が降ると，道路の側溝等にゴミが詰まり排水されずに道路が冠水する．

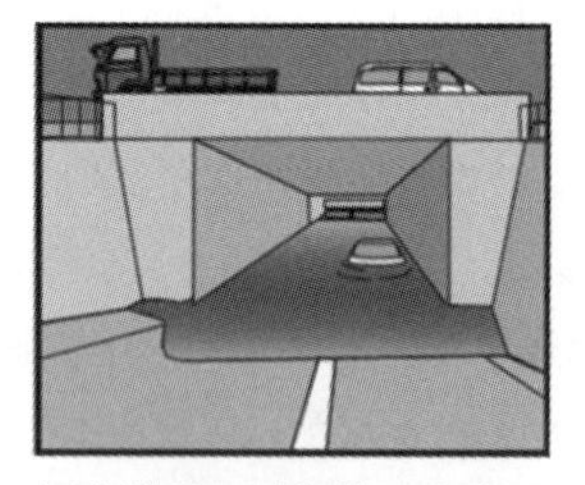

高速道路や鉄道の高架下のような道路が低くなっている所で，雨水が溜まり冠水する．

出典：栃木県大田原市ホームページより引用・一部改変

図2　内水氾濫の発生メカニズム

IPCC 第5次評価報告書によると，「今世紀末までに極端な降水がより強く，より頻繁となる可能性が非常に高い」とされており，人命や健全な都市機能を守るための内水氾濫対策がこれまで以上に重要になると考えられる。既往の一般的な内水氾濫対策としては，以下の3つが挙げられる。

① 効果的なハード対策の整備

貯留・浸透施設を積極的に導入する等重点的且つ効率的な施設整備と効果的な運用を実施する。

② ソフト対策の強化

内水ハザードマップの公表やリアルタイムでの情報提供等による自助活動を支えるための支援策を推進する。

③ 自助活動の促進

浸水時の土嚢の設置や自主避難促進等の自助活動による被害の最小化を図る。

3 降雨の時空間分布が都市部の洪水流出特性に及ぼす影響

本項では，前述した内水氾濫対策の「①効果的なハード対策」に焦点を当てて，筆者らの研究室で行った，実際の都市部における降雨の時空間特性が内水氾濫に及ぼす影響と内水氾濫対策に関する費用対効果について分析した成果を紹介する。

平地の少ない日本では，河川の氾濫によって形成された沖積平野を中心に都市が発展してきた。そのため，もともと水害を受けやすいという地理的な特徴に加えて，高度経済成長による都市部への人口流入に伴う宅地化が進んだ。内水氾濫が発生すると，電気，ガス，水道，通信，地下設備等のインフラが被害を受け，経済的損失が大きくなる。

都市部では，地表面に到達した雨水が雨水吐きやマンホールを通じて下水道管路網に流入するまでに要する時間は，数分から数十分であると言われている。つまり，雨が降ってから河道や排水路内の水位の上昇が非常に早いということである。これを正確に把握・予測するためには，XRAIN（X バンド MP レーダによる観測網）で観測された 1 分間雨量や地上雨量計の 10 分間雨量のような，時間的な解像度の高いデータを用いることが望ましい。一般的に河道や排水路内の水位および流量の算出に用いられている流域平均雨量は，「ゲリラ豪雨」のような局所的な強い雨の場合，その影響が平均化されて小さくなり，ピーク流量を低めに捉えてしまうことがある。これを回避するために時間的解像度の高いデータを用いる必要があるということである。一方で，山地流域では降雨に対する水位・流量の応答は都市部と比べて鈍く，1 時間雨量データを用いればその現象の再現性は十分に確保できると考えられる。

3.1　降雨の時間分布が都市部の洪水流出特性に及ぼす影響

本項では，埋め立てにより市域が十数年で 4 倍に広がり，急速な都市化が進められた A 市の排水区域（公共下水道により下水が排除される区域）を対象として，降雨の時空間分布が浸水範囲に及ぼす影響についての研究成果を紹介する。

現在計画，整備されている一般的な雨水排水施設は，**図 3** の中段に示す「中央集中型」の 1 時間降雨量を設計外力としている。一方で，土屋らが行った既往の研究[2]では，1 時間降雨量を 10 分間降雨量で見た場合，約 1.5 倍から 3 倍程度降雨強度が大きくなると述べられている。そこで，ここでは降雨の時間分布に着目し，雨水排水施設整備計画に用いられている中央集中型の降雨と同じ総降雨量，且つ同じピーク降雨強度でピーク降雨強度の出現時間が異なる雨（図 3 に示す総降雨量 50 mm〜75 mm の前方集中型，中央集中型，後方集中型の降雨）を用いて地表流・管路流・氾濫流の計算を行い，降雨の時間分布が氾濫現象に及ぼす影響について述べる。A 市の排水区域を対象として計算した結果は**図 4** の通りである。

総降雨量 50 mm の降雨では氾濫しなかったが，総降雨量 60 mm，75 mm の降雨では氾濫するという結果になり，前方集中型→中央集中型→後方集中型の順に氾濫面積は大きくなった。つまり，都市部の内水氾濫では，降雨のピークより前に降っていた先行降雨が大きく影響するということが分かった。

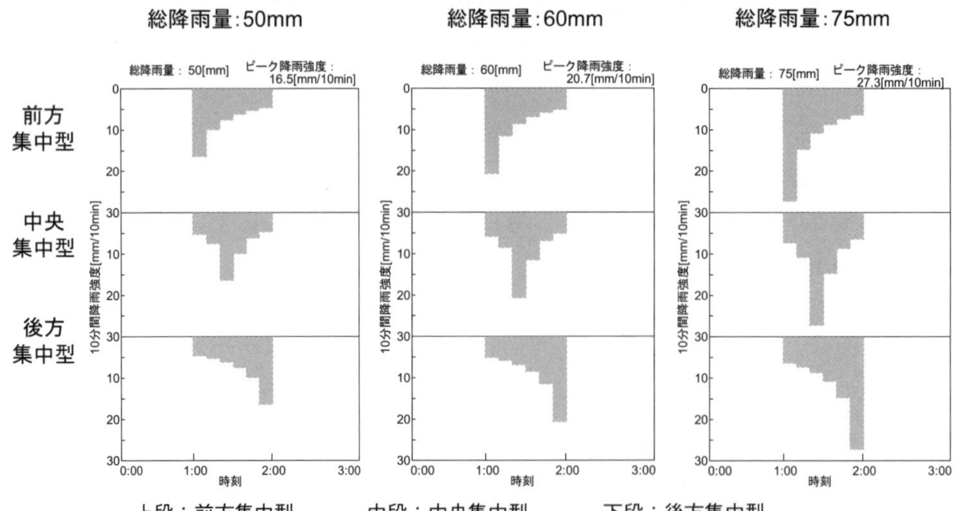

上段：前方集中型　中段：中央集中型　下段：後方集中型

左列：総降雨量 50 mm　中列：総降雨量 60 mm　右列：総降雨量 70 mm

図 3　異なる総降雨量と波形のハイエトグラフ

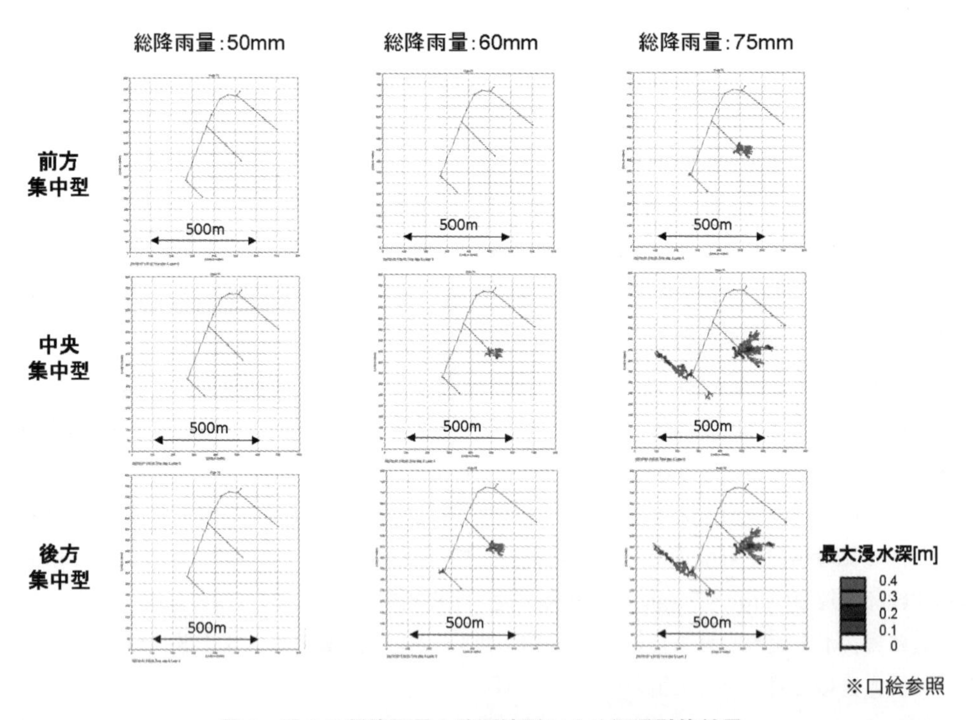

図 4　異なる総降雨量と降雨波形による氾濫計算結果

3.2 降雨の空間分布が都市部の洪水流出特性に及ぼす影響

次に，降雨の空間分布が氾濫現象に与える影響について考察してみる。対象流域である A 市（集水域 17 km^2）において，集水域内にある 6 箇所の雨量観測所の雨量データを使用した場合と，観測所の支配面積の影響を考慮できるティーセン法によって算出した流域平均雨量データを用いた場合での降雨流出，地表面，管路網の計算を行った。その結果を**図 5** に示す。流域平

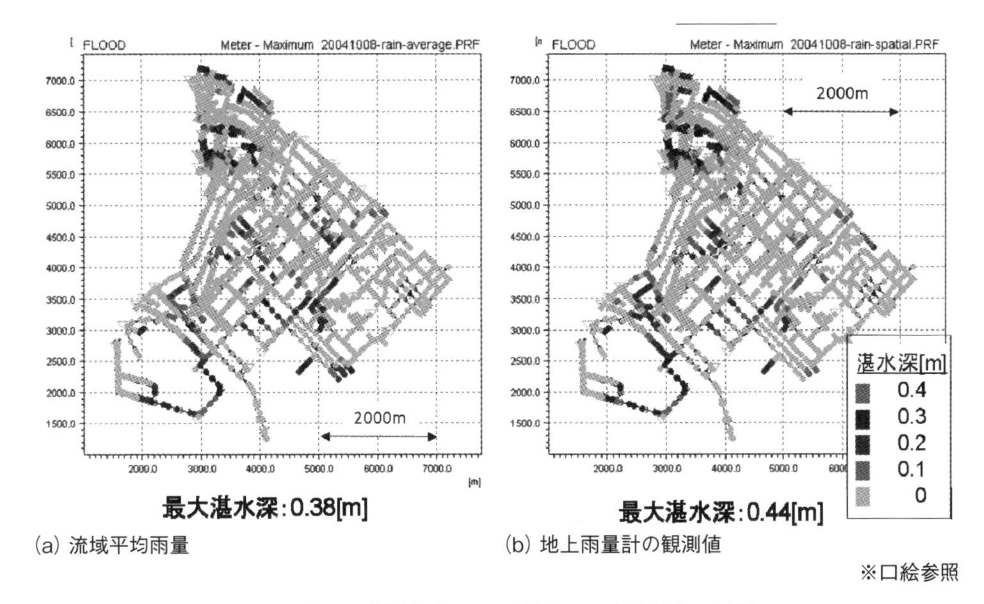

(a) 流域平均雨量　　(b) 地上雨量計の観測値

※口絵参照

図５　降雨の空間分布による湛水深の空間分布の比較

均雨量データを用いた場合と雨量観測所の雨量データを用いた場合とでは，浸水箇所が異なって再現されることが分かった。また，雨量観測所の雨量データを用いた場合の方が，流域平均雨量データを用いた場合よりも最大湛水深が大きくなる。これらのことから，内水氾濫が生じるような降雨イベントでは降雨の空間分布が氾濫計算結果に与える影響が大きく，これを考慮して計算する必要がある。

4 都市部における雨水排水計画案と費用対効果

本項では，Ａ市を対象として，内水氾濫による浸水被害の軽減策について，定量的且つ効率的に評価する方法として，費用対効果の面から雨水排水対策を検証した結果を紹介する。本研究で用いた一般的な雨水排水対策に関する費用対効果の算出フローを**図６**に示す。費用対効果は雨水排水施設の整備および維持管理のためにかかる費用と，雨水排水施設整備によってもたらされる総便益（被害軽減）を用いて算出する。本研究では，雨水排水施設の整備期間と施設の完成から50年後までを評価対象期間として設定し，①雨水排水施設の完成に要する費用と施設の完成から50年後までの間にかかる維持管理費の総和から総費用，②雨水排水施設の整備前後における被害軽減額から総便益を算定した。

はじめに，Ａ市の排水区域の現況管路網において，計画降雨とその降雨強度を1.1倍，1.2倍，1.3倍，1.4倍，1.5倍にしたものを用いて，地表流・管路・氾濫計算を行った。その結果を**図７**に示す。

次に，現況の管路網における流出計算・氾濫計算と，①～⑦の雨水排水対策を導入した場合の流出計算・氾濫計算を比較することにより，費用対効果を算出した。

①　管渠布設替え

②　ポンプ場の新設

③　貯留施設の新設

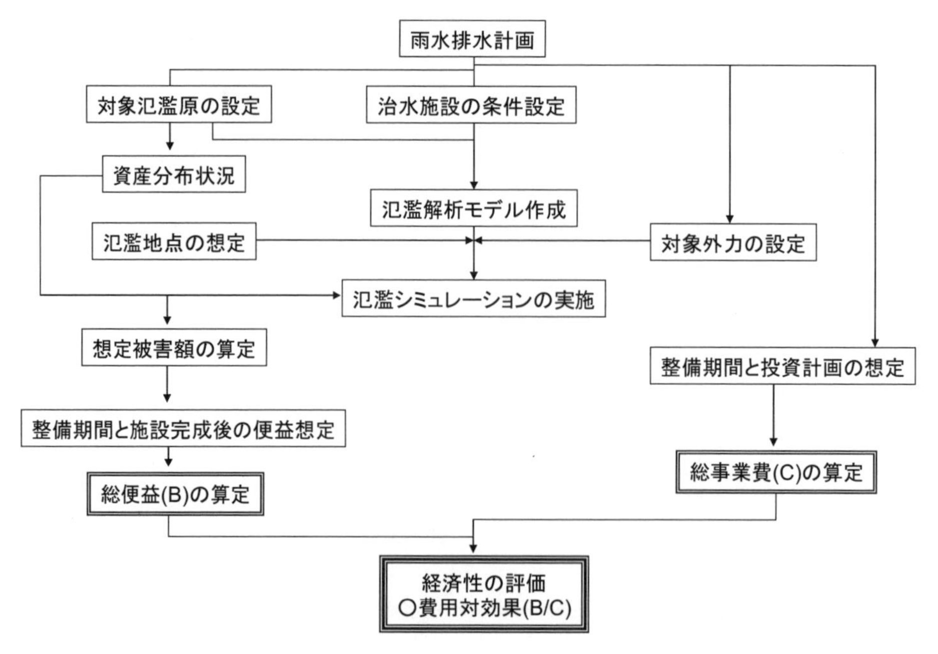

図６　雨水排水計画における費用対効果算出のフロー

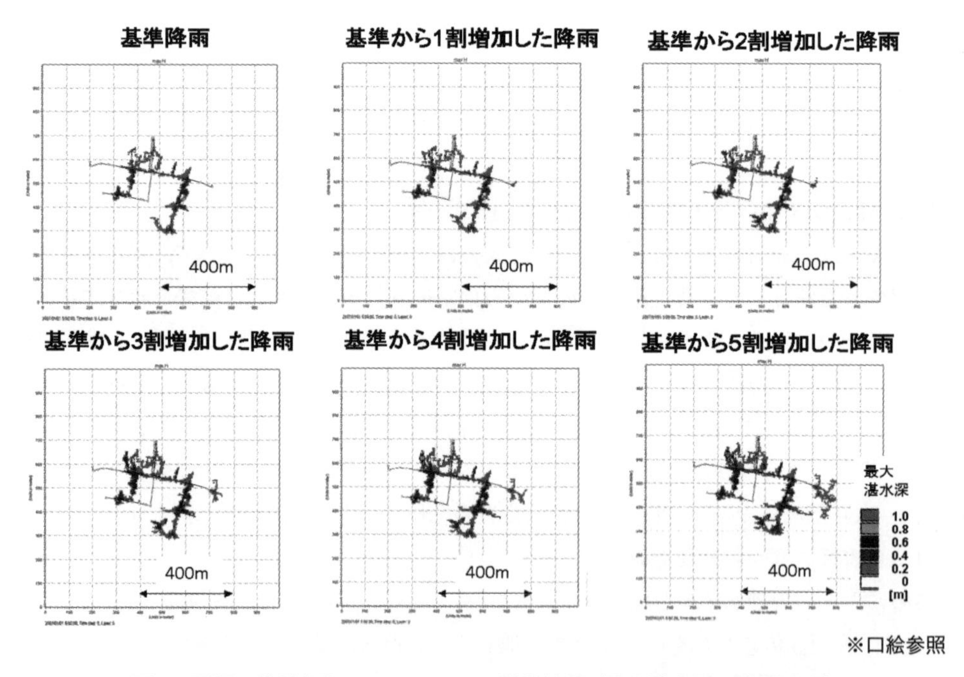

※口絵参照

図７　現況の管路網システムにおける計算結果（最大湛水深の空間分布）

④　管渠布設替え＋ポンプ場の新設

⑤　管渠布設替え＋貯留施設の新設

⑥　ポンプ場の新設＋貯留施設の新設

⑦　布設替え＋ポンプ場の新設＋貯留施設の新設

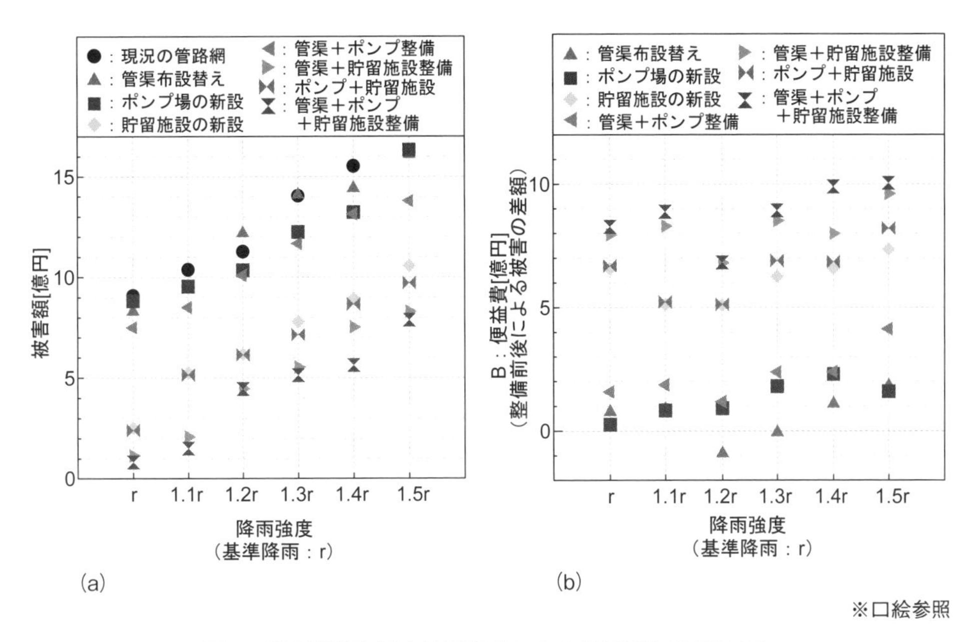

図８　降雨規模と浸水被害額（a）および便益比の関係（b）

現状管路網に上述の①～⑦に示す各種雨水排水対策を導入した場合において，降雨の規模を変えて流出・氾濫計算を行った。その結果発生した内水氾濫による被害額を**図８**に示す。ここでの被害額は治水経済調査マニュアル（案）[4]に準じて算出したものを用いている。被害額とは，洪水氾濫での浸水により直接被る被害を指し，最大浸水深から決まる被害率から算出した。

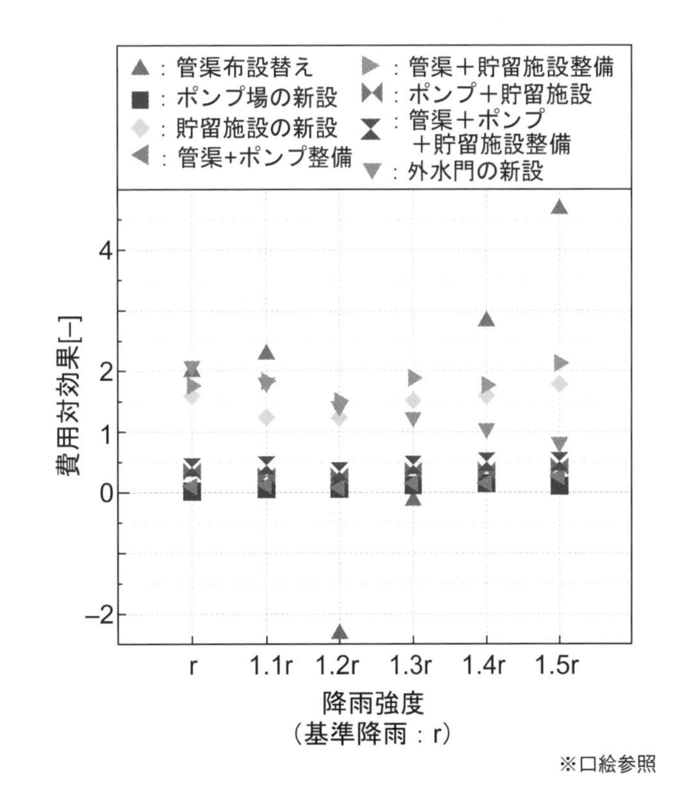

図９　降雨規模と費用対効果の関係

次に，各種雨水排水対策に関する降雨の規模と費用対効果との関係を**図９**に示す。効果が大きいと考えられる整備案は，費用対効果の値が１以上である「①管渠布設替え」,「③貯留施設の新設」，および「⑤管渠布設替え＋貯留施設の新設」であることが分かった。「②ポンプ場の新設」,「④管渠布設替え＋ポンプ場の新設」,「⑥ポンプ場の新設＋貯留施設の新設」，および「⑦管渠布設替え＋ポンプ場の新設＋貯留施設の新設」は費用対効果が０以上１未満であることから，被害は軽減されるかもしれないが費用に見合う効果としては小さくなる可能性がある。

以上のことから，対象としたA市では，費用対効果の大きい効率的な雨水排水対策は「①管渠布設替え」,「③貯留施設の新設」,「⑤管渠布設替え＋貯留施設の新設」であると言える。全ての整備を実行する場合においても，費用対効果の値が1以上の整備案を実施すれば，整備期間中に洪水が襲来したとしても被害をより軽減することができる。また,「①管渠布設替え」は降雨の規模により費用対効果の値が他の整備案の費用対効果の値と逆転していることから，都市部における雨水対策上設定する計画降雨の規模によって適した雨水排水対策の整備メニューが異なることが分かる。

5 おわりに

本稿で紹介した内容をまとめると下記の通りとなる。

① 都市域において内水氾濫の生じる規模の降雨の時間分布について，降雨のピーク以前の先行降雨が氾濫現象に大きく影響することが分かった。また，降雨の空間分布について，雨量観測所の雨量をそのまま与えて地表流・管路・氾濫計算を行った場合と流域平均雨量を与えて地表流・管路流・氾濫流計算を行った場合とでは，氾濫箇所と最大湛水深が異なった。つまり，都市部における降雨の時空間分布が洪水流出特性に与える影響は，時間的にも空間的にも細かいスケールの現象が氾濫現象に大きく影響することが分かった。

② 浸水深のランク別に被害額を算定し費用対効果を算出することにより，効率的な雨水排水対策を検討した。費用対効果を用いて雨水排水対策の効果を評価することで，整備案の検討を行った。本稿で対象とした区域では計画降雨の規模によって適切な雨水排水対策の整備メニューが異なることが分かった。

文　献

1) 和田紘希：下水道による浸水対策の動向について～雨水対策の主流化に向けて～ (2015).
2) 土屋修一，呉修一，佐藤直良，山田正：降雨の時間特性に関する研究，水工学論文集，**47**，139-144, (2003).
3) 赤羽祐也：都市域における洪水流出特性と内水氾濫対策，中央大学2007年度修士論文 (2007).
4) 国土交通省河川局：治水経済調査マニュアル (案) (2005).

第4節　河床変動による河川氾濫のメカニズム

立命館大学　里深　好文

1 河床変動とは

通常の河川の河床や河岸は土砂礫で構成されているため，流れが強くなると水と一緒に土砂が動くようになる。このような土砂の移動現象は「流砂（りゅうしゃ）」と呼ばれ，長い年月をかけて河川とその周辺の地形を創ってきた。流砂を原因とする河川地形の変動のうち，川底部分の変化のことを河床変動と呼び，**図１**に示すように流砂の不均衡がこれを生じさせる。

注意すべき点として，流砂量が直接的に河床変動につながるわけではないことが挙げられる。たとえ多くの流砂が存在している場であっても，流砂が均衡していて空間的に偏りがない状態であれば，河床の侵食も堆積も生じることはない。このような状態は動的平衡状態と呼ばれる。一方，河川流量が少ない場合には，河床の砂礫に作用する流体力が小さいため，河床土砂がまったく移動しない状態となる。このような状態は静的平衡状態と呼ばれる。一般的な河川の河床は，平水時には静的平衡状態であることが多いが，洪水時には土砂の移動が生じている。そして流砂のつり合いが保たれない場合には河床の高さが変化し，時として災害を引き起こすことになる。**図２**に示すように，元の河床勾配に対して上流から流入する土砂量が釣り合わなくな

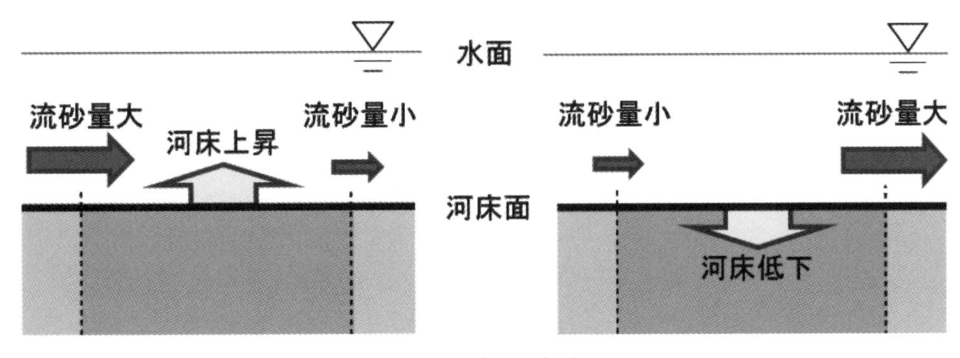

図１　河床変動の概念図

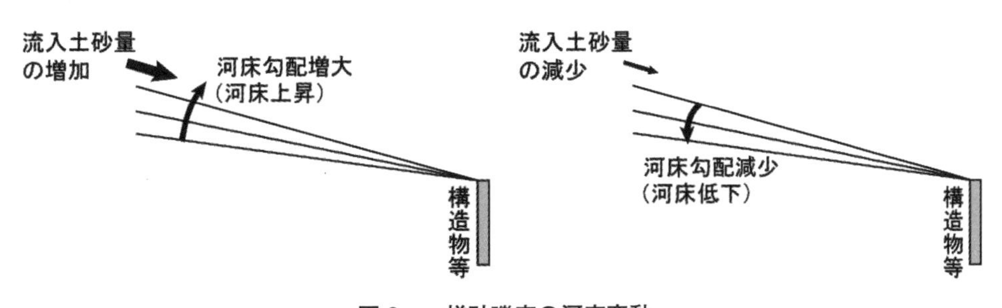

図２　一様砂礫床の河床変動

ると，河床の境界となる構造物（床止め等）の上流ではローテーショナルな河床変動が生じる。このような河床変動は河床が均一粒径（一様砂礫）で構成される場合に顕著に現れる。これに対し，河床が大小さまざまな粒径（混合砂礫）で構成されている場合には，河床は元の河床とほぼ平行に変動することが知られている。これは混合砂礫河床の表層において土砂の分級が起きることが原因であり，アーマーコートと呼ばれる大きい粒径の砂礫ばかりで構成される層の形成が侵食を抑制するためである（**図3**および**図4**参照）。

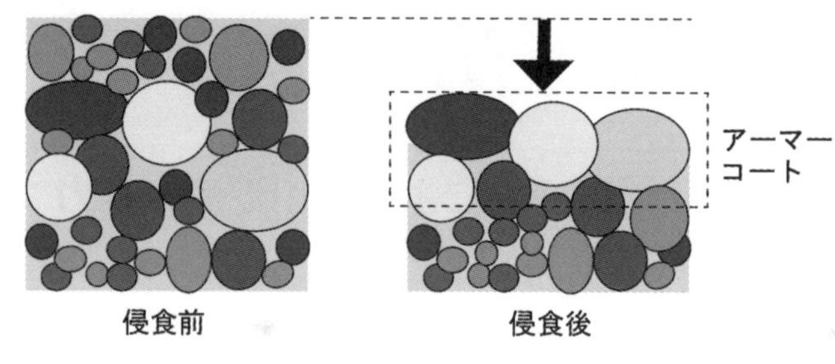

図3　河床浸食によるアーマーコートの形成

図2を見ると，ローテーショナルな河床変動が生じるとき，河床の境界となる構造物から離れるほど，河床変動量（侵食量や堆積量）が大きくなることが分かる。したがって，流砂の不均衡が想定される河川においては，縦断方向に適当な間隔で構造物を設置しなければ，河床変動を適切な範囲に抑制することが困難になると考えられる。

図4　アーマーコートに覆われた河床の様子

2 河床上昇が引き起こす問題

豪雨時においては，山腹崩壊や河岸崩壊といった土砂生産が生じて，大量の土砂が河道に流入するため，河床上昇が生じることが多い。ことに谷出口のように河床勾配が急に変化する（小さくなる）領域では顕著な土砂堆積が生じやすく，時として河道が土砂で埋め尽くされることもある。**図5**は2011年8月の台風12号により引き起こされた和歌山県那智勝浦町の那智川支

重機で堆積土砂を掘削している。

図５　河道が土砂で埋め尽くされた那智川支川金山谷川の様子

川金山谷川の河床上昇の状況を示している。災害前には道路面より数メートル低いところを金山谷川は流れていたのだが，上流から流出した土砂によって河道は全て埋め尽くされていることが分かる。そのため川は災害前とは異なる場所を流れるようになり，広範囲に洪水流が氾濫した。

中山間地の谷底平野を流れる河川においても，豪雨時には周辺の山地から支川を通じて土砂が活発に供給されるため，河床上昇が生じやすい。図５の金山谷川が流れ込む那智川においても顕著な土砂堆積が生じて川の流れが不安定化し，大規模な洪水氾濫を引き起こして各所に大きな被害を生じさせた。

河床上昇は河積（河川の流水が通過する断面積）を減少させるため，洪水疎通能の低下を生む。それだけでなく，流路の不安定化につながり，水衝部の位置が急に変わるといった問題も生じさせる。わが国では砂防堰堤をはじめとする各種の砂防構造物を設置することにより，急激な土砂流出を抑制し，河床および流路の安定化を図ろうとしてきた。これらは一定の機能を発揮し，洪水災害の発生抑止に寄与しているものの，構造物の設置が必要とされる河川が多いため，未だその整備は十分とはいえない状況にあり，豪雨時には河床上昇が引き起こす洪水氾濫に注意が必要である。

3 河床低下が引き起こす問題

河床の上昇による河積の減少が洪水氾濫危険度を増大させることは一般的に理解されているのに対し，河床低下が洪水氾濫につながることはあまり注目されていないように思われる。これは現在の治水の指標として洪水時の水位ばかりがクローズアップされているためであろう。治水安全度を確保するためには計画規模の洪水に対して十分な堤防高さを確保することが第一とされている。このとき，堤防自体はたとえ洪水時においても十分な安定性を持つことが前提となっているのだが，堤防の破壊（破堤）が十分に考慮されていない場合も多く見受けられる。一般的な破堤のメカニズムとしては，越流による浸食破壊，パイピング破壊，すべり破壊が考えられるが，土砂移動の活発な河川においては洪水中の急激かつ大規模な河床変動が堤防の強度を著しく損なうことがある。その一例として1995年に姫川で発生した「越水なき破堤」を紹介する。

姫川は長野県白馬村を源流とする流域面積722 km^2，全長約60 kmの急流河川であり，新潟県糸魚川市において日本海に流れ込んでいる。流域の土砂生産は活発であり，これまでにもしばしば大規模な災害が発生してきた。1995年7月洪水（7.11水害）により，河口から約3 km上流の右岸が破堤し，家屋損壊や浸水被害が発生した。この時の最高水位はHWLよりも約60 cm低かったにもかかわらず，堤防は数十メートルにわたって決壊した。堤防は天端幅7 mの完成断面であり，護岸の根入れも平均河床位より3 mあまり深く入っていたが，**図6**に示すように激しい河床洗掘によって護岸の基礎および根固工が損傷し，不安定化した護岸が破壊されたことにより大規模な堤防の浸食が生じ，破堤につながったと考えられている。このような河床浸食が原因と考えられる堤防の破壊は，土砂移動が活発な河川においてしばしば確認されているため，護岸の根入れ深さ等の設定に関して十分な注意が必要である。

急流河川において洪水の増水時には一時的な河床浸食が生じる場合が多い。その原因としては，洪水の伝播速度よりも河床変動の伝播速度が小さいことが挙げられる。ことに掃流状集合流動や掃流砂といった土砂移動形態をとる比較的粒径が大きい河床材料の場合には，通常，出水のピークよりも土砂流出が遅れてしまうため，洪水の前半期からピークにかけては河床の浸食が生じやすいのである。しかしながら，洪水の後半期やその後の出水によって土砂堆積が生じて埋め戻されることが多いために，一時的な河床浸食の発生が認知されにくいと言えよう。これまで河床浸食による護岸や堤防の損傷のリスクがあまり注目されてこなかった理由はここにあると思われる。

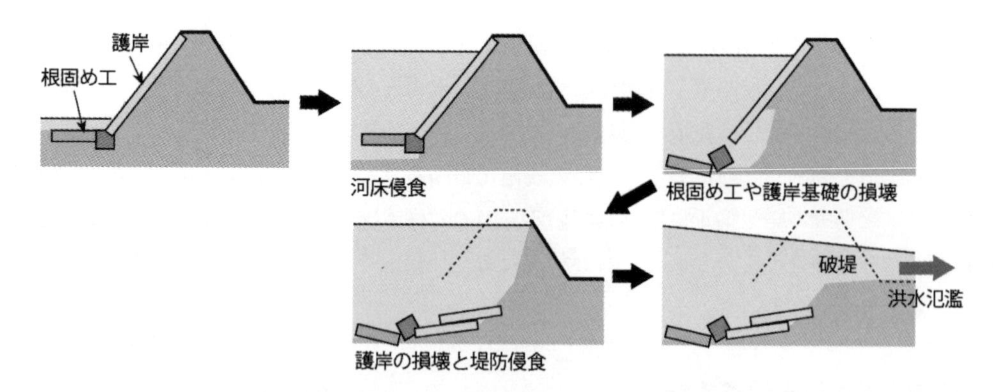

図6　姫川右岸における越水なき破堤のメカニズム

4 まとめ

洪水時の土砂生産・流送が活発な急流河川においては，河床上昇による河積の減少および河床浸食による護岸・堤防の損傷が，ときとして大きな洪水氾濫を引き起こすことがある。これらを防止・軽減するには，流域の土砂動態や土砂のバランスを把握し，河床変動の範囲を適切にコントロール必要がある。そのためには，流量と同じように実河川において流砂量や河床変動の実態が広範囲かつ継続的に観測される必要があろう。そうしたデータをもとにして今後河床変動解析技術が向上すれば，洪水時において河床がどの程度変化するのかを適切に想定することが可能となり，より合理的な洪水対策に結び付くと考えられる。

第1節　浸水被害規模予測のための数値解析法

京都大学　川池　健司

1 はじめに

都市域は堤防や下水道等によって豪雨災害から守られているが，それらの設計規模を超える外力が発生した場合，浸水被害が生じる恐れがある。そのため，万が一のときのために数値解析を用いて浸水被害規模を予め予測し，災害に備える対策が進められている。代表的なものが，洪水ハザードマップである。洪水ハザードマップは，水防法によって，洪水浸水想定区域に含まれる自治体に作成・公表することを義務づけているが，その浸水規模の予測情報である洪水浸水想定区域図について，国土交通省は作成マニュアル[1]を発行して基準となる作成方法を示している。

本稿では，主に洪水氾濫ならびに豪雨による浸水被害規模を予測するための数値解析法について述べる。

2 氾濫モデルの種類

浸水予測の数値解析において取り扱う現象は，水平方向の運動が卓越していると考え鉛直方向の流速等を無視して，一般的に平面二次元解析が行われる。平面二次元解析に用いられる氾濫流の基礎式には，下記の浅水方程式（式(1)，式(2)，式(3)）を用いることが多い。

●連続式

$$\frac{\partial h}{\partial t}+\frac{\partial M}{\partial x}+\frac{\partial N}{\partial y}=q_m \tag{1}$$

●運動方程式

$$\frac{\partial M}{\partial t}+\frac{\partial (uM)}{\partial x}+\frac{\partial (vM)}{\partial y}=-gh\frac{\partial (z_b+h)}{\partial x}-\frac{gn^2u\sqrt{u^2+v^2}}{h^{1/3}} \tag{2}$$

$$\frac{\partial N}{\partial t}+\frac{\partial (uN)}{\partial x}+\frac{\partial (vN)}{\partial y}=-gh\frac{\partial (z_b+h)}{\partial y}-\frac{gn^2v\sqrt{u^2+v^2}}{h^{1/3}} \tag{3}$$

ここに，h：水深，u, v：それぞれ x, y 方向の流速，M, N：それぞれ x, y 方向の流量フラックス（単位幅流量）で，$M=uh$，$N=vh$，q_m：単位面積当たりの地上への流入量（降雨や下水道への流出等），z_b：地盤の標高，n：粗度係数，g：重力加速度，t：時間である．

この浅水方程式を計算するために，さまざまな離散化手法が提案されている。

2.1 有限差分法

洪水浸水想定区域図の作成マニュアル[1]には，対象領域を長方形格子に分割し，水深および流量フラックスをスタッガードに配置してリープ・フロッグ法を用いる解析法が例示されている。これは，スカラー量（水深等）を格子中心に，ベクトル量（流速，流量フラックス等）を格子境界に配置し，両者をタイムステップ毎に交互に計算していく方法である（式(4)，式(5)，式(6)）。

$$\frac{h_{i,j}^{n+3}-h_{i,j}^{n+1}}{2\Delta t}+\frac{M_{i+1/2,j}^{n+2}-M_{i-1/2,j}^{n+2}}{\Delta x}+\frac{N_{i,j+1/2}^{n+2}-N_{i,j-1/2}^{n+2}}{\Delta y}=qm_{i,j}^{n+2} \tag{4}$$

$$\begin{aligned}&\frac{M_{i-1/2,j}^{n+2}-M_{i-1/2,j}^{n}}{2\Delta t}+\frac{(uM)_{i,j}^{n}-(uM)_{i-1,j}^{n}}{\Delta x}+\frac{(vM)_{i-1/2,j+1/2}^{n}-(vM)_{i-1/2,j-1/2}^{n}}{\Delta y}\\&=-gh_{i-1/2,j}^{n+1}\frac{(z_{bi,j}+h_{i,j}^{n+1})-(z_{bi-1,j}+h_{i-1,j}^{n+1})}{\Delta x}-\frac{g(n_{i-1/2,j})^2u_{i-1/2,j}^{n}\sqrt{(u_{i-1/2,j}^{n})^2+(v_{i-1/2,j}^{n})^2}}{(h_{i-1/2,j}^{n+1})^{1/3}}\end{aligned} \tag{5}$$

$$\begin{aligned}&\frac{N_{i,j-1/2}^{n+2}-N_{i,j-1/2}^{n}}{2\Delta t}+\frac{(uN)_{i+1/2,j-1/2}^{n}-(uN)_{i-1/2,j-1/2}^{n}}{\Delta x}+\frac{(vN)_{i,j}^{n}-(vN)_{i,j-1}^{n}}{\Delta y}\\&=-gh_{i,j-1/2}^{n+1}\frac{(z_{bi,j}+h_{i,j}^{n+1})-(z_{bi,j-1}+h_{i,j-1}^{n+1})}{\Delta y}-\frac{g(n_{i,j-1/2})^2v_{i,j-1/2}^{n}\sqrt{(u_{i,j-1/2}^{n})^2+(v_{i,j-1/2}^{n})^2}}{(h_{i,j-1/2}^{n+1})^{1/3}}\end{aligned} \tag{6}$$

ここに，上付き添字は時間ステップを，下付き添字は空間座標を表す。式(5)および式(6)の左辺第2項と第3項（移流項）については，流速や流量フラックスの補間および各項の離散化についてさまざまな手法が提案されている[2) 3)]ため，ここでは簡易な記述にとどめておく。

長方形格子を用いることで，土地利用や標高データ等のグリッド状に整備されたデータとの対応が容易であるという利点がある反面，次項で述べる複雑な形状の構造物を取り込むことには適さないという欠点がある。

2.2 有限体積法

有限体積法は，コントロールボリューム内で方程式を積分し，ガウスの発散定理によってコントロールボリューム内の質量や運動量の増減を境界での出入りで考える方法であり，質量や運動量の保存則を満たしやすい解析法といえる。

式(1)～(3)の基礎式をベクトル表記すると式(7)のようになる。

$$\frac{\partial U}{\partial t}+\frac{\partial F}{\partial x}+\frac{\partial G}{\partial y}+S=0 \tag{7}$$

$$U=\begin{bmatrix}h\\uh\\vh\end{bmatrix},\ F=\begin{bmatrix}uh\\u^2h+\frac{1}{2}gh^2\\uvh\end{bmatrix},\ G=\begin{bmatrix}vh\\uvh\\v^2h+\frac{1}{2}gh^2\end{bmatrix},\ S=\begin{bmatrix}0\\-gh(S_{ox}+S_{fx})\\-gh(S_{oy}+S_{fy})\end{bmatrix}$$

$$S_{ox}=-\frac{\partial z_b}{\partial x},\ S_{oy}=-\frac{\partial z_b}{\partial y},\ S_{fx}=\frac{n^2u\sqrt{u^2+v^2}}{h^{4/3}},\ S_{fy}=\frac{n^2v\sqrt{u^2+v^2}}{h^{4/3}}$$

式(7)をコントロールボリューム内で積分し，ガウスの発散定理を適用して離散化することで式(8)を得る。

$$\boldsymbol{U}_i^{n+1}=\boldsymbol{U}_i^{n}-\Delta t\left[\frac{1}{A_i}\sum_{l=1}^{K}\{L_l(\boldsymbol{E}_l^{*}\cdot\boldsymbol{n}_l)\}+\boldsymbol{S}_l\right] \tag{8}$$

ここに，A_i：格子 i の面積，K：コントロールボリュームの周囲の辺の数，L_l：格子境界 l の辺長，$\boldsymbol{n}_l$：辺 l における外向き法線ベクトル，$\boldsymbol{E}_l^{*}\cdot\boldsymbol{n}_l$：辺 l における数値流束である。FDS 法[4)5)]によると，数値フラックス $\boldsymbol{E}_l^{*}\cdot\boldsymbol{n}_l$ は，

$$\boldsymbol{E}_l^{*}\cdot\boldsymbol{n}_l=\frac{1}{2}(\boldsymbol{E}_R+\boldsymbol{E}_L)\cdot\boldsymbol{n}_l-\frac{1}{2}\left|\widetilde{C}_{nl}\right|(U_R-U_L)=\frac{1}{2}(\boldsymbol{E}_R+\boldsymbol{E}_L)\cdot\boldsymbol{n}_l-\frac{1}{2}\sum_{j=1}^{3}(\alpha^j|\lambda^j|\boldsymbol{e}^j)_l \tag{9}$$

と表される（式(9)）。ここに，C_n：$\boldsymbol{E}\cdot\boldsymbol{n}$ の近似ヤコビアン，α：波の強さ，λ：C_n の固有値，$\boldsymbol{e}$：C_n の右固有ベクトル，下付き添字の R，L：辺 l のそれぞれ右側，左側にある格子の変数であることを示す。

有限体積法は，長方形格子に限らず非構造格子にも適用しやすい。非構造格子とは，格子の形状や配列に規則性を持たない任意形状の格子で，主に三角形格子が使われる。複雑な地形を柔軟に表現することができたり，解像度の高い結果を要求する箇所の格子のみを細かくとって計算効率を上げることができたりすることから，近年では三角形格子を用いた有限体積法による解析事例が増えつつある。

3 考慮すべき構造物等

浸水予測を行う対象領域の大きさや，求められる結果の解像度に応じて，氾濫水の挙動に影響を及ぼすと思われるさまざまな構造物を考慮する必要が生じる。**図１**に，そのような構造物の例を示す。

以下に，主要な構造物とその代表的な解析法について述べる。

3.1　道路と建物

建物が密集している市街地を氾濫水が流れる場合，氾濫水に対して建物は障害物となって流れの抵抗になるのに対して，道路部分は水路の代わりとなって氾濫水の伝播に寄与する。

数値解析においては，長方形格子を適用してこれらの影響を考慮する手法[6)]が提案されているが，一般曲線座標系の格子[7)]や非構造格子等を用いると，道路部分と建物部分を別々の格子に属性分けすることが容易になり，両者の粗度係数の値に差をもたせる手法がよく用いられる。さらに，建物部分は完全な非浸水域と考えて，建物部分の標高を十分に高くする方法[8)]や，解析格子のうち建物部分が占める面積割合を占有率としてパラメータ化し，浸水可能域の減少による水位上昇の影響を考慮する方法[9)10)]もある。建物部分への浸水や，建物が存在する領域への

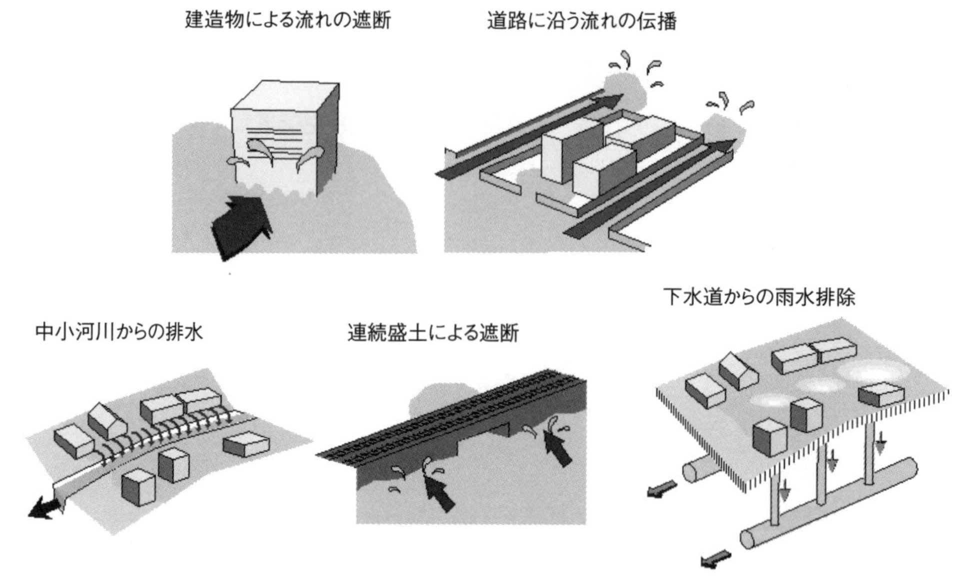

図1　氾濫水の流れに影響を及ぼすと考えられる現象

浸入しにくさを考慮して，格子境界での流量係数を用いる手法も提案されている[11]。

3.2　連続盛土とその開口部

鉄道や道路等の連続盛土がある場合，氾濫水の伝播を妨げることになる。格子の大きさに対して盛土の幅が十分に小さい場合には，盛土は格子境界における直立壁としてモデル化される。長方形格子の場合には，盛土は直交する線分の連続として表現されるが，非構造格子を用いれば実際の盛土位置にかなり忠実にモデル化することが可能になる。浸水深が盛土高を越えるまでは流量を 0 とする。浸水深が盛土高を越えた場合，盛土両側の水位に応じて，以下の越流公式（式⑽，式⑾）を適用する。

$$q=\mu_1 h_1\sqrt{2gh_1}\ :h_2/h_1\leq 2/3\text{ のとき}\tag{10}$$

$$q=\mu_2 h_2\sqrt{2g(h_1-h_2)}\ :h_2/h_1>2/3\text{ のとき}\tag{11}$$

ここに，q：盛土を越流する単位幅流量，μ_1，μ_2：流量係数，h_1：高い方の水位と盛土高との標高差，h_2：低い方の水位と盛土高との標高差である。

連続盛土に開口部がある場合，浸水深が盛土高まで達していなくても氾濫水は盛土を越えて伝播していく。浸水深が盛土高を越えるまでは，式⑿～⒁を適用して開口部を通る流量を計算する。

●もぐり越流　$Q=0.75BH\sqrt{2g(h_1-h_2)}\ :h_2\geq H$ のとき　⑿

●中間流出　$Q=0.51BH\sqrt{2gh_1}\ :h_2<H,\ h_1\geq \frac{3}{2}H$ のとき　⒀

●自由流出　　$Q=0.79Bh_2\sqrt{2g(h_1-h_2)}$ ：$h_2<H$，$h_1<\frac{3}{2}H$ のとき　(14)

ここに，Q：流量，B：開口部の幅，H：開口部の高さ，h_1，h_2：それぞれ開口部の上流側，下流側の水位である。

3.3　小規模水路

雨水や氾濫水の排水に影響を及ぼす構造物として，水路網がある。水路の規模が比較的大きく横断面形状が明らかな場合には一次元水路として扱い，流量を受け渡して二次元解析と接続する方法がある[12]。

水路の規模が二次元の解析格子の大きさと同程度であれば，水路を二次元解析格子の一部分として，連続した標高の低い格子として表現する方法がある[13]。さらに規模の小さな水路等は，各解析格子に仮定された小規模な溝として考慮する方法が提案されている[14]。

3.4　下水道管渠

下水道管渠が整備されている領域において内水氾濫を解析対象とする場合，下水道管渠による排水の影響を無視することができない。下水道管渠の流れは通常は開水路流れであるが，浸水被害が生じるほどの雨水を扱う場合，下水道管渠の中が満管になって圧力流れとなることがある。したがって，場合に応じて管渠内の流れを支配する方程式を切り替える必要があるが，管渠頂部に幅の狭いスロットを想定することで満管時も擬似的な自由水面を有する開水路流れとみなし，同一の方程式系で解析することが多い。このようなモデルを，Preissmann Slot モデル[15]という（式(15)，式(16)）。

$$\frac{\partial A}{\partial t}+\frac{\partial Q}{\partial x}=q_p \tag{15}$$

$$\frac{\partial Q}{\partial t}+u\frac{\partial Q}{\partial x}=-gA\frac{\partial(z_b+h)}{\partial x}-\frac{gn^2Q|Q|}{R^{4/3}A} \tag{16}$$

ここに，A：管渠の流水断面積，h：管渠の水深，u：管渠の断面平均流速，Q：管渠の流量，q_p：管渠流下方向の単位長さ当たりの横流入流量，z_b：管底高，n：管渠の粗度係数，R：管渠の径深である。Preissmann Slot モデルの特徴は，以下に示す管渠の流水断面積と水深の関係において，満管時の圧力水頭を管渠の水深で表現することである（式(17)）。

$$h=\begin{cases} f(A) \\ D+(A-A_p)/B_s \end{cases} \tag{17}$$

ここに，f：流水断面積と水深の関係を表す関数，D：管底から管頂までの高さ（円管の場合は直径），A_p：管渠の断面積，B_s：スロット幅であり，スロット幅は a を圧力波伝播速度として

$$B_s=\frac{gA_P}{a^2} \tag{18}$$

で決定される（式(18)）。

下水道管渠網を考慮する場合に重要な点が，地上との交換流量である。すなわち，地上の雨水が下水道に流入する流量，ならびに下水道内の圧力水頭が高くなって地上に逆流するときの流量である。

この流量の算定方法としては，マンホールをその接続口と仮定して，マンホールの周長と段落ち式または越流公式から排水流量と逆流流量を求める手法が提案されている[16]。

あるいは，地上の道路格子に排水口を仮定して，地上と下水道の間の雨水ますを介して，堰の公式とオリフィス公式に基づいて流量を求める方法も提案されている[17]。地上と雨水ますの間の交換流量 Q_g の式を以下に示す。

●雨水ますのピエゾ水頭が地上の水位以下の場合：排水過程

$$Q_g = \frac{2}{3} C_{dw} L \sqrt{2g} (H_g - H_d)^{3/2} \quad : (H_g - H_d) / B_{01} \leq 1/2 \text{ のとき} \tag{19}$$

$$Q_g = C_{do} A_d \sqrt{2g(H_g - H_d)} \quad : (H_g - H_d) / B_{01} > 1/2 \text{ のとき} \tag{20}$$

●雨水ますのピエゾ水頭が地上の水位を超過する場合：逆流過程

$$Q_g = -\frac{2}{3} C_{dw} L \sqrt{2g} (H_d - H_g)^{3/2} \quad : (H_d - H_g) / B_{01} \leq 1/2 \text{ のとき} \tag{21}$$

$$Q_g = -C_{do} A_d \sqrt{2g(H_d - H_g)} \quad : (H_d - H_g) / B_{01} > 1/2 \text{ のとき} \tag{22}$$

ここに，H_g：地上の浸水深，H_d：雨水ますのピエゾ水頭と地上標高との差，L：雨水ます流入口の周長，A_d：雨水ます流入口の断面積，B_{01}：雨水ます流入口の短辺，C_{dw}，C_{do}：堰の公式とオリフィス公式の係数である。このモデルは，排水過程，逆流過程ともに室内模型実験により検証され，係数の値も $C_{dw}=0.48$，$C_{do}=0.57$ に同定されている。雨水ますと下水道管渠の間の交換流量についても，同様に計算される。

4 氾濫モデルの適用事例

京都市伏見区の小栗栖地域では，2013年9月の台風18号による豪雨と，4時間のポンプ停止も相まって，甚大な浸水被害を受けた。解析対象領域は，小栗栖地域を含む畑川の流域 1.63 km^2 とする。この領域を約 5 m 間隔で約14万個の非構造格子に分割して，有限体積法を適用する。**図2**と**図3**に，解析格子の属性（道路，建物，河川，その他）と標高をそれぞれ示す。

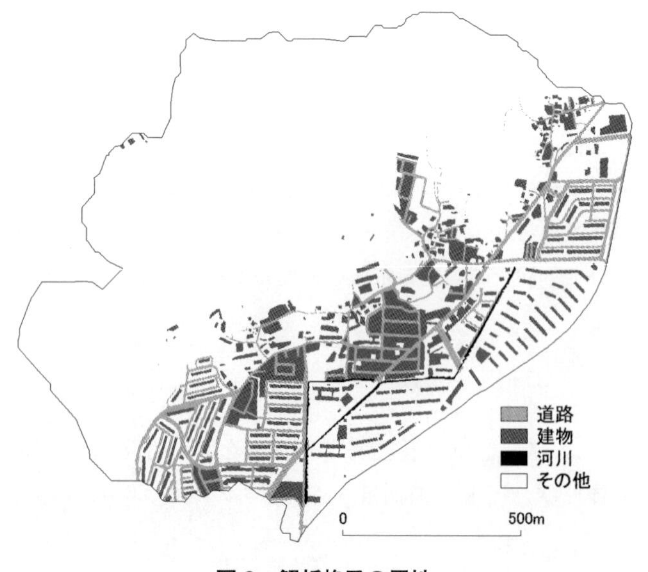

図2　解析格子の属性

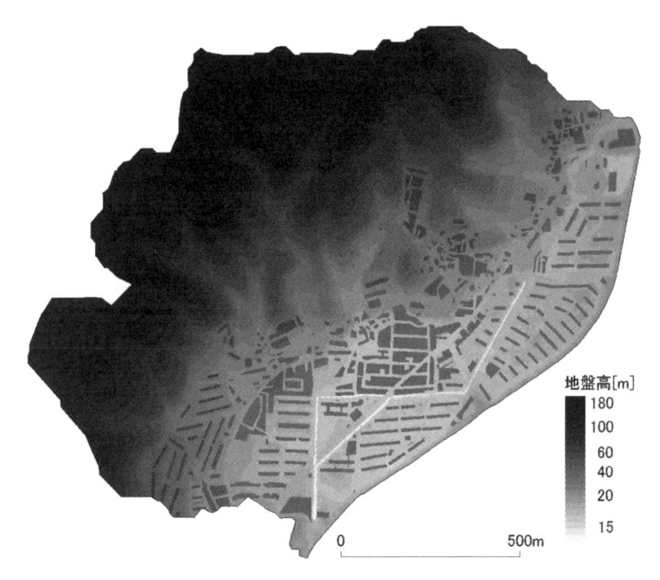

図３　解析格子の標高

領域内には下水道管渠が存在し，その下流端は全て畑川に排水されるようになっている。畑川が山科川と合流する最下流端には，水門と排水機場が設置されている。ここでは道路と建物を別々の格子によって区分し，建物は非浸水域として十分高い標高を与えている。地上の道路格子と下水道管渠の間で接続を考え，式⒆～㉒に従って排水または逆流流量が計算される。

この領域に，国土交通省のＸバンドMPレーダで観測された降雨を与えて内水氾濫解析を行う。その他の境界からの流入はないものとする。また，氾濫水の領域外への排出は，畑川下流端の排水機場から運転能力（3.5 m^3/s×２台）に応じて行われる。

図４は，約４時間の排水機場の停止を考慮した，2013年災害の再現計算の結果で，浸水深の時間変化を示している。流域に降った雨水が畑川に集められている様子が分かるが，排水機場の止まった直後の９月16日午前３時ごろから畑川の水位が上昇している。畑川の下流の標高の低い箇所から徐々に畑川の洪水があふれ出し，畑川の周辺から浸水が始まっている。とくに，畑川右岸側（図４(c)の〇印付近）の標高の低い住宅地に氾濫水が流入して，大きいところでは浸水深が２ｍに達している。浸水深は排水が再開される直前の午前７時ごろにピークを迎え，排水に従って浸水深は小さくなっていく。

図５は，再現計算による最大浸水深である。これに対して，排水機場が想定通りに機能していた場合の計算を行ってみた。その結果の最大浸水深が**図６**である。これによると，畑川左岸側の住宅地（図６中の〇印付近）を除いて，浸水深は大きく減少していることが分かる。畑川からの溢水氾濫がなく，殆どの地点で最大浸水深は床下浸水程度の0.5ｍ以下に収まっている。

以上のように，数値解析によって浸水深の時空間的分布が計算できるほか，流速についても同様な分布を求めることができ，それらの情報から流体力や被害額の算定につなげることも可能である。また，浸水対策を行った場合の効果の検証に用いることも可能である。

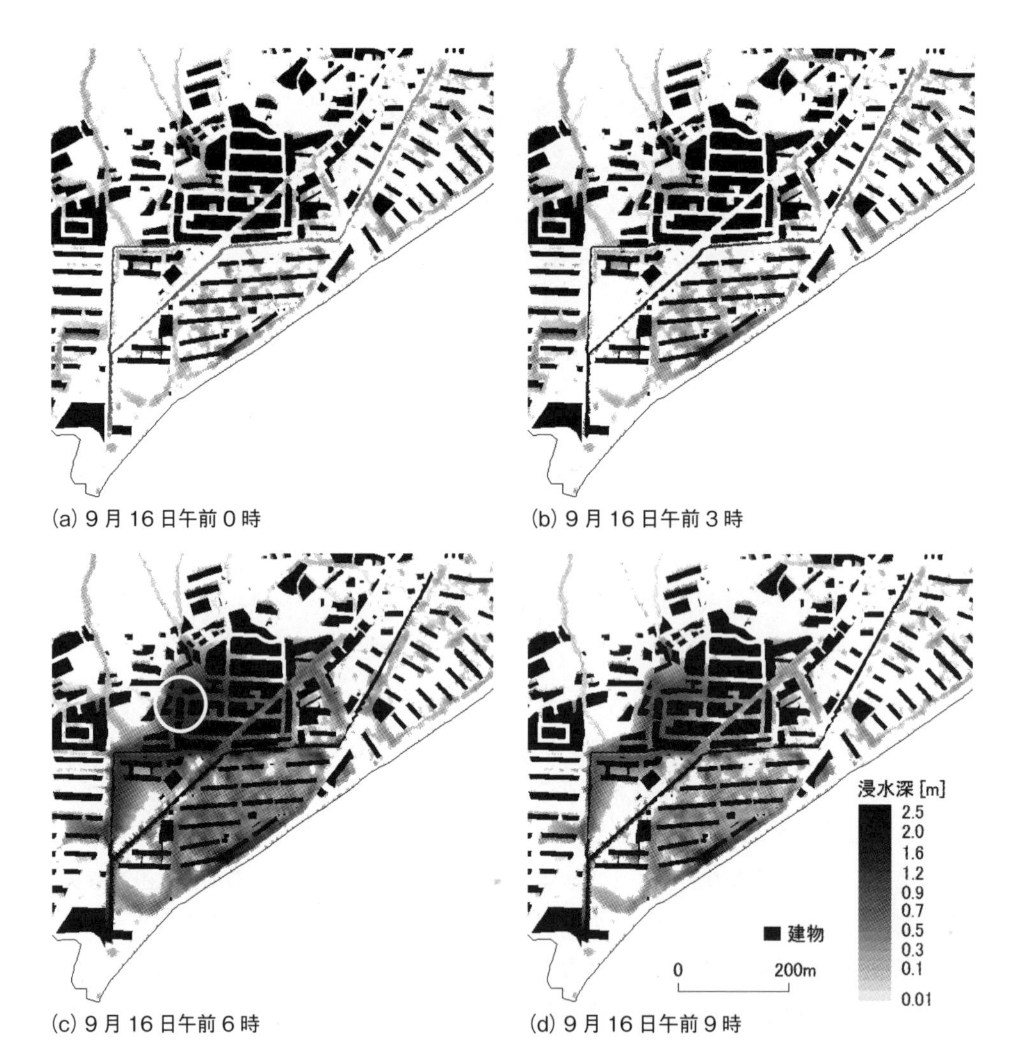

図4　浸水深の時間変化

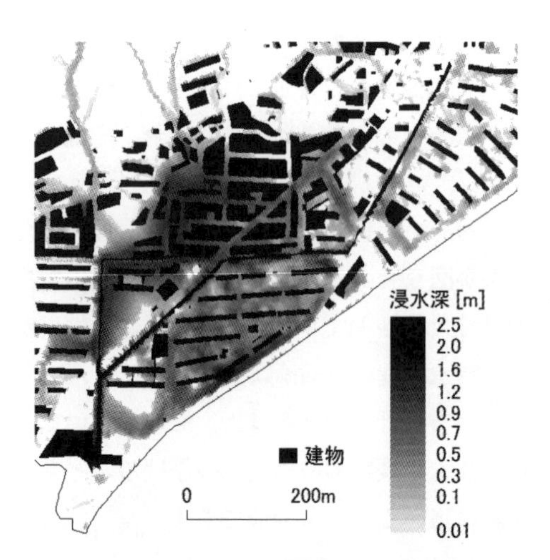

図5　2013年災害の再現計算による最大浸水深

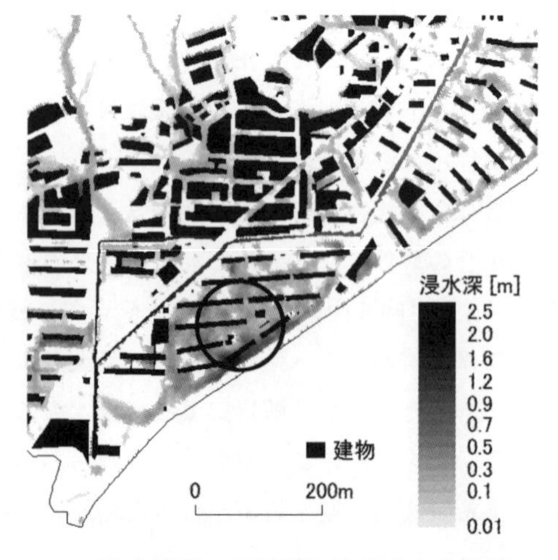

図6　排水機場の正常運転を想定した計算による最大浸水深

5 おわりに

浸水予測のための数値解析法は，さまざまなものが提案されている。それとともに，国土基盤情報や標高等の解析に必要なデータも高解像度で整備されるようになってきた。今後は，必要とされる浸水予測結果の精度や解像度に対して，いかに正確かつ効率よくデータを整備しモデルを構築するかが重要になると考えられる。

文　献

1) 国土交通省水管理・国土保全局：洪水浸水想定区域図作成マニュアル（第4版）(2015).
2) 岩佐義朗，井上和也，水鳥雅文：氾濫水の水理の数値解析法，京都大学防災研究所年報，23 B-2，305-317 (1980).
3) 中川 一：氾濫水・土石流の動態とその解析，水工学に関する夏期研修会講義集，A-9-1-A-9-20 (1992).
4) P. L. Roe：Approximate Riemann Solvers, Parameter Vectors, and Difference Schemes, *Journal of Computational Physics*，**43**，357-372 (1981).
5) 重枝未玲，秋山壽一郎，浦勝，有田由高：非構造格子を用いた有限体積法に基づく平面2次元洪水流数値モデル，水工学論文集，**45**，895-900 (2001).
6) 内田龍彦，河原能久：任意の境界形状を有する二次元浅水流の高精度解析手法の開発，水工学論文集，**50**，799-804 (2006).
7) 福岡捷二，川島幹雄，横山洋，水口雅教：密集市街地の氾濫シミュレーションモデルの開発と洪水被害軽減対策の研究，土木学会論文集，600/II-44，23-36 (1998).
8) S. Lee，H. Nakagawa，K. Kawaike and H. Zhang：Urban inundation simulation considering road network and building cofigurations，*Journal of Flood Risk Management*，doi：10.1111/jfr3.12165 (2015).
9) 橋本晴行，朴埼璨，加藤修二，山崎一彦，天方匡純：1999年6月福岡水害における博多駅周辺の洪水氾濫解析，河川技術論文集，**8**，127-132 (2002).
10) 川池健司，井上和也，林秀樹，戸田圭一：都市域の氾濫解析モデルの開発，土木学会論文集，698/II-58，1-10 (2002).
11) 赤穂良輔，石川忠晴，畠山峻一，小島崇，都丸真人，中村恭志：岩手県釜石市街地における2011年東北地方太平洋沖地震津波の氾濫解析，土木学会論文集B1（水工学），**71** (1)，16-27 (2015).
12) 川池健司，井上和也，戸田圭一，野口正人：低平地河川流域での豪雨による都市氾濫解析，土木学会論文集，761/II-67，57-68 (2004).
13) 川池健司，井上和也，戸田圭一：非構造格子の都市氾濫解析への適用，水工学論文集，**44**，461-466 (2000).
14) 舘健一郎，武富一秀，川本一喜，金木誠，飯田進史，平川了治，谷岡康：内水を考慮した氾濫解析モデルの構築と検証―大垣市を対象として―，河川技術論文集，**8**，145-150 (2002).
15) M. H. Chaudhry：Applied Hydraulic Transients, Van Nostrand Reinhold (1979).
16) 松尾直規，武田誠：都市域における氾濫解析システムの適用と下水道導入モデルに関する検討，河川技術論文集，**12**，97-102 (2006).
17) S. Lee，H. Nakagawa，K. Kawaike and H. Zhang：Experimental Validation of Interaction Model at Storm Drain for Development of Integrated Urban Inundation Model, *Journal of Japan Society of Civil Engineers，Ser. B1（Hydraulic Engineering）*，**69** (4)，I_109-I_114 (2013).

第2節　リアルタイムな河川洪水予測システムの開発

国立研究開発法人土木研究所　渋尾　欣弘

1 河川洪水予測モデルの必要性

1.1　多発する水災害とソフト対策の重要性の高まり

平成27年9月関東・東北豪雨における鬼怒川洪水や，平成24年7月九州北部豪雨における広範囲な河川災害等，豪雨に伴う大規模な水災害が頻繁しており，その対策が急務となっている。河川洪水による氾濫は，河川を流れるエネルギーが越水や堤防決壊箇所を介して集中的に堤内地へと流れ込むため，資産被害や人的被害，社会機能の低下等，広範囲にわたって甚大な被害が起こりやすい。先の鬼怒川洪水においては，堤防の決壊と越水により常総市の三分の一にあたる約40 km^2 が浸水し，全国から集められた国土交通省所有のポンプ車両によって排水作業が完了するまでに10日間を要した[1]。その被害額は農業・商業分野だけでも245億円を超える[2]。

このような河川洪水の脅威に対し，日本では流域ごとに20～30年単位で治水や利水に関する長期的な目標を設定し，遊水地や堤防整備等の治水事業に取り組んでいる。遊水地は，洪水時に一時的に河川水を流れ込ませて貯留することで，下流での洪水氾濫を軽減させることができる。しかし，低平地に人口・資産が集中するわが国において洪水を貯留させる用地を確保するのは容易なことではない。また河川堤防は，計画高水位以下の洪水を安全に流下させることを可能とするものの，2015年現在の国内における堤防整備率（堤防必要区間延長に対する完成堤防延長の比）は，直轄管理区間において66％程度である[3]。公共事業予算の縮小に伴い治水関連予算も減少傾向にある状況においては，目標とする治水計画が達成されるまでに長期間を要することが予想される。このように限られた財源下においてハード面での対策を進められなければならない中，ハザードマップによる流域住民への防災情報の周知や災害情報の迅速な提供等，構造物によらないソフト面での対策が益々重要となっている。

1.2　水災害に対する観測・予測技術の高度化

集中豪雨や局所的な大雨による水害，土砂災害への対策として，わが国では国土交通省が高性能レーダ雨量計ネットワーク（eXtended RAdar Information Network；XRAIN）の導入を進めてきた。XRAINはCバンドレーダとXバンドMPレーダの二種類の雨量計から構成され，前者は水平解像度1 km，時間分解能5分で日本全国の雨量観測が可能である。後者は観測エリアが周辺地域に限定されるものの，水平解像度250 m，時間分解能1分という非常に高い解像度で雨量観測が可能となっている。シミュレーション解析による気象予測については，気象庁が目的に応じて複数の数値予報モデルによる情報を提供している。日本とその近海領域を予測対象とするモデルではメソ数値予報モデル（Meso Spectral Model Grid Point Value；MSM-GPV）があり，水平格子解像度約5 kmで39時間先までの予測情報を配信している。2014年からは，さらに細かい2 kmの空間分解能を持つ局地数値予報モデル（Local Forecast Model；LFM）の運用も開始され始めた。

1.3 河川洪水予測実用化に向けた課題

高性能なレーダ雨量や気象予測技術の開発が進む一方で，河川流出モデルによるリアルタイムな洪水予測は，未だ発展段階にある。洪水の予測が難しい主たる要因として，洪水初期の流域の保水状態の推定が難しいこと，気象数値モデルによる予測降水量には不確実性が伴うことが挙げられる[4]。

河川流量の予測に用いられる流出解析にはさまざまな手法が存在するが，日本国内の実務で適用事例が多い手法の一つに貯留関数法が挙げられる。貯留関数法は，流域を貯留量と流出量の関係式で表す方法で，比較的少数のパラメータを適切に決定することで洪水を良好に再現することが可能であり，多くの出水事例に適用されてきた。しかしながら，貯留関数法に限らず多くの流出解析手法において予測計算の際に問題となるのが，出水初期における土壌水分や地下水貯留等の流域の保水状態量を，事後計算でなくリアルタイムに推定しなければならないことである。例えば流域に降る降雨は，地中浸透や凹地貯留によって一部損失され河道へと流出されるが，この過程をパラメータで置き換えるということは，予め直接流出に寄与する降雨を推定するということである。実際のところ流域の乾湿状態は，降雨や日照時間等の気象条件により変化するため，それを精度良く推定するのは容易なことではない。

また，洪水予測のリードタイムを延長するためには，河川流出モデルの外力に数値予測雨量を使う必要がある。既に述べたように，気象数値予測の高分解能化や，ドップラーレーダや衛星観測情報のデータ同化への利用等数値予測技術は進歩している。しかしながら，予測降水量がモデル出力である以上，その情報には誤差が含まれることを考慮する必要がある。数値予報は大気の状態を格子空間情報として離散化し計算しているため，計算の初期値から生じる誤差や計算解像度の制約等の影響を必ず受ける。すなわち観測値に基づく降水量データと違い，決定論的に数値降水情報を使用する際にはその不確実性を考慮しなければならない。

洪水予測を行う際にはこれらの課題に加え，予測結果が河川・ダム管理，あるいは水防活動にどのように活用されるかについても考慮する必要がある。わが国では洪水の避難勧告等は，流域の市町村の首長から発令されるが，その情報は河川事務所からのホットラインに基づいている。そのため洪水に係る予測情報は，遅延なくリアルタイムに提供されなければならない。ダム管理においては，出水によって洪水調節が想定される場合は，予備放流により治水容量を事前確保することも検討し得る。一方で利水機能を備えたダムにおいては，利水事業者に用水補給を実施するため過剰な事前放流は避ける必要がある。すなわち，洪水への対処を実施する上で，治水と利水のバランスをどう取るか，その意思決定を支援する情報を提供することも重要となる。

2 利根川上流域における洪水予測システムの開発

2.1 利根川上流における洪水予測の意義

本項では前述の背景と課題に鑑み，筆者らが利根川上流域を対象に取組んでいるリアルタイムな河川洪水予測システムの開発とその応用について述べる。利根川はわが国における最重要河川の一つである（**図１**）。利根川は首都圏における農業用水・工業用水を支えるほか，東京都における水道水の年間取水量の約四分の三相当を占める一方，治水面においても出水期における洪水が中下流域を脅かす等，首都圏への影響が非常に強い河川である。1947年9月のカスリーン台風の際は，湯原観測所において三日雨量で383 mm[5]を記録し，利根川の右岸134 km付近の埼玉県東村地先において堤防が決壊した[6]。利根川は江戸時代に東遷が行われる前は東京湾へと流れていたが，氾濫した水はかつての流路を辿るように流下し，東京都東部までも水没させた。この洪水により，家屋は，床上・床下を合わせ30万3,160棟が浸水し，1,100名の犠牲者が出た[6]。現在，利根川の河川整備計画では，上流の基準地点八斗島における目標流量を1万7,000 m^3/sとし，上流ダム群により3,000 m^3/sを調節することとしており[7]，利根川上流において洪水予測を行うことは，洪水調節の意思決定や適切な水防活動を支援する上で極めて重要な意義がある。

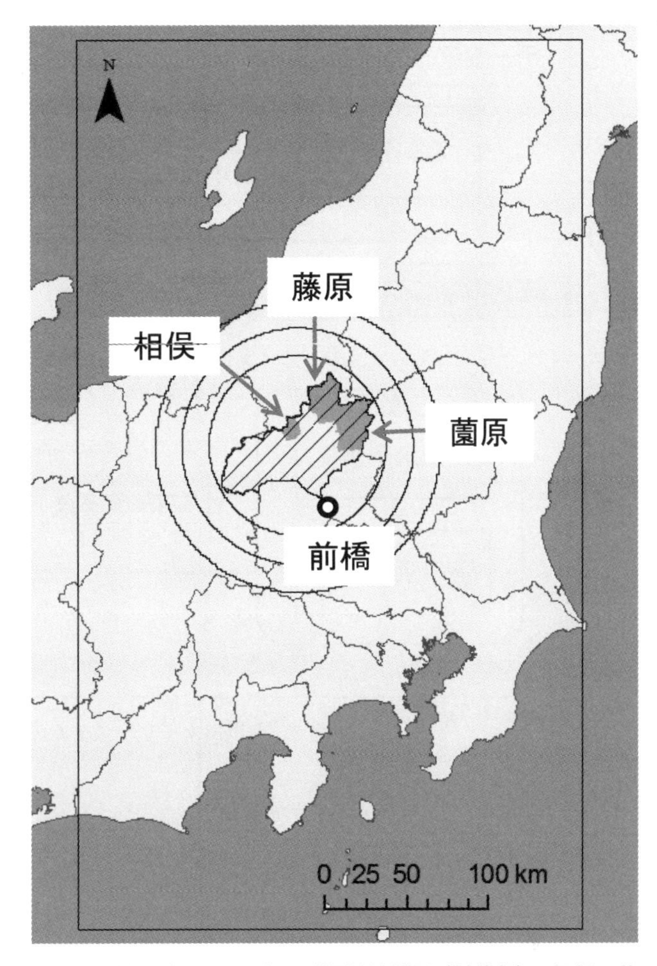

図１　前橋地点より上流の利根川流域図（斜線部）。相俣，藤原，薗原のダム流域（斜線部内グレー），およびバッファ領域（同心円），領域全体（矩形）。それぞれの領域において予測誤差の評価が行われる（本文参照）

2.2　河川洪水予測システムの構築

筆者らは，前述の背景と課題に鑑み，①リアルタイム水循環モデル，②アンサンブル降水予測モデル，③アンサンブル河川流量予測モデル，④バーチャルダムシミュレータの要素モデルによって構成される河川洪水予測システムの開発を行っている（**図２**）。

①リアルタイム水循環モデルは，洪水初期の流域保水状態を推定するモデルであり，東京大学河川流域環境研究室で開発された水エネルギー収支分布型水循環モデル（Water Energy Budget-based Distributed Hydrological Model；WEB-DHM）[8]を基本としている。このモデルは流域を計算メッシュに区切り土壌や植生の分布を考慮できる，いわゆる分布型水循環モデル

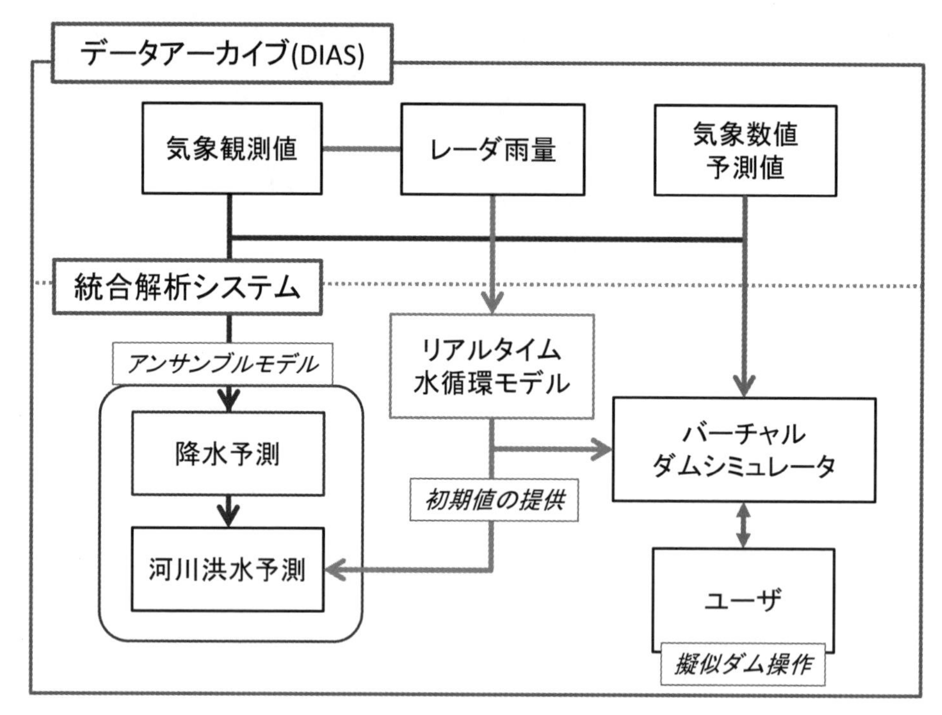

図２　河川洪水予測システムの概略図

である。このモデルには流出計算の過程に陸面モデルが組み込まれており，大気から与えられる気温，降水，放射，風速，湿度等の気象変数をモデル外力とすることで，地表面における水やエネルギーのフラックスを計算し，その結果得られる土壌水分や地下水貯留量を物理的に求めている。そのため流域の保水状態を洪水初期から連続的に推定することができ，洪水を精度良く推定可能であることが示されている[9]。開発する洪水予測システムでは時々刻々と変化する流域の保水状態量をこのモデルによってリアルタイムに推定し，洪水前の初期値として用いている。

②アンサンブル降水予測モデルは，気象数値モデルの降水量に誤差が含まれることを考慮し，その誤差を定量的に評価して予測降水量をばらつかせる手法である[10]。予測誤差は，流域における予測降水量と観測値の降水強度の比によって評価され，予測降水量の過大評価や過小評価によって，予測の不確実性を表す重み係数を計算する。この計算は，ダム流域，流域全体，同心円状の３領域等の異なる領域において評価される（図１)。これを直近，その前，さらにその前といったように過去の数値予報モデルに対して実施する。MSM-GPV の場合，３時間毎に予測情報が提供されるため，3～6 時間前，6～9 時間前，9～12 時間という具合に重み係数が計算されることになる（**図３**)。得られた重み係数は正規分布に従いばらつかせ，次に提供される予測降水量に掛けられる。ばらつかせる過程を複数回実施することで，予測の不確実性を考慮したアンサンブル予測降水量が作成される。

③アンサンブル河川流量予測モデルは，リアルタイム水循環モデルから得られる最新の保水状態量を初期値としつつ，アンサンブル降水を外力として与え河川流量を予測する手法である。このモデルでも流出計算に WEB-DHM を用いている。リアルタイム水循環モデルとアンサン

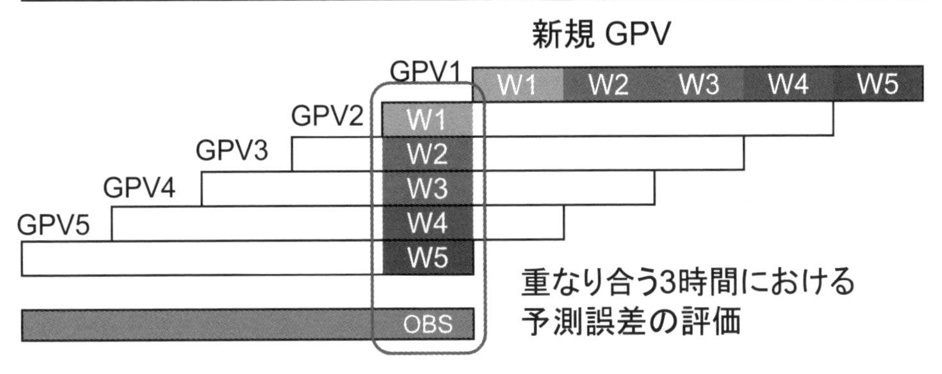

図３　気象予測値の誤差評価方法の概念図。異なる時刻において発行されたGPVに対し，予測の重なり合う時間において実績雨量と比較し，統計的にその誤差を求める。そして新規GPVに対応する予測時刻の不確実性として重み付け（W1～W5）を行う

ブル河川流量予測モデルの違いは，前者が実測値に基づき現在の流況を推定しているのに対し，後者はアンサンブル降水量に基づいた河川洪水の予測を行っている点である。そのため，例えば51のアンサンブル降水量を与えることで，51のアンサンブル河川流量が予測されることになる。予測時におけるダムの扱いについては，放流の人為的操作を予測することは難しいことから，ダムからの放流量はダムへの流入量と等しいものと仮定し，下流の河川流量を予測している。なお，ダム操作による影響は次に述べるバーチャルダムシミュレータによって行われる。

④バーチャルダムシミュレータはアンサンブル河川流量予測モデルを基本としつつ，ダム操作を組み込んだモデルである。予測計算において同じリアルタイム水循環モデルからの初期値を適用するものの，降水外力はMSM-GPVを用いており，さらに仮想的ダム操作を可能としている。すなわちシステムの利用者は，予測される降水量の条件の下，さまざまな放流シナリオ操作を行うことができ，それに伴い変化するダム貯水量や，下流の河川流量に及ぼす影響を予測することができる。実際のダム管理では，それぞれのダムにおいて厳密に定められた規則に基づいた運用を実施しなければならないが，このモデルがシステムのユーザに提供するのは“もしもこの放流操作をしたならば”であり，仮定的な事前放流を試行実施することで，最も減災効果のある，あるいは利水便益の高い操作を学習することができる。

2.3　統合システムの構築とデータアーカイブへの実装

本モデルの実行に必要なデータは，静的な情報として地表面傾斜，土壌分類，斜面長等がある。気象外力として必用な気温，風速，日照時間は，国立研究開発法人農業・食品産業技術総合研究機構からデータ統合・解析システム（Data Integration and Analysis System；DIAS）に試験的に提供されるアメダス地域気象観測システムの情報を適用し，相対湿度と気圧は，MSM-GPVから得られる予測値を観測値相当として用いている。降水量は，観測値にはCバンドレーダ雨量を用いており，予測値にはMSM-GPVから得られる15時間分の降水量を用いている。その他，ダム放流量や貯水位の情報も必要となる。これらのデータはDIASにリアルタイムにアーカイブされている情報を研究開発目的で使用している（詳細は参考文献4)，9)を参照されたい)。

既に述べた要素モデルを用いて洪水予測を実施するには，それぞれの計算がシームレスに実行されるよう各要素モデルと必要入力データを結びつけ，計算の実行やデータの入出力を自動化させる必要がある。筆者らはモデルやデータを統合的に扱うシステムの開発に取組んでおり，各モデルの実行や，モデル間の入出力の受け渡し等をこのシステムによって管理している。このシステムをDIASに実装することで，データの取得から前処理，計算実行，予測情報の外部への提供までを準リアルタイムに実行するが可能となっている。

2.4 アンサンブル降水予測・河川流量予測の実行例

本システムによる予測計算の例を以下に示す。**図4**は，2011年台風15号におけるMSM-

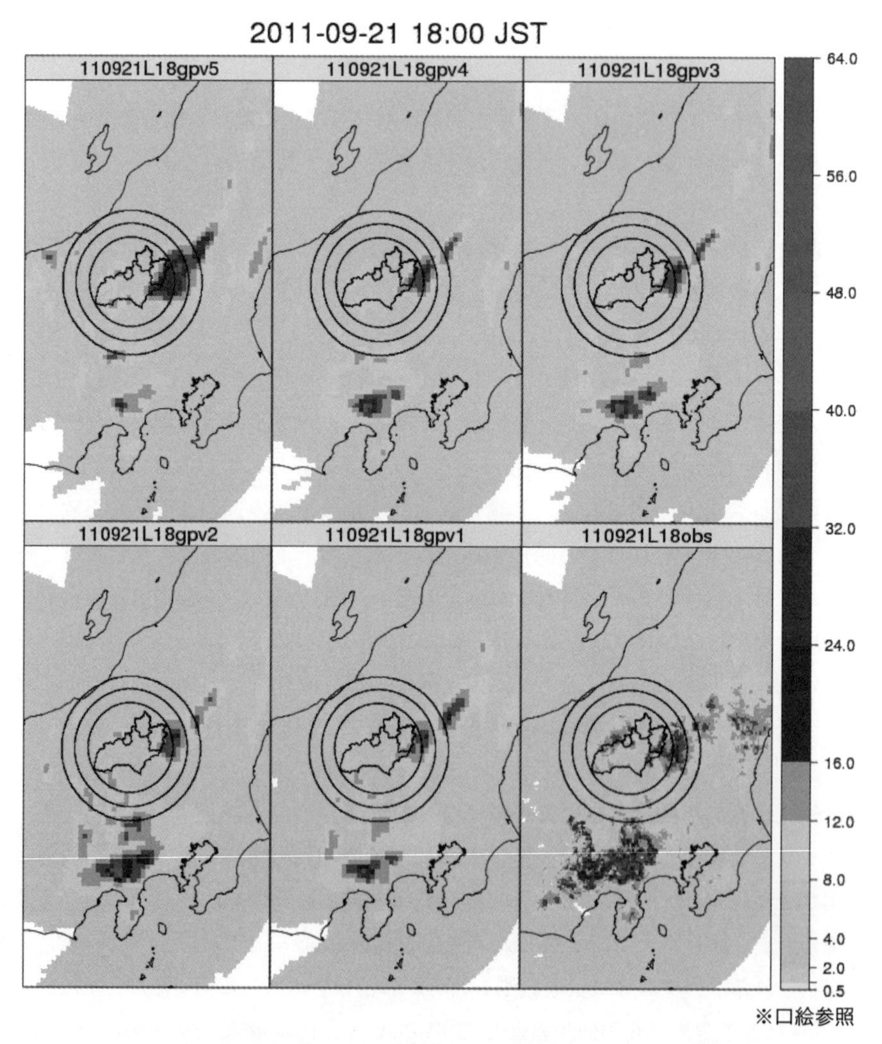

※口絵参照

図4　アンサンブル降水予測モデルに適用するメソ数値予報モデルMSM-GPVとCバンドレーダ雨量の3時間累加雨量の比較。上段左から右，下段左から右の順に，15, 12, 9, 6, 3時間前に発行されたMSM-GPVの3時間累加雨量(mm)，当該時間のレーダ累積雨量(mm)

GPV の予測降水量と，C バンドレーダによる観測雨量の比較である。図では５つの異なる時刻において発行された予測雨量について，予測の重なり合う３時間の累加雨量の空間分布を示すとともに，当該３時間の実績雨量（下段右）と比較している。領域全体の矩形で見た場合，雨域の相対的な配置は各 GPV において概ね良好に予測できていることが分かる。一方で流域近傍に着目した場合，ダム流域のような比較的狭小な領域においては必ずしも降水を予測し得ないことが分かる。例えば流域北部，相俣ダム上流（図１参照）の実績雨量（図４下段右）と比較すると，各５つの GPV ともに降水を予測していない。すなわち，広域的に雨域配置が予測できた場合でもダム流域のスケールでは予測降水量に不確実性を伴うことが分かる。本システムのアンサンブル降水予測モデルでは，このような予測誤差を不確実性の重みとして新規 GPV に適用し，不確実性の幅を持ったアンサンブル降水メンバーを作成する。

このアンサンブル降水メンバーを外力として洪水予測を行った例を**図５**に示す。図中 (a), (b), (c) はそれぞれ 2011 年台風 12 号，同年台風 15 号，2013 年台風 18 号における出水に該当する。赤線は国土交通省のテレメータ観測から得られる速報値流量（観測値ベース）であり，黒線はアンサンブル河川流量予測値である。予測計算は MSM-GPV の予測値が提供される３時間毎に実行され，本モデルでは 15 時間先までの河川流量を予測している。予測計算開始時（白点）において，リアルタイム水循環モデルから推定される土壌水分や地下水貯留量，河川流量等，時々刻々と更新される流域保水状態量を初期値とすることで，気象状態の変化に基づく流域の状態量が予測計算に反映される。また，不確実性の重み付けによりバラつきを持ったアンサンブル降水を外力とすることで，予測時間が進むにつれ計算流量に幅が出てくる。単一の予測情報に基づいた河川洪水の予測と比較し，この幅によって洪水のピークを捉えようというのがこの手法の特徴である。

2.5　バーチャルダムシミュレータによる仮想的ダム操作体験

バーチャルダムシミュレータの操作パネルを**図６**に示す。図は 2011 年台風 15 号時における仮想的ダム操作を行った場合のスナップショットである。図中上側の３つのグラフは相俣ダム（左上段），藤原ダム（右上段），薗原ダム（右中段）の貯水位の時系列変化を示しており，各図とも常時満水位，夏季制限水位，最低水位も参考に示している。また図中下側は３ダム貯留量合計（下段左），前橋地点における河川流量（下段中央），同地点における河川水位（下段右）の時系列変化を示している。河川水位は水位流量曲線をもとに流量から換算された情報であり，同図には水防団待機水位，氾濫注意水位，避難判断水位，氾濫危険水位も参考に示している。

各ダムへの流入量は気象予測値に基づく流出解析によって求められる一方で，ダム放流量はダム流入量への比率の係数で与えられる。すなわち，係数０であれば放流無し，係数１であれば放流量は流入量と等しく，係数２であれば放流量は流入量の倍というように，異なる放流操作に基づき予測計算を行えるようになっている。既に述べたように，ダム操作には下流における急激な水位上昇の回避や，ダムの適切な管理のための厳格な操作規定が存在するが，本シミュレータがダム管理者などのユーザに提供するのは，柔軟な選択肢があった場合の仮想的操作である。

ダム貯水位変化の図は，インタラクティブな html ページ上に描かれており，ユーザは比率

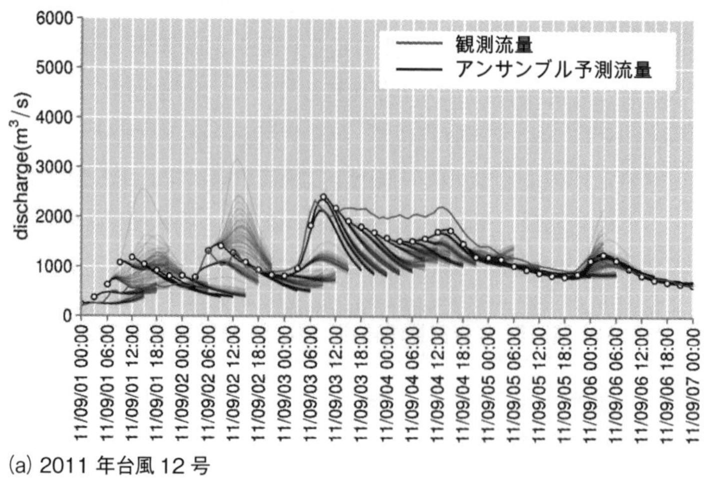

(a) 2011 年台風 12 号

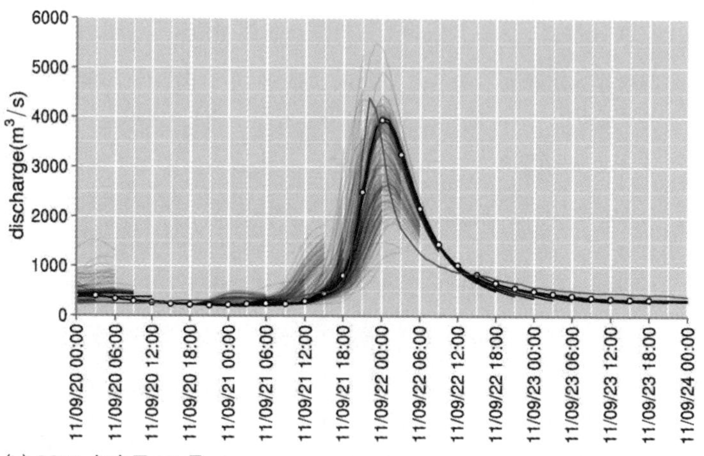

(b) 2011 年台風 15 号

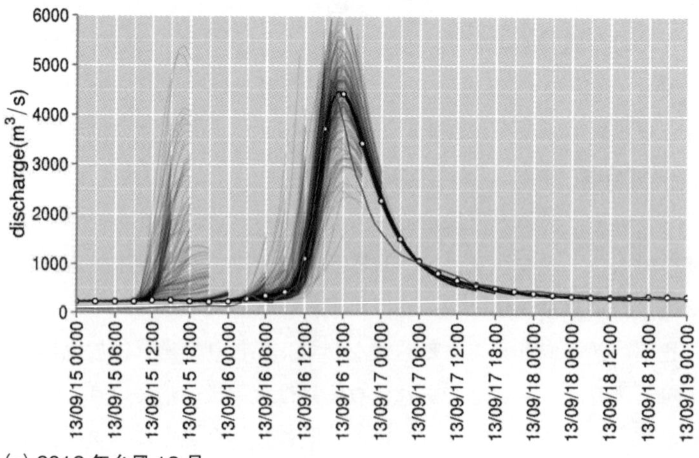

(c) 2013 年台風 18 号

※口絵参照

図 5　(a) 2011 年台風 12 号，(b) 同年台風 15 号，(c) 2013 年台風 18 号における観測流量（赤線）とアンサンブル河川流量予測値（黒線）の比較。アンサンブル予測は 3 時間毎（白点）51 のアンサンブルメンバーによって 15 時間先までの河川流量が予測，更新される

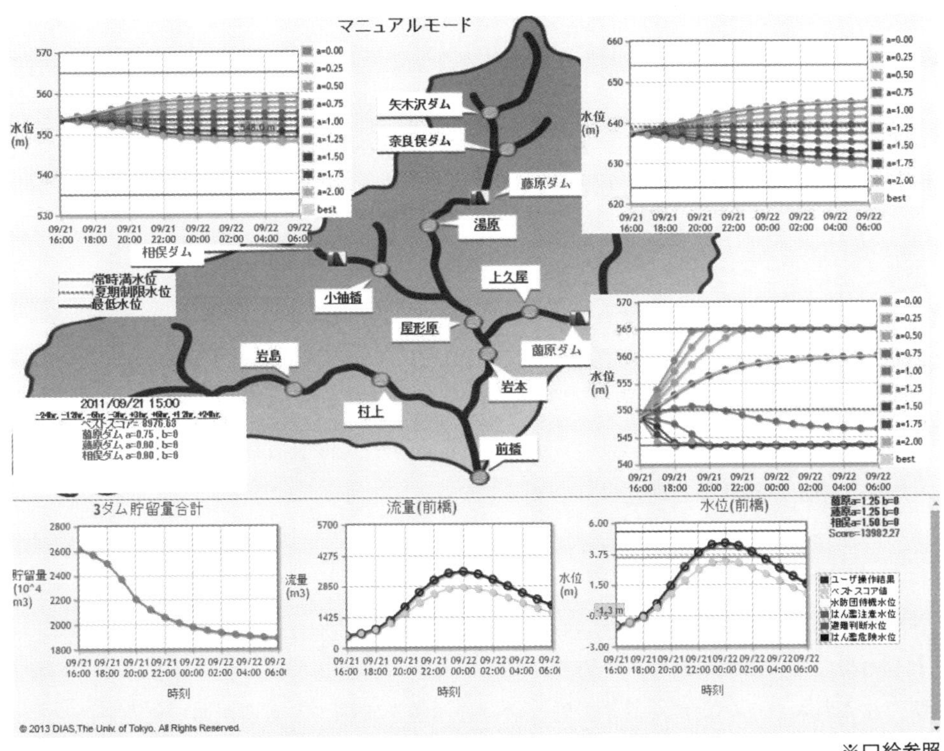

※口絵参照

図６　バーチャルダムシミュレータの操作図

係数を定められた範囲内において自由に変更ができる。それによって，ユーザがある係数を選択した場合，それに伴う３ダム貯留量の合計，河川流量，河川水位の変化が直ちに html ページ上に描かれる。放流操作は３ダムに対して行うことができ，すなわちユーザはダム統合操作を仮想的に行い，下流における流量の変化や，貯水量の変化を予測することができる。また，システムはダム空き容量が最も少なく，且つ下流洪水流量を最小化させる放流操作を最適な操作として併記している。図６の例では，相俣ダムと藤原ダムの放流係数が 0，薗原ダムの放流係数が 0.75 の場合が最適操作に相当し，またその場合の下流前橋地点の流量・水位も示される。このように，ユーザは仮想的なダム放流操作を行うことによって，ダム貯留量や下流の河川流量に与える影響を体験することができる。

3 河川洪水の防災・減災に向けた課題

3.1　治水安全度の高まりと水害に対する意識

2015 年９月関東・東北豪雨による関東地方災害調査報告書によれば，９月 10 日の６時ごろに鬼怒川左岸 25.35 km 付近で溢水が発生し，同日 12：50 ごろに鬼怒川左岸 21 km 付近において堤防決壊が発生した[11]。当時の気象警報・注意報の記録によると，前日９月９日の 16：36 ごろに大雨警報と洪水警報が出されていたものの[12]，多くの住民が取り残される結果となった。常総市内の浸水地区および避難勧告・避難指示が出された地区の住民を対象に，中央大学水文研究室が実施したヒアリング調査によれば，洪水発生時に自宅に居てそのまま避難しなかった人は約42%に上り，その理由の約47%が，「自宅が浸水する心配はないと思ったから」と考えていたようである[11]。鬼怒川は，過去大きな洪水被害をもたらしてきた河川であるが，2002年7月の台風6号の際に常総市が浸水してからは，しばらく大規模な洪水は発生していなかった。長らく洪水被害に遭っていない住民にとって，今回のような最大規模の洪水時に適切な行動を起こすのは困難だったものと予想される。

その一方で，これまで大きな洪水被害を免れることができたのは，鬼怒川上流のダム群や堤防の整備を進めたことによって，治水効果が高まったことが要因として考えられる。もし治水対策事業の推進に従い，流域住民の洪水に対する危機感が薄れてしまうのであれば，ダムや堤防の整備とともに，洪水に対する危機意識の維持に努めていくことも，今後検討していかなければならない。

3.2　水防工法と避難誘導の両立

前述のヒアリング調査では，自宅から避難した人について，そのきっかけとなったのは，「避難勧告・避難指示を聞いたから」が約34%，次いで「家族，近所の人，市の職員等に避難を勧められたから」が約32%と報告されており，地域の防災放送や，戸別の声掛けが主な避難のきっかけとなっていたことが分かる。一方で，洪水発生時の鬼怒川では，土のう積みや月の輪工等の水防工法が行われていたが，避難の呼びかけや誘導を実施する必要があったため，全ての溢水箇所で土のう積みを実施することはできなかった[13]。鬼怒川に限らず，水防団員の数は各地で減少傾向にあり，水防体制の弱体化が懸念されている。今後またどこかの河川で大規模な洪水が発生することが懸念されるが，限られた人数で避難の呼びかけ・誘導と，水防工法を実施しなければならないことを予め想定しておくべきだろう。

4 おわりに

本稿では，高度化が進むレーダ雨量や気象数値予報等を活用し，リアルタイムに河川洪水を予測するシステムの開発について述べた。システムは世界最大の地球環境系ビッグデータ基盤を活用しており，河川・ダム管理者の意思決定支援情報を創出することを目指し，開発が行われている。洪水予測の精度向上やリードタイムの延伸は，水防活動やダム操作の支援に極めて重要であるものの，洪水への防災・減災対策を強化するには，予測技術の高度化だけでなく整備計画に定められたハード対策を着実に実施するとともに，本稿に述べた社会的背景と現場における課題にも目を向ける必要がある。

文　献

1) 『平成27年9月関東・東北豪雨』に係る洪水被害及び復旧状況等について：
http://www.ktr.mlit.go.jp/ktr_content/content/000639863.pdf
2) 平成27年9月関東・東北豪雨による常総市被災状況：
http://www.city.joso.lg.jp/ikkrwebBrowse/material/files/group/13/dai1kai-higaijyoukyou.pdf
3) 直轄河川管理施設現況：
http://www.mlit.go.jp/river/toukei_chousa/kasen/jiten/toukei/birn100p.html
4) 渋尾欣弘，生駒栄司，O. Saavedra，L. Wang，P. Koudelova，喜連川優，小池俊雄：リアルタイムアンサンブル洪水予測実用化システムの開発，水工学論文集土木学会水工学委員会編，58，397-402 (2014).

5) 国土交通省関東地方整備局猛威をふるったカスリーン台風：
http://www.ktr.mlit.go.jp/river/bousai/river_bousai00000015.html
6) 災害教訓の継承に関する専門調査会報告書，1947 カスリーン台風：
http://www.bousai.go.jp/kyoiku/kyokun/kyoukunnokeishou/rep/1947-kathleenTYPHOON/index.html
7) 利根川水系利根川・江戸川河川整備計画：
http://www.ktr.mlit.go.jp/ktr_content/content/000078521.pdf
8) L. Wang et al.：Development of a distributed biosphere hydrological model and its evaluation with the Southern Great Plains Experiments (SGP97 and SGP99), *J. Geophys. Res.*, **114**, D08107, doi：10.1029/2008JD010800 (2009).
9) L. Wang et al.：Assessment of a distributed biosphere hydrological model against streamflow and MODIS land surface temperature in the upper Tone River Basin, *J. Hydrol.*, **377**, 21-34 (2009).
10) O. Saavedra Valeriano et al.：Decision support for dam release during floods using a distributed biosphere hydrological model driven by quantitative precipitation forecasts, *Water Resour. Res.*, **46**, W10544 (2010).
11) 平成 27 年 9 月関東・東北豪雨による関東地方災害調査報告書：
http://committees.jsce.or.jp/report/system/files/ 関東・東北豪雨による報告書 0524 修正 .pdf
12) CPS-IIP Project 特別警報・警報・注意報データベース：
http://agora.ex.nii.ac.jp/cps/weather/warning/
13) 大規模氾濫に対する減災のための治水対策のあり方について～社会意識の変革による「水防災意識社会」の再構築に向けて～：
http://www.mlit.go.jp/river/shinngikai_blog/shaseishin/kasenbunkakai/shouiinkai/daikibohanran/pdf/1512_02_toushinhonbun.pdf

第1節　大規模河川氾濫に対する情報収集・共有システムの開発

山梨大学　鈴木　猛康

1 はじめに

平成 24 年 7 月九州北部豪雨では，国土交通省直轄の矢部川が越水ではなくパイピングに伴う漏水を原因として破堤した。一方，平成 27 年 9 月関東・東北豪雨では，常総市において鬼怒川で越水に伴う破堤が発生し，堤防近くの家屋が流され，倒壊することとなった。また，広域にわたる浸水によって，住民は市外への住民避難を余儀なくされた。

温暖化，異常気象と騒がれて久しい今日，記録的な大雨，ゲリラ豪雨による河川氾濫が毎年発生しており，尊い命が奪われ，貴重な財産が失われている。大規模水害を教訓として，これまでも災害対策基本法や水防法が改正され，避難や河川巡視に関するガイドラインや手引きが見直されているが，河川の堤防高を抜本的に見直し，嵩上げするハード対策が容易にできない以上，ソフト対策によって被害軽減を図ることが喫緊の課題となっている。

ソフト対策としての法制度の改正は不可欠であるが，法制度の下で被害軽減を図るためには具体的な水防体制の整備とともに，その体制を支援するための人材育成とツールが必要である。ICT の発達が目覚しい今日では，情報システムは有力な支援ツールとなるはずである。ところが，災害対応の現場への ICT の本格的な活用はあまり進んでいない。その理由の一つは，地方自治体や消防団等，災害対応の現場におけるニーズを十分に吸い上げ，とくにユーザと共同によるシステム開発が実施されていないことが挙げられる。

そこで本稿では，大規模河川の広域避難を実現するための広域連携を支援する情報共有システムの開発と河川巡視を支援する情報収集システムの開発について，その開発の過程を含めて説明することとする。また，開発した情報システムの妥当性を検証するために実施した実証実験ならびにその評価についても紹介する。

2 大河川氾濫と広域避難

平成 27 年 9 月関東・東北豪雨では，100 km を越える線状降水帯が関東・東北地方を南から北へと通過した。時間雨量は 50 mm を超え，24 時間雨量は 500 mm に達し，広域に亘って河川氾濫や土砂災害が発生した。この豪雨による大規模河川の堤防決壊によって，いわゆる洪水時倒壊家屋危険ゾーンでは，津波と同様に家屋が倒壊し流されることがわかった。**図 1** は常総市における鬼怒川破堤地点の被害状況である。また，浸水が広域であったため，多くの住民が市外への広域避難を余儀なくされた。車は避難に向かないが常識とされているが，広域避難では車を使わなければならず，円滑な広域避難には交通規制や避難誘導，市町村間での避難者の受入れや調整に果たす県の役割など，解決すべき多くの課題が見つかった。

例えば，木曽三川の下流域に位置する桑名市，木曽岬町など 1959 伊勢湾台風級の巨大台風に

図1　常総市の鬼怒川破堤地点

よる高潮と大洪水によって深刻な浸水と暴風雨による避難困難な状況に陥る場合，市民全員が安全な遠隔地へと立ち退き避難を余儀なくされるケースがあることも指摘されている[1]。このようなケースでは，事前に避難先を決定し，移動経路や移動手段を適切に選択しないと，被害が甚大化することが示されている。

広域連携には関係機関による情報共有が不可欠であるが，構築すべき広域連携体制が定まらなければ，その体制を支援すべき情報システムが明確にならない。そこで，次項以降で示す情報共有システムの開発は，被災市町村と避難者受入れ市町村，そして市町村間の広域避難を支援する機関（県，消防，警察）による広域避難における連携体制の構築を進めながら，同時並行で実施した。また，開発したシステムの妥当性検証は，構築した実関係機関参加による災害図上訓練によって行った。

3 広域避難を支援する情報共有システムの開発

3.1　情報共有システムの開発方針

南海トラフ巨大地震や首都直下地震は，わが国としての危機管理に重大な影響を与える巨大災害であるので，まず政府が被害想定を行い，災害対策の基本方針を検討する。その後，その想定結果を参考にして，都道府県が，そして市区町村が具体的な災害対策を検討し，地域防災計画にまとめる。ところが，地域の広域大規模災害は，政府に頼ることなく地域で想定し，災害対策を地域でまとめなければならない。大規模河川の氾濫に伴う広域避難は，平成27年9月関東・東北豪雨災害で見られたとおり，決して想定外の事態ではない。

広域大規模災害に対処するためには，防災情報システムが不可欠である。とくに地域の広域大規模災害においては，都道府県の役割が重要である。**表1**は，広域連携を支援する情報共有システムの開発方針として，筆者が広域連携を支援する都道府県版の災害情報システムとして実証すべきと考える機能をまとめたものである[2]。

最も重要な機能は，市町村とのシステム連携機能②，③，④と考えている。とくに，②は市町村の災害対応を閲覧し，先取り支援を可能にするものである。通常の都道府県の防災情報システムは，専用回線で市町村に置く端末と結んでネットワークを構築している。市町村端末では，消防組織法第二十二条で定められた消防統計及び消防情報に関する報告に関わる火災・災害等即報要領に従って，同要領で示される第四号様式（消防庁四号様式）に相当するコンピュータ画面に，被害・対応状況を入力する。このようなシステムのメリットは，市町村からファックスで報告される仕組みに対して，都道府県が集計ミスを起こさないこと，ならびに集計作業の労力と時間を節減できることである。すなわち，システム導入のメリットは，専ら都道府県

表１　広域避難を支援する情報システムとして実装すべき機能一覧（都道府県版）[2]

機能種別	内容
①基本機能	災害選択，指示・対応報告，被害報告等，市区町村と同様な基本機能を有する。都道府県あるいはどこか一つの市区町村システムが災害名称を登録すると，すべての市区町村，都道府県システムに災害名称が登録され，情報連携が行われる。
②市区町村の情報閲覧	市区町村システムとシステム連携し，指示・対応報告，被害情報を，地域や市区町村名を指定して閲覧することができる。
③市町村ホットライン	市区町村の災害対策本部や消防本部との連絡機能で，市区町村版の機能⑩と連携する。この連絡に対してはお互い必ず回答することを原則として運用する。
④避難所情報	市区町村，避難所単位で避難者数の集計結果を閲覧することができる。避難所からのスマートフォンを用いた支援物資要請に，都道府県としても直接支援することができる。
⑤消防本部災害対応	消防本部の出動，対応の登録内容を閲覧することができる。
⑥注意報・警報	気象台，国土交通省河川事務所，都道府県水防部局からの気象情報，地震情報，水防情報等を受信し，市区町村へ送信する（災害対策基本法第五十五条）。ただし，市区町村へは情報をスルーさせるので，市区町村はこれらの情報を市区町村システムよりリアルタイムで受け取ることができる。
⑦観測情報	河川水位や雨量等の観測情報は，国土交通省や都道府県の情報システムより取得する。市区町村が取捨選択・配置した観測情報画面を見て，状況認識の統一を図りながら市区町村と連絡できるように，市区町村毎の観測情報画面を表示することができる。
⑧各種集計	県内市町村の配備体制，避難情報発令状況等県内の情報の集計を自動で行い，検索によって地域毎に検索，整理することができる。
⑨集計報告	市区町村からの集計情報をさらに集計し，消防庁，内閣府等の中央省庁へ報告することができる。中央省庁の防災情報システムとの情報連携を図ることができる。
⑩外部ログイン機能	報道機関用にログインIDを提供し，特定の情報を閲覧させる。また，県内市区町村用に対して，県内全ての情報を閲覧のみできるログインIDを提供する。

が享受することになる。一方，市町村にとっては，紙がコンピュータの画面に代わっただけで，せいぜい他市町村の集計結果も閲覧できる程度のメリットしかない。また，都道府県は，市町村からの電話やファックス，都道府県から市町村に対する電話による問合せがなければ，市町村の現況を確認することができない。

これに対して，筆者の提案する都道府県の防災情報システムでは，市区町村の指示・対応報告，被害報告等の災害対応状況を閲覧できるだけではなく，県内市町村の配備体制，避難情報発令状況や避難所運営状況を閲覧できる。また，被害や交通規制，避難所開設状況を地理情報システム上でシームレスに閲覧，登録することができる。

本稿で紹介する実証実験では，筆者の開発した県庁版，消防本部版，各市町村版の災害対応管理システム[3]を個別に構築し，情報共有データベースを介したデータ連携によって各システムのデータ連携を行っている。しかし，大災害では情報共有データベースへのアクセス数が多くなると，各システムのレスポンスが悪くなってしまう。システムのレスポンスの悪さは，危機管理システムとして致命的な欠陥となる。したがって，県庁，消防本部，市町村の各システムを統合し，データベースを一つにするのが得策である。

機能⑩の外部ログイン機能も有効である。報道機関は住民への情報伝達という重要な役割を担っている。定時の記者発表のみならず，リアルタイムに個別情報を配信できれば，何よりも都道府県，市町村の防災担当者に対する取材を減らし，防災担当者に業務に集中させることができる。報道機関に公開する情報の種類（画面）については，報道機関とよく相談して決定する必要がある。

市町村職員も，県内の全ての情報を閲覧し，隣接する市町村の支援に回ることもある。したがって，県内の全ての情報が閲覧できる，つまり県庁職員と同じ環境を提供する必要がある。情報登録はできないけれど，情報閲覧はできるユーザ ID を提供し，市町村に情報を閲覧させてもらいたい。ただし，市町村の登録した被害情報には個人情報がたくさん含まれているので，管理を徹底する必要がある。広域支援を行う自衛隊や緊急消防援助隊等の県外の関係機関にも，同様にこのユーザ ID でログインし，閲覧してもらうのが良い。

3.2 災害対応管理システム

広域避難を支援する情報共有システムは，災害対応管理システムを相互に連携させることによって構築している。災害対応管理システムとは，組織，指揮命令系統，情報共有環境で，市町村が行う災害対応業務の支援を可能とする情報共有システムである[3]。

災害対応管理システムはオープンソース・ソフトウエアで構成されるウェブ・アプリケーションである。また，減災情報共有プロトコル（MISP）を用いて情報共有データベースを介した他情報システムとのシステム連携機能を有しているのが特徴である。このシステム連携機能を利用することにより，広域避難に関わる機関の情報システムを通した情報共有が可能となり，状況認識の統一を図ることが可能となった。災害対応管理システムの略称を無尽（MuDIn：Multi-organizational Disaster Information System）としているのは，関係機関の相互扶助という意味であり，複数機関（Multi-organizational）による連携を重視しているからである。

3.3 山梨無尽システム

広域避難を支援する情報共有システムの有効性を示すために，**図 2** に示す構成で山梨無尽システムのプロトタイプを開発した。このシステムは，前述の通り，県，3 市町，広域消防組合消防本部の各機関の災害対応を支援する災害対応管理システムを，情報共有データベースを介してシステム連携させている。情報共有データベースは，XML で定義された共有情報を標準プロトコルである MISP によって登録，取得する役割を有しており，これによって各機関の災害対応管理システムは，各機関が登録した情報を，いつでも取得することができる。県や消防本部は，市町村の災害対応管理システムの指示・対応報告，被害報告情報を全て閲覧することができ，県や市町村の登録した指示や避難情報，被害情報，交通規制情報は，地図上でマッシュアップされ，シームレスに地図上に表示される。また，各機関間のホットライン機能が実装されている。

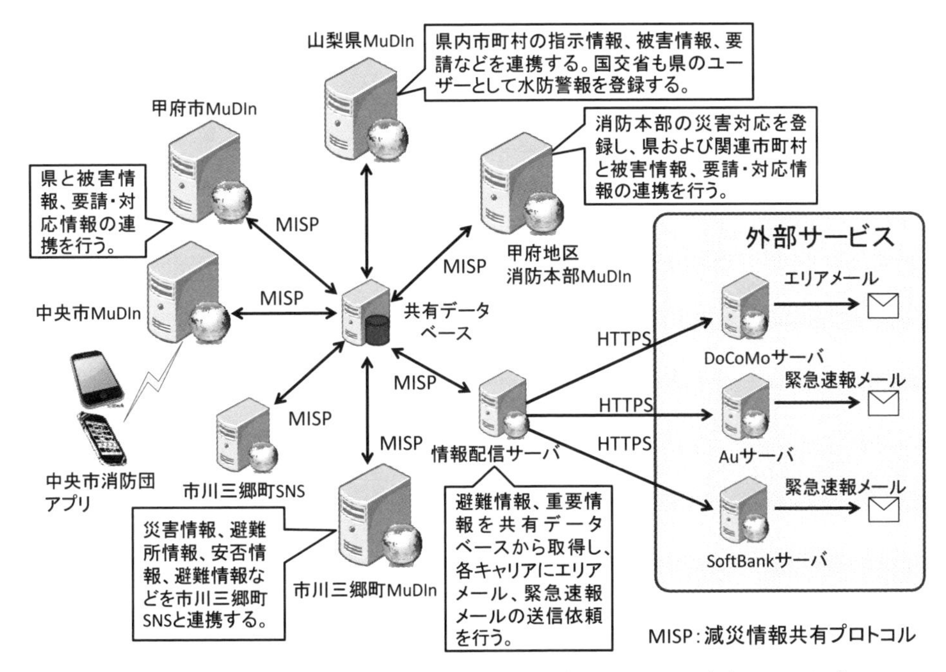

図２　広域避難実証実験のために構築した山梨無尽システム（プロトタイプ）

広域消防組合消防本部版の災害対応管理システムは，甲府地区消防本部に対する出動時の業務内容を調査した上で，甲府地区消防本部の災害対応管理システムプロトタイプを使って消防本部職員によるシステム操作実験を３度実施し，筆者らの趣旨を消防本部職員に理解してもらうことによって完成させることができた。その結果，消防本部が通常ホワイトボード上に整理している現場隊員の対応状況は，タイムラインとして登録されるようになったため，県や市町村は時々刻々と変化する消防本部の対応状況を，リアルタイムに近い形で知ることができるようになった。これまで市町村は，消防本部から派遣された連絡員を介さないと，消防本部の対応状況を把握できなかった。したがって，甲府市等，広域消防組合消防本部の管轄市町にとっては，消防本部との情報共有が格段に進展することとなった。

3.4　実証実験と評価

3.4.1　事前研修

防災情報システムは災害対応業務を支援するものであるから，災害対策本部の体制ならびに業務に対応していなければならない[5]。しかし，防災情報システムを導入することによって，災害対応態勢そのものが変わる場合には，災害対応の体制や業務そのものを見直す必要がある。大規模河川氾濫に対する広域避難を支援する山梨県の広域連携態勢そのものが明確でなかったため，図２に示す山梨無尽システムを活用できる組織・体制を構築することとした。そのため，**表２**に示す４回の事前研修を行った上で，研修の最終段階として実証実験を行い，山梨無尽システムの有効性を確認することとした。なお，このような研修前の準備から関係者間の信頼を確保しながら，Awareness から Enactment までに至るプロセスを BECAUSE モデル[4]と呼んでいる。

表 2　BECAUSE モデルを用いた研修プロセス

研修プロセス／機関	第 1 回 Awareness （気づき）	第 2 回 Understanding （理解）	第 3 回 Understanding, Solution（解決）	第 4 回 Solution （解決）	第 5 回 Enactment （実行）
中央市	●各部局の役割 ●システム研修	●災害対応 WS ●システム研修	図上訓練（避難計画，応援要請）	●機関間連携の災害対応の確認 WS ●連携機能のシステム研修	実証実験（マスメディアは取材で参加。アンケートに回答）
甲府市	●各部局の役割 ●システム研修	●災害対応・応援 WS ●システム研修	図上訓練（水害，避難者受入れ）		
支援機関	広域避難の支援に関わる課題抽出	各機関・部局の役割と相互連携 WS	システム研修		

WS：ワークショップ

ここで，中央市は大規模河川の堤防決壊が発生し，直接的な被害を受けることが想定されており，甲府市は中央市からの要配慮者の受入れを要請されることを想定している。

3.4.2　実証実験の概要

中央市を含む中北地方では前日より大雨洪水警報が発表されており，すでに累積雨量は 200 mm を超え，今後 3 時間雨量 100 mm，時間雨量 60 mm の非常に激しい雨が予想されているという設定で，9：00 に実証実験を開始した。釜無川の水位が上昇して富士川水防警報が発表され，県管理の荒川，相川の水防警報が発表される中，さらに猛烈な雨が中央市を襲い，大雨特別警報が発表された。さらに釜無川の堤防の浸食が確認され，国土交通省甲府河川国道事務所が 2 時間程度で釜無川が破堤する可能性のあるとの水防警報を発表した。このような状況付与に対して，中央市が田富，玉穂地区の市民約 2 万 8,000 人に対して避難勧告，避難指示を発令し，要配慮者の市外への避難，洪水時家屋倒壊危険ゾーンや浸水深 3 m 以上のエリアの住民の地域外への立退き避難，そして浸水深 3 m 未満のエリアの住民への屋内安全確保を呼びかけ，山梨県に支援を要請するというシナリオとした。このシナリオは，中央市ならびに支援機関で実施した事前の研修で取り扱ったテーマとほぼ一致する内容である。**表 3** に実証実験の参加機関一覧を示す。参加者は大学関係者を除き，総勢 64 名となった。

実証実験の当日は，プレーヤに対してシナリオは一切知らせることなく，付与した状況（水防警報，被害等）に応じて対応をしてもらった。要配慮者の受入れ訓練を実施してきた甲府市，市外への広域避難のための交通規制を担当する県警本部，自動車専用道路を地域住民の一時避難場所とするための対策を講ずる県土整備部等，1 時間半という短時間ながら，プレーヤはこれまでに実施した研修・訓練の成果を問われることとなった。

表 3　実証実験への参加機関一覧

機関種別	部局名あるいは機関名
被災市町 （中央市）	災害対策本部，総務部，民生部（福祉，教育），建設部，農政部
支援機関	国土交通省甲府河川国道事務所 甲府地方気象台 山梨県（総務部，県土整備部，県警本部）， 中北地域県民センター 市川三郷町，甲斐市，甲府市，昭和町，韮崎市，北杜市，南アルプス市 甲府地区消防本部
報道機関	NHK甲府放送局，山梨放送，テレビ山梨，朝日新聞，読売新聞，山梨日日新聞

3.4.3　実証実験の結果と評価

実証実験における中央市の災害対応の様子を**図3**に示す。全庁的な災害対応経験のない中央市であったが，研修の成果が生かされ，災害対策本部により避難勧告，避難指示の発令，要配慮者の市外への避難に関する支援要請，教育委員会による小・中学校の生徒の校舎上階への移動指示等，ほぼ対応ができていた。

図3　山梨県災害対策本部

要配慮者の甲府市，市川三郷町への受入れ，広域避難のための交通規制でも，支援機関に対する研修の成果が現れ，比較的円滑な災害対応が行われた。また，支援のためには現地の浸水状況等が必要であるので，支援機関が中央市の登録した被害の地理情報を確認するなど，MuDIn の有効活用も行われていたことを確認した。

図4は要配慮者を受け入れる甲府市が，山梨県からの要請に対して回答したホットライン情報である。また**図5**は，山梨県警察本部によって登録された交通規制の閲覧画面である。避難指示・勧告等，被害，交通規制，そして避難所情報は，どの機関が登録しても市町村境界に関係なくシームレスに閲覧することができる。もちろん，これらの情報には，写真やポイント，ライン，ポリゴンの描画を付加することができる。**図6**は山梨県による市町村の指示対応に関する閲覧画面である。なお，消防本部の対応状況は，ポップアップメニューの「災害対応」を選択することによって表示することができる。

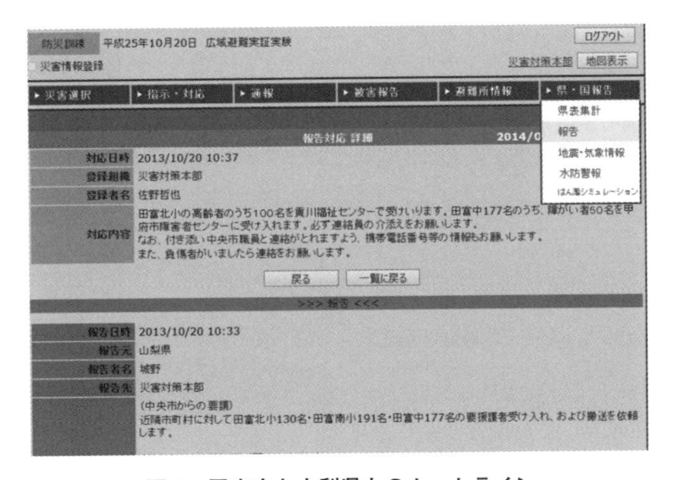

図4　甲府市と山梨県とのホットライン

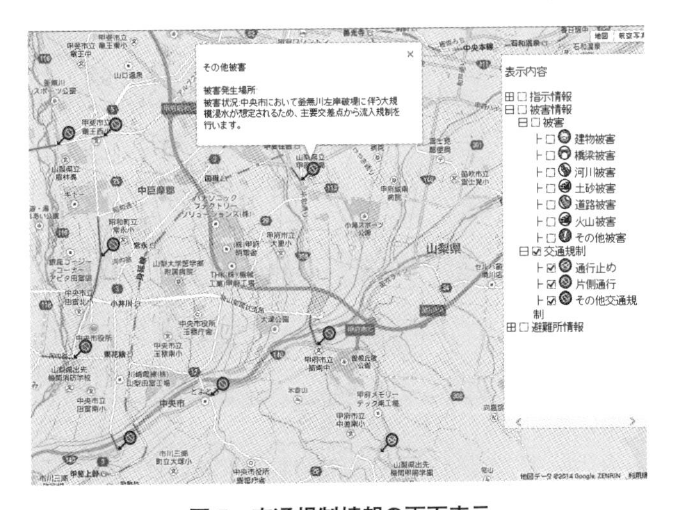

図5　交通規制情報の画面表示

実証実験の直後，プレーヤとして災害対応管理システムの入力，閲覧担当者を対象として，アンケート調査を実施した。**図7**は広域連携に MuDIn は有効かの設問に対する回答結果である。有効，ある程度有効という回答のみで，どちらでもない，あるいは有効でないとの回答は1件もなかった。同様に，**図8**は広域避難対策として災害対応管理システムを全県で普及展開すべきかに対する設問に対する回答結果である。普及すべきが最も多くて9人，普及した方が良いが8人で，どちらでもないは3人であった。どちらでもないという回答者の一人はその理由として，「情報共有手段としては特に地図情報は大変有効だと思う。ただし，入力に際して詳細かつ正確な情報でなければ，他機関が動けないことが判明した」と記述していた。有効であることは認めつつ，システムの活用のための情報の収集，分析に不安があるという意味であった。

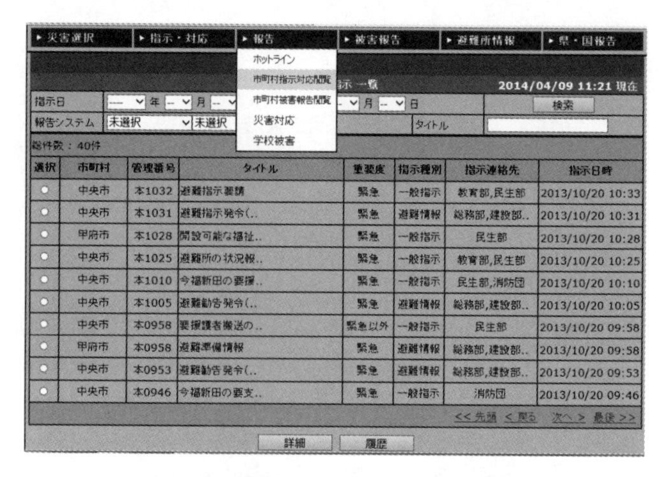

図6　山梨県による市町村情報の閲覧

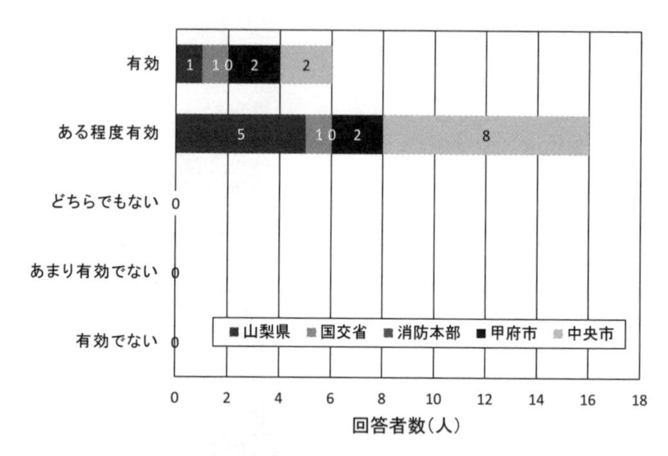

図7　広域避難に対するMuDInの有効性

3.4.4　災害情報提供に対する報道機関の評価

実証実験後のアンケートは，実証実験を取材した報道記者に対しても実施した。報道関係者（テレビ局3社，ラジオ局1社，新聞5社）には，MuDInの山梨県システムにアクセスしてもらい，実証実験で登録された情報を全て閲覧してもらった。**表4**は報道関係者へのアンケートで，山梨MuDInシステムを全て閲覧できた場合，どの情報を報道に利用したいかについて質問した結果をまとめたものである。①指示・対応報告は災害対策本部における指示，指示に対する活動の報告の他，体制配備，避難情報発令など，庁内で共

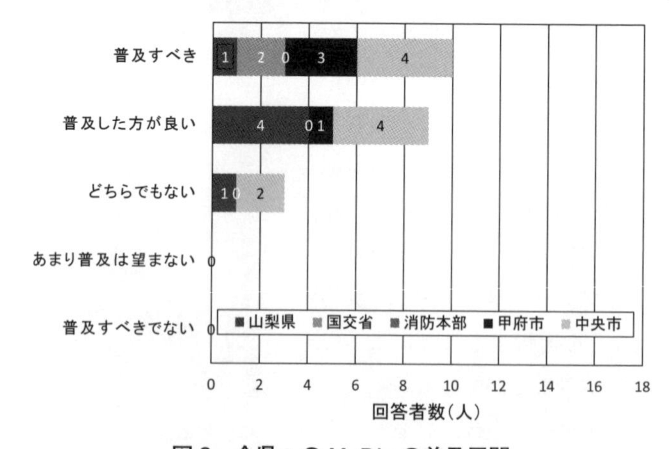

図8　全県へのMuDInの普及展開

表４　報道機関が必要とする情報項目

No.	報道機関種別	①指示・対応報告	②被害報告	③地図閲覧	④避難所運営	⑤避難所収容状況	⑥避難者名簿	⑦機関間ホットライン
1	テレビ	○	○	○	○	○	△	○
2	テレビ	○	○	○	○	○	○	○
3	テレビ	○	○	○	○	○	△	○
4	ラジオ	○	○	○	○	○	○	○
5	新聞	○	○	○	△	△	△	○
6	新聞	○	○	○	○	△	△	△
7	新聞	○	○	○	○	○	△	○

○：利用したい，△：一部を利用したい

有すべき重要情報の共有を図る機能である。②被害報告，③地図閲覧は，被害や交通規制情報をテキスト，添付資料，地図情報として登録，共有する機能である。全ての報道機関が①～③を利用したいと回答した。

避難者名簿についても１テレビ局とラジオ局は報道に使うことを希望した。なお，⑦機関間ホットラインについては，情報が筒抜けになってしまってはホットラインの意味がないので，報道機関に対して公開するのは難しいであろうが，その結果は災害対策本部の重要連絡事項として①指示・対応報告で情報提供されるので，さほどの時間差なく報道機関にも伝達できると考えている。

4 河川巡視システムの開発

4.1　河川巡視における課題と開発方針

河川氾濫から住民の身を守る確実な方法は，早期の立退き避難である。しかし，市町村による具体的な避難判断基準の策定が進んでいない。そのため，内閣府は避難判断等の判断・伝達マニュアル作成ガイドライン[6]を策定し，河川水位ならびに巡視による堤防の損壊や漏水の状況に対応した避難判断基準案を例示し，市町村による避難判断基準の策定を促している。また，国土交通省も，河川管理者のための浸透・漏水に関する重点監視の手引き（案）[7]を策定し，巡視のポイントと巡視結果に基づいた避難判断基準策定の支援材料を提供している。しかしながら，多くの中小河川を擁している市町村にとって，出水時の河川の状況は千差万別であり，最も頼りにするのは水防団（消防団）による河川巡視という現状を，市町村から聞く機会が多い。

消防団員は特定職の公務員であり，国土交通省が委託する巡視員のように河川の専門家ではない。したがって，前述のガイドラインや手引き（案）に例示されている漏水や浸食といった堤防の損傷について，ほとんどの水防団員が現場から的確に報告できるとは思えない。前述手引き（案）によれば，浸透・浸食について，河川巡視者は管理区間の全延長に亘って自動車などで移動しながら目視により広範囲を概括的に確認し，堤防の変状（漏水，すべり等），水防団の活動状況を河川管理者に報告することとされている。また，水防団員は，重要水防箇所を目視により，堤体およびその周辺で生じる変状を市町村および河川管理者に報告するとされている。一方，河川管理者は重点監視区間を，のり尻またはのり面まで移動して確認し，確認した変状を市町村（水防団）へ連絡することとされている。ところが連絡，報告に用いる情報伝達手段は携帯電話や無線であるため，河川管理者，河川巡視者，水防団，市町村の情報共有に多大な時間を要するだけでなく，変状の内容とその発生した場所の特定，共有が困難である。したがって，同じ河川を分担して巡視する河川巡視者の間でも，また水防団員の間でも，情報共有，状況認識の統一が必要である。

以上のように，河川巡視を迅速かつ的確に避難判断に使えるように，避難判断基準を策定するには課題がある。そこで本開発では，平易な表現による的確な河川巡視評価項目を作成し，スマートフォンによる現場からの巡視報告と情報システムを用いた情報共有によって，迅速かつ的確な避難判断の実現を目指した。

4.2　河川巡視システムの開発

河川巡視システムの開発に当たっては，河川巡視システム研究会を発足し，**表5**に示す研究会，ヒアリングを通して，河川巡視の現状，課題を整理した上で，河川巡視に関わる評価項目を決定した。**表6**に最終的に決定した河川巡視評価項目をまとめた。

前述した災害対応管理システムでは，モバイルAndroid端末用のアプリである「災害対応管理システム for Android」（以下，Androidアプリと呼ぶ）をインストールしたスマートフォンによって，現場からの被害報告が可能である。このAndroidアプリでは，災害対応管理システムの被害報告とほぼ同じ被害登録画面から，被害情報分類，被害情報評価項目をタップして選択し，写真を撮影し，被害報告を定型文テンプレートから選択するか，音声認識機能あるいはソフトウエアキーボードから入力し，現場からの被害報告を行う機能を有しており，この被害報告機能は既に，甲府市消防団，見附市の現場巡視職員ならびに消防団が採用している[8)]。

災害対応管理システムならびにAndroidアプリ上に構築した河川巡視機能を，河川巡視シス

表5　研究会発足から実証実験までのプロセス

開催内容	参加者
第１回研究会	国土交通省甲府河川国道事務所，山梨県県土整備部，甲府市建設部，市川三郷町総務課
第２回研究会	甲府市危機管理室が新たに参加
ヒアリング	新潟県見附市消防団３名
ヒアリング	国土交通省巡視員２名，山梨県１名，市川三郷町消防団４名
ヒアリング	甲府市消防本部１名，消防団４名
アプリ操作説明	国土交通省事職員３名，山梨県１名
アプリ操作説明	甲府市消防本部２名，消防団１名
実証実験	国土交通省２名，甲府市消防本部２名，消防団２名，市川三郷消防団２名
第３回研究会	国土交通省，甲府市，市川三郷町

表6　河川巡視評価項目

分類	河川巡視評価項目	危険度レベル
水位・流れ	―	1
	●水位が堤防頂部まで２m程度	2
	●水があふれる恐れ	3
住宅側漏水	●堤防斜面から水漏れ ●堤防下から水漏れ ●堤防斜面に亀裂	1
	●堤防斜面の一部で崩壊	2
	●堤防頂部に達する崩壊・陥没	3
河川側侵食	●河川敷が削られている	1
	●堤防の一部が崩壊 ●護岸の破損	2
	●堤防頂部に達する崩壊	3

テムと呼んでいる。したがって，河川巡視システム構築に当たっては，災害対応管理システムサーバとAndroidアプリ，ならびに両者に共通の機能拡張を行うこととなった。Androidアプリの機能拡張では，被害分類に「河川巡視」を新たに加え，河川巡視をタップした際に，表6の河川巡視評価項目をプルダウンメニューから選択できるようにした。

図9にAndroidアプリの画面を示す。図9(a)は被害報告種別選択画面であり，建物被害，道路被害等と同様に「河川巡視」を選択すると，(b)の河川巡視評価項目選択画面に移動する。各評価項目の上には，水位・流れ，堤内地側か堤外地側かを区別するため，表6の分類が“【 】”で表示されている。図9(c)は評価項目選択後の画面である。出水時の河川巡視の場合は，基本的に評価項目選択と写真撮影のみで，被害報告を完了することを基本とした。(d)は河川巡視結果をAndroidアプリで地図閲覧表示したものである。図中のアイコンが示す数字は，危険度レベルである。河川巡視者は避難判断基準と巡視結果の関係を気にすることなく報告を行うが，選択された河川巡視評価項目に応じた危険度レベルも併せて表示させ，特に危険度の高い報告を見逃すことのないように工夫している。なお，危険度レベル0は異常なし，1は避難準備情報，2は避難勧告，3は避難指示の基準となる危険度レベルを意味している。

災害対応管理システムのサーバ機能では，地図閲覧画面の凡例に，被害分類として河川巡視を加え，そのサブ分類に0～3の危険度レベルを表示させた。地図上には，⓪～③のアイコンで河川巡視結果の位置を表示し，各アイコンをタップしたりクリックすると**図10**のように写真付きで被害情報分類，危険度レベル，そして被害情報評価項目を表示するようにした。

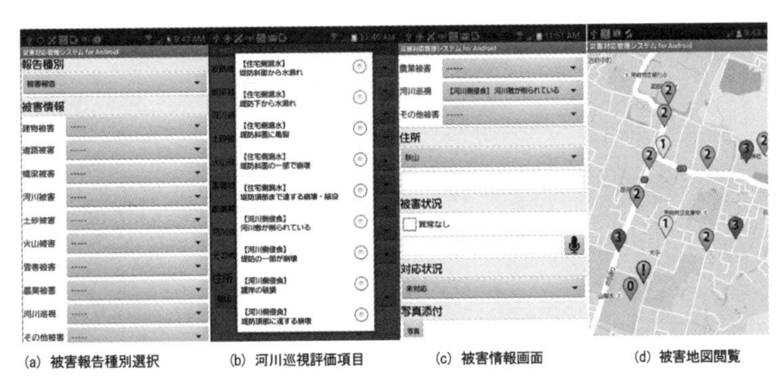

(a) 被害報告種別選択　(b) 河川巡視評価項目　(c) 被害情報画面　(d) 被害地図閲覧

図9 「災害対応管理システム for Android」へ実装した河川巡視機能

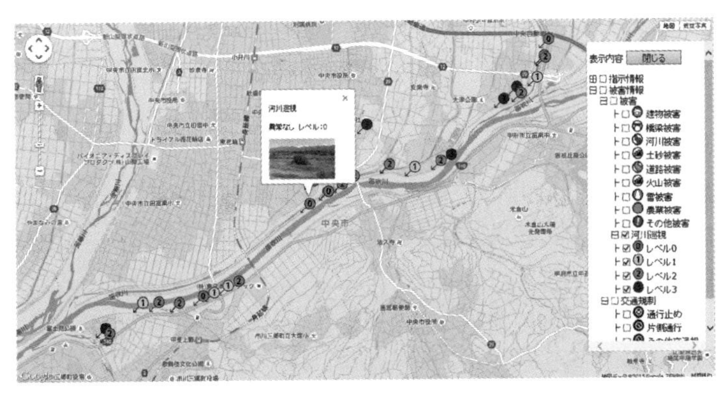

図10 災害対応管理システムの地図閲覧機能を用いた河川巡視結果の表示

4.3 実証実験と評価

4.3.1 実証実験の概要

開発した河川巡視システムの機能ならびにシステムの適用性を検証するため，河川巡視実証実験を行った。実証実験のフィールドは，山梨県内の一級河川である笛吹川ならびに荒川の下流で笛吹川との合流付近，そして芦川の笛吹川への合流付近の堤防とした。甲府市内に位置する荒川の巡視は甲府市消防本部3名ならびに消防団1名，合計4名が担当した。市川三郷町内に位置する芦川ならびに笛吹川下流部は市川三郷町消防団4名が担当した。また，中央市内に位置する笛吹川の右岸の巡視は国土交通省の職員2名が担当し（**図 11**），左岸の市川三郷町との境界付近は山梨県峡南建設事務所職員が担当した。国土交通省と山梨県には，中央市のAndroidアプリを用いて，巡視報告をしてもらった。

図 11　国土交通省の職員による巡視の状況

図 12　被害絵図の例（河川敷が削られている）

実証実験では，異常なしの場合は河川の写真を撮影して添付してもらい，河川に変状がある場合にはA3判の被害絵図を提示し，これを撮影して巡視報告をしてもらった。**図 12** に被害絵図の一例を示す。

一方，山梨大学内の会議室では，国土交通省の河川管理課長，甲府市危機管理室・建設部ならびに市川三郷町総務課の防災担当者を集め，水防本部あるいは災害対策本部として，河川巡視結果を閲覧しながら，災害対応ならびに避難判断を行う図上訓練を実施した。

4.3.2 実証実験の結果と評価

22箇所の河川巡視ポイントで，Androidアプリを用いて巡視した結果を，災害対応管理システムの地図閲覧画面として図10に示す。22箇所のうち77％の17箇所では正しい巡視報告が行われたが，残りの5箇所では被害絵図と一致しない報告が行われた。一致しないのは，被害の種類ではなく被害レベルであった。実験の直後に行ったアンケート調査によれば，提示した被害絵図が分かりにくかったようである。

河川巡視結果に基づいて，屋内で行った避難判断を行う図上訓練の参加者にアンケート調査を実施したところ，河川巡視の結果が避難3類型に対応した危険度レベルとともに，河川巡視評価項目，写真付で登録される河川巡視システムは，県市町村との連携，水防対策の判断，情報収集時間削減，正確な現場状況把握の観点から，水防活動の改善に期待できるとの回答が得られた。また，アンケート調査では，河川管理者，市町村防災担当者，河川巡視者の全員が，河川巡視システムが水防活動の改善に期待できると回答し，また全員が河川巡視システムの最も優れている点として写真添付機能と回答した。

5 おわりに

大規模河川氾濫に対する情報収集システムとしての河川巡視システムも，広域避難を支援する情報共有システムである山梨無尽システムも，ユーザである行政職員や消防団員の協力を得て，ユーザと協働して構築することが何よりも大事だと考えている。その際，まずユーザの現状の業務分析が欠かせない。ただし，現状の組織や業務の延長上に情報システムを構築することは望ましくない。ICT を導入することによるメリットを享受できるような，新たな体制を提案することも極めて重要と考える。ユーザが新たな業務実施体制を受け入れるには，あるプロセスが必要である。そこで筆者はBECAUSE モデルのようなリスクコミュニケーション手法を，そのプロセスとして考案した。

文　献

1) 児玉真，桑原敬行，片田敏孝，澁谷慎一，村田智孝：大規模水害時の広域避難誘導方策のあり方に関する研究，日本災害情報学会第 16 回研究発表大会予稿集，46-47 (2014).
2) 鈴木猛康：巨大災害から命を守る知恵，術，仕組み～実話に基づいて綴る避難の現状と対策～，静岡学術出版 (2014).
3) 鈴木猛康：災害対応管理システム　実災害対応に使われる情報システムの開発と普及展開，情報処理学会デジタルプラクティス，**3** (3)，193-200 (2012).
4) 鈴木猛康，宇野真矢：組織間連携機能を有する災害対応管理システムとその普及展開のための研修プロセスの開発，災害情報学日本災害情報学会会誌，10，122-133 (2012).
5) 鈴木猛康：大規模災害時の広域連携を目指した体制作りと情報共有環境：大規模河川氾濫に伴う広域避難実証実験を通して，都市計画，316，64-67 (2015).
6) 内閣府：避難判断等の判断・伝達マニュアル作成ガイドライン (2014).
7) 国土交通省：河川管理者のための浸透・漏水に関する重点監視の手引き (案) (2015).
8) 鈴木猛康：災害対応管理システム用スマートフォン・アプリの開発，日本災害情報学会第 16 回研究発表会大会予稿集，252-253 (2014).

第2節　光ファイバを利用した下水道モニタリングシステム開発

ICT を活用した浸水対策施設運用支援システム実用化に関する技術実証事業共同研究体　中山　義一

1 システム開発の背景・経緯

1.1　開発の背景

近年の集中豪雨や局地的大雨の発生に伴って都市部で浸水被害が多発しており，これらの浸水被害の中で，下水道施設の排水能力が不足して発生する「内水氾濫」は下水道において解決すべき喫緊の課題となっている。一方，各事業体においては，ハード対策（増強管路やポンプ場等）への多大な投資は難しい状況にあるため，浸水被害の軽減を図るソフト対策が検討されている。

ソフト対策としては，浸水情報に基づいた避難や土のうの設置による被害を軽減させる対策とともに，下水管路内の水位やポンプ等の運転情報を活用し，既存施設の能力を最大限に引き出して浸水被害を軽減させる対策が挙げられる。しかしながら，多くの事業体では，排水区内の下水管路全体の水位を把握しておらず，加えて，ポンプ等の運転情報や近年普及してきたレーダ雨量情報を一括して監視するに至っていない。

このように，現状では，下水道に起因する浸水発生の要因である水位・雨量・施設運転情報を統括して把握していないため，施設運転操作による浸水被害軽減対策は実施されていない状況にある。

1.2　開発の経緯

前述の背景から，国土交通省では，下水道革新的技術実証事業（B-DASH プロジェクト）の中で，浸水被害軽減を目的とした「ICT を活用した浸水対策施設運用支援システム実用化実証事業」が採択され，広島市・㈠社日本下水道光ファイバー技術協会・日本ヒューム㈱・㈱NJS から構成される共同研究体により実証システムが開発され，実用化されるに至った。

2 システムの全体像

2.1　システムの全体フロー

本実証システムの全体フローは，**図１**のように「検知」→「収集」→「分析」→「提供」プロセスを一体的に結び付けた ICT によって，リアルタイムに下水管路内の水位やレーダ雨量等の情報を収集して分かりやすく表示し，また，これらの情報を活用した高速シミュレーションによる浸水予測を行い，排水ポンプ等の運転支援情報を提供するものである。

このうち，「検知」から「収集」までのシステムが「下水道光ファイバモニタリングシステム」と位置づける。

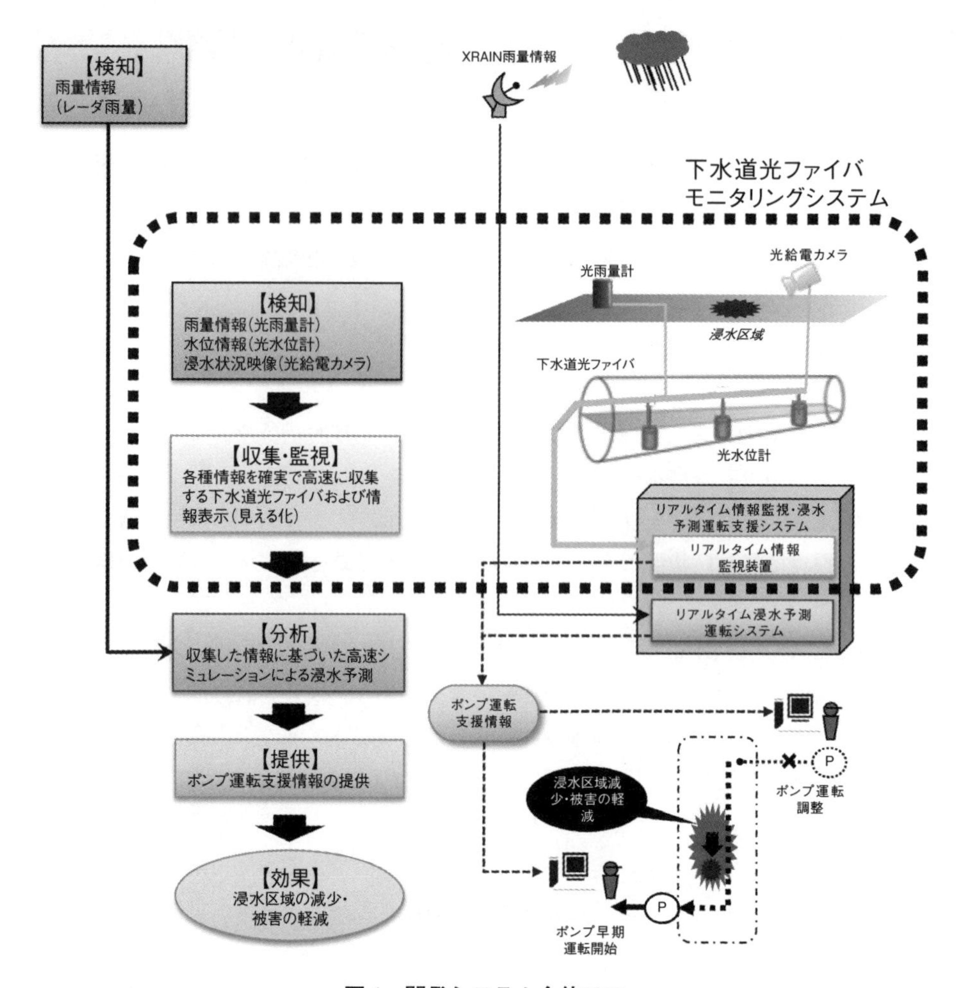

図1　開発システム全体フロー

2.2　計測機器の設置状況

本実証システムは，広島市江波地区 329 ha（合流区域）を実証フィールドとして，浸水発生の要因となる情報を検知，収集・監視するため，**表1**に示す計測機器を**図2**に示す位置に設置し，リアルタイムに情報を収集可能なモニタリングシステムを構築した。

2.2.1　小型光水位計

下水道管路内の水位を検知するため，コンパクトで施工しやすい小型光水位計を選定し管路内へ設置した（**図3，図4**）。

- 末端光源から光を供給するため，設置場所に電源は不要。
- 光ファイバ1芯に対して水位計8台が接続可能。

表1　設置機器概要

設置機器	設置箇所	数量	備考
① 小型光水位計	既設合流幹線内 増補雨水幹線内	11台 2台	下流既設水位計情報も収集
② 光雨量計	広瀬小学校 舟入児童館 江波水資源再生センター	1台 1台 1台	江波ポンプ場既設雨量計情報も収集
③ 光給電カメラ	主要道路	1台	浸水状況撮影用
④ 下水道光ファイバケーブル	既設合流幹線および増補雨水幹線	約4.3 km	下水管渠内に設置
⑤ リアルタイム情報監視盤	江波水資源再生センター	1台	ポンプ運転情報・浸水映像も合せて収集

横川ポンプ場
三篠・横川地区
雨天時遮集雨水流入
広瀬小
No.62
設置設備
小型光水位計
光雨量計
光給電カメラ
※光ファイバケーブルにより各計測機器を接続
No.57
舟入児童館
既設合流幹線
江波地区(合流)
329ha
増補雨水幹線
No.26
小規模
排水ポンプ
No.18
吉島地区
雨天時遮集雨水流入
No.0
水資源再生センター
江波ポンプ場
吉島ポンプ場

図２　機器設置位置図

- 防護カバーにより漂流物等の影響を受けない。

水位計の配置は，実証研究目的「既存施設能力の有効活用による浸水被害の軽減」の観点より，以下に示す条件に配慮して選定した。

- 浸水発生区域内の発生要因の状況を捉える代表地点。
- 既設幹線への流入面積が大きく流入量が増加すると予想される地点。
- 管渠断面が変化し水位上昇が予想される地点。

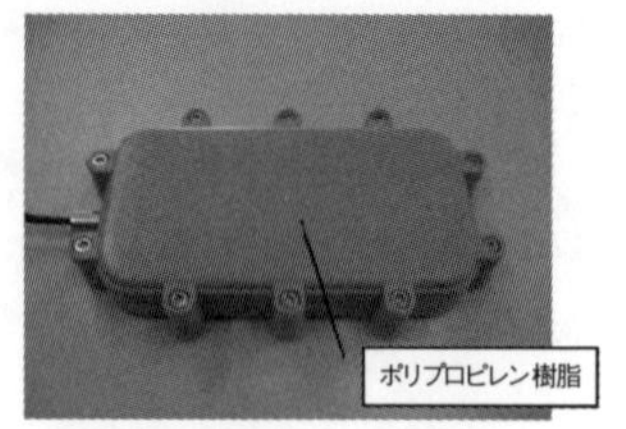

小型光水位センサ（前面）

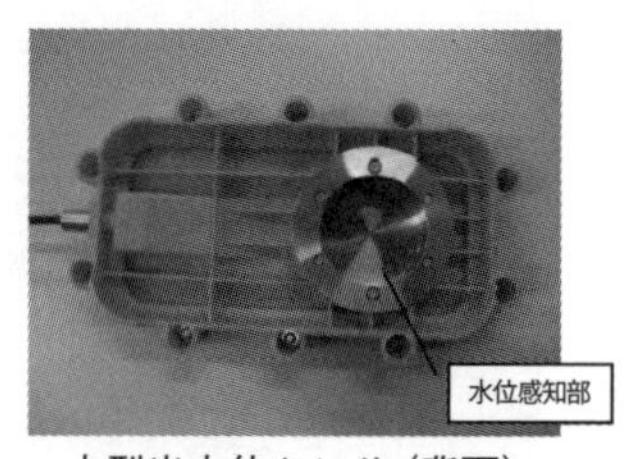

小型光水位センサ（背面）

図3　小型光水位計

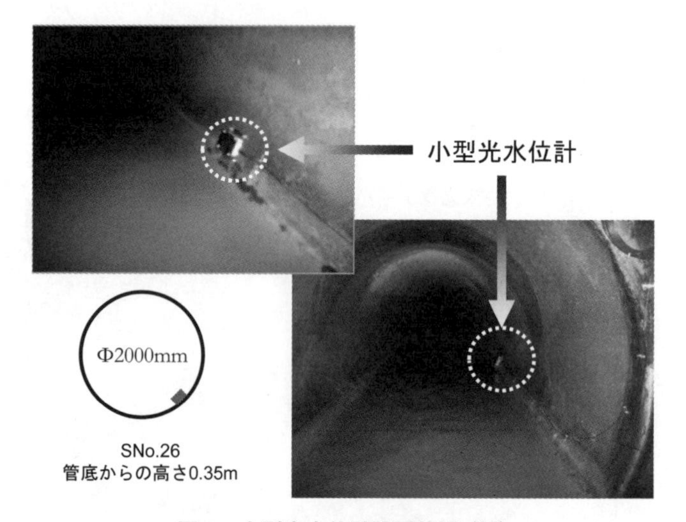

図4　小型光水位計設置状況（例）

2.2.2　光雨量計

実証フィールド内の降雨状況を把握するため，既設も含めて上流・中流・下流の公共施設屋上に光雨量計を設置した（図5）。特徴は次のとおり。

- 光雨量計センサ設置部は電源が不要であり，設置場所が停電しても動作に影響を受けない。
- 電子部品がないため，落雷による異常電圧・電流に影響を受けず確実に作動する。

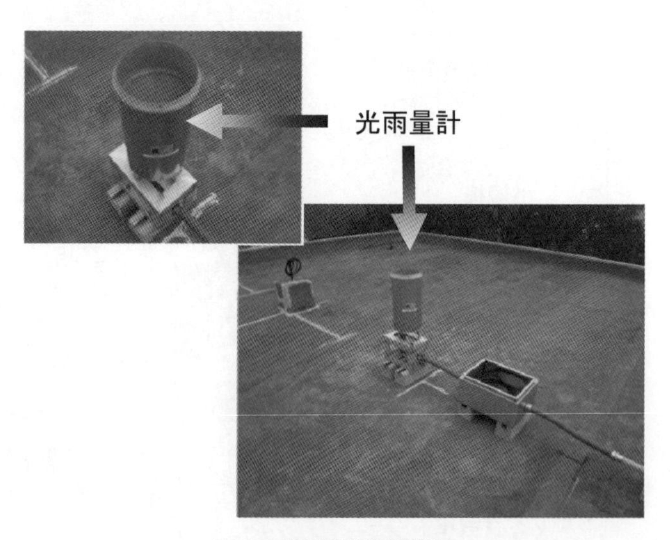

図5　光雨量計設置状況

2.2.3　光給電カメラ

浸水発生が予想される地点の浸水状況を撮影するため，光給電カメラを設置した。このカメラ撮影地点に近接して管内水位を計測しており，管内水位の上昇と地表面の浸水の発生を同時に確認することが可能となる（図6）。特徴は次のとおり。

- 末端光源から光ファイバを通じて供給される光を電気エネルギーに変換して撮影するもので，設置場所に電源は不要。

●地表面の浸水発生状況を夜間でも確認することが可能。

図６　光給電カメラ映像（例）

2.2.4　リアルタイム情報監視装置

管内水位・雨量の計測値および浸水映像をリアルタイムに監視するため，各情報を光ファイバで収集し，レーダ雨量やポンプの運転状況も含めて一括して表示する装置を設置した（図７）。

この装置によって，浸水発生の要因となるすべての情報をリアルタイムに管理・監視する「見える化」を実現した。

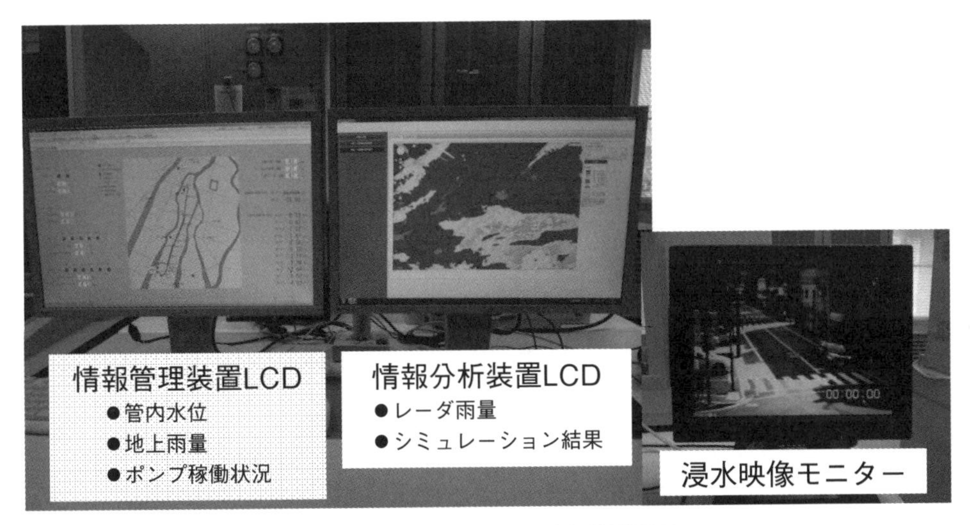

図７　リアルタイム情報監視装置画面

３ モニタリングシステムの稼働状況

3.1　管路内圧力状態および地表面溢水状況の把握

計測機器設置後，最も管内水位が上昇した2015年8月17日降雨時（地上雨量計の計測では30分間最大雨量7.0～8.0 mm，60分間最大雨量11.0～12.0 mm）の地上雨量と管内水位計測状況を図８に示した。

管内水位は，地上雨量の強度に応答して上昇し，管頂高を上回る圧力状態を計測しており（注目点①），上流No.57における最高水位は地盤高近くまで上昇した後ほぼ一定となっていることから，地表面の溢水状況を捉えていると推察された（注目点②）。

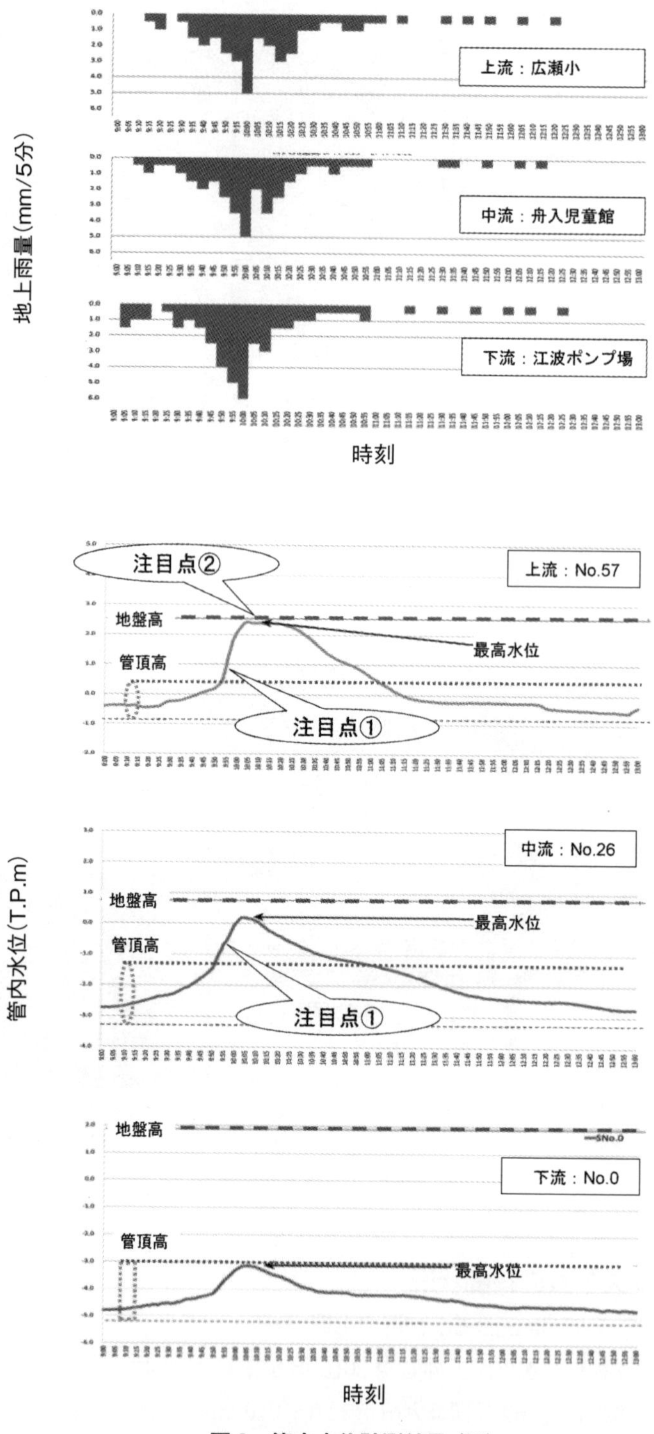

図 8　管内水位計測結果（例）

この計測例のように，本システムの光水位計は，管路内圧力状態および地表面の溢水状況を把握することが実証された。

3.2　水位ピークの把握

計測期間のうち，比較的強い降雨が発生した**表２**に示す降雨日の水位計測結果を**図９**に示す。

各降雨日における管内水位の計測結果を管底からの水深に整理した結果を図２に示した。図内の（ア）および（イ）については，降雨強度の変化に管内水位が応答して上昇し，ピークがほぼ同一時刻に発現している。一方，（ウ）-1 については，降雨の強雨域が地区全域であるが管内水位のピークは，中流部 No.26 →上流部 No.62 →下流部 No.18 の順に発現している。また，（ウ）-2 では，上流部 No.62 のピーク発生が最も遅くなっている。

以上から，管内水位のピークは，必ずしも上流で早く発現し下流になるにつれて遅く発現するものではなく，強雨域の発生範囲等の影響を受けて，さまざまに変化することを把握することができた。

3.3　リアルタイム収集情報の監視

リアルタイムに収集した管路内水位・地上雨量に加えてポンプ運転情報を一括して監視した実例を**図 10** に示す。全区間にわたって変化する管内水位を色分けして表示するもので，各区間の水位上昇の状況を一目瞭然で把握することができる。

このように，下水道排水区において 10 箇所を超える地点の管内水位を計測・監視するシステムは，国内初の実施例であり，おそらく海外でも実例はない画期的なシステムといえる。

表２　比較的強い降雨日の状況

降雨日	種別	上流	中流	下流	強雨域	降雨波形
		広瀬小学校	舟入児童館	江波水資源再生センター		
2015/8/17	10 分最大	10.0	10.0	12.5	下流	中央集中
	30 分最大	20.0	21.5	25.5		
	60 分最大	29.0	30.0	33.5		
	総降雨量	39.0	39.0	48.5		
2015/10/1	10 分最大	9.5	8.0	7.0	上流	後方集中
	30 分最大	15.5	14.5	12.5		
	60 分最大	19.5	19.0	16.0		
	総降雨量	53.5	55.0	53.0		
2015/11/14	10 分最大	8.0	7.5	8.0	全域	後方２山
	30 分最大	15.5	13.5	16.5		
	60 分最大	26.0	22.5	24.5		
	総降雨量	52.0	49.0	51.0		

※本実証研究計測期間において，5 mm/10 分（30 mm/ 時）を超過する降雨を抽出した。
※表中ハッチは，各種別の降雨量のうち最も大きい値を示す。

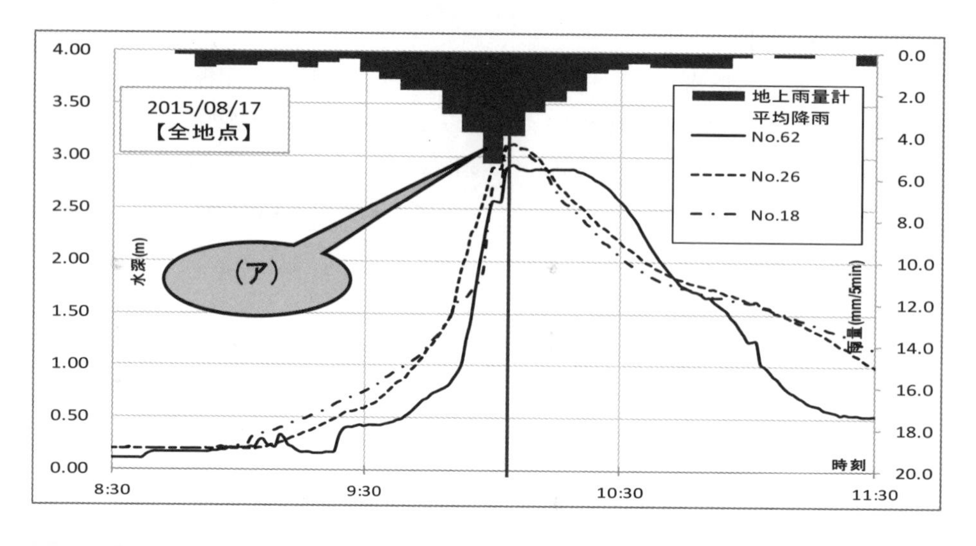

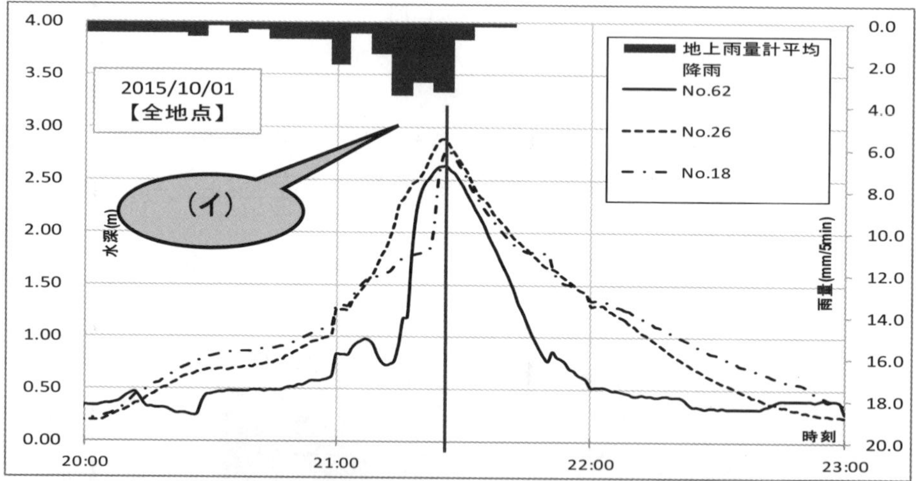

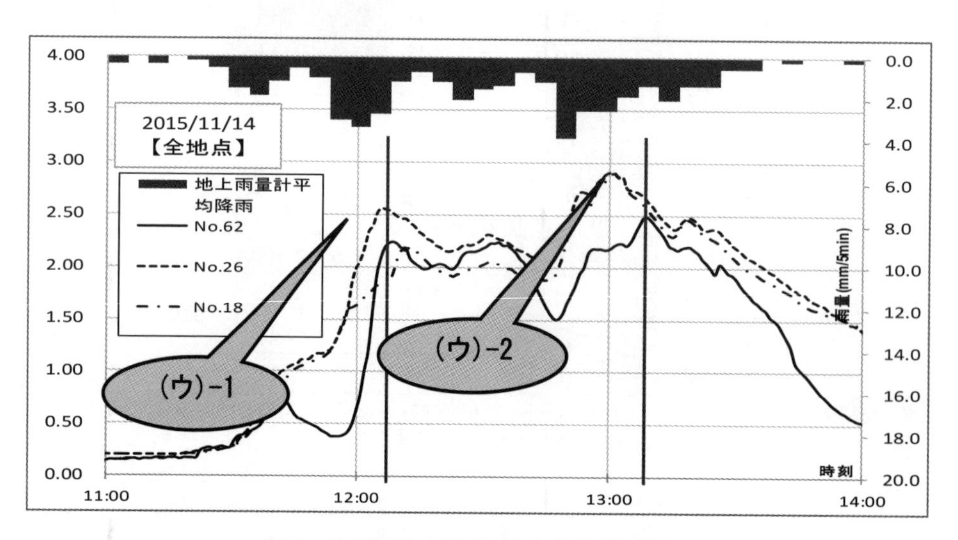

図 9　比較的強い降雨日管内水深計測結果

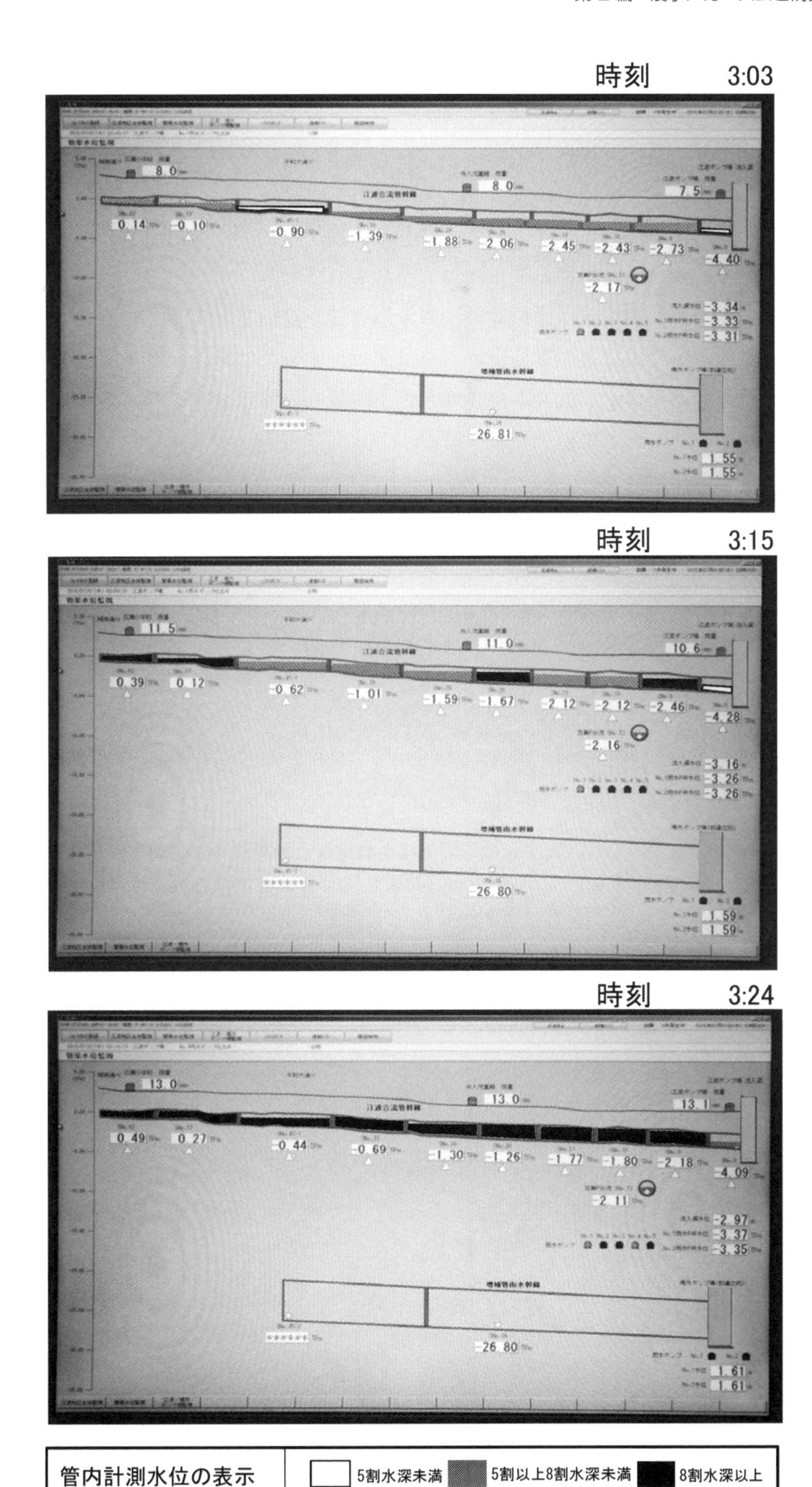

※口絵参照

図 10　管内水位計測計測表示（例）

4 今後の展開

今後も本モニタリングシステムを稼働させ，データの計測・分析とシステムの検証・改良を継続していく予定で，このモニタリングシステムを活用して，次のような展開が期待される。

① モニタリングシステムの普及

1.1 でも述べたように，近年，豪雨が頻発し，河川に起因する外水氾濫に加えて，下水道で対応する内水氾濫による都市水害が懸念されており，水防法の改正も相俟って，水位周知下水道の創設など，水位等の情報の重要性が認識されてきている。

今までは，ポンプ場付近の数地点の水位計測は実施されてきたが，本実証システムのような管路も含めた排水システム全体の水位と雨量等，浸水発生の要因となる情報を一元化し，リアルタイムに収集・表示する「見える化」を実現させることが急務であり，全国的な普及展開が期待される。

② 蓄積したデータの活用

「浸水がどのように発生するのか」について研究が数多く行われてきたが，理論はあっても十分な箇所数の計測データがないため，実証ができない状況にあったといえる。

本実証研究では，多様で詳細なデータを収集・蓄積しており，蓄積したデータを各種研究へ提供することが可能で，詳細な浸水シミュレーションモデルの開発・検証と雨水排除計画論への展開，ポンプ等の運転制御技術への応用等，各方面への活用が期待される。

謝　辞

本システムの実証にあたっては，国土交通省国土技術政策総合研究所下水道研究部および共同研究体の広島市，㈳日本下水道光ファイバー技術協会，日本ヒューム㈱の皆様方のご協力に厚く御礼を申し上げます。

第3節　ビデオ画像を用いた河川表面流速分布の計測

神戸大学　藤田　一郎

1 はじめに

記録的な豪雨による洪水災害が近年多発している。比較的最近の2011年だけをとってみても，7月には新潟・福島豪雨が発生し，信濃川支流の魚野川では観測史上最大の洪水を観測した。9月には台風12号による影響で奈良県，和歌山県を中心として広域な土砂・洪水災害が発生し，2012年7月には九州北部豪雨が発生し，大きな被害をもたらした。2015年では，一級河川の鬼怒川が破堤し，周辺の家屋が次々と破壊され流失していく様子や，屋根の上などから住民らが自衛隊ヘリで救出される様子が生々しく映像として映し出された。河川の河道に沿って線状降水帯が発達，停滞したことが一つの要因と言われているが，一級河川の大規模な破堤は，2004年の台風23号で発生した円山川の決壊以来のことであった。海外においても，オーストラリア，ブラジル，スリランカでの記録的な大洪水，ミシシッピ川での洪水，タイでの大規模な氾濫災害等が連続して発生している。このような最近の洪水のうち，わが国における洪水で特徴的なのは，時間降雨が100 mm前後の大雨が数時間続くケースが頻発していることである。そのため，河川流量は急激に増大し，最悪の場合には氾濫に至っている。このような洪水災害に対する対策を講じる上で重要なのは，流量や水位のハイドログラフを正確に計測しておくことである。これは，降雨に対する流出過程を正確に把握する上で不可欠であり，特にピーク流量の把握は重要である。しかしながら，長時間かけて流量が徐々に変化する大陸の洪水とは異なり，わが国の洪水は短時間に出水するために，流量を正確に計測することは容易ではない。しかも，報道で「未明から降り続いた雨が…」とよく伝えられるように，洪水のピークは夜間に発生することが多いことも計測を難しくしている。

わが国の洪水流量計測は長年，浮子法で行われてきたが，この方法の致命的な問題点もいくつか指摘できる。2011年7月の新潟・福島豪雨に関連して言えば，洪水流量が非常に大きかったために流量観測地点の橋梁がもぐり橋状態になったことや，危険のために橋梁へのアクセスが通行禁止になったことで計測作業を行えず，ピーク流量が欠測となった。九州北部豪雨においても非常に激しい洪水流のため，浮子法の適用自体が困難であったと言われている。つまり，堤防満杯に近い状態で夜間に浮子観測を行うことは非常に危険であり，人手を要する計測法には限界があると言える。計測作業を実施できる場合でも，第1見通し断面から第2見通し断面までの距離は100 m程度と長いために，浮子は大規模乱流の影響などを受けて左右に振れ，この2断面での河床形状も一致しないことから流量の計測精度にはある程度の限界があることも確かである。

以上のような観点から注目されてきたのが，非接触法による計測である。水面へ照射した電波のドップラーシフトを捉えて照射スポット面における流速を求める電波流速計が一つの代表であり，橋梁に固定設置して定点連続計測をすることが可能となっている[1)]。もう一つの代表が画像を利用する方法であり，筆者らのグループが精力的に取り組んできたものである[2)-6)]。画像を利用する場合には，主要な河川に数多く設置されているCCTVの映像や安全な場所から撮影した映像を用いて河川表面の横断流速分布を求めることが可能である。以上のような観点から，画像計測による流速計測は有用であることが分かるが，開発してきた手法を幅広く普及することも重要と考え，ユーザインタフェースなどを整えたソフトウエア（KU-STIV）も商品化されている。以降では計測のアルゴリズムや適用例について紹介する。

2 洪水観測の難しさと重要性

河川の洪水時の流れは，流体計測の中でも最も困難な計測対象の一つと言える。それは，洪水流計測は風や雨などの自然条件に完全にさらされた状態で行わなければならず，計測環境が劣悪であることが第1のポイントである。第2のポイントは対象となる河川の物理スケールが数～数百メートルのオーダ等と非常に大きい点である。そのために，仮に直接的な計測を行えたとしても計測作業にはかなりの時間を要してしまう。また，洪水流は大小の礫混じりの浮流砂を大量に含んだ固液混相流であり，実験室で用いるプローブタイプの計測装置は使えないことが第3のポイントである。第4のポイントとしては，洪水時の初期には特に大量の流木やごみなどが流れてくることが多いために，ボート等を用いて計測するには危険を伴う点が挙げられる。このように，洪水流の計測はあらゆる点で非常な困難を伴うものと言える。

洪水流速を計測する直接的な目的は，河床横断形状のデータとあわせて河川流量（Q）を求め，そのときの水位（H）の情報とセットにして，いわゆる水位－流量曲線（H-Q曲線）をできるだけ正確に求めることにある。洪水のたびに詳細な計測を実施することは難しいため，比較的計測の容易な水位との相互関係を予め求めておき，水位から任意時刻の流量を推定するわけである。流量は河川の基本方針や整備計画における最も基本となる水文量であり，河道の計画は流量の正確な値が分からなければ策定することができない。流域に施したさまざまな洪水対策の効果についても流量が分からなければ正確に評価・把握することができない。水位と流量の関係は河床変動や河川周辺の環境の変化の影響を受けるため，この関係は常に更新していく必要がある。これは，高水敷の利用形態や植生分布の変化等，流水抵抗の変化による影響を受けるからである。流量と水位のデータセットと同様に重要なのは降雨の情報だが，こちらは従来のCバンドレーダに加えて高い時間・空間解像度を有するXバンドMPレーダなど最新機器が導入されつつあり，数分間隔で詳細な降雨分布を把握できるようになってきた。これに対し，現在の洪水流量観測は前述のように浮子法が基本となっている。浮子法は人手や時間がかかる古くからの手法であり，降雨データ計測の近代化と比較すると一歩も二歩も遅れていると言わざるを得ない。

降雨情報から流量を推算する手法を降雨流出解析といい，さまざまな手法が提案されているが，これらの解析モデルには多くのパラメータが含まれるため，流量の正確なデータがなければこれらを同定できない。すなわち，流域に対するインプットとしての降雨のデータ計測が高度化しても，アウトプットとしての流量の計測が高度化されなければ，ある降雨に対する流域の応答を正確に把握したり，予測したりすることはできない。このような計測精度のアンバランス状態を解消するために有望なのが，非接触法としての画像計測法というわけである。

3 映像情報の重要性

映像情報の強みは水位計などの河川における点計測とは異なり，空間的な情報が記録されていることである。1点における情報量は点計測のデータを圧倒する。また，水位計等は水中に取り付けられているために流体力や浮遊物によって破損する場合があり，現に九州北部豪雨の際においても水位計が流失したために最も重要なピーク水位を欠測する事例もあった。九州北部豪雨の際，このような状況の中で唯一わずかに記録されていたのがモニタリングカメラの映像であったことは注目に値する。一般的に，河川のCCTVは自由に動かせる雲台や高性能の望遠機能のために，プライバシーの問題から録画機能がないものが多いが，今回のような大洪水時でも貴重な動画がわずかに記録されていたケースもあった。2012年の九州北部豪雨災害の調査報告[7]では，「今後の既往最大規模の河川災害への対応についての提言」の中で，「水位や映像のデータは，原因究明の際は航空機のフライトレコーダー，ボイスレコーダーに匹敵するほど貴重なデータといえる.「欠測でした」では済まされない．担当部局の緊張感をもった対応をお願いしたい.」と記述されているが，映像情報の重要性をあらためて指摘していることは注目に値する。したがって，開発するソフトウエアは映像情報としての動画をそのまま処理可能であることが重要と考えられた。

4 従来型の流速計測法

本項では，従来型の流速計測法を示し，画像計測法の優位性について考察しておく。

4.1　平水時の計測

河川流の計測は流速分布の計測と流量の計測に大別することができるが，これまでの計測は基本的には点計測であり，河川空間をカバーするように計測を行うには河川のサイズに比例した多大な労力が必要であった。点計測の計測装置としては，1方向の流速成分を測れるプライス型流速計（プロペラ式）や電磁流速計などがあるが，鉛直流速分布や平面的な流速分布を得るにはプローブの位置を逐一移動させる必要があるため，取得できるデータ量やデータ密度には限界があることに加え，非定常性が強い場合や大きな洪水時には使えないという欠点がある。ただ，これらの機器は河川の低水流量観測には現在でも有効利用されており，測線上の各水深と河床から40％の高さの各流速を用いて（1点法の場合），横断面内の流量が算出されている。このような計測作業の労力を軽減するためには，河川表面にトレーサーを散布し，その表面流速分布から流量を推定することが有用で経済的と考える。

4.2　洪水流の計測

従来の計測装置を用いて洪水時の流速分布や流量を計測することは容易ではないため，わが国では浮子を用いた計測が古くから行われており，得られた流量データは河川整備の基本方針や整備計画の策定の際に重要な基礎データとして活用されている。ただ，浮子観測には①欠測の可能性，②連続計測の困難さ，③洪水時計測の危険性，④浮子の偏流，⑤流量換算の更正係数の妥当性などの問題点が指摘されている。このうち，④の問題点を端的に示しているのが**図1**に示す浮子の軌跡である[8]。図1は夜間の洪水流観測時に左岸側から撮影された発光浮子の軌跡を合成した後，画面全体を幾何補正したものである。この場合，浮子は河岸近くで河道中央に偏流する傾向を示している。これは河岸近くで強まる内部二次流の影響と思われるが，この偏流のために河岸に平行な測線上を移動すると仮定して算出される流量には自ずと誤差が含まれることになる。図1のように比較的直線的な河道区間でさえこのように浮子の軌道が変化してしまうことを考えると，地形的な制約などからやむを得ず湾曲部などで行われる浮子観測流量には高い計測精度は期待できないことが分かる。

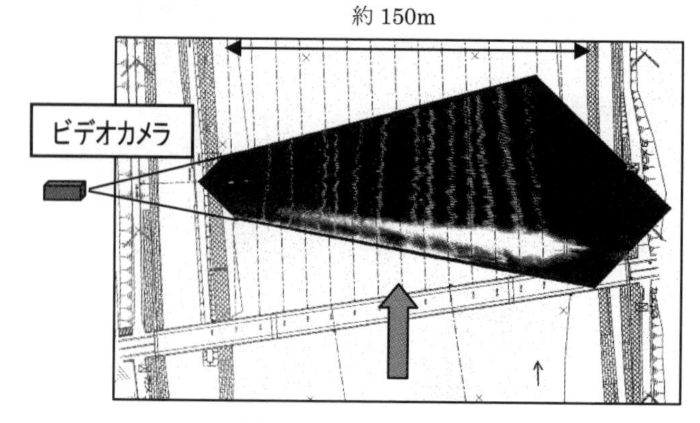

図1　洪水中の浮子の軌跡（魚野川）[8]

5 非接触計測手法の特徴

5.1　計測媒体について

河川流計測における非接触計測法は，画像計測による方法とドップラー効果を利用した方法に大別できる。前者の画像による方法には，Large-Scale Particle Image Velocimetry（LSPIV）やSpace-time Image Velocimetry（STIV）に加えて時空間微分法（オプティカルフロー）などがあり，後者の方法には電波流速計や超音波流速計などがある。計測原理は各々全く異なっているが，計測対象が表面流速という共通点がある。他の視点から見た共通点は，どの方法も河川表面流を一つの移動媒体と見なしており，表面流とともに移動する何らかの移動体を追跡している点が同じである。

ドップラー効果を利用する方法では，電波流速計の場合，使用するマイクロ波の波長は使用周波数（10.525 GHz）に対して2.8 cm程度，超音波流速計の場合，使用周波数（20.4 kHz）に対して1.7 cm（気温20 ℃のとき）程度であるから，十分な散乱波強度を得るためには河川表面に少なくとも1 cmオーダの凹凸が存在していなければならない。逆に言えば，この方法の場合，水面の凹凸が微小な平水時の計測には使えないことになる。

一方，画像を利用する場合の計測対象はあくまでも画面内の輝度分布（通常0から255までの値をとる）だが，この輝度分布の大部分は自然光が水面の凹凸によって乱反射されることによって生じる。したがって，計測方法は異なるものの，基本的な計測媒体が水面の微細な幾何形状であるという点ではドップラー効果を利用する方法と共通している。ただし，幅が10～100 m程度までの水域をカバーする画像計測で通常のビデオカメラを用いた場合には，空間解像度が低いために必ずしもドップラー効果を利用する装置と同一の計測媒体を同じ状態で“視て”いることにはならない。例えば，河岸からの斜め撮影では1画素のサイズが1～10 cmのオーダまで分布するため，カメラから遠ざかるほど水面の状況を巨視的に観察する結果となる。

表１　非接触型流速計の特徴比較

	電波流速計	超音波流速針	LSPIV	STIV
計測原理	ドップラー効果		テンプレート パターンマッチング	テクスチャ解析
使用周波数他	マイクロ波 20.4 kHz	超音波 10.525 GHz	可視光	同左
計測対象	水面の凹凸 （3.6 mm 以上）	水面の凹凸	表面画像濃淡分布	同左
計測領域	一辺 2～4 m の楕円	一辺 2～4 m の楕円	1 ベクトル当たり数～10 m 四方，テンプレートの取り方により変化	主流方向の 数～数 10 m の線上
俯角	30～45°	30～45°	最遠点で 6° 程度以上～	2～3° 以上
偏角	0°	0°	制限なし	0°
横断流速分布の計測	流速計を平行移動	流速計を平行移動	固定点（河岸高所）からの全幅同時計測可能，河川幅 100 m/ 台（目安）	同左
測定範囲（m/s）	0.5～10.0（水面の状態により異なる）	0.5～10.0（水面の状態により異なる）	0～10.0（目安） 逆流も測定可能	0.1～10.0（目安） 逆流も測定可能
流速成分	照射方向の 1 成分	照射方向の 1 成分	2 次元成分	線分上の 1 次元成分
設置場所	橋（水面まで 10 m 以内）	橋（水面まで 10 m 以内）	河岸，橋	同左
夜間計測	可能	可能	照明を利用， 暗視カメラ	同左
リアルタイム計測	可能	可能	水位計との連動で 可能	同左
特徴	実際河川での計測実績が豊富にある	基本原理は電波流速計と同様	橋がない場所でも計測可能，複数カメラ利用で 100 m 以上の河川幅をカバー可能，CCTV カメラを利用可能	同左 LSPIV より効率的

しかしながら，平均的な流れ場を考えると，微視的であれ巨視的であれ同じ平均流に載った多重スケールの水面凹凸形状を観測していることには変わりない。非接触手法の特徴を**表１**に示した。

5.2　水面凹凸（水面波紋）の発生要因

非接触法で共通に観測している水面の凹凸は水面に凍結された状態で存在し移流されているのではなく，個々の微小な波が折り重なった渾然とした状態で存在している。個々の波は，船が作るような波高の大きな航跡波（重力波）とは異なって方向性がなく波長や波速も小さい。このような小スケールの波の発生要因としては，

① 開水路粗面乱流場における水面近傍の圧力変動

② ボイル渦等の水面への衝突

③ 橋脚等河川構造物背後で発生した後流の痕跡

④ 風の影響

等が考えられる。洪水時に観測されるのはこれらの要因が複合的に影響しあった結果生じる水面の擾乱である。したがって，単純にその波速を求めることは難しいが，洪水時に観察される水面凹凸の波長が1～10 cm 程度であるのに対し，水深がメートルオーダの値をとることから，ちなみに深水波として波速を計算してみると10～40 cm/s 程度となる。ただ，現実にこのような波があったとしても各々の波の波向は不規則で互いに打ち消しあうため，ビデオ画像上である種の移動媒体として認識されるのは，洪水の平均流（低平地では2～3 m/s 程度）に，平均流速の高々1割程度の群波速度を持つ水面の擾乱が重畳した場ということになる。通常，これらの微小水面擾乱には方向性がないため，これらのノイズ（微小波速の影響）は平均処理によって除去できる。ただし，強い風によって方向性の強い重力波が連続的に発生している場合は，その影響は無視できず，重力波の波速の方を追跡してしまう可能性が高い。ただし，この短所は画像利用法に限らずどの非接触法でも生じるものである。いずれにしても，このような水面の凹凸を河岸などから観察すると“水面波紋”として認識できる。

まとめると，ドップラー効果を利用する計測法が比較的小スケール（センチメートルオーダ）の水面波紋（水面の凹凸）を微視的に追跡しているのに対し，画像を利用する方法では中小のスケールが混在した水面波紋の場を巨視的に追跡していることになる。ただ，このような水面波紋の発生条件やその強度と河川における水理条件との関係は必ずしも明らかになってはおらず，今後の研究が必要である。

6 STIV の概要

6.1 STIV の位置づけ

ビデオ画像のような動画から移動体の動きを捉える方法としてよく知られているのは，前述の PIV とオプティカルフローである。PIV は専ら流体計測分野で用いられており，オプティカルフローはリアルタイムで物体の動きを識別する必要のあるロボット工学で用いられることが多い。一般にオプティカルフローはノイズが生じやすいため，さまざまな工夫が加えられてきている。PIV では二枚の連続画像から，オプティカルフローでは二枚あるいは数枚の連続画像から二次元の瞬間速度場を求めるが，本研究における STIV では連続する数十枚の画像から一次元（主流方向）の平均速度場を求めるのが大きな特徴である。このような発想で流速計測をした例は国内外に全くない。

利用する画像に関して各手法の違いを模式的に示したのが**図 2** である。通常のビデオ画像ではフレーム画像の最小時間間隔（ΔT）は 1/30 sec である。流れ場にもよるが，PIV では計測精度を高めるために対象物の画像上での移動量が 5～10 画素となるように二連続画像の時間間隔を調整するのが通例である。図 2 の例では最初の画像と N 番目のフレーム画像から速度場を得ている。一方，オプティカルフローでは輝度分布の移流方程式から移流速度を算出するので，時間および空間方向の輝度の勾配値を精度よく求める必要がある。そのために，図 2 (b) に示すように最小時間間隔ΔT の連続画像が用いられる。

これに対し，STIV は数秒間のビデオ画像すなわち数十枚のフレーム画像の情報から流れ方向の流速成分を求める方法である（図２(c)）。輝度の空間勾配を求めるという点では，オプティカルフローの一次元版とも言えるが，輝度の勾配値を移流方程式ではなく画像処理によって求めている点が従来の方法と大きく異なる。また，前述の方法では一辺が10～50画素程度の正方領域が計測対象だが，STIVでは流れ方向に50～100画素程度，横断方向に１画素の線状領域が計測対象となる。そのため，横断方向に非常に高密度の流速分布を求めることができる。

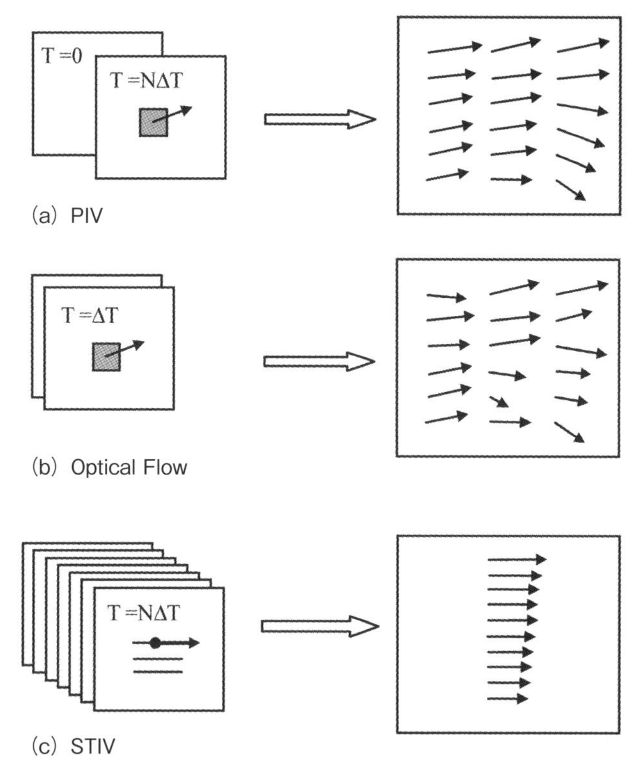

図２　各手法の比較

6.2　時空間画像の構成要素

STIVで用いる時空間画像の一例を**図３**(b) に示す。この画像は，図３(a) に示した検査線上の輝度分布を時間軸方向に積み重ねて生成したものである。この例では，時空間画像の生成に約１秒間30フレームのビデオ画像を用いている。対象河川では水面に多数の水面の凹凸（水面波紋）が確認できる。図３から分かるのは，全体的な傾向として右下に向かう縞模様が確認できる点である。この中で相対的に黒い部分は水面凹凸の谷の部分，白い部分は水面凹凸の峰の部分に対応している。これらの縞模様は途切れ途切れではあるが局所的には連続しており，しかも各縞パターンがほぼ平行であることから，微小時間内においては水面凹凸（波紋）の形状がほぼ凍結された状態で移流されていると見なせる。STIVでは，検査線上を通過中の平均流がこの移流状態を引き起す要因と考えている。したがって，この縞パターンの傾きを求めれば検査線状を通過している表面流の流速が得られることになる。従来の研究[9) 10)]ではこの傾きを変形法によって求めていたが，ここでは，別の手法として輝度勾配テンソル法を用いて比較検討した。

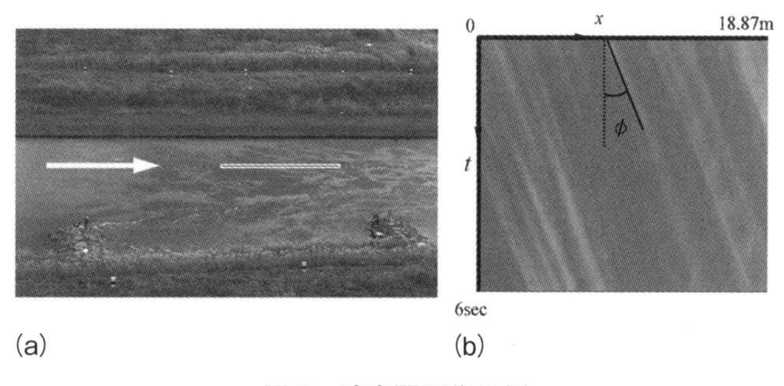

図３　時空間画像の例

6.3 輝度勾配テンソル法

輝度勾配テンソル法は，時空間画像内に含まれる縞パターンの傾きを縞パターンの勾配ベクトルから求める手法である。画像の輝度勾配に関連するテンソルで

$$J_{pq}=\int_A \frac{\partial f}{\partial x_p}\frac{\partial f}{\partial x_q}\,dxdt \tag{1}$$

とおける（式(1)）。ここに，p，q は時空間の成分を表す指数で，ここでは，$x_1=x$ および $x_2=t$ とする。パターンの勾配（回転角）は式(2)から得られる。

$$tan2\phi=\frac{2J_{12}}{J_{22}-J_{11}} \tag{2}$$

また，縞パターンのコヒーレンシーは式(3)で与えられる。

$$Cc=\frac{\sqrt{(J_{22}-J_{11})^2+4J^2_{12}}}{J_{11}+J_{22}} \tag{3}$$

このコヒーレンシーは，縞パターンの強さを示すパラメータであり，理想的な縞パターンの場合に1，全くパターンがない場合に0の値をとる指標である。

以上より，式(1)を用いて時空間各方向の輝度勾配の積をある検査領域内（A）で積分すれば，式(2)を用いて縞パターンの局所的な勾配が算出できる。なお，本研究では，輝度勾配の計算には5次精度の中央差分を用いた。この差分式を空間軸方向について示せば

$$\frac{\partial f}{\partial x}\cong\frac{f_{i+3}-9f_{i+2}+45(f_{i+1}-f_{i-1})-4f_{i-2}-f_{i-3}}{60\Delta x} \tag{4}$$

となる（式(4)）。解析においては，検査領域を一辺が10～20画素程度の正方領域として時空間画像上で ϕ およびコヒーレンシー Cc の値の分布を求め，Cc があるしきい値以上となる検査領域での ϕ の平均値を水面波紋の移流に関わる縞パターンの角度とした。

以上の一連の解析プロセスをまとめたのが，**図4**である。まず，図左端にある各画像からある検査線上の輝度分布の時間変化を図中央のように時空間表示し，時空間画像Space-Time Image（STI）を生成する。次に，STIを多数の領域に分割し，各領域に対して局所的に輝度勾配を式(2)を用いて求める。これらの輝度勾配のヒストグラムを作成した後，コヒーレンシーで重みづけした平均勾配を算出する。流速値は，この平均輝度勾配を用いて式(5)を用いて求めることができる。

$$U=\frac{S_x}{S_t}\tan\phi \tag{5}$$

ここに，S_x（m/画素）は検査線軸の単位長さスケール，S_t（sec/画素）は時間軸の単位時間スケールを表す。

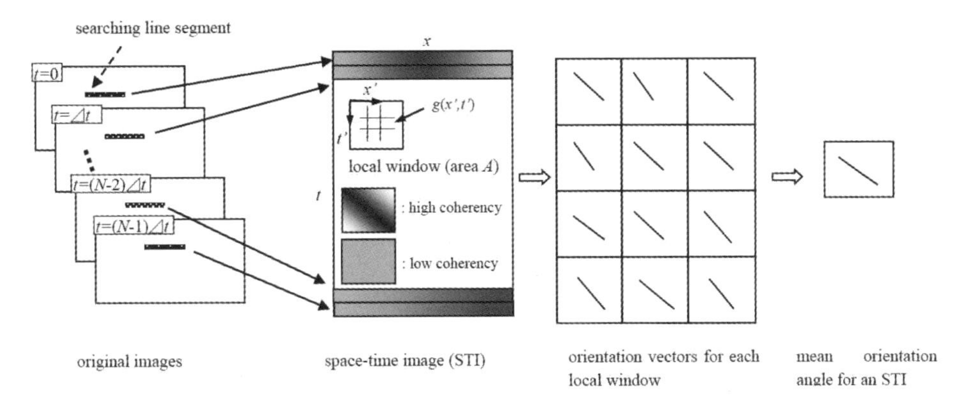

図４　STIV の解析プロセス概要

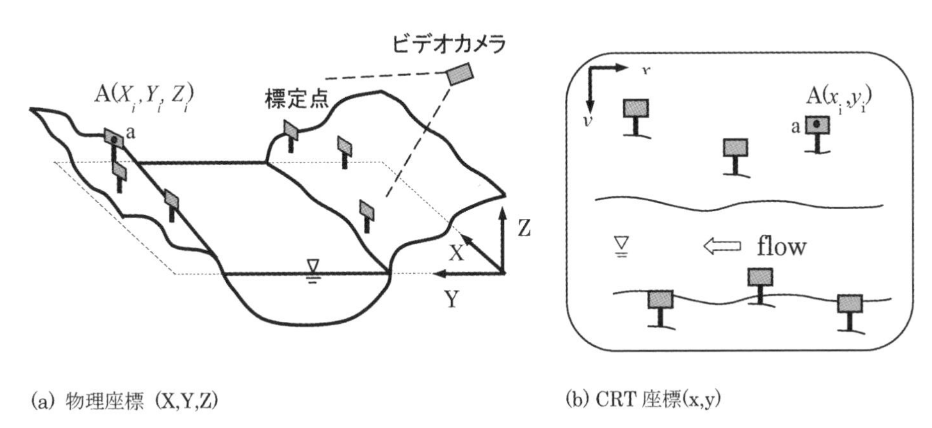

(a) 物理座標（X,Y,Z）　　(b) CRT 座標(x,y)

図５　標定点の設置と各座標の関係

6.4　画像の幾何補正

これまで，説明してきた LSPIV や STIV は，どちらの手法においても斜めから撮影された画像を用いるために，画面上の座標と物理座標（測量座標）の関係を求める必要がある。一般的には各々の座標系において６点以上の標定点（GCP：Ground Control Point）を必要とする。これらのデータを用いると斜め画像の幾何補正（image rectification）を行うことができる（**図５**）。両座標間の関係は式(6)，式(7)で表せる。

$$x = -c\frac{a_{11}(X-X_0)+a_{12}(Y-Y_0)+a_{13}(Z-Z_0)}{a_{31}(X-X_0)+a_{32}(Y-Y_0)+a_{33}(Z-Z_0)} \tag{6}$$

$$y = -c\frac{a_{21}(X-X_0)+a_{22}(Y-Y_0)+a_{23}(Z-Z_0)}{a_{31}(X-X_0)+a_{32}(Y-Y_0)+a_{33}(Z-Z_0)} \tag{7}$$

ここに

$a_{11} = \cos\phi\cos\kappa$　　$a_{12} = -\cos\phi\sin\kappa$　　$a_{13} = \sin\phi$

$a_{21} = \cos\omega\sin\kappa + \sin\omega\sin\phi\cos\kappa$　　$a_{22} = \cos\omega\cos\kappa - \sin\omega\sin\phi\sin\kappa$　　$a_{23} = -\sin\omega\cos\phi$

$a_{31} = \sin\omega\sin\kappa - \cos\omega\sin\phi\cos\kappa$　　$a_{32} = \sin\omega\cos\kappa + \cos\omega\sin\phi\sin\kappa$　　$a_{33} = \cos\omega\cos\phi$

である。ϕ，κ，ωはカメラのアングル，X_0，Y_0，Z_0はカメラの中心座標，cは焦点距離である。式(6)，式(7)における変換係数の数は，写真測量において外部変数とよばれる3つのカメラアングル，カメラ座標，および焦点距離の7つとなる。カメラのレンズの内部歪みを考える場合には，変数が増えるがここでは内部変数は無視した。また，式(6)，式(7)の逆変換式は

$$X = (H - Z_0)\frac{a_{11}x + a_{21}y - a_{31}c}{a_{13}x + a_{23}y - a_{33}c} + X_0 \tag{8}$$

$$Y = (H - Z_0)\frac{a_{12}x + a_{22}y - a_{32}c}{a_{13}x + a_{23}y - a_{33}c} + Y_0 \tag{9}$$

である（式(8)，式(9)）。

7 ソフトウエアKU-STIVの概要および適用例

これまで説明してきたSTIVによる解析手法を，一つのプラットホームにしたソフトウエアを筆者らは開発した。このソフトウエアの機能はおおよそ以下のとおりである。

① 河岸等から斜め撮影されたビデオの動画を直接読み込める。動画の再生，停止，切り取り等も可能。

② 斜め方向から撮影した歪んだ画像を幾何補正する。標定点の物理座標とスクリーン座標を個別に入力して幾何補正画像をチェックできる，

③ STIVの検査線を斜め画像と幾何補正画像のどちらにおいても設定できる。

④ 時空間画像（STI）を連続表示すると同時に輝度勾配テンソル法によって得られた輝度勾配の線を重ね合わせ，解析の妥当性を確認することが可能である。

⑤ STI画像の画質を調整するさまざまな機能がある（ガウシャン平滑化，FFTフィルタ等）。

⑥ 浮子追跡を可能とする，Float-PTVの機能もある

このうち，最後のFloat-PTVについての説明は割愛するが，浮子が通過時の数秒間隔の映像を多重合成画像を生成することで，浮子の追跡をマニュアルで行える機能である。基本的には，①動画を読み込み，②キャリブレーションで幾何補正画像をチェックし，③検査線を設定して流速を求める，という3つのステップで解析が行われる。最も面倒なところは，キャリブレーションであり，測量誤差や測量ミスなどがあると幾何補正が正常に行えなくなるので，標定点の測量には十分な注意が必要である。STIVによる解析は検査線が20本程度であれば1分程度で終了するために高速に解析を行える。STIVの適用例を**図6**に示した。STIVによる結果が電波流速計とADCPによる計測結果と比較されている。融雪洪水時の表面流速分布の比較であるが，画像解析による結果は他手法と同等の結果を与えており，基本的には河川表面のビデオ撮影を行うだけで，十分な精度の計測が行えることを示すことができている。

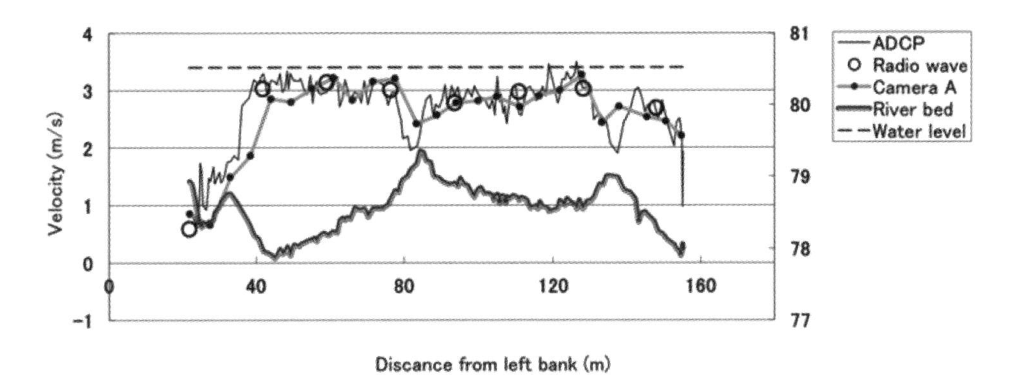

図6　多手法による流速分布の比較（魚野川：2012.4.21,20:00 pm，CameraA：遠赤外線カメラ）

8 おわりに

本稿ではビデオ画像による河川流の非接触計測手法であるSTIVについて，他の手法に対する優位性，経済性，頑健性等に解説を加えた。STIVの利点は，現在，数多く設置されている河川監視カメラの映像を利用して流速計測を行える点であり，例えば，国土交通省九州地方整備局では，CCTVを用いてSTIV解析するためのガイドラインを作成している。画像計測へのCCTV利用が広まるにつれて明らかとなってきたのは，夜間における画像の低画質化である。本来の目的である河川監視には使えても，夜間では画像が真っ暗になったり，コマ落ちが非常に多い画像情報になったりで動画を解析できるレベルにないケースが多々見られる。流速や流量の必要な箇所には，遠赤外線カメラや超高感度のカメラ等，目的に応じた機器を新たに設置すべきと考える。KU-STIVは，今後，リアルタイム化や他手法との連携などが予定されており，現地観測を支える一つのプラットフォームになることが期待される。

なお，魚野川における現地観測は国立研究開発法人土木研究所（ICHARM）と㈳土木学会水工学委員会流量観測技術高度化小委員会の協力で行われたものである。KU-STIVの商品化に際しては，㈱ニュージェック，㈱ビィーシステムならびに神戸大学連携創造本部による多大な支援を得た。ここに記して謝意を表します。

文　献

1) 山口高志，新里邦生：土木学会論文集，**497**（Ⅱ-28），41（1994）.
2) 藤田一郎，河村三郎：水工学論文集，**38**，733（1994）.
3) 藤田一郎：ながれ，**26**，5（2007）.
4) I. Fujita et al.: *J. Hydraulic Res.*，**36**，397（1998）.
5) M. Muste et al.: *Water Resources Research*，**44**，W00D19，doi:10.1029/2008WR006950（2008）.
6) I. Fujita et al.: *Int. J. River Basin Management*，**5**（2），105（2007）.
7) 土木学会九州北部豪雨災害調査団：平成24年度7月九州北部豪雨災害調査団報告書，101（2013）.
8) 青木政一ほか：河川技術論文集，**9**，7（2003）.
9) 藤田一郎ほか：河川技術論文集，**7**，475（2001）.
10) 藤田一郎ほか：水工学論文集，**46**，821（2002）.

第１節　都市雨水管理・制御システムのスマート化

東京大学　古米　弘明　　国立研究開発法人土木研究所　渋尾　欣弘

1 都市雨水管理のスマート化の考え方

1.1　都市雨水対策と総合的な浸水リスクマネジメント

2014年７月に公表された新下水道ビジョン[1]において，雨水管理のスマート化の主な具体的施策として，①総合的な浸水対策の推進，浸水対策に係る基盤の整備，②雨水利用の推進，③雨水質管理の推進および④国際貢献の項目が掲げられている。このように，都市雨水管理で中心的に貢献すべき下水道分野において，都市浸水対策の重要性が強く認識されている。特に，局地的大雨の頻発等の浸水リスクが増大してきていることから，賢く・粘り強い効果を発揮するハード，ソフト，自助を組み合わせた総合的な浸水リスクマネジメントの推進が必須である。

総合的な浸水リスクマネジメントを推進するために，2014年４月に「ストックを活用した都市浸水対策機能向上のための新たな基本的考え方」[2]が取りまとめられている。既存の浸水対策施設のみならず，他事業も含めた施設情報や観測情報，既定計画等の情報をストックとして捉えた上で，これらのストックを最大限活用して，計画を上回る降雨に対して，早急に被害を軽減するという新たな思想を導入することが示されている。まさに，都市浸水対策を含め，雨水を管理・制御する新時代の到来である。

また，近年の局地的な大雨の頻発から，雨水の地下街や地下室への浸入，浸水による幹線道路の交通の支障，床上浸水による個人財産の被災など，甚大な被害が発生するリスクが増大している。早急な浸水被害の軽減と安全度の向上のために，限られた財源の中で，下水道事業では，施設の有する機能を粘り強く発揮させる責任がある。多くの自治体で河川や下水道分野の連携による浸水対策は進められているが，それだけでは限界があり，より多くの関連事業間での連携を深め，雨水が流出しにくいまちづくりをすることが必要である。すなわち，リアルタイムの情報を活用して，都市浸水の実態把握を迅速に行うこと，そしてモデル解析により潜在的な危険性を定量評価すること，その解析結果を関連部局で共有しながら効果的な対策を推進して，効率的な施設運転をするという，体系だった都市雨水の管理・制御システムとしてスマート化を目指すべきである。

1.2　都市型水害と都市雨水対策の変遷

総合的な都市浸水対策のために，過去からさまざまな取り組みがなされてきている。まず，都市型水害と都市雨水対策の変遷を整理する。**表１**に，2009年の下水道施設計画・設計指針と解説の改訂までの都市型水害を引き起した豪雨と都市雨水対策の変遷を示した。筆者らの理解では，都市における雨水管理という概念がこの改訂において公式に導入された。これは重要な転換点であると認識している。この改訂までは，下水道部局では「雨水排除計画」が定義されて

表1　都市型水害と都市雨水対策の変遷

年月	対策制度など	都市型水害を引き起した豪雨
1998.3	総合的な都市雨水対策計画の手引き（案）	福岡市（時間 79.5 mm：1999 年 6 月 29 日）
2000.11	都市型水害対策に関する緊急提言	名古屋市およびその周辺（東海豪雨） （2 日間 567 mm：2000 年 9 月 11 日～12 日）
2004.5	特定都市河川浸水被害対策法施行	
2005.7	浸水対策小委員会提言 「都市における浸水対策の新たな展開」	東京都，埼玉県，神奈川県 （杉並区下井草　時間 112 mm：2005 年 9 月 4 日）
2006.4	下水道総合浸水対策計画策定マニュアル（案） 内水ハザードマップ作成の手引き（案）	大阪府 （豊中市　時間 110 mm：2006 年 8 月 22 日）
2009.9	下水道施設計画・設計指針と解説の改訂 （雨水排除計画から雨水管理計画へ転換）	愛知県 （岡崎市　時間 146.5 mm：2008 年 8 月 29 日）

いたものの，「雨水管理計画」という概念は導入されていなかった。

1998 年に，河川と下水道が連携しながら，効率的・効果的な雨水対策計画を策定するための方針や留意事項を示した「総合的な都市雨水対策計画の手引き（案）」[3] が示されている。しかし，これは手引きのため法的な拘束力はない。安全で活力ある都市形成を図る上で，都市部における雨水対策の重要性が認識され，総合的な対策計画は立案されている。代表的なものとして，鶴見川における例が挙げられる。

「都市型水害対策に関する緊急提言」[4] が 2000 年 11 月に公表されているが，これは 1999 年の福岡市の豪雨や 2000 年の東海豪雨など大規模な都市型水害が発生したことを受けたものである。さらに，「特定都市河川浸水被害対策法」[5] が 2003 年に公布され，2004 年には施行されている。そして，「都市における浸水対策の新たな展開」[6] が 2005 年に提言として公表された。その提案を受けて，「下水道総合浸水対策計画策定マニュアル（案）」[7] や「内水ハザードマップ作成の手引き（案）」[8] が 2006 年に作成されている。その間には，東京都と埼玉県では局地的に時間 100 mm を超える猛烈な雨による 2005 年 9 月水害が発生している。なお，「内水ハザードマップ作成の手引き（案）」は 2008 年に改定され，2009 年にはさらに情報提供・活用のあり方，事例等を追加し公表されている。

そして，2009 年の下水道施設計画・設計指針と解説の改訂において，雨水排除計画の上位計画として雨水管理計画が定義され，地域の特性に応じた段階的な・重点的な整備目標の検討や浸水被害最小化に向けた総合的な対策の検討を行うことが指針に明記された。したがって，新下水道ビジョンにおいても，「雨水排除」ではなく，「雨水管理」のスマート化が謳われたわけである。すなわち，速やかに排除する時代から，雨に強いまちづくりをマネジメントする時代への流れが明確化され，ストックを最大限活用して，計画を上回る降雨に対しても被害を軽減するための新たな管理や制御のシステムを導入することが求められている。

また，最近では 2015 年 2 月に社会資本整備審議会答申として「新たな時代における下水道政策のあり方」[9] が公表された。そのなかでも，都市部における浸水被害の軽減のためには，ストック活用，官民連携による浸水対策，水防管理者との連携促進，水位情報の把握・周知（水位観測主義）の重要性が示されている。そして，2016 年 4 月には，新たな雨水管理計画策定手法に関する調査検討会[10] の成果として，雨水管理総合計画策定ガイドライン（案）をはじめとして，マニュアル，手引き等７つのガイドライン類が公表されている。

２ モデル解析とリアルタイム情報の活用

2.1　浸水シミュレーションの活用

都市浸水対策を含め，都市雨水の管理や制御を効果的かつ効率的に実施するためには，多くの関連情報を正しく入手し，モデルに入力していろいろな可能性を解析することは非常に重要になってきている。例えば，浸水シミュレーションなどを実施するためには，そのモデル化を行うことになるが，モデル構築やその解析には，降水量，地表面特性，複雑にネットワーク化している下水道システム，施設運転管理などのデータ入手が必要である。**図１**に，浸水シミュレーション活用の手順を示した。この図は，解説・特定都市河川浸水被害対策法施行に関するガイドライン[11]にも示されているものである。

モデル解析を活用して，都市浸水対策を効果的かつ効率的に推進するには，まず過去の浸水実績をモデルで再現できることが求められる。そして，どこに貯留施設を設けるのが有効かを評価したり，排水ポンプ運転を変えたときに管路内水位はどうなるのかを予測できることが必要となる。すなわち，施設の効果的な整備や効率的な運転制御のための設計手法として，浸水シミュレーションを活用することが常識化してきている。

検定されたシミュレーションモデルが構築されると，整備済みの施設との整合を図りながら，短時間のピーク流出量時に対応できるよう貯留・浸透能力を組み込んだ整備計画を立案し，整

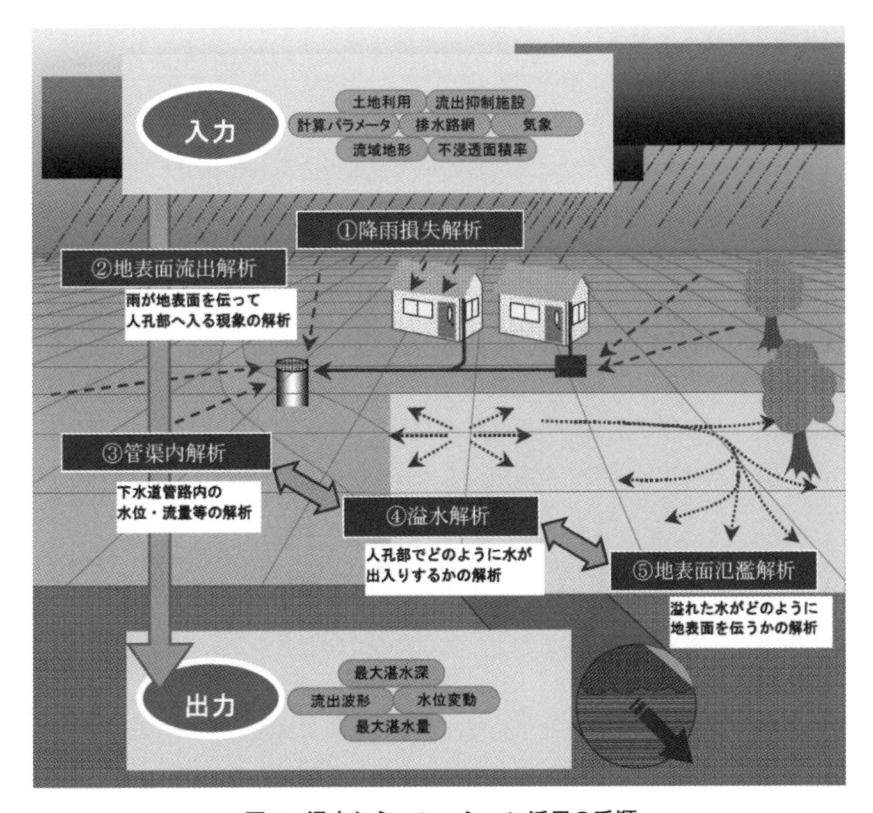

図１　浸水シミュレーション活用の手順

備の効率化を図ることが可能となる。このモデルは，都市河川の洪水時における内水氾濫による浸水リスクが高まる地域を対象とする内水ハザードマップを作成するためのツールにもなる。また，地下街管理者自らが，自助として最悪の事態を想定した避難システムを構築することにも活用できる。その際には，水災シナリオの中で外水氾濫による洪水ハザードマップとの関係を明確にし，関係者との連携についても検討していくことにも留意が必要である。

雨水管理のスマート化には，上述のように，電子化された施設情報やレーダ雨量観測や管路内水位計測情報を生かして，既存ストックの機能診断をまず行い，効率的な整備や効果的な運転管理を推進すべきである。

2.2 リアルタイム情報の収集と活用

上述のように，浸水シミュレーションを活用するには，時空間的に変化する複雑な浸水現象をより精度良くモデルで再現することが求められる。言い換えれば，管渠等の下水道施設や地形を精緻にモデル化し，浸水現象の再現性を高めるための十分なモデル検定が行えるよう，豪雨時の管渠水位，浸水深，浸水範囲等のモニタリングデータの蓄積が重要となる。収集されたモニタリングデータは浸水シミュレーションの検証データやモデルの精度向上に活用できる。また，リアルタイムでの情報収集ができれば，雨水貯留施設やネットワーク化された幹線管渠やポンプ施設などの効率的な運用を行うためのリアルタイムコントロールシステム等の構築にもつながる。

モデル解析の活用とともに，リアルタイムの降雨レーダ情報や浸水センサ等による浸水状況を住民等に提供を行うことを通じて，効果的に自助を促すことも，都市雨水の管理・制御システムのスマート化に深くかかわるものである。

今後さらに，関連行政部局や民間等との連携により，多様なリアルタイム情報を共有するだけでなく，インターネットや携帯端末等による情報提供システムを利用して，リアルタイムで地下街や人が集まる場所および地域住民へ向けた降雨・浸水情報及び交通・生活関連情報の提供を行うことも積極的に検討すべきである。

3 都市浸水対策のためのモデルシステムの開発

3.1 都市浸水対策の高度化における課題

近年の浸水被害には，従来からの台風や前線のように広範囲で長時間継続する雨によるものに加え，短時間かつ局地的に集中する大雨によるものが増加している。局所的大雨は，排水区内でそれがどのように移動するかによっても，下水管渠の流下能力を超えて溢水する可能性が左右される。そのため，下水道施設設計で設定されるような一様かつ定常な降雨条件に基づくハイドログラフの計算手法では不十分である。浸水状況をリアルタイムで予測するなど，都市浸水対策の高度化を推進するにはさまざまな課題に取り組む必要がある。

例えば，管渠内の水理計算において，都市河川などの排水先での水位変化を境界値として考慮する必要がある。自然排水区では河川水位の上昇によって排水できず内水氾濫が発生する可能性がある。ポンプ排水区でも水位に応じたポンプ運転や河川の危険度に応じた運転調整が実施される必要性があることから，これらの特徴を考慮しなければならない。また，下水道施設の能力を超過して溢水する場合，地表面勾配や排水の影響を受けた流れも考慮しなければならない。その際，流下先におけるマンホールからの噴出しや流入を考慮した水理計算も必要となる。

以上のように，排水区内における降雨の時空間特性や地表面の流出特性を考慮すること，そして下水道施設における複雑な流下機構をモデル化するだけでなく，排水先境界となる河川水位の予測も必要となる。河川水位は上流自然流域からの流出に規定されることから，流域に設置された防災調整池や，河道に設置された遊水地などの洪水調節が河川洪水に与える影響も考慮しなければならない。沿岸域に位置する都市河川については，下流域において高潮や高波などの潮汐変動が感潮区間の河道水位，ひいては上述の雨水排水に与える影響も考慮しなければならない。

3.2　河川，氾濫，下水道のシームレス結合モデルの開発

都市浸水対策の高度化における課題の認識を踏まえ，国土交通省河川砂防技術研究開発2012年度から3年間にわたり，研究課題「沿岸低平地における河川，下水道，海岸のシームレスモデルに基づく実時間氾濫予測システムの構築」が実施された。本研究課題において，流域モデル，河道モデル，下水道モデル，沿岸水理モデルが結合されたシームレスモデルが開発されている[12]。

ここでいう，シームレスモデルの概念図を**図2**に示した。河道の一次元不定流モデル，下水道管渠網の一次元ネットワークモデル，そして地表面氾濫の二次元不定流モデルが一体的に計算される。また，境界条件として，河道モデル上流端においてエネルギー収支式を組み込んだ物理的水文解析モデル（水エネルギー収支分布型水循環モデル：WEB-DHM）から得られる自然流域からの河川流量を与え，下流境界において高潮や津波モデルなどの沿岸水理モデルによる計算水位を与えている。なお，各境界において観測水位を与えることも可能となっている。モデル外力としては，地点毎の雨量計観測値に基づく計算の他，XRAINによる降水量の精緻な時空間分布を与えた計算，さらには気象数値予報モデルの予測降水による計算も可能である。

シームレスモデルでは構成する要素モデルによって，排水先水位を考慮した下水道管渠の非定常な水理計算や，窪地や地表面勾配を考慮した内水氾濫計算，河川や海岸堤防を越流してくる外水氾濫計算が可能である。さらに要素モデルを一体的に解析することで，各要素の相互干渉を考慮した計算を実現させている。例えば沿岸都市流域においては，河川水位が都市排水量を規定する一方で，都市排水量は河川水位にも影響する。同様に，地表面勾配を主とする氾濫流れと下水道管路網の流れについても，マンホール部を介した溢水や再流入を考慮した水量の

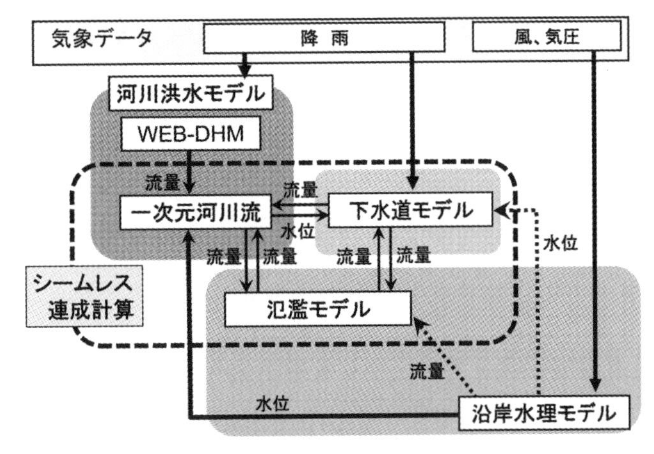

図2　シームレス結合モデルの概念図

やり取りを行っている。

本シームレスモデルを，都市型河川の代表である鶴見川を対象に構築された。鶴見川は東京，横浜，川崎の中間に位置しており，大都市への利便性もあって1950年代から幹線道路や鉄道の発達によって市街地化が進行した。市街化による山林や田畑の消失は自然流域としての保水機能，遊水機能が著しく低下させるとともに，地表面がアスファルトやコンクリートで覆われたことで，降雨は短時間で河川に集中するようになった。その結果，浸水被害が頻発して社会問題となり，1979年に総合治水対策特定指定河川に指定された。

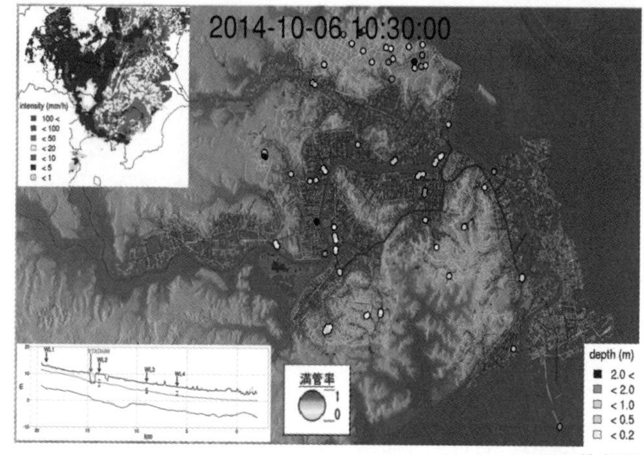

※口絵参照

図3　シームレスモデルによる浸水予測計算の出力例

それ以来，総合治水対策特定事業の下，大規模な河道浚渫工事や多目的遊水地事業が実施され，2005年には特定都市河川浸水被害対策法による特定都市河川の指定されている。その指定に基づき，流域水害対策計画が策定され，総合治水対策として防災調整池の保全や，雨水貯留管の設置など事業の垣根を越えた流域対策が実施されている。**図3**はシームレスモデルによる浸水予測計算の出力例を示す。XRAIN情報（図中左上）を外力として連成計算を行った結果として，鶴見川縦断方向水深の変化（図中左下），下水道網における管渠内水位の変化（図中央）を表示できるようになっている。なお，下水道網については，緑色から赤色に変化するほど満管状態になっていくことを示している。

3.3　横浜市におけるシームレスモデル実用化への取組み

現在，筆者らは国土交通省下水道技術研究開発課題（通称GAIAプロジェクト）「河川・下水道のシームレスモデルを用いたリアルタイム浸水予測手法の開発」の枠組みの下，横浜市環境創造局の協力を得ながら，鶴見川流域都市部を対象に浸水予測の実用化研究に取り組んでいる[13]。シームレスモデルは，準リアルタイムな浸水予測が可能である一方，その実用化には浸水再現性の評価や下水道管実績水位による検証を行う必要がある。そのため，GAIAプロジェクトでは過去複数の浸水事例を対象に，評価，検証に必要となる浸水実績や主要雨水幹線の実応答などの情報の集約を進めている。

浸水実績には，流域自治体の危機管理室等が公表する被害情報が活用できる。これは人的被害や，床上，床下浸水など住家被害がまとめられたものである。ただし，これらの情報は，市民からの通報や土木事務所の巡回，消防団の出動等がまとめられた報告であり，内水氾濫の範囲はこれより広いであろうことに注意する必要がある。この種の情報を，透明性を確保しながら体系立てて集約する枠組みが必要である。

国土交通省では，不動産流通市場を活性化するため，「不動産に係る情報ストックシステム基本構想」[14]において，浸水想定やハザードマップなどの情報を含む幅広い不動産情報を一元化して管理，提供するシステム導入を目指しており，浸水被害履歴の活用は今後進むものと思われる。鶴見川流域都市部における浸水情報としては，他にも京浜河川事務所が管理するマルチコールと呼ばれるメール配信サービスもある。これは，流域の雨量や河川水位，そして浸水探知センサの値が基準を超えた時に，事前登録者へ注意喚起を促すメールを配信するサービスである。センサの設置地域は限定されているものの，情報にリアルタイム性がある。また，モデル検証を行う上でも，設置地点における浸水発生の有無，発生時刻や継続時間など有益な情報源である。

下水管渠内水位の計測が容易でないこともあり，情報が十分に蓄積されているとは言えず，今後充実させていく必要がある。鶴見川流域都市部の場合，地下約 70 m の深さに管渠径 8,500 mm，貯留量 41 万 m^3 に及ぶ新羽末広幹線が埋設されており，ポンプ排水場を介して流域内の複数の雨水幹線と接続している。雨水幹線の一例として，**図４**に綱島駒岡合流幹線内部を示す。設けられた堰は 7 m の高さがあり，越流堰の向こうはらせん水路になっていて，さらに地下深くにある新羽末広幹線へと繋がっている。

図４　綱島駒岡合流幹線内部の様子。越流堰を越えると新羽末広幹線へと繋がる

GAIA プロジェクトでは，このような雨水幹線に対し，**図５**に示すような比較的安価な水位ロガーを複数設置して，長期間に渡る下水道管内水位の計測を実施している。GAIA プロジェクトにおいて下水管渠内の水位情報を計測する意義は，既設下水道施設の降雨に対する実応答を見きわめ，モデルの再現性を向上させることにある。局所的大雨に伴う管路内の流れを知ることで，排水能力の実態に基づいたモデルの再現性の評価ができる。

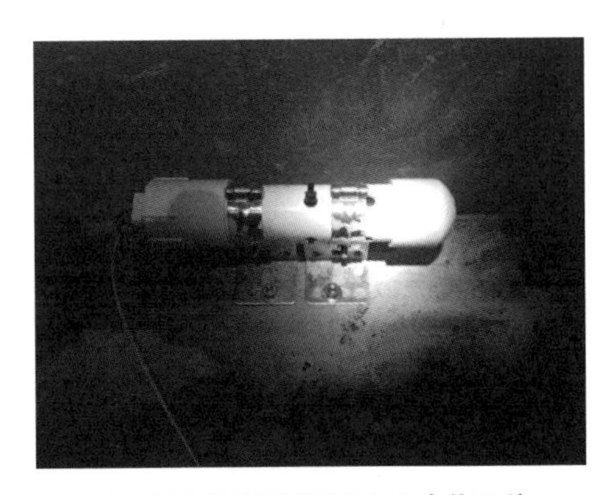

図５　雨水幹線に設置された水位ロガー

また，水位計設置に係る事前調査から鶴見川都市部の雨水幹線は，少量の降水でも満管に近い水位まで上昇する合流式幹線から，比較的大きい降雨によって初めて分水する幹線まで，異なる排水特徴を持つ幹線から構成されていることが判明している。このように，排水区毎に異なる特徴を踏まえることも，きめ細やかな対策検討に有益な情報となる。

4 都市雨水管理・制御システムの将来に向けて

4.1 河川と下水道の管理者間連携の充実

横浜市の記者発表資料によれば，2014年10月の台風18号では，一時間雨量74.5 mm，総雨量344.5 mmを記録した。この台風に対し新羽末広幹線は，貯留率で92％の洪水調節効果を発揮したほか，横浜市に整備されている川向調整池等の他の下水道施設においても軒並み100％の貯留率だったと発表されている。これら下水道事業の治水設備によって大規模な浸水被害は発生しなかったものの，これ以上の降雨の場合は，既存施設の洪水調節量を超過し得ることを示唆している。

先進的な都市浸水対策である横浜市の事例と比較すると，全国の都市浸水対策達成率は約57％（平成25（2013）年度末）とされており，一般都市における浸水対策の整備状況はさらに低くなる[15]。同時に，これは現在気候において目標とする達成率であり，気候変動に伴う局地的大雨や台風の増加は加味されていない。限られた財源の中でいかに効果的に浸水対策を向上させることができるか，検討をしなければならない。

前述の「ストックを活用した都市浸水対策機能向上のための新たな基本的考え方」[2]では，現在の下水道施設計画に基づく浸水対策を着実かつ速やかに実施すること，ストックが一定の効果を発揮している都市は，下水道施設の能力評価や水害の要因分析を行い，きめ細やかなハードソフト対策につなげること，そして他事業のストックも活用することとしている。ストック活用の具体例としては，隣接する排水区域を一部連結させて，排水能力を超える降雨に対して余裕のある排水区へ融通を利かせることや，ポンプ排水は，低水位から全速運転可能な先行待機ポンプの利用等により排水効率を引き上げ，貯留容量の確保することなどが挙げられる。また，下水道事業の治水設備だけでなく，河川事業の受け持つ洪水調節施設の活用を検討することも重要である。

一般に河川整備計画では，基準地点における戦後最大規模の洪水のピーク流量を基本高水流量として定め，それを安全に流すため洪水調節施設等を整備している。通常，洪水を発生させるような降雨要因は，台風か前線，あるいは低気圧であって，降水強度は強いものの継続時間が短い局地的な大雨であれば，河川整備計画の目標流量を圧迫せずに十分対応可能である。すなわち，下水道施設計画を上回る降水に対し河川事業の洪水調節を流用することで，内水被害の軽減することは理論的に可能である。もちろん，河川事業の洪水調節施設は，下流での氾濫を防ぐ役割を最優先すべきであり，洪水期での扱いには留意する必要はある。

局地的な大雨に加え，台風や前線性の大雨による洪水においても，下水道管理者は，河川管理者との連携が求められる。内水氾濫と比較すると，河川洪水は地域社会の基盤を揺るがす規模の被害を出しかねず，堤防の安全確保に務める必要がある。そのため，河川の整備水準に迫るような出水では，下流での溢水や破堤などの危険度を下げるため，排水ポンプの運転停止などのいわゆる運転調整がポンプの操作規定に定められているのが通例である。ポンプ運転の停止を余儀なくされると，当然，排水区内の浸水リスクを高めることになる。これまでのところ，流域に配置されたポンプ排水施設はそれぞれの運転規則に基づき排水操作を行っているが，ポンプ排水が河川水位に与える影響を考慮し外水氾濫を回避しつつ，内水の被害軽減に最も効果的な各ポンプ場の排水配分なども論理的に検討可能である。

都市浸水対策に対する河川事業の洪水調節機能活用の検討や，ポンプ排水設備同士が連携した効果的な排水操作など，高度化された都市雨水管理や制御を検討するには，これまで分けて扱われることの多かった，河川，下水道，氾濫それぞれの水理現象を一体的に解析可能なモデルが求められる。そのようなツールが広く普及され，モデル解析結果が共有されることで，下水道管理者同士，および河川管理者や他の管理部局との相互連携が促進していくものと考えられる。

4.2　流域における雨水流出抑制の推進

河川と下水道の連携として，河川および下水道の既存施設を接続する連結管や兼用の貯留施設の整備等の浸水対策は進められ，施設の一体的な運用の推進が図られている。しかし，それだけでは限界があり，流域での対策事業との連携も探ることが必要である。すなわち，都市域において雨水貯留機能，雨水浸透機能を積極的に取り入れた再開発事業，道路整備，公園・校庭の整備，商業ビル・学校・住居の建築などが期待される。まさに，都市計画や都市デザインと連携した雨水管理の方向性をわが国でも明確にすることが求められる。

2015 年 7 月 10 日に閣議決定された水循環基本計画の講ずべき施策のなかでも，貯留・涵養機能の維持および向上がしっかりと謳われている。雨水貯留・浸透は水循環や水環境の健全化に寄与できる非常に多種多様な機能や効果が含まれることを認識すべきである。さらに，将来の気象変化を想定すると，それに適応するには，都市域を超えて流域全体で総合的な雨水管理計画の具体化が必須であろう。言い換えれば，都市単位での議論だけでなく，流域内での雨水浸透や貯留を推進して，雨水流出抑制を取り込んだ効率的な都市域の総合的な治水や雨水管理が望まれている。そのような都市雨水管理がしっかりと位置付けられたまちづくりを推進することが，都市雨水の管理や制御の体系だったスマート化につながるものと考えられる。

文　献

1)「新下水道ビジョン」の策定について：
http://www.mlit.go.jp/report/press/mizukokudo13_hh_000250.html
2) ストックを活用した都市浸水対策機能向上のための新たな基本的考え方：
http://www.mlit.go.jp/mizukokudo/sewerage/mizukokudo_sewerage_tk_000314.html
3)「総合的な都市雨水対策計画の手引き（案）」について：
http://www.mlit.go.jp/crd/city/sewerage/info/cso/se01q.html
4) 都市型水害対策に関する緊急提言：
http://www.mlit.go.jp/river/press_blog/past_press/press/200007_12/001109/001109.html
5) 特定指定都市河川浸水被害対策法：
http://www.mlit.go.jp/river/pamphlet_jirei/kasen/gaiyou/panf/tokutei/
6) 都市における浸水対策の新たな展開：
http://www.mlit.go.jp/kisha/kisha05/04/040722/02.pdf
7) 下水道総合浸水対策計画策定マニュアル（案）：
http://www.mlit.go.jp/common/000125907.pdf
8) 内水ハザードマップ作成の手引き（案）：
http://www.mlit.go.jp/crd/city/sewerage/gyosei/sinsui/03-1.pdf
http://www.mlit.go.jp/report/press/city13_hh_000063.html
9)「新しい時代の下水道政策のあり方について」（答申）～社会資本整備審議会～：
http://www.mlit.go.jp/report/press/mizukokudo13_hh_000264.html

10) 新たな雨水管理計画策定手法に関する調査検討会：
http://www.mlit.go.jp/mizukokudo/sewerage/mizukokudo_sewerage_tk_000433.html
11) 解説・特定都市河川浸水被害対策法施行に関するガイドライン：
http://www.jice.or.jp/tech/material/detail/6
12) 平成 26 年度河川砂防技術研究開発「沿岸低平地における河川，下水道，海岸のシームレスモデルに基づく実時間氾濫予測システムの構築」報告書：
http://www.mlit.go.jp/river/gijutsu/mizubousai/pdf/h24_report_satou.pdf
13) 平成 27 年度下水道技術研究開発「河川・下水道のシームレスモデルを用いたリアルタイム浸水予測手法の開発」報告書 (2015).
14) 不動産に係る情報ストックシステム基本構想：
http://www.mlit.go.jp/common/001035326.pdf
15) 平成 27 年版防災白書：
http://www.bousai.go.jp/kaigirep/hakusho/pdf/H27_honbun_1-5bu.pdf

第２節　都市部における雨水制御システム

関西大学　尾﨑　平

1 都市部における雨水制御システムの必要性

1.1　気候変動の影響

気候変動に関する政府間パネル（IPCC）による第５次評価報告書によれば[1]，「気候システムに対する人間の影響は明瞭であり，温暖化には疑う余地がなく，1950年代以降，観測された変化の多くは数十年から数千年にわたり前例のないものである。多くの極端な気象および気候変動の変化が観測されており，多くの地域における強い降水現象の回数の増加等の変化が見られる。また，地上気温は，評価されたいずれのシナリオにおいても21世紀にわたって上昇することが予測され，極端な降水がより強く，またより頻繁となる可能性が非常に高い」ことが指摘されている。すなわち，温暖化の影響は避け難く，将来世代に影響を与えることは明白であるにも関わらず，将来から見た場合に，現時点で顕在化している影響が小さく，不確実性を含んでいることから，その対応が遅れているのが現状である。

1.2　顕在化している外力の増大

近年，わが国では局地的な集中豪雨が頻発し，全国各地で浸水被害が多発しており，国民生活・社会生活に影響をきたしている。気象庁による[2]全国のアメダスより集計した時間雨量50 mm以上の降雨の発生回数（1,000地点当たり）は1976年から1985年には平均174回だったものが，2004年から2013年には241回となり，約30年前の1.4倍に増加している。また，10分間で20 mmを超える降雨がたびたび観測され，内水氾濫が頻発しており，その降雨強度も年々増加傾向にある。さらに，1時間に80 mmを超える猛烈な雨も毎年のように全国のどこかで発生するようになっている。

1.3　都市化による水害ポテンシャルの増大

問題は，雨の降り方が変化してきており，急に強く降り，数十分の短時間に狭い範囲に数十ミリメートル程度の雨量をもたらす局地的な集中豪雨が増加していることである。都市部の雨水排除は下水道に依存しており，計画を上回る降雨の発生に対して対応できず内水氾濫が発生する。全国の浸水被害の発生状況を2004～2013年の10年間の水害統計を用いて集計した結果，過去10年間の全国の浸水被害額の総額は約2.8兆円で，そのうち約3割が内水氾濫である。一方，東京都に限定すると被害総額は約1,100億であり，そのうち約7割が内水氾濫による被害である（国土交通省調べ）。

また，過去10年間において全国の浸水棟数の合計は内水氾濫によるものが約26万棟であり，この数は外水氾濫による浸水棟数22万棟よりも多い。内水氾濫は外水氾濫に比べると，被害は小規模な場合が多いが高頻度で発生しており，今後，気候変動の影響により，雨の降り方が高強度化，局地化，集中化が進むとその被害はさらに拡大することになる。

2011年8月に大阪市梅田地区において時間雨量77.5 mm（観測史上1位タイ），10分間降雨量22.5 mm（同2位）が観測され，内水氾濫が発生した。同地区は業務施設，商業施設ならびにJRや私鉄，地下鉄等のターミナル駅が密集した地区であり，日々多くの人々が行き交っている。当時の様子を調査した結果[3]，都市部においては従来指摘されているアンダーパスなどの極端に低いところだけではなく，擁壁等の道路構造物等で仕切られた道路空間や幅員が狭く敷地の境界壁で仕切られている空間において，道路形状がすり鉢状になっているところは湛水しやすく，自動車が水没する事例や店舗が浸水する事例があった（**図1**）。本事例では地下街への直接的な影響はなかったものの，降雨の規模が大きくなると地下街への流入も懸念されることから[4]，高度に都市化が進んだエリアは水害ポテンシャルも高く，脆弱であるため[5][6]，ハード，ソフト両面での雨水制御が必要不可欠である。

(a) 側道部での車両の水没

(b) 歩行困難なひざ丈までの浸水

図1　都市部における内水氾濫による被害の様子

2 都市部における雨水制御の方法

浸水被害を軽減・低減するために総合的な対策（雨水制御）の推進がなされている。その方法には，過去の浸水実績地域や地下街，地下鉄等の出入り口がある地点など，重点的な整備が必要とされるエリアを対象とした貯留，浸透施設の新設あるいは既存ストックを活用した施設整備を図るハード対策と，防災教育，内水ハザードマップの整備やリアルタイム情報等，自助を支える情報収集・提供の促進を図るソフト対策がある。ここでは雨水制御システムの類型化にあたり，対策軸として：ハード対策・ソフト対策を，時間軸として：短期・中長期を取り整理した（**図2**）。

2.1　短期・ソフト的手法による雨水制御

短期的なソフト対策による雨水制御方法としては，防災教育やハザードマップの整備等の自

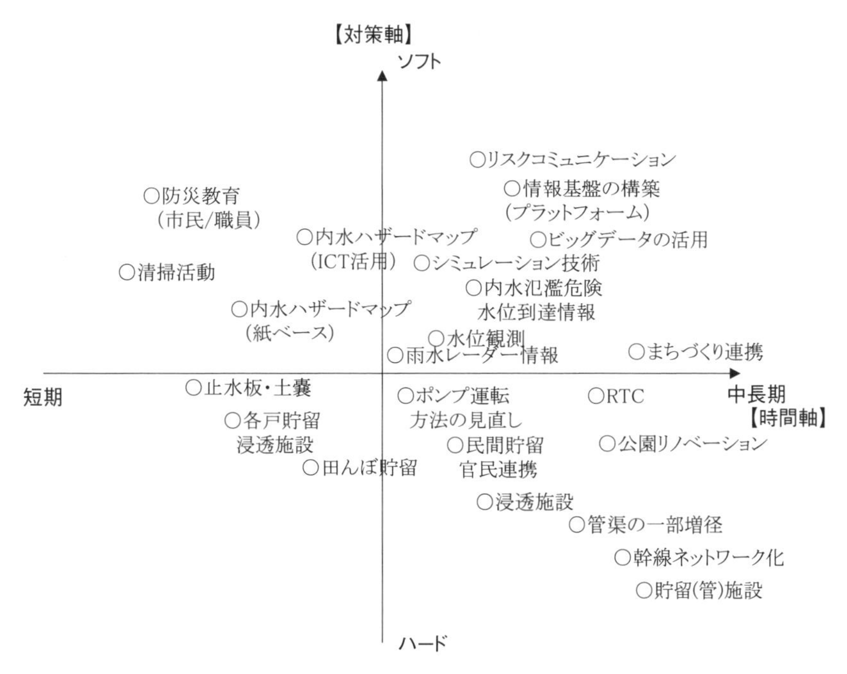

図２　雨水制御システムの類型化

助を促進するもの，雨水排水を円滑に行うための排水路や側溝の清掃活動等の市民と協働で行うもの等が上げられる。

全国の外水ハザードマップの整備率は95%（2013年3月末）に対し，内水ハザードマップの整備率は50%（同）に留まる。内水ハザードマップの作成方法には，浸水実績を活用した手法（Step1），地形情報を活用した手法（Step2），浸水シミュレーションによる手法（Step3）がある。Step3のシミュレーションに基づくハザードマップの作成には時間も費用も要するため，段階的な整備を行い，見直しに合わせて，内水ハザードマップのレベルアップを図る方法が検討されるべきである。例えば，埼玉県では，Step1の浸水実績を活用した内水ハザードマップ作成の推進を行い，2年間で県内の策定率を30%から100%に向上させている。

ただし，ハザードマップの公表は重要なソフト対策であるが，ハザードマップの整備率はあくまでアウトプット指標であり，アウトカム指標ではないことを認識しておく必要がある。すなわち，ハザードマップを公表し，市民に理解してもらい，リスクを認知，共有して，豪雨による水害に対して備えてもらうことが本質である。

2015年2月に豪雨水害に対するアンケート調査を浸水常襲地域である大阪府寝屋川市の居住者（400名）を対象に実施した[7]。自助対策の取り組み状況の結果を**図３**に示す。「水害ハザードマップの確認」は，実施しているも含めて，実施したいと考える市民が約80%と最も高いが，実施している割合は20%に留まる。アウトプット指標としてのハザードマップの整備率の向上とともに，アウトカム指標としてのハザードマップの認識率の向上も掲げ，リスクの認知と共有を図ることが不可欠である。

また，ハザードマップの提供方法として，従来の紙ベースのものからICTを活用したハザードマップの作成がなされている。国土交通省では，「まるごとまちごとハザードマップ」の作成

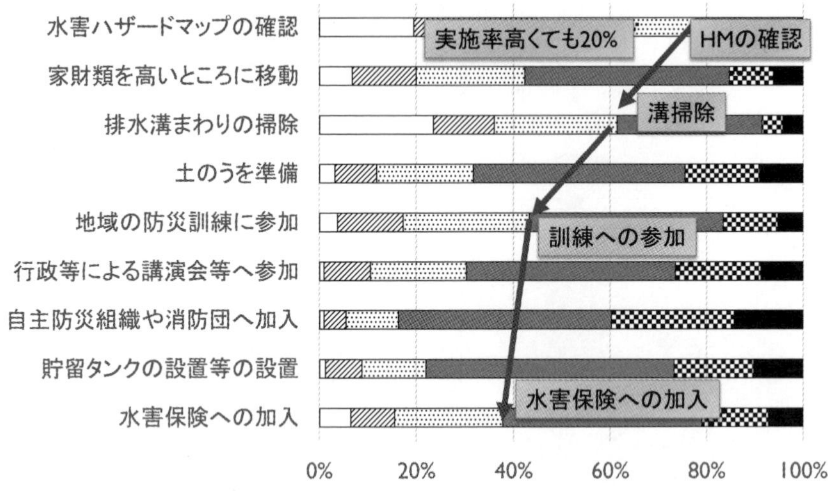

図3　自助対策への取り組み状況

を推進しており，マンホールに気づきを促すデザイン（避難所までの距離や浸水履歴の情報を付記，QR コードの印字）やスマートフォンを利用した AR（Augmented Reality）による浸水時を再現した映像の配信等を検討している。

防災教育の方法には，市民向けの出前講座やイベントによる防災教育，学校教育での防災授業などさまざまな形態が存在する。石垣・戸田ら[8)9)]は，過般式の水没ドア避難体験装置（**図4**）やミニチュア都市水害模型（**図5**，**図6**）等を開発している。水没ドア避難体験装置を利用した市民は，数十センチメートルの水深であってもドアが開けられない，あるいは開けるのが非常に困難であることを体験できる。そのため体験者は，早期の避難の必要性を実感でき，防災教育として効果的であることが示されている。また，ミニチュア都市水害模型を用いた防災教育は，児童らの興味・関心を高めながら，水災害の種類や発生メカニズム，被害，防災対策を効果的に伝えられることが確認されている。

一方，一般市民向けではなく，技術の伝承，若手技術者の育成の観点から，行政職員を対

図4　水没ドア避難体験装置

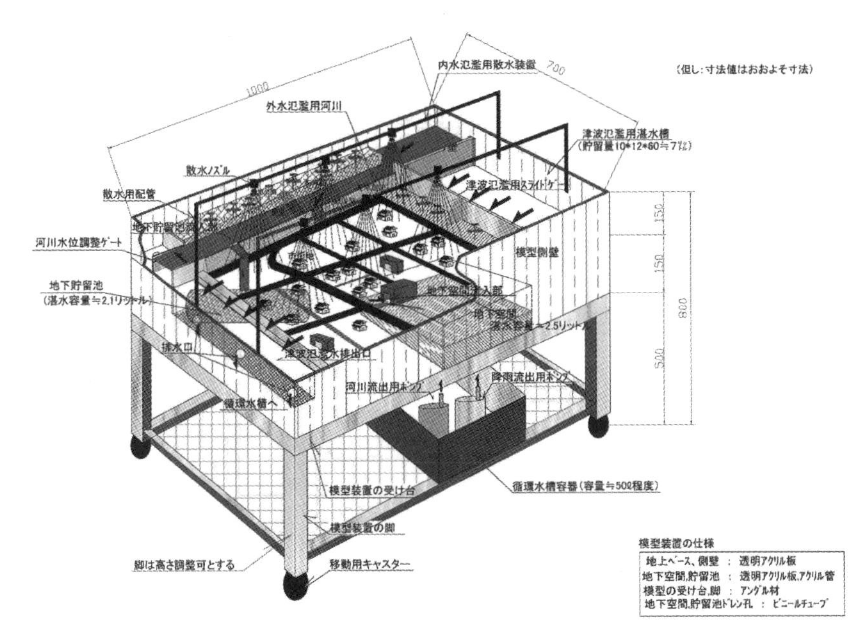

図５　ミニチュア都市水害模型

象とした勉強会も必要である。2013年度から雨水管理に関する人材育成を推進するために行政の下水道担当者などを対象に，浸水対策の知識を習得するための学習問題をダイレクトメールで配信する「雨水管理に関する人材育成のための通信教育システム（通称：雨道場）」等の取組み事例も見られる。職員の人材が減少する中，技術の継承・伝承は大きな課題であり，このような技術の継承のための取組みは，必要不可欠である。

図６　ミニチュア都市水害模型を用いた防災教育の風景

2.2　短期・ハード的手法による雨水制御

短期的なハード対策による雨水制御方法としては，これまでの取組みとして，止水板や土嚢の準備ならびに個人住宅における小規模な貯留タンク，雨水浸透ますの設置等が挙げられる。また，新たな取組みとして，都市内の田んぼあるいは都市縁辺部の田んぼを活用した雨水流出抑制の取組みが始まっている。

止水板や土嚢ならびに個人宅での小規模貯留タンクの設置等について，多くの自治体において設置費用の助成制度が設けられている。一例としては，浸水常襲地域である大阪府寝屋川流域に位置する寝屋川市では，2013年度より「雨水貯留タンク購入助成金」制度が策定され（80 L

以上の製品の購入にかかる費用の2分の1，上限3万円（2016年7月現在）），2015年2月末時点で53件の助成がなされている[10]。先行都市である新潟市では，宅地内の雨水浸透ます設置の助成を2000年度より開始している（雨水浸透ますを単独設置の場合：上限2万円，雨水タンク（100L以上）を単独設置の場合：上限1万円（2016年7月現在））[11]。この「雨水浸透ます・貯留タンク設置の助成金制度」により，2013年度末までに累計で約6万基の雨水浸透ます，雨水タンクが設置されている。

また，自助対策としての止水板の設置工事に関する助成制度も見られ，寝屋川市では，市内の住宅，店舗，事務所，工場などに市民または事業者が行う止水板設置（**図7**[12]）および関連工事に対して助成制度を策定している（費用の2分の1，上限30万円）。新潟市においても，1998年，2007年の集中豪雨による被害を受けたことへの対応として助成制度が設けられている。

課題として，各戸による貯留は流出抑制効果としてピークカット効果が得られにくいこと，各戸による浸透は適切な維持管理による目詰まり対策が不可欠であること，止水板の設置については，特定の住戸，店舗への設置が下流側に影響を与えるおそれがあることが挙げられる。いずれの雨水制御方法とも，地域（集水域単位）として面的な取組みを行うことが重要である。さらに，これまでの市民等との懇談の経験から，市民は，このような取組みを行ったことによ

図7　止水板の設置前後の状況（店舗）[12]

る効果を実感したいと考えている。そのため市民の取組みを支え，促すためにも，効果の見える化にも注力が必要である。

田んぼ貯留による雨水制御は福島県や兵庫県等で事例が見られる。一筆排水ますに堰板を設置し，堰高を高くすることにより，田んぼに一時的に雨水を貯留する方法である。中小都市には生産緑地として保全されている田んぼも含め，一定の農地が点在している。そのため，農業者の理解のもと雨水制御に利用できれば，従来から取組まれている公園貯留や棟間貯留等に加えられる新たな形態と考えられる。ただし，中干し期（6月下旬～7月上旬）や収穫前の落水期（9月上旬～中旬）には活用できない問題点を含んでいる。

2.3　中長期・ソフト的手法による雨水制御

中長期的なソフト対策には，第一に物理的な観測・計測技術とそれらのデータを用いた分析・情報提供技術が挙げられる。第二に市民との対話による水害リテラシーを高めるためのリスクコミュニケーション，第三に少子高齢化，人口減少という大きな社会変化と地球温暖化による気候変動という環境変化への適応のために，土地利用規制や立地適正化等，まちづくり部局との連携した流域管理が必要不可欠となる。現在，それらを支える法制度も改正され始め，2015年5月の水防法の一部改正に伴い，主に政令市，中核市等で，地下街として利用されている区域を含む排水区において内水氾濫危険水位の情報を水防管理者・地下街管理者に通知し，緊急速報メール等を活用して，管理者が地下空間利用者等に情報周知を行う仕組みが導入可能となった。

雨量の観測技術は年々向上している。現在では，XRAIN（Xバンドのマルチパラメータレーダ）により，これまでのCバンドレーダよりも高精度・高分解能で，ほぼリアルタイムの情報が配信可能となっている。インターネット経由で誰もが情報にアクセスでき，防災活動に役立てることが可能である。また，今後，地下街管理者等，水害に対して脆弱な空間を管理する主体は，防災行動のために，よりローカルな単位での雨量観測を行い，その情報を活用しながら早期対応，避難行動を行う必要がある。実装研究開発として，石垣らはリアルタイム降雨観測情報に基づく早期対応・避難支援システム（**図8**）の開発を行っている[13)]。大阪地下街㈱では，このシステムを利用し，これまでの大雨洪水警報の発令や雨雲レーダの気象情報をもとにした止水対策行動から，現地に雨量計を設置し，1分間隔の雨量計測結果と事前の内水氾濫シミュレーションに基づく出入り口毎の想定浸水開始時間をもとにした止水計画の立案，行動へと，その対応方法を改善している。

豪雨時の浸水想定にあたり，内水氾濫シミュレーションは重要な技術である。豪雨による内水氾濫シミュレーションを実施する場合の留意すべき点は，インプット側として雨量，雨域の与え方ならびにパラメータの設定方法，アウトプット側として結果の検証方法である。局地的な大雨によるシミュレーションを実施する場合，流域全体に一様な雨が降ると仮定するのか，雨域の移動等を考慮し，時空間的な雨量の違いを考慮するのかにより得られる結果は異なる。局所的な大雨の場合，同じ流域内であっても時空間的に雨量が異なっているため，流域内の複数の雨量観測データに基づき検証する必要がある[14)]。また，雨量の取り扱いについても，時間雨量を用いるのか，10分間雨量を用いるのかによって，結果に大きな違いをもたらす。内水氾濫シミュレーションの場合，時間雨量を用いた計算では，降雨強度が平準化されて過小評価となるため，10 分間雨量によるシミュレーションの方が妥当性は高い[15]。一方，アウトプット側について，伝統的には水理模型実験とシミュレーションの結果を比較することでパラメータの妥当性の検証は行われている[16]。ただし模型実験は多くのリソースを必要とするため容易ではない。実現象との検証は，処理場，ポンプ場の着水井水位や雨水ポンプの吐出量等の限られた観測データとの比較に限られる。シミュレーションのための水位観測ではなく，危機管理上，必要な地点におけるモニタリングを推進していくことと併せて観測点，観測データを増やした上で，それらを蓄積，分析，利用していくことが肝要である。また，それらを共通のプラットフォームで整理し，利用できる情報基盤の構築も求められる。例えば，過去に何度も浸水被害を受けている浸水常襲地点や，浸水に対する脆弱度の高い地下街や地下駅等，豪雨災害を未然に予見し，避難を必要とするようなエリアにおいては，優先的に水位計やモニタリングカメラなどを設置し，土嚢や止水板による流入防止や避難誘導の計画立案，対応行動に活用するとともに，そこでのノウハウを蓄積し，情報基盤の共通化仕様も併せて描いていく必要があろう。

(a) 雨量計とデータ転送装置

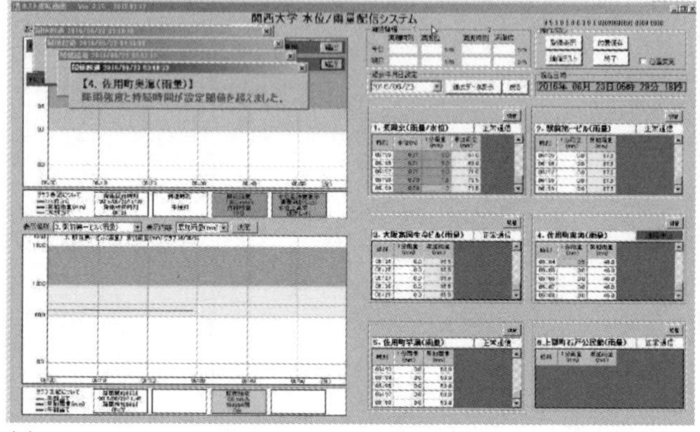

(b) リアルタイム降雨観測情報の管理画面（例）

図 8　リアルタイム降雨観測情報に基づく早期対応・避難支援システム

水害リテラシーについて，寝屋川市の市民を対象にしたアンケート結果[7]から，今後の水害対策に求められる自助，共助の重要性を認識してもらうためには，第一に，行政と市民がリスクコミュニケーションをする中で，市民が水害や気候変動に対する理解を深め「水害リスクへの受容性」および「行政に対する信頼感」を高めることが重要である。第二に，積極的な自助を推進するためには「水害リスクに対する関心」から形成される水害意識を高め，対策へとつなげていくことが重要である。防災というものは与えられるものではなく，自ら奪う（行う）ものであることを理解してもらい，住民参加（単なる協力）から住民主体（自ら考え行動する）へと意識・行動の変革を促すリスクコミュニケーションを推進していくべきである。

やや長期的な対策としては，ビッグデータの活用とまちづくり連携があげられる。これまで個人の行動などに関するデータはあまり計測されてこなかった。しかし，現在では，モバイル空間統計（㈱NTT ドコモ）等により，個々人の時空間的な行動分布が利用可能なレベルになってきている。都市水害に対する脆弱箇所と人々の行動を重ね合わせることにより，より具体的な想定と詳細な事前対応計画に活用できると考えられる。また，まちづくりとの連携は気候変動への適応の観点から長期的な対応として不可欠であり，高齢化，人口減少の社会システム変化との対応と併せて部局横断的な政策的取組みが望まれる。

2.4　中長期・ハード的手法による雨水制御

貯留，浸透施設の建設は，従来の流域と一体となった総合治水対策事業として実施されてきた伝統的な雨水制御の方法である。近年では，水防法の一部改正により，民間の協力を得て民間の設置する雨水貯留施設を下水道管理者が協定に基づき管理する官民連携型の雨水制御や，旧来のように浸水が発生した一連の区域をカバーする貯留施設を新設するのではなく，既設管のネットワーク化を図る等，既存ストック活用型の雨水制御も見られる。

伝統的な雨水制御施設は**図９**に示すような雨水貯留型と浸透型の施設がある。近年では，気候変動への適応が求められており，イギリス（UK）にある Mayesbrook Park は，気候変動適応型の公園（UK 内で第一号）として，公園内を流れる小川（水路）とともに一体的に再整備がなされている（**図 10**）[17]。公園内には水質浄化のための葦原，環境教育施設，生態系へ配慮した植生，水辺環境の整備とともに，氾濫原やゆっくり水を流出させる貯留・浸透施設の整備がなされている[18]。今後は，雨水流出制御だけではなく，生態系保全や環境学習など複数の便益（マルチベネフィット）が得られるような設えが求められる。

官民連携型の浸水対策は，2015 年 11 月の下水道法の改正により，浸水被害対策区域制度が創設され実施可能となった。これは下水道の排水区域のうち，大都市のターミナル駅のように都市機能が集積した地区で，民間の再開発等に併せて，官民連携による浸水対策を実施することが効率的な区域を条例で指定できる制度である。すなわち，官民連携型の浸水対策が新たな

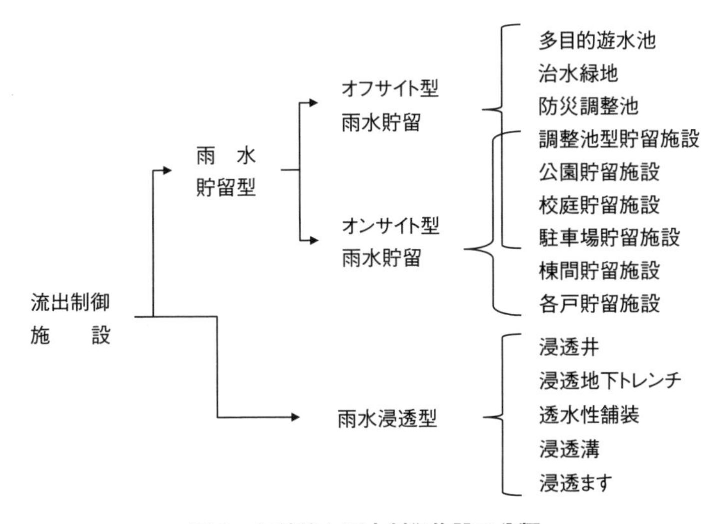

図９　伝統的な雨水制御施設の分類

Mayesbrook Park, UK。上段航空写真は Google Map より。

図 10　気候変動適応型の公園の例

雨水制御システムとして加わった形である。都市圏において駅前の再開発事業は盛んに行われており，より一層の地下利用の高度化や資産の集積度合いが進み，浸水被害のポテンシャルは増大している。本制度は民間開発者に国庫補助や税制優遇，容積緩和等による措置と協定により設置された雨水貯留施設を市町村が管理するというインセンティブを与え，官民が連携して雨水制御を実施し，早期に地域の浸水安全度を向上させる新たな方法である。

次に，財政面での厳しさから既存のストックを活用した雨水制御が注目されている。局地的な大雨対策の一つとして下水道管のネットワーク化による雨水制御が挙げられる。局地的な大雨という雨の降り方に着目し，隣接する排水区を新たな下水道管で結ぶことにより，隣接排水区の管内貯留の効果を最大限に活用する方法である。また，下水道管の一部区間の増径による雨水制御も考えられる。浸水被害の要因を分析すると多くの場合，ボトルネックとなる箇所が存在する[3]。そのボトルネックとなる箇所の下水道管を増径し，被害の解消・軽減を図る方法である。さらに，降雨の予測情報などをもとにリアルタイムコントロール（RTC）も視野に入れつつ，現段階では，ポンプの起動水位を低くすることで，管内貯留の容量を確保し，超過降雨に対する貯留機能を持って浸水リスクを軽減する手法等もある。

3 これからの雨水制御システム

豪雨に起因する水害により人的・物的被害が発生し，経済活動や社会活動にとって好ましくない影響が引き起こされている。これを水害リスクと解釈するならば，我々は，その影響の大きさや起こりやすさを分析し，その水害リスクへの対応の代替案や優先順位を検討，評価した上で，上述のようにさまざまな雨水制御システムを開発，運用し，備える意思決定を行っている。

ここで，水害リスクの対応として，雨水制御システムを開発し，適用したということが重要ではなく，実施したことが，その意思決定をしたときに望んだ状況を創出していることこそが重要なのである。そのため，豪雨による水害から都市を守ろうとするときに，適した対策を（複数）選定することが求められるし，雨水制御システムを導入した結果，変化したリスクが意思決定に際して目指した状況になっているかどうかを確認し，十分でない場合にはさらなる雨水制御対策の追加，変更を検討する必要がある。そのためにパフォーマンス指標を明確にし，それらについてモニタリングとレビューを実践することが重要である。このモニタリングとレビューは定期的に行っていることを単にエビデンスとして示せば良いわけではなく，「雨水制御システムの継続的な改善のために行っているのだ」と強く認識するべきである。

地球温暖化の影響により豪雨の規模や起こりやすさが変化していく中で，豪雨から人々の暮らしや都市を守るためには，雨水制御システムの単なる技術開発，制度設計に留まるのではなく，社会的ニーズや市民ニーズに対応した目標設定のもと，①問題の同定，②分析，③評価，④対応行動，⑤モニタリング，⑥レビューを循環的に行うRisk-basedなアプローチを実践していくことが肝要である。

文　献

1) IPCC：Climate Change 2014 Synthesis Report (2014).
2) アメダスで見た短時間強雨発生回数の長期変化について：
http://www.jma.go.jp/jma/kishou/info/heavyraintrend.html
3) 尾崎平，石垣泰輔，戸田圭一：高密度商業地域における内水氾濫の脆弱要因に関する考察―2011年8月27日大阪の豪雨を対象として―，土木学会論文集B1（水工学），**56**，I_1009-I_1014 (2012).
4) 尾崎平，浅野統弘，石垣泰輔，戸田圭一：短時間集中豪雨に伴う内水氾濫による地下街浸水特性の考察，土木学会論文集B1（水工学），**70** (4)，I_1417-I_1422 (2014).
5) 寺田光宏，岡部良治，石垣泰輔，尾崎平，戸田圭一：密集市街地における内水氾濫時の地下鉄浸水に関する検討，土木学会論文集B1（水工学），**72** (4)，I_1357-I_1362 (2016).
6) 濱口舜，石垣泰輔，尾崎平，戸田圭一：記録的水災害に対する大規模地下空間の浸水脆弱性に関する検討，土木学会論文集B1（水工学），**72** (4)，I_1363-I_1368 (2016).
7) 尾崎平，石垣泰輔，戸田圭一：市民の都市水害に対するリスク認知と対応策への態度，第52回下水道研究発表会講演集，431-433 (2015).
8) 中畑佳城，井上夕希，石垣泰輔，島田広昭：可搬式ドア模型を用いた浸水時ドア避難体験実験，日本自然災害学会学術講演会講演概要集，**28**，143-144 (2009).
9) 岡部良治，川中龍児，石垣泰輔，戸田圭一地下浸水及び地下貯留施設の認知度について―防災教育アンケート結果より―，地下空間シンポジウム論文・報告集，**21**，175-180 (2016).
10) 寝屋川市ホームページ：
http://www.city.neyagawa.osaka.jp/
11) 新潟市ホームページ：
https://www.city.niigata.lg.jp/
12) http://www.city.neyagawa.osaka.jp/ikkrwebBrowse/material/files/group/50/sisui01.pdf
13) 石垣泰輔，扇野大輔，家保雅：記録的短時間降雨発生時の早期対応・避難支援システム，第18回関西大学先端科学技術シンポジウム講演集，46-49 (2014).

14) T. Ozaki, T. Ishigaki, N. Asano and K. Toda：Vulnerability Analysis for Addressing Pluvial Flood Risk in Densely Urbanized Area, International Conference on Flood Resilience Experiences in Asia and Europe, UK (2013).
15) 尾崎平，石垣泰輔，戸田圭一：降雨イベントの積算時間間隔と内水氾濫解析精度に関する考察，土木学会論文集 B1 (水工学)，**71** (4)，I_447-I_452 (2015).
16) 尾崎平，森兼政行，石垣泰輔，戸田圭一：市街地外水氾濫解析への分布型解析モデルの適用性 - 模型実験と数値解析結果の比較，下水道協会誌論文集，**47** (9)，93-102 (2010).
17) London Borough of Barking & Dagenham：Welcome6 to Mayesbrook Park：https://www.lbbd.gov.uk/wp-content/uploads/2014/07/MayesbrookParkLeaflet.pdf
18) 尾崎平，辻宅由治，盛岡通：都市レベルの気候変動適応策を環境モデル都市堺のクールライン事業に当てはめる試み―ロンドン東北部の事例を参考に―，環境システム研究論文発表会講演集，**41**，59-64 (2013).

第3節　蓄雨による雨水活用システムの治水性能評価と改善

福井工業大学　笠井　利浩

1 はじめに

雨水を貯留し，さまざまな用途に利用する「雨水利用：Rainwater Utilization」は昔から行われており，特に河川等の水源に乏しい島嶼部においては重要な生活用水源として利用されてきた。島によっては，海水淡水化装置導入後も水道水と併用して雨水を継続利用しているところもあり，用途による使い分けによって水道水節水等に貢献している[1)]。雨水利用はこのように太古の昔から行われてきたものであるが，近年の地球温暖化等の影響による極端な気象現象の頻発によって発生する記録的な豪雨による洪水や渇水への対策の１つとして「雨水活用（あまみずかつよう）：Rainwater Harvesting」がある。「雨水活用」は，それまでの雨を貯めて使うことを意味する「雨水利用」に対してより広義なものであり，2011 年７月に発刊された日本建築学会環境基準（AIJES-W0002-2011）『雨水活用建築ガイドライン』[2)]（以下，ガイドライン）で定義された用語である。雨水活用には，雨を貯めて利用する以外に，雨を浸透，貯留，蒸発散させる等のさまざまな方法によって制御する等の全てが含まれており，これによって日常的な水資源の確保の他に，雨水の流出抑制，被災時の水源確保，生態的環境維持にも貢献するものと定義されている[2)]。その後，2014 年５月１日には「雨水(あまみず)の利用の推進に関する法律」が施行された。この法律の趣旨・目的は，「雨水の貯留及び雨水の水洗便所、散水等の用途への使用を推進することにより、水資源の有効利用を図るとともに河川等への雨水の集中的な流出を抑制する。」とされており，今後日本国内においてもさまざまな建築物に雨水活用施設が設置されることが予想される。このような社会的背景の下，2016 年３月に日本建築学会環境基準『雨水活用技術規準（AIJES-W0003-2016）』[3)]（以下，技術規準）が発刊された。この技術規準では，新たな概念として本稿のタイトルにある「蓄雨（ちくう）：Rain Stock」という用語が定義された。

本稿では，技術規準で新たに定義された「蓄雨」の概念と，雨水活用システムの蓄雨性能評価事例を紹介する。敷地の蓄雨性能を高めることは，地域の雨水制御と水循環性能を高め，深刻化する豪雨による浸水被害の軽減に繋がる。

2 蓄　雨

2.1　蓄雨の概念

技術規準で定義された「蓄雨」は，雨を敷地に留めることを主眼とする概念であり，以下の４要素から構成されている[3)]。

- 防災蓄雨：被災時に備えて，常に非常時用の水源として最低限の雨水を貯留する。
- 治水蓄雨：雨水を地中に浸透，一時貯留するなどして降雨の流出抑制に寄与する。
- 利水蓄雨：雨水を貯留し，散水等の用途に広く活用する。

●環境蓄雨：植栽や浸透施設等で降雨を蒸発散・地中浸透させ，治水と雨水循環に寄与する。

これらの蓄雨は敷地単位（建築敷地や地域単位の敷地）で評価を行い，特に防災蓄雨と治水蓄雨については各敷地で必ず行わねばならない必須蓄雨と定められている。利水蓄雨は推奨蓄雨であるが，敷地の治水蓄雨性能を向上させる効果があるとともに，先に述べた極端な気象現象による被害への対策としても積極的に取り組まなければならないものである。一方，環境蓄雨は年単位で取り扱う概念であり，他の蓄雨とは別途評価される。

なお，以下に蓄雨の概要を説明するが，より詳しい内容については，日本建築学会環境基準『雨水活用技術規準（AIJES-W0003-2016）』[3]を御覧頂きたい。

2.2　蓄雨性能と蓄雨技術

蓄雨の性能評価は，雨を敷地内に一時的に留める能力から評価を行うものであり，時間的な概念は含まれない。したがって，よく一般的に議論される“時間当たり何 mm 降雨対応”とは基本的に異なるものである。今回の論点である「敷地の治水性能」に関する評価は，治水蓄雨と利水蓄雨の性能の合計で行われ，全ての敷地において「基本蓄雨高 100 mm」を基準に評価される。ここで蓄雨高とは，敷地内に一時的に留めることができる雨水の量（蓄雨量）を敷地全体の面積で除することによって得られる値である。

47 都道府県庁所在地での過去 10 年間における日降水量の集計結果（2003～2012 年：AMeDAS 1 日データ）を，**図 1** および**表 1** に示す。この結果から，1 日当たりの降水量は 99％以上が 100 mm/ 日以下であることが分かる。したがって，上述の基本蓄雨高 100 mm を満たせば，殆どの降雨に対して敷地からの雨の流出抑制に 100％の効果を発

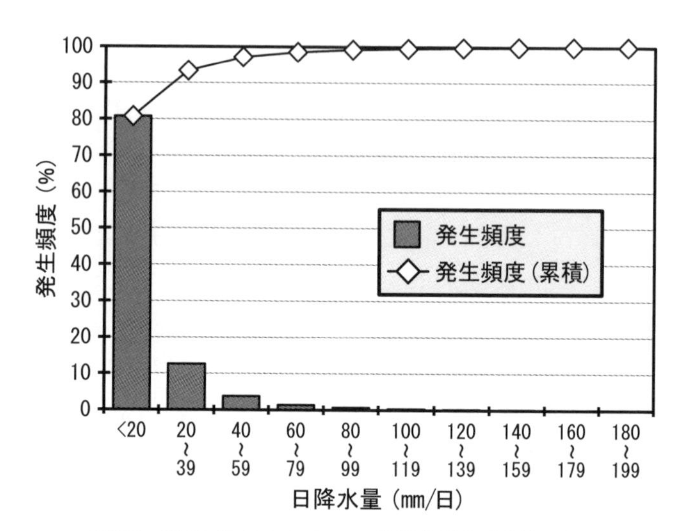

2003～2012 年 AMeDAS：47 都道府県庁所在地の合計

図 1　日本全国における日降水量発生頻度

表 1　日本全国における日降水量発生状況

日降水量（mm）	発生回数（回）	発生頻度（%）	発生頻度累積（%）
<20	46,738	80.8	80.8
20～39	7,283	12.6	93.3
40～59	2,187	3.8	97.1
60～79	807	1.4	98.5
80～99	388	0.7	99.2
100～119	187	0.3	99.5
120～139	116	0.2	99.7
140～159	72	0.1	99.8
160～179	38	0.1	99.9
180～199	26	0.0	99.9
合計	57,842	100.0	—

2003～2012 年 AMeDAS：47 都道府県庁所在地の合計

揮することが分かる。

防災蓄雨，治水蓄雨，利水蓄雨，環境蓄雨に関する詳細については，以下に述べる。

2.2.1　防災蓄雨

防災蓄雨は，被災時に最低限の生活用水（飲用水は除く）を確保するためのものであり，雨水活用システムには必ず求められる蓄雨性能である。防災蓄雨量は，以下の式(1)[3]によって算出する。

$$防災蓄雨量（m^3）＝50L/（人・日）÷1000×防災蓄雨対象人数（人）×3日（基本防災蓄雨日数） \quad (1)$$

対象となる避難者１人１日当たりの防災蓄雨量（50L/（人・日））は，通常時に我々がトイレ洗浄用水として１日に使用する統計的な値から定められている。防災蓄雨としての用途は，トイレ洗浄以外の初期消火や洗い水等に多段階利用するものである。基本防災蓄雨日数については，一般的な目安として３日に設定されているが，実際には地域の降水パターンによって変更する必要がある。全国各地の降水パターンの分析結果から，青森県～島根県の日本海側では降雨間隔が短く頻繁に雨が降るため，基本防災蓄雨日数である３日でも良いが，瀬戸内地域や関東地域，東北の太平洋側などでは５日，特に北海道の右半分の地域では６日以上に設定することが望ましいとされている[3]。

2.2.2　治水蓄雨

治水蓄雨は，敷地内に降った雨の流出を抑制し，ゲリラ豪雨等による内水氾濫を緩和するためのものであり，防災蓄雨とともに雨水活用システムに必ず求められる蓄雨性能である。近年，記録的な豪雨が頻発し，下水道などのインフラのみによる洪水対策には限界が来ている。今後は，建築物等への雨水活用システムの設置によって，敷地に雨の流出抑制効果（治水蓄雨性能）を付与し，インフラと協働して洪水対策を行うことが重要となる。

治水蓄雨性能は，敷地内の土地利用形態別の蓄雨性能および敷地内の浸透施設の蓄雨性能の和によって算出される。土地利用形態別の治水蓄雨高は，敷地の水平投影図を基に，各土地の利用形態毎に面積（m^2）と蓄雨係数（流出係数の逆係数）を掛けて得られる値を合計し，その値を敷地面積で除して求められる。また，浸透施設による治水蓄雨高は，浸透施設の種類毎に，数量，単位浸透量，単位空隙量等の数値を使って得られた値を合計し，その値を敷地面積で除して求められる。

2.2.3　利水蓄雨

雨水を散水等の用途に利用するためには，降雨を雨水貯留槽等に貯水する必要がある。雨水を利用するための貯水は，一時的に雨水を雨水貯留槽内に留めることにも繋がり，同時に雨水の流出抑制効果にも繋がる。したがって，技術規準の中でも利水蓄雨は任意のものとされているが，流出抑制効果にも貢献することから治水蓄雨等とともに積極的に行うよう推奨している[3]。利水蓄雨性能（利水蓄雨高）は，雨水貯留槽の容量（蓄雨量：m^3）を敷地面積（m^2）で除した値に 1000 を掛けて mm 単位で算出できる。

利水蓄雨を行う上での注意点は，各雨水活用システムの用途に合わせたシステムデザインにすることである。水質面から考えた場合，用途が植栽への散水等に限定される時には，飲用水レベルの水質は必要ない。したがって，屋根面等から混入する落ち葉等のゴミをスクリーンやメッシュで取り除く程度で問題は起こらない。一方，風呂や飲用にも雨水を用いる場合には，より細かなフィルタを用いたろ過や薬剤での殺菌等が必要である。また，水量の面から考えた場合，雨水集水面（屋根面）の大きさ，雨水貯留槽容量，水使用量のバランスが重要である。また，地域によって気候が異なるため，より効率の良い雨水活用システムを構築するためにはその地域の降水パターンを考慮する必要がある。日本全国の降水パターンを，**図 2** に示す。各図は，10 年間の AMeDAS 10 分値データ（2000～2009 年）を日本全国の各市区町村毎に集計して平均したものである。晴時間は無降水時間とも呼ばれ，1 回の降雨終了後から次の降雨が始まるまでの時間を，1 雨降水量は，降雨 1 回当たりの降水量を表す。この図から，雨水利用の面からは晴時間の短い主に日本海側が頻繁に降雨があるために有利であり，比較的容量の小さな雨水貯留槽でも多くの雨水を利用できることが分かる。一方，雨水貯留槽の治水効果の面から考えた場合，1 雨降水量の多い南九州から関東にかけての太平洋側では比較的まとまった雨が降ることが予想され，より容量の大きな雨水貯留槽を設置する必要があることが分かる。

このように，効率的な雨水活用システムを構築するためには様々な要素が複雑に関係するため，各地域ごとに設置する雨水活用システムに合わせた稼働シミュレーションを行うのが効果的である。雨水活用システムの稼働シミュレーションの一例として，地域，集水面積，水使用パターン等の条件を入力してシミュレーションが行える Web アプリケーションの結果画面を，

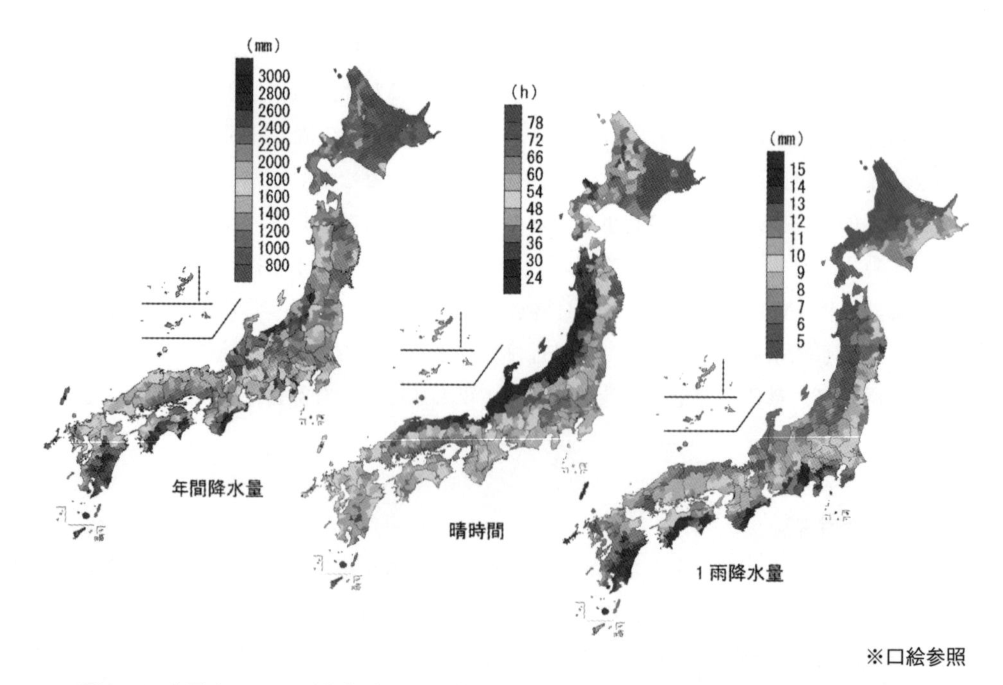

※口絵参照

図 2　日本国内における降水パターン（2000～2009 年 AMeDAS 10 分値データ集計）[4]

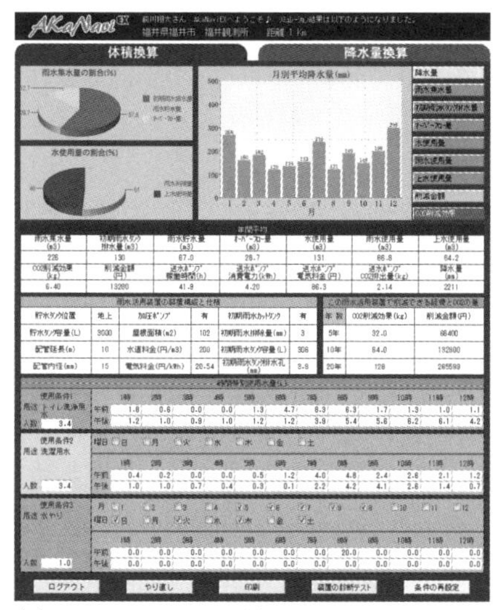

(a) シミュレーション結果画面

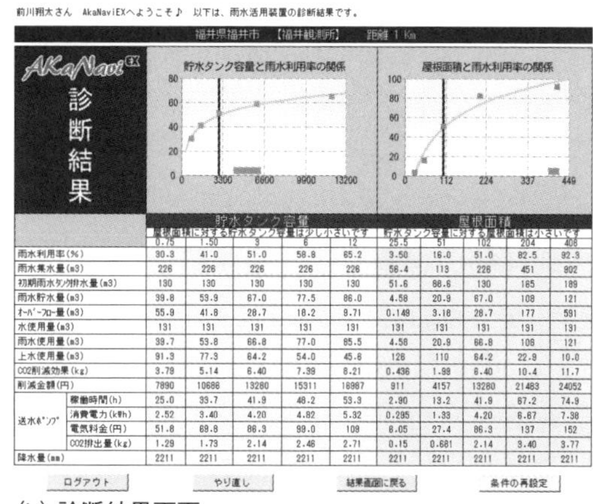

(b) 診断結果画面

※口絵参照

AkaNaviEX：福井工業大学笠井研究室

図３　雨水活用システム稼働シミュレーション実施例[5]

図３に示す。このアプリケーションは，日本全国の全市区町村（約 1,800）の降水パターンに対応し，過去 10 年間の時間降水パターンデータを使った稼働シミュレーションが行える。また，稼働シミュレーションを行った雨水活用システムの集水面積と雨水貯留槽容量の適正診断が行える機能も備えている。

豪雨対策の一環としての雨水利用を考えた場合，大きなジレンマがある。即ち，雨水利用を行うためには，可能な限り雨水貯留槽内に雨水を多く残す必要がある。その一方で，雨水貯留槽内が満水に近い場合には空き容量が少なく，雨水の流出抑制効果は少ない。このジレンマを解決する一例を，**図４**に示す[6)7)]。

この都市型洪水緩和システムは，人工衛星等の気象観測によって得られた降雨予測を基に，豪雨が降る地区の雨水貯留槽内の雨水を遠隔制御で事前に排水するシステムである。シミュレーションの結果，このシステムの導入によって雨水貯留槽による雨水の流出抑制効果は約６倍に高まるという結果が得られている[6)]。

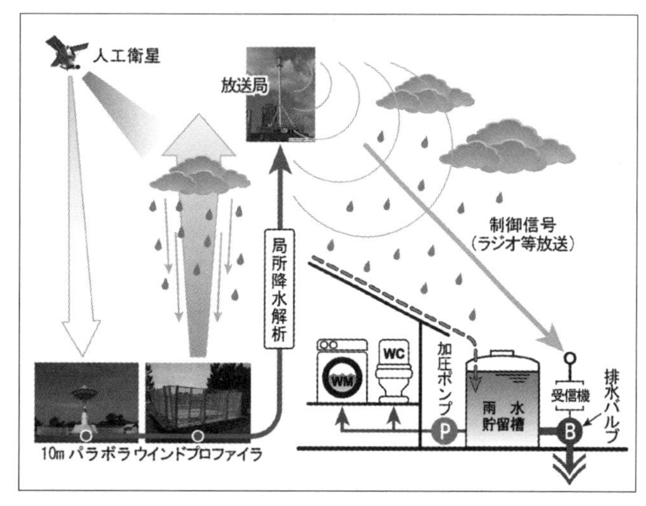

図４　雨水活用システムを用いた都市型洪水緩和システムの概念図[6)7)]

2.2.4 環境蓄雨

環境蓄雨は冒頭でも述べたとおり，他の蓄雨とは異なった時間軸（年単位）で別評価されるものであり，基本蓄雨高 100 mm に含まれない。環境蓄雨の視点は，敷地の緑化や雨水の浸透能力の向上により，降雨を積極的に蒸発散もしくは地下浸透させて水循環を健全化させることにある。環境蓄雨性能（環境蓄雨高）は，敷地の年間蒸発散高（mm/ 年）と年間浸透高（mm/ 年）を合計して算出される[3]。

3 蓄雨性能の評価事例と改善策

近年，環境意識の高まりなどを背景に雨水活用への取り組みが行われており，国内では 1,000 L 程度までの比較的小型の雨水タンクについては，年間に 5 万台程度販売されていると推定される[8) 9)]。また，戸建住宅用として数立方メートル規模の雨水貯留槽を備えた雨水活用システムの設置事例も増加している。本項では，豪雨による浸水対策の評価として戸建住宅に設置された後者の雨水活用システムについて，前述の蓄雨の概念に基づいた性能評価事例とさらなる改善策について紹介する。

3.1 東京都 N 邸

東京都豊島区に 2005 年 4 月に竣工した N 邸の敷地内配置図と概観を，**図 5** に示す。この住宅には，建物基礎を利用した 6 m^3 の地下埋設型雨水貯留槽が設置されており，貯留された雨水はトイレ洗浄用水用には浅井戸ポンプで送水され，屋外緑化散水用には手押しポンプでポンプアップして利用されている。この戸建住宅の敷地面積は 58.36 m^2，屋根投影面積は 39.62 m^2 あり，建物周囲の土地利用形態は玄関前の地下に雨水貯留槽が埋設されている部分を除いては裸

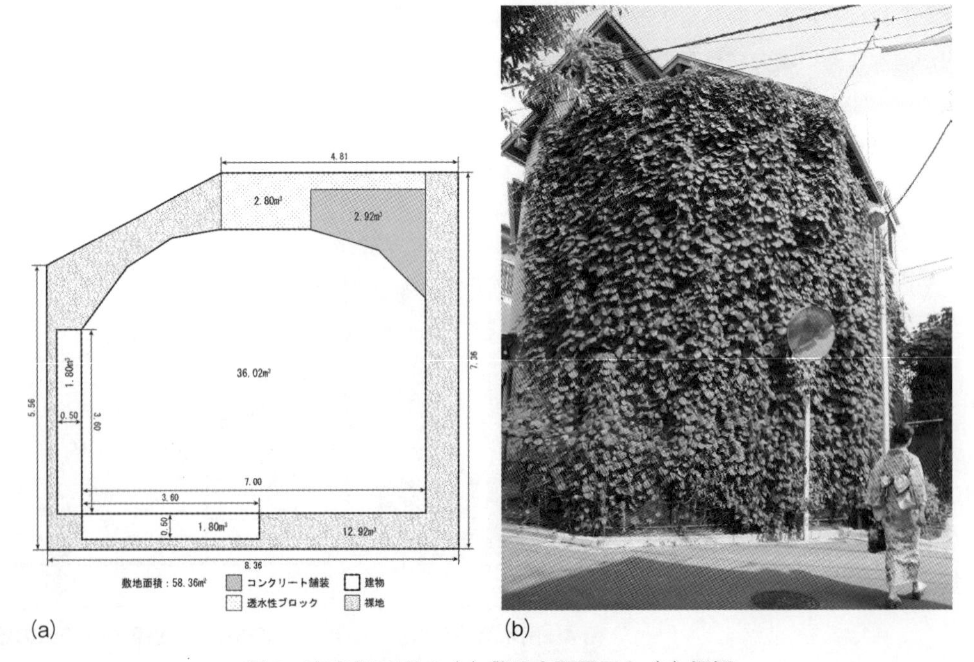

図 5　東京都 N 邸の（a）敷地内配置図と（b）概観

地，もしくは透水性ブロック舗装となっており雨水の地下浸透による治水蓄雨性能向上に配慮された造りとなっている。また，N 邸は阪神・淡路大震災を教訓に，被災時においても 1 週間自立できる家を目標に雨水貯留を行っており，防災蓄雨日数を 7 日に設定しており，高い防災蓄雨性能も持つ。

N 邸の蓄雨性能（敷地蓄雨高）は 116.09 mm（治水蓄雨高 31.27 mm＋利水蓄雨高 84.82 mm）あり，非常に蓄雨性能に優れた戸建住宅であることが分かる。その理由として，敷地内に占める建築物の面積比率が大きい高建坪率住宅に，利水蓄雨に貢献する大型の雨水貯留槽が設置されていることが挙げられる。また，N 邸では夏季に建物のほぼ全面を覆い尽くすほどの緑のカーテンが設置されており，環境蓄雨に貢献すると共に治水蓄雨にも貢献するものとなっている。

3.2　東京都 H 邸

東京都世田谷区に 2012 年 7 月に竣工した H 邸の敷地内配置図と概観を，**図 6** に示す。この住宅には，屋上に 1 m^3 の雨水貯留槽（屋上の上の 17.64 m^2 の小屋根から集水）が 2 基と建物裏の地上部に 2.24 m^3（0.34 m^3×6＋0.2 m^3）の雨水貯留槽が設置されている。貯留された雨水は，インバータ式浅井戸ポンプで送水され，トイレ洗浄用水や洗濯用水に利用されている。この戸建住宅の敷地面積は 80.82 m^2，屋根投影面積は 50.90 m^2 あり，建物周囲の土地利用形態は裸地，もしくは透水性ブロック舗装となっており治水蓄雨性能にも配慮されている。

H 邸の蓄雨性能（敷地蓄雨高）は 79.61 mm（治水蓄雨高 32.09 mm＋利水蓄雨高 47.51 mm）あり，比較的蓄雨性能に優れた戸建住宅であるが，前述の目標とすべき蓄雨性能である基本蓄雨高 100 mm には達していない。その理由として，前述の N 邸と同様，首都圏の戸建住宅として代表される高建坪率住宅であるが，N 邸と比較して建築物の投影面積に対する雨水貯留槽容量が少ないことが挙げられる。H 邸の蓄雨性能向上を目的とした試算を行った結果，地上部に設置された雨水貯留槽容量を約 2 倍に増加させると基本蓄雨高 100 mm に達することが分かった。

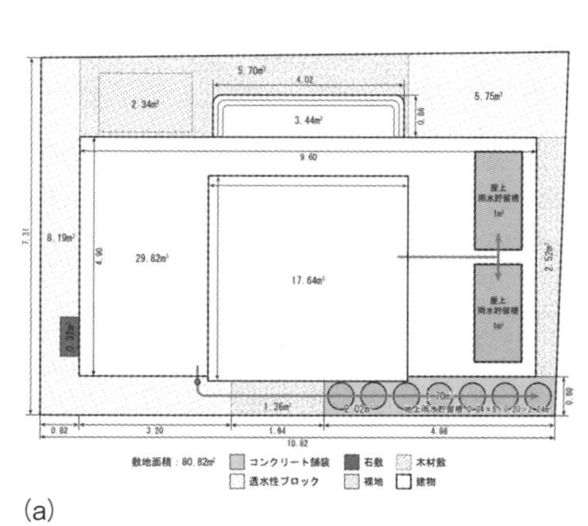

(a)

(b)

図 6　東京都 H 邸の（a）敷地内配置図と（b）概観

以上のことから，高建坪率住宅において高い蓄雨性能を発揮させるためには雨水貯留槽容量を増やすことが有効であることが分かる。

3.3 福井県K邸

福井県福井市に2015年10月に竣工したK邸の敷地内配置図と概観を，**図7**に示す。この住宅には，建物の裏に4 m^{3}の雨水貯留槽（2 m^3×2）が設置されている。2 m^{3}の二つの雨水貯留槽にはそれぞれ，降り始めに近い雨水（トイレ洗浄用）とより清浄な雨水（洗濯用水用）を分けて貯留できるようになっており，インバータ式浅井戸ポンプで送水されている。この戸建住宅の敷地面積は198.0 m^2，屋根投影面積は90.7 m^{2}である。建物周囲の土地利用形態は，地方都市の戸建住宅の一般的なものであり，駐車場等に利用されている。建物がある部分以外の土地利用形態の大部分を占める駐車場部分は，積雪地域では除雪作業の簡便性を考えて一般的に行われるコンクリート舗装になっている。

K邸の蓄雨性能（敷地蓄雨高）は40.21 mm（治水蓄雨高23.04 mm＋利水蓄雨高17.17 mm）であり，蓄雨性能はあまり高くない。その理由として，前述のN邸やH邸とは逆に建坪率の低さと建築物の投影面積に対する雨水貯留槽容量の少なさが挙げられる。また，駐車場部分がコン

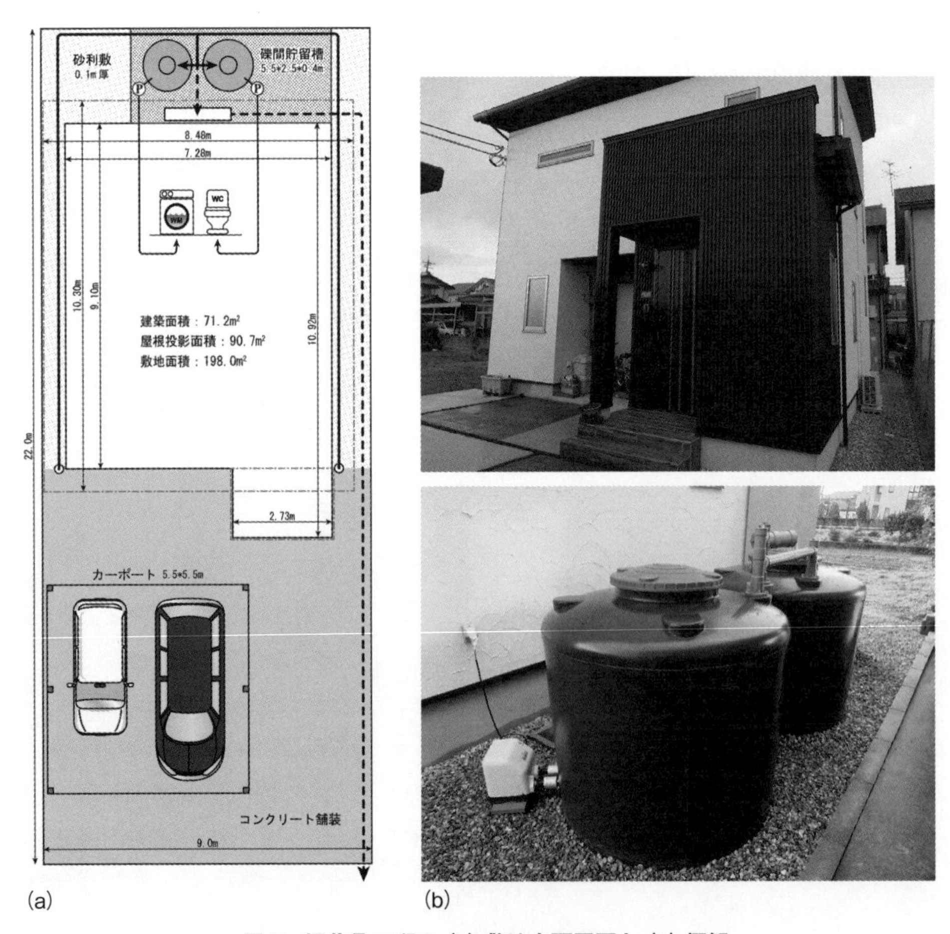

図7　福井県K邸の（a）敷地内配置図と（b）概観

クリート舗装されていることからその部分の蓄雨係数が低く，また面積が大きいために全体として蓄雨性能が低くなっている。K 邸の蓄雨性能向上を目的とした試算を行った結果，駐車場部分の透水性舗装化および雨水貯留槽周辺部の礫間貯留槽化によって約 17 mm 改善し，57.82 mm に改善することが分かった。これ以外の蓄雨性能改善策としては，浸透枡等の浸透施設の導入が考えられる。

4 おわりに

以上，本稿では日本建築学会環境基準『雨水活用技術規準（AIJES-W0003-2016）』で定義された「蓄雨」の概略紹介と首都圏および地方都市に建設された雨水活用システムを備えた戸建住宅の蓄雨性能評価と改善策について述べた。地域によって地価や建坪率等の影響から敷地内の土地利用形態は著しく異なる。したがって，効果的に敷地蓄雨高を高めるためには個々の敷地によって導入すべき要素技術は異なる。首都圏の戸建住宅に代表される高建坪率の戸建住宅では，建築物周囲の土地面積割合が小さなため，雨水貯留槽容量の影響が大きい。一方，地方都市の戸建住宅では敷地に対する建築物の面積割合は比較的小さい。このような場合には，雨水貯留槽容量を大きくするだけでは基本蓄雨高 100 mm を達成することは難しく，土地利用形態の工夫によって敷地蓄雨高を向上させる必要がある。例えば，敷地内に不浸透面であるコンクリート舗装等の土地利用形態を作ることは，蓄雨性能の向上を考えた場合，非常に不利である。したがって，駐車場等の舗装が必要な場合には，透水性舗装にするなどの工夫が必要であり，総合的に取り組まねばならない。

今後，高い蓄雨性能を備えた雨水活用システムが日本全国で一般的に設置され，水資源の確保，被災時の水源確保，豪雨等による浸水被害の低減に貢献することを願う。

文　献

1) 濱砂博信：長崎県の離島における雨水利用に関する調査報告：淡水化装置導入から 10 年後の現況，日本建築学会九州支部研究報告，**50**，181-184 (2011).
2) ㈳日本建築学会：日本建築学会環境基準（AIJES-W0002-2011）雨水活用建築ガイドライン，丸善，64 (2011).
3) ㈳日本建築学会：日本建築学会環境基準（AIJES-W0003-2016）雨水活用技術規準，丸善，75 (2016).
4) 笠井利浩：地域特性からみた一戸建て住宅における雨水活用装置の環境負荷削減効果，日本雨水資源化システム学会誌，**18**(1)，27-33 (2012).
5) 笠井利浩，前川翔太：雨水活用装置の最適化を目的とした Web アプリケーションの開発，福井工業大学研究紀要，45，191-197 (2015).
6) 笠井利浩，中城智之，前川翔太：雨水活用装置を用いた都市型洪水緩和システム，福井工業大学研究紀要，44，178-184 (2014).
7) 笠井利浩，中城智之：都市型洪水緩和システム，特許第 5769266 号 (2015).
8) 日高規晃，笠井利浩：ネットショップにおける家庭用雨水タンクの販売動向，日本雨水資源化システム学会第 22 回研究発表会講演要旨集，110-112 (2014).
9) 総需要 36 億円、化粧系 18 億円でシェア 50%，週刊エクステリア，**1390**，6-8 (2013).
10) 中臣昌広：都会でできる雨、太陽、緑を活かす小さな家，農山漁村文化協会，159 (2009).

第4節　ICT活用による雨水ポンプ場モニタリングシステムの開発

中日本建設コンサルタント株式会社　長谷川　孝　　日本大学　佐藤　克己

1 はじめに

雨水ポンプ場は，市街化区域の拡大や増加する集中豪雨に対し，浸水被害の防止を目的としており，自然排水では対応できない雨水を強制的に排除するための施設である。

流入する雨水に対し，**図1**に示すように，下水管から流入ゲートを通じてポンプ場に入ってきた雨水は沈砂池に入り，スクリーンにより砂やし渣を除去した後，ポンプ井からポンプにより揚水され，放流ゲートにより河川などの公共用水域へ排水される。

主要な設備の構成は，除塵設備やポンプ設備，またこれら設備の電源供給とコントロールを行うための電気設備であり，主に遠方監視や定期的な巡回監視により維持管理されている。

一方，大都市圏での雨水ポンプ場では，高度経済成長を背景として整備されてきたため，狭隘な敷地にあることが多いため再構築などの全面更新が不可能であり，また財政的な制約からも長寿命化対策による設備の延命化が求められている。

当該システムは，このような長寿命化対策の実施に対し，有効とされる「状態監視」の効率化の観点から開発したものであり，雨水ポンプ場のみならずインフラ系プラント設備全般に適用できる技術である。

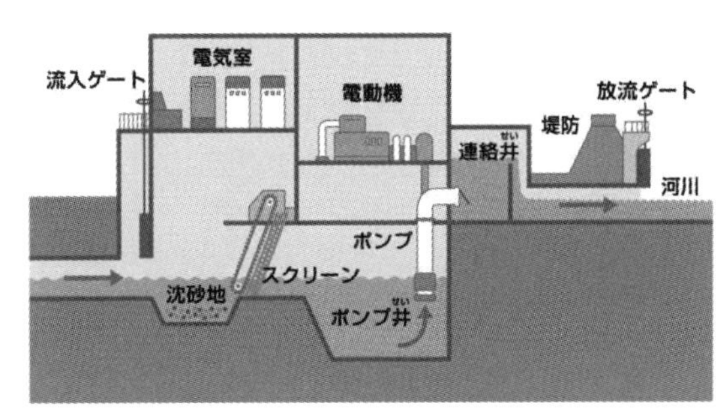

図1　雨水ポンプ場の構造

2 インフラ系プラント設備の長寿命化対策

2.1　維持管理における保全区分の選定

前述にも一部触れているように，近年，高度経済成長を背景に整備されてきたインフラストックの急激な老朽化が社会問題化しており，これらインフラストックに対する更新費用の抑制や平準化の観点からも長寿命化対策の実施が求められている。

「下水道事業のストックマネジメント実施に関するガイドライン」(以下,「下水道ストックマネジメントガイドライン」[1]) では，雨水ポンプ場などプラント系の施設に対する保全区分として，維持管理費用や機能低下・故障の発生等のリスク，また維持管理における執行体制を総合的に勘案した上で，さまざまな設備の仕様や重要性に応じて「事後保全」と「予防保全」に区分した維持管理の実施が提案されている (**表1**)。

「事後保全」とは，当該設備において著しい機能低下や故障が発見された際に修繕や更新を行

表１　保全区分の考え方

<table>
<tr><th rowspan="2"></th><th colspan="2">予防保全</th><th rowspan="2">事後保全</th></tr>
<tr><th>状態監視保全</th><th>時間計画保全</th></tr>
<tr><td>管理方法</td><td>設備の状態に応じて対策を行う</td><td>一定周期（目標耐用年数等）ごとに対策を行う</td><td>異常の兆候（機能低下等）や故障の発生後に対策を行う</td></tr>
<tr><td rowspan="2">適用の考え方</td><td colspan="2">【重要度の高い設備】
・処理機能への影響が大きいもの（応急措置が困難）に適用
・予算への影響が大きいものに適用
・安全性の確保が必要なものに適用</td><td rowspan="2">【重要度の低い設備】
・処理機能への影響が小さいもの（応急措置可能）に適用
・予算への影響が小さいものに適用</td></tr>
<tr><td>劣化状況の把握・不具合発生時期の予測が可能な設備に適用</td><td>劣化状況の把握・不具合発生時期の予測ができない設備に適用</td></tr>
<tr><td>留意点</td><td>設備の劣化の予兆を把握するための調査を実施し、情報の蓄積を行う必要がある</td><td>設備の劣化の予兆が測れないため、対策周期（目標耐用年数）を設定する必要がある</td><td>異常等の発生後に対策を行うため、点検作業が少なくてすむ</td></tr>
<tr><td>主な対象設備</td><td>雨水ポンプ本体
自動除塵機　等</td><td>受変電設備
負荷設備　等</td><td>床排水ポンプ
スクリーン　等</td></tr>
</table>

文献1）より加筆

うものであり，主にコストが安価または重要度の低い設備に適用されることの多い保全区分である。

一方，「予防保全」は過去の維持管理履歴や日常点検等の結果から，異常や故障の発生を予測し，これらに至る前に必要な対応を講じるものであり，限られた人員や予算の中で効率的に維持管理を行うためには有効な手法とされる。

2.2　効率的な状態監視の実現

状態監視による維持管理では，日常的な維持管理による設備点検や運転状況の確認，また設備単位での分解調査や非破壊検査等の詳細な診断により劣化状況や動作状況を把握することで，

表２　設備単位の健全度評価判定結果の例（ポンプ本体）[1)]

<table>
<tr><th>調査対象</th><th>調査判定項目</th><th>判定内容</th><th>判定結果</th><th>健全度</th></tr>
<tr><td rowspan="5">設備全体</td><td>発錆・腐食</td><td>錆・腐食の状況・範囲を確認する（外観調査）</td><td>4</td><td rowspan="5">3</td></tr>
<tr><td>変形・亀裂損傷</td><td>変形・亀裂・損傷の状況・範囲を確認する（外観調査）</td><td>3</td></tr>
<tr><td>振動・異音</td><td>振動・異音の大きさ等を確認する</td><td>2</td></tr>
<tr><td>がたつき</td><td>がたつきの状況を確認する</td><td>4</td></tr>
<tr><td>運転時間</td><td>過去の履歴等より、劣化の進行に影響を及ぼす運転時間等を確認する</td><td>2</td></tr>
<tr><td>調査判定区分</td><td colspan="4">5：問題なし。 4：機能上の問題はないが、劣化の兆候あり。
3：劣化進行しているが、機能は確保可。 2：機能発揮困難。又はいつ機能停止してもおかしくない状態。 1：運転できない。機能停止。</td></tr>
</table>

振動速度のrms値(mm/s)	Class1	Class2	Class3	Class4
〜0.71mm/s	A	A	A	A
0.71mm/s〜1.12mm/s	B	A	A	A
1.12mm/s〜1.8mm/s	B	B	A	A
1.8mm/s〜2.8mm/s	C	B	B	A
2.8mm/s〜4.5mm/s	C	C	B	B
4.5mm/s〜7.1mm/s	D	C	C	B
7.1mm/s〜11.2mm/s	D	D	C	C
11.2mm/s〜18mm/s	D	D	D	C
18mm/s〜	D	D	D	D

Class 1	全体の構成要素の一部として組み込まれたエンジンや機械(15kW以下の汎用電動機等)
Class 2	特別な基礎を持たない中型機械(15kW〜75kWの電動機等)、及び堅固な基礎に据え付けられたエンジン又は機械(300kW以下)
Class 3	大型原動機又は、大型回転機で剛基礎上に据え付けられたもの
Class 4	大型原動機又は、大型回転機で比較的柔らかい剛性をもつ基礎上に据え付けられたもの(出力10MW以上のターボ発電機セット及びガスタービン等)

ゾーンA	新設された機械の振動値が含まれるゾーン(→ 優)
ゾーンB	何の制限もなく長期運転が可能なゾーン(→ 良)
ゾーンC	長期の連続運転は期待できないゾーン(→ 可)
ゾーンD	損傷を起こすのに十分なほど厳しいゾーン(→ 不可)

図２　絶対値振動データ判定基準（JIS B 0906, ISO 10816-1 規格）[1)]

設備健全度を確認し，長寿命化対策に資する措置の必要性を判定するものである。

ただし，詳細な診断を行うためには一定の費用が発生することから，維持管理費用を縮減するため，日常的な設備点検や運転状況に基づいた優先順位の選定により，詳細な診断を実施する対象設備を絞り込む必要がある。

表３　振動診断（絶対値判定法）による判定基準の例[1)]

健全度	運転状態
5	振動速度が「良い（A)」状態
4	振動速度が「やや良い（B)」状態
3	振動速度が「やや悪い（C)」状態
2	振動速度が「悪い（D)」状態

主に目視による日常的な設備点検を通じた設備の健全度把握については，「下水道ストックマネジメントガイドライン」[1)]において，次の項目が提案されている（**表２**)。

振動については，**図２**にあるように「JIS B 0906」および「ISO 10816-1」にて規定されている振動を速度へ変換した速度 RMS を用いた絶対値での判定基準が示されている。

また,「下水道ストックマネジメントガイドライン」においても，**表３**にあるようにこの絶対値を参照することで，設備の劣化状況を判定する手法が提案されている。

筆者らは，この表２にある振動や異音に着目し，振動データの常時取得とともに，長期間のデータ取得によって相対的な変化を監視することのできる「モニタリングシステム」を開発している。

3 モニタリングシステムの開発

3.1　ICT（Information and Communication Technology：情報通信技術）活用への要請

近年，膨大な下水道ストックにおける老朽化の進展や，自治体職員の減少による人材不足と技術継承への対応，また安全性を確保と施設供用期間のトータルコスト縮減などの観点から，ICT（情報通信技術）の活用が期待されている。

「下水道における ICT 活用に関する検討会報告書」[2)]においても，維持管理におけるビックデータの活用とともに，センサネットワークによるリアルタイムモニタリング技術の確立等が要望されており，2013 年６月の「日本再興戦略」を踏まえ，センサやロボット等を活用したインフラ点検・診断システムの実現が閣議決定されている。

特に，雨水ポンプ場はゲリラ豪雨の発生時等大量の降雨が発生した際の浸水防除を目的としているため，維持管理要員は常駐せず，その維持管理は巡回監視が基本となっているケースが多いことから，モニタリングシステムによる状態監視は有効な維持管理ツールであると考えられる。

3.2 モニタリングシステムの概要

雨水ポンプ場をはじめとしたインフラ系プラントでは，その施設内に複数の設備を有しており，設備が設置されている場所によっては，日常的な維持管理の範疇では，設備点検が困難な設備もある。

そのため当該モニタリングシステムでは，このような複数の設備に対して場所を選ばずに状態監視できるよう，加速度や音圧を計測するためのセンサと通信モジュール・バッテリーを一体化した小型ノードと，ノードで取得したデータを集約しインターネット上のサーバへデータを送信するためのゲートウェイとなるコーディネータにより自律的なセンサネットワークを構築させ，RMS 値などのデータを管理することができるものとしている（**図 3**）。

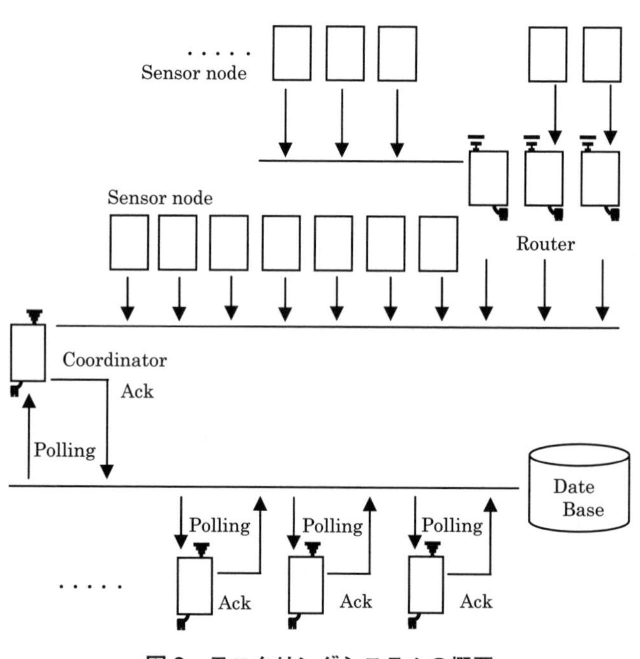

図 3　モニタリングシステムの概要

センサノードとコーディネータ間の通信は，Zigbee 規格（IEEE 802.15.4）による特定小型無線局を採用し，コーディネータでは，公衆無線回線を利用してインターネット上のデータベースと通信している。なお，データベースでは複数のコーディネータから一斉にデータ送信した際のコンフリクトに配慮し，ポーリングによるデータ取得方法を採用している。

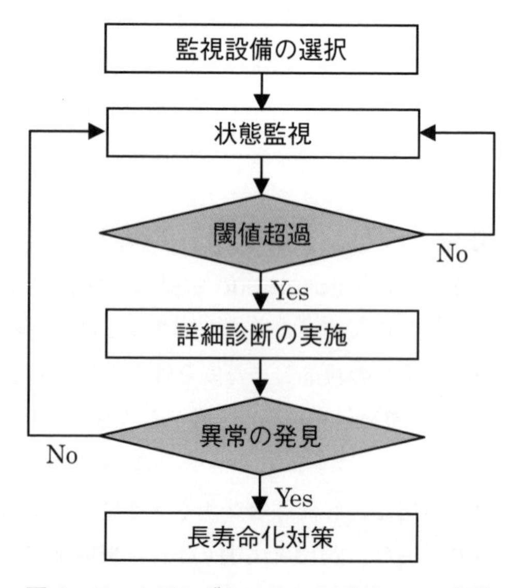

図 4　モニタリングシステムの活用フロー（例）

3.3 モニタリングシステムの構成

本モニタリングシステムの運用に際し，その構成を以下に記載する。

本システムでは，運転状況の確認や台帳機能による機歴管理等にも活用できるが，日常的な設備点検の支援システムとしての活用により，**図4**で示すようにデータベースで設定した「しきい値」の超過や振動等の異常な変化が見られた場合に，詳細な診断を実施するなどの利用方法が考えられる。

3.3.1　センサノード

センサノードでは，効率的な状態監視に資するよう複数の設備に対するセンシングを可能とするため，スマートフォンやゲーム機等の搭載により普及しているMEMS系の加速度センサ（**図5**）を搭載し，取得した加速度は内蔵CPUによりRMS値へと演算している。

その他，音圧や温度を測定することのできるセンサを搭載し，内蔵バッテリーの採用により設置場所を選ばない自由度の高い設置レイアウトを可能としている（**図6**）。なお，メンテナンスを必要としない設計とIP65規格の筐体を採用することで，腐食環境下での長期間の運用に配慮している（**図7**）。

出典：http://jp.kionix.com/product/KX122-1037

図5　MEMS系加速度センサ（写真はKionix, Inc.製）

3.3.2　コーディネータ

コーディネータでは，最大100台までのセンサノードから取得した測定値を蓄積することができ，Zigbee規格（IEEE 802.15.4）と公衆無線回線の2つの通信モジュールを内蔵し，センサノードとの無線センサネットワークの確率とインターネットゲートウェイの2つの役割を兼用している（**図8**）。

通信環境によっては，LAN接続によるEthernet通信にも対応できるため，より安価に状態監視を行うことができる。

センサノードから送信される測定値を蓄積するロガー機能は持たないものの，センサノードのIDを一定時間保持することにより，センサノードとの通信を瞬時に確立することができ，安定した測定データの取得を可能としている。

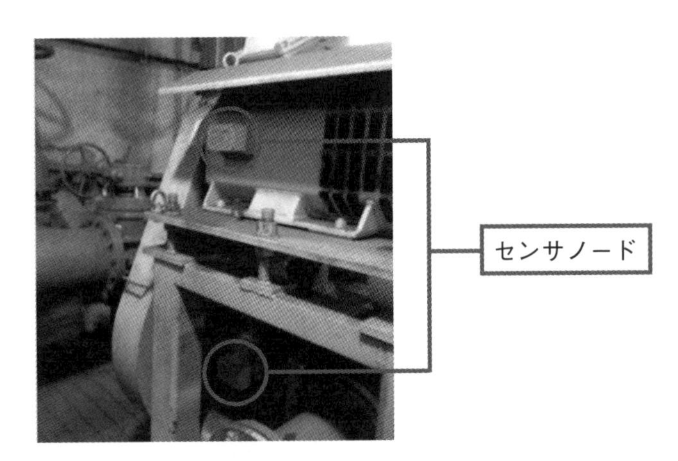

図6　センサノード設置例

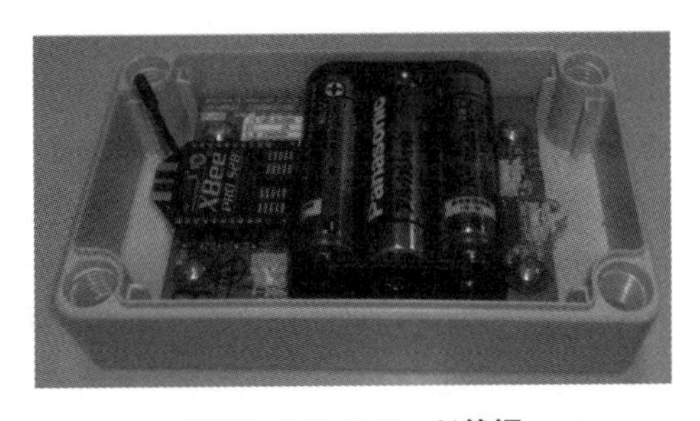

図7　センサノード基板

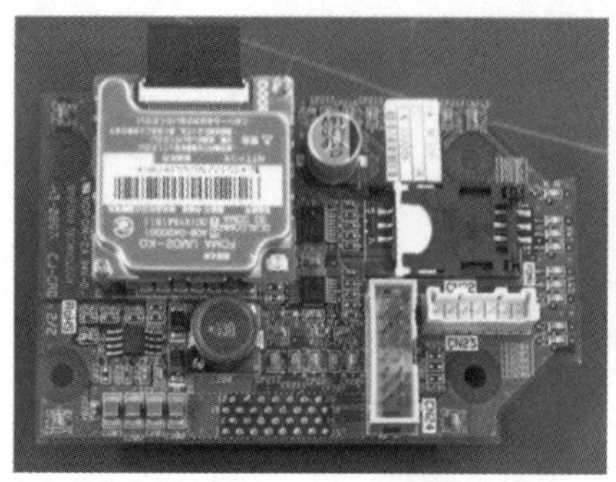

(a) 公衆無線回線モジュール搭載部（上部）　(b) Ethernet モジュール搭載部（下部）

図8　コーディネータ基板

3.3.3　ルータ

センサノードとコーディネータ間において，距離的な問題等で十分な通信状態を良好に確立できない場合には，中継機であるルータを設置することで，安定して測定データを取得することができる。

また，ルータでもセンサノードのIDを管理することができるため，センサノードを増設する場合にも利用することができる。

3.3.4　サーバシステム

データベースは，クラウド環境での運用を前提に開発しており，各設備に設置されたセンサノードにより取得した測定データを蓄積するとともに，グラフ化機能により，任意に選択した期間における状態変化を可視化できる（**表4**）。

また，設備台帳としての機能を併せ持つことから，状態監視には欠かせない故障対応やオイルの補充等の保全情報をセンサノードのIDと関連づけて蓄積することができる。

運転中の設備に異常が発生した際には，事前に登録したメールアドレスにアラートを発報する。アラートの発報については，状態監視において重要なファクタであることから，数回の測定データを対象に，移動平均によるサンプリング数n点に対し，式(1)により算出した値が連続して設定の閾値を超過した場合，これを異常と判定し適切に処理できるよう設計している（**図9**）。

$$SMAm = \frac{Pm + P\ (m-1)\ + P\ (m-2)\ \cdots + P\ (M-n-1)}{n} \tag{1}$$

表4　データベースの主な機能

機能区分	概要
各種設定	閾値の設定やセンサノードを設置する設備名称の設定等，各種設定を行う。
グラフ作成	設備選択で選択した設備のデータをグラフ表示する。
データ参照	設備選択で選択した設備のデータを参照，ダウンロードする。
稼働情報	設備選択で選択した設備の稼働情報をグラフ表示する。
アラート設定	アラートの最小値，最大値，警報メール送信先アドレスを設定する。

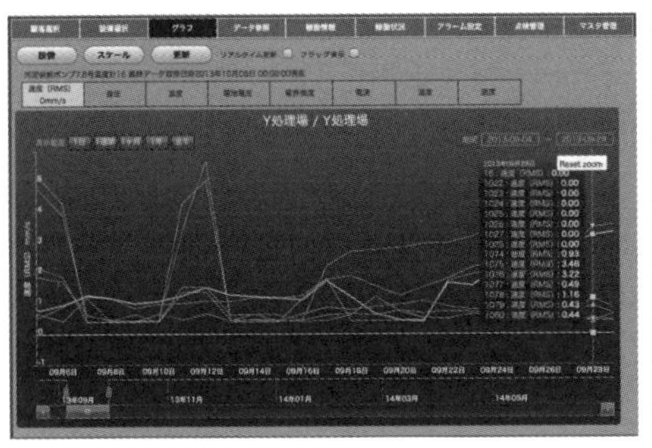
(a) RMS 値の変化グラフ画面

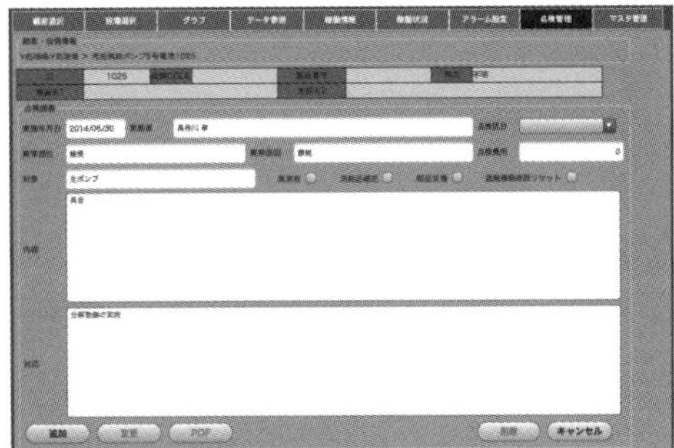
(b) 維持管理情報入力画面

図９　機能画面

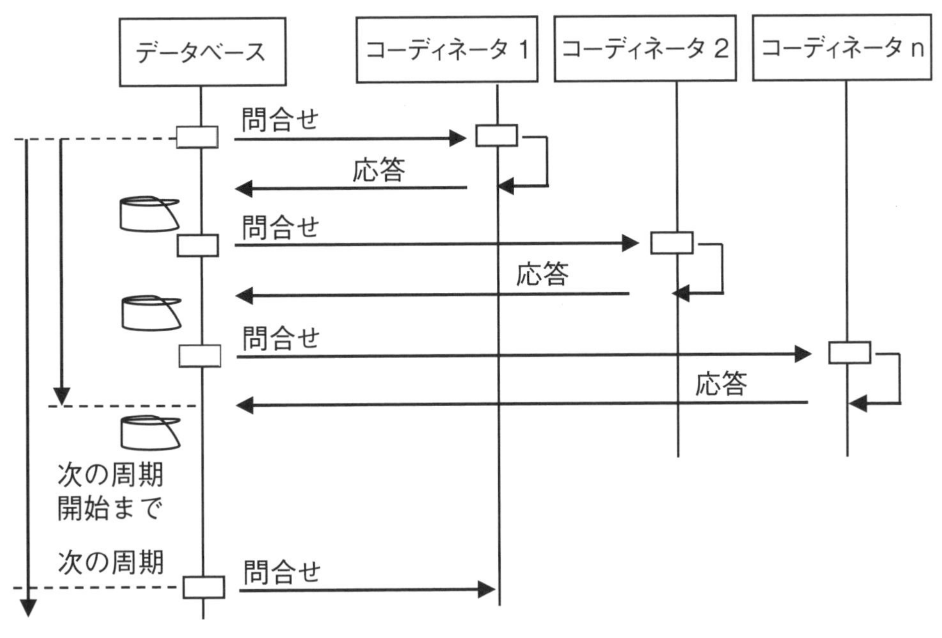

図 10　データベースによる測定データの収集フロー

また，インターネットプロトコルには UDP (User Datagram Protocol) を採用しており，通信環境による測定データの欠測リスクを最小限に抑えているとともに，データベース側からポーリングによるデータ取得要求により，通信費用の抑制に配慮している (**図 10**)。

4 実証試験

本システムの開発に際しては，複数回にわたり実地検証を行っている。

雨水ポンプ場のような下水道施設に設置されている回転系設備の多くは 500 Hz 程度の周波数帯が多いことから，この範囲で速度 RMS 値を計測できる仕様とし，同時に異常が発生した際の熱量や音の変化にも対応できるよう音圧と温度を測定できる仕様としている (**表 5**)。

この仕様を踏まえた実証試験における取得データの解析結果としては，並列して設置されている同種同型の回転系設備に対して状態監視を行った結果，取得した RMS 値が大きく異なる

表5　周波数域帯別の測定方法と異常の類型

周波数帯域	測定方法	異常（損傷）の発生原因	異常（損傷）内容
～10 Hz	変位	変位量や動きの大きさにより発生する異常	異常振動
10 Hz～1 kHz	速度	動きの大きさや繰り返しによる疲労により発生する異常	アンバランス，ミスアライメント，基礎不良，アンカーボルトの緩み，歯車，オイルホイップ，転がり軸受の著しい損傷，ガタつき
1 kHz～	加速度	衝撃の大きさ等により発生する異常	転がり軸受け損傷，歯車損傷

ものであった。

これは，維持管理情報から設置した年度が大きく違うこと，運転時の負荷量もそれぞれ異なることが原因と考えることができたが，図2にある絶対値振動データ判定基準と照合すると，これら設備はClass3に位置するため，最大値が約4.5 mm/SecであったNo.7汚泥供給ポンプでは，長期の連続運転を期待できないと判定できる。

また，No.6およびNo.8汚泥供給ポンプについても，負荷量が一定でありながら，時間の経過とともに右肩上がりで振動値がトレンドしていることを確認することができている。引き続き重点的な状態監視が必要との評価に至っており，このように効率的な状態監視を実施することで，詳細な診断を実施する設備の優先順位を決定することができ，適切な長寿命化対策と維持管理コストの縮減に寄与できる（**図11**）。

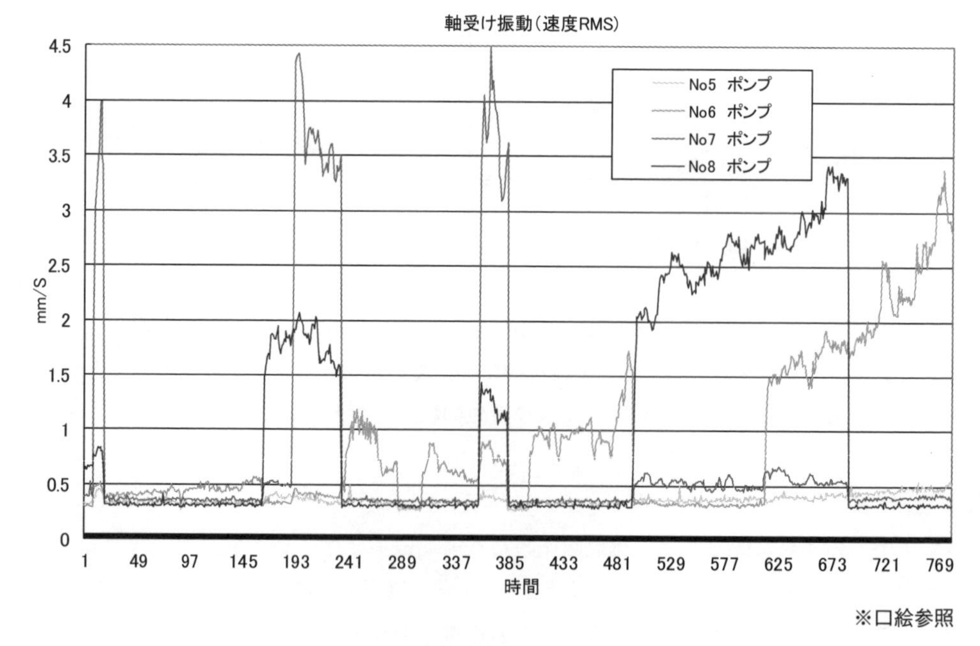

※口絵参照

図11　実証試験検証データ（速度RMS）

5 システムの改良と派生機種の開発

現在，本システムは一部のインフラ系プラントで状態監視ツールとして採用されているとともに，民間企業である製造メーカーにおいても，同様のツールとして採用されている。

しかし，回転系設備では設置面が曲面である等の制約があること，MEMS 系センサの技術的進歩からより機械診断に適したものが市場に投入されたこと等により，より高精度かつ適切な状態監視が実施できるよう現在改良を行っている（図 12）。

また，機械振動（速度 RMS）と供給電力量の相関から健全度を把握するため，二次側の電源設備にクランプで設置できる電気設備用の状態監視システムも開発しており，この仕組みを利用しセンサ部を変更することで，湿度や水位などの監視も可能としている（図 13）。

図 12　次世代基盤（開発中）

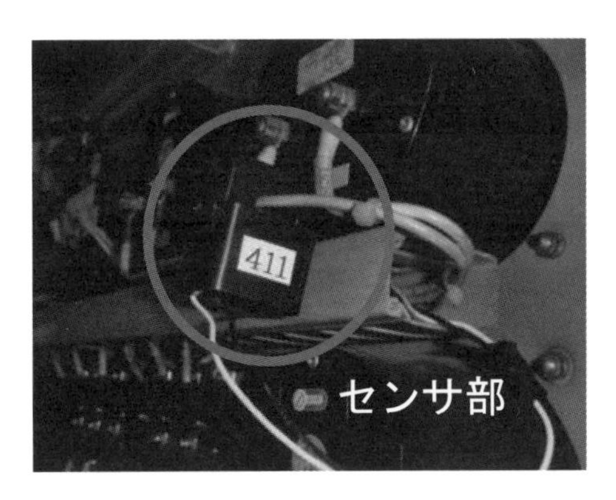

図 13　電気用状態監視ノード（電気設備）

6 おわりに

従来，日常点検を通じた状態監視では以前と比較した振動の大小や音の変化など，定性的な評価により異常の有無が判定されてきた。しかし，本システムに代表されるように，センシングによる状態監視により，定量的なデータの蓄積とこれに基づく健全度の評価を実施できるようになる。これにより，雨水ポンプ場においても，設備に対する現状の健全度を的確に把握できることから，浸水被害から市民の生命と財産を守ることができると期待する。

文　献

1）http://www.mlit.go.jp/river/suibou/pdf/gesui_stockmanagement_guideline2015.pdf
2）http://www.mlit.go.jp/common/001031194.pdf

コラム｜気象キャスターからのひとこと❷

防災情報伝達の限界を超えるために

これまで私は，気象キャスターとして災害報道に何度も携わってきました。本コラムではいくつかの災害を例に，防災情報伝達について考えてみたいと思います。

2013年8月20日，広島県で集中豪雨が原因となった土砂災害により，過去最大規模の犠牲者数を生む水害が発生しました。この災害映像を見ながら，私は無力感を感じずにはいられませんでした。当時，私は「NHKニュース7」という番組で気象情報を担当しており，前日の放送の中では広島県の大雨については全く示唆できなかったからです。番組の中で言えたのは，せいぜい「明日も大気の状態が不安定です」という言葉くらいでした。この事例は，防災情報を伝えるために必要な時間的余裕を十分確保した上で，事前に予測することの難しい事例でした（[第1編第1章第1節] 参照)。このときは未明，つまり多くの人が寝ている時間に事態が急変したため，最新の情報を十分に伝えられなかったという問題も重なっていました。

それから二年,「平成27年9月関東・東北豪雨」(以後，関東・東北豪雨）の被害にも大きな衝撃を受けました。しかし，私はこのとき，広島県での集中豪雨のときとは異なる感情を抱いていました。関東・東北豪雨の被災地を訪ねたとき，現地で被災された方に聞いたとても印象に残っている言葉があります。

「広島の豪雨のときとそっくりだったね。雨雲がかかり続けて，ずっととれなかった」

これは，積乱雲が風上側で次々と発生することで，ある場所での雨量が多くなってしまうバックビルディング型の線状降水帯による集中豪雨です。確かにこのような集中豪雨をもたらした降水システムそのものは共通していました。

しかし，決定的に違っていたことがあります。それは,「早い段階から大雨を予測できていたかどうか」です。実は，関東・東北豪雨は1日以上前から大雨になることが予想できていたのです（[第1編第1章第1節] 参照)。私は，番組で伝える気象情報を作成しているときに,「何か大きな災害が起こってしまいそうだ。怖い」と感じていました。では，私が感じたその「怖い」という感情を，一体どれだけ多くの人に伝えられたのでしょうか。

気象キャスターになって1年目のころ，アナウンサーの大先輩に「寺川さんは気象の専門家としてここで働いている。だから気象のことに関しては，もっと自分の言葉で伝えていいんだよ」と言われたことがあります。この言葉は，私の心に強く突き刺さりました。これは厳しい言い方に置き換えると,「あなたは気象庁の情報をそのまま伝えているだけ。そのまま伝えるだけなら誰にでもできる」という意味です。情けない話ですが，当時の私は，時々刻々と変わっていく気象状況の変化を把握することもままならず，気象庁から次々と発表される気象情報を伝えることで精一杯でした。このままでは，気象キャスターとして放送の中で防災情報を伝え，危険を呼びかけている意味が全くないと思いました。

それ以降，私自身気象の知識を増やし，災害現場に多く足を運ぶことで，少しでも説得力のある解説ができるよう自分なりに努力してきたつもりです。しかし，気象キャスター5年目のときに発生した関東・東北豪雨の後も，反省する点が多くありました。

鬼怒川における河川の氾濫に関しては，鬼怒川に沿うようにして雨雲がかかり続け，流域雨量が多くなってしまったことが大きな原因です。場所によっては土砂災害も，低い土地の浸水も起こり得る状態でした。全ての可能性を伝え，災害が起こり得るレベルの雨量だと訴えました。でも，今となって言えることかもしれませんが，河川の氾濫についてはもっと強く訴えることができたのではないかと思いました。

このことを強く訴えるためには，集中豪雨の発生が予想されたときに，その土地で何が起こり得るのかを考えなくてはなりません。実は，過去に発生した災害から，私たちはさまざまなことを学ぶことができるのです。1947年9月，関東地方や東北地方に大きな災害をもたらしたカスリーン台風（昭和22年台風第9号）について振り返ってみましょう。このカスリーン台風は，紀伊半島の南海上を北上し，房総半島南端をかすめた後，三陸沖へ進む中で各地に大雨をもたらしました。特に，栃木県や埼玉県などでは総雨量500ミリ前後の大雨が降り，利根川や荒川が決壊，東京都をはじめとして関東平野の各地で河川の氾濫による水害が発生した事例でした。この事例は，私たちに「関東は低い平地ですよ。河川が氾濫したら，たちまち浸水範囲が広がってしまいますよ」と教えてくれていたのです。

当時に比べると洪水対策のインフラは充実し，ハード面ははるかに強固になっています。皮肉なことに，そのことが国民に安心感をもたらし，「過去の災害」が「今はもう起こらない災害」にすり替わってしまっているのかもしれません。しかし，どんなにハード面が強化されたとしても，そのキャパシティを超える大雨が降ってしまえば，水害が発生してしまうのです。その土地にとってどのくらいの雨量が予想されているのか，過去の災害事例をもとに具体的に説得力をもってよびかけること，それが「まさか」ではなく，「もしかしたら」と思ってもらえるようなよびかけにつながるのではないかと考えています。

関東・東北豪雨を振り返り，自分に足らなかった点を反省しながら，「まだまだ自分にはできること，やるべきことがある」と感じました。これは，私自身が現在感じている「防災情報伝達の限界」を超えていける可能性があることを意味しています。

ただ，伝え手側の意識や努力だけでは，「防災情報伝達の限界」は超えられないのではないかとも感じています。過去に発生した災害の体験を未来に活かすために，地域の防災教育の中で，地元の大人たちが子供たちへ語り継いでいくことも重要です。伝え手と受け手の防災の意識がともにレベルアップしていくことで，はじめて「防災情報伝達の限界」が超えられるのではないでしょうか。

私はみなさんと一緒に，ぜひ「防災情報伝達の限界」を超えて，水害による被害の少ない社会創りを実現していきたいです。

〈寺川　奈津美〉

第３編

まちづくりとリスク管理

第1節　自然災害に強い持続可能なまちづくり

福島大学　中村　洋介

1 はじめに

台風や集中豪雨等による水害が毎年のように発生し，かつ環太平洋造山帯に属し地震や火山噴火が頻発する日本は，世界でも屈指の災害大国であると言える。また，世界で発生する地震の約10%が日本周辺で発生しているが，例えば地震が発生して地盤が緩んだ後に大雨が降って斜面崩壊が発生するなどの，複数の要因による自然災害の発生も散見される。このように災害大国であるわが国であるが，今後も持続可能に発展していくためには自然災害の特性をよく理解し，災害を受け入れ，災害と共存していく姿勢が何よりも重要である。本稿ではまず実際に行われているハード面で水害の対策についての事例を取り上げ，さらに防災教育や地域の結びつき（共助）といったソフト面の重要性を指摘し，自然災害に強い持続可能なまちづくりについて考えていく。

水害は大きく分類すると，外水氾濫と内水氾濫に分けられる。双方ともに大雨や台風といった気象的要因が原因となることが多いが，地形（河川の流速が遷緩点の先で遅くなることや，自然堤防より標高が低い後背湿地には水が溜まりやすいこと等）や，他の河川との合流で流速が遅くなるといった地理的要因も大きく関わってくる。さらには，都市化によって地面がコンクリートに覆われて排水能力が低下するといった，社会的要因でも内水氾濫が発生することがある。したがって，水害対策を行う場合には気象的要因，地理的要因，社会的要因の3つを総合的に考えていく必要がある。特に水害の場合は現在地で雨が降っていなくても，上流で降った雨によって下流部で被害を受けることがあることから，流域全体で考えていく必要がある。

2 東京東部低地帯の事例

関東平野の周辺を流域とする河川の多くが東京に向かって流れており，東京東部低地帯（東京の下町地区）では古来より洪水の被害に悩まされてきた[1)]。例えば，1947年のカスリーン台風の際には利根川と渡良瀬川との合流部の東村（現在の埼玉県加須市）付近で堤防が決壊し，堤防を超えた水が形に沿って南下し，埼玉県東部から東京下町地域の広い範囲を浸水させた（**図1**(a)）[2)]。利根川は江戸時代以前までは東京湾に注いでいたが，江戸幕府による河川改修によって現在の銚子に流れる流路に変更されている。そのため中川（旧利根川）の流域は，北から南に向かって低い地形をしている。

また，東京東部低地帯の広範囲が，海岸付近における地表標高が満潮時の平均海水面よりも低いゼロメートル地点となっている（図1(b)）。このゼロメートル地帯の形成の主たる要因は，第二次世界大戦を挟んだ時期における地下水のくみ上げやメタンガスのくみ上げによる地盤沈下である。この地盤沈下によって，干潮になっても水が引かないゼロメートル地帯が出現し，

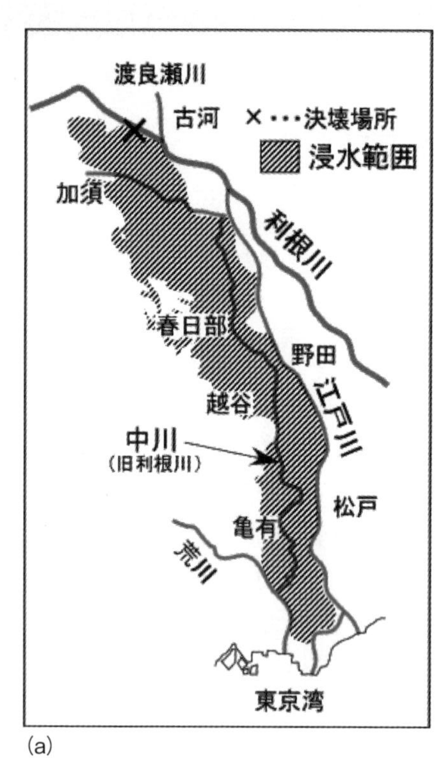

(a)

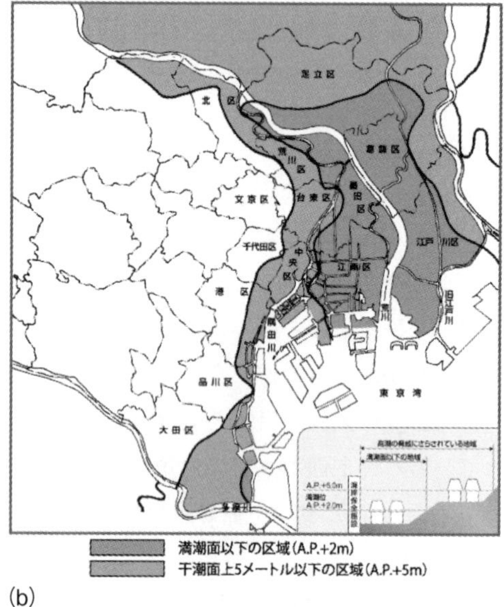

(b)

(a) 出典：文献 2) を一部改変
(b) 資料提供：東京都港湾局
※口絵参照

図 1　カスリーン台風時の浸水域 (a) ならびに，東京東部低地帯のゼロメートル地帯 (b) [2]

東京東部低地帯は水害に対して極めて脆弱な地域と化した[3,4]。

これまでこのゼロメートル地帯において行われてきた整備は以下の 3 つである。まず 1 つ目は高潮防御施設整備事業であり，伊勢湾台風と同規模の台風が東京湾にもたらされた場合にも対応できるよう，水門や排水機場といった海岸保全施設の整備が行われた。2 つ目は江東内部河川整備事業である。これは，隅田川と荒川に挟まれている高等三角地帯の内部を流れる河川において行われた整備事業である。この地帯での護岸整備は約 7 割が既に完成している状況である。3 つ目はスーパー堤防等整備事業である。これは東部低地帯の主要 5 河川（隅田川，中川，旧江戸川，新中川，綾瀬川）において，川沿いの再開発等のまちづくりと一体化させ，既存の堤防を改築するという整備事業である[5]。

スーパー堤防の整備事業の 1 つとして，東京都江戸川区の整備方針を例に挙げる。江戸川区が建設中のスーパー堤防は，一般の堤防の高さの約 30 倍の幅，または約 50 m の幅をもち，災害時の避難場所になるという特徴を持つ。**図 2** は江戸川区におけるスーパー堤防の整備計画区域を示したものである[6]。図内の破線で囲まれた部分が計画区域とされている箇所である。この図を見ると，整備済あるいは整備中に分布されている地域は非常に少なく，まだ計画段階のところがほとんどであることが読み取れる。スーパー堤防の整備には相当な費用（数兆円規模）と期間（全て整備するには 200～300 年かかるとも言われている）を要するために，整備がなかな

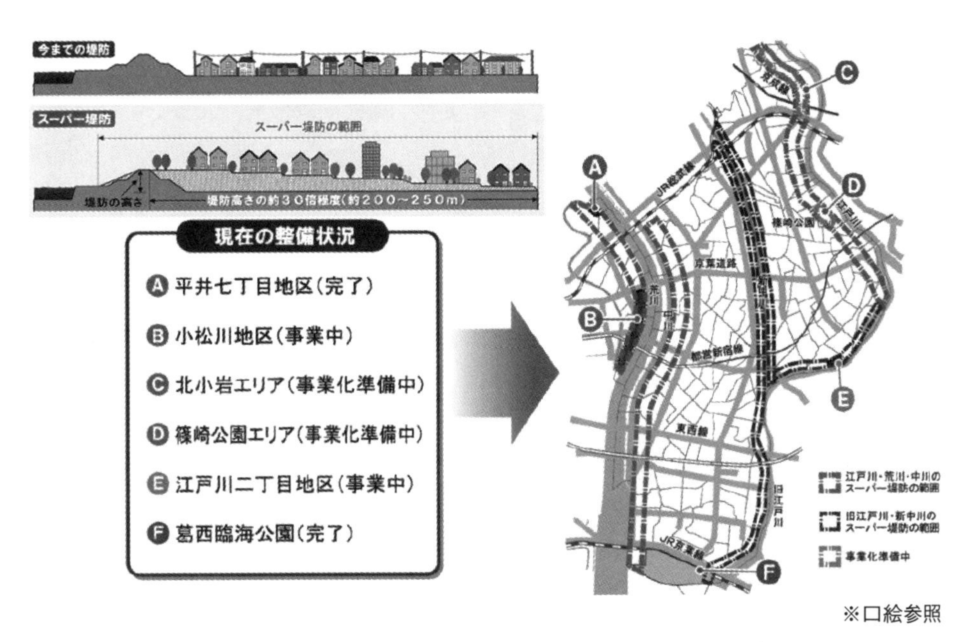

※口絵参照

図２　東京都江戸川区におけるスーパー堤防の整備状況[6]

か進んでいない。

これに対して江戸川区では，防災訓練やハザードマップといったソフト面での対策も併せて強化している[7]。例えば，江戸川区内の駅，庁舎，小中学校といった公共施設では，過去の災害の実績などをもとに浸水時の深さの目安がわかるように色分けがなされている。また，東京東部低地に立地する江戸川，江東，葛飾，墨田，足立の五区が連携して，洪水等の発生が予測される時に住民を安全な場所に避難させる広域避難に関しての協議が開始された[8]。江戸川区は2008年に隣接する千葉県市川市との間に災害時協力協定を結んだほか，2015年には茨城県東茨城郡城里町とも災害時協力協定を結び，職員の派遣や食料・飲料水および生活必需品の提供等で相互支援を行うことを決めている。また，葛飾区も千葉県松戸市ならびに市川市と同様の協定を結んでいる[8]。しかしながら，数十万人におよぶ住民を短時間でどのようにして移動させるかについては具体的にはまだ決まっておらず，今後の課題である。

3 福島県郡山市の事例

続いて，本項では近年における洪水被害とハザードマップの重要性について，福島県を流れる阿武隈川を事例に解説する。阿武隈川は福島県西白河郡西郷村の甲子旭岳（標高 1,835 m）を水源とする全長 239 km の河川で，福島県の中通り地方を縦断し宮城県の岩沼市と亘理町の境界部で太平洋に注ぐ。阿武隈川の「隈」は，川が蛇行していることが語源とされており，福島盆地の北部など阿武隈川の中流～下流にかけて，蛇行箇所が数多く存在する。また，川幅が狭くなる狭窄部も複数存在する。阿武隈川は，古来より蛇行地点や狭窄部を中心に洪水を繰り返しており，古文書に残る洪水の記録は平安時代まで遡ることができる[9]。

20 世紀以降で最大の被害を出したのは 1986 年の洪水で，同年 8 月 5 日に発生したことから 8.5 水害と呼ばれている。8.5 水害では，台風 10 号から変化した温帯低気圧によってもたらされ

※口絵参照

図3　郡山市浸水ハザードマップ（文献10）より一部抜粋）

た大雨で，死者4名，被災家屋2万216戸，浸水面積1万5,117 haという被害を受けた[9]。この被害を受けて河川改修が行われたものの，8.5水害の発生から10年後における阿武隈川中上流部の完成堤防の割合は，約3割程度にとどまった。こうした状況の中で，1998年の8月末に一週間ほど大雨が続き，死者11名，被災家屋2,096戸，浸水面積3,631 haに達する被害が生じた[9]。その一方で，郡山市では1986年の洪水を受けて浸水ハザードマップを作成し，1998年の洪水発生前に住民に配布していた（**図3**）[10]。このため，多くの住民がハザードマップを活用して避難所の確認などを行い，ハザードマップを見た人の避難率は見なかった人に比べて約10%高く，また避難開始も1時間早いという結果が出た[11]。

東京東部低地帯の事例を見ても，福島県の事例を見ても，自治体は堤防の整備をはじめとして水害対策に取り組んではいるものの，ハード面の対策がなかなか追いついていないのが実情である。また，1998年の洪水における郡山市民の行動を見ても，ハザードマップの作成や住民の意識といったソフト面での対策も，ハード面と同様に重要であることが理解できる。例えば，洪水避難ビルが整備されても住民がその存在を知らなければ有事における利用率は下がるし，ハザードマップもせっかく作成しても活用されなければ効果が発揮できない。そういう意味において，災害に強い持続可能なまちづくりをしていくためには，住民の防災意識を上げるための教育も非常に重要である。

4 洪水等の災害発生が予想されてもどうして避難しないのか？

日本における水害（大雨によって発生した土石流等も含む）の特徴として，特別警報や避難指

表１　「台風襲来時等に，どうして日本人は特別警報や避難指示等が発令されても逃げない（≒自宅にとどまる）人が多いのか？」の質問への解答例

●どこに逃げたらいいか分からない ●警報や避難勧告が必ずしも当たるとは限らない ●自宅が安全だと思っている ●特に夜間は危険で逃げられない ●高齢者等と同居で自由な行動に制限がある ●自分だけは大丈夫だと思っている

示が出ても避難せずに自宅にとどまって被災するケースが多いことが挙げられる。

そこで，筆者が勤務する福島大学の学生100名程を対象に，「台風襲来時等に，どうして日本人は特別警報や避難指示等が発令されても逃げない（≒自宅にとどまる）人が多いのか？」というアンケートを行った。その際に，回答が多かった意見が**表１**である。

「どこに逃げたらいいか分からない」という回答は，防災に対する知識（学習機会）ならびに意識の欠如からくる回答である。大学生にも一定の割合で，災害発生時の避難場所を把握していない層が含まれるということは，特にこれまで自然災害が少なかった地域等では同様のことが一般の方々にもある程度当てはまると推察される。ちなみに，アンケートは筆者が福島大学人間発達文化学類で担当している「自然災害と人間」の初回の講義で実施したものであり，本講義を受講した学生には授業を通して自然災害のメカニズムや自然災害への備えなどを習得してもらったほか，自宅や下宿先などからの避難所へのルート確認を行うレポートを作成してもらった。

「警報や避難勧告が必ずしも当たるとは限らない」に関しては，例えば大雨洪水警報が出ても雨が殆ど降らず影響を受けない地域があったり，台風の進路も急に変わったりするため，警報や避難勧告が発令されても必ずしも発令地域に被害が出るとは限らない。しかしながら，「どうせ当たらない」と思って油断をしていると，発令の内容通りの大雨等に見舞われた場合に避難が遅れて被災してしまう可能性があるため，意識を改めて発令にしっかりと対応する必要がある。

「自宅が安全だと思っている」に関しては，大部分の人にとって自宅は長年住んでいてなじみがあり，長期の外出時などは自宅に戻ることによって一種の安心感が生まれる。しかしながら，心理的に安心できることと洪水や土石流等に対して安全であるかどうかは別問題であり，ハザードマップの確認等を通じて自宅における自然災害の危険性を検討する必要がある。2015年の鬼怒川水害や2014年の広島土砂災害等においては，避難をせずに自宅にとどまって被害を受けたケースが数多く見られた。したがって，災害発生前に自宅の災害に対する脆弱性や避難場所等の確認を行い，必要に応じて対策をとっていくべきである。

「特に夜間は危険で逃げられない」に関しては，たしかに夜間に大雨が降っている際の移動は危険を伴うが，予め豪雨が予想されている時は雨が降り始める前に避難することは可能である。洪水の事例ではないが，1993年の北海道南西沖地震（M7.8）の際には午後10時17分に地震が発生し，その3分後には奥尻島に津波が到達した。夜間に地震が発生したことが避難を遅らせ，奥尻島で200名程の犠牲者を出した。このようなケースもあるため，夜間の避難や事前避難に関する方法の確認が必要である。

「高齢者等と同居で自由な行動に制限がある」に関しては，一つの家族だけではなく自治体や地域住民と連携をして対策をとっていくべきである。2014年の長野県北部地震（M6.7）の際に震度6弱の揺れに見舞われた長野県白馬村では，消防や消防団に加えて自主防災組織や地域住民による救出活動が行われ，地震による犠牲者を0に抑えることができ，“白馬の奇跡”と呼ばれた[12]。これは，普段からの住民同士のつながり（自主防災組織の結成や，どの建物に誰が住んでいるのかを互いに把握していること）が功を奏したと言える。

「自分だけは大丈夫だと思っている」に関しては，実は最も回答数が多かった意見である。この，「自分だけは大丈夫」という概念は心理学の正常性バイアスという用語で表すことができ，若者を中心とした多くの日本人にそのような傾向が認められる（例えば，津波や高潮の発生時に海岸に様子を見に行って流されてしまうのは，この正常性バイアスが効いているためである）。したがって，自分自身の状況を客観的に見る「メタ認知」を植え付け，災害発生時に自分を過信しない行動を取れる能力を養うべきである。

5 社会インフラの整備が遅れている地域での自然災害対策の事例

日本においては防潮堤や堤防等の社会インフラが整備され，なおかつ緊急地震速報等の通信インフラが整備されている。一方で，海外では社会インフラの整備が遅れていながらも，自然災害への適切な事前準備によって被害を最小限に抑えられることができた事例がある。2013年2月に発生したソロモン諸島沖地震（M8.0）では，震源地近くのネンドー島には地震発生後数分で津波が到達し，沿岸集落に大きな被害をもたらした。ソロモン諸島気象局（ソロモン諸島の首都ホニアラは震源地から離れていたため地震による揺れは無し）にハワイの太平洋津波警報センター（PTWC）からの津波警報が届いたのは地震発生から8分後の12時20分であった。さらに，ソロモンのメディアに警報を伝わったのはさらに16分後の12時36分であり，その時点でネンドー島には津波の第1波が到達していた。また，仮に警報が津波到達より早かったとしても，ネンドー島ではテレビやラジオ放送がなく，携帯電話も一部地域でしか通じないため警報を住民へ周知することは極めて困難であった[13]。

このような背景のもと，M８の地震が発生後数分足らずで最大３mの津波が到達した。島内の全家屋2,258戸のうち1,060戸が津波による被害を受け（地震の揺れによる被害は比較的軽微），その内581戸が全壊し，全島民１万1,578人の４割以上が避難生活を余儀なくされた。しかしながら，確認されている犠牲者は９名，けが人も16名にとどまっている[13]。

防潮堤等も設置されていない上，通信インフラも整備されていない中，ここまで人的被害を最小限に抑えることができた理由は以下の３つであると考えられている[13]。１つ目の理由は，地震が昼間に発生したことである。これによって，住民は海面の様子から津波の来襲を確認でき，また急峻なのぼり斜面である避難路も比較的容易に登ることが可能であった。２つ目の理由は，住民に対する防災教育が行われていたことである。ネンドー島では，住民を対象とした東日本大震災のビデオによる啓発活動が行われており，ソロモン地震の発生のつい半月ほど前にビデオを見た住民もいた。また，高台に続く避難路も事前に確認していて，地震発生後にはスムーズに避難することができた。３つ目は，伝承知識と住民同士の結びつきの強さである。住民は両親や祖父母から，「この地域では大きな地震が発生すると必ず津波がやって来る」と教わっており，今回の地震でも避難行動に移すことができた。また，住民コミュニティの結びつきが強く，海辺で津波を確認した住民が津波の来週を叫びながら避難したため，殆どの住民が避難することができた。

どれほど早期警報システムが発達しても，避難行動に移らなければ被害は防ぐことができない。発災時は住民が声を掛け合って避難行動を拡大することでより多くの命が救われるという点は，ソロモンやサモアのような途上国にとどまらず，わが国をはじめ津波のリスクのある国々にとって教訓となる。

6 まとめ

先進国としては最も災害経験が豊富と言ってもよいわが国は，大都市圏を中心に経済の集積と個人の富の蓄積が進むとともに，エネルギーや交通，通信に代表される高度なインフラに社会と個人が過度に依存している。このことが，かえって災害への脆弱性を高め抵抗力を失わせていることも，東日本大震災や広島土砂災害，関東・東北豪雨水害等を通じて明らかになった。したがって，世界屈指の災害大国であるわが国において自然災害強い持続可能なまちづくりをしていくためには，インフラの整備と並行して災害発生時に住民がインフラや情報を適切に利用できるような体制作りが急務であり，ハードとソフトを組み合わせた災害対策が必要である。また，災害発生時に住民が適切な行動に移れるように導く普段からの訓練や防災教育が重要であることも改めて記しておく。

文　献

1) 土屋信行：月刊積算資料，4，前文 17- 前文 23 (2014).
2) 江戸川河川事務所：もし、利根川や江戸川で水害が起きると…
http://www.ktr.mlit.go.jp/edogawa/edogawa00068.html
3) 土屋信行：首都水没，文春文書，249 (2014).
4) 松田磐余：地学雑誌，**122** (6)，1070-1087 (2013).
5) 東京都建設局：東部低地帯の河川施設整備計画，22 (2012).
6) 江戸川区：防災学習⑤ 江戸川区の水害対策
https://www.city.edogawa.tokyo.jp/bousai/koujo/n_hazardmap.files/017.pdf
7) 江戸川区：江戸川区地域防災計画，270 (2015).
8) 東京新聞：水没危機 低地５区が初会合「広域避難」どう実現，2015 年 10 月 28 日付.
9) 国土交通省水管理・国土保全局：阿武隈川水系の流域及び河川の概要，71 (2012).
10) 郡山市：郡山市浸水ハザードマップ
https://www.city.koriyama.fukushima.jp/304000/bosai/hazard-map/documents/kouzui.pdf
11) 群馬大学片田研究室編：平成 10 年 8 月末集中豪雨災害における郡山市内の対応行動に関する調査報告書，171 (1999).
12) 横山義彦：地域防災，4，14-17 (2015).
13) 三村悟，金谷祐昭，中村洋介：福島大学地域創造，**25**，75-85 (2013).

第2節　大規模水害に対応した空間計画

芝浦工業大学　中村　仁

1 はじめに

気候変動の影響により，想定レベルを超えた大規模水害（超過洪水）が，過去の降雨パターンで想定した発生確率よりも高頻度に発生する可能性が高くなっている。とくに低地部の河川流域は人口や資産が集中する都市域となっていることが多く，超過洪水が発生した場合の人的・経済的な被害は甚大である。

防災，減災の分野では，ハード対策とソフト対策という言葉がよく使用される。厳密な定義はないが，ハード対策は，構造物的な対策，建築物や施設による対策を意味することが多い。ソフト対策は，非構造物的な対策，人やシステムによる対策を意味することが多い。しかし，ここで留意すべきことは，対象とするハザードによって，専門家の間でもハード対策，ソフト対策を異なる意味で使用していることである。例えば，地震の場合，建築物の耐震化，土地利用規制による建築物の不燃化等が重要なハード対策となる。しかし，洪水の場合は，ハード対策は河川堤防の強化，遊水池の設置等を意味し，個々の建築物を水に強くする対策（耐水化），土地利用規制による建築制限等は，ソフト対策を意味する場合が多い。

重要なことは，ハード対策とソフト対策という区分けではなく，対策の内容そのものである。その意味で，ハード対策とソフト対策のどちらとも区別しがたい「空間計画」の役割を認識することが重要である。ここでいう「空間計画」とは，都市計画，都市デザインをはじめ，個々の建築物レベルから広域な都市圏レベルまで含めた，広い意味で空間を対象とした計画・デザインのことである。空間計画は空間を対象とするが，その空間を利用する人や地域社会と不可分の関係にある。したがって，地域住民と行政の協働など，空間を計画し，実現し，維持管理していくプロセスも重視する。

大規模水害（超過洪水）に対応した空間計画としては，短期的な視点では，人命の安全確保のための避難対策等，危機管理上の対応が重要となる。また，中長期的な視点では，人的・経済的な被害低減を図る，あるいは被害を受けても回復力を高める観点から，河川管理と空間計画が連携した総合的な対応が必要となる。

本稿では，大規模水害（超過洪水）に対応した空間計画アプローチの先進事例として，滋賀県の流域治水の事例，東京の広域ゼロメートル市街地の事例を紹介するとともに今後の課題に言及したい。

2 滋賀県における流域治水の推進

2.1　滋賀県流域治水の推進に関する条例

滋賀県は，2012 年 3 月に滋賀県における流域治水の方針を定めた「滋賀県流域治水基本方針

―水害から命を守る総合的な治水を目指して―」を制定した。また，2014年3月には「滋賀県流域治水の推進に関する条例」（以下，「流域治水推進条例」）が2回の継続審議による修正を経て，滋賀県議会において議決された。流域治水推進条例は「地先の安全度」を治水対策に関する指標として設定した点で他に例のない先進的な特徴を持つ。

滋賀県が推進する「流域治水」とは，どのような洪水にあっても「①人命が失われることを避け（最優先）」，「②生活再建が困難となる被害を避けることを目的に，自助・共助・公助が一体となって，川の中の対策に加えて川の外の対策を，総合的に進めて行く治水」を総合的に講じていくことである（**図1**[1]）。

「川の中の対策」とは，従来の総合治水対策における「河川改修」に該当する項目であり，滋賀県が命名した「ながす」対策が「川の中の対策」として考えられている。「ながす」対策とは，洪水による河川の氾濫を防ぐために，河川水を可能な限り川の外へ溢れさせないよう水路を整備する対策（河道内において洪水を安全に流下させる対策）のことである。

「川の外の対策」とは，総合治水対策における「流域対策」「避難軽減対策」に該当する項目であり，「ためる」対策，「とどめる」対策，「そなえる」対策が「川の外の対策」として考えられている。「ためる」とは，河川・水路における急激な洪水流出を緩和するための対策（河川への流入量を減らす対策）のことであり，「調整池」や「ため池における雨水貯留」などが「ためる」対策に該当する。「とどめる」対策とは，各河川や水路において整備水準を越える洪水による氾濫が生じた場合に被害を最小限に抑える対策（氾濫流を抑制する対策）のことであり，「輪中堤」，「土地利用規制」ならびに「建築物の耐水化」などが「とどめる」対策に該当する。「そなえる」対策とは，避難行動や水防活動等即時的判断を伴う災害対応をより強化する対策（地域防災力向上

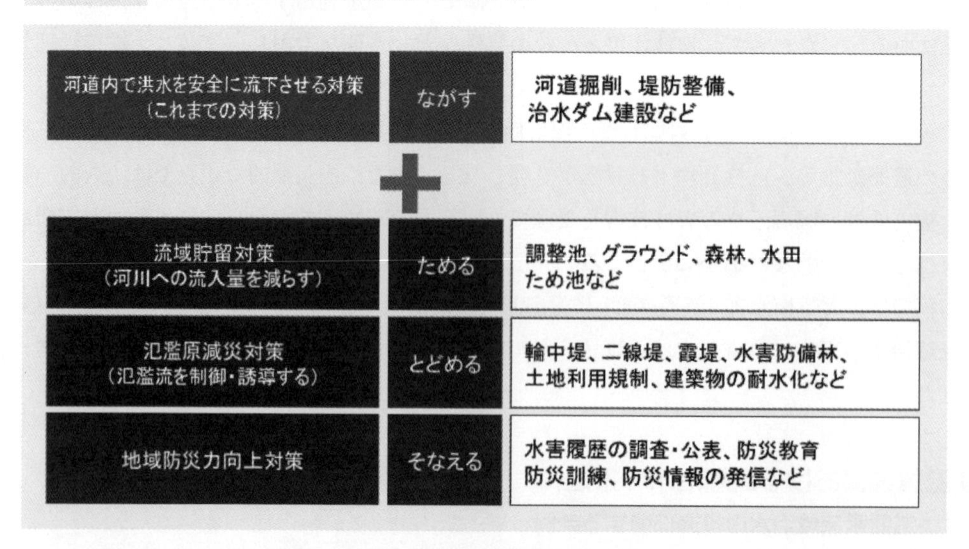

図1　滋賀県における流域治水の枠組み[1]

対策）のことであり，「防災訓練」や「防災情報の発信」等が「そなえる」対策に該当する。

なお，本稿のテーマである空間計画による対応は，「川の外の対策」全般に関連するが，特に「とどめる」対策には，従来の総合治水対策ではみられない土地利用規制，建築規制・誘導策が導入されており，特徴的である。その内容については後述する。

2.2　地先の安全度

滋賀県は，流域治水対策の推進において，行政機関のみならず流域に居住する住民の各々が，水害リスクに関する共通の認識を持つことが必要不可欠であると考え，水害リスクを表現する基礎情報として，人々の暮らしの舞台である流域内の各地点の安全度を示した「地先の安全度」を開発し，活用している。

「地先の安全度」は，「河川だけでなく身近な水路の氾濫等も想定した，人々の暮らしの舞台である流域内の各地点の安全度」と定義されている。この定義から分るように，「地先の安全度」は個々の治水施設における安全度を示すものではなく，人々の生活する場の安全度を示すものである。

「地先の安全度」を数値的に表現するために，降雨を外力として与えた水文・水理過程を解析し，県内各地点における浸水深および流体力の算定が行われた。県内各地点において算定された浸水深および流体力にしたがって，被害の種類は家屋流失・家屋水没・床上浸水・床下浸水に分類される。すなわち，「地先の安全度」は県内各地点における年発生確率別の浸水深，流体力，流速を指標として表現され，該当地区に一般家屋が存在する場合においては，当該家屋が上記分類による危険に曝される年確率として表現される。

「地先の安全度マップ」は，「地先の安全度」を可視化したツールである（**図２**[2]）。「地先の安全

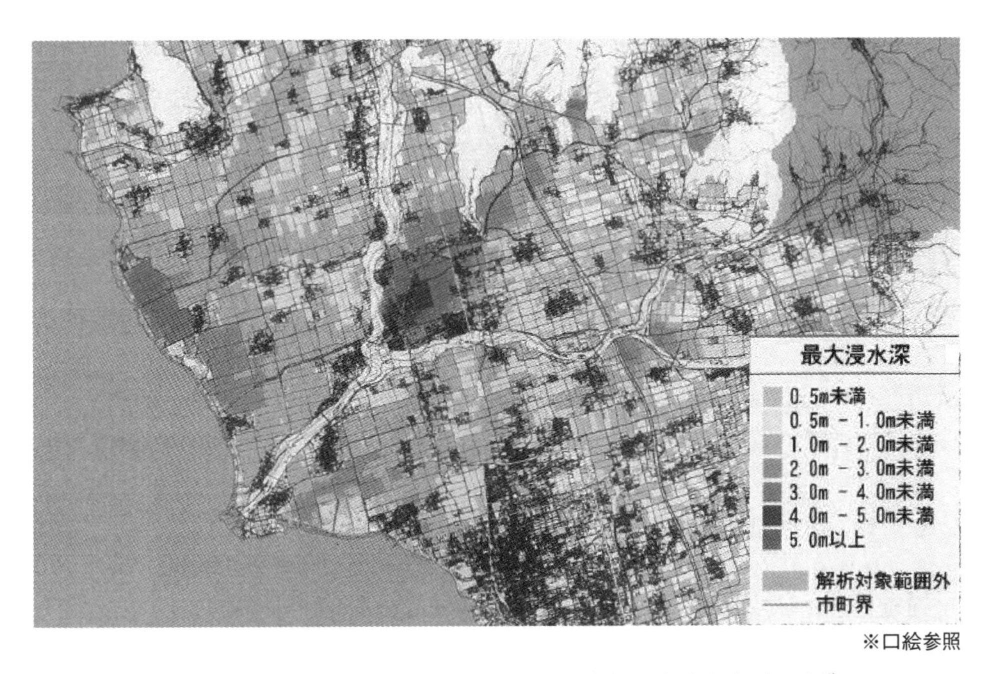

※口絵参照

図２　最大浸水深を表す地先の安全度マップ（100年確率降雨）の例[2]

度マップ」において表現される指標は浸水深・流体力・被害発生確率の3種類である。「地先の安全度マップ」は通常のハザードマップと同様に，県内各地点において想定される危険度の色分けが行われており，県民はこのマップを通して居住地域における危険度の確認が可能となる。

「地先の安全度マップ」の作成時における氾濫解析処理過程は，従来の浸水想定区域図の作成過程と異なる工夫が施されている。浸水想定区域は指定河川からの氾濫のみを考慮することに対して，「地先の安全度マップ」の作成に用いられた「統合型水理モデル」では複数の河川が同時に危険な状態に陥る場合を考慮して流域および氾濫域全体に一様な降雨を降らせることで，複数の河川からの氾濫を同時に表現した。加えて，統合型水理モデルは農業排水路・下水道（雨水）・小規模な一級河川における氾濫も同時に考えることが可能である。

浸水想定区域図における破堤のシナリオは，破堤想定地点において通常はスライドダウン破堤（H.W.L＝計画水位に達する前に破堤させる）を行い，破堤個所は一定間隔，あるいは破堤実績や想定被害の大きさに基づいて選定されるが，「地先の安全度」の評価では，どの河川・堤防もH.W.L破堤，越水破堤および無破堤をすると仮定し，この3つの破堤パターンを一様に与える水理解析を行い，これらを重ね合わせるという破堤のシナリオを用いて評価を行っている。

以上に示した氾濫解析を行うことで，地先の安全度マップの特徴として，大河川だけではなく「小河川・水路からの氾濫情報」の可視化が可能となり，敷地単位での氾濫予測が地図上において表現可能となっている。

「地先の安全度マップ」は2012年3月における「滋賀県流域治水基本方針」の完成を受けて，同年9月から県内全域における「地先の安全度」の公開を目指し公表が行われ，2013年平成25年8月に県内全域において公開が完了した。県内各地域における「地先の安全度マップ」は滋賀県のホームページにて閲覧が可能である（図2[2]）。

「地先の安全度」においては10年確率（最大時間雨量50 mm），100年確率（最大時間雨量109 mm），200年確率（最大時間雨量131 mm）の降雨が表現されている。なお，氾濫解析においては，500年確率，1000年確率の降雨も検討しているが，結果が200年確率の場合と大きく異なることがないことから，200年確率の降雨がもたらす氾濫が，河川の整備で必要な外力および命を守るための外力の上限値として考えられている。

「地先の安全度マップ」は5年毎の更新が義務付けられている（流域治水推進条例，第8条）。これは，河川整備による治水安全度の向上，年数の経過による地域防災力の変化等を要因として，「地先の安全度マップ」上に表現される「地先の安全度」が随時変化することに基づいている。住民は，自らの居住地域が現在どのような脅威に曝されているのか，正確な情報を常に求めており，行政は治水対策を取り巻く状況の変化や時間の経過に沿った調査を随時行い，その結果を住民に公開する義務があるとしている。

2.3 リスクに応じた土地利用・建築の規制・誘導

滋賀県の流域治水に関する各種の施策のうち，空間計画に関連する「とどめる」対策として注目すべき対策が，「地先の安全度」を基礎情報とする土地利用規制（流域治水推進条例における第24条），建築規制・誘導（流域治水推進条例第13条から第23条）である。

滋賀県は，「地先の安全度」をもとに，横軸に水害ハザード（浸水深・流体力）を設け，縦軸には超過確率（年確率）を設けたリスクマトリクスを策定している。このリスクマトリクス上に，土地利用規制および建築規制に応じた領域を表現することで視覚的に規制の対象を明らかとしている。これが「リスクに応じた土地利用・建築の規制・誘導」である。

また，「リスクに応じた土地利用・建築の規制・誘導」の正確性を高めるために，「地先の安全度」だけに依存せず，県が独自に調査した地域防災力アンケートに基づいた「地域防災力」という要素を上記リスクマトリクスと対応させている。「地域防災力」はレーダチャートで表現された各流域における浸水脆弱性を示すものであり，リスクマトリクスおよび「地先の安全度マップ」上に表示される危険度に応じた色分けに対しての補足・補助を行う役割を持つ。例えば，「地先の安全度」で危険度が高いと判定された地域において，地域防災力の結果が高い防災力を示している場合は，「地先の安全度マップ」上における危険度を下げる方向に調整する。

2.3.1　リスクに応じた土地利用規制

「地先の安全度」を基礎情報とする土地利用規制の具体的な内容は，「地先の安全度」を参考に，床上浸水が予想される箇所において市街化区域に含めることを原則禁止し，「都市局・河川局通達（昭和 45 年）建設省都計発第一号・建設省都発第一号」に基づいた土地利用規制を行うことである。土地利用規制を受ける対象は，時間雨量 50 mm 程度の降雨を対象として河道が整備されないと認められる河川の氾濫区域および 0.5 m 以上の湛水が予想される区域である。また，規制区域に該当しない場合においても，特に溢水・湛水・津波・高潮・土砂流出・地滑り等によって災害の危険が大きいと予想される地域は規制対象となる。言い換えると，「10 年確率の降雨（時間雨量 50 mm，24 時間 170 mm に相当）による浸水深が 50 cm 以上と予想される地域は新たに市街化区域に編入しない」かつ「頻繁に床上浸水が発生する地域においては積極的な市街化を回避する」ということである。

なお，この土地利用規制が適用された地域において具体的な対策が講じられた場合は，県が確認を行った上で規制を緩和することとなっている。

2.3.2　リスクに応じた建築規制・誘導

滋賀県では，「建築基準法第 39 条」および「建設事務次官通達（昭和 34 年）発住第四二号」に基づいて，家屋水没が予想される区域については「災害危険区域」（条例では，「浸水警戒区域」という名称を使用）に指定するとともに，該当地域においては，予想浸水面までの地揚げまたは床面の高さを予想浸水面以上の高さに保ち避難空間を確保することを目標としている。言い換えると「200 年確率（時間雨量 131 mm 相当）の降雨によって 3 m の浸水深が予想され，家屋水没が想定される地域においては避難空間の確保を建築の許可条件とする」，「200 年確率の降雨によって 2.5 m^3/s^2 を満たす地域においては耐水化構造基準に基づいて規制を行う」ということである。ここで述べられている「避難空間の確保」とは，想定水位以上に居室の床面または避難上有効な屋上があること，および浸水が生じた場合に確実に避難できる要件を満たした避難場所が居住地域周辺において存在することである（**図 3**[3)]）。

浸水警戒区域指定にあたっては，対象地域の住民，関係市町，県，学識者等で組織した「水害に強い地域づくり協議会」のワーキングにおいて，県が行う河川整備の内容，地域の避難計

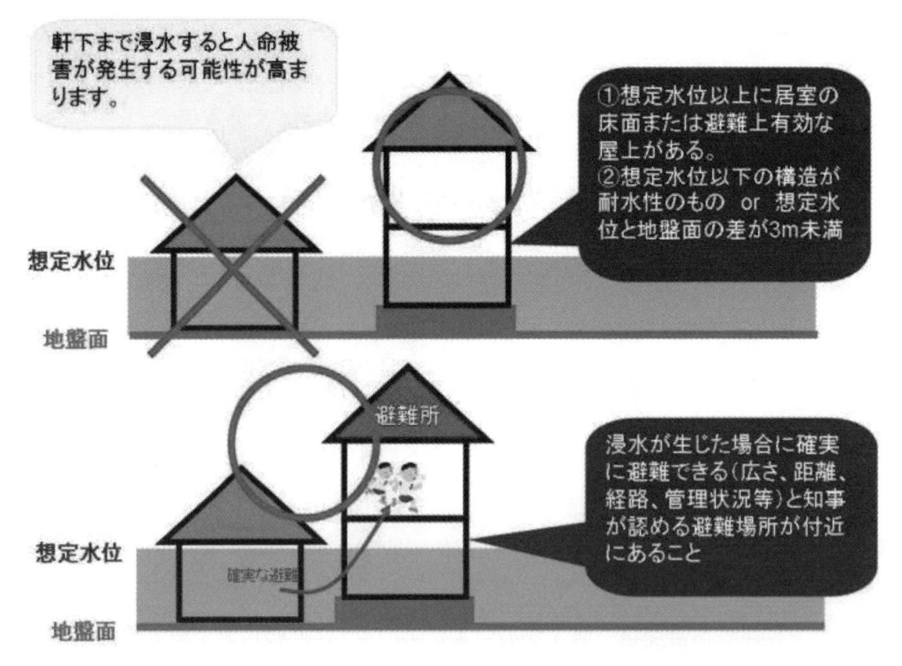

図3　浸水警戒区域における建築の規制・誘導（避難空間の確保）[3)]

画,「地先の安全度」マップに基づく区域指定の考え方と指定方法, 改築時の耐水化手法, 避難場所の設置計画等について具体的に議論を重ね, 合意形成を図った上で「水害に強い地域づくり計画」を策定することとしている。

また, 滋賀県は, 河川氾濫時に建物の水没, 流失の危険性があるエリアで, 人的被害の発生を防ぐために, 建物や土地の嵩上げ, 木造家屋等においては構造強化を実施する等の「建物の耐水化対策」が必要であるとして,「耐水化建築ガイドライン」を2015年4月に策定している。本ガイドラインは, 河川の氾濫時に建物内に残った場合でも, 最低限, 人的被害の発生を防ぐことを目的として, 一般的な木造住宅における耐水化対策の方法について示したものである。

なお, 県は制度の実効性を高めるために既存建築物の建替えや増築に対して助成を行う方針であり, 制度制定に向けて検討している。現在検討中の制度は,「宅地嵩上げ浸水対策促進事業」および「避難場所整備事業」の2種類である。いずれの支援制度も「地先の安全度」での浸水深が3m以上の区域に居住する住民を対象としたものであり, 両制度における助成費用は, 原則として県が負担することとなっている。各制度の概要は以下のとおりである。

① 宅地嵩上げ浸水対策促進事業（**図4**[3)]）

- 「浸水深」が3m以上の区域に居住する住民に対する支援制度である。
- 「浸水警戒区域」内における既存の住宅の改築（建替え）・増築を行う場合に地盤の嵩上げ（盛土・のり面保護）工事, RC, ピロティ等の工事費用を県が助成する。
- 県は宅地の嵩上げで換算した工事費用の半分を助成する（上限は400万円）。

② 避難場所整備事業（**図5**[3)]）

- 「浸水深」が3m以上の区域に居住する住民に対する支援制度である。
- 「浸水警戒区域」内における有効な避難場所の新設（改築を含む）を行う場合に県がそ

の費用を助成する制度である。

● 有効な避難場所の例として，既存の公園を盛土公園へと改築を行う，空き家を整備・改築し改良型の避難所とする等が挙げられる。なお，避難場所の整備は行政が行う。

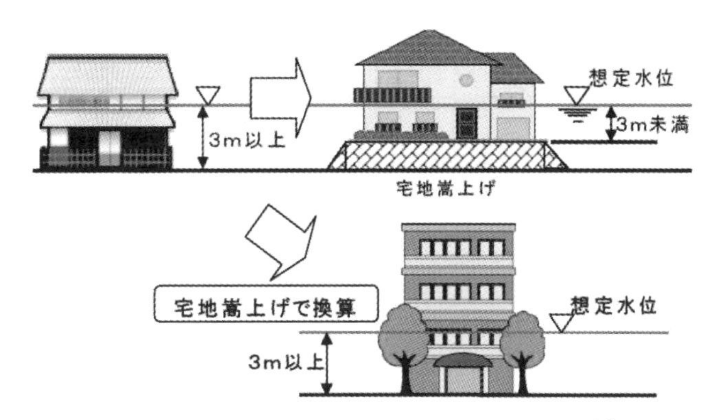

図４　宅地嵩上げ浸水対策促進事業のイメージ[3)]

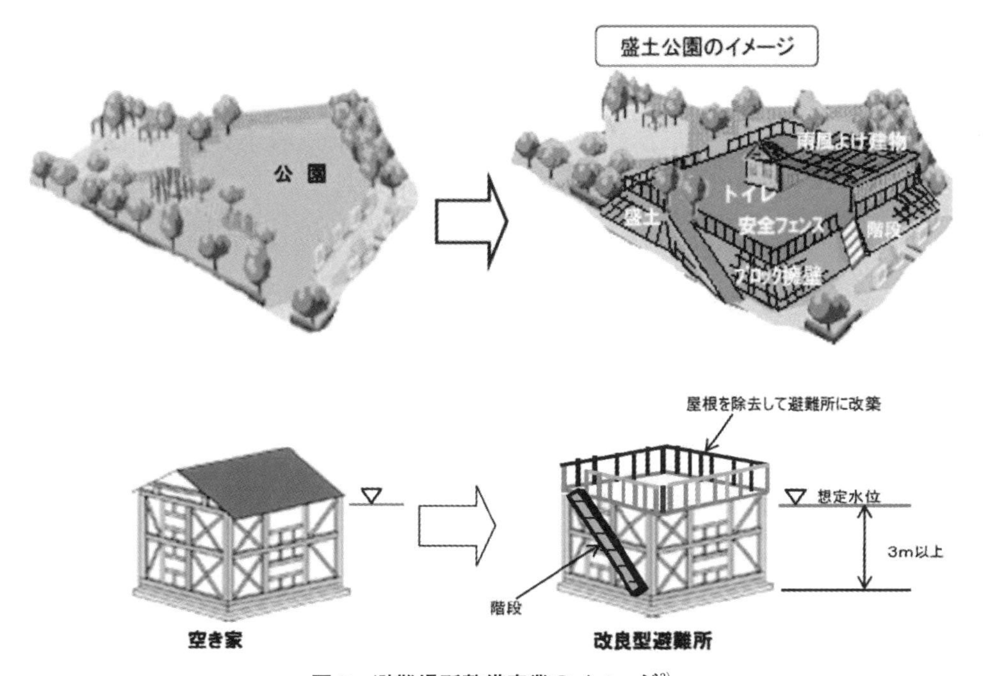

図５　避難場所整備事業のイメージ[3)]

2.4　土地利用・建築の規制・誘導の課題

水害被害が想定されるエリアの建物を対象に災害危険区域等の土地利用規制をかけて，建替え・新築の際の床高上げを誘導する施策を実施する上で，最大の課題となるのは規制に対する合意形成である。

滋賀県は，現在「浸水警戒区域」（災害危険区域）の指定に向けて，候補地区での説明会や住民ワークショップ等きめ細かな対応を進めている。しかし，「浸水警戒区域」というレッテル付けをされることに抵抗のある住民も多い。仮に規制を受け入れるとしても，宅地嵩上げよる対策は，堤防高を上げる等の河川管理上の対策の代替であるから行政が100%負担すべきであると考える住民（地権者）もいる。しかし，財政上の問題から，行政が床高上げコストを100%負担することは困難であるし，公平性の観点から特定の住民（地権者）のみに多額の公的資金を投入することも困難である。また，高齢化が進み，当面は建替えも見込めないため，助成金のメリットを享受できないと考える住民もいる。区域指定に向けて地区住民・地権者の合意形成を得ることが最大の課題といえる。

なお，建築物を建設する上では，耐震性，耐火性といった建築物単体の規制をはじめ，建ぺい率，容積率，高さ制限などのさまざまな規制が現になされている。盛土や1階床高を上げることにより，建築物全体の高さが上がることで相隣環境が悪化する可能性が懸念されるが，都計画区域においては，都市計画法の「地区計画」の仕組みを利用して，総合的に地区全体の住環境を考慮して建築のルールを定めることができれば，その問題も解消できる可能性が高い。例えば，地区計画の地区整備計画において，建築物の床高を地盤面から1m以上とする，というルールを設定すると同時に，建築物の絶対高さを一定レベルに制限するといったルールを定める。あるいは，床高を上げることで既存の高さ制限の影響を受けて，著しい建築計画上の制約が生じる場合は，床高上げを条件として，既存の高さ制限を一定程度緩和するルールを定める，といった方法が考えられる。また，都市計画法上の地区計画の指定であれば，地区の環境を総合的に考慮した合意形成を進めることが可能であり，災害危険区域の指定よりも住民（地権者）の抵抗が少ないものと想定できる。したがって，地区計画制度において，浸水リスクに対応したルールを地区整備計画で定めることできるように関連する政令等を整備することが今後の課題であるといえる。

また，流域治水推進条例の特徴として，もう1点特筆すべきことは，第29条において，宅地建物取引業者に対する取引時の水害情報提供の努力義務が明記されていることである。滋賀県において事業活動を行う事業者は流域治水推進条例第6条に従って，地域における想定浸水深の把握に努め，利用者・従業者の生命および財産を脅かす被害を回避・軽減するという責務を果たさなければならないとされている。「努力義務」という点で拘束力は劣るが，不動産取得者が水害リスクを意識して自主的に盛土や床高上げなどの措置を講じることが促進される可能性がある。日本において前例のない新たな取組みとして評価できる。

3 東京の広域ゼロメートル市街地

3.1 広域ゼロメートル市街地

日本の大都市圏には，海水面よりも地盤が低い土地に，高密な低層市街地が広範に存在している（**図6**[4]）。こうした市街地を「広域ゼロメートル市街地」と呼ぶことにする。広域ゼロメートル市街地において，河川管理の計画レベルを超えた大規模水害が発生した場合，近隣への避難が困難であると同時に，広域避難も困難な状況にある。したがって，広域ゼロメートル市街地においては，超過洪水が発生した際に，市街地内部に安全な避難空間を確保する，あるいは，湛水しても生活機能を維持できる建築形態の実現といった空間計画のアプローチが不可欠である。

3.2 既存の空間計画における水害ハザードの反映状況

東京都内の荒川下流域の5区（足立区，葛飾区，江戸川区，墨田区，江東区）を対象に，都市計画に関わる行政計画（総合計画，都市計画マスタープラン，住宅マスタープラン，緑の基本

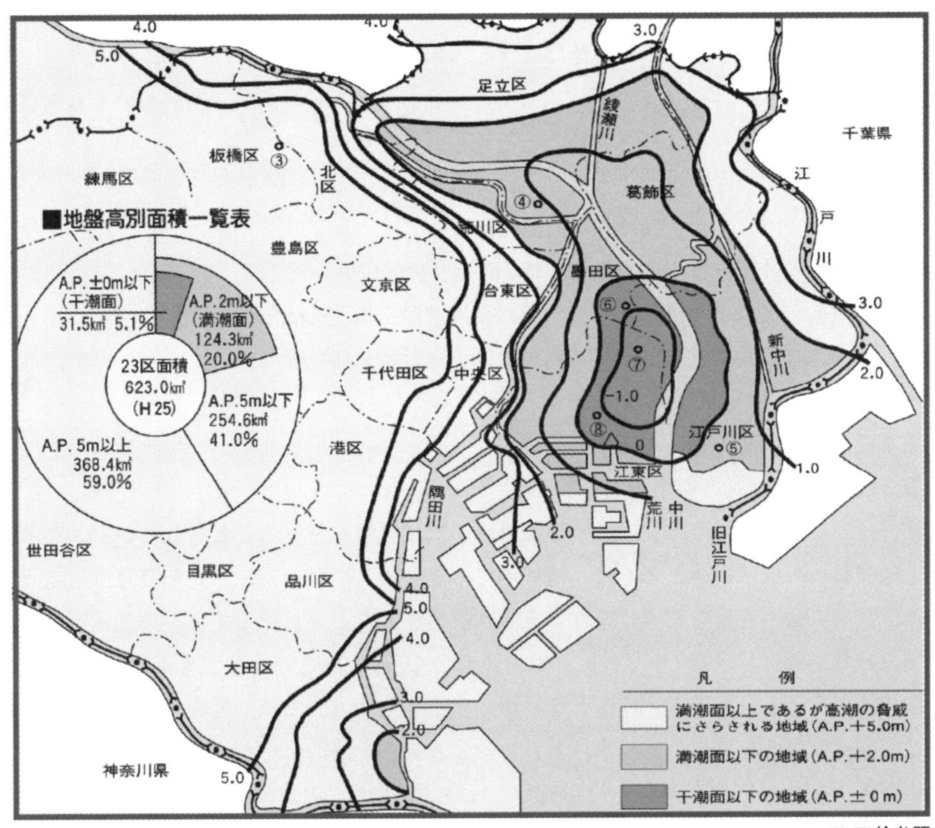

※口絵参照

図６　東京東部低地帯の地盤高[4)]

計画，景観計画等）において，水害ハザードの反映状況をみると，いずれの区でも，高規格堤防（スーパー堤防）等の大規模水害対策，総合治水対策等の流域対策が既存の都市計画系の計画の中に何らかのかたちで位置づけられている。しかし，その具体的な方策については，記述が殆どなされていない。

例外的な事例として，江戸川区，葛飾区が挙げられる。江戸川区では，「江戸川区における気候変動に適応した治水対策について」[5)]において大規模高台避難地の確保，水害に備えた建築物のあり方や誘導策について独自に検討している。

葛飾区では，2011 年に改訂した都市計画マスタープランにおいて，従来の地震防災の方針に加えて，「水害に強いまちづくりの方針」を新設し，具体的なエリアを示して高台化による避難場所の整備方針を明記している。

その他特記すべき事例として，江東区が 2010 年に改正した「マンション等の建設に関する条例」が挙げられる。この条例では，「事業者はマンション等を建設する場合，どの階からも 4 を越えない階に災害対策用施設を設置するもの」としている。地震時に生活支障が危惧される高層住宅に対する対策が主眼であるが，結果として備蓄倉庫など災害対策用施設が浸水しない階に設置されることになり，大規模水害対策としても有効である。

3.3 浸水対応型市街地の形成に向けた課題

本項では，広域ゼロメートル市街地における「浸水対応型市街地」の形成に向けた戦略（施策の方向性）を検討したい[6]。ここで「浸水対応型市街地」とは，大規模水害において直接被害と間接被害が許容できる程度に軽減された市街地のことを意味する。

まず，「避難」の概念を以下のように3つに分けて定義する。

① 緊急避難：浸水時の危険性を一時的に回避

② 当面避難：救助を待つ間の避難生活（概ね3日間程度）

③ 長期避難：湛水が解消されるまで間の長期避難生活（概ね3週間程度）

また，安全の目標水準として，時系列で以下の3段階を設定する。

●第1段階：直後の人命の安全を確保

●第2段階：最低限の被災生活水準の確保

●第3段階：「浸水対応型市街地」の形成

現状では，基本的には浸水前に浸水地域外への広域避難を行うこととされている。第1段階では，地域外への広域避難とともに，地域内での緊急避難場所の確保と長期避難生活空間を確保し，直後の人命の安全を確実に確保できる状況とすることを目標とする。第2段階では，近隣に緊急避難場所，地域内（中学校区，町会連合会くらいのエリア）に当面避難場所を確保し，最低限の被災生活水準を確保することを目標とする。第3段階では，近隣に当面避難場所，地域内に長期避難場所を確保し，浸水地域外への広域避難を解消し，かつ，被災しても被害の少ない市街地（「浸水対応型市街地」）を形成し，いわば安心して大規模水害を受け入れられる市街地を形成することを目標とする。

以上の「浸水対応型市街地」の形成に向けた戦略（施策の方向性）の実現に向けて必要とされる対策とその具体化のための技術的，政策的課題は以下のとおりである。

第1段階：現状の市街地の更新力を活用した緊急避難空間の確保とその促進を目的とした施策

① 民間の中高層マンションの建築ガイドラインとそれを支えるインセンティブ制度の構築

② 他施策との連携による非浸水空間の確保（ペデストリアンデッキの活用，高架道路の活用等）

第2段階：第1段階の緊急避難のための空間確保に加えて，エネルギー自立性を高めることによって当面避難を可能とする非浸水空間の蓄積を目的とした施策

① 浸水対応型への改修技術の確立，浸水対応型建築物の設計手法の確立

② 緊急避難空間の確保とエネルギー供給の自立性の向上

第3段階：第2段階の当面避難のための空間・機能の確保に加えて，長期避難が可能な空間整備を目的とした施策と被害量の低減を図る施策

① 大規模非浸水空間の整備構築（堤防沿いの高台化，高規格堤防の活用等）

② 浸水地域の被害量軽減のための低密度化の計画的手法の構築

また，全ての段階において，緊急避難，当面避難のための計画づくりや訓練，緊急避難空間あるいは当面避難空間において救出されるまでの間の生き残りのための計画や訓練を実施する必要性がある。

いずれについても，これらの具体的施策については今後の課題である。

3.4 葛飾区における事例

「浸水対応型市街地」の形成に向けた戦略に関して，本項では葛飾区の事例を紹介したい。

前述の第１段階の施策に関連して，葛飾区における中高層マンション建設による緊急避難空間の確保の可能性を検討する。葛飾区における過去10年間（2001～2010年）までの建築動向を調べると[6]，4階以上の建物が508棟新築され，その内，非浸水空間としての床面積は6万8,000 m^2 が増加していた。2 m^2/人で収容するとして，避難者に換算すると，3万4,000人分の避難空間が10年間に確保されたことになる。今後の数十年を視野に入れれば，地域的な偏在があるものの，相当数の避難空間を新築建築物で確保することが可能であることが分かる。

ただし，中高層マンションの建設は，日照や景観等の面で周辺環境に及ぼす影響が大きいことにも配慮する必要がある。また，マンションはオートロックがかかっている等，外部の住民が自由に建物内に入ることができない場合も多い。区内の一部の町会・自治会では，低層の戸建住宅に居住している住民が，水害時においてマンションの共用部分に一時的に避難することを認めてもらうため，マンションの管理者や管理組合と協定を結ぶケースもみられる。こうした対応も今後の課題である。

また，第３段階の大規模非浸水空間の整備構築に関しては，葛飾区では都市計画マスタープランの「安全まちづくり方針図（水害）」において，高台化による避難場所の整備方針を明記している（**図7**[7]）。葛飾区では，その方針をもとに，2013年4月には，工場跡地の公園整備（葛飾にいじゅくみらい公園）において高台整備を実現している。さらに，2015年12月には，既存公園（新小岩公園）の高台化事業の実施を公表している（**図8**[8]）。なお，公園の高台化事業実施においては，過去10年間にわたり地域での多様な主体による協働のまちづくりが継続的に実施され，現在も継続している（**図9**[7]）。地域住民，市民活動団体，行政，地域の企業，専門家等が協働して，空間を計画，実現，維持管理していくプロセスが重要であることを示すものである。

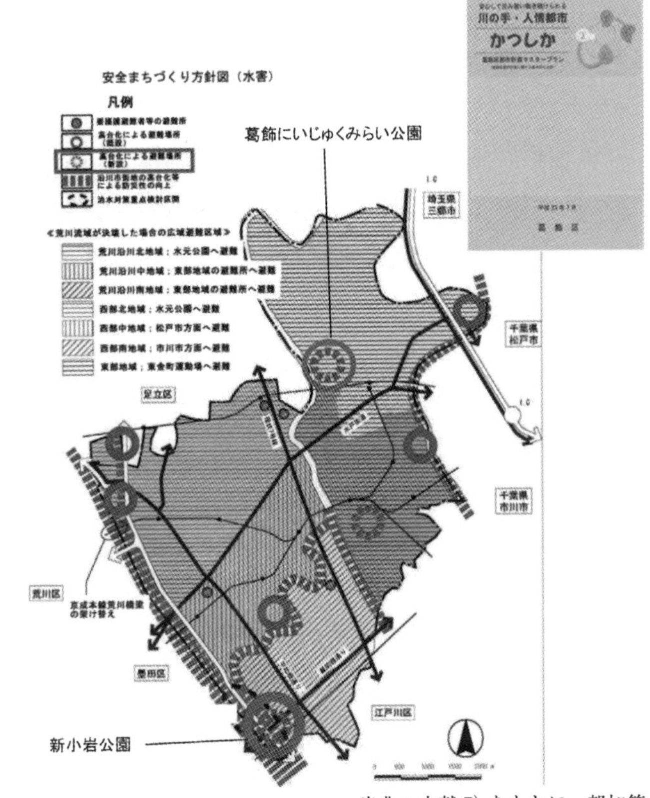

出典：文献7）をもとに一部加筆
※口絵参照

図7　葛飾区都市計画マスタープラン：安全まちづくり方針図（水害）

図８　新小岩公園の高台化イメージ[8)]

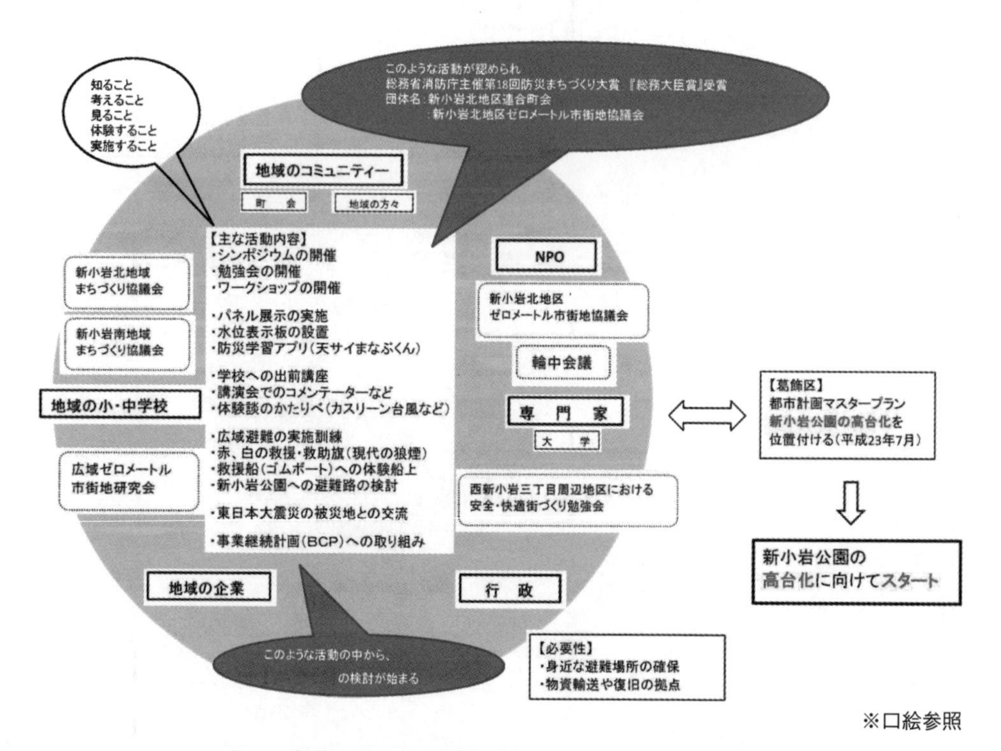

※口絵参照

図９　新小岩地区の大規模水害へのこれまでの取組み[7)]

4 おわりに

本稿では，大規模水害に対応した空間計画の先進事例として，滋賀県の事例，東京の葛飾区の事例を紹介した。今後こうした取組みが他の地域にも広がっていくことが期待されるが，すでに述べたように解決すべき課題も多い。特に重要な課題として，地域住民，市民活動団体，行政，企業，専門家等の協働によって，空間を総合的に計画・実現し，維持管理していく仕組みをつくり，そのプロセスにおいて水害対策を進めていく必要がある。つまり，水害対策の一つの方策として空間計画を位置づけるのではなく，空間計画の一つの要素として水害対策を位置づけていく発想が求められている。

文　献

1) 滋賀県土木交通部流域政策局流域治水政策室：滋賀県流域治水の推進に関する条例（平成 26 年条例第 55 号）の解説（2014）.
2) 滋賀県流域治水政策室：地先の安全度マップ（2013）.
3) 滋賀県流域治水政策室：「滋賀県流域治水の推進に関する条例」にかかる Q&A
http://www.pref.shiga.lg.jp/h/ryuiki/jyourei/faq.html#q0601　（最終アクセス 2016）.
4) 東京都建設局：東部低地帯の地盤高図
http://www.kensetsu.metro.tokyo.jp/content/000006432.pdf　（最終アクセス 2016）.
5) 江戸川区：江戸川区における気候変動に適応した治水対策について（2010）.
6) 加藤孝明，中村仁ほか：水害ハザード情報の都市計画系の計画への反映状況の実態把握と都市計画的手法による市街地が抱えるリスクの低減可能性の分析，河川砂防技術研究開発委託研究報告書，(2013).
7) 葛飾区：新小岩公園防災高台整備事業（2015）.
https://www.city.katsushika.lg.jp/_res/projects/default_project/_page_/001/010/184/sinkoiwakouentakadaika.pdf（最終アクセス 2016）.
8) 葛飾区：広報かつしか，No.1645（2015）.
http://www.city.katsushika.lg.jp/_res/projects/default_project/_page_/001/010/128/271225.pdf（最終アクセス 2016）.

第1節　流域リスク評価に基づく堤防整備戦略策定法

岐阜大学　高木　朗義　　岐阜大学　杉浦　聡志

1 はじめに

災害は自然現象に加えて，土地利用やインフラ整備等の社会現象との相互作用によって発生する。わが国は災害に対して脆弱な国土を持つ。洪水災害に着目すると，人口の約50%，資産の約75%が洪水氾濫区域に集中している。加えて，日本の河川は規模が小さく，勾配が急なため，豪雨時には流量が集中して小さな断面を流下する特徴を持つ。また，梅雨・秋雨前線や台風の通過等，降雨が集中する時期がある上，近年では通称ゲリラ豪雨と呼ばれる短時間集中降雨等，豪雨による災害が度々発生している。以上のことから，洪水被害を軽減させる河川整備は歴史的に見ても重要視され，多くの資本が投入されてきたため，一定レベルの治水安全度は確保されたと言えよう。しかし，わが国の河川は一級河川だけでも総延長が約8万8,000 kmと膨大であり，さらに近年の逼迫した財政事情も相まって，全ての河川に対してさらなる治水安全度の向上を目指して，一律に整備を施すのは現実的でない。限られた予算のもとで，効率的に洪水被害を軽減するためには，適切な整備戦略を定め，それに従って整備を進める必要がある。一方，実務では，全体の堤防を概略点検し，そこで発見された局所的弱部を詳細点検することで堤防整備を検討している。つまり，堤防の強度が小さい地域の堤防を改修することで洪水氾濫による被害の軽減を図っている。しかし，流域全体に着目した上で，全ての堤防整備が下流域に与える影響を評価できていないため，流域全体として氾濫リスクを最小とする整備には至っていないことが多い。したがって，これからの治水対策には，土地利用や堤防強度等の地域によって異なる上下流のリスクバランスを考慮した評価方法が必要である。

2 本稿の位置づけ

2.1　堤防整備評価の現状と課題

現在の堤防整備に関わる評価は治水経済調査マニュアル（案）[1]に沿って行われている。治水経済調査マニュアル（案）では，河川水位が計画高水位に達した全ての破堤地点で「必ず破堤する」「発生降雨に対して同時に最大被害が生じる」という仮定の下で洪水被害額が算定されている。しかし，実現象として河川水位が計画高水位に達しても必ず破堤するとは限らない。計画高水位に達しても破堤せずに越流のみに留まる場合や，達しなくとも破堤する場合がある。さらに，ある地点での破堤を考えたとき，氾濫によって河道流量が減少するため，破堤地点より下流域では発生降雨に対して流量が小さくなる。すなわち，全ての破堤地点で発生降雨に対して同時に最大被害が生じるとは考えにくい。つまり，現行の評価は実際の洪水被害に対して過大な恐れがある。一方，従来の堤防整備は過去の被災経験をもとに下流より連続的に行われてきた。その理由として，上流から整備すると，整備した地点で被災する確率が減少するため，下流に大きな流量を流す確率が増大すること，下流域は歴史的に資産価値の高い土地利用をされていることが多く，被災時の被害が大きくなりやすいことが挙げられる。しかし，下流域の土地利用も都市開発の状況によってさまざまであり，加えて，これまでの量的な堤防整備により一定水準の治水安全度は確保できたことから，今後は質的な堤防整備が求められている。そのため，地域によって異なる土地利用形態，および流域における位置関係を考慮した流域全体でみた整備優先順位を与えることが現在の堤防整備に必要である。優先順位の決定には河川水位による堤防の壊れやすさを考慮した，より合理的な判断基準に加えて上下流の関係を考慮した評価手法が必要である。

2.2　既往研究の整理と本稿の位置づけ

2.2.1　流域全体の治水計画に関する既往研究

流域全体のリスクバランスを考慮した研究として吉川・本永[2]等がある。ここでは流域全体を一つのシステムとして総合的に氾濫リスクを抑える総合的治水対策について述べている。総合的治水対策とは堤防整備等の治水施設の能力向上を図る施策と土地利用規制等の被害ポテンシャルを低減させる施策を組み合わせることで流域全体の氾濫リスクを低減させるものである。総合治水計画が策定された国内外の実河川における計画策定以後の実践を評価することで，効率的な治水のために総合的治水対策が有用であると評価している。ただし，総合治水計画の実践に関する評価は行っているものの，計画策定にあたって流域全体の戦略を立案する具体的な方法論については述べられていない。

下流域の高度利用された都市を水害から守るための方法として，古くから上中流域に遊水地，霞堤を設ける方法がとられてきた。杉浦[3]は霞堤の果たす役割や認識される価値の変遷について整理するとともに，霞堤が設けられている宮崎県北川町の農業従事者を調査し，遊水地となる上中流域の地域住民の意識を分析することで，霞堤が住民合意の上で成立するための課題を示している。ここでは，洪水による不利益を甘受する地域への遊水地に伴う補償が必要であると指摘し，対象地における補償の事例について示している。このように住民合意が得られる条件の整備を前提として，流域全体のリスク最小化の方策として，遊水地を設けることは現代でも可能であると考えられる。加えて，画一的な下流からの堤防整備が必ずしも適切でないケースもあるといえる。以上のことを踏まえて本稿で提案する最適整備計画では堤防の適切な整備水準を考慮して氾濫リスクを最小とするモデル構築を目指す。

2.2.2　破堤の不確実性を捉えた既往研究

これまでも不確実な事象である災害を確率的に扱う研究は数多く存在し，リスク評価に不可欠な確率の算出方法が議論されてきた。宇野ら[4]は過去の被災事例からロジットモデルを構築することで河川堤防の安全性を評価する方法を提案している。松尾ら[5]は斜面の安定解析を用いた手法で斜面崩壊に関する安全性を評価している。これらは，過去の被災事例から導く経験的アプローチ，あるいは，安定解析の結果から推定する解析的アプローチによって構造物の安全性を確率的に評価している。ここで，経験的アプローチによって導出されるロジットモデルは破堤確率の算出に被災要因を考慮したモデルであり，被災要因が特定できるという特徴を持つが実務への適用を考えたとき，地域によって異なる被災要因の全てを網羅することは困難である。また，要因を選択する際に有力な要因が欠落する可能性もある。そこで，本稿では解析的アプローチに着目する。松尾らの評価方法は斜面の安定性に起因する土質の粘着力 c，内部摩擦角 ϕ の母集団分布から正規乱数によって一組の c と ϕ の値を斜面の層に割付け，安定解析を行っている。これを N 回繰り返し，算出された N 個の安全率から安全率の母集団分布を推定することで斜面の崩壊確率を算定している。ただし，このような地盤解析ツールを用いた直接的な信頼性解析ツールの結合は，一つの条件下で行う計算が膨大であること，地盤構造設計者に対して信頼性解析部分をブラックボックス化してしまうことが課題であった。そこで，大竹ら[6]は地盤解析と信頼性解析を基本的には分離して考える応答曲面[7]を用いた手法を提案し，地盤解析と信頼性解析の有効な結合方法について示した。大竹らは堤防整備の優先順位の必要性も述べている。大竹らによると，応答曲面法を用いることで堤防の局所的な弱部を抽出し，局所的弱部から優先的に整備していくことが可能となる。また，瀧ら[8]は破堤氾濫で想定される流出家屋数と発生頻度の積をリスクとして捉え，リスクの大きい箇所から優先的に整備することを提案した。ただし，河川整備の優先順位を考えるときに，整備による下流への影響は考慮されていない。

そこで，本稿では以下の特徴を持つ堤防整備戦略決定方法を提案する。1 つは破堤を確率的に表現することで，氾濫リスクと整備によるリスク軽減量を定量的に評価できる点である。2 つは破堤によって変化する河川流量を捉えることで，堤防整備が流域全体に与える影響を評価できる。これにより地形等によって区分されるひとまとまりの氾濫区域（以下，氾濫ブロックとする）の整備による流域全体の期待被害額の変化を計測して，最適な堤防整備戦略を求めるモデルを開発する。

3 最適堤防整備戦略の決定方法

最適堤防整備戦略を決定する手順を**図 1** に示す。手順は大きく 3 つに分けられる。以下に各手順の概要を示す。

① 流域全体における氾濫リスクの算定
　発生する洪水の規模別に，ある堤防整備戦略を適用した場合の流域全体における氾濫リスクを算定する。

② 年平均被害軽減期待額の算定
　堤防整備戦略を適用した場合の流域全体の氾濫リスクと適用しなかった場合の氾濫リスクの差より，年平均被害軽減期待額を算定する。これが堤防整備により得られる便益である。

③ 最適堤防整備戦略の決定
　戦略毎に堤防整備便益を算定する。便益が最大となる戦略を最適堤防整備戦略とする。

以降では，各手順の詳細について述べる。**3.1** から **3.4** で流域全体における氾濫リスクの算定手順，**3.5** および **3.6** で年平均被害軽減期待額の算定手順，最適堤防整備戦略の決定手順について述べる。

3.1 破堤シナリオの作成

破堤シナリオを作成することで流域全体の氾濫リスクを評価する。破堤シナリオとは各氾濫ブロックで生起する被災形態の流域全体でみた組み合わせのことを指す。まず，流量ハイドログラフを**図2**のようにいくつかの時間帯に区分する。例えば，図2に示すように5区分された流量ハイドログラフが5つの氾濫ブロックを有する氾濫原を流下する場合の破堤シナリオ，すなわち，どの氾濫ブロックでいつ破堤するかという組み合わせは**表1**のように表すことができる。なお，表1中の“○”は無害，t_1～t_5は破堤時間帯（破堤時刻）を示す。各氾濫ブロックにおいて，各時間帯で破堤する場合（5通り）と全ての時間帯で破堤しない場合（1通り）が考えられるため，シナリオの総数は7776（= $(5+1)^5$）通りである。

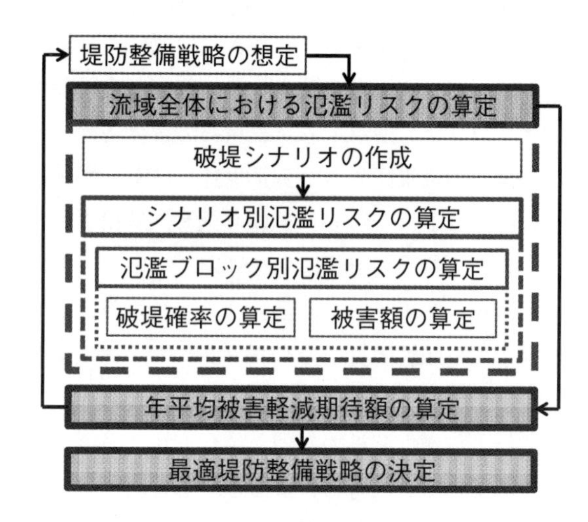

図1　最適堤防整備戦略決定手順

3.2 シナリオ別氾濫リスクの算定

シナリオ別氾濫リスクは，シナリオ発生時の被害額にシナリオが生起する確率を乗じたもの，すなわち，期待被害額である。表1中のd_1～d_{7776}は各氾濫ブロックの被害額の累計，p_1～p_{7776}各氾濫ブロックにおける事象の生起確率の累積である。全ての破堤シナリオの氾濫リスクの合計が流域全体の氾濫リスクであるシナリオ別氾濫リスクの算定手順を**図3**に示す。流量ハイドログラフを図2に示すように時間帯別に区分した棒グラフ集合として扱い，各棒グラフが示す流量に対する破堤確率および破堤した場合の被害額を算定することで氾濫ブロック別氾濫リスクを算定する。各氾濫ブロックにおける破堤確率および被害額の算定方法は後述する

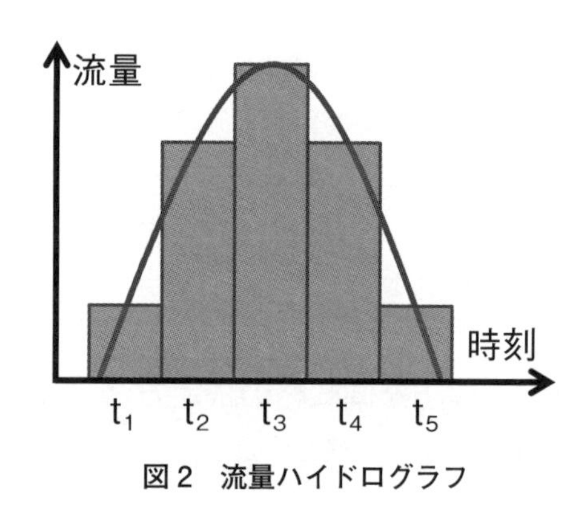

図2　流量ハイドログラフ

表1　破堤シナリオ

破堤シナリオNo.	氾濫ブロックNo.					生起確率	被害額	氾濫リスク（期待被害額）
	1	2	3	4	5			
1	○	○	○	○	○	p_1	d_1	$p_1 \cdot d_1$
2	○	○	○	○	t_1	p_2	d_2	$p_2 \cdot d_2$
3	○	○	○	○	t_2	p_3	d_3	$p_3 \cdot d_3$
⋮	⋮	⋮	⋮	⋮	⋮	⋮	⋮	⋮
7774	t_5	t_5	t_5	t_5	t_3	p_{7774}	d_{7774}	$p_{7774} \cdot d_{7774}$
7775	t_5	t_5	t_5	t_5	t_4	p_{7775}	d_{7775}	$p_{7775} \cdot d_{7775}$
7776	t_5	t_5	t_5	t_5	t_5	p_{7776}	d_{7776}	$p_{7776} \cdot d_{7776}$
合計						1	Σd_i	$\Sigma(p_i \cdot d_i)$

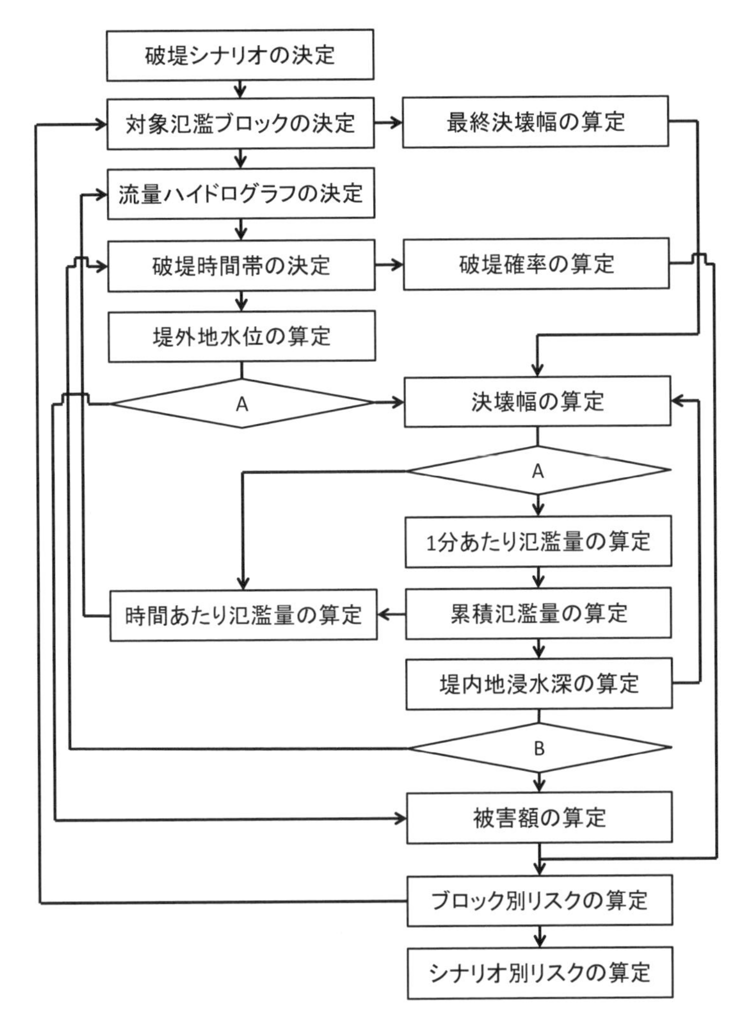

図３　破堤シナリオ別氾濫リスク算定手順

が，以下では各氾濫ブロックにおいて破堤が生じた場合の氾濫量の算定方法について述べる。なお，氾濫は堤内外地の水位差がなくなる，もしくは氾濫量が破堤した氾濫ブロックの氾濫容量に達するまで続くと仮定する。図３中のＡは堤内外地の水位に差がなくなった場合に氾濫が終了する分岐を示し，Ｂは氾濫量が破堤した氾濫ブロックの氾濫容量に達した場合に氾濫が終了する分岐を示す。以下に各手順の解説を加える。

3.2.1　最終決壊幅の決定

氾濫量を推計するためには，破堤によって決壊する幅を設定する必要がある。本モデルでは氾濫ブロック別に堤防の最終決壊幅を算定する。破堤が生じた場合，堤防の決壊幅は時間の経過とともに大きくなる。最終決壊幅は経時変化を伴う決壊幅の上限であり，決壊幅を算定するために必要である。最終決壊幅は洪水浸水想定区域図作成マニュアル（改訂版）[9]を用いて算定する。なお，最終決壊幅は堤防決壊地点の地形条件によって異なる。堤防決壊地点が支川合流点である場合は式(1)，支川合流点でない場合は式(2)によって算定される。

$$B_b = 2.0\,(\log_{10} B)^{3.8} + 77 \tag{1}$$

$$B_b = 1.6\,(\log_{10} B)^{3.8} + 62 \tag{2}$$

ここで，B_b：最終決壊幅（m），B：川幅（m）を示す。

3.2.2　破堤時間帯の決定

破堤シナリオ別に各氾濫ブロックにおける破堤時間帯を決定する。さらに，対象氾濫ブロック地点における流量ハイドログラフより破堤時の流量を決定する。

3.2.3　堤外地水位の算定

各氾濫ブロックにおいて，破堤時間帯別に堤外地の水位を算定する。堤外地の水位は各氾濫ブロック地点における河川流量と河道断面特性より決定する。流量は水理公式，流速はマニング式によって算定される。それぞれを式(3)，式(4)に示す。なお，径深は式(5)によって算定される。

$$Q = Av \tag{3}$$

$$v = \frac{R^{\frac{2}{3}} i^{\frac{1}{2}}}{n} \tag{4}$$

$$R = \frac{A}{S} \tag{5}$$

ここで，Q：流量（m^3/s），A：通水断面積（m^2），v：流速（m/s），n：粗度係数（$m^{-1/3}/s$），R：径深（m），i：動水勾配，S：潤辺（m）を示す。

さらに，通水断面積は式(6)，潤辺は式(7)で表現される。

$$A = \left(\frac{B + H}{\tan\theta}\right) H \tag{6}$$

$$S = B + \frac{2H}{\sin\theta} \tag{7}$$

ここで，H：水位（m），θ：堤防勾配角度（°）を示す。

以上を整理すると，流量と水位の関係は式(7)となる。

$$Q = \frac{1}{n} \left(\left(\frac{B + H}{\tan\theta} \right) H \right)^{\frac{5}{3}} \left(\frac{\sin\theta}{B \sin\theta + 2H} \right)^{\frac{2}{3}} i^{\frac{1}{2}} \tag{8}$$

各氾濫ブロックにおいて，粗度係数および動水勾配が一定であると仮定した場合，式(8)を水位について整理することで，各流量に対する水位が算定される。しかし，式(8)は高次方程式であるため，水位について整理することは困難である。そこで，ニュートン・ラフソン法（Newton-Raphson method，以下 NR 法とする）により水位を近似的に導出する。NR 法とは方程式 $f(x)=0$ を数値計算によって解くための反復法による求根アルゴリズムの一つである。NR 法には式(9)が用いられる。

$$x_{k+1}=x_k-\frac{f(x_k)}{f'(x_k)} \tag{9}$$

式(9)に初期値 x_0 を与え，x_{k+1} と x_k の差が収束するまで反復計算することで水位を算定する。なお，初期値に 5（m）を与え，収束範囲を 0.1（m）とした。

3.2.4　決壊幅の算定

各氾濫ブロックにおいて，動的に変化する堤防の決壊幅を算定する。決壊幅は洪水浸水想定区域図作成マニュアル（改訂版）より算定される。以下に，破堤後経過時間別の決壊幅算定式（式(10)，式(11)，式(12)）を示す。

●$t=0$ の場合

$$B'_b=0.5B_b \tag{10}$$

●$0<t\leq 60$ の場合

$$B'_b=0.5\left(\frac{1+t}{60}\right)B_b \tag{11}$$

●$t\geq 60$ の場合

$$B'_b=B_b \tag{12}$$

ここで，t：破堤後の経過時間（min），B'_b：ある時刻 t における決壊幅（m）を示す。

3.2.5　１分当たり氾濫量の算定

氾濫量の算定に本間の越流公式[10)]を用いる。ただし，破堤後の堤防の高さが堤内地の地盤と等しくなることを仮定し，高さが堤内地の地盤高さである堤防を越流している状態を破堤として表現する。越流は堤内外地の水位差によって，完全越流ともぐり越流の二つの状態に分類される。完全越流時の越流公式を式(13)，もぐり越流時の越流公式を式(14)に示す。

●完全越流（$h_2/h_1<2/3$）の場合

$$Q_0=0.35h_1B_b\sqrt{2gh_1} \tag{13}$$

●もぐり越流（$h_2/h_1\geq 2/3$）の場合

$$Q_0=0.91h_2B_b\sqrt{2g(h_1-h_2)} \tag{14}$$

ここで，Q_0：越流量（m^3/s），h_1，h_2：堤防決壊点の敷高から見てそれぞれ高い方の水位（m），低い方の水位（m），g：重力加速度（m/s^2）を示す。

ハイドログラフを形成する棒グラフ当たりの洪水継続時間を1時間としているため，時間当たり氾濫量を算定することで流下するハイドログラフ形状を決定する。ただし，決壊幅は動的に変化するため，ここでは1分当たり氾濫量を算定する。1分あたり氾濫量の算定式を式⒂，式⒃に示す。

●完全越流（$h_2/h_1 < 2/3$）の場合

$$Q_1 = 60 \times 0.35\, h_1 B'_b \sqrt{2gh_1} \tag{15}$$

●もぐり越流（$h_2/h_1 \geq 2/3$）の場合

$$Q_1 = 60 \times 0.91\, h_2 B'_b \sqrt{2g(h_1 - h_2)} \tag{16}$$

ここで，Q_1：越流量（m^3/min）を示す。

3.2.6　累積氾濫量の算定

前項で設定したように越流量は河道水位と浸水地域の水位によって変化するため，1分毎に求められる氾濫量を60分間累積した氾濫量を算定する。これが破堤後経過時間に応じた氾濫量である。

3.2.7　堤内地浸水深の算定

対象氾濫ブロック内の累積氾濫量より堤内地の水位を算定する。簡便のため，各氾濫ブロックの地盤が平坦であることを仮定し，累積氾濫量を氾濫ブロック面積で除すことで算定する。実用にあたっては堤内地の水位は累積氾濫量と数値標高モデル（Digital Elevation Model）等を用いて，詳細な氾濫状況を表現することが望ましい。

3.2.8　時間当たり氾濫量の算定

手順3.2.4～3.2.7を繰り返すことで時間当たり氾濫量を算定する。これより，下流の氾濫ブロックに流下するハイドログラフは破堤した時間帯の流量から時間当たり氾濫量を差し引いたものになる。なお，破堤時流量が流れ続けている間の堤外地の水位は変わらないと仮定し，堤外地の水位と1分毎に更新される堤内地の水位の差より用いる越流式および氾濫終了を判断する。また，累積氾濫量が対象氾濫ブロックの氾濫容量を超えた場合も氾濫が終了する。ただし，累積氾濫量が対象氾濫ブロックの氾濫容量に達していない場合，手順3.2.2において決定した破堤時間帯を次の時間帯に更新し，手順3.2.3～3.2.8を氾濫が終了するまで繰り返すことで氾濫ブロックに流出する全氾濫量を算定する。これを手順3.2.2で決定した氾濫ブロック全てに対して計算することでシナリオ別の氾濫リスクを算定する。

3.3　破堤確率の算定

堤防が破壊する要因は浸透，越水，浸食，地震に大別されるが，ここでは浸透および越水による破堤を扱う。堤防の浸透破壊を確率的に表現する方法は大竹が提案している。大竹は応答曲面を用いた信頼性解析により，堤防の安全性を評価している。応答曲面とは堤体への浸透流解析および斜面安定解析によって得られる，安全率に対する流量と堤体土質の近似的な関数関係である。堤防の浸透破壊を確率的に表現する手順を**図４**に示す。以下に各手順の概要を示す。

3.3.1　不確実性解析

不確実性解析は破堤確率の算出根拠となる堤防強度に関する不確実性を表現するパラメータ（以下，不確実性情報とする）が従う確率分布および基本統計量を求め，不確実性情報を確率的に表現する作業である。この作業は信頼性解析における基礎資料となる。なお，堤体土質の内部摩擦角を不確実性情報とすることで堤防強度のばらつきを表現する。

3.3.2　地盤解析

地盤解析は地盤解析ツールを用いて堤体への浸透流，および堤防の斜面安定を解析する作業である。この作業は信頼性解析において応答曲面を導出するための基礎資料となる。

3.3.3　信頼性解析

信頼性解析は地盤解析によって得られた結果から近似的に構築される応答曲面と，不確実性解析によって得られた不確実性情報の確率分布からモンテカルロシミュレーション（Monte-Carlo Simulation）により構造物が限界状態に達する確率を求める作業である。ただし，超過確率毎に流量ハイドログラフを想定し，ハイドログラフを形成する各棒グラフが示す流量に対し，破堤確率を算定するため，破堤時流量に対する内部摩擦角の不均質性から破堤確率を算定する。具体的な手順として，安全率＝1を示す応答曲面に破堤時流量を入力することで構造物が限界状態となる内部摩擦角を算定し，算定した値を累積分布関数に入力することで破堤確率を算定する。なお，破堤時流量の水位が堤防高さを上回っていた場合は越水破堤が必ず生じると仮定する。

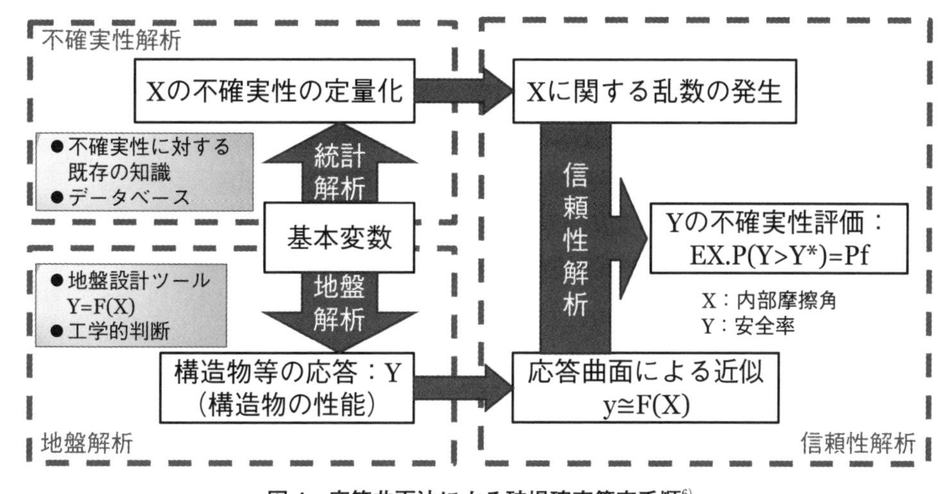

図４　応答曲面法による破堤確率算定手順[6)]

3.4 被害額の算定

被害額は治水経済調査マニュアル（案）に沿って算定される。しかし，洪水氾濫による資産の直接的・間接的な被害は多岐に及び，計測方法が確立されていないものも多いため，全てを計測することは困難である。そこで，被害額が相対的に大きい家屋被害，家庭用品被害，農作物被害の3種類を被害額として計上する。実用にあたっては治水経済調査マニュアル（案）で示される直接被害額をそれぞれ算定すればよい。それぞれの算定式を式(17)，式(18)，式(19)に示す。

$$D_{H1} = A_{H1} \times r_{H1} \tag{17}$$

$$D_{H2} = A_{H2} \times r_{H2} \tag{18}$$

$$D_{C} = A_{C} \times r_{C} \tag{19}$$

ここで，D_{H1}：家屋被害額（千円），D_{H2}：家庭用品被害額（千円），D_C：農作物被害額（千円），A_{H1}：家屋資産額（千円），A_{H2}：家庭用品資産額（千円），A_C：農作物資産額（千円），r_{H1}，r_{H2}，r_C：浸水深別被害率を示す。

また，各資産額の算定式を式(20)，式(21)，式(22)，に示す。

$$A_{H1} = F_{H} \times V_{H1} \tag{20}$$

$$A_{H2} = N_{H} \times V_{H2} \tag{21}$$

$$A_{C} = F_{A} \times V_{C} \tag{22}$$

ここで，F_{H1}：氾濫ブロック面積（m^2），N_H：世帯数（世帯），F_A：畑面積（m^2），V_{H1}：都道府県別家屋評価単価（千円 /m^2），V_{H2}：家庭用品評価単価（千円 / 世帯数），V_C：農作物評価単価（千円 /m^2）を示す。

各氾濫ブロックの土地利用を考慮すると，被害額算定式は式(23)となる。

$$D = (D_{H1} + D_{H2}) \times r_r + D_C \times (1 - r_r) \tag{23}$$

ここで，D：被害額（千円），r_r：住宅地率を示す。

3.5 年平均被害軽減期待額の算定

年平均被害軽減期待額を堤防整備便益とする。年平均被害軽減期待額は区間平均被害額に区間確率を乗じた年平均被害額の累計であり，治水経済調査マニュアル（案）に沿って算定される。年平均被害軽減期待額算出表を**表 2** に示す。なお，区間平均被害額を算定するための被害軽減額は堤防整備戦略を流域に適用した場合の氾濫リスクと堤防整備戦略を適用しなかった氾濫リスクの差である。

表２　年平均被害軽減期待額算出表[1)]

年平均超過確率	被害軽減額	区間平均被害額	区間確率	年平均被害額	年平均被害軽減期待額
P_1	M_1	$A_1=(M_1+M_2)/2$	$I_1=P_1-P_2$	$E_1=I_1 \cdot A_1$	E_1
P_2	M_2	$A_2=(M_2+M_3)/2$	$I_2=P_2-P_3$	$E_2=I_2 \cdot A_2$	E_1+E_2
P_3	M_3	⋮	⋮	⋮	⋮
⋮	⋮	$A_n=(M_{n-1}+M_n)/2$	$I_n=P_{n-1}-P_n$	$E_n=I_n \cdot A_n$	$E_1+E_2+\cdots+E_n$
P_n	M_n				

3.6　最適堤防整備戦略の決定

流域全体の堤防整備便益が最大となる戦略を最適堤防整備戦略とする。ここでの堤防整備戦略とは各氾濫ブロックの堤防整備水準の組み合わせのことである。しかし，本モデルはある堤防を整備すると，下流域の破堤確率に影響し，被災の形態によって流下量が異なるため，堤防整備戦略を決定するための非線形計画問題が非常に複雑になる特徴を持つ。加えて，堤防整備戦略毎に全ての破堤シナリオの生起確率および洪水被害額を算定するため，計算量が膨大になる。以上より，無数に存在し得る堤防整備戦略の中から最適な戦略を採択するため，全ての堤防整備戦略による流域全体の氾濫リスクを算定することは計算コストが非常に大きくなる。そこで，クロスエントロピー法（Cross Entropy method，以下 CE とする）により最適堤防整備戦略を決定する。詳細は長江[11)]に詳しいが，概説すると，CE とは組み合わせ最適化問題のアルゴリズムの一つであり，メタヒューリスティックに分類される。その特徴として，無作為に生成された組み合わせの目的関数値と各属性の水準値の構成から，次に生成する組み合わせの出現確率を与えることで最適解に効率よく近づくことが可能である。CE による最適堤防整備戦略の導出手順を以下に示す。

①　無作為に抽出した堤防整備戦略群を生成する

②　堤防整備戦略群の中から年平均被害軽減期待額の大きい複数の戦略を抽出する

③　抽出した戦略に類似した戦略がより高い確率で生成されるように各氾濫ブロックの堤防整備水準に確率密度を与える

④　各氾濫ブロックに与えられた堤防整備水準に対する確率密度を与条件として堤防整備戦略群を生成する

⑤　戦略群が収束するまで手順②，③，④を繰り返す

この方法により事前に検討した各堤防の整備案を与えれば，整備案の組み合わせのうち最適となる戦略が求められる。

4　仮想氾濫原における最適堤防整備戦略

仮想氾濫原を対象に提案した最適堤防整備戦略決定方法を試算することでモデルの挙動を確

認する。また，土地利用や氾濫容量等の各氾濫ブロックの条件を変更して試算することで，氾濫原の状況と最適な戦略との関係について考察する。なお，試算に用いる値は各種マニュアルおよび実調査結果より仮想的に設定している。試算に用いる項目とその引用元を**表 3** に整理する。

表 3　試算に用いる項目とその引用元

設定項目	目　的	出　典
堤体の 土質定数	破堤確率の 算定	トンネル標準示方書 実河川における調査結果
被害種別 評価単価	資産額の 算定	治水経済調査マニュアル（案） 各種資産評価単価及びデフレーター
浸水浸水深別 被害率	被害額の算定	治水経済調査マニュアル（案）
氾濫ブロック別 地形条件	水位および 氾濫量の算定	木曽川水系河川整備基本方針
超過確率別 洪水流量	発生洪水の 想定	中小河川浸水想定区域図作成の手引き

4.1　仮想氾濫原の想定

4.1.1　氾濫原の設定

5つの氾濫ブロックを有する氾濫原を想定する。また，各氾濫ブロックの位置関係を明確にするため，各氾濫ブロックを上流からナンバリング（最上流が氾濫ブロック 1 となる）する。ただし，各氾濫ブロックにおいて，破堤が予測される地点は 1 つであり，氾濫ブロックにおける河川の流下能力は一定であると仮定する。加えて，各氾濫ブロックは独立であり，対象氾濫ブロックで破堤したときの氾濫水は隣接したブロックに流入することはないと仮定する。

4.1.2　堤防の設定

各氾濫ブロックに対して 3 種類の堤防整備を想定する。各堤防の堤体情報を**表 4** に示す。堤防整備戦略の総数は 243（$= 3^5$）となる。なお，各堤防の応答曲面は**表 5** に示す土質で構成される堤体に対し，浸透流および斜面安定を解析することで算定される。ただし，表 4 中の ϕ は内部摩擦角（°），Q は流量（m^3/s）を示す。また，破堤確率を算定するための不確実性情報として，内部摩擦角は平均 = 33.42，標準偏差 = 3.61 の正規分布に従うものとする。表 5 に示す堤体土質および内部摩擦角は，それぞれ斜面の安定性を評価する手法を示したトンネル標準示方書[12]，国土交通省木曽川上流河川事務所管轄内の河川での実調査結果を参考に与えた。

4.1.3　氾濫ブロックの設定

各氾濫ブロックの地盤は平坦であり，各氾濫ブロックにおける氾濫容量は氾濫ブロック面積に堤防高さを乗じたものとする。また，各氾濫ブロックにおいて資産は面積に対して一様に分布しているとする。実用にあたっては詳細な地形および資産分布の条件を入力し，演算することが必要となるが，簡便のため省略する。このことは作業の簡略化に過ぎず，提案するモデル

表４　各堤防の堤体情報

堤防No.	高さ(m)	幅(m)	天端幅(m)	法勾配	応答曲面
1	4	20	4	1/2	$0.0397\phi-0.0028Q+0.1946$
2	5	25	5	1/2	$0.0433\phi-0.0016Q+0.0221$
3	6	30	6	1/2	$0.0463\phi-0.0010Q-0.1158$

表５　堤体土質の土質定数

項目	値
透水係数 kV（垂直方向）	0.005
透水係数 kH（水平方向）	0.001
単位体積重量 γ（kN/m^3）	18
粘着力 c（kPa）	0

表６　評価単価

被害種類	評価単価
家屋（千円 /m^2）	169.9
家庭用品（千円 / 世帯）	14007
農作物（千円 /m^2）	0.119072

表７　浸水深別被害率

浸水深(cm)	～50	50～99	100～199	200～299	300～
家屋被害率	0.092	0.119	0.266	0.58	0.834
家庭用品被害率	0.145	0.326	0.508	0.928	0.991
農作物被害率	0.67	0.74	0.91		

の妥当性を損なうものではない。

資産額を算定するための各種評価単価を治水経済調査マニュアル（案）の各種資産評価単価及びデフレーター[13]より，被害額を算定するための浸水深別被害率を治水経済調査マニュアル（案）より設定する。各種評価単価を**表6**，浸水深別被害率を**表7**に示す。ただし，土砂堆積による被害は考慮していない。なお，都道府県別家屋評価単価には岐阜県の評価単価を用いた。加えて，河川の粗度係数および勾配を氾濫ブロック別に想定することで，流量に対する水位を算定する。ただし，簡便のため，木曽川水系河川整備基本方針[14]を参考に，各氾濫ブロックの粗度係数を 0.085，河床勾配を 1/2540 と設定した。設定した河川の地形条件における川幅別各水位流量を**図5**に示す。

4.2　洪水条件の設定

超過確率別に発生する洪水を設定する。ただし，洪水時は多量の降雨が考えられるため，氾濫ブロックを一つ流下するたびに，各氾濫ブロックからの流出および支川合流等により流量が増加すると仮定する。超過確率別発生洪水および増加流量を**表8**に示す。これらの値は仮想的なものであるが，実用に当たっては事前に中小河川浸水想定区域図作成の手引き[15]に従い，ハイドログラフを推定しておけばよい。

4.3　ケーススタディによる最適堤防整備戦略決定方法の挙動確認

4.3.1　全ての氾濫ブロック条件が等しいとき（ケース１）

試算に用いた各氾濫ブロック条件および最適堤防整備戦略を**表9**に示す。ここでは，各氾濫ブロックの住宅地率が等しく１である場合の最適堤防整備戦略を決定する。その結果，全ての氾濫ブロックに対し，6 m 堤防を整備する戦略が最適であることが示された。これは全ての氾濫ブロック条件が同じであり，いずれの氾濫ブロックで破堤したとしても被害が大きいため，全ての氾濫ブロックにおいて氾濫する可能性を最も低減させる戦略が最適堤防整備戦略として採択されたと考えられる。

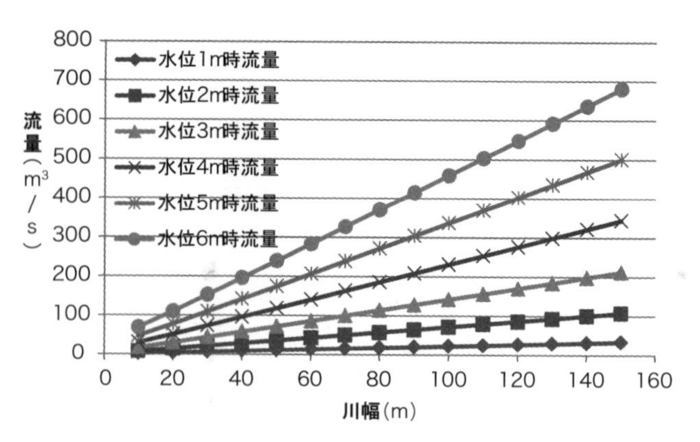

図5　川幅別各水位流量

表8　超過確率別発生洪水および増加流水量

超過確率	時間帯別流量（m^3/s）					氾濫ブロックNo.別増加量（m^3/s）			
	t1	t2	t3	t4	t5	1	2	3	4
1/5	10	20	30	20	10	0.5	1	1.5	2
1/10	20	40	60	40	20	1	2	3	4
1/30	40	80	120	80	40	2	4	6	8
1/50	60	120	180	120	60	3	6	9	12
1/100	80	160	240	160	80	4	8	12	16
1/200	100	200	300	200	100	5	10	15	20

表9　試算に用いた氾濫ブロック条件および最適堤防整備戦略（ケース1）

氾濫ブロックNo.	世帯数	住宅地率	川幅（m）	氾濫ブロック床面積（m^2）	最適整備戦略
1	2208	1	120	27万6,000	6m堤防
2	2208	1	120	13万8,000	5m堤防
3	2208	1	120	13万8,000	6m堤防
4	2208	1	120	13万8,000	6m堤防
5	2208	1	120	13万8,000	6m堤防

4.3.2　下流域に資産が密集しているとき（ケース2）

試算に用いた各氾濫ブロック条件および最適堤防整備戦略を**表10**に示す。ここでは，上流域に資産の小さい氾濫ブロックが位置し，下流域に資産の大きい氾濫ブロックが位置する氾濫原における最適堤防整備戦略を決定する。ただし，ケース2では対象氾濫原を流れる河川の幅を70mとした。これは超過確率が1/200である洪水が生起し，氾濫ブロック1，2，3で破堤が生じなかった場合に，氾濫ブロック4で越水破堤が生じる川幅である。その結果，全ての氾濫ブロックに対し，6m堤防を整備する戦略が最適であることが示された。この結果が導かれた要因は，二つ考えられる。1つは年平均被害軽減期待額を堤防整備の便益としているため，高頻度に生起する中規模洪水に対する被害を小さくする戦略による便益が，低頻度に生起する大規模洪水に対する被害を小さくする戦略による便益より大きくなるためと考えられる。2つは氾濫ブロック4における越水破堤を防ぐためと考えられる。氾濫ブロック4における越水破堤を防ぐには，氾濫ブロック4に流入する洪水のピーク流量を低減させる必要がある。上流域においてピーク流量以前に破堤してしまえば，ピークに至る前に氾濫ブロックの浸水深が飽和し，ピーク時には河道流量がそのまま流下することが考えられる。つまり，上流域ではピーク流量以前に破堤する確率を低減させる必要がある。そのため，下流域と比較すると資産の小さい上流域に対しても６ｍの堤防を整備する戦略が最適となったと考えられる。

表10　試算に用いた氾濫ブロック条件および最適堤防整備戦略（ケース2）

氾濫ブロックNo.	世帯数	住宅地率	川幅(m)	氾濫ブロック床面積(m^2)	最適整備戦略
1	22.08	0.1	70	13万8,000	6ｍ堤防
2	220.8	0.2	70	13万8,000	6ｍ堤防
3	2208	0.4	70	13万8,000	6ｍ堤防
4	22080	0.8	70	13万8,000	6ｍ堤防
5	220800	1	70	13万8,000	6ｍ堤防

4.3.3　最上流の氾濫ブロックの氾濫容量が大きいとき（ケース3）

試算に用いた各氾濫ブロック条件および最適堤防整備戦略を**表11**に示す。ここでは，氾濫ブロック１の住宅地率を０とし，氾濫ブロック２，３，４，５の住宅地率を１としたときの最適堤防整備戦略を決定する。ただし，氾濫ブロック１の面積は他の氾濫ブロックの２倍とし，対象とする氾濫原を流れる河川の幅は下流に近づくにつれ，大きくなるとした。その結果，氾濫ブロック２に５ｍ堤防，それ以外の氾濫ブロックに６ｍ堤防を整備する戦略が最適であると示された。この要因は以下のように考えられる。流量最大となる1/200の洪水ではいずれの堤防高においても氾濫ブロック１で越水破堤が生じる。そのため，氾濫ブロック１に６ｍ堤防を整備することは，高頻度に発生する中規模洪水に対する破堤確率を小さくする効果と，大規模洪水時には下流域への流量低減に寄与する効果を持つ。ただし，大規模洪水が発生した場合，氾濫ブロック１の氾濫量が氾濫容量に達した後でもまだ大きな流量が残るため，氾濫ブロック２に５ｍ堤防を整備することで，下流域への流下量の低減を図る。

表11　試算に用いた氾濫ブロック条件および最適堤防整備戦略（ケース3）

氾濫ブロックNo.	世帯数	住宅地率	川幅(m)	氾濫ブロック床面積(m^2)	最適整備戦略
1	0	0	60	13万8,000	6ｍ堤防
2	2208	1	65	13万8,000	6ｍ堤防
3	2208	1	70	13万8,000	6ｍ堤防
4	2208	1	75	13万8,000	6ｍ堤防
5	2208	1	80	13万8,000	6ｍ堤防

以上より，流域の条件によっては特定の氾濫ブロックの堤防強度を大きくしない方が流域全体の氾濫リスクを小さくする場合があることが示された。

5 おわりに

本稿では，破堤を確率事象として捉え，破堤による流量低減等の上下流の関係を考慮した流域全体のリスク評価手法を構築した。この手法を用いて，流域全体の氾濫リスクを最小にする堤防整備戦略決定方法を提案した。また，構築した策定方法を仮想氾濫原に適用し，挙動を確認した。この試算において，流域の土地利用等の条件によっては堤防整備水準を最大とせず，上流域に堤防高が低い氾濫ブロックを設定する整備戦略が最大の便益を生じるケースがあることを示した。

流域の氾濫リスクを算定するために用いた破堤シナリオは，ハイドログラフを区分する時間帯数および対象とする流域の氾濫ブロック数が多くなれば膨大になり，計算負荷が爆発的に大きくなる。本稿で示した試算ケースは５つの氾濫ブロック，５つのハイドログラフの時間区分としたため，演算は十分実用に耐え得る時間内に求解できたが，これより多いブロック数や時間区分の適用には課題があると考える。そのため，実河川に適用するためには氾濫リスクの効率的な求解法が必要となる。したがって，今後はこの課題に対応するための求解法構築が必要となる。具体的にはマルコフ連鎖モンテカルロ法（Markov chain Monte Carlo methods，以下MCMC法とする）により解決する方法が考えられる。MCMC法により，膨大に存在する破堤シナリオの中から生起しやすい破堤シナリオを統計的に推計すれば，効率的に氾濫リスクを求めることができる。また，本稿では計算の簡単のために浸水深の算定方法や浸水被害額の算定方法を簡略化した。今後は実河川に適用するため，これらの精緻化が必要である。

文　献

1) 国土交通省河川局：治水経済調査マニュアル（案）(2005).
2) 吉川勝秀，本永良樹：低平地緩流河川地域の治水に関する事後評価的考察，水文・水資源学会誌，**19**(4), 267-279 (2007).
3) 杉浦美希子：霞堤周辺住民による「水」との共存─環境と治水の両立に関し宮崎県北川町の農業従事者を事例に─，水文・水資源学会誌，**20**(1), 34-46 (2007).
4) 宇野尚雄，森杉壽芳，杉井俊夫，中野雄治：被災事例に基づく河川堤防の安定性評価，土木学会論文集，400，(1988).
5) 松尾稔，上野誠：破壊確率を用いた自然斜面の崩壊予知に関する研究，土木学会論文報告集，281，71 (1979).
6) 大竹雄，本城勇介：応答曲面を用いた実用的な地盤構造物の信頼性設計法：液状化地盤上水路の耐震設計への適用，土木学会論文集C（地圏工学），**68**，(1) (2012).
7) G.E.P.Box and N.R.Draper：Empirical Model Building with Response Surface，John Wiley (1987).
8) 瀧健太郎，北村祐二，中島智史，上坂昇治，山崎邦夫，松田哲裕，鵜飼絵美：破堤氾濫の危険度評価と減災対策に関する一考察，河川技術論文集，**17** (2011).
9) 国土交通省水管理・国土保全局河川環境課水防企画室，国土技術政策総合研究所河川研究部水害研究室：洪水浸水想定区域図作成マニュアル（第４版）(2015).
10) 本間仁：低溢流堰堤の流量係数，土木学会誌，**26** (6)，635-645 (1940).
11) 武井伸生，長江剛志：道路ネットワーク耐震化戦略のための便益推計手法：クロスエントロピー法，第50回土木計画学研究発表会，CD-ROM (2014).
12) トンネル工学委員会：トンネル標準示方書　山岳工法・同解説 (2006).
13) 国土交通省水管理・国土保全局河川計画課：治水経済調査マニュアル（案）各種資産評価単価及びデフレーター 2015.
14) 国土交通省中部地方整備局：木曽川水系河川整備基本方針　現況河道特性の評価　【長良川編】，1-3 (2009).
15) 国土交通省河川局治水課：中小河川浸水想定区域図作成の手引き (2005).

第３編　まちづくりとリスク管理

第２章　リスク管理／防災対策

第2節　巨大水害対応型河川堤防・防潮堤強化技術の開発

東京理科大学　二瓶　泰雄　　東京理科大学　倉上　由貴

1 はじめに

1.1　巨大水害対応型河川堤防・防潮堤の必要性

近年，地球温暖化の進行を一因として，局所的な短時間異常豪雨の発生頻度が増加している[1)]。それにより「これまでに経験したことのない大雨」が発生し，大雨に伴う超過洪水による堤防の越水・浸透を主要因とする決壊が毎年各地で頻発している[2)-5)]。記憶に新しいところでは，2015年9月の関東・東北豪雨により鬼怒川の堤防が越水を主要因として決壊し（**図1**）[6)]，茨城県常総市の1/3に相当する40 km^{2}にわたる広域の浸水被害が発生するとともに，約4,300人もの多くの人々がヘリや地上部隊により救助された[7)]。また，2011年の東日本大震災では，高さ10 mを超える津波が広範囲に観測され[8)]，岩手県から福島県にわたる総延長300 kmの海岸堤防のうち約6割（190 km）が全半壊しており，背後地が甚大な被害を受けた[9)]。世界一の防潮堤と言われた岩手県田老海岸における防潮堤も越水決壊した（**図2**）。このような想定外規模の洪水・津波災害被害を軽減した防災・減災先進社会を実現するには，耐越水性を大幅に向上させた河川堤防・防潮堤の新技術の開発が社会的に強く要請されている。

提供：国土交通省関東地方整備局

※口絵参照

図1　鬼怒川の堤防決壊状況[6)]（2015年9月10日15：07撮影）

図2　アーマ・レビー型防潮堤の被災例（岩手県宮古市田老海岸）

河川堤防は，**図3**のように「計画高水位以下の水位の流水

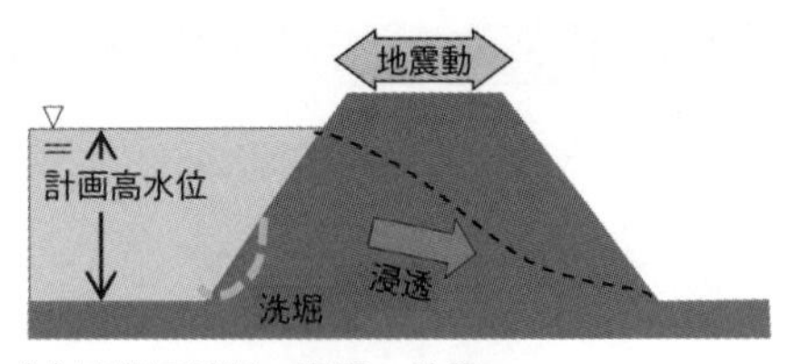

(a) 現行の洗堀，浸透，地震

(b) 今後必要となる越水および複合被害

図3　堤防設計上の外力の取り扱い

の通常作用に対して安全な構造」とし，この作用として耐浸透性，耐洗掘性（堤外地側），耐震性を考慮して設計されている[10]。わが国の河川堤防は，土堤主義（土堤の原則）に従い，「土」のみを堤体材料とすることを基本としている。そのため，土以外の材料を堤体内に入れることは一般的に行われていない。主な理由として，元々堤防が河川から自然の営力で運搬・堆積された土砂で作られている“半自然構造物”であることに加え，コスト面や施工・維持管理，破堤時の復旧が容易である等が挙げられる[11]。一方，土のみの「裸堤」では，越水により容易に崩壊することは古くより知られており[12]，堤防決壊要因の8割は越水であると報告されている[13]。また，東日本大震災を契機として，わが国における津波対策としては，数十年から百数十年に一度の頻度のL1津波に対して人命・財産を守る「防災」，あらゆる可能性を考慮した最大クラスの巨大な津波（L2）には人命を守り経済的損失を減らす「減災」，という視点に立脚する方針が立てられた[14]。このように，越水を生じさせる規模の巨大水害に対しては，河川堤防・防潮堤の耐越水性が重要である。さらに，最近では，地震活動の活発化に伴い，地震と洪水という複合災害の発生が懸念されている。以上のことから，耐越水性を大幅に向上しつつ，耐浸透性・耐洗掘性を担保し，かつ，耐震性も兼ね備えた河川堤防・防潮堤強化技術の開発が喫緊の課題である。

1.2　既存の耐越水性強化技術について

既存の耐越水堤防としては，**図4**に示すように，「アーマ・レビー」[15]と「高規格堤防（スーパー堤防）」[16]が代表例として挙げられる。アーマ・レビーは，浸透や越水侵食を抑制するために，堤体表面（天端や表・裏のり面）をコンクリート製被覆工で保護され，越水対策として一定の効果を有している。しかしながら，越水量が大きくなると，裏のり尻部の洗掘や堤体表面の被覆工の流出が生じ，最終

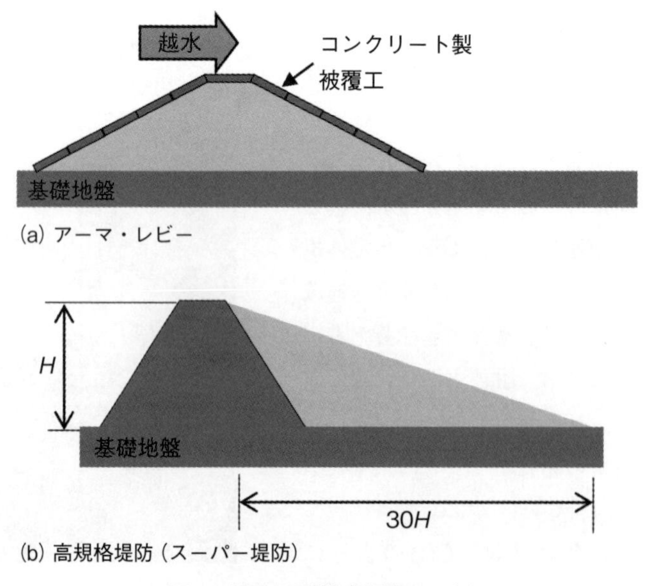

(a) アーマ・レビー

(b) 高規格堤防（スーパー堤防）

図4　既存の耐越水堤防の一例

的に決壊してしまい，東日本大震災では，津波の越水により多くの海岸堤防用のアーマ・レビーが決壊した[17]。また，アーマ・レビーでは，コンクリート製被覆工の自重で越水に抵抗しているが，コンクリート製被覆工の重量を大きくすると堤防の耐震安定性の低下とコストが問題となる。そのため，単に堤体表面をコンクリート製被覆工でカバーするだけでは耐越水性・耐震性・経済性を同時に満足できず，抜本的に異なる河川堤防強化技術の開発が必要である。

一方，高規格堤防は，堤防裏のり面の勾配を通常（2割程度）よりも大幅に増やし（堤体高さ H の30倍程度），堤防を幅広とするものである。このように，堤防裏のり面の大幅な緩勾配化を図ることにより，越流水の流速を減少させ堤防の裏のり面の侵食を大幅に抑制して耐越水性を強化する。さらに，幅広の堤防であるがゆえに，高規格堤防は耐浸透性や耐震対策も兼ね備え，最大級の洪水外力に対しても浸透や越水による重大な堤防損傷を防止し得るものと考えられる[16]。しかしながら，高規格堤防を作る上では，堤内地側に広大な用地買収が必要となり，膨大な時間を要することになる。このことは，高規格堤防の整備が想定される大都市部でより顕在化し，社会的に大きな影響をもたらすことが予想されるため，実際の整備には大きな困難を伴う。

1.3 目　的

上記の課題に対応するべく，筆者らの研究チームは，越水に対する堤防・防潮堤強化技術として，最新の盛土工法であるジオシンセティックス補強土（GRS：Geosynthetic-Reinforced Soil）と堤防のり面のコンクリート製被覆工を一体化した「GRS河川堤防・防潮堤」を提案している[18)-22]。GRS工法自体は，耐震性が極めて優れた盛土・橋梁補強技術として既に実用化されており[23]，新形式のGRS堤防・防潮堤は高い耐震性を期待される。本稿では，新形式のGRS河川堤防・防潮堤の基本構造や特徴を記述するとともに，新形式（GRS堤防・防潮堤）や従来形式（アーマ・レビー）を含むさまざまな補強条件での小型越水実験の結果を紹介する。

2 GRS河川堤防・防潮堤について

上記の課題を克服するために，著者らは，ジオテキスタイル補強土（GRS）と堤体表面のコンクリート製被覆工を一体化し，堤体全体で被覆工流失を抑制し耐越水性を大幅に向上させて，耐震性にも優れた新形式（GRS）河川堤防・防潮堤を提案し，その有効性について室内実験により検証している[18)-22]。このGRS河川堤防・防潮堤としては，**図5**に示す二種類の補強パターンを想定している。すな

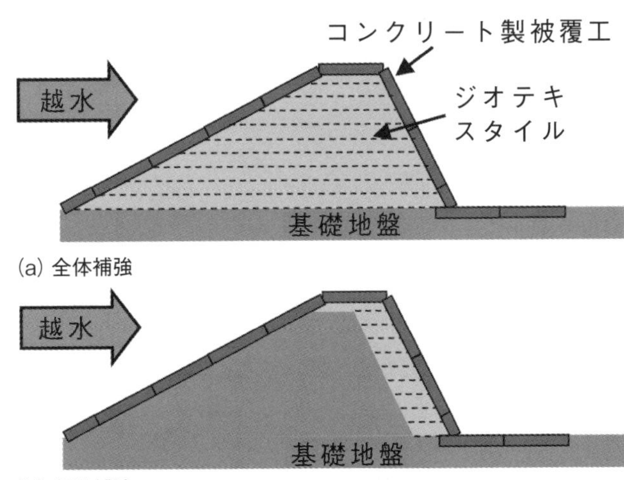

図5　GRS河川堤防・防潮堤の概念図

わち，新設の堤防を念頭にしてGRS補強材による堤体の補強を堤体全体にわたり行うケース（全体補強）と，既存堤防の上に盛土し嵩上げや裏腹付けなどをするという一般的な堤防補強を念頭にして上部と裏のり面のみを補強するケース（部分補強）を想定する。これらのGRS河川堤防・防潮堤では，ジオテキスタイルとしてジオグリッドを採用する。GRS河川堤防・防潮堤の特徴をまとめると，以下の4つが挙げられる。

① 堤体内に敷設したジオグリッドと堤体表面の被覆工を連結することにより，被覆工の流出や堤体のり面の侵食を抑制でき，アーマ・レビーと比べて耐越水性を大幅に向上させることができる。このことは，洗掘防止工を組み合せることでより強化される。

② GRS工法を導入することにより，堤体のり面を急勾配化した場合においても高い耐越水性を有しており，高規格堤防はもとより，アーマ・レビーより堤防断面を減らしてもGRS堤防の耐越水性を高く維持できるため，GRS堤防は省スペース・低コスト化が可能な堤防強化技術である。

③ 新設の堤防を念頭にしてGRS補強材を堤体全体にわたり敷設する“全体補強”のみならず，越水時に弱部となる裏のり面部だけを“部分補強”する場合でも，耐越水性向上効果が十分に発揮される。これより，上記の部分補強工法は，既設堤防に盛土し嵩上げや裏腹付けなどをする一般的な堤防補強工法と同じく既設の河川堤防に適用できることが示唆される。

④ 盛土・橋梁補強技術として実用化されているGRS工法の耐震性は極めて優れており，洪水・津波と地震の複合災害対策になり得ることを期待される。

これらの特徴は，長時間の越水対策を想定した河川堤防・防潮堤強化策として有用であると考えられる。筆者らは，室内実験として，河川堤防用[18)-20)]と防潮堤用[21) 22)]で別々に実施している。本稿では，紙面の都合上河川堤防のみの結果を示す。

3 小型越水実験の概要

3.1 実験装置および模型寸法

河川堤防用の小型越水実験では，東京理科大学所有の**図6**に示す水平開水路（長さ5.0，幅0.20 m，高さ0.35 m）を用いた。模型堤防は上流端から2.8 m地点に設置した。模型堤防のサイズは，模型縮尺を1/25とし，基礎地盤（厚さ0.050 m）の上に，高さ0.20 m（実スケール5.0 m），天端幅0.1 m，表・裏のり面2割勾配（一部裏のり面5分勾配）の堤防を設置した。模型堤防の寸法例を**図7**に示す。本実験における流況としては，流量Qを5.61×10^{-3} m^3/s

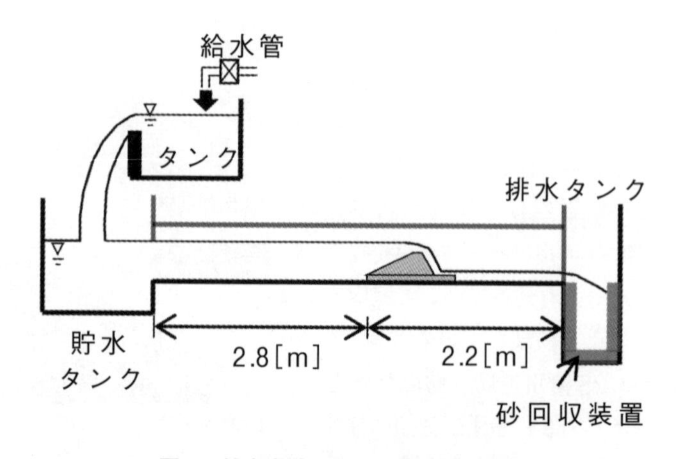

図6　越水実験で用いた開水路の概略

（単位幅流量 $2.81\times10^{-2}\ \mathrm{m^2/s}$），越流水深を 0.060 m（実スケール 1.5 m）とした。

既存の堤防決壊資料をまとめた結果[13]によると，堤防決壊を引き起こす越流水深と越流時間の関係より，実スケールの越流水深 1.5 m では，決壊にかかる越流時間は約 50 分となる。フルードの相似則に従えば時間的縮尺は 1/5 となるため，模型実験では約 10 分間の越水に耐える必要がある。そのため，本実験では，最低目標越水時間 10 分を基準とし，耐越水性に対する優劣の判断材料の一つとする。

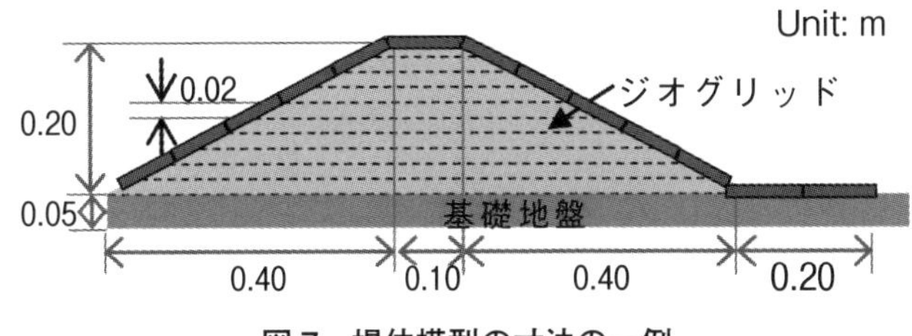

図７　堤体模型の寸法の一例

3.2　実験条件と計測方法

堤防の補強条件は，**表１**に示すように，土堤，ジオグリッドのみ，被覆工のみの従来形式堤防および被覆工とジオグリッドを連結した新形式（GRS）堤防とした。表１では，洗掘防止工の有無に分け，洗掘工無では４つの補強条件，洗掘工有ではアーマ・レビーと GRS 堤防のみとした。洗掘工有の GRS 堤防では全体・部分補強を行い，裏のり面の勾配は２割と５分とした。実験時の堤体材料としては，堤防では細粒分含有率が 15％以上含まれることが望ましいため，0.074 mm 以下の細粒分含有率 Fc を 0%（砂のみ），10，20％と変化させた。$Fc=0$％の盛土材は，**図８**に示す豊浦砂（平均粒径 $D_{50}=0.16$ mm，標準プロクターによる最大乾燥密度 $\rho_{\mathrm{dmax}}=1.55\ \mathrm{g/cm^3}$，最適含水比 $w_{\mathrm{opt}}=16.0$％）とした。$Fc=10$，20％の盛土材は同図の珪砂６号（$D_{50}=0.26$ mm，$\rho_{\mathrm{dmax}}=1.54\ \mathrm{g/cm^3}$，$w_{\mathrm{opt}}=16.0$％）に細

表１堤防補強条件

分類	補強条件	Fc [%]	裏のり面勾配	ジオグリッド目合い	Dc [%]
土堤	土のみ	0	２割	―	85
ジオグリッドのみ	ジオグリッドのみ敷設				
アーマ・レビー	被覆工のみ				
GRS	全体補強			中	

(a) 洗堀防止工無

分類	補強条件	Fc [%]	裏のり面勾配	ジオグリッド目合い	Dc [%]
従来形式	被覆工のみ	0	２割，５分	―	85
			２割		
		10			
		20			
GRS	全体補強	0	５分	大	90
				中	
				小	
	部分補強			大	
				中	
				小	
	全体補強		２割	中	85
		10			
		20			

(b) 洗堀防止工有

粒分として藤ノ森粘土（D_{50}＝0.057 mm）を配合した。ジオグリッドの目合いの影響を見るために，**図9**に示す3種類の目合い（大，中，小）のジオグリッドを用いた。ジオグリッドを締固め層厚20 mmの鉛直間隔で敷設した。

被覆工には，コンクリートと比重がほぼ同じであるアルミニウム板を使用した。アルミニウム板の寸法は，厚さを0.005 m，奥行き幅を0.1 mとした。洗掘防止工の模型は，被覆工と同じアルミニウム板で作成した。この洗掘防止工は，従来形式堤防では基礎地盤上（もしくは基礎地盤内）に置くだけであるのに対して，GRS堤防では堤体最下層のジオグリッドと連結して設置した。

越水実験における堤体・基礎地盤の侵食状況や被覆工の流出挙動を把握するために，側面と上面をデジタルビデオカメラ（HDR-XR550V，SONY製）によって撮影した。上面からの撮影結果に基づいて，堤体侵食が奥行き方向で概ね一様に生じていることを確認した。この結果に基づき，側面からの撮影データを用いて，堤防全体の侵食量を定量化した。

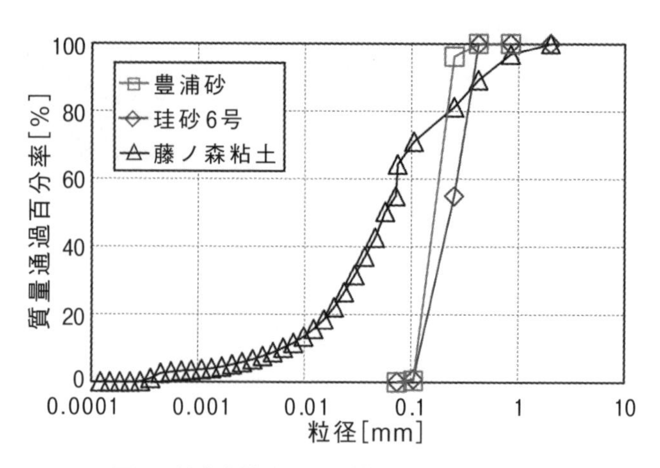

図8　越水実験で用いた模型堤防の粒度特性

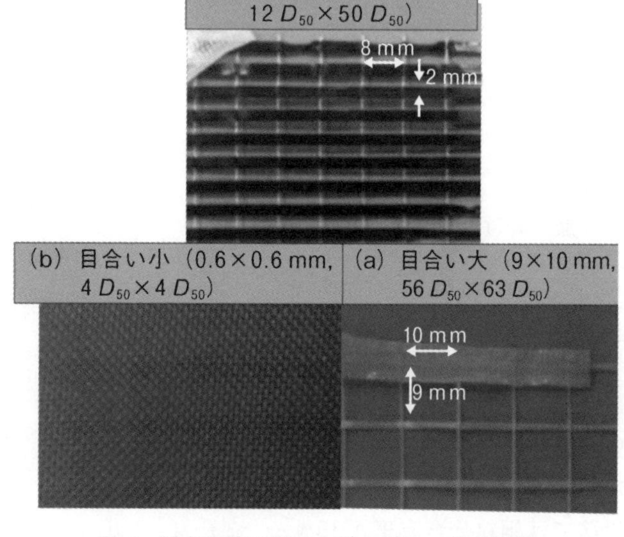

図9　越水実験で用いたジオグリッドの種類

4 越水実験の結果と考察

4.1　越水時の堤防侵食状況

越水時における堤防侵食状況の基本特性を把握するために，洗掘工無の4つの補強条件（土堤，ジオグリッドのみ，アーマ・レビー，GRS堤防）における堤体形状の時間変化を**図10**に示す。まず土堤（(a)）に関しては，t＝10 sの時には裏のり面は全面的に侵食されており，その侵食深は概ね一様である。t＝20 sの時には，天端全体や裏のり面が全体的に侵食され，堤体面積は大幅に減少している。また，裏のり面の傾きは，多少の凹凸は見られるものの，初期断面

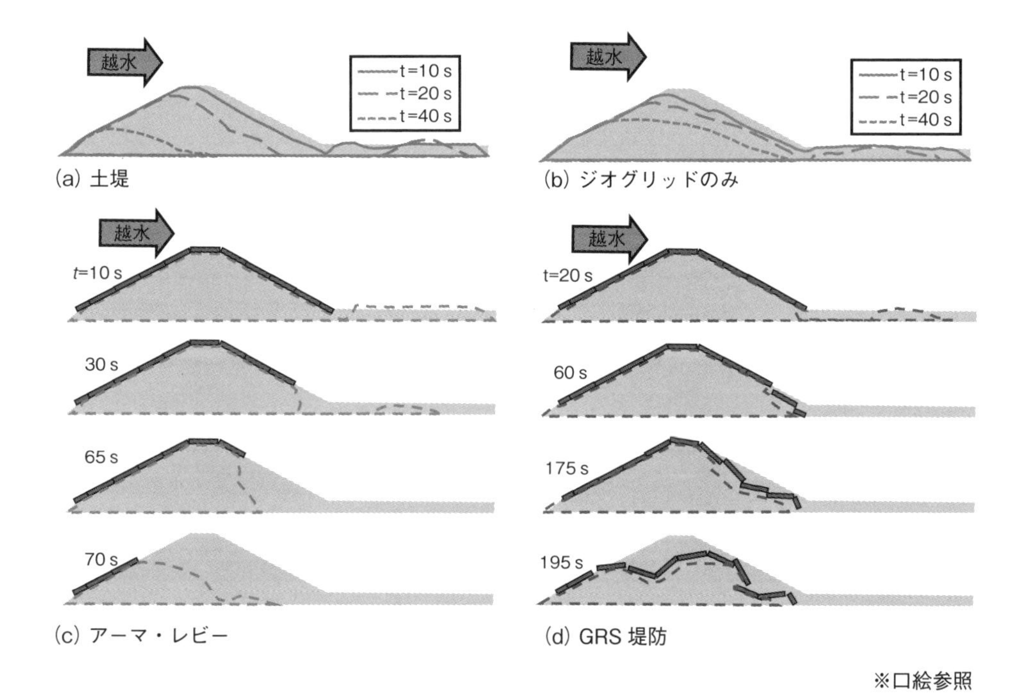

図 10　堤体の侵食状況の時間変化（洗掘工無，t：越水開始からの時間）

と同じ 2 割勾配を維持した形で侵食がほぼ一様に進行している。さらに，$t = 40$ s では，堤体の大部分が侵食されるとともに，堤体が残存している部分を除いて基礎地盤まで侵食され，$t = 50$ s 頃には堤体の全ての部分が流出した。ジオグリッドのみ（(b)）では，$t = 10$ s の時には，天端の一部や裏のり面において侵食が始まるが，裏のり面の侵食状況は一様ではなく，土堤と比べて侵食が明瞭に抑制されている。この様子は，$t = 20$，40 s においても確認される。これは，裏のり面の侵食に伴って露出するジオグリッドが表面を覆うことで侵食速度そのものを抑制することに加えて，裏のり面の勾配が緩やかになるため，堤体表面に作用する底面摩擦力を低下させているためである。

次に，アーマ・レビー（(c)）の場合には，$t = 10$ s では裏のり尻部分が局所洗掘され，パネル下側の土砂が下流側へ流送された。その侵食がある程度進行すると（$t = 20$ s），裏のり尻側の被覆工から流失し，再び残された被覆工下部の侵食が進行した。これらを繰り返し，天端付近まで侵食面が到達すると（$t = 65$ s），天端から一気に崩壊し，堤体の大部分が侵食された（$t = 70$ s）。一方，新形式の GRS 堤防（(d)）では，アーマ・レビーと同様に $t = 20$ s では裏のり尻部の局所洗掘により，被覆工下部の侵食が進むが，被覆工がジオグリッドと結合されているため，被覆工は流失せずに概ねその位置に留まった。その後，裏のり尻部での侵食がより進行すると（$t = 60$ s），そこでの被覆工や結合するジオグリッドの位置は変化するが，流失していない。その後，時間とともに，裏のり尻から堤体の土砂が流出し，裏のり面のパネルの変位量が大きくなり，パネルが図中時計周りに回転し流れへの抵抗が増大すると（$t = 175$ s），その被覆工近傍で激しい渦運動が生じ，そこから，より多くの土砂が堤体内から流出し，結果として被覆工や堤体全体は大きく変形した（$t = 195$ s）。

4.2 洗掘防止工の効果

洗掘工有無による堤体侵食状況の差異を比較・検討するために，アーマ・レビーとGRS堤防の洗掘工有無のケースにおける堤体の面積・高さ残存率の時間変化を**図11**に示す。この面積・高さ残存率は，側面からビデオ撮影した堤体断面の画像から時々刻々の堤体断面積・高さを求め，それを越水開始時の初期値でそれぞれ除したものである。横軸は越水開始からの経過時間 t である。なお，アーマ・レビーとGRS堤防における洗掘工有では，裏のり面勾配は2割である。土堤やジオグリッドのみの結果も図示している。これより，土堤やジオグリッドのみでは，越水開始直後から堤体高さや断面積が減少し，土堤では45 s，ジオグリッドのみでは90 s後には完全に破堤した。ジオグリッド敷設による一定の補強効果が現れているが，これのみでは十分な耐越水対策技術とは言えない。

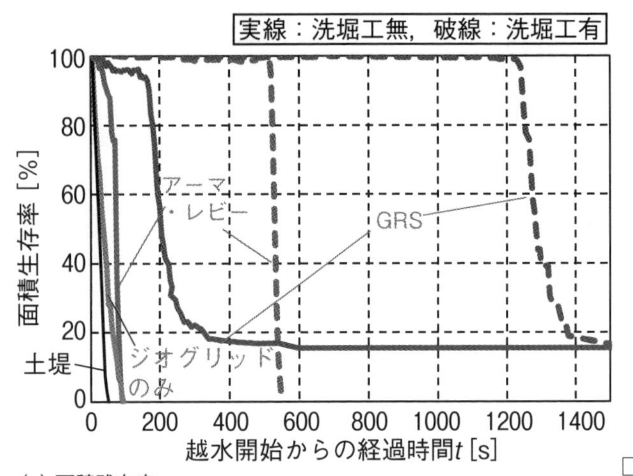

(a) 面積残存率

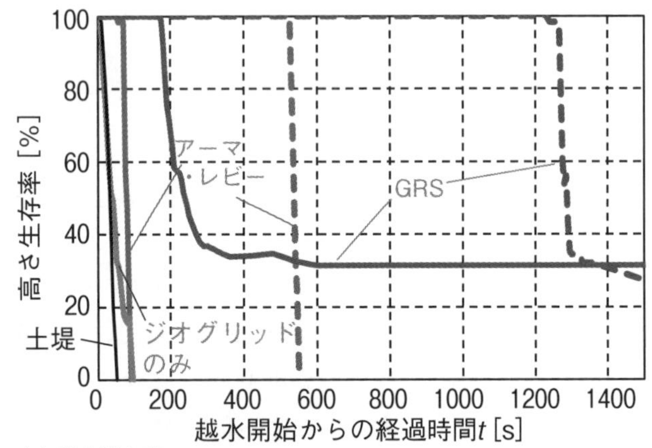

(b) 高さ残存率

※口絵参照

図11　洗掘工有無による堤防面積・高さ残存率の比較

次に，アーマ・レビーに着目すると，洗掘工無では，堤体高さや断面積が100%を維持する時間は土堤やジオグリッドのみより長いが，t = 175 sを過ぎると堤体高さや断面積が急激に減少し，両残存率は0まで低下した。洗掘工有では，堤体高さ・面積を維持する時間が飛躍的に長くなるが，t = 540 sを越えると洗掘工無と同じく急激に高さ・面積ともに減少し，最終的には完全な破堤に至った。このようにアーマ・レビーは，所定の越水時間（= 600 s）に達せずに急激に堤体高さや面積を減少させる，という点では“粘り強い”堤防とは言えない。

新形式のGRS堤防における洗掘工無では，t = 180 sまでは堤体高さ・面積はほぼ初期状態を維持しているが，その後，大きく減少した。しかしながら，その減少の様子は従来形式と比べると緩やかであり，最終的には完全には破堤しなかった。また，洗掘工有では，越水開始から10分間以上にわたり堤体高さ・面積残存率は100%を維持した。以上のことから，GRS堤防は，耐越水性が極めて高く，特に，洗掘防止工の導入により，その効果がより顕著になることが分かる。なお，GRS 堤防では，裏のり面が急勾配（5 部）のケースや部分補強のケースでも，所定の越水時間を越えても堤体高さをほぼ100％に保ち，十分な耐越水性を有することが確認されている[19]。そのため，GRS 堤防では，急勾配化により省スペース化が可能であり，かつ，部分補強により既設堤防への適用が可能であることが示された。

4.3　ジオグリッドの目合いの影響

GRS 堤防の耐越水性を強化するための堤体材料の検討を行うべく，ジオグリッドの目合いの影響に着目し，目合い大・中・小の GRS 堤防の侵食形状を**図 12** に示す。ここでは，GRS 堤防のうち部分補強のケースを選定して示す。これより，目合い大・中・小における破堤の進行過程が異なる。具体的には，目合い大（(a)）では，所定の目標越水時間の 600 s に到達する前に（t = 510 s），裏のり尻付近の被覆工付近に空隙が形成され始め，その後，洗掘防止工の下から徐々に砂が吸い出され，t = 640 s では空隙がかなり拡大していた。t = 695 s では，天端付近の砂も吸い出されて，その 5 s 後には，裏のり面の被覆工が流出し，その後すぐに天端が崩落した。目合い中（(b)）では，t = 656 s から裏のり尻部が徐々に流下方向に膨らみ，t = 680 s には裏のり尻部がより膨らむとともに表のり肩部に空隙が形成された。ここが弱部となり，最終的に，弱部である表のり肩部と裏のり尻部を結ぶ形ですべり破壊が生じた。さらに目合い小（(c)）では，堤体内に空隙は生じなかったが，t = 1250 s から裏のり面の被覆工が重なるようにつぶれ，その状況がしばらく続いた後，t = 1445 s に破堤した。これらの 3 ケースを比べると，目合い小のケースで堤体形状が最も長く維持されている。また，目合い小のケースでは裏のり面からの堤体材料の吸出しも見られなかった。このため，裏のり面からジオグリッドを通過する堤体材料の流出が抑制され，これが堤体面積残存率を維持することにつながったものと推察される。これらのことは，耐越水性に対してジオグリッドの目合いが大きく影響することを示している。

このような状況を詳細に把握するために，堤体内における浸潤面挙動および被覆工流出時間の様子を**図 13** に示す。ここでは，目合い大・小のケースを例示する。これより，目合い大で

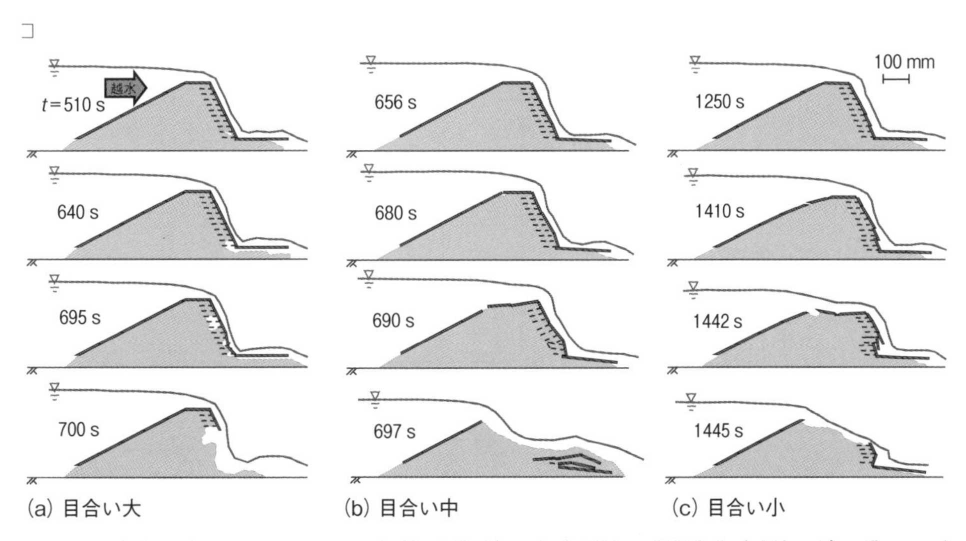

図 12　越水実験時における GRS 堤防（部分補強）の侵食形状の時間変化（破線：ジオグリッド）

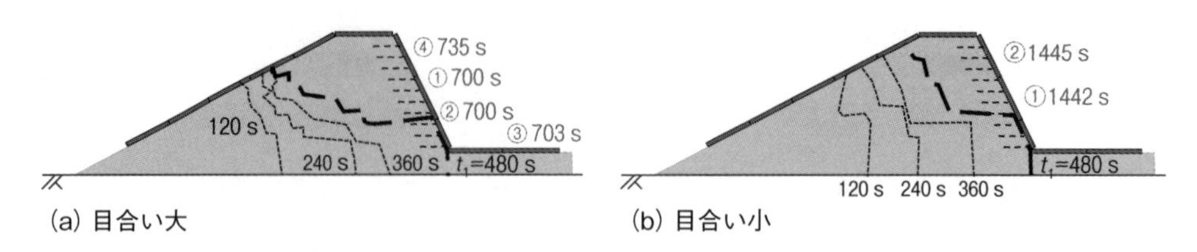

図 13　堤体内の浸潤面挙動と被覆工流出時間（細破線：浸潤面，太破線：裏のり面到達時の浸潤面，グレー数字：被覆工流出時間）

は，浸潤面は $t = 480$ s で裏のり面に到達し，その 220 s 後の $t = 700$ s に被覆工が流出した。一方，目合い小では，浸潤面は $t = 480$ s で裏のり面に到達したが，被覆工が流出したのはそれから約 1000 s 後の $t = 1442$ s であった。これより，ジオグリッドの目合いが小さい方が，堤体内の浸潤面が裏のり面に到達した後も，より長い時間裏のり面の被覆工が不安定化せず，流出抑制がなされていることが分かる。すなわち，ジオグリッドの目合いによって，越水侵食に対する堤体の粘り強さが異なることが示唆された。

ジオグリッドの目合いの効果を定量的に示すために，全体補強および部分補強（裏のり面 5 分勾配）における堤体面積残存率の時間変化を**図 14** に示す。ここでは，目合い大・中・小のジオグリッドを用いた全体・部分補強のケースおよび従来形式の結果を示している。これより，従来形式では，目標越水時間（600 s）の前に完全破堤してしまったのに対し，GRS 堤防の場合は，いずれの目合いでも従来形式よりも高い面積残存率を示し，初期の堤体断面を目標時間以上維持していた。また，異なる形式の GRS 堤防の間で面積残存率が急減し始める限界経過時間 t_{cr} を比較すると，全体補強と部分補強のいずれの場合でも，目合い小＞中≒大となっており，目合い小が際立って高い耐越水性を有する。また，部分補強と全体補強のケースを比べると，目合い大・中の場合の限界経過時間 t_{cr} は概ね同じであるが，目合い小の場合は部分補強＜全体補強となっている。目合い大・中では，全体・部分補強のいずれも，浸潤面が裏のり面に達した後，裏のり面付近の砂が吸い出され破堤に至った。一方，目合い小では，砂の吸出しが大幅に抑制され，裏のり面被

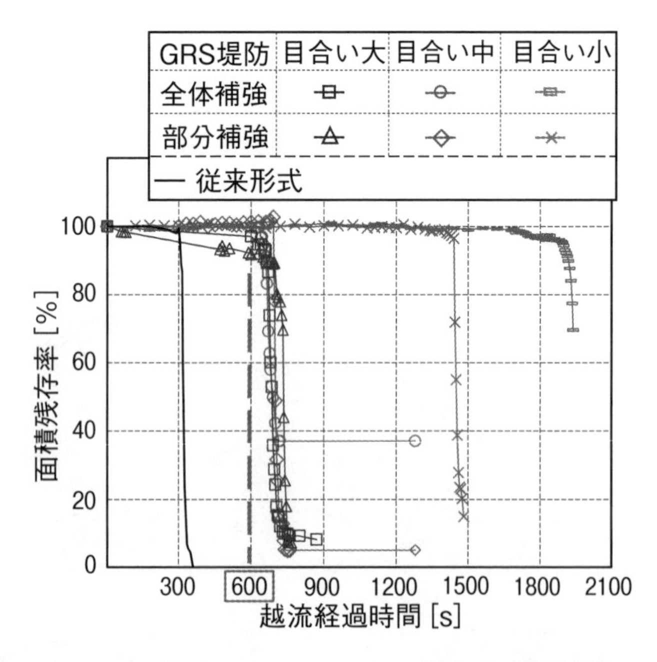

※口絵参照

図 14　GRS 堤防の目合い大・中・小の面積残存率の時間変化（全体・部分補強）

覆工が堤内地側へ変位することにより破堤に至った。そのため，表のり面被覆工と裏のり面被覆工がジオグリッドに連結され裏のり面被覆工の安定性がかなり高い全体補強の方が耐越水性は向上したものと考えられる。

5 まとめ

本実験における主な結論は以下の通りである。

① アーマ・レビーにおける被覆工敷設のみでも，堤体形状を維持する時間を長くできるものの，一端侵食が進行すると急激に破堤に至る。一方，GRS 堤防では，ジオグリッドと被覆工を結合させることにより，被覆工の流失を防ぎ越水侵食を大幅に抑制できている。また，洗掘防止工を導入することにより，GRS 堤防の耐越水性は大幅に向上することが示された。

② 裏のり面を５分と急勾配にしても，２割勾配と同様な高い耐越水性を維持できた。また，ジオグリッドの効果は全体・部分補強の両方において確認された。以上より，新形式堤防は，省スペース・低コスト・高耐震性で耐越水性を大幅に強化し得る技術であることが示された。

③ ３種類の目合いのジオグリッド（目合い大（$56\,D_{50} \times 63\,D_{50}$），中（$12\,D_{50} \times 50\,D_{50}$），小（$4\,D_{50} \times 4\,D_{50}$））をGRS 堤防に用いた結果，目合いの小さいジオグリッドには砂吸出しの大幅な抑制効果と被覆工の不安定化の抑制の効果があり，破堤までの所要時間が，目合いの大・中のジオグリッドの時よりも３倍以上に伸びた。

なお，GRS 堤防では，堤体内に敷設するジオグリッドによる水みち形成が懸念されるが，GRS 堤防の浸透実験を行ったところ，ジオグリッドの敷設により浸透流量は抑制され，初期浸透過程では水みちの形成は確認されなかった。また，堤体内にジオグリッドを敷設することにより，裏のり面の侵食が大幅に抑制され，GRS 河川堤防は耐浸透性に対しても強化し得る技術であることが示唆された[20]。さらに，堤体材料に細粒分を増やすと堤防の耐越水性は向上することが確認された[20]。

ここで示した実験結果をそのまま実スケールに適用できるかは相似則を丹念に検討する必要があるが，全ての力学的相似則を満足することは困難である。そのため，実スケールに近い大型模型を用いた越水・浸透実験を実施している最中であり，別途報告する。

謝　辞

本研究の一部は，科学研究費補助金・基盤研究（B），基盤研究（A）（研究代表者：二瓶泰雄）によって実施された。ここに記して深甚なる謝意を表します。

文　献

1) 和田一範：地球温暖化に伴う洪水・渇水リスクの評価に関する研究，地球環境，11（1），67-78（2006）．
2) 玉井信行：2011 年７月新潟・福島豪雨災害の概要と超過洪水対策について，平成 23 年度河川災害に関するシンポジウム，1-14（2012）．
3) 土木学会九州北部豪雨災害調査団：平成 24 年７月九州北部豪雨災害調査団報告書（2013）．
4) 土木学会水工学委員会山口・島根水害調査団：平成 25 年７月 28 日山口・島根豪雨災害調査報告（速報版）http://committees.jsce.or.jp/report/system/files/201307yamaguchi-shimane.pdf.

5) 2015年関東・東北豪雨災害土木学会・地盤工学会合同調査団関東グループ：平成27年9月関東・東北豪雨による関東地方災害調査報告書，1-173 (2016).
6) 鬼怒川堤防調査委員会：鬼怒川堤防調査委員会報告書，1-80 (2016).
7) 国土交通省関東地方整備局：鬼怒川の堤防決壊のとりまとめ
http://www.ktr.mlit.go.jp/bousai/bousai00000091.html (閲覧日：平成27年11月30日)
8) N. Mori and T. Takahashi：The 2011 Tohoku Earthquake Tsunami Joint Survey Group: Nationwide post event survey and analysis of the 2011 Tohoku earthquake tsunami, *Coastal Engineering Journal*, **54** (1), 1250001 (27pages) (2012).
9) 内閣府：平成23年度防災白書，第I部第1編第2章 (2012).
10) ㈳日本河川協会編：改訂新版建設省河川砂防技術基準（案）同解説 設計編［I］，3-30 (1997).
11) 中島秀雄：河川堤防技術の変遷，河川，17-28 (2004).
12) 建設省土木研究所河川研究室：越水堤防調査最終報告書－解説編－，土木研究所資料第2074号，1-57 (1984).
13) 吉川勝秀（編著）：新河川堤防学 河川堤防システムの整備と管理の実際，技報堂出版，117 (2011).
14) 中央防災会議 (2011)：「東北地方太平洋沖地震を教訓とした地震・津波対策に関する専門調査会」中間とりまとめに伴う提言～今後の津波防災対策の基本的考え方について～
http://www.bousai.go.jp/kohou/oshirase/pdf/teigen.pdf (閲覧日：平成25年5月17日)
15) 建設省土木研究所河川研究室・機械施工部土質研究室：加古川堤防質的強化対策調査報告書，土木研究所資料第2621号，1-76 (1984).
16) 土木学会：水理公式集［平成11年版］，丸善，194-205 (1999).
17) 福島雅紀，佐野岳生，成田秋義，服部敦：航空測量データ等を用いた津波による河川堤防の侵食実態調査，河川技術論文集，**18**，369-374 (2012).
18) 倉上由貴，二瓶泰雄，矢田孝次朗，山崎達也，山口晋平，川邊翔平，菊池喜昭，龍岡文夫：耐越流侵食性向上のための河川堤防補強技術の提案，土木学会論文集B1（水工学），**69** (4)，I_1219-I_1224 (2013).
19) 倉上由貴，二瓶泰雄，川邊翔平，菊池喜昭，龍岡文夫：ジオテキスタイル補強土を用いた耐越流侵食河川堤防の提案，ジオシンセティックス論文集，**28**，265-272 (2013).
20) 倉上由貴，二瓶泰雄，森田麻友，二見捷，板倉舞，菊池喜昭，龍岡文夫：GRS河川堤防における越流・浸透に対するジオグリッドの目合いの効果について，ジオシンセティックス論文集，**30**，67-74 (2015).
21) 山口晋平，大林沙紀，川辺翔平，龍岡文夫，菊池喜昭，二瓶泰雄：津波に対する防潮堤補強技術に関する実験的検討，ジオシンセティックス論文集，**28**，245-250 (2013).
22) 二瓶泰雄，縄野惇郎，柳沢舞美，川邊翔平，菊池喜昭，龍岡文夫：GRS防潮堤の耐越流侵食性に関する実験的・理論的検討，土木学会論文集B2（海岸工学），**69** (2)，I_986-I_990 (2013).
23) F. Tatsuoka, M. Tateyama, T. Uchimura and J. Koseki：Geosynthetic-reinforced soil retaining walls as important permanent structures, 1996-1997 Mercer Lecture, *Geosynthetic International*, **4** (2), 81-136, (1997).

第3節　雨水管理による都市部浸水リスク対策の実際

一般財団法人国土技術研究センター　湧川　勝己

1 はじめに

本稿では，都市部における洪水および浸水対策についての歴史的な経緯と現状の対策の考え方等について述べる。なお，都市部における洪水・浸水対策については，国土交通省において1980年から実施・展開されていた総合治水対策に関する政策評価として，2002～2003年度に「流域と一体となった総合治水対策に関するプログラム評価」[1]が行われ，その評価結果を踏まえて，総合治水対策として実施・展開されてきた施策を実効あるものとして強化すべく2003年6月11日に「特定都市河川浸水被害対策法」（法律第77号）が制定されているので，そこで記述されている対策を含めて全体的な洪水・浸水対策について記述する。

また，近年，気候変動に伴うゲリラ豪雨等の頻発によって都市部における浸水対策について注目がなされているところもあるので，イギリスで行われている先進的な気候変動適応策についても紹介する。

2 都市部の洪水対策の歴史的な経緯

2.1　都市部への人口流入と洪水対策

高度経済成長期には，**図１**に示すように東京圏をはじめとする三大都市圏への人口流入が進み，河川流域の市街化が大きく進展した。

既存市街地近郊の台地・丘陵地における広範な宅地開発の進行は，流域が本来有する保水・遊水機能を著しく減少させ，雨水の流出・流下時間の短縮や洪水流出量の増大を招き，河川の治水安全度の低下や低地に広がる既存市街地の浸水被害の危険性を招くこととなった。また，浸水実績のある低地での無秩序な都市化の進行が，**図２**に示すように浸水被害の潜在的危険性を増大させることとなった。

このような三大都市圏における河川流域の急激な市街化は，当時の浸水被害およびその恐れの増大を社会問題化させ，浸水被害防止のための河道等の治水施設の整備の加速化と流域全体での保水・遊水機能の保全等の総合的な治水対策の取組みの導

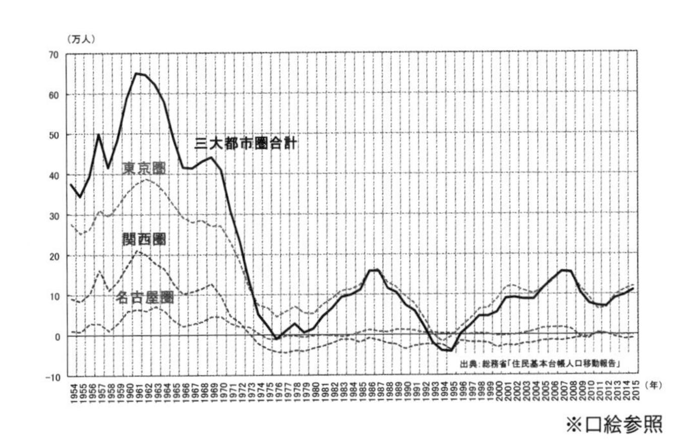

※口絵参照

図１　三大都市圏への人口流入超過の推移

入が必要となった。

上述したようなことを背景として，1980年に建設省事務次官通達に基づいて都市部の宅地供給の必要性が逼迫し，水害問題が顕在化している都市河川流域を対象として，河川管理者と自治体の関係部局が協働して流域対策協議会を組織・設置し，流域整備計画の策定等を行う総合治水対策が進められた。

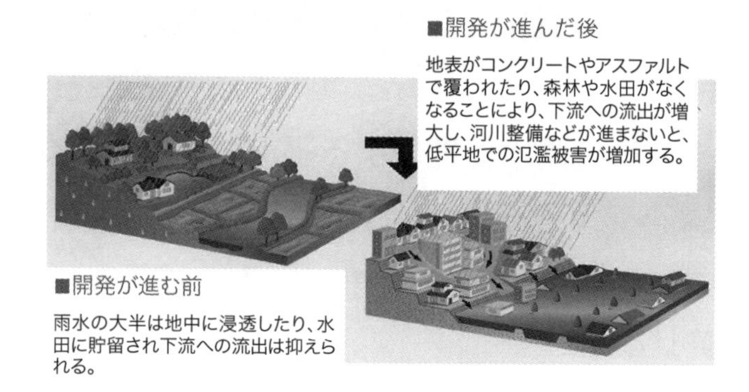

図2　都市部の水害増大のイメージ

この総合治水対策は，集中的な治水投資（概ね10年間）により河川改修や遊水地等の治水施設の整備を促進するとともに，治水施設の整備が完了するまでの間は自治体の条例により，流域における保水・遊水機能を保全するために一定規模以上の開発を実施する開発業者に対して暫定的な調整池を設置することを義務付ける行政指導を行い，また，浸水実績のある地域を公表し，浸水実績地域においては建築物等の耐水化を促進して被害軽減を図るものである。

2.2　総合治水対策の課題と特定都市河川浸水被害軽減法

総合治水対策として実施・展開される治水対策，流域対策，土地利用の誘導等の対策の概要を**図3**に示す。

この図に示す対策のうち，河川改修等の治水施設整備については対象とする17の都市河川において3兆7千億円の治水投資が行われ，12兆3千億円にのぼる水害被害軽減効果[1]があり，

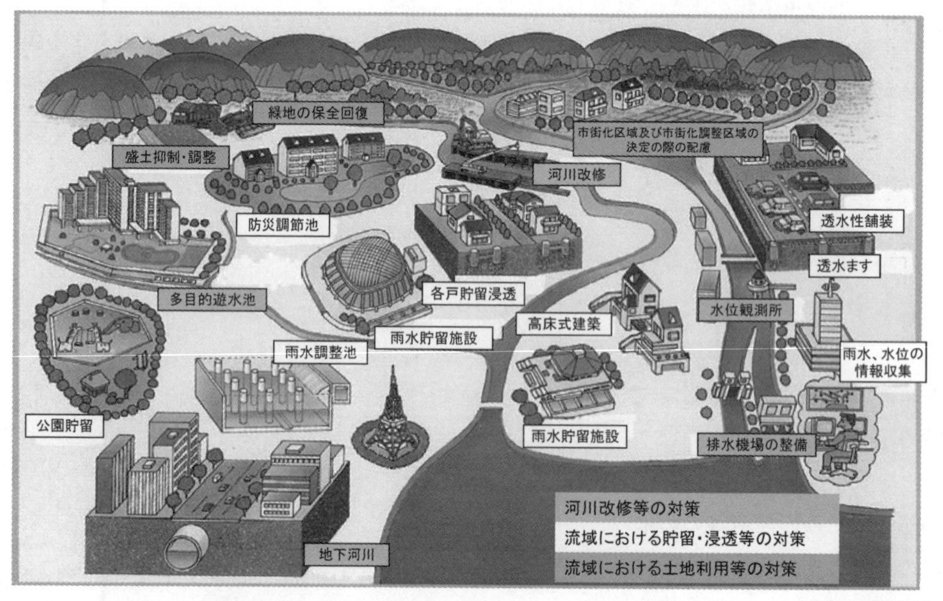

※口絵参照

図3　総合治水対策で実施される対策イメージ

一定の事業効果を有してはいたが，目標としていた概ね10年間で70～80％の進捗しかなく治水対策が完了した河川はなかった。

一方，総合治水対策において対策の両輪としていた開発に伴う調整池の整備等の流域対策は，後年に行くに従って流域における宅地開発が小規模化し，条例において義務付けている対策量（貯留量）は応能負担原則に基づいて設定されていることから，調整池での貯留容量が計画で想定していた対策量よりも少なくなったこと，また，既成市街地において実施することとしていた校庭等の公共用地を用いて実施する流出抑制対策等が進展しなかったこと等から，流域対策は治水対策の進捗よりも低い計画の60～70％の進捗しかなかった。

なお，総合治水対策によって義務付けられた開発に伴う調整池の設置は，河川改修が終了するまでの暫定的な対策とされていたため，一部の流域では，設置された調整池が転売，宅地化される等の事態が発生し，結果として，流域の保水能力を低下させ，洪水・浸水に対する不安を増長させるなど社会問題となった。

上述したような都市河川流域における洪水・浸水対策に係る問題や課題に対処することを目的として，2003年に**図４**に示すスキームを有する特定都市河川浸水被害対策法が制定された。

この特定都市河川浸水被害対策法の特徴としては，都市部の浸水被害を軽減する際に大きな関係を持つ河川法，下水道法，水防法，都市計画法の連携を図り，河川管理者，下水道管理者，

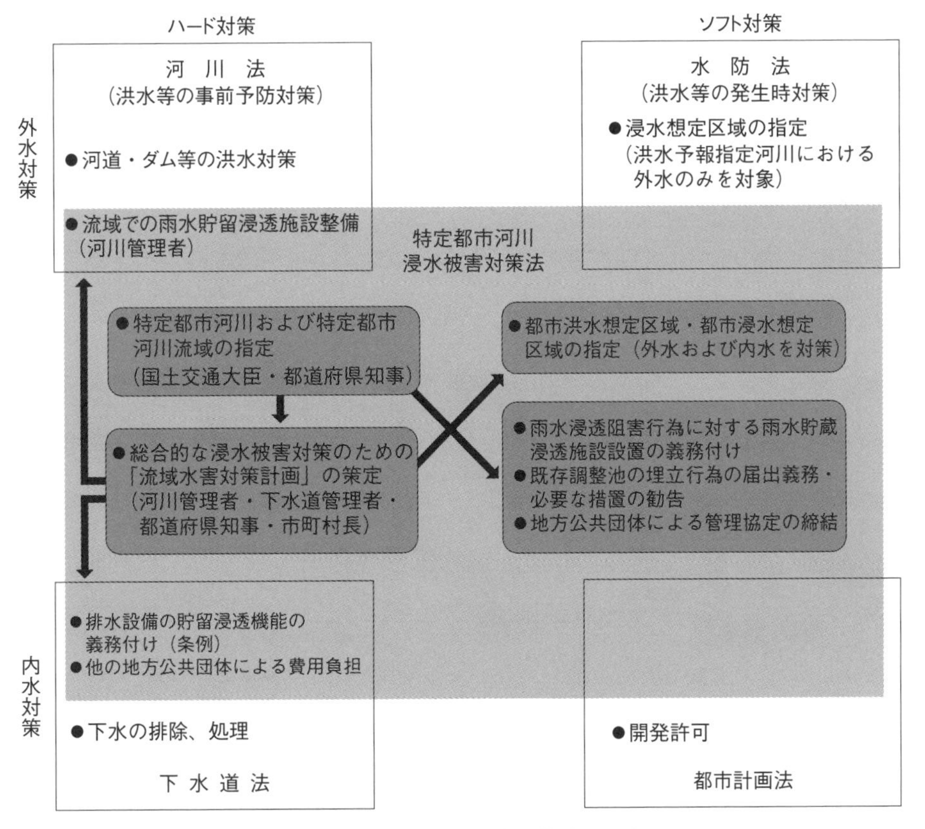

図４　特定都市河川浸水被害対策法のスキーム

都道府県知事，市町村長が協働して，法定計画となる「流域水害対策計画」の策定を行うこととしたことにある。

この「流域水害対策計画」に基づいて，河川管理者による雨水貯留浸透施設の整備，自治体が整備する雨水貯留浸透施設に対する他の地方公共団体の負担金等の措置や流域内の住民・事業者の雨水貯留浸透の努力義務，雨水貯留浸透施設の機能を阻害する恐れのある行為の許可，保全調節池の指定等の規制等が行われるとともに，河川洪水による都市洪水想定区域や下水道氾濫による都市浸水想定区域の指定を行い，浸水区域における円滑かつ迅速な避難を確保する措置等の総合的な対策が実施・展開されることとなる。

3 リスク評価と水害対策

3.1 総合的な浸水リスク評価の必要性

上述したような都市部の浸水被害軽減対策を効果的・効率的に実施・展開するためには，降雨規模毎に異なる氾濫原の浸水深を適切に評価し，土地利用を反映した浸水被害およびリスクを適切に把握することが重要となる。

これまでの都市部の浸水リスクは，排水機能を受持つ河川や下水道の施設管理者毎に，例えば1/100や1/10等の河川や下水道の施設整備の計画対象とする降雨規模に対して最大浸水深を把握することを中心に行われてきた。しかしながら，実際に都市部に生じる浸水は，河川から

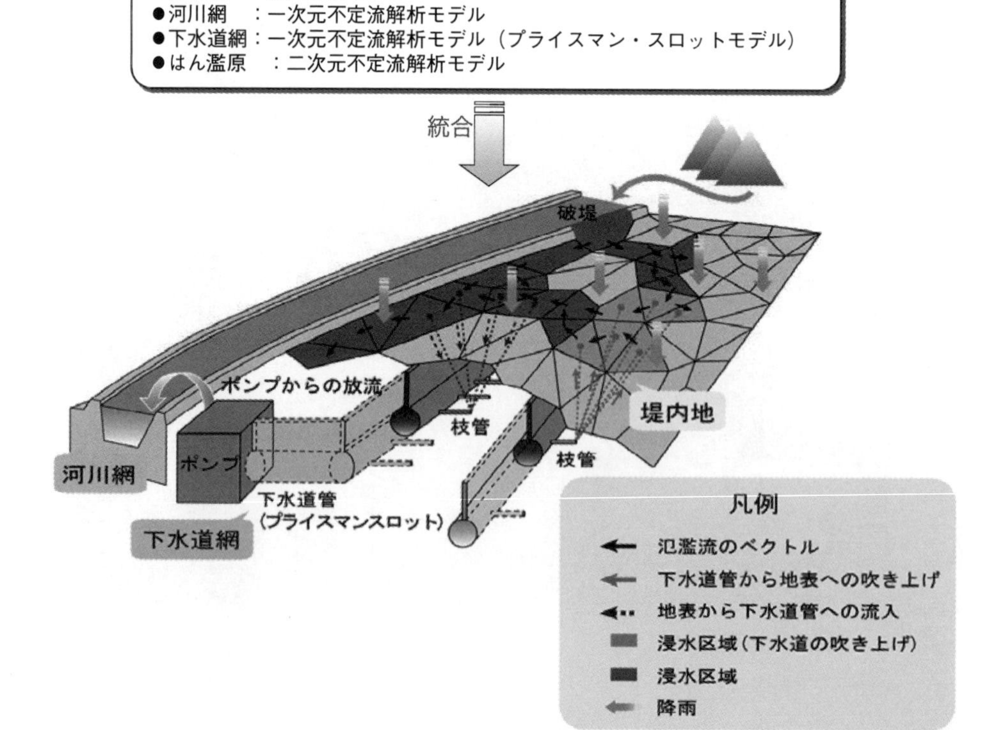

図5　総合的な浸水解析モデルイメージ

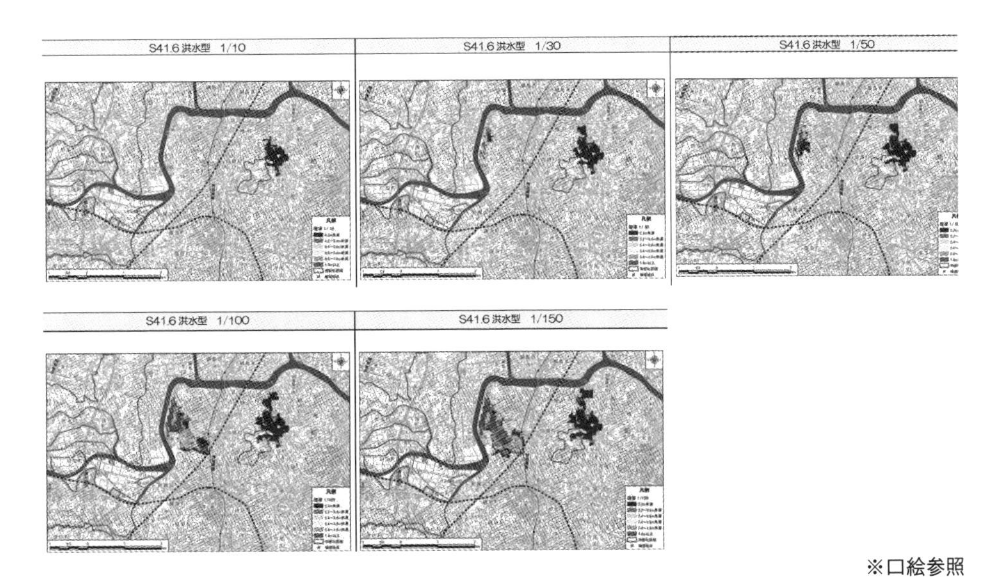

※口絵参照

図６　都市部における総合的な浸水深評価図

の外水氾濫だけによって起こるのではなく，下水道や中小河川，大河川からの氾濫が入り混じった形で生じるとともに，降雨の規模によって発生する浸水形態も大きく異なる可能性がある。このため，都市部における実効的で効果的な浸水対策を行うためには，浸水被害が生じる氾濫原に着目して，河川と下水道を一体的に扱った，例えば**図５**に示す総合的な氾濫解析モデルを用いて，**図６**に示すように降雨規模毎に異なる浸水深や浸水に至る時間的な変化等の浸水形態の変化を適切に捉える必要がある。

このような河川と下水道を一体として取り扱った総合的な浸水評価を行うことによって，浸水被害の原因となる施設と区間の特定等が明確になり，河川や下水道において浸水被害を防止・軽減するために実施すべき対策の内容と規模が明確になるとともに，都市計画として考慮すべき土地利用の誘導や規制の内容も住民等にとって理解しやすいものとなる。

また，**図７**に示すように，総合的な浸水解析によって，各地先毎の浸水深とその時間変化が明確となるので，住民が実施すべき浸水被害軽減対策や浸水が生じた場合の避難のタイミングの見きわめに重要な情報を与えることとなる。さらに，経済産業省が事業者に対して，その作成を推奨している自然災害等に関する事業事業継続計画（BCP）

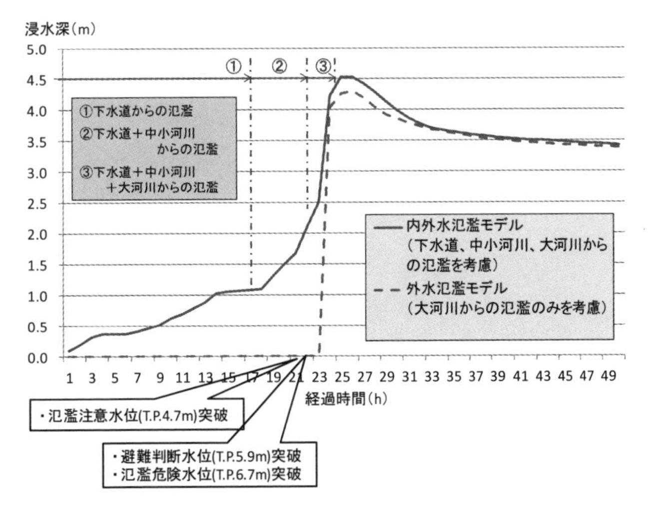

図７　総合浸水解析モデルと外水氾濫モデルの違い

において対象・考慮するべきリスクの頻度や内容等が明確となる。

3.2　浸水被害防止・軽減対策の体系

水害被害防止・軽減対策の体系は，**図8**のように示することができるが，近年は水害被害をマネジメントするという概念も強く言われているので，図8には，リスクファイナンス対策も含めて示した。具体的な水害弊害防止・軽減対策については，先の総合的な浸水リスク評価の結果を受けて，河川管理者，下水道管理者，自治体（都市計画部局，防災部局等）および住民や

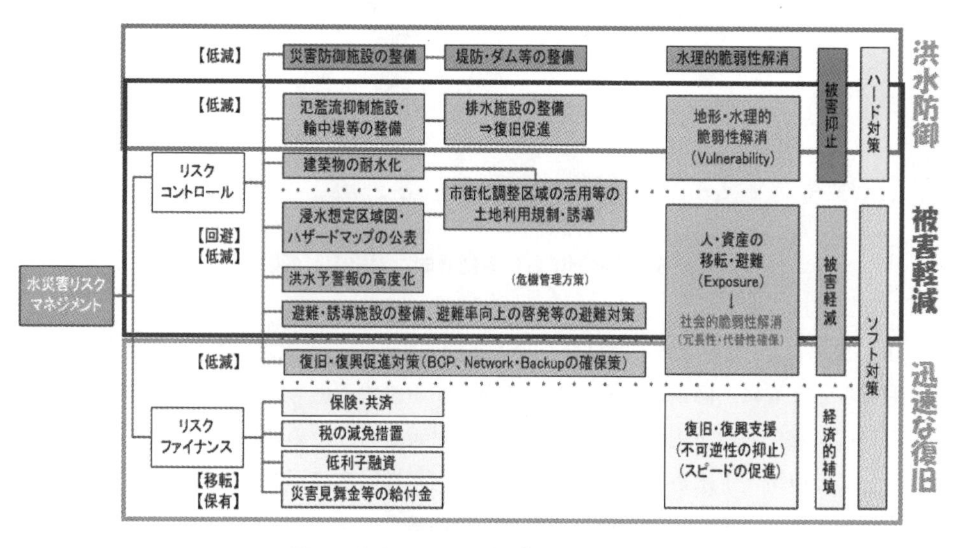

図8　水害リスクマネジメントの体系

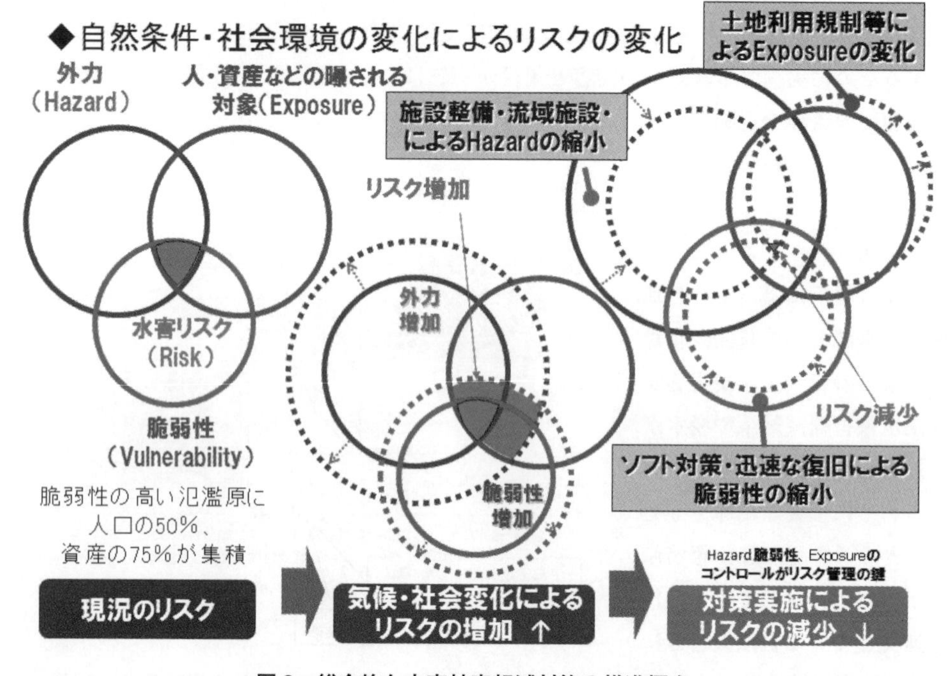

図9　総合的な水害被害軽減対策の推進概念

事業者等が，それぞれ管理する施設の問題点・課題や所有する住居等が浸水に晒される頻度と被害内容に関するリスク認識を基に，図中に示した対策の中から実効性のあるものを選定し，それぞれに展開することになる。

但し，梅雨期と台風期に豪雨が集中し，今後の地球温暖化に伴いゲリラ豪雨の発生等の降雨強度が高くなることが懸念されているような降雨特性を有するとともに，急激な高齢化社会の進行によって災害弱者が増加し，氾濫原での地下利用が進んでいる等の地域社会の脆弱性が高まっているわが国では，河川や下水道等といったハード施設の整備を優先し，ピーク流量並びに氾濫ボリュームを低減させるハザードの低減対策を優先して行うことが重要である（**図9**）。

4 豪雨と総合的な浸水防止・軽減対策

近年は，都市部のゲリラ豪雨による浸水被害の発生や河川の計画規模を超える集中的な豪雨によって堤防破堤を伴う浸水被害が相次いでおり，治水対策の強化等が求められている。

今までの治水施設（河川や下水道）の計画は，計画対象とする降雨の規模と幾つかの降雨波形を定め，その計画対象降雨による浸水を防除することを基本として，具体的な堤防整備や遊水地等の治水施設の検討が行われてきた。しかしながら，上述したような浸水被害の発生を踏まえると，今後は，計画対象とした規模の降雨波形だけでなく，それらを超える降雨規模等も考慮・意識して浸水被害を軽減する総合的な治水計画となるような配慮が求められている。また，X バンド MP レーダをはじめとする降雨観測および予測技術の進歩等によって，例えば，遊水地への流入量をリアルタイムでオペレーションし，浸水被害軽減のための治水施設の効果的な運用を図ることも可能となってきている。

図10は，今後の治水対策推進の概念を示したものである。

今後の治水対策においては，基本的に，想定する最大の降雨規模を，それぞれの河川流域において発生し得る可能最大降雨[2]（PMP：Probable Maximum Precipitation）とし，浸水被害を防止・軽減するために流域住民・事業者と行政が協力し，流域と治水施設において処理する降雨を適切に分担することとする。

流域における保水・遊水機能は，河川・流域の適切な水循環を維持するという観点からも，最大限に維持・増進することとする。治水施設において分担する降雨の処理量（治水施設の規模）は，流域における保水・遊水機能を前提として，経済分析や氾濫原の重要性や脆弱性を勘案して定める。こうして定めた治水施設の規模では，可能最大降雨が発生した時には氾濫が生じることになるため，河川管理者は氾濫被害を最小化することを目的として，破堤しないように堤防の質を向上させる，または，スーパー堤防等の整備を行う。

都市計画では，流域の保水・遊水機能を維持・増進するために自然地を保持したり，開発行為に対して雨水の貯留・浸透機能の維持を義務付ける。また，河川管理者が公表する総合的な浸水解析の結果を基に，浸水被害が発生頻度の高い低地地域については，立地適性化計画の策定を通して，開発の抑制や住居の移転等を図る等の対策を推進する。

危機管理部局では，大規模水害が発生することを念頭に置いて，浸水被害を最小化するために，避難計画の策定や避難地の整備，タイムラインの作成を通じたライフラインの機能確保対策の推進，事業者に対する事業継続計画（BCP）作成の奨励等を積極的に行う必要がある。

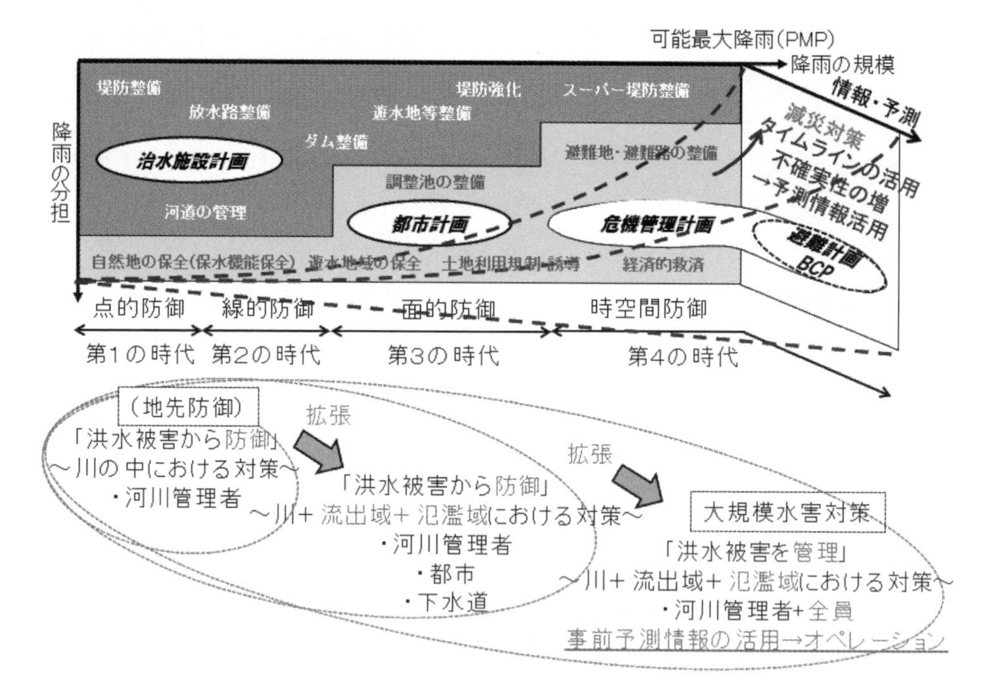

図 10　今後の治水対策推進の概念イメージ

なお，河川管理者等の雨水排水施設を管理する者は，X バンド MP レーダなどを用いた降雨予測と水位予測の結果を基として，治水施設を効果的に運用するリアルタイムオペレーションの方法等について積極的な検討を行うことも重要となる。

上述したような対策を実施するために，治水計画論と治水施設設計論，治水施設運用論を整理し，都市部の浸水被害に対する防止・軽減対策を多面的・重層的に実施展開することが今後の治水地策の方向性といえよう。

5 海外における治水対策の傾向

地球温暖化による豪雨発生頻度および降雨強度の高まりが予測され，治水安全度の低下が懸念されている欧米諸国では，地球温暖化の原因物質である二酸化炭素の発生を抑制する緩和策と治水対策を強化する適応策を同時に解決する方策を提唱し，推進している。

特に，イギリスでは，治水政策・対策を担当する DEFRA（Department for Environment Food and Rural Affairs：環境・食料・農村・地域省）が，イギリスだけが二酸化炭素の発生を抑制しても，地球規模的にはその発生を効果あるものとして抑制できないとの判断から，“後悔しない対策”推進するため地域毎に治水施設整備の基本量となる計画高水流量の割増率を示す[3]とともに，地球温暖化緩和策と適応策を融合させた総合的な対策を治水対策として位置付け，**図 11** に示したように 2030 年をイメージした未来の地域像を住宅，市街地，主要インフラ，農場，田園地域，海岸について提唱している[4]。

なお，2011 年に UNISDR（国連国際防災戦略）の本部が存在するジュネーブにおいて開催された Global Platform for Disaster Risk Reduction の Chair's Summary[5] においては，「現在，地

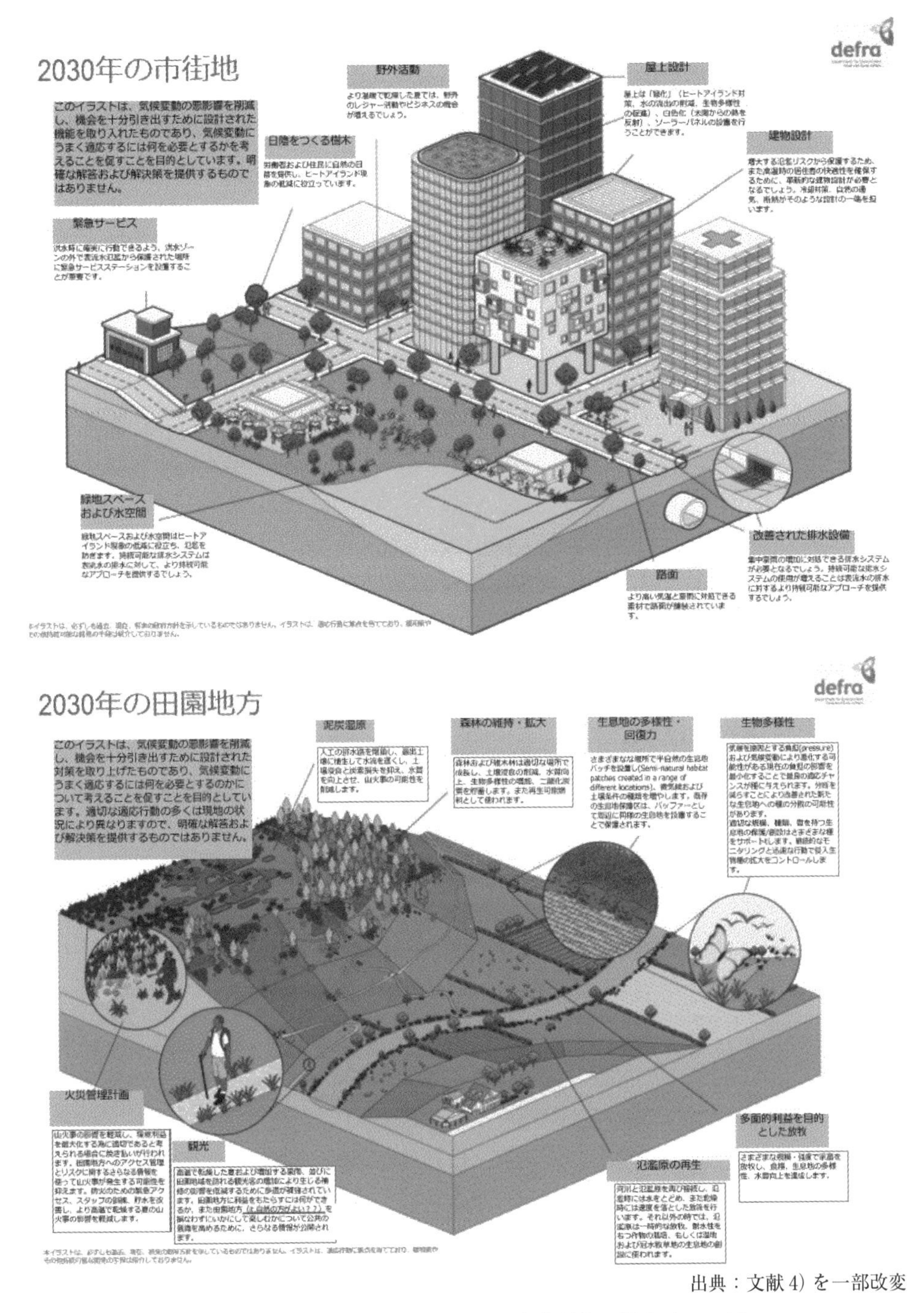

出典：文献 4) を一部改変

図 11　イギリスにおける総合的な治水対策の概念イメージ

球上の半数の人が都市部に居住しており，2050 年までに都市化が 70％に上昇することから，都市部の自然災害リスクは増大する。…」と記載されており，都市部の水害対策は重要な位置付けを持ったものとなっている。

わが国で実施・展開されている都市部を対象とした総合的な治水対策は，世界的な評価も受けており，その法的な枠組みや推進のための運動論は，世界的な模範ともなり得るものであるので，積極的な普及活動等を行うことによって，世界的に総合的な治水対策の展開を図ることが望まれる。

文　献

1) 国土交通省：流域と一体となった総合治水対策に関するプログラム評価 (2004).
http://www.mlit.go.jp/common/000043151.pdf
2) 国土交通省：浸水想定（洪水、内水）の作成等のための想定最大外力の設定手法 (2015).
http://www.mlit.go.jp/river/shishin_guideline/pdf/shinsuisoutei_honnbun_1507.pdf
3) Environment Agency：Adapting to Climate Change：Advice for Flood and Coastal Erosion Risk Management Authorities.
https://www.gov.uk/government/uploads/system/uploads/attachment_data/file/516116/LIT_5707.pdf
4) Department for Environment Food and Rural Affairs：Future Worlds images.
https://www.gov.uk/government/uploads/system/uploads/attachment_data/file/192061/future-worlds.pdf
5) Global Platform for Disaster Risk Reduction：Chair's Summary (2011).
http://www.preventionweb.net/files/20102_gp2011chairssummary.pdf

第４節　米国におけるハリケーン危機対策の実情

一般財団法人河川情報センター　上総　周平

1 はじめに

2012年10月末，ハリケーン・サンディが米国東海岸を襲い，都市機能が高度に集積した大都市ニューヨークは，1938年以来74年ぶりに大きな高潮被害を受けた。この地域は，ハリケーンから人命・資産を守る海岸堤防などのハード対策が充実しておらず，沿岸部の家屋や，地下空間への浸水によって都市機能，経済中枢機能に甚大な影響を及ぼした。

一方で，2005年のハリケーン・カトリーナなどを契機にして，米国全体の災害対応に関する一連のフレームワークを再構築し，主にソフト対策からなる災害対応準備の方策を充実させ，被害を最小限に食い止めようとする工夫が種々見られた。

2 米国の災害対応・危機管理のフレームワーク

2.1　スタフォード法

現在の米国の災害対応・危機管理の基本は，1988年に制定されたスタフォード法に規定されている。この法律は，基本的には連邦政府が行う大規模災害対応・危機管理に関する法律であるが，その後に経験した9.11同時多発テロ（2001）やハリケーン・カトリーナなどを契機に幾度か改正され，地方政府，州も連携した体系的な方策が示されている。スタフォード法に基づく米国の自然災害対応の概要を**図１**に示す。

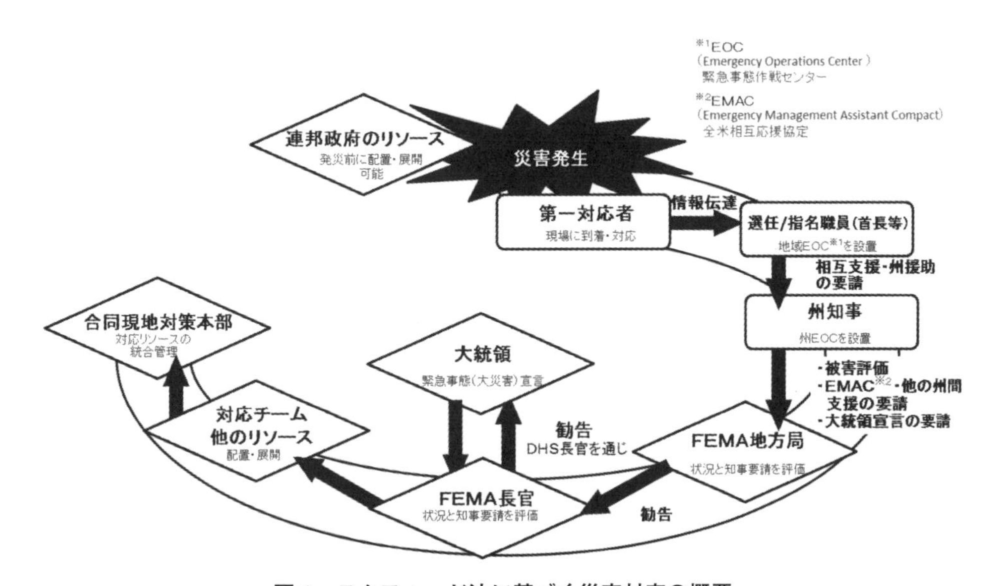

図１　スタフォード法に基づく災害対応の概要

災害が発生した場合，まず管轄する地方政府が現場で対応し，次に地方間相互支援・州の援助の過程を経て，さらに規模が大きくなると要請に基づき大統領が緊急事態宣言（事態が深刻な場合大災害宣言）を行い，合同現地対策本部（JFO）を設置して連邦の支援が始まる。それまでに連邦はじめ関係機関が緊密に連携を取り，準備を進めているので，この支援はシームレスに行われる。地方が一義的に災害対応し，徐々に対応レベルを上げるこのような枠組みは，わが国の災害対策基本法（1961年制定）の規定と同様であるが，状況（事態）の評価を行い「大統領宣言」というプロセスを設けていることが特徴的といえる（地方政府首長，州知事による「宣言」というプロセスも設けられている）。

米国の災害対応の全般的な調整は，連邦危機管理庁（FEMA）が担っている。JFOは，現地における計画，後方支援，財務・総務など緊急対応全体の総合調整と，実際の対応決定を行う前線司令塔となる。

2.2 米国の災害対応・危機管理のフレームワーク

2011年3月，米国内のテロ，サイバー攻撃，大規模自然災害などの緊急事態に対処するため，国家準備態勢に関する大統領政策令（PPD-8）「国家準備（National Preparedness）」が発令された。この大統領令では，政府，民間，非営利セクターおよび個人は互いに責任を共有し，体系的な準備態勢を整備することで，国家の安全と強靱性（resilience）に寄与することが要請されている。国土安全保障省（DHS）およびFEMAは，PPD-8に基づき「国家準備ゴール」，「国家準備システム」を設定し，“予防”，“防護”，“軽減”，“対応”，“復旧”の能力を高めることによって，安全と強靱性を備えた国家を目指すという統合されたフレームワークを示した。また，緊急事態に対しては，社会全体が責任を持つという観点から，「社会全体アプローチ」を取るとしている。**図2**に一連のフレームワークを示す。

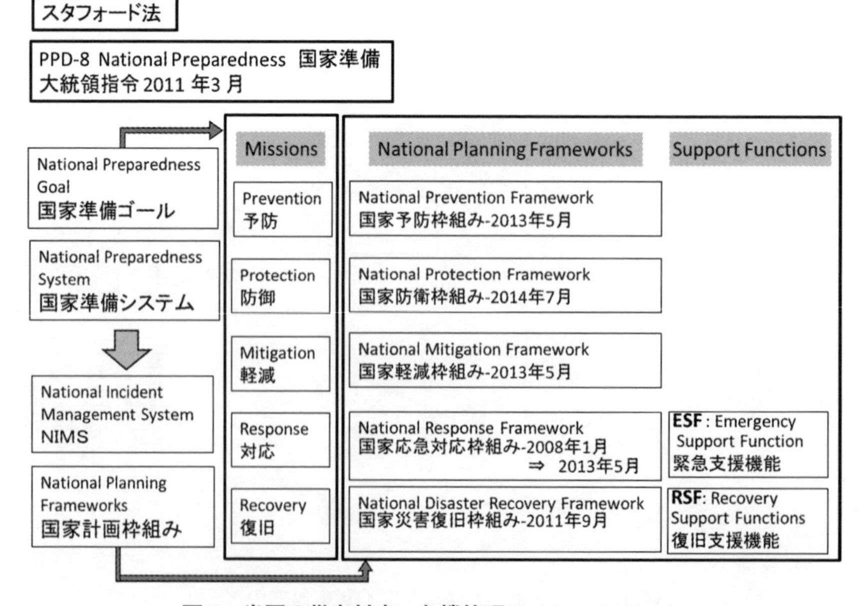

図2　米国の災害対応・危機管理のフレームワーク

このうち,「国家応急対応枠組み」は，緊急事態発生時に国家がどのように対応するかを示すガイドラインであり，①連邦・州・地方政府，民間がパートナー間で相互に支援準備を行う，②地方が一義的に対応し，階層的に対応レベルを上げる，③緊急事態の状況に応じ，要請されるリソース（人，資機材等）を迅速に投入する，④統一的な指令に基づき有効な対応を行う，⑤迅速・正確なコミュニケーションを保ち，すぐに行動できる準備を行う，という５つが対応の基本方針として示されている。また，この枠組みでは，各機関のマネジメント権限とベストプラクティスが示されている。

2.3　緊急支援機能（ESF）

連邦政府および連邦レベルの各機関が，地方政府や州の緊急事態に対し支援する任務は,「緊急支援機能（Emergency Support Function：ESF）」として規定され,「国家応急対応枠組み」の中核に位置付けられている。ESF では，各機関の役割と責任を明確にし，準備と現場対応が円滑に遂行されている（**表 1**）。また，FEMA が効果的な全体調整役を果たしている。

なお，ESF13～15 は，9.11 同時多発テロ以降に重要性が認識され追加された機能である。

表１　緊急支援機能（ESF）

ESF ＼ 機関		調整機関	主要機関	支援機関
1	輸送（Transportation）	運輸省	運輸省	13 機関
2	通信（Communications）	国家コミュニケーション機構	FEMA 国家コミュニケーション機構	7 機関
3	土木・建設（Public Works and Engineering）	陸軍工兵隊	陸軍工兵隊	20 機関
4	消防（Firefighting）	FEMA 農務省森林局	農務省森林局	7 機関
5	危機対応（Emergency Management）	FEMA	FEMA	25 機関
6	被災者支援（Mass Care, Housing, and Human Services）	FEMA	FEMA 米国赤十字	18 機関
7	資源管理（Resource Support）	FEMA 総予備隊	FEMA 総予備隊	15 機関
8	健康・医療（Public Health and Medical Services）	保健福祉省	保健福祉省	20 機関
9	救命救助（Urban Search and Rescue）	FEMA	FEMA 国防総省 沿岸警備隊 内務省	9 機関
10	有害物質漏洩処理（Oil and Hazardous Materials Response）	環境保護庁	環境保護庁 国防総省 沿岸警備隊	15 機関
11	農業・天然資源（Agriculture and Natural Resources）	農務省	農務省 内務省	18 機関
12	エネルギー（Energy）	エネルギー省	エネルギー省	13 機関
13	治安維持（Public Safety and Security）	司法省	司法省	14 機関
14	長期的復興（Long-Term Community Recovery and Mitigation）	※ 国家災害復旧枠組み（NDRF）に移行		
15	広報（External Affairs）	国土安全保障省	FEMA	25 機関

3 ハリケーン・サンディ

3.1 経路と外力

ハリケーン・サンディは，2012年10月22日に発生し，その後カリブ地域を横断。一時勢力を弱めたが27日以降再びハリケーンとなり大西洋を北上し，29日午後8時ころニュージャージー州（NJS）に上陸した（**図3**）。上陸直前に温帯低気圧となり，風速，雨量はさほどでなかったが，勢力範囲が1,400 kmと巨大であったこと，大潮の満潮時と重なり，ニューヨーク市（NYC）マンハッタン最南部にあるバッテリー観測所で既往最大潮位（13.88フィート，4.23 m）を記録するなど，沿岸部の広い範囲で高潮の影響を受けたことが特徴的であった。

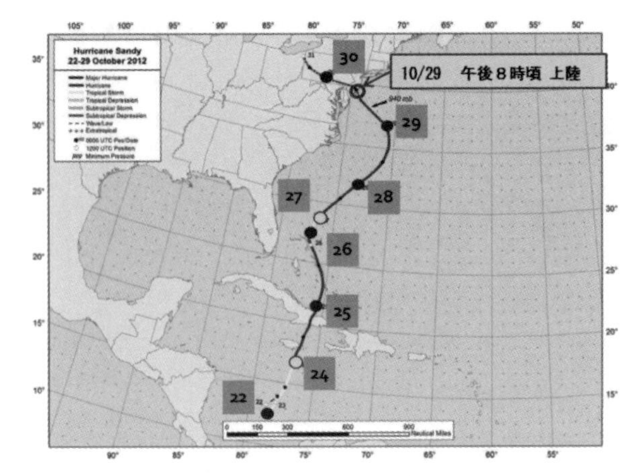

図3 ハリケーン・サンディの経路

3.2 被　害

3.2.1 概　要

FEMAによると，米国の死者162人，被害額500億ドル，避難所（shelter）避難者数2万3,000人，停電850万件，影響を受けた者4,260万人であった。

3.2.2 人的被害

死因は「溺死」「倒木による外傷および外傷」，「一酸化炭素中毒」が多く，溺死の中には自宅地下室など地下空間での被災も報告されている。死者の年齢構成では50代以上が大半であった。

3.2.3 インフラ被害

(1) 交　通

鉄道トンネル，地下駅，道路トンネルが浸水。ニューヨーク州（NYS）では，上陸のほぼ1日前の28日午後7時に公共交通サービスを停止。NYCクィーンズ区にあるラガーディア空港が浸水。NYS，NJSの主要3空港で約1万9,000便欠航。

(2) 電　力

マンハッタン南東部にある変電所が浸水後，爆発（**図4**）。

マンハッタン南部だけが暗い。

出典：New York Magazine

図4 停電の状況

(3) 通　信

固定電話，携帯電話ともに一部で通信障害。

(4) 建　物

マンハッタン南部のビル地下街・地下駐車場が浸水。臨海部の商業施設の大部分が浸水し，営業停止。NYC クィーンズ区で浸水による電気火災が発生し，家屋 111 棟が全焼。

3.2.4　その他被害

ニューヨーク証券取引所は，29，30 日の 2 日間，取引休止。国連本部は 29 日閉鎖。学校は数日間休校。NY シティマラソン（11 月 4 日開催を予定）中止。

3.2.5　被害額の内訳と連邦予算

NYS，NJS における被害額の内訳は，**表 2** のとおりである。

表 2　被害額の内訳

	NYS（100 万ドル）		NJS（100 万ドル）	
復旧費	32,804.1	%	29,484.6	%
州政府緊急対応	1,627.3	5.0	529.4	1.8
個人援助	913.3	2.8	702.7	2.4
住宅	9,672.0	29.5	4,921.2	16.7
ビジネス被害	6,000.0	18.3	8,319.1	28.2
健康	3,081.0	9.4	291.8	1.0
雇用			760.1	2.6
学校	342.7	1.0	2.6	0.0
輸送，道路・橋梁	7,348.1	22.4	1,351.0	4.6
公園・環境	793.9	2.4	5,526.5	18.7
水，汚水処理・下水道	1,060.3	3.2	3,012.7	10.2
公共施設	1,504.0	4.6	1,797.3	6.1
州政府対応財源	461.5	1.4	95.0	0.3
他の地方自治体の財源，道路			737.5	2.5
他の地方教育			125.0	0.4
アトランティックシティ CRDA			312.7	1.1
ポートオーソリティ			1,000.0	3.4
防災・減災費用	9,080.8		7,422.7	
復旧費＋防災・減災費用	41,884.9		36,907.3	

出典：http://www.governor.ny.gov/
http://www.state.nj.us/governor/news/news/552012/

これに基づき，NYS は今後の減災対策を含めて約 420 億ドル，NJS は約 370 億ドルを連邦政府に支援依頼した。

これに対し，大統領は連邦議会へ，他の州・地方政府からの依頼などを含めてサンディ関連予算法案を 12 月に提出し，議会は，サンディ上陸から 3 ヵ月後の 1 月 28 日に，合計 602 億ドルの予算法案を可決した。

3.3　災害対応

3.3.1　行政府の対応

サンディ上陸前後の連邦政府，NYS，NJS，NYC の主な対応を**表 3** に示す。ハリケーン・サンディ襲来時の対応は，「国家応急対応枠組み」に基づき，FEMA の統合調整の下で，各機関が適切に役割を果たし，危機を最小限に抑えることに成功したと評価されている。

以下，特筆すべき対応を記す。

① NJS では，1 年前のハリケーン・アイリーン（ニューヨーク近辺に来襲すると予想されたが，結果的には進路が逸れ，大きな被害はなかった）の経験から，従前よりも時間を細分化し，関連機関毎に対応すべき事項などを記載した災害対応プログラム（タイムライン，**表 4**）を支援ツールとして活用し，今回これが非常に役に立ったとのことである。この災害対応プログラムは，陸軍工兵隊からリスク評価に係る技術的支援を得て用意され

表3　ハリケーン・サンディへの各機関の主な対応（2012年10月）

日	連邦政府		NYS	NJS	NYC
22	海洋大気庁	注意報を発表			
24	FEMA	地方事務所でモニター開始			
25			●モニターと準備を指示 ●住民に対し情報収集の注意喚起		
26	FEMA	●州の危機管理チームとの連絡維持 ●大統領にブリーフィング	NYS 緊急事態宣言 ●大統領に上陸前災害宣言を要請	●モニターと準備を指示	
	大統領	連邦政府のリソースの準備を指示			
27	FEMA	モニター，州との緊密な連絡継続	●監視・準備の継続 ●公共交通機関の順次停止を指示	NJS 緊急事態宣言	
	大統領	準備の継続を指示			
	FEMA	●国家対応調整センター（NRCC）を設置し，全省の対応を調整 ●州を支援する ESF の選定と起動			
28	大統領	緊急事態宣言（NJS，NYS 他）	●ドライバーに速度制限，通行止め等の可能性の情報提供 ●公共交通機関の順次停止を宣言	●大統領に上陸前災害宣言を要請 ●公共交通機関の順次停止を指示	ゾーンA（最危険地域）に居住の37.5万人に対し避難命令
	FEMA	1千人を災害準備支援に展開配備			
	保健福祉省	災害医療支援チーム（DMATs）を展開			
	陸軍工兵隊	応急発電機，がれき処理，仮設住宅等			
29	大統領	上陸前災害宣言（デラウェア他）	●西部の高速道路で速度規制 ●橋梁・トンネル通行止め指示 ●ポンプを配備および準備		●公園・学校閉鎖 ●避難所設置 ●高齢者の避難援助
	ボランティア連合	活動調整			
30	大統領	大災害宣言（NJS，NYS 他）	●橋梁の再開を宣言		タクシーの複数客乗車を許可
	FEMA	●電源復旧タスクフォースを設立 ●7千人の州兵を関係州支援に配置（避難所，道路啓開，捜索・救援，物資供給等）			
31	大統領	● NRCC を訪問 ●ブリーフィングを受ける ●州等に遅滞ない支援継続を指示	●順次，交通機関の復旧と再開を宣言		橋梁部で3名以上の車両通行のみ通行許可

たものである。

このような技術的支援が行われた背景としては，連邦政府が平時から科学的なリスク評価を綿密に行っていたことが挙げられる。すなわち，1985年にFEMA，海洋気象庁，陸軍工兵隊などで構成する国家ハリケーンプログラム（NHP：National Hurricane Program）が設置され，さまざまなタイプのハリケーンが来襲した場合の人や道路網，交通機関等への影響についてリスク評価し，州や地方政府によるハリケーン避難計画の作成の支援やツールの提供を行ってきた。ニューヨーク大都市圏については，1995年にニューヨーク都市圏の交通機関のハリケーンに対する脆弱性や対応について検討結果が公表され，ハリケーン接近時の意志決定方法や調整手続きが勧告されている。

② 行政トップの知事や市長による記者会見を積極的に開き，緊急事態宣言の発令を伝えた

ことに加え，ⅰ公共交通機関の停止に関する情報，ⅱ停電の可能性の警告，ⅲ避難判断に役立つ情報，ⅳ避難行動の呼びかけなどを住民に周知する努力が行われた（トップが3日前より概ね1日数回のテレビ出演）。また，ニューヨーカーがさまざまな国籍を有する人々であることを踏まえ，スペイン語等による会見の要約についても提供した。さらに，ウェブサイトやソーシャルメディアを通じても住民に情報提供が行われた。

表４　タイムライン（NJS）

判断事項	時刻
LEVEL２態勢，３，４への準備	120
避難所の計画・準備 避難の計画・準備	96 96
緊急事態宣言 LEVEL３態勢	72 72
自治体・州の避難所準備 通行規制の計画・準備	48 48
避難指示 避難所開設 交通規制開始	36 36 36
LEVEL４態勢	24
公共交通機関停止 その場での避難の指示	12 12
交通規制終了	3
第一対応者退避	0

※０時刻はNJSに上陸するハリケーンの強風到達時刻
※各時刻は０時刻から遡った時刻

3.3.2　その他の対応

①　ニューヨーク市都市交通局（Metropolitan Transportation Authority；MTA）

被災1週間前の10月22日から，カテゴリー1のハリケーンを想定して，土のうの配備，機材の戦略的な配置等を準備。24日から，浸水のおそれがある出入口や換気口における土のう積み等の作業を開始し，27日に完了。発災前日の28日には，トップも入った事態対処センターを開設。低地部の車両を高い場所に移動，市民が避難するためのバスを提供した上で地下鉄の運行を停止。上陸の7時間後には，バスの運行を再開。30日，陸軍工兵隊や海軍の協力も得つつ，地下トンネルの排水作業を開始。被災1週間後の11月5日時点で57%，7日時点で97%の区間で運行を回復。

②　民間企業

例えば，小売り大手のWalmartは，NJSの店舗で29日のサンディ通過前に商品不足となったが，他店舗から補給することで翌日の朝7時まで営業を続けるなど，豊富な災害対応経験を活かし対応。

携帯電話網は，多くの中継基地が停止し，地上電話回線が通信をサポートする事態となったほか，マンハッタンにあるデータセンターではディーゼルエンジンによって運転を続けたものの，バックアップに失敗したセンターはウェブサービスが停止するなどの被害が発生。

③　ソーシャルメディア

TwitterやFacebookによる情報発信，情報収集が頻繁に行われた。FEMAや海洋大気庁／気象局，各州の危機管理局（OEM）等の政府機関が公式アカウントを通じてさまざまな情報を発信。ユーザ間の情報発信も非常に活発。一部では誤った情報や加工された画像も流されたが，これに対し海洋大気庁／気象局などは，公式アカウントを通じ正確な情報を発信するルーマー・コントロールを実施。NJSのOEMではFacebookへの支援救済を求める書き込みを見た担当者が代理で緊急通報する状況も見られた。

3.3.3 避難の実態

NYCが2013年1月に実施した509名へのインタビュー結果によると，71%の市民が事前に避難情報を得ていたが，63%の市民はサンディが接近した際に避難せず，33%の市民が避難したと回答している。

避難先として最も多かったのは「知人・家族宅」で78%を占め，避難所に避難した人は2%であった（73箇所開設された避難所では，約6,800名を収容し，約1,200名の医療ボランティアが延べ1万8,000時間活動。特別医療避難所は8箇所開設され，2,236名の市民を収容)。また，避難期間については67%の人が48時間以上避難していた。

市民の情報入手手段としては，テレビ・ラジオといった既存のメディアを利用した者がそれぞれ70%，34%と大多数を占めた。インターネットは22%で，ソーシャルメディアのFacebookは3%，Twitterは2%と少なかった。

3.4 事後検証（AAR）

ここに記したハリケーン・サンディにおける避難実態は，NYCの事後評価レポートに詳しく報告されている。このような事後検証（After-Action Review；AAR）は，将来の災害対応力の強化のために，第3者が失敗点，改善点を指摘するのではなく，当事者自らが，実際に何が起こったか，それは何故失敗したか（あるいは成功したか）を正確に理解し，そこから教訓を得て，同じ失敗を繰り返すことのないよう検証するもので，災害対応力向上のためのサイクル（**図5**）の一部である。AARは，NYCに限らず米国の多くの災害対応機関で合理的，かつシステマチックに実施されている。

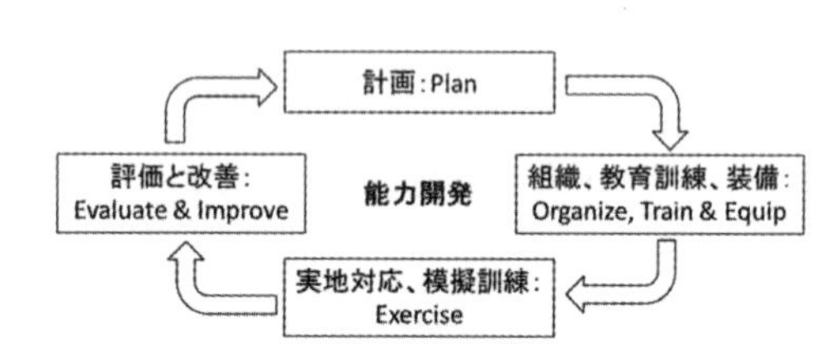

図5 災害対応力向上のサイクル

4 おわりに

社会経済活動が集中するわが国の三大都市圏は，東京湾，大阪湾，伊勢湾の三大湾に面した広大なゼロメートル地帯にあり，いずれも高い高潮災害ポテンシャルを有する。近年，三都市圏ともに大規模な高潮災害がなく，経験した最悪の高潮災害から50～100年が経過し，大規模な高潮災害の記憶が希薄になっている。

平時からのリスク評価，行政トップによるリスクコミュニケーション，応急対応策の標準化，事後検証の実施など，ハリケーン・サンディでとられた米国の対応を他山の石として，わが国の水災害をはじめとする自然災害に対するハード・ソフト両面での防災体制の強化が望まれる。

文 献

1) 国土交通省・防災関連学会合同調査団：米国ハリケーン・サンディに関する現地調査報告書（第二版）(2013).
2) 国土交通省・防災関連学会合同調査団：米国ハリケーン・サンディに関する現地調査第二次調査団報告書（第一版）(2015).
3) 独立行政法人土木研究所構造物メンテナンス研究センター：米国の災害対応・危機管理に関する調査―国家準備のためのフレームワーク集―，土木研究所資料，第4289号 (2014).

4) 青山公三：米国における災害対応・復興の法システム，法律時報，**81** (9)，48-53 (2009)．
5) 林春男ほか：ハリケーン「カトリーナ」による広域災害に対する社会対応，京都大学防災研究所年報，49-A (2006)．
6) FEMA：Overview of Stafford Act Support to States
7) Department of Homeland Security: National Response Framework (2008)．
8) Department of Homeland Security: Overview: ESF and Support Annexes Coordinating Federal Assistance In Support of the National Response Framework (2008)．
9) NYC：Hurricane Sandy After Action Report and Recommendations to Mayor Michael R. Bloomberg (2013)．

第3章　自治体における水害対策の取組み

東京海上日動リスクコンサルティング株式会社　中田　方斎
東京海上日動リスクコンサルティング株式会社　篠原　瑞生
東京海上日動リスクコンサルティング株式会社　泉　安展
東京海上日動リスクコンサルティング株式会社　福谷　陽

1 はじめに

わが国は，戦後，伊勢湾台風に代表される大規模風水害や集中豪雨により，甚大な被害を受けてきた。政府や地方自治体は，長年にわたり，水害の予防を目的としてダムや護岸整備に代表される治水施設の整備に重きを置き，各地で治水事業を推進してきた。

平成23年の東北地方太平洋沖地震では，大規模な津波が発生し，想定を超える自然の力を見せつけられ，自然外力の想定を基礎とするハード対策が完璧な安全を担保するものではないことを改めて認識させられた。近年，地球温暖化に伴う気候変動の影響のため，計画規模を超える集中豪雨の増加で，甚大な被害が発生してきた。今後，さらに激甚化する災害に備えるためには，行政だけでなく，住民・企業等を含めた平常時からの備えが重要であり，さらに，これを後押しするための行政による環境整備等により，社会全体の復元力を高めることが重要と思われる[1)]。

政府や地方自治体は，人口減少・少子高齢社会における社会資本整備に関連する厳しい財政制約を考慮すると，今後，治水施設の整備だけではなく，災害リスクを考慮したまちづくり・地域づくりや水害リスク情報の情報発信等，いわゆる「ソフト対策」も重要であるという認識に立ち，行政・住民・企業等と連携し，防災・減災対策に努めている状況といえる[2) 3)]。

そこで本稿では，市町村が実施している第一線での防災・減災活動を助け，地域住民の安全に貢献している都道府県の水害対策の事例を紹介し，今後の取組みの方向性について考察する。まず，2では都市型水害対策の先進的な事例として東京都の大規模な地下調節池である「神田川・環状七号線地下調節池」を紹介する。3では，水防法に基づき地方自治体で作成されている浸水想定区域図から一歩進んだ「地先の安全度マップ」を活用した滋賀県の取組みを紹介する。4では，2，3のような「事前の対策」ではなく，「豪雨発生時の対応」に注目し，河川の計画最大流量を超える豪雨が発生した際に治水施設のオペレーションにより河川の決壊を防いだ事例として，平成26年8月豪雨における高知県の鏡ダムのオペレーションを紹介する。最後に5で地方自治体における今後の取組みの方向性を，近年の政府の方針を踏まえ，考察する。

2 東京都における取組み

東京都の主な治水施設の整備は，大きく「河川整備」「下水道整備」「流域対策」の３つがある。河川整備には，護岸や調節池の整備があり，下水道整備には幹線やポンプ所の整備等があり，流域対策には，河川や下水道への流出の抑制を目的とした貯留施設や浸透施設の整備がある。

本項では，このうちの「河川整備」の事例として神田川流域にある「神田川・環状七号線地下調節池」を紹介する。

2.1 背 景

東京都では，戦後の昭和20年代から50年代くらいまで，隅田川以東の東部低地帯で大規模な水害が度々発生していた。さらに，開発が急速に進んだ区部および西部でも浸水被害が増加した。昭和57年9月の台風18号では，浸水面積約1,600 ha，2万4千棟が浸水している。昭和60年代に入ると河川や下水道で，時間50 mmの降雨に対応するための施設が整備されるようになり，前述の台風による水害以降，1万棟を超える浸水被害は発生していない。

東京都は，総合治水対策調査委員会等の委員会や協議会を設置するとともに，総合治水対策調査委員会の答申に基づいて治水対策の目標を定め，豪雨対策計画を策定し，河道整備や地下調節池整備等を始めとする治水対策を推進してきたが，平成17年9月4日に杉並区，中野区を中心とした集中豪雨（最大1時間に100 mm超）が発生し，多大な被害が発生してしまった。平成19年8月に策定した「東京都豪雨対策基本方針」に基づき，平成20年以降，神田川流域等，豪雨や浸水被害が頻発している流域を対象に「流域別豪雨対策計画」を策定し，さらなる治水対策に取り組んできた（**表1**参照）。平成25年，集中豪雨が発生し，世田谷区や目黒区を中心に

表1　東京都における水害被害と東京都の水害対策

年　月	被害状況	東京都の水害対策
昭和57年9月	台風18号。浸水面積1,616 ha，2万4千棟が浸水。	
昭和58年10月		都市計画局長の諮問機関として「総合治水対策調査委員会」を設置。
昭和61年7月		総合治水対策調査委員会の答申で治水対策の目標を規定。
平成元年以降		神田川流域を始めとした「総合的な治水対策暫定計画」を策定し，治水対策を推進。
平成17年9月	杉並区，中野区を中心とした集中豪雨（最大1時間に100mm超）が発生。6,754棟が床上・床下浸水。	
平成19年8月		東京都豪雨対策基本方針を策定。
平成20年以降		「流域別豪雨対策計画」を策定し、治水対策をさらに推進。
平成20年2月		神田川流域豪雨対策計画を策定。
平成24年11月		「中小河川における今後の整備のあり方について」最終報告を策定。
平成25年7月	世田谷区や目黒区を中心に約500棟に浸水被害。	
平成25年10月		東京都豪雨対策検討委員会を設置。上記報告を踏まえ、東京都豪雨対策基本方針を見直し。
平成26年6月		東京都豪雨対策基本方針を改定。

出典：文献4)-7) を参照し改変

約 500 棟に浸水被害が出てしまった。東京都は，平成 25 年から東京都豪雨対策基本方針の見直しを始め，平成 26 年に同基本方針を改定し，豪雨対策の目標を以下の通り定めた。

- 目標降雨を「年超過確率 1/20 規模の降雨」である区部：時間 75 mm，多摩部：時間 65 mm とし，降雨に対する安全度を等しく設定し，床上浸水を防止
- 時間 60 mm の降雨までは浸水被害を防止

当基本方針を受けて，東京都は，「対策強化流域」と「対策強化地区」を定め，さらなる治水対策を進めている（**図１**参照）。例えば，対策強化流域である神田川流域，白子川流域では，神田川・環状七号線地下調節池と白子川地下調節池を繋ぐ，環状七号線地下広域調節池の整備が進められており，対策強化地区である渋谷駅東口では，雨水貯留槽の整備に着手している。

※口絵参照

図１　豪雨対策を強化する流域・地区[8)]

2.2　神田川・環状七号線地下調節池の概要とその治水効果

本項では，東京都が整備した「神田川・環状七号線地下調節池」の概要とその運用実績，治水効果を紹介する。

2.2.1　神田川・環状七号線地下調節池の概要

神田川・環状七号線地下調節池は，水害が頻発する神田川中流域に将来計画している「環七地下河川」を先行して整備し，当面の間これを調節池として利用しているものである。貯留量は54万m^3，トンネル延長は4.5 km，内径は12.5 m ある。神田川・環状七号線地下調節池の第一期事業の区間は平成9年から，第二期事業の区間は平成17年から各々供用を開始している（**表2**および**図2**，**図3**，**図4**参照）。

表2　神田川・環状七号線地下調節池の施設概要[9]

施設概要		全体計画	第一期	第二期
	貯留量	54万m^3	24万m^3	30万m^3
	トンネル延長	4.5 km	2.0 km	2.5 km
	トンネル内径	12.5 m		
	取水施設	3箇所	神田川	善福寺川 妙正寺川
	供用開始年	—	平成9年	平成17年

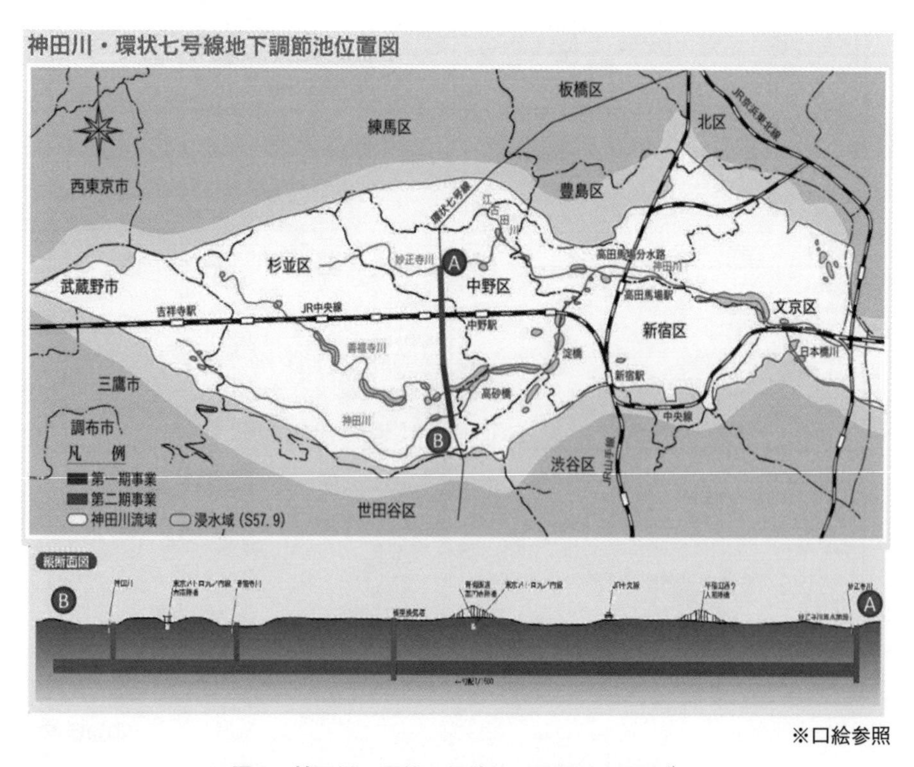

※口絵参照

図2　神田川・環状七号線地下調節池位置図[9]

図３　神田川・環状七号線地下調節池（第一期トンネル・善福寺川取水施設連絡管渠接続箇所）[9)]

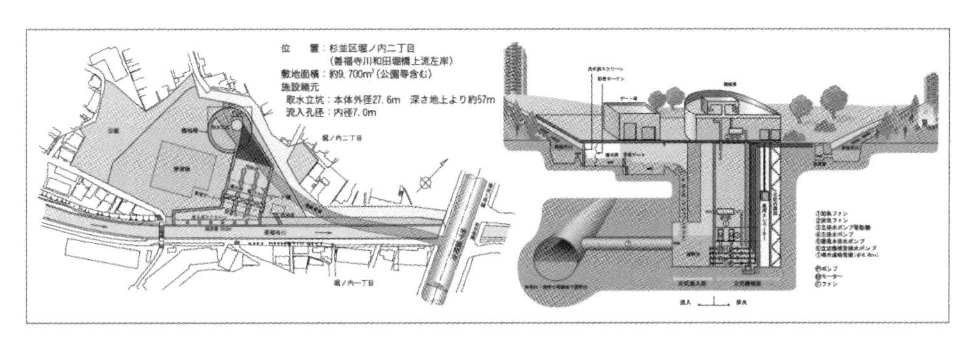

図４　善福寺川取水施設イメージ[9)]

2.2.2　神田川・環状七号線地下調節池の治水効果

神田川・環状七号線地下調節池の運用実績は，平成９年６月の第一期事業の区間が供用を開始してから平成28年３月15日までに合計38回である（**表３**）。

時間50 mm以上の豪雨発生率は年々増加している[※1]（**図５参照**）にもかかわらず，昭和56年

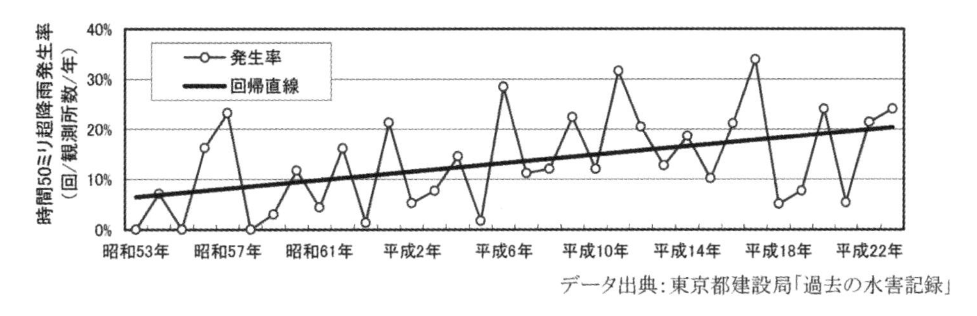

データ出典：東京都建設局「過去の水害記録」

図５　東京都における時間50 mm以上の豪雨発生率の経年変化[10)]

※１　表３にある神田川・環状七号線地下調節池への流入量を参照しても，近年，流入量100,000 m^3を超える豪雨の頻度が増加している。

表3　神田川・環状七号線地下調節池の運用実績[9)]

No.	年月日	災害名	流入量※1 (m³)	降雨記録※2		観測所
				時間最大 (mm)	総雨量 (mm)	
1	平成9年6月20日	台風第7号	40,800	22	97	和泉
2	平成9年8月23日	集中豪雨	37,000	55	93	和泉
3	平成9年9月3日	集中豪雨	20,000	43	45	久我山
4	平成9年9月8日	集中豪雨	8,000	35	43	久我山
5	平成10年8月6日	集中豪雨	14,000	45	51	高井戸
6	平成10年9月15日	台風第5号	151,700	33	175	和泉
7	平成11年7月21日	集中豪雨	70,000	65	71	高井戸
8	平成11年8月14日	熱帯低気圧	52,000	38	208	久我山
9	平成11年8月29日	集中豪雨	24,000	46	62	和田見橋
10	平成11年9月4日	集中豪雨	9,500	58	89	和泉
11	平成12年7月8日	台風第3号	214,000	29	197	和泉
12	平成12年9月12日	集中豪雨	61,000	53	146	成田東
13	平成13年9月11日	台風第15号	120,000	38	172	高井戸
14	平成15年6月25日	集中豪雨	38,000	45	66	武蔵野
15	平成15年10月13日	集中豪雨	148,000	68	69	和田見橋
16	平成16年10月9日	台風第22号	215,000	58	284	弥生町
17	平成16年10月20日	台風第23号	52,000	42	228	弥生町
18	平成17年8月15日	集中豪雨	35,000	38	39	和泉
19	平成17年9月4日	集中豪雨	420,000	101	238	久我山橋
20	平成18年6月16日	集中豪雨	128,900	31	103	久我山
21	平成19年7月29日	集中豪雨	76,000	28	58	久我山
22	平成20年5月20日	集中豪雨	79,000	26	131	久我山
23	平成20年8月10日	集中豪雨	1,000	43	44	鷺ノ宮
24	平成21年5月24日	集中豪雨	1,900	26	36	下井草
25	平成21年10月8日	台風第18号	505,000	45	152	和田見橋
26	平成22年9月28日	集中豪雨	95,700	44	155	下井草
27	平成22年12月3日	集中豪雨	113,800	38	91	相生橋
28	平成23年8月26日	集中豪雨	92,700	86	99	中野
29	平成24年5月3日	集中豪雨	81,000	26	173	武蔵野
30	平成25年4月7日	集中豪雨	210,000	45	104	和田見橋
31	平成25年8月12日	集中豪雨	110,000	59	59	杉並
32	平成25年9月5日	集中豪雨	79,600	40	69	番屋橋
33	平成25年9月15日	台風第18号	540,000	45	152	相生橋
34	平成25年10月16日	台風第26号	431,100	36	244	久我山橋
35	平成26年7月24日	集中豪雨	378,400	75	121	武蔵野
36	平成26年9月10日	集中豪雨	132,600	70	85	久我山橋
37	平成27年5月12日	台風第6号	176,800	41	65	相生橋
38	平成27年8月17日	集中豪雨	145,200	54	103	池袋橋

※1：調節池容量は，240,000 m³（平成17年9月以降は，540,000 m³）

※2：降雨記録は，取水施設周辺の観測所で最大のもの

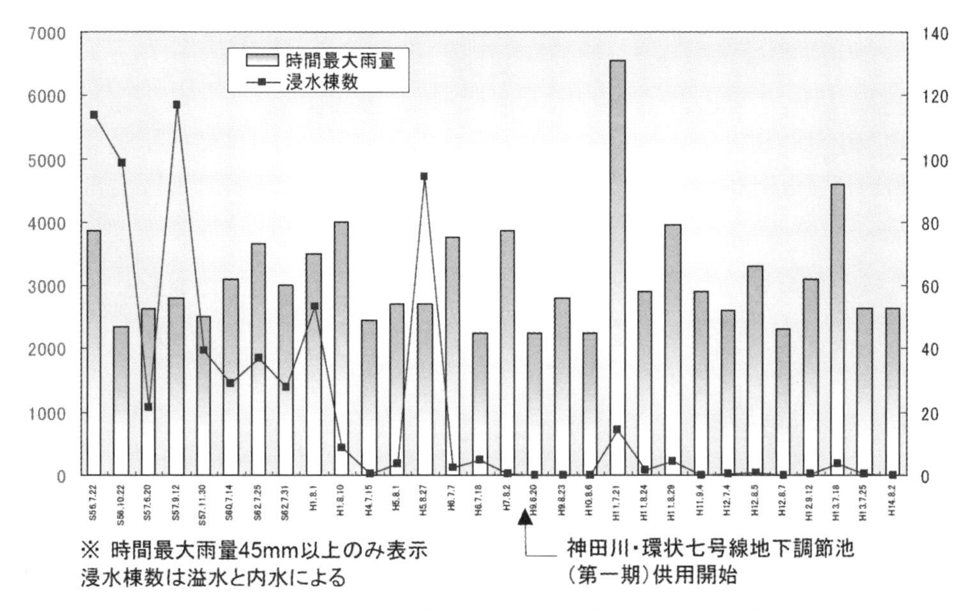

図６　神田川における時間最大雨量と浸水棟数（昭和 56 年～平成 14 年）[11)]

から平成 14 年までの神田川における浸水棟数は，平成９年の第一期事業の区間の供用開始時点を境に，浸水被害が明らかに減少している（**図６**参照）。神田川・環状七号線地下調節池は，減災に大きく貢献していると考えられる。

表４　「平成５年台風第 11 号」と「平成 16 年台風第 22 号」の被害状況の比較[9)]

	台風第 11 号 平成５年８月 27 日	台風第 22 号 平成 16 年 10 月９日
総雨量	228 mm	284 mm
時間雨量	47 mm / 時	57 mm / 時
浸水面積	85 ha	4 ha
浸水家屋 （床上・床下）	3,117 戸	46 戸

東京都でも，同規模の台風に対する被害状況を比較し，神田川・環状七号線地下調節池の効果を評価している（**表４**参照）。平成５年８月 27 日の台風第 11 号と平成 16 年 10 月９日の台風第 22 号は，ほぼ同規模の雨量だったにもかかわらず，当調節池が供用を開始する前の平成５年の台風の際は浸水戸数 3,117 戸であったのが，供用開始後の平成 16 年の台風の際は 46 戸まで減少している。このことからも，浸水リスクに対し，効果があったものと考えられる。

3 滋賀県における取組み

3.1　流域治水と地先の安全度マップ

河川管理者が定める河川整備に関する計画は中長期的に取り組まれているが，これらの対策を完了させるためには，長い期間と多大な予算が必要である。そこで滋賀県では，平成 24 年３月に「滋賀県流域治水基本方針」[12)] を策定し，「河川整備」，「雨水の貯留・地下浸透」，「意識強化・体制整備」といった従来型のハード・ソフト対策に加え，「浸水被害が想定される区域における建築制限等」を行う等，水害リスクの高い地域において，住まい方の工夫にまで踏み込んで取り組むこととしている（図7[13]参照）。

これらの取組みを進めるにあたっての基礎情報として，「地先の安全度マップ」が作成・公表されている。これは，想定される浸水によって被る被害の程度とその発生確率に着目したマップであり，水防法に基づく浸水想定区域図とは一線を画すものである。水防法に基づく浸水想定区域図は，主要な河川を対象とし，それぞれの流域に想定最大降雨および計画降雨を前提と

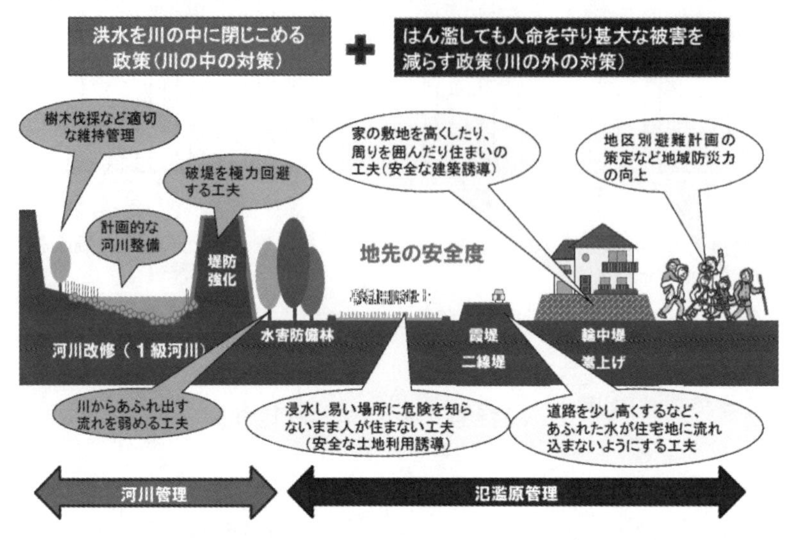

図7　滋賀の流域治水政策の概念図[13]

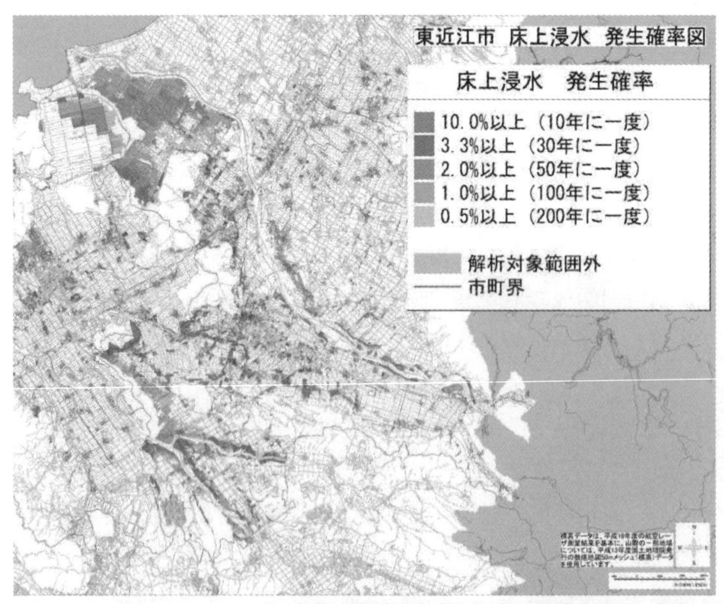

出典：東近江市床上浸水発生確率図を一部加工
※口絵参照

図8　滋賀県の地先の安全度マップの例

した河川が氾濫した際の浸水深を示すものであるのに対し，地先の安全度マップでは，「10年，100年，200年に一度の降雨」といった複数の降雨を対象とし，個々の治水施設の治水安全度だけでなく，小河川や水路の氾濫も考慮した浸水マップを示し，さらに「床上浸水」「家屋水没」「家屋流出」といったさまざまな被害の発生確率（10年に一度，100年に一度等）を示すものである（**図８参照**）。これにより，住民は洪水による被害と発生確率の程度を，より具体的にイメージすることができる。

3.2　土地利用規制への活用

地先の安全度マップは，当初から土地利用への活用を想定されていることも着目すべき点である。平成26年3月に公布された「滋賀県流域治水推進に関する条例」[14]（以下，「同条例」と記す。）では，地先の安全度マップにおいて家屋水没が想定される区域（200年確率で浸水深3 m以上）を「浸水警戒区域」と指定することができるとし，これを建築基準法第39条の「災害危険区域」とすることで，住宅等の建築※2に対して建築制限をかけることとしている（同条例第14条）（**図９参照**）。また，床上浸水の頻発が想定される個所（10年確率で浸水深0.5 m以上とな

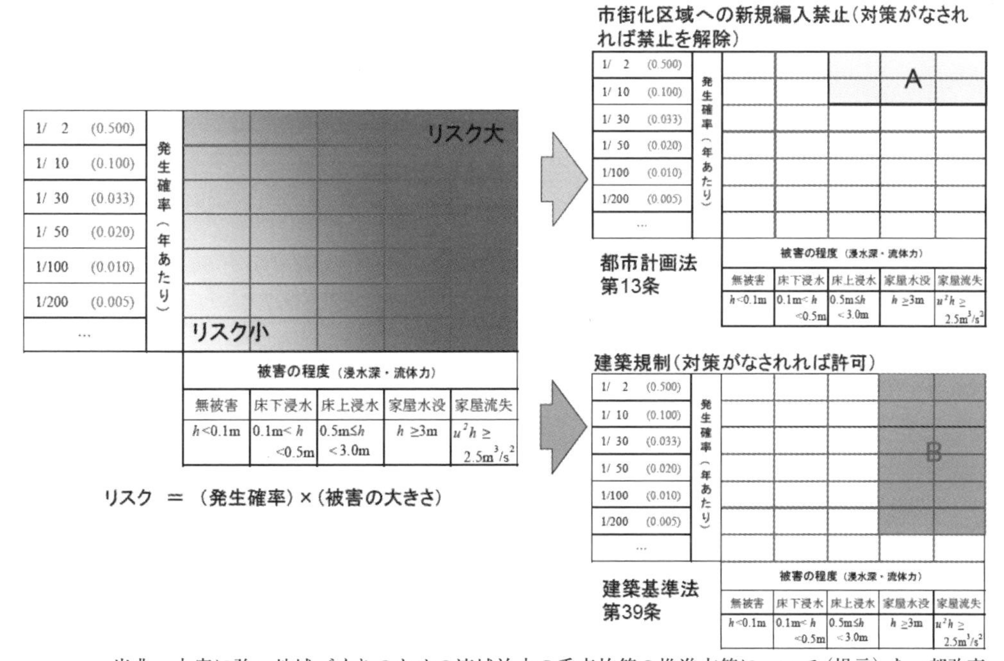

出典：水害に強い地域づくりのための流域治水の重点施策の推進方策について（提言）を一部改変

図９　土地利用・建築規制の対象となるリスクの範囲

※２　「住宅等の建築」…同条例第14条では，「住居の用に供する建築物または高齢者、障害者、乳幼児その他の特に防災上の配慮を要する者が利用する社会福祉施設、学校もしくは医療施設の用途に供する建築物の建築」としている。具体的には「住宅、社会福祉施設、特別支援学校および幼稚園、病院、診療所および助産所」が該当し，必要な対策が講じられたと認められるまでこれらの建物の建築を原則禁止としている。したがって，販売所や工場などについては条件を設けていない点に留意されたい。

る区域）においては，都市計画法に基づき新たに市街化区域には含めないこととしている（同条例第24条）。

さらに同条例では，浸水等の危険を知らずに住みはじめることのないように，宅地または建物の売買等の取引時に，宅地建物取引業者から相手方に対して，水害リスクに関する情報を提供するよう，努力義務規定を設けている（同条例第29条）。

3.3 耐水化建築ガイドライン

同条例制定を受け，滋賀県は一般的な木造住宅の耐水化（浸水）対策の方法について示した「耐水化建築ガイドライン」[15]（以下，「同ガイドライン」と記す。）を策定している（**図10**参照）。同ガイドラインは，「人が河川の氾濫時に建物内に残った場合でも、最低限、人的被害の発生を防ぐこと」を目的としており，一般的な木造住宅における耐水化の方法が示されている。

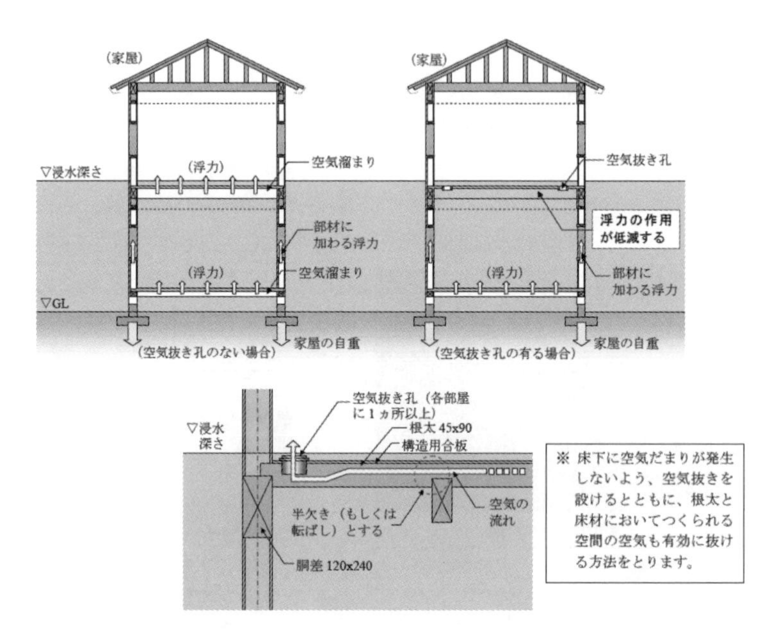

図10　家屋の安全性の確保方法の例（文献15）を一部改変）

4 高知県における取組み

高知県は，暖かい夏の季節には，黒潮上を渡る南寄りの湿った気流が四国山地に吹きつけるため，山間部では平年の年間降水量が3,000 mmを超える所が多く，日本では有数の多雨地帯となっている[16]。平成26年の年間降水量は3,659 mmと，全国一位である[17]。それゆえ，台風等の影響による豪雨や河川の氾濫，水はけの悪化に伴って発生する内水氾濫等も珍しくない。

本項では，平成26年8月3日，高知県高知土木事務所鏡ダム管理事務所の職員によるダムのオペレーションで洪水を回避した事例を紹介する。

4.1 高知県における水害の歴史

はじめに，背景として高知県に甚大な被害をもたらした水害の歴史や水害対策事業の概要を述べる。

高知県では，多大な人的・物的被害をもたらした台風災害が昭和40年代後半から50年代前半にかけて頻発している。中でも，昭和45年の台風第10号の被害は甚大で，8月20日から21日にかけて土佐湾沿岸で異常な高潮を引き起こし，防潮堤や河川護岸を海水が乗り越え，あるいは，それを決壊させてあふれたことで，高知市周辺一帯に大災害をもたらした。死者・行方不明者13人，家屋全半壊4,439棟，床上浸水26,001棟，床下浸水14,292棟の被害が確認された（**表5**参照）。高知県では，低地対策，内水対策を始め，広域河川改修事業等の治水対策に取り組んできたが，昭和50年代後半から平成10年代前半においても，毎年のように台風や集中豪雨の風水害に見舞われていた。平成10年の高知豪雨では，時間最大降雨126 mm，総雨量991 mmを記録し，死者8名，住宅全半壊54棟，家屋全半壊54棟，家屋浸水17,253棟という被害を受けた[18)]。高知県は，この災害により甚大な浸水被害になってしまった国分川と舟入川で，河川激甚災害対策特別緊急事業の重点投資を受け，治水整備をさらに推進してきた。

平成26年8月3日，台風第12号および台風第11号が相次いで日本列島に接近し，高知県では，総雨量2,378 mmの猛烈な豪雨に見舞われ，鏡川の越水・決壊が予想される事態になった。

表5　高知県に甚大な被害をもたらした水害[19)-26)]

No.	年　月	災害名	降雨記録※1		被　害			
			時間最大（mm）	総雨量（mm）	死者・行方不明者	家　屋		
						全半壊	床上浸水	床下浸水
1	昭和45年8月20日	台風第10号	71 mm	412 mm	13人	4,439棟	26,001棟	14,292棟
2	昭和50年8月16日	台風第5号	108 mm	700 mm	77人	2,160棟	12,891棟	17,322棟
3	昭和51年9月8日	台風第17号	89 mm	1,515 mm	9人	175棟	17,316棟	30,668棟
4	平成10年9月24日	高知豪雨	126 mm	991 mm	8人	141棟※2	8,341棟	8,966棟
5	平成13年9月6日	高知県西南豪雨	71 mm	325 mm	—	290棟	264棟	541棟
6	平成16年10月20日	台風第23号	87 mm	525 mm	8人	11棟	343棟	771棟
7	平成26年8月3日	平成26年8月豪雨	89 mm	2,378 mm	—	6棟	748棟	1,151棟

※1：高知県内の観測所で記録した最大値を採用
※2：一部損壊家屋を含む

4.2　平成26年8月3日に高知県を襲った豪雨と洪水を回避したダムのオペレーション

4.2.1　鏡ダムの概要[27)]

高知県高知市の中央部に位置する鏡川は，同市土佐山細藪山にその水源を発し，同市鏡を経て市街地を還流し，浦戸湾に注ぐ二級河川である。本河川は昭和28年度から中小河川改修事業として下流部の改修に着手したものの，下流沿岸には人家が密集し，河幅の拡張，堤防嵩上げ等による改修は困難であり，抜本的改修として，鏡ダム建設による洪水調節が計画された[※3]。

昭和35年4月には実施計画調査を行い，昭和38年4月から建設事業に着工した。その後，昭和41年10月から試験湛水を行い，昭和42年1月に鏡ダムが竣工された。これにより鏡川下

※3　さらに，供給源を鏡川に求めていた上水道，工業用水等の都市用水の需要が高知市の急速な発達にともない増大し，その供給源確保が急務となってきた。そこで，鏡川総合開発事業を実施することとし，当該計画には，鏡川中流部の鏡今井に治水，工業用水，並びに水道用水の確保および発電を目的とするダムを建設することが加わった。

流の宗安寺地点の計画洪水量 2,100 m^3/s のうち，600 m^3/s を調節し，同地点の最大流量を 1,500 m^3/s へ軽減した。

しかしながら，**4.1** で述べた昭和 50 年 8 月の台風第 5 号や昭和 51 年 9 月の台風第 17 号の異常出水により，治水計画が見直された。その見直しに伴う基本高水の変更により，洪水調節を現貯水池計画の枠内で再検討し，下流宗安寺地点の計画洪水流量を 2,380 m^3/s とした。ただし，ダム地点の計画洪水流量：1,450 m^3/s のうち 210 m^3/s を当該地点の流量抑制の目的で割り当て，減災効果をもたらしている。

鏡ダムの位置や緒元を**図 11** および**表 6**，**表 7** に示す。

図 11　鏡ダムの位置[27)]

表 6　鏡ダムの緒元[27)]

河川名	鏡川水系鏡川
位　置	左岸：高知市鏡大利 右岸：高知市鏡今井
型　式	重力式コンクリートダム
堤　高	47.0 m
堤頂高	150.0 m
堤体積	72,000 m^3
目　的	洪水調節，河川維持用水，上水道用水，工業用水，発電

表７　貯水池の緒元[27)]

集水面積	80.8 km^2
湛水面積	0.52 km^2
総貯水容量	9,380,000 m^3
有効貯水容量	8,360,000 m^3
堆砂容量	1,020,000 m^3
洪水時最高水位（サーチャージ水位）	EL.77.0 m
平常時最高水位（常時満水位）	EL.75.0 m
洪水貯留準備水位（洪水期制限水位）	EL.68.0 m（7 月中，9 月 21 日から 9 月 30 日まで） EL.63.0 m（8 月 1 日から 9 月 20 日まで）
特別防災（ただし書き）操作開始水位	EL.74.75 m
洪水調節方式	一定開度方式
計画最大流入量	1,450 m^3/s
計画最大放流量	1,240 m^3/s
洪水時調節開始流量	300 m^3/s

※ EL. は標高を指す。

4.2.2　高知県を襲った「平成 26 年 8 月豪雨」[22)]

平成 26 年 7 月 31 日から 8 月 11 日にかけて，台風第 12 号および台風第 11 号が相次いで日本列島に接近し，前線が 8 月 4 日以降，西日本の日本海側から北日本にかけて停滞した。

その結果，台風の東側では，南から温かく湿った空気の流れ込みが継続し，前線を刺激した（図 12，図 13 参照）。その影響で高知県のほとんどの地域で総雨量 1,000 mm を超える事態となり，床下浸水や土砂災害等が発生し，多くの市町村で避難指示，避難勧告が発令された。高知市では，市内の至る所で内水氾濫が発生し，市内を流れる鏡川の決壊も懸念されていた。

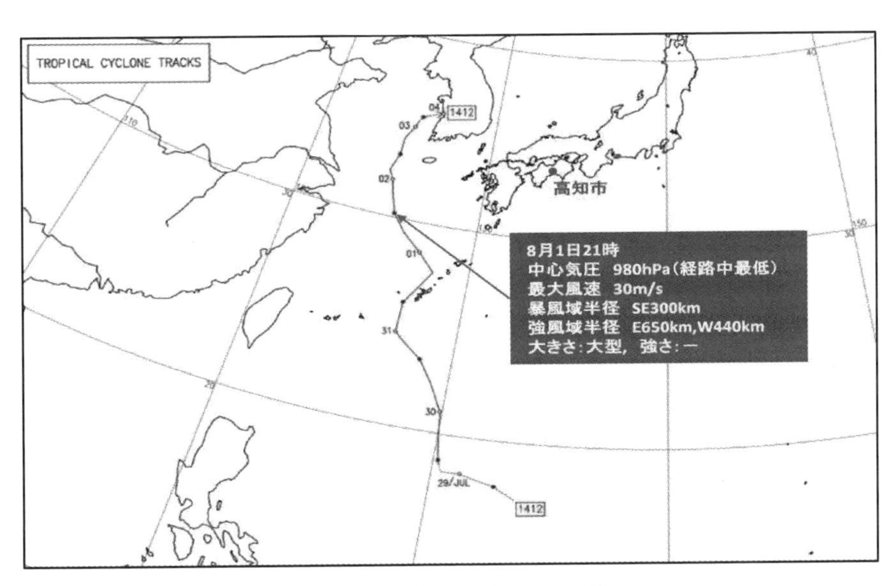

図 12　台風第 12 号の経路図[28)]

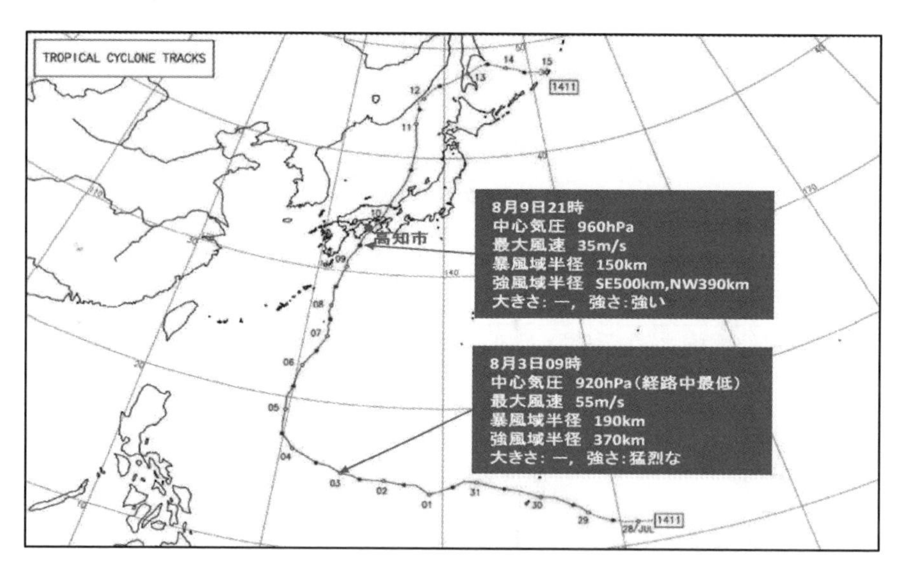

図13　台風第11号の経路図[28)]

4.2.3　洪水調節の概要[27)]

ダムにおける洪水調節とは，流水の貯水池への流入量がある一定に達した場合，ダムへの全流入量あるいは一部の流入量を貯水し，河川下流域の流量を抑制させることを言う。洪水調節にあっては，各ダムとも操作規則に基づくゲート操作が基本である。鏡ダムにおいても，鏡ダム操作規程および鏡ダム操作規則に基づいて洪水調節が実施されている。鏡ダム操作規則第3条によると，流入量が300 m^3/s 以上である場合を「洪水」とし，当該基準を超えた場合に洪水調節を行う[※4 24)]。具体的には，流入量が当該基準に達するまでは流入量を限度として極力放流し，流入量が300 m^3/s に達した場合，ゲートを一定開度にして放流しダムに貯留する。

一般にダムは，過去の降雨や洪水のデータに基づき，推定される計画最大流入量を十分安全に処理できるよう計画されている。例えば，鏡ダムでは1,450 m^3/s を計画最大流入量と定めている。しかしながら，想定していた計画最大流入量を超えることが予想される「洪水」が発生した場合，安全上許容される最高の水位に達した状態でも安全に放流できるよう特別な放流操作が行われる。このような操作を行うための要件は，ダムごとに定められている操作規則において通常，「ただし、気象、水象その他の状況により特に必要と認める場合においては、これによらないことができる」というように規定されている。そのため，一般に「ただし書き操作」と呼ばれている。鏡ダムでは洪水調節を行っている最中に，貯水位が「ただし書き操作」の開始水位：EL.74.75 m を超え，さらに洪水時最高位（サーチャージ水位）を超えることが予想される場合，操作規則第17条を根拠に，高知県土木部長の承認を受け，計画を超える洪水時操作へ移行する[29)]（**図14**）。

※4　洪水調節を開始する基準や洪水調節における制限などの規定は，鏡ダム操作規則第17条第1号および第2号に定められている。

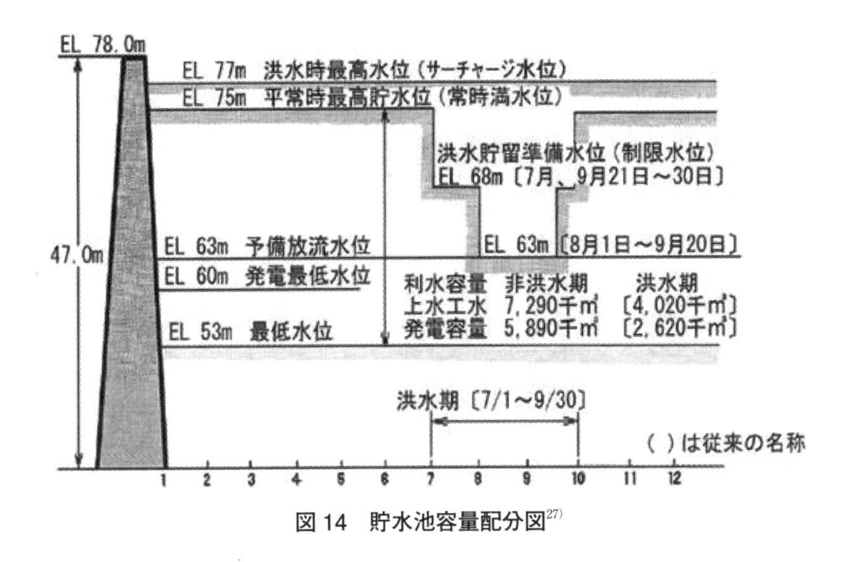

図 14　貯水池容量配分図[27)]

4.2.4　特別防災操作（ただし書き操作）による洪水調節効果[27)]

平成 26 年 8 月 3 日，鏡川上流の平石雨量観測局では午前 4 時から午前 10 時までの 6 時間に 384 mm の雨量を記録する猛烈な降雨に見舞われ，流入量が急激に増加し，午前 10 時 15 分には鏡ダム建設以来最大となる 1422.45 m³/s の流入量を記録した（**図 15，図 16** 参照）。

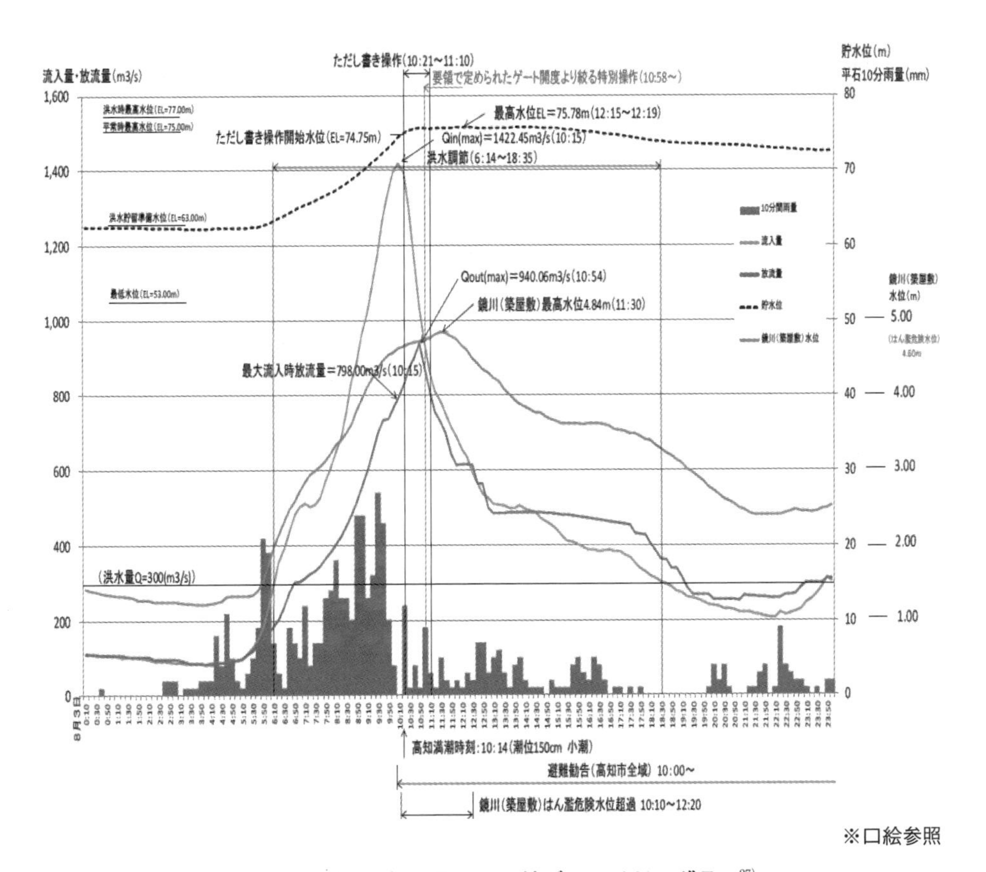

※口絵参照

図 15　平成 26 年 8 月 3 日の鏡ダムハイドログラフ[27)]

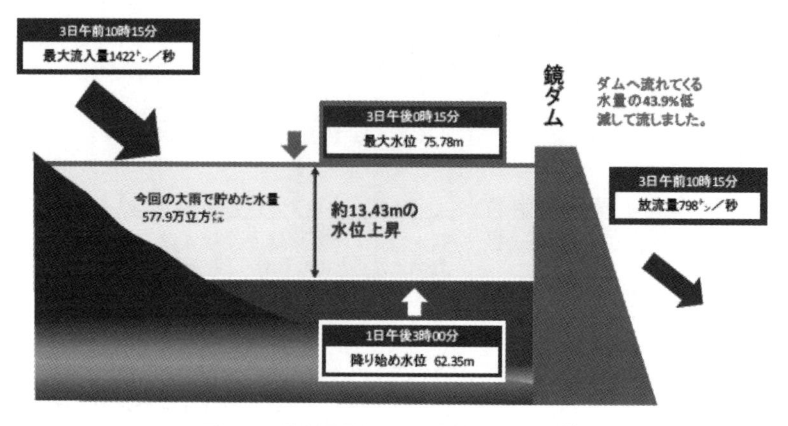

図 16　洪水調節操作による水位変化[27)]

高知県高知土木事務所鏡ダム管理事務所では，貯水位が特別防災（ただし書き）操作開始水位である EL.74.75 m を超え，さらに洪水時最高水位（サーチャージ水位）EL.77.0 m を超えることが予想されたため，高知県土木部長の承認を受け，午前 10 時 21 分から「ただし書き操作」を開始した。

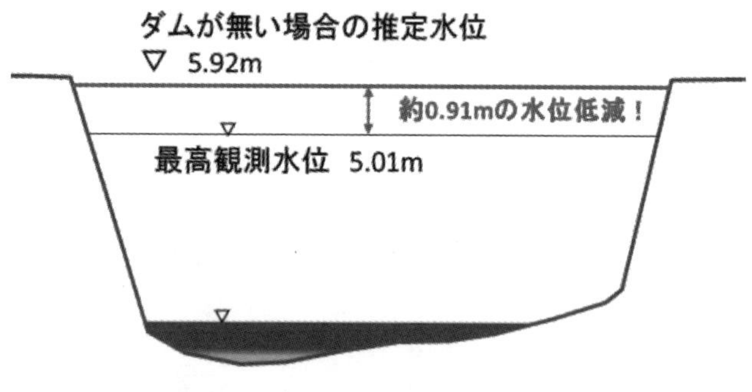

図 17　洪水調節操作の水位比較[27)]

しかしながら，「ただし書き操作」開始時刻が高知港の満潮時刻の午前 10 時 14 分と重なったことから，午前 10 時 58 分から下流の河川水位，ダムの空き容量，上流水位観測局の流量，気象レーダによる雨域移動状況等を監視しながら，「ただし書き操作」中に要領で定められたゲート開度より絞る（ダムに貯留する）特別な操作に移行した。

鏡ダム管理事務所の予測に反し，強い雨域が流域から外れたため，上流の弘瀬水位観測局における流入量の増加が想定よりも小さくなった。そのため，ゲートを一定開度で一旦固定した。その後，弘瀬水位観測局における流入量が減少したことから，ゲートの開度を絞り，洪水時最高水位（サーチャージ水位）に 1.22 m 迫る EL.75.78 m（貯水率 465%）まで貯留を行った（**図 17** 参照）。このことで，下流の宗安寺地点で河川水位を約 0.91 m 低下させる効果があったと推測され，下流において一時，氾濫危険水位を超過した箇所があったものの，鏡川の決壊を回避できた。ダムの貯留機能を最大限に活用したことで，高知市中心部の水没という事態を回避できた（**表 8**，**表 9**）。

当該事例は，行政職員の柔軟なダム操作により洪水を回避した好例である。近年，現場の柔軟なダム操作の意志決定を支援するため，複数の気象数値予測の集合を用いて，単独の予測よ

表８　平成 26 年８月３日の鏡ダムの状況とオペレーション[27)]

６時 14 分	流入量が洪水量（300 m^3/s）に達する
９時 13 分	流入量が計画洪水流量（1,450 m^3/s）の 70%に達する
10 時 15 分	流入量が最大（1422.45 m^3/s）となる
10 時 21 分	特別防災（ただし書き）操作を開始する
10 時 58 分	要領で定められたゲート開度より絞る特別操作を開始する
11 時 10 分	特別防災（ただし書き）操作を終了
18 時 35 分	流入量が洪水量（300 m^3/s）以下となる。

り確からしい予測を得ようとするアンサンブル気象予測の技術を取り入れようとする研究が進展している[30)]。今後の行政の取組みとして，このような最新技術や制度等をいかに現場に整備するか，積極的に検討していくことが重要になると考えられる。

表９　平成 26 年８月３日の築屋敷での水位状況[27)]

７時 10 分	水防団待機水位（2.80 m）超過
９時 00 分	氾濫注意水位（3.80 m）超過
９時 30 分	避難判断水位（4.30 m）超過
10 時 10 分	氾濫危険水位（4.60 m）超過
10 時 14 分	高知港満潮時刻
11 時 30 分	最高水位（4.84 m）
12 時 30 分	氾濫危険水位（4.60 m）以下に低下

5 地方自治体における今後の取組みの方向性

2から4で東京都，滋賀県，高知県における各種水害対策の事例を紹介した通り，都道府県では，河川堤防や地下調節池等の整備に代表されるハード対策と，水害リスク情報の発信や水害対策ガイドライン策定等のソフト対策を効果的に活用することによって，地域全体の水害リスクの低減に尽力してきた。

本稿の冒頭にも記載したが，想定を超える自然の力を見せつけられ，自然外力の想定を基礎とするハード対策が完璧な安全を担保するものではないという認識に立ち，政府や地方自治体は，治水整備とソフト対策を推進してきた。このような状況の下，平成 27 年９月の関東・東北豪雨の発生を契機として，同年 12 月に社会資本整備審議会が「大規模氾濫に対する減災のための治水対策のあり方について〜社会意識の変革による「水防災意識社会」の再構築に向けて〜」とする答申を発表した[31)]。答申では，地方公共団体，地域社会，住民等の水害に対する意識を「水害は施設整備によって発生を防止するもの」から「施設の能力には限界があり，施設では防ぎきれない大洪水は必ず発生するもの」へと変革し，洪水氾濫が発生することを前提として，社会全体で常にこれに備える「水防災意識社会」を再構築する必要がある，とした上で，「ソフト対策は必須の社会インフラである」との認識を高めるべきである，等のソフト対策の重要性が示された。この答申を受け，国土交通省水管理・国土保全局は，「水防災意識社会再構築ビジョン」を策定し，全ての国直轄河川とその沿川市町村（109 水系，730 市町村）において，平成 32 年度を目途に水防災意識社会を再構築することとしている[32)]。この流れを受け，今後，地方自治体においては，これまで以上にソフト対策を中心とした水害対策が促進されることが想定される。

都道府県においては，荒川，利根川，淀川等の堤防決壊により，大規模な水害の可能性が指摘されており，今後，都道府県や市町村をまたぐ大規模な水害への対応も重要になると考えられる。そのような大規模水害が発生すれば，一つの自治体だけで対応を完結させることは不可能であり，市町村など，行政区の枠を超えた対応を要する。いわゆる「広域災害時」における都道府県，市町村，ボランティアなどの対応を円滑・効果的に実施するための体制整備が重要と思われる。

内閣府では，「水害時における避難・応急対策の今後の在り方について（報告）」（平成28年3月）を取りまとめた[33]。そこでは，前述の関東・東北豪雨の教訓を活かし，今後の避難・応急対策の改善を図るため，被災市町をはじめ，被災した市町を支援した市など，関連する団体に聞き取り調査を実施し，実務的な課題は以下の6つに集約できるとしている。

① 自助・共助の備えが十分ではなかった。
② 避難勧告等の発令タイミングや区域，要配慮者利用施設の避難確保計画を事前に策定していなかった。
③ 避難行動を促すために細やかに状況を伝達する等，情報提供に工夫の余地がある。
④ 発災時の混乱を未然に防いだり，生活再建のための手続き早期化を図ったりするための準備・体制が十分でなかった。
⑤ 避難所をはじめ被災後の生活環境が確保されていなかった。
⑥ ボランティアと行政とが連携する仕組みはさらに発展させる余地がある。

そこでは，今後の避難・応急対応対策への提言として以下の7つを挙げている。

① 水害に強い地域づくり
② 実効性のある避難計画の策定
③ 適切な避難行動を促す情報伝達
④ 行政の防災力向上
⑤ 被災市町村の災害対応支援
⑥ 被災生活の環境整備
⑦ ボランティアとの連携・協働

この中で，都道府県は，「実効性のある避難計画の策定」「適切な避難行動を促す情報伝達」等，計画策定，情報発信・伝達，連携・協働の分野で重要な役割を担っているとしている。

平成28年9月には，荒川下流域の16の自治体の担当者が集い，大雨で荒川の堤防が決壊し大規模な水害となった場合に，時間帯毎に想定される対応を定めた行動計画や適切な避難の在り方等に関して，今後具体的に検討していくことが決まった。大規模河川流域の自治体が共同で検討を進めることで，自治体間の連携・協力が必要な水害対応が明確となり，有事の迅速な対応が期待できる。こういった大規模水害発生時の自治体の広域的な連携・協力について検討することは，地方自治体における今後の水害対策の方向性の一つとして挙げることができる。

また，前述の関東・東北豪雨の際は，警察，消防，海上保安庁，自衛隊の実動部隊を中心とした救助活動により，数多くの地域住民の命が救われた。特に，茨城県においては4,200名以上が救助され，そのうちヘリコプターを使った救助者数は1,339人にも上り，水害時におけるヘリでの救助者数としては最多となった。この背景には，実動部隊それぞれが隊員の安全管理

表 10　市町村が実施すべき主な対策一覧[34]

９つのポイント	平時の備え	初動段階	応急段階 （～1 週間）	復旧段階 （1 週間～1 ヶ月）
災害対応体制の実効性の確保	●全庁的な水害対応業務の実施体制の確保 ●重要な情報を確実に受信・発信できる機器の確保 ●長期化を踏まえた職員動員体制の検討 ●水害対応チェックリストの作成 ●水害を踏まえた職員の参集体制の確保 → ●独立した災害対策本部事務室の確保 →			
情報の収集・発信と広報の円滑化	●各種情報の収集，分析体制の強化 → ●報道機関への対応ルールの明確化 → ●住民からの問合せ窓口の一元化 →	●多様な伝達手段による情報発信		
避難対策	●住民や関係機関との“顔の見える”関係の構築 ●住民への情報伝達 → ●避難勧告・指示等の発令 →			
避難所等における生活環境の確保	●避難所運営体制の確立 ●避難所運営業務の整理			
応援の受入れ体制の確保	●外部応援が想定される災害対策業務の把握 ●災害時相互応援協定の締結 ●受援計画の策定（受援調整組織を設置し対応を一元化） ●受援計画の策定（応援を必要とする業務の整理）			
ボランティアとの連携・協働	●ボランティア受入に関する役割の分担と平時からの連携		●災害ボランティアセンターの開設・運営 → ●災害時におけるボランティア関係者との連携 →	
生活再建支援	●被災者台帳の作成に向けた準備 ●住家被害認定調査・罹災証明書交付に係る実施体制の整備		●住家被害認定調査・罹災証明書交付に係る計画策定 ●被災者台帳の作成・利用 → ●住家被害認定調査の実施 → ●激甚災害指定のための被害状況把握 →	●罹災証明書の交付 ●被災者生活再建支援金支給申請書の受理
災害救助法の適用	●応急救助の実施検討	●災害救助法の適用	●特別基準の要請	
災害廃棄物対策	●災害廃棄物処理計画の策定 ●災害廃棄物処理支援ネットワークの活用	●災害廃棄物の分別	●災害廃棄物の適切かつ円滑・迅速な処理および再生利用	

1. 「命を守る」ということを最優先し、避難勧告を躊躇してはならない。
2. 判断の遅れは命取りになる。何よりもまず、トップとして判断を早くすること。
3. 人は逃げないものであることを知っておくこと。人間の心には、自分に迫りくる危険を過小に評価して心の平穏を保とうとする強い働きがある。災害の実態においても、心理学の実態においても、人は逃げ遅れている。避難勧告のタイミングはもちろん重要だが、危険情報を随時流し、緊迫感をもった言葉で語る等、逃げない傾向を持つ人を逃げる気にさせる技を身につけることはもっと重要である。
4. ボランティアセンターをすぐに立ち上げること。ボランティアは単なる労働力ではない。ボランティアが入ってくることで、被災者も勇気づけられる、町が明るくなる。
5. トップはマスコミ等を通じてできる限り住民の前に姿を見せ、「市役所(町村役場)も全力をあげている」ことを伝え、被災者を励ますこと。自衛隊や消防の応援隊がやってきたこと等をいち早く伝えることで住民が平静さを取り戻すこともある。住民はトップを見ている。
6. 住民の苦しみや悲しみを理解し、トップはよく理解していることを伝えること。苦しみと悲しみの共有は被災者の心を慰めるとともに、連帯感を強め、復旧のばねになる。
7. 記者会見を毎日定時に行い、情報を出し続けること。情報を隠さないこと。マスコミは時として厄介であるし、仕事の邪魔になることもあるが、情報発信は支援の獲得につながる。明るいニュースは、住民を勇気づける。
8. 大量のごみが出てくる。広い仮置き場をすぐに手配すること。畳、家電製品、タイヤ等、市民に極力分別を求めること(事後の処理が早く済む)。
9. お金のことは後で何とかなる。住民を救うために必要なことは果敢に実行すべきである。とりわけ災害発生直後には、職員に対して「お金のことは心配するな。市長(町村長)が何とかする。やるべきことはすべてやれ」と見えを切ることも必要。
10. 忙しくても視察は嫌がらずに受け入れること。現場を見た人たちは必ず味方になってくれる。
11. 応援・救援に来てくれた人々へ感謝の言葉を伝え続けること。職員も被災者である。職員とその家族への感謝も伝えること。

図 18 「災害時にトップがなすべきこと」11 か条[34)]

に配意しつつも迅速な救助活動を実施することができたことに加え，警察，消防，自衛隊，海上保安庁，DMAT（概ね 48 時間以内に派遣される災害派遣医療チーム）等の関係機関の間で緊密な連携を図れたことによるところが大きいと考えられる。

さらに災害現場の第一線で地域住民の安全を確保する責務を負っている市町村においても，当然，平時の備えや住民の防災・減災意識を高めることなどが重要と思われる。

滋賀県においては，地先の水害リスクの可視化と住民への水害リスクの啓発等，主に事前のソフト対策に関する先進的な取組みを実施しているが，これまで被災経験がない都道府県や市町村にとっては，事前に実施すべき対策や，水害発生時にどのような対応が必要となるのか，具体的にイメージしにくい状況にあった。そのような中，被災経験がない自治体であっても，適切な水害対策，水害対応が推進可能になることを目的として，内閣府は，過去の水害の教訓を踏まえた水害対策，水害対応のポイントを整理した「市町村のための水害対応の手引き」[34)] を公表した。

手引きでは，平時の備えから水害対応の初動，応急対策，復旧に至るまでのフェーズ毎に，市町村が取るべき水害対応のポイントを 9 つのポイントに分類している。例えば，「災害対応体制の実効性の確保」では，全庁的な水害対応業務の実施体制の確保，独立した災害対策本部事務室の確保等の対策が地方自治体の具体事例を交えて紹介されている（**表10**参照）。先の滋賀県の事例は，手引きにおいては，平時における「住民や関係機関との“顔の見える”関係の構築」に相当し，地方自治体が適切な水害ハザードマップを作成し，住民による自発的な取組みを後押しする必要があることを謳っている。以上の市町村が取るべき水害対応のポイントに加え，「災害時にトップがなすべきこと」11か条も挙げられており，災害発生時における自治体の首長の行動の重要性が示されている（**図18**参照）。

また，平時の備えの観点から，地域住民の減災対策を促進するための自治体の対策もある。例えば，土のうの準備，住宅の高床工事，止水板設置等の水害対策を実施した場合に，必要書類を提出すれば，対策費用の一部を支給する補助金制度がある。東京都北区では，止水板設置工事費の助成制度があり，止水板設置工事（消費税込）の２分の１の額，一つの建物につき上限50万円を条件として助成金が支給される[35]。また，千葉県千葉市では，雨水貯留槽設置費の助成制度があり，雨水貯留槽１基当たり18,000～25,000円の補助金が支給される[36]。これらは，地域住民のハード対策を促進するために必要な地方自治体のソフト対策と言うことができる。

以上のとおり，地方自治体における今後の水害対策として，既存のハード対策に加え，ソフト対策の重要性が一層増してくることは間違いない。昭和36年に制定されたわが国の災害対策の基本方針を定めた災害対策基本法では，都道府県や市町村は住民の生命，身体，および財産を災害から保護する責務を有する，と定めている[37]。各自治体は災害発生時の住民の安全に重大な責任があることを改めて認識し，来たるべき災害に備えて，地域の実状に合わせた水害対策を順次推進していくことが求められる。

文　献

1)「防災4.0」未来構想プロジェクト 有識者提言（2016）.
http://www.bousai.go.jp/kaigirep/kenkyu/miraikousou/pdf/yushikisya_honbun.pdf
2) 水災害分野における気候変動適応策のあり方について ～災害リスク情報と危機感を共有し，減災に取り組む社会へ～ 答申（2015）.
http://www.mlit.go.jp/river/shinngikai_blog/shaseishin/kasenbunkakai/shouiinkai/kikouhendou/pdf/1508_02_toushinhonbun.pdf
3) 災害教訓の継承に関する専門調査会報告書：1959 伊勢湾台風 第６章 伊勢湾台風災害の総括と継承すべき教訓（2008）.
http://www.bousai.go.jp/kyoiku/kyokun/kyoukunnokeishou/rep/1959--isewanTYPHOON/pdf/12_chap6.pdf
4) 神田川流域豪雨対策計画（2009）.
http://www.tokyo-sougou-chisui.jp/river/kanda.pdf
5) 東京都の総合治水対策について：
http://www.toshiseibi.metro.tokyo.jp/kiban/kangae_3_1.htm
6) 東京都豪雨対策基本方針（改定）について：
http://www.toshiseibi.metro.tokyo.jp/kiban/gouu_houshin/
7) 東京都豪雨対策基本方針（改定）：
http://www.metro.tokyo.jp/INET/BOSHU/2014/05/DATA/22o5f102.pdf, P10
8) 東京都豪雨対策基本方針（改定）の概要：
http://www.toshiseibi.metro.tokyo.jp/topics/h26/pdf/topi014/00_summary.pdf
9) 神田川・環状七号線地下調節池（パンフレット）：
http://www.kensetsu.metro.tokyo.jp/sanken/pdf/kannanachosuichi2803.pdf
10) 東京都豪雨対策基本方針（改定）：
http://www.metro.tokyo.jp/INET/BOSHU/2014/05/DATA/22o5f102.pdf, P1

11) 神田川・環状七号線地下調節池の効果：
http://www.ktr.mlit.go.jp/ktr_content/content/000001296.pdf
12) 滋賀県：流域治水基本方針
(http://www.pref.shiga.lg.jp/h/ryuiki/kihonhousin-top.html (accessed 2016/9/1))
13) 滋賀県流域治水政策室資料：滋賀県の流域治水の考え方
http://www.pref.shiga.lg.jp/h/ryuiki/jyourei/files/141211kenchikusikai.pdf (accessed 2016/9/1)
14) 滋賀県：滋賀県流域治水の推進に関する条例制定後の取組み
http://www.pref.shiga.lg.jp/h/ryuiki/jyourei/seiteigo26.html (accessed 2016/9/1)
15) 滋賀県：耐水化建築ガイドライン
http://www.pref.shiga.lg.jp/h/ryuiki/jyourei/files/150421kenchikuguideline.pdf (accessed 2016/9/1)
16) 高知地方気象台：地勢と気象
http://www.jma-net.go.jp/kochi/koutinokisyou/tiseikishou/tiseikisyou.html,
17) 総務省統計局：総務省統計局ホームページ
http://www.e-stat.go.jp/SG1/estat/List.do?bid=000001068038&cycode=0
18) 高知県健康政策部健康長寿政策課：高知県自然災害時保健活動ガイドライン（一般災害対策編），3 (2014).
19) 高知地方気象台：昭和 45 年台風第 10 号 (1970).
http://www.jma-net.go.jp/kochi/koutinokisyou/kakosaigai/19700821/19700821.html
20) 高知地方気象台：昭和 50 年台風第 5 号 (1975).
http://www.jma-net.go.jp/kochi/koutinokisyou/kakosaigai/19750817/19750817.html
21) 高知地方気象台：昭和 51 年台風第 17 号 (1976).
http://www.jma-net.go.jp/kochi/koutinokisyou/kakosaigai/19760908/19760908.html
22) 高知地方気象台：高知豪雨 (1998).
http://www.jma-net.go.jp/kochi/koutinokisyou/kakosaigai/19980924/19980924.html
23) 高知県土木部河川課：98 高知豪雨 国分川（舟入川）河川激甚災害対策特別緊急事業 (2005).
24) 高知地方気象台：高知県西南豪雨 (2001).
http://www.jma-net.go.jp/kochi/koutinokisyou/kakosaigai/20010906/20010906.html
25) 気象庁：災害時自然現象報告書 2014 年第 4 号，災害時気象速報平成 26 年 8 月豪雨 (2014).
26) 高知県土木部防災砂防課：平成 26 年 8 月豪雨土砂災害の記録.
http://www.pref.kochi.lg.jp/soshiki/171501/files/2016051300103/file_2016513512394_1.pdf,3p
27) 高知県土木部河川課提供資料
28) 高知県土木部防災砂防課：平成 26 年 8 月豪雨土砂災害の記録.
http://www.pref.kochi.lg.jp/soshiki/171501/files/2016051300103/file_2016513512394_1.pdf,3p
29) 高知県：鏡ダム操作規則.
30) 得津萌佳，野原大督，堀智晴：アンサンブル水文予測情報を考慮したダム利水操作の効果分析手法の検討，水文・水資源学会 2015 年度研究発表会，100114-100115 (2015).
31) 社会資本整備審議会：大規模氾濫に対する 減災のための治水対策のあり方について ～社会意識の変革による「水防災意識社会」の再構築に向けて～ 答申 (2015),
http://www.mlit.go.jp/common/001113051.pdf
32) 国土交通省水管理・国土保全局：水防災意識社会 再構築ビジョン (2015).
http://www.mlit.go.jp/common/001113067.pdf
33) 水害時における避難・応急対策の今後の在り方について（報告）：
http://www.bousai.go.jp/kaigirep/chuobou/jikkoukaigi/08/pdf/shiryo4.pdf
34) 内閣府：市町村のための水害対応の手引き (2016).
http://www.bousai.go.jp/taisaku/chihogyoumukeizoku/pdf/suigai_tebiki_all.pdf
35) 東京都北区：東京都北区止水板設置工事助成交付要綱 (2016).
http://www.city.kita.tokyo.jp/d-douro/bosai-bohan/bosai/suigai/documents/shisui_youkou.pdf
36) 千葉市：雨水貯留槽と雨水浸透ます設置補助制度 (2016).
https://www.city.chiba.jp/kensetsu/gesuidokanri/eigyo/usui_main.html
37) 災害対策基本法：
http://law.e-gov.go.jp/htmldata/S36/S36HO223.html

第1節　東京メトロの水害に備えた浸水対策

東京地下鉄株式会社　町田　武士

1 はじめに

当社（東京地下鉄㈱，以下東京メトロ）は，東京都心を中心に９つの地下鉄路線を保有し，営業キロ 195.1 km，全駅数 179 駅のうち地下区間の営業キロ 168.6 km（総延長に占める割合は 86.4%），地下駅数 158 駅（全駅に占める割合は 88.2%）を保有し，１日約 707 万人のお客様にご利用いただいている。さらに，そのうちの７路線において８社と相互直通運転を行い，直通運転区間キロは 337.5 km，自社の営業キロと合わせると 532.6 km に及び，首都圏の旅客輸送の中枢を担っている。

安全・安定運行を最大の使命とする鉄道事業者にとって，自然災害対策は日ごろの事故防止とともに最重要施策に位置づけられるものであり，東京メトロではこれによってお客様の生命を守り，併せて首都機能の低下を抑えることを目的としており，水害対策もこの考え方を基本として取り組んでいる。

2 浸水事例

東京メトロでは，前身の帝都高速度交通営団時代から何度もの浸水被害を受け，それらをふまえて浸水対策の強化を図ってきた経緯があり，本項では，過去の主な地下浸水事例について紹介する。

2.1　赤坂見附駅浸水

1993 年 8 月 27 日，台風 11 号の豪雨により丸ノ内線赤坂見附駅で浸水が発生した（**図 1**）。当時，銀座線の赤坂見附駅から虎ノ門駅間において，トンネル改良工事が実施されており，その工事区間から水が流入し，軌条面より約 158 cm の高さまで浸水したものである。

2.2　溜池山王駅浸水

1999 年 8 月 29 日，1 時間に 114 mm の記録的な集中豪雨により，銀座線溜池山王駅で浸水が発生した（**図 2**）。この駅周辺は，地盤が周りに比べ低く雨水が溜まりやすい状況であり，換気口から水が流入したものである。

図１　丸ノ内線赤坂見附駅ホーム

図2　銀座線溜池山王駅構内

図3　半蔵門線渋谷駅構内

2.3　渋谷駅浸水

2.2と同じくして，半蔵門線渋谷駅も集中豪雨により浸水被害を受けた(**図3**)。この時は駅員が降雨状況を確認した際に，地下に浸水を引き起こすレベルの雨量ではないと判断したが，わずか15分後には道路が冠水し，出入口から流入したものである。

図4　南北線麻布十番駅ホーム

2.4　麻布十番駅浸水

2004年10月9日，台風22号の集中豪雨により麻布十番駅付近を流れる古川が氾濫し，洪水が3番出入口から駅構内に流入したためレールが冠水し，南北線の一部運行を見合わせることとなった(**図4**)。

3 水害対策の概要

3.1　従前からの対策

東京メトロでは，台風，集中豪雨などで発生する内水・外水氾濫による道路の冠水や，かつて東京に大きな被害をもたらした高潮への備えとして，出入口の嵩上げや，出入口への止水板・防水扉の設置を行ってきたほか，換気口には浸水防止機を設置してきた。これらは，現地での気象状況や大雨などの情報により設置や閉扉を行うものである。

本項では，従前から設置している浸水対策の設備を紹介する。

3.1.1　駅出入口の対策

駅出入口からは，道路の冠水による他にも雨水の浸入のおそれがあるため，次の浸水防止対策を行っている。当該地域の地形の条件等により，同じ箇所で複数の対策を組み合わせている場合もある。

(1) 出入口の嵩上げ

出入口部分を歩道面より1段～数段高くしているもので，当該地域の地形や過去の水害実績を考慮して高さが決定され地下駅への流入を防止している。

(2) 止水板

止水板はアルミ製の板２枚（1枚35 cm）で構成され，高さ70 cmの落し込み式となっており，通常は当該出入口下の踊り場付近等に格納している（**図5**）。

図５　止水板

(3) 防水扉

防水扉は出入口または通路に設けられており，出入口通路の断面全体を密閉できる設備で，隅田川以東の地盤の低い地域にある駅出入口に設置している（**図6**）。

図６　駅出入口の嵩上げと防水扉

3.1.2　トンネルの対策

(1) 防水壁

トンネル坑口（トンネルから地上へ出る部分）のうち，地盤の低い地域にあるもの（日比谷線の三ノ輪，東西線の南砂町と深川車両基地，千代田線の北千住，有楽町線の辰巳）においては，両脇にコンクリートの高い壁を設けて浸水を防いでいる（**図7**）。これらの設定標高は東京地域で発生した過去の最大高潮潮位（1917年10月1日の台風）や，1959年9月の伊勢湾台風を教訓に検討された東京都の「東京港特別高潮対策事業計画」などを参考にしている。

図７　防水壁

(2) 防水ゲート

地下鉄建設時に地下鉄が河川下を横断する箇所で，川底が崩壊して水がトンネルに浸入した場合に都心側に水が達しないような対策を河川管理者から求められたことにより，トンネルの断面を自動で閉鎖・密閉する防水ゲートを設置している（**図8**）。

また，丸ノ内線で神田川の増水によるトンネルへの浸水を防ぐため，御茶ノ水～淡路町間および中野車両基地の坑口にも防水ゲートを設置している（**図9**）。

図８　トンネル内防水ゲート

3.1.3 換気口の対策

図 9　坑口防水ゲート

換気口は，トンネル区間および駅構内の空気の浄化，熱の排除などのためになくてはならないものであるとともに，火災時には煙を排出する役割もあり，おおよそ等間隔で路面等に設置しているものである（図 10）。この開口部の標高が東京地区の過去の最大高潮潮位（TP 3.1 m）以下，あるいは豪雨または水道管破裂等による大量出水等が周辺の道路勾配等の地形の条件でトンネル内に流入するおそれがあると認められる換気口に，浸水防止機を設置している（図 11）。総合指令所では大雨洪水警報を受信すると，関係の現業に浸水防止機の閉扉を指令し，各駅事務室や工務区，変電所内の操作盤から遠隔で開閉を行うもので，遠隔による動作が不能になった場合には，現地において手動での開閉も可能である。

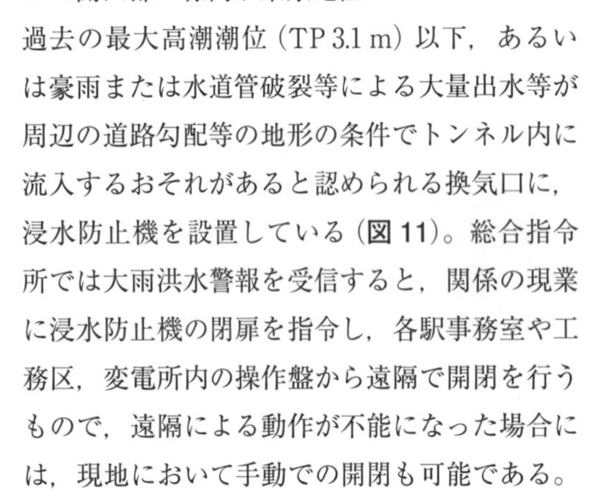

図 10　換気口（路面部）

また，予期できない地域的な集中豪雨にも対応できるよう，換気口毎に浸水感知器が取り付けられており，浸水を感知した場合には自動的に閉扉するしくみになっている。このほか，一部の箇所では換気塔として高い位置に開口部を設けている場合もある。

図 11　浸水防止機（閉じた状態）

3.1.4 ソフト対策

事故や災害等が発生した場合の規模，あるいは発生のおそれがある場合に応じて非常体制が規定されているとともに，平時においても気象情報を収集して迅速な対応が行える体制をとっている。

総合指令所で気象庁から気象に関する情報（警報等）を受信しているほか，東京メトロ気象情報オンラインシステム（気象情報会社から送られる風・雨・雪等の見通し予測を社員用 PC 端末で確認できる）を活用している。大雨洪水警報発令時は，総合指令所から駅および保守区に対して **3.1.3** の浸水防止機の閉扉を指令するほか，各駅においても降雨や道路冠水の状況によって出入口に止水板や土嚢の設置を行う。

また，**3.1.2.** (2) の丸ノ内線の坑口防水ゲートを取り扱うために神田川に水位計を 2 箇所設置しており，その観測値によって当該の防水ゲートの閉扉対応を行う。この他の防水扉，防水ゲートについては総合指令所または対策本部で閉扉の指令を行う。

さらに，これらの対応が確実に行えるよう，平時において全社および現場レベルにおいて教育や訓練を実施している。

3.2　新たな取り組み

2010年4月に，中央防災会議「大規模水害対策に関する専門調査会報告」[1]において，荒川の決壊により地上の浸水に加え地下鉄の駅出入口やトンネル坑口からの浸水によって都心部の被害がいっそう拡大するというシミュレーション結果が公表された。これを受けて東京メトロでは，東京都における洪水ハザードマップも合わせて考慮した対策を検討し，人命確保を最優先とし，さらに地下空間への浸水による首都機能の低下を抑え，早期復旧を図ることを目的に整備を鋭意進めている。

また，大規模水害は津波によるものも考えられるが，2012年4月に東京都防災会議から公表された「首都直下地震等による東京の被害想定報告書」[2]から，東京湾沿岸部の津波想定高は現状の防潮堤等で防御可能なものであると判断されるとともに，2013年12月に中央防災会議から公表された「首都直下地震の被害想定と対策について（最終報告）」[3]における想定からも，先に述べた各種の浸水対策設備により，津波による浸水被害はないと考えている。

3.2.1　駅出入口の改良

上記シミュレーションおよびハザードマップにおける浸水想定区域内にある駅出入口を，想定浸水深に応じて壁および止水板の嵩上げを行い，あるいは出入口全体を覆う構造とする改良を行っている（東京メトロ財産では対象248箇所）。また，他の事業者が管理する出入口（対象164箇所）についても，管理者と協議の上施工を進めており，いずれも一部出入口で実施済みである。

(1) 止水板の改良

3.1.1. (2) と同様の仕組みの止水板に対し，より運搬や設置を容易にするため軽量化を行った（**図12**）。これにより，水害発生のおそれがある場合に，より早期の対応が可能になったとともに，作業性も向上した。

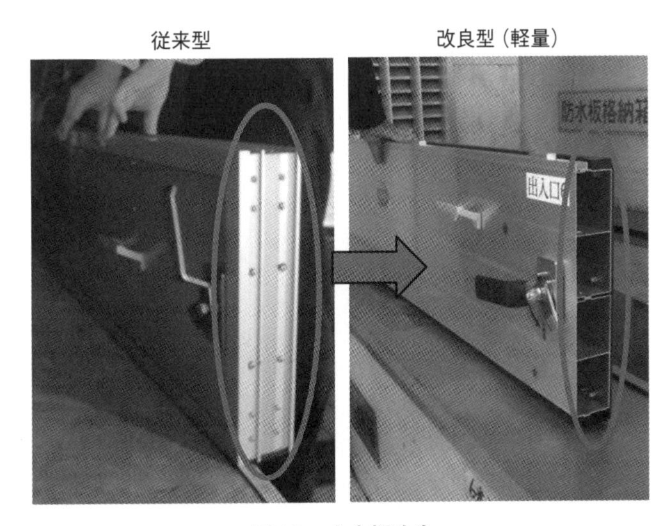

図12　止水板改良

(2) 止水扉の設置

想定浸水深が1.0 m以上1.5 m以下の箇所では，止水板を上から落として設置することが困難なため，止水板を想定浸水深に合わせた止水扉に改良するとともに，同様に腰壁の高さを嵩上げしている（**図 13**）。

(3) 駅出入口の改良

想定浸水深が1.5 m 以上の箇所では，既存出入口上屋の躯体が水圧に耐えられる構造であるかを確認し，耐えられる構造であれば周囲 3 方を上部まで強化ガラス等で覆い，出入口には防水扉を設置する（**図 14**）。また，これが構造上耐えられない場合は，腰壁を全て撤去して建替を行い，防水扉と組合せて密閉できる構造としている。

図 13　止水扉

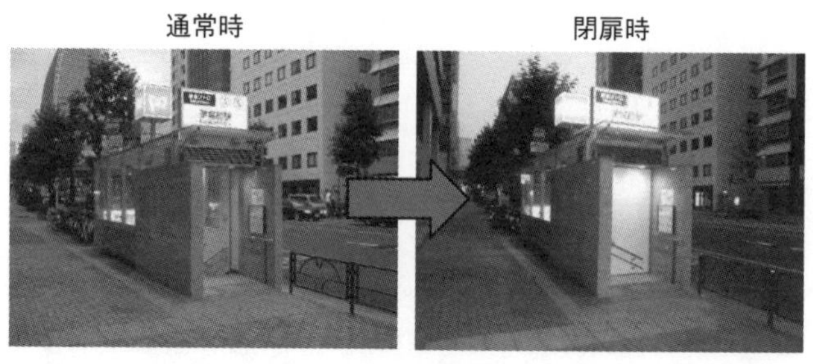

図 14　密閉型駅出入口

3.2.2　防水ゲートの新設

大規模な洪水で坑口からの浸水が想定される箇所において，防水ゲートを新設する（対象 4 箇所）とともに，緊急の対応を要する浸水時において，迅速に防水ゲートの閉扉を可能にするため，既存の防水ゲートを含め，遠隔操作化を進めている。

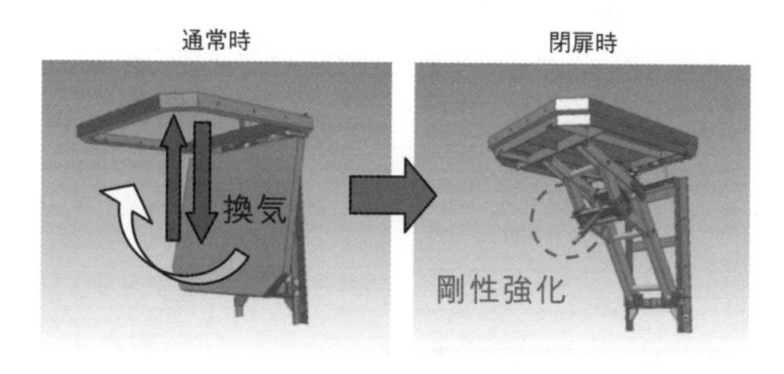

図 15　新型浸水防止機

3.2.3　換気口・換気塔の改良

3.1.3 の浸水防止機は 2 m の浸水に耐えられるよう設計されているが，上記シミュレーションでは最大で 5 m 以上の浸水が想定される地域があるため，この地域にある換気口には 2011 年度から 6 m の浸水に耐えられる新型の浸水防止機（**図 15**）への置き換え，または新設を行っており，2015 年度に完了した。（対象 115 箇所）。

また，換気塔においても壁の嵩上げや壁の増厚等の対策を進めており，2018 年度完了予定である（対象 24 箇所）。

3.2.4　車両搬入口の改良

地下にある車両基地へ車両を搬入する際に使用した搬入口が現在も他業務で使用されており，壁の嵩上げや補強等を 2015 年度に完了した。

3.2.5 ソフト対策

(1) 行政からの避難に関する情報への対応

避難が必要な水害の恐れがある場合に，行政から発令される避難に関する情報に基づき，東京メトロ本社の対策本部において非常体制のレベルを上げるとともに列車の運転見合わせ，お客様の避難誘導，それに続く浸水防止設備設置，社員の退避の指示を行う。

(2) 水防法への対応

駅では水防法に対応した避難確保計画を2011年に定め，旅客を避難させる必要があると駅または対策本部で判断した場合には，これに従い迅速に避難誘導を行うこととしている。さらに，同法が2013年改正されたことに伴い，駅では新たに自衛水防組織の設置の規定等を含む避難確保・浸水防止計画の策定を進めており，水防法適用駅においては関係市区町村に報告するとともに，同計画を東京メトロホームページに掲載している。

また，同法が適用されていない駅においても同計画の策定を完了している。

(3) 駅出入口の海抜表示

お客様に日ごろから駅出入口の海抜を意識していただき，防災への感度を高めていただくとともに，水害時の避難行動について意識していただくきっかけとなるよう，駅の出入口に当該箇所の海抜を表示する取り組みを行っている(**図16**)。東京メトロ財産の出入口には設置が完了しているほか，他の事業者が管理する出入口へも当該管理者と協議しながら設置を進めており，一部駅では設置済みである。

図16　海抜表示板

(4) お客様へのはたらきかけ

2011年の東日本大震災以降の社会的な防災・安全意識の高まりをふまえ，2012年3月から『安全ポケットガイド』を発行し，全駅の改札口で配布している(**図17**)。これは東京メトロの安全・防災の取組や，事故・災害発生時における東京メトロの対応について紹介しているほか，このような場面でお客様に取っていただきたい行動についてもイラスト入りで説明している。

図17　安全ポケットガイド

なお，2014年9月には英語，韓国語，中国語表記の多言語版を作成した。

3.3　今後の課題

わが国においては，台風や豪雨による災害が繰り返しもたらされているとともに，近年発生している巨大台風とそれに伴って危惧される巨大高潮による水害への危機はすでに広く認識されているところである。2015年9月10日には台風17，18号の影響により，北関東と東北地方を記録的な豪雨が襲い，鬼怒川などが広範囲に氾濫したことは記憶に新しい。一方，海外においても2011年のタイのチャオプラヤ川氾濫，2012年のアメリカのハリケーン・サンディによる高潮，2013年のフィリピンの台風30号による高潮等，大規模な水害が発生している。

このような状況から，行政においても内閣府が「首都圏大規模水害対策協議会」を，国土交通省が「水災害に関する防災・減災対策本部」をそれぞれ設置し，特に後者に関連して「荒川下流域を対象としたタイムライン（防災事前行動計画）検討会」が設置され，東京メトロもこれに参画し，2015年5月に「荒川下流域におけるタイムライン（試行版）」がまとまり運用が開始された。なお，2015年の運用をふまえてブラッシュアップされたタイムラインが2016年に運用されることとなっており，今後も見直しが継続的に行われるものである。

また，2015年5月の水防法改正により，想定し得る最大規模の洪水，内水および高潮についての浸水想定区域が見直されることもふまえ，駅施設に接続するビル等の関係者とのいっそうの連携強化を図っていくとともに，関係機関から協議会等への参加依頼があった場合には，これに協力している。

4 おわりに

冒頭の繰り返しになるが，東京メトロにおける自然災害対策の基本的姿勢は，お客様と社員の生命を守り，あわせて首都機能の低下を抑えることにあり，これまで述べてきた対策の整備を着実に進めるとともに，さらに体制の維持・強化を図っていくものである。

また，2020年オリンピック・パラリンピックの東京開催が決定され，これを受けて東京メトロでは，大会開催とその後の発展を見据え，「東京の魅力」と「東京メトロの魅力（安心）」の発信をテーマに，「東京メトロ“魅力発信”プロジェクト」を策定し，この中で自然災害対策の取組みについても積極的にお伝えしている。

東京メトロでは自然災害に備え，引き続きソフト・ハード両面の整備を進めるともに，他の関係者との連携や協力を図りながら，より安心してご利用いただけるよう，今後とも取組んでいくものである。

文　献

1) http://www.bousai.go.jp/kaigirep/chuobou/26/pdf/shiryo4-2.pdf
2) http://www.bousai.metro.tokyo.jp/1000902/1000401.html
3) http://www.bousai.go.jp/jishin/syuto/taisaku_wg/pdf/syuto_wg_report.pdf

第2節　３次元空間を高速に観測可能なフェーズドアレイ気象レーダ

日本無線株式会社　柏柳　太郎　　日本無線株式会社　諸富　和臣

1 はじめに

近年，都市部において，局地的豪雨や竜巻，雹といった激しい気象現象による災害が多発しており，社会的な問題となっている。こういった自然災害を軽減するために，激しい気象現象の防災情報の迅速な発信が必要されている。とりわけ気象レーダには，激しい気象現象をもたらす積乱雲の３次元的な観測（ボリュームスキャン）が求められている。従来のパラボラアンテナを用いた気象レーダにおいては，5～10分毎のボリュームスキャンが行われ，その結果から豪雨の発生，発達を予測するさまざまな研究が行われている[1)2)]。一方で，積乱雲は10分程度で急速に発達することがあり，大きいものでは高度十数キロメートルに達することがある[3)]。よって，その内部変動を正確に捉え，発生，発達をより正確に予測するためには，従来のレーダの時間分解能ではまだまだ不十分と言える。

当社（日本無線㈱）では，従来のパラボラアンテナに代えて，フェーズドアレイアンテナを採用したＸバンド気象レーダ（以下，フェーズドアレイ気象レーダ）の試作機を独自に開発した（図１）。開発したフェーズドアレイ気象レーダは，高度15 km，半径80 kmの３次元空間を30秒と高速にボリュームスキャンでき，高層まで発達する積乱雲を立体的かつ短時間で観測することができる。本稿では，まずフェーズドアレイ気象レーダのボリュームスキャンについて説明し，次にレーダの仕様と装置構成について述べる。そして，観測事例から従来レーダとの違いについて述べる。

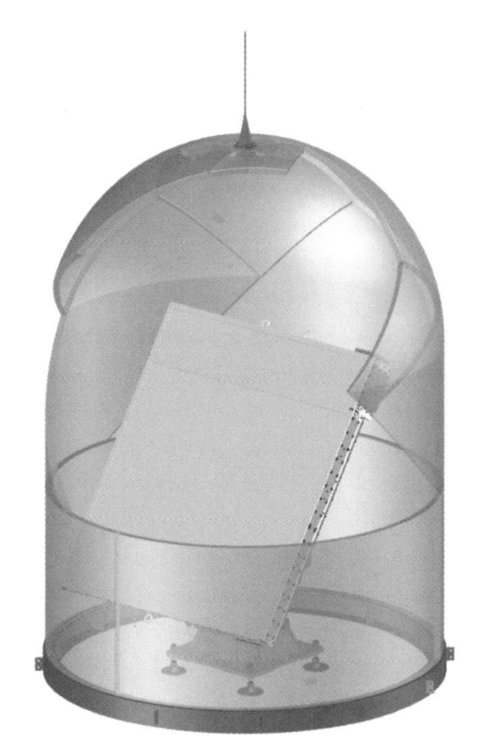

図１　開発した気象レーダの外観

2 フェーズドアレイアンテナを用いた全空間高速スキャン

開発したフェーズドアレイ気象レーダと従来の気象レーダのボリュームスキャンの違いを図2に示す。

従来のパラボラアンテナ式の気象レーダでは，アンテナを方位方向に1回転させる毎にアンテナの仰角を機械的に動かし，複数回の回転データを合成し，ボリュームスキャン結果を得ていた。20秒で1回転させ，5分毎に15仰角をスキャンするのが一般的である。

フェーズドアレイ気象レーダでは，アンテナを仰角方向に動かさなくても電子的にスキャンすることができる。アンテナを機械回転させながら，所定の角度毎に仰角方向をスキャンし，それらを合成することで，1回転させるだけでボリュームスキャン結果を得ることができる。

フェーズドアレイ気象レーダでは仰角方向を電子的に高速スキャンするために，デジタルビームフォーミング技術を採用している。これは，フェーズドアレイアンテナの指向性（ビーム）の形成を，各受信アンテナ素子で受信した信号をAD変換した後に処理プロセッサ上で行う技術である。処理プロセッサ上で受信信号を並列化し，振幅位相を調整することで，複数のアンテナビームを同時に形成できる。開発した気象レーダでは，ビーム幅の広い送信ビームを形成し，

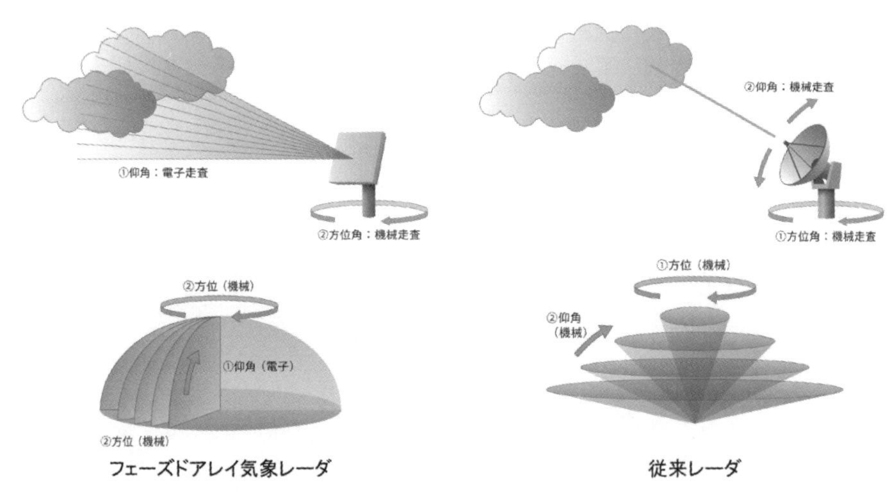

図2　フェーズドアレイ気象レーダ（左）と従来レーダ（右）のボリュームスキャンの違い

その中に受信ビームを複数同時に形成している（図3）。例えば10ビーム同時に形成すれば，パラボラアンテナで10回転させた分のデータを一度に得ることができる。さらに，送信ビーム方向を順次切り替えていくことで，仰角方向のスキャンが瞬時に完了する。

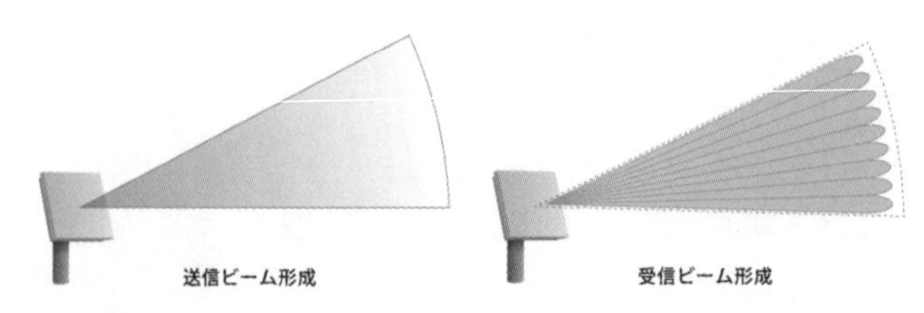

図3　デジタルビームフォーミングによる複数受信ビーム形成のイメージ

3 開発したフェーズドアレイ気象レーダの仕様と装置構成

開発したフェーズドアレイ気象レーダの仕様を**表１**に示す。開発したレーダは，最短10秒で１回のボリュームスキャンを完了できる。回転速度を速くすれば，その分，時間分解能を上げることが可能である。一方で遠くまで観測しようとすると，パルス送信間隔を長くしなければならず，各方向における送信パルス出力数が減ってしまうため，エコー強度といった気象プロダクトの精度を悪化させてしまう。そのことを加味し，送信尖頭電力は最大1,600 Wとし，１周10秒で回転時は半径30 km程度まで，１周30秒で回転時は半径80 km程度まで，高度は15 km程度までの範囲を観測することを想定している。

表１　開発したレーダの仕様

項目	値
送信周波数	9.4 GHz
回転速度	最短１周10秒
想定観測範囲	高度15 km程度まで 半径30 km程度まで（1周10秒回転時） 半径80 km程度まで（1周30秒回転時）
送信尖頭電力	最大1,600 W
距離分解能	75 m/100 m/150 m
処理分解能	50 m
標準的な仰角スキャン数	1°毎360方向
水平アンテナビーム幅（送受）	約1°
垂直アンテナビーム幅（受信）	約1°
仰角方向観測範囲	−5〜87°
偏波	水平偏波
外形寸法	2.5×1.8×3 m

開発したレーダは高時間分解能であるだけでなく，高空間分解能のデータ解析が可能である。最短75 mのレンジ分解能のパルスを送信し，50 m毎に気象プロダクトを出力できる。また標準的な仰角方向のスキャン数は１周につき360方向である。

アンテナについては，現業の気象レーダ[4]を考慮し，水平ビーム幅は約1°とし，垂直ビーム幅も約1°から形成できるようにした。仰角方向の観測範囲は−5〜87°程度であり，アンテナ素子に採用しているスロットアレイアンテナの指向特性により，天頂方向のごく限られた範囲は観測範囲から除外される。偏波に関しては，単偏波，水平方向のみである。

開発したレーダは，空中線装置とデータ処理ワークステーションにより構成され，構成自体はシンプルである（**図４**）。空中線装置の前面は，アンテナ面であり，導波管スロットアレイアンテナが垂直方向にスタックされている。背面には送信機，受信機，および送受信の制御や受信信号をAD変換するデジタル回路等を積載している。また，外部にアンテナ部を回転させる制御装置を備える。各受信アンテナで受信した信号は，AD変換され，データ処理ワークステーションに転送される。データ処理ワークステーションは，この一台で，空中線装置の制御・監視，受信した信号のデジタルビームフォーミング処理と気象プロダクトへの変換機能をもつ。さらに，レーダの監視制御，データ処理をさせながら，リアルタイムに降雨状況を確認できるクイックルック機能も搭載している。

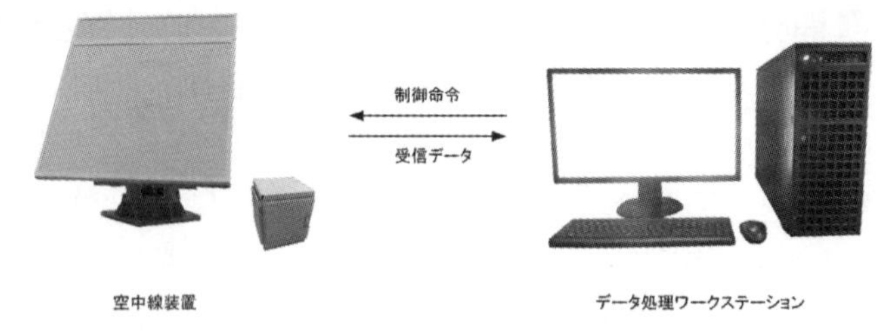

図4　レーダ装置の構成

4 観測事例

開発したフェーズドアレイ気象レーダについて，2015年7月に無線局の免許を取得し，日清紡ホールディングス㈱の中央研究所（千葉県千葉市緑区）に設置し，同年8月下旬から試験観測を開始している（**図5**）。

図中右上にあるのがフェーズドアレイ気象レーダ

図5　開発したフェーズドアレイ気象レーダを設置した日清紡ホールディングス㈱中央研究所

まず，開発したフェーズドアレイ気象レーダと従来レーダのボリュームスキャンの見え方の違いを**図6**に示す。ここでは，フェーズドアレイ気象レーダで観測した5分間データを用いて従来レーダのボリュームスキャンを模擬し，その中間時刻の30秒間のボリュームスキャン結果と比較した。使用した観測データは，2015年9月10日に鬼怒川の決壊を引き起こした線状降水帯の千葉側の南端部を2015年9月9日に観測したものである。従来レーダのボリュームスキャンの模擬方法は，30秒毎に低い仰角から順に2°分のデータを使い，5分間のデータで0°から20°の範囲の合成している。図6はエコー強度の図であり，普通，値が大きいほど，雨滴の粒の数が多く，粒も大きい。なお2015年夏季の観測においては，レーダの性能評価を兼ねており，30 kmの範囲を30秒で観測していた。水平方向断面図の南西の領域に注目すると，従来レーダのボリュームスキャン結果は，フェーズドアレイ気象レーダのボリュームスキャン結果に対して，縦方向に降雨領域が広がっている。一方で北西の領域においては，縦方向に降雨領域が狭くなっている。また，垂直方向断面図に注目すると，従来レーダのボリュームスキャンの結果と，フェーズドアレイ気象レーダのボリュームスキャンの結果では，様相が異なっている。これらの違いは，フェーズドアレイ気象レーダのボリュームスキャンの結果は30秒間の瞬時的な結果であるのに対し，従来レーダのボリュームスキャンは5分で雨域の落下，移動の影響が含まれていることによる。また，フェーズドアレイ気象レーダでは，近傍の上空においても雨域を特定することができている。よって，フェーズドアレイ気象レーダでは，時間変化に

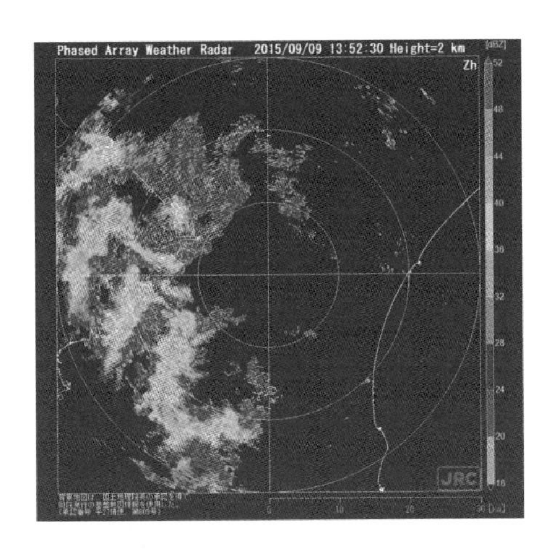

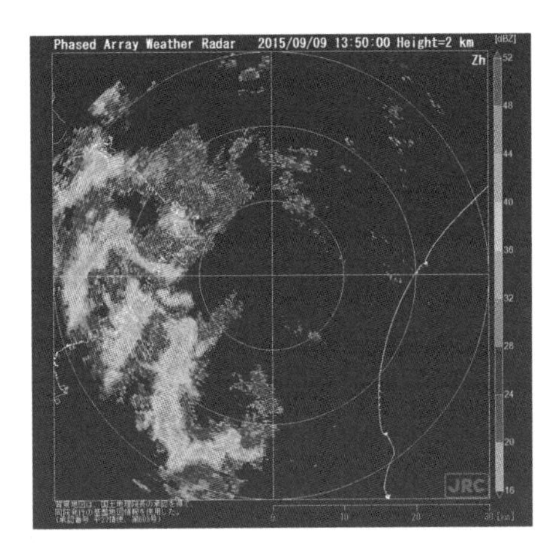

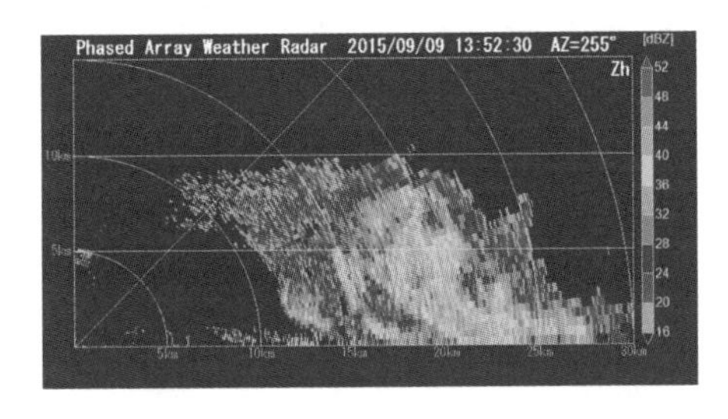

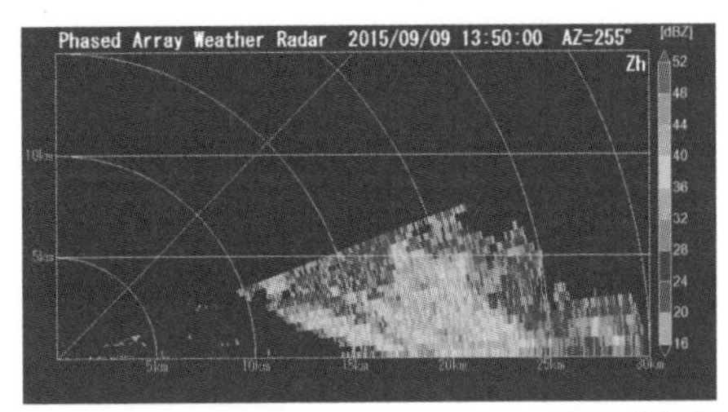

※口絵参照

図６　開発したフェーズドアレイ気象レーダ（左）と従来レーダ（右）のボリュームスキャン結果の違い。上段図は高度２kmにおける水平方向断面図（中心はレーダ位置）。下段図は方位角255°の方向の垂直断面図。両者ともにエコー強度である。開発したレーダの画像は，13時52分30秒からの30秒間のボリュームスキャン結果。従来レーダの画像は，開発したレーダのボリュームスキャン結果を2015年９月９日13時50分からの５分間データを用いて，30秒毎に２°分のデータを２°ステップ毎集約し20°の範囲を合成することで模擬した（背景地図は，国土地理院長の承認を得て同院発行の基盤地図情報を使用した。承認番号 平27情使，第609号）

おける影響を最小限にし，豪雨をもたらす領域をレーダ近傍含め，より正確に特定できる。

次に，急速に積乱雲が発達した事例として，2016年３月28日夜に東京近郊で発達した積乱雲の観測例について示す。このとき，開発したフェーズドアレイ気象レーダで80 kmの範囲を30秒毎に観測していた。**図７**は20時40分からの１分毎のエコー強度の変化を３次元的に示すものである。わずか数分の間に，新宿（図中の黄色十字）上空に強エコー域が発生し，下降しており，従来レーダの５分毎のボリュームスキャンでは，このような様子を捉えるための時間分解能が不足していることが分かる。この時間帯に，インターネット上に新宿付近の降雹に関する投稿が多数あったことから，強エコー域は雹だった可能性がある。フェーズドアレイ気象レーダでは，本事例のように，激しい気象現象を引き起こす積乱雲の発生発達の様子をより早い段階から捉えることができているのが分かる。

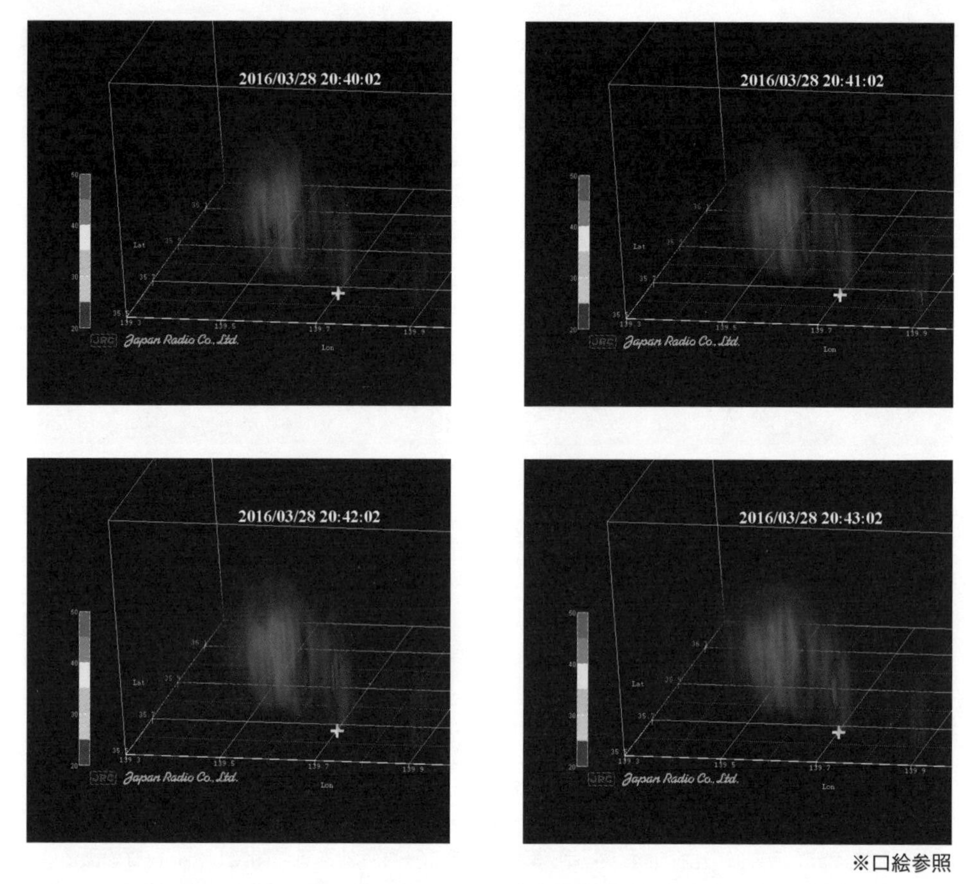

※口絵参照

図7　2016年3月28日夜に東京近郊で発達した積乱雲の20時40分からの1分毎のエコー強度の3次元画像（左上→右上→左下→右下）。図中の黄色十字は新宿の位置を示す

5 まとめ

本稿では，当社が独自に開発した3次元空間を高速にスキャン可能なフェーズドアレイ気象レーダの概要と観測例について述べた。開発したフェーズドアレイ気象レーダでは，高度15 km，半径80 kmの範囲を30秒で観測でき，従来の時間分解能では観測が難しい，積乱雲内における強雨域の発生，下降の状況をより正確な位置で観測できることを示した。開発したレーダの観測データを活用することで，激しい気象現象の防災情報をより早い段階から正確な位置情報とともに発信することが可能になると期待できる。

一方で開発したフェーズドアレイ気象レーダには課題も残る。これまでのパラボラアンテナ方式のレーダに比べて，レーダ本体の内部構造が複雑でコストがかかる。また単偏波レーダであるので，国土交通省のXバンドMPレーダといった現在配備されている2偏波レーダと比較すると，雨量換算時の定量性に欠け，雨，雪，雹といった判別ができない。今後，こういった課題に対しても取り組んでいく予定である。

当社では，今後数年間，開発したフェーズドアレイ気象レーダで試験観測を実施する予定である。現在，千葉大学環境リモートセンシング研究センターの鷹野敏明教授，樋口篤志准教授らの研究チームと共同研究を行っており，雲レーダ，ひまわりの画像といった複数センサによる観測網に，開発したフェーズドアレイ気象レーダを加えることで，積乱雲の外観的特徴や内部構造，発達の様相を明らかにし，激しい気象現象の発生予測に役立ていく予定である。

文　献

1) 気象庁：測候時報，**81**，55 (2014).
2) 中北英一ほか：京都防災科学研究所年報，第 55 号 B，319 (2012).
3) F. Kobayashi et al：*SOLA*，**7**，125 (2011).
4) 長田正嗣ほか：日本無線技報，58，17 (2010).

第3節　無線ネットワークを利用した河川監視システム開発

沖電気工業株式会社　小松﨑　司

1 はじめに

近年，台風や局所的豪雨によって洪水被害は甚大化している。

国土交通省の「水害統計調査」の河川等種類別被害額[1)]によると2008～2014年の河川における水害による被害額は年間平均約3,740億円となり，このうち，大河川である一級河川の国直轄管理区間は１割程度で，都道府県・市町村が管理している中小河川（一級河川の指定区間，二級河川，準用河川，普通河川）での被害が９割近くを占めているため，被害軽減には中小河川への対策が重要である。

また，対策には土木工事による堤防強化や治水ダム建設，貯水池の整備が重要であるが，同時に住民が適時に，かつ，安全に避難するために必要な行動の判断基準となる情報を自治体や住民に早期に伝え，また，水防活動全体を最適に推進するためのデータを蓄積し，知見を高めることが必要である。そのためには，水位，雨量の情報の収集と活用が重要である。

2005年の水防法改正においても水位情報周知河川の指定と特別警戒水位の設定がなされ，国土交通大臣または都道府県知事は，主要な中小河川（水位情報周知河川）において避難勧告の目安となる特別警戒水位を定め，当該水位への到達情報を関係都道府県知事や水防管理者（市町村長）に通知し，一般住民に周知することと規定された。そのため，各自治体では河川水位データの収集，収集データに基づく迅速，かつ，適正な避難指示判断と住民への情報伝達が重視されている。

しかしながら，中小河川では予算的制約等から，リアルタイムな水位情報を収集するためのシステムが整備された河川はごく僅かである。

これは洪水・氾濫域に指定された箇所でも同じであり，まだ多くの中小河川において，情報収集は現地で人が目視しているのが実状である。近年相次ぐ中小河川での水害に対して住民の不安が高まり，水害の多い自治体を中心に，低コストでの河川監視システム導入への関心が高まっている。

このような中で中小河川での災害対策活動，水防活動に関わる負担を軽減し，より適切で安全な活動ができるように支援することが重要になってきている。

当社（沖電気工業㈱）では，これらの活動への課題解決を目指し，中小河川を対象にした河川監視システムを開発した。

2 従来の監視システム

大河川では，水位や雨量をリアルタイムな視覚的情報として入手可能なシステムが広く整備されている。これらのシステムは，国道等に敷設された光ファイバを活用して，水位計，雨量計，監視カメラによる映像等の情報を収集，提供しており，その情報は，一般にも公開され，PCやスマートフォン，携帯電話で入手可能である。実際に，国の委託を受けて水情報国土データ管理センターが運営する「川の防災情報」のホームページ[2)]から，自治体や住民は，雨量（1万380観測所），水位（6,922観測所）のリアルタイムなデータを入手し，水害の恐れのある状況を把握し，避難，災害対策活動に活用している。その利用頻度は年々高まっており，災害対策，避難活動に有効な情報源として評価されている。

3 当社の河川監視システム

当社のシステムは，中小河川を対象にして通信インフラが未整備の河川であっても，従来のシステムに比べて新規整備および運用にかかる費用が低コストである。また，観測ポイントの変更，増設も比較的に容易である。以下，当社の河川監視システムの概要を紹介する。システムは，「ネットワーク機能」，「データ収集機能」，「データ表示機能」，「他システム連携機能」の大きな4つの機能部で構成している。システムの主な構成を**図1**に示し，各機能の概要について以下に説明する。

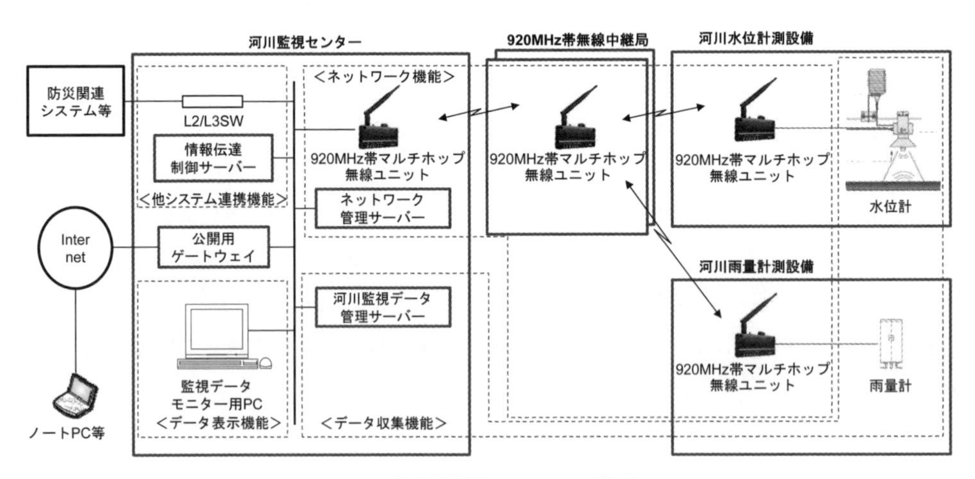

図1　河川監視システムの構成

3.1　ネットワーク機能

観測ポイントから収集する水位，雨量データは少量のデータであり，大容量伝送は不要である。このことから，観測ポイントと河川監視センター間の通信インフラには，ネットワーク構築が容易であること，災害に強いこと，比較的低コストであることを重視し，920 MHz帯マルチホップ無線ネットワークシステム（当社製）を採用した。920 MHz帯マルチホップ無線ユニットは河川監視センター（親局）と各観測ポイント（子局）に設置する。また，河川監視センターと観測ポイントの距離が長い場合にも，中継局を設置することで920 MHz帯マルチホップ無線通信のみでネットワークの構築が可能である。

採用した920 MHz帯マルチホップ無線ネットワークシステムでは，ネットワーク内の全ての経路をネットワーク管理サーバで集中管理しており，災害時の万一の故障により一部の通信経路が寸断されても経路を再選択が可能である。経路再選択は短時間に実行可能であり，再選択による欠測はほとんどのケースにおいて発生しないと考えられる。また，維持管理において遠隔から制御データやファームウェアの更新も可能である。

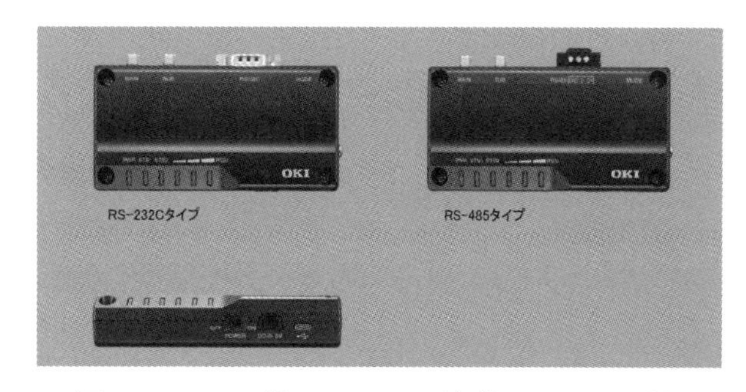

図２　920 MHz 帯マルチホップ無線ユニットの外観

920 MHz 帯マルチホップ無線ユニットの外観を**図２**，仕様を**表１**に示す。920 MHz 帯マルチホップ無線ネットワークのイメージを**図３**に示す。

表１　920 MHz 帯マルチホップ無線ユニットの仕様

項目		仕様
無線インタフェース	周波数	920 MHz 帯 （ARIB STD-T108 準拠：922.3～928.1 MHz）
	PHY/MAC 規格	PHY：IEEE802.15.4g MAC：IEEE802.15.4
	最大送信出力	20 mW
	伝送レート	最大 100 kbps（環境により異なる）
	伝送距離	見通し 約 1 km（環境により異なる）
	変調方式	GFSK
外部インタフェース	物理インタフェース	RS-485×1 または RS-232C×1 マイクロ USB×1
	上位接続方法	RS-485 または RS-232C
RS-485 対応プロトコル		ModBus RTU，他
ネットワーク規格		6LoWPAN，IPv6/RPL 等に対応
電源		DC5V：マイクロ USB，専用給電コネクタ AC100V：AC アダプタを接続
環境条件		本体：－20～＋60℃
最大消費電力		1W 以下
外形寸法		115×56×24 mm （突起物，取付プレート，アンテナ含まず）

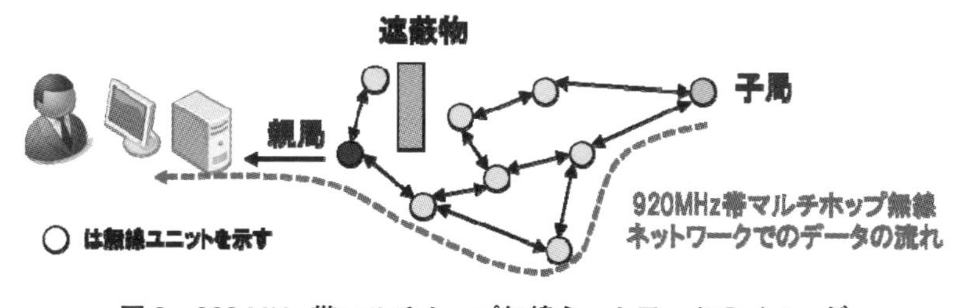

図３　920 MHz 帯マルチホップ無線ネットワークのイメージ

3.2 データ収集機能

観測ポイントの水位計，雨量計，河川監視センターの河川監視データ管理サーバで構成される。雨量計は，入手が容易で安価な従来からある製品を採用している。水位計には，安定していて，かつ精度の高い測定が可能な「超音波水位計」（静岡沖電気㈱製）を採用した。水位計の測定概要を図4に示す。

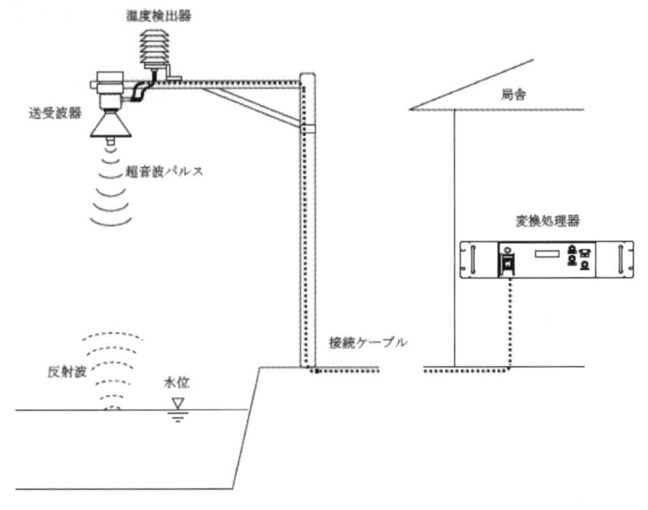

図4　水位計の測定概要

3.3 データ表示機能

表示機能では，大河川における河川監視システムとほぼ同等の機能を実装した。水位，雨量を表形式，およびグラフで表示する機能に加えて，グラフでは災害対策活動の基準水位となる水防団待機水位，氾濫注意水位，避難判断水位，氾濫危険水位のラインを表示し，リアルタイムに各種水位と現在の水位を比べて確認することができる。

また，雨によって河川が増水した際には，支川との合流点等に設置された排水機場のポンプの運転開始，停止を行う判断基準となる内水外水２つの水位が必要となることを考慮して同一地点の内水位，外水位を表示可能とした。表示画面例を図5に示す。

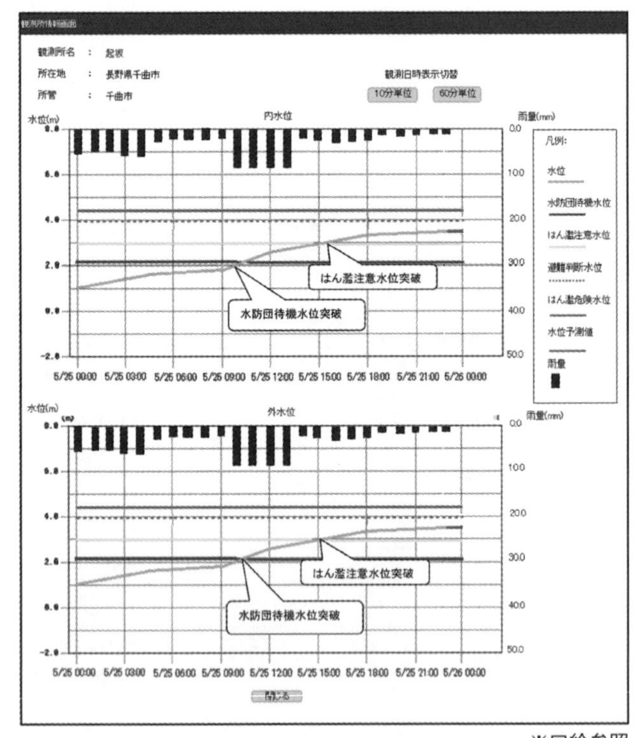

※口絵参照

図5　画面表示例

3.4 他システム連携機能

河川監視データ管理サーバに収集した各種情報は情報伝達制御サーバを介して，防災関連のシステムなどの他のシステムに転送することを可能にした。同機能により，河川監視情報をより広く，有効活用できる。他システム連携例として防災行政無線システムとの連携例を図6に示す。

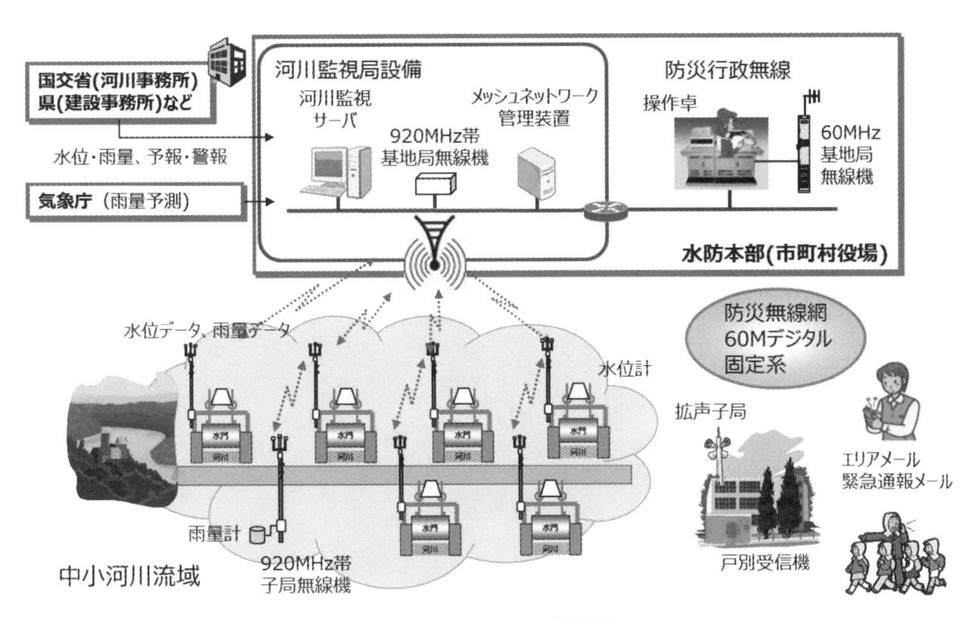

図６　他システム連携例

４ 導入事例

次に，当社システムが導入された事例について述べる。当社の河川監視システムは，国立研究開発法人情報通信研究機構（NICT）の大規模オープンテストベッドJOSE[3]に採用され，千曲市沢山川にシステムを設置した。千曲市沢山川に導入したシステムの構成を図７に示す。

設置した構成機器の概要を以下に示す。

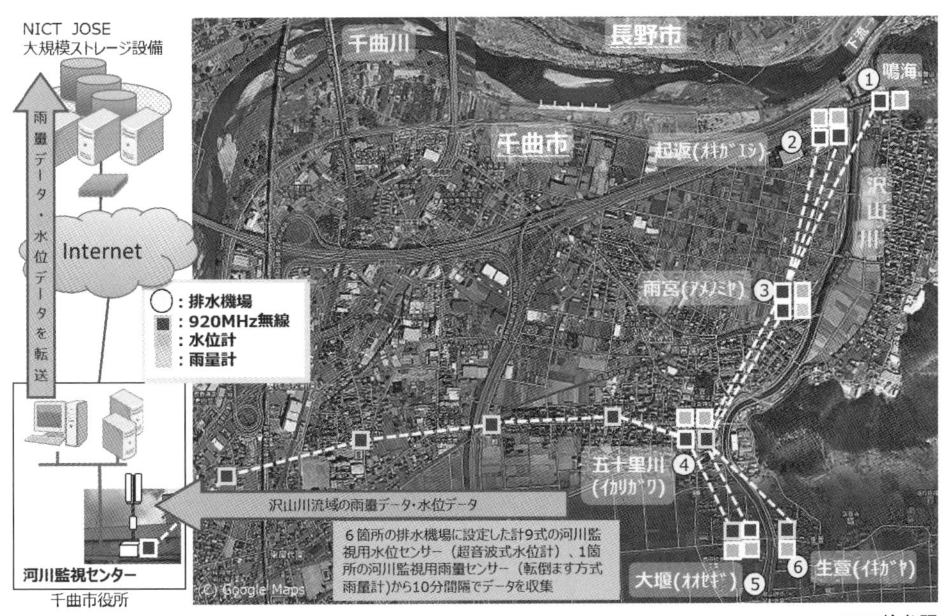

※口絵参照

図７　千曲市沢山川に設置したシステム構成

4.1 河川監視（監視センター，観測ポイント）

河川監視センターは千曲市役所内に設置した。

観測ポイントについては，沢山川の各所に設置された排水機場を中心に6箇所に設置（雨量計は1箇所に設置，水位計は内水位計測用に6箇所全てに設置，外水位計測用に3箇所に設置）した。監視センターではネットワーク親局装置からのデータを集約し，取得したデータを一括データベースにて管理を実施する。また，他システム連携用にデータフォーマットの変換を行う。各観測ポイントでは水位計，雨量計の各装置にデータを蓄積し，必要なデータをネットワークへ供給する。

4.2 920 MHz帯マルチホップ無線ネットワーク

920 MHz帯無線ユニットは，千曲市役所に1台，観測ポイントに10台，中継局として5台の計16台を設置した。観測ポイントから河川監視センターまでの最大ホップ数は8ホップ，再送等の対策をとることによって欠測はほぼゼロと安定している。

5 今後の取り組み

中小河川の急激な水位上昇に対して発生現象のリアルタイムな収集，表示だけでは十分な支援ができない。避難行動要支援者の避難支援を考えた場合，動き出すタイミングは避難行動の能力により異なり，早いうちから避難準備が必要となる。ただし，早めの避難指示等については空振り等の恐れもあり，より適切で速やかに避難指示等の判断を可能にするためには，3時間先の水位予測を可能にすることが必要と考えている。

災害発生と避難指示等のタイミングについて**図8**に示す。また，**図9**に水位予測による情報発信支援について示す。

これまで計測設備が未整備であったことから，現段階での中小河川におけるデータ，知見は少なく，また，全国各地の中小河川各所での周辺環境，気候の違いから事情が大きく異なる等，有効な予測システムの実現にはまだ解決しなければならない多くの課題が残っている。しかしながら中小河川の監視データを蓄積し，知見を増やし，水位予測を可能にすることは，中小河川の水害による人的被害，

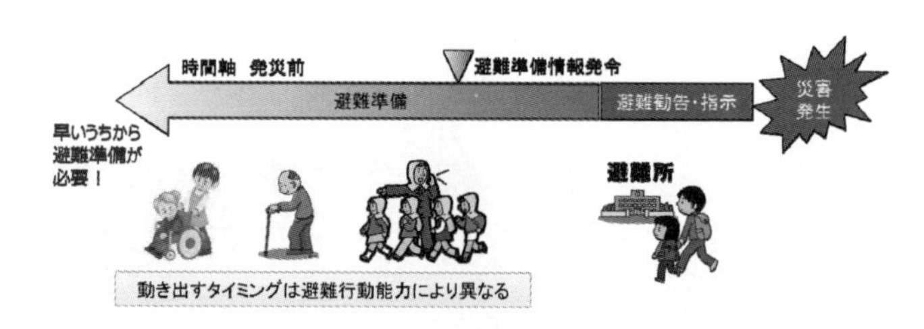

図8　避難指示等の発信タイミング

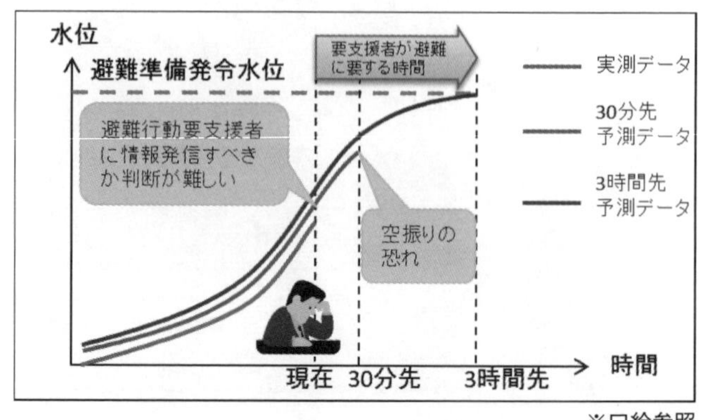

※口絵参照

図9　水位予測による情報発信支援

経済的被害を軽減するためには欠かせないものであり，その意義は大きい。

当社では現時点で30分先の予測精度を確立することができるようになってきており，千曲市に設定された河川監視システムから得られるデータを分析，検証を続け，知見を蓄積し有効な予測システムの開発に努め，国や都道府県，自治体が既に計測機器を設置し公開している雨量，水位のデータの活用，水位予測において欠かせない雨量データについて，気象庁や気象サービス会社の予測データと連携していく予定である。

また，近年活発になっている関係各所での中小河川における局地的豪雨対策の動きとの連携も図ることで，予測システムの早期実現に努めていく所存である。

文　献

1）平成24年水害統計調査　統計表「河川等種類別被害」過去20年間資産別河川等種類別被害額（平成17年価格）（表-37）：
http://www.e-stat.go.jp/SG1/estat/GL08020103.do?_toGL08020103_&listID=000001118306&requestSender=search（最新更新日：2014年3月26日）
2）川の防災情報：
http://www.river.go.jp/kawabou/ipTopGaikyo.do
3）大規模オープンテストベッドJOSE（Japan-wide Orchestrated Smart/Sensor Environment）：
http://www.nict.go.jp/nrh/nwgn/jose.html

第４節　光ファイバを利用した防災システムの開発

古河電気工業株式会社　山下　鉄広

1 はじめに

地象情報（雨量，風速，気温，浸水等の情報）の収集には，電気式のセンサが広く使用されている。これら電気式センサは，電子／電気部品を使って観測を行うため，電源の供給が必要である。さらに得られた情報を防災対策の拠点へと伝送するために，無線テレメータや光伝送装置等の情報伝送機器を設置する必要があり，それら機器を駆動するための電源装置を設置する。また，電源線や電気信号線の配線に発生する誘導雷サージから機器を守るための保護装置を設置するのが一般的である（図１）。従来の電気式センサを用いた広域モニタリングシステムでは，モニタリングポイントにこのような付帯設備を設置する必要があるため，施工費を含む導入コストが増加する傾向にある。また電子／電気部品が屋外（センシングポイントおよびその近傍）に設置されるため，落雷や浸水等，災害発生時の環境下での故障率の増大が懸念される。

筆者らはこのような問題を解決するために，光ファイバを利用した観測システムの開発を行っている。センシングポイントに光ファイバ，光部品等パッシブ部品で構成される光ファイバセンサを用い，観測所および防災拠点と光ファイバで結ぶことで，観測点に付帯設備を構築する必要のない観測システムを構築する（図２）。

本稿では，筆者らの開発・製造している光ファイバセンサについて，技術と実施例を紹介する。

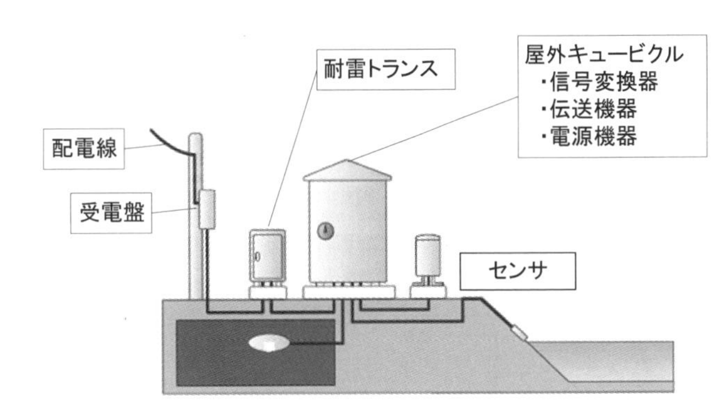

図１　電気式センサの設置例

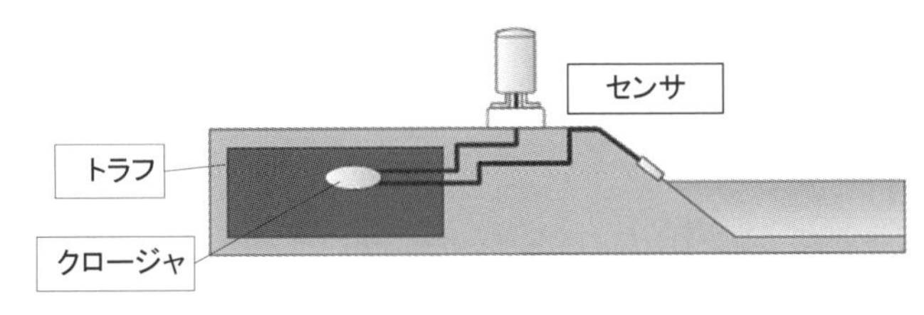

図２　光ファイバセンサの設置例

2 光ファイバセンサ

2.1　光ファイバセンサの特徴

光ファイバセンサは，光ファイバ／光カプラ／FBG／光偏光子／ファラデー素子等の光部品から構成された光回路と機構部品から構成されている。通信用途で布設されている光ファイバ線路を介して，遠方の光源から光を送り込み，戻ってきた光を受光する。その戻り光を解析することで，センサ部の光回路が外部の影響によって起こす特性の変化を検知し，センサ部分で起こった事象を観測する。

電源や電気信号を無中継で長距離伝送することは難しいが，光ファイバは数～数十キロメートルの長距離を無中継で伝送することが可能である。センシングポイントにはパッシブ部品で構成されたセンサを設置し，数十キロメートル離れた観測所に光源（LD）や受光部（PD）といった電源が必要な検出器等を設置する。その間を光ファイバで結ぶことでセンシングポイントに電源不要の災害に強い観測システムを構築することができる（**図3**）。

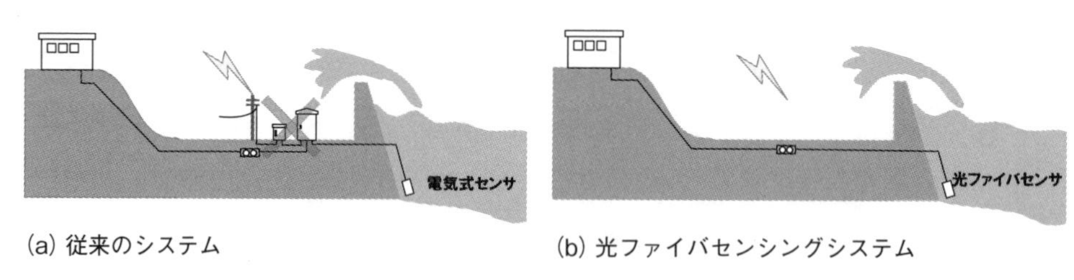

(a) 従来のシステム　(b) 光ファイバセンシングシステム

図3　災害に強い観測システム

2.2　光ファイバセンサに応用した技術

2.2.1　ファラデー素子

ファラデー素子は，その磁気的性質で中を通過する光の状態に影響を与える。その効果を使い，磁界によって作動する光スイッチを構成することができる（光近接センサ，**図4**）。

光雨量計はそのスイッチを用いて，転倒マスの転倒回数をカウントする（**図5**）。

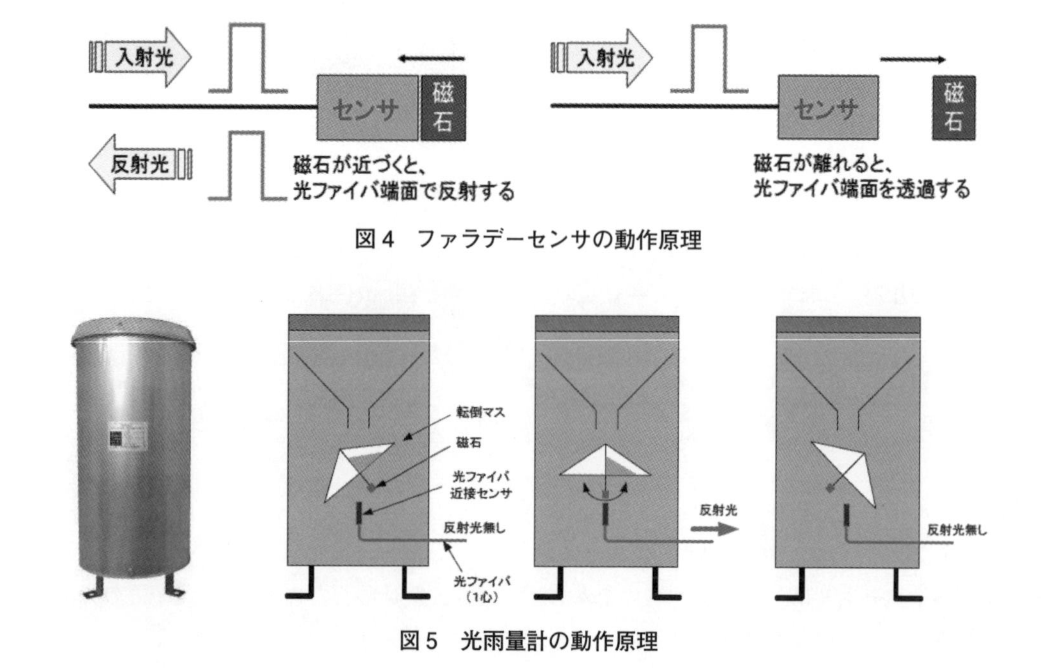

図4　ファラデーセンサの動作原理

図5　光雨量計の動作原理

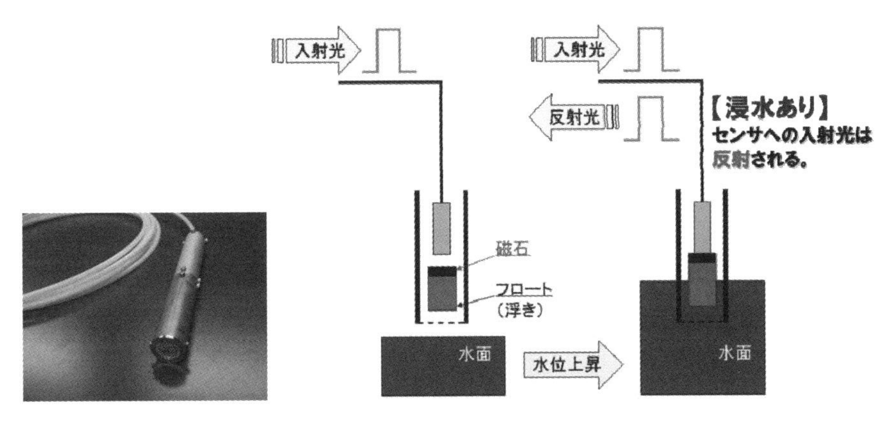

図６　光浸水センサの動作原理

光ファイバを介して遠隔地からリアルタイムで雨量を観測することが可能である。光浸水センサは，磁石を取り付けたフロートが浸水によってセンサに近づくことによってスイッチが入る（**図６**）。

2.2.2　スリット

光軸を合わせて対向させた光ファイバの間を物理的に遮断すると，光信号が遮断される。スリットを入れた円板を回転させると透過／遮断が繰り返され光パルスが生成される。

光風速計は風杯の回転をスリット板に連動することで，遠隔地から風杯の回転数を計測する（**図７**）。

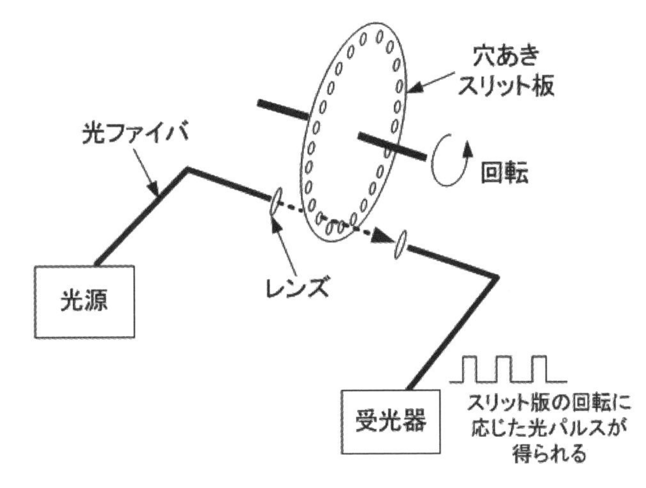

図７　光ファイバエンコーダの動作原理

2.2.3　FBG

FBG（Fiber Bragg Grating）はファイバのコアの部分にブラッグ回折格子を形成したもので，特定の波長の光のみを反射する。反射フィルタとして利用できるほか，波長制御素子，センサ素子等に応用することができる。

FBG によって反射される光の波長は回折格子のパターンによって決定される。この FBG に温度や外力が加わると光ファイバが膨張や伸縮し，それに伴い回折格子の間隔も変わり，反射する波長も変化する。この特性を生かして歪や温度変化をセンシングすることができる。
光水位計は FBG をダイアフラムに貼り付け，水圧によって FBG を伸縮させる。その水圧による波長シフト量を遠隔地から測定し，水位に換算する（**図８**）。

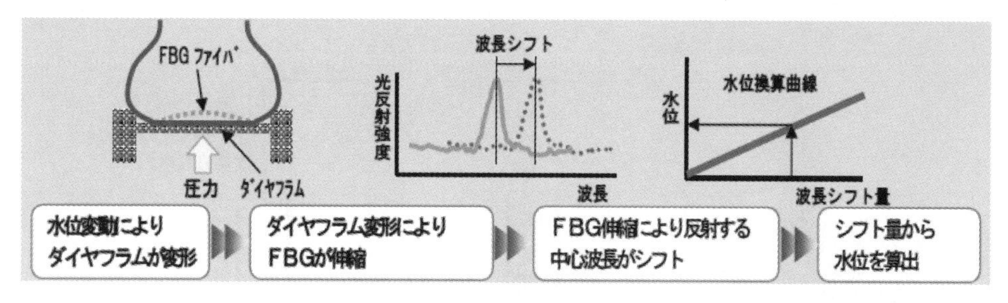

図8　光水位計の測定原理

3 実施事例

光ファイバセンサは，地球温暖化等の影響による局地的な豪雨の多発や猛烈な台風の接近という背景から，河川や下水道の増水を監視する水位計測，多量の雨水の流入による道路（アンダーパス）の冠水・浸水検知に利用されている。

図9　光水位計設置状態

図9は，下水道革新的技術実証研究（B-DASHプロジェクト）「ICTを活用した浸水対策施設運用支援システム実用化に関する技術実証事業」にて，下水道内に設置した光水位計である。

図10は，地方自治体における防災・減災の取組みの実施である。自治体内に整備された光ファイバネットワークにパッシブセンサをつなぎこみ，防災センターに情報を集約する。

※口絵参照

図10　岡山県鏡野町のパッシブセンサネットワークの取組み

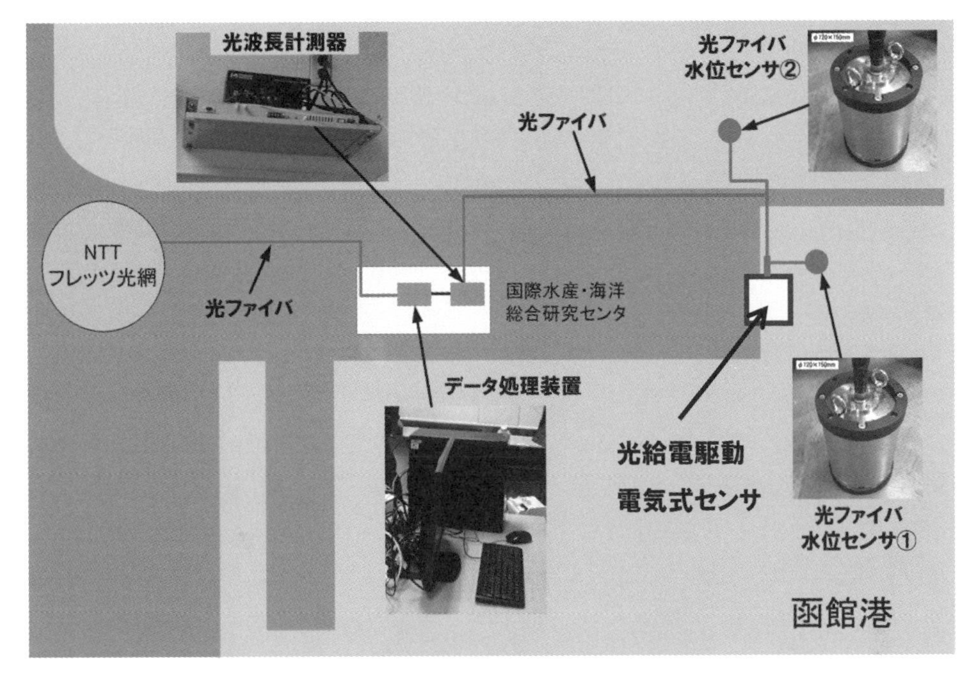

図 11　海洋モニタリングシステム実証

また，電気ノイズに強いため鉄道の風速計測，急斜面の土石流検知，山間部や市街地の雨量計測等に利用されている。さらに海洋関連では，情報伝送機器や電源が不要なことから，津波を被っても動作に影響しない潮位計として光水位計を適用，光ファイバで電力を供給する光給電システムと併用して，海中の塩分濃度等をモニタリングする電気センサ複合システムの実証も進めている（**図 11**）。

4 おわりに

本稿では，屋外の設置部分を光受動部品のみで構成する防災用光ファイバセンシングシステムの実施例について紹介した。今後は，環境モニタリングや構造物の劣化対策等に適用するシステムの開発も進めていく予定である。

文　献

1) 小川雅英，輿水聡，増井洋介，村山英晶，田畑和文：鉄道光防災センサ実証試験システムの構築と評価，センサ・マイクロマシンと応用システムシンポジウム（2010）.
2) 光ファイバセンシング振興協会：光ファイバセンサ入門（2012）.
3) 小川雅英：屋外に電源・電子部品を用いない防災用光ファイバセンサ，月刊 OPTRONICS，**33**（391），80-83（2014）.
4) 小川雅英：わかりやすい光ファイバセンサ（No.2），㈳日本下水道光ファイバー技術協会広報専門委員会第 4 小委員会（2012）.
5) 小川雅英：光ファイバセンサ（ガラスで作る広域防災・構造物の神経網），建設電気技術，**177**，11-12（2012）.
6) 佐藤佑樹：ICT で守る安全・安心な暮らし（岡山県鏡野町 / 電源装置不要のパッシブセンサで雨量・水位を計測），月刊 J-LISH，144，4-8（2014）.
7) ㈱エコニクス：光ファイバを用いた海洋観測システム概要
http://www.econixe.co.jp/image_data/NEWS/83_5.pdf

第5節　止水扉・止水板・止水シート開発
―㈱大奉金属の止水製品開発―

株式会社大奉金属　宮近　孝昌

1 はじめに

当社（㈱大奉金属）が止水事業を始めたのは1999年の6.29福岡豪雨災害がきっかけであった。被災したビルに止水板を設置して欲しいとの依頼によるものである。当時福岡市東区にあった当社ビルと工場もその時50 cmの床上浸水となり，電話の断線不通や工場の機械が使用不能また駐車場の車全てが被害を受けて，豪雨による脅威を思い知るとともに止水板の必要性を実感することになる。

当社が取り扱っているアルミ部材を使用した開発第一号の止水板，次が防水シートを立ち上げる簡易型止水シートで，その後は扉形状が片開き・両開き・引き戸・折れ戸と次々に開発を行い，工場での15 m水深実証試験を繰り返しながら漏水量一時間・m^2当たり20 L以下という基準を各種形状の扉でクリアし，限りなく漏水量ゼロを目指している。

また工場内での試験データ蓄積のため，実験機を現在3基から6基に増設し，電気配線の盛り替え無し工事や高水深に対応する生産体制を整えている。さらに止水ゴムについても改良を続けており，高復元性ゴムの断面形状検討や，この春には膨張型のゴムを用いた止水扉（**図1**）の20 m水深実証試験も成功を収めたところである。

以下，当社が開発した各種形状の止水製品のコンセプトとその構造を説明する。

図1　膨張型ゴム使用の止水扉実験機（タイホード）

2 脱着式止水板

止水シートを開発する以前，当時（6.29 福岡豪雨災害）はパネルを脱着する方法の需要が 100％に近かったため，当社は単純な構造を目指して建物躯体に SUS 枠を取付け，パネルにはアルミ中空型材に角パイプを挿入し耐圧強度を確保する方法を開発した（**図 2**）。

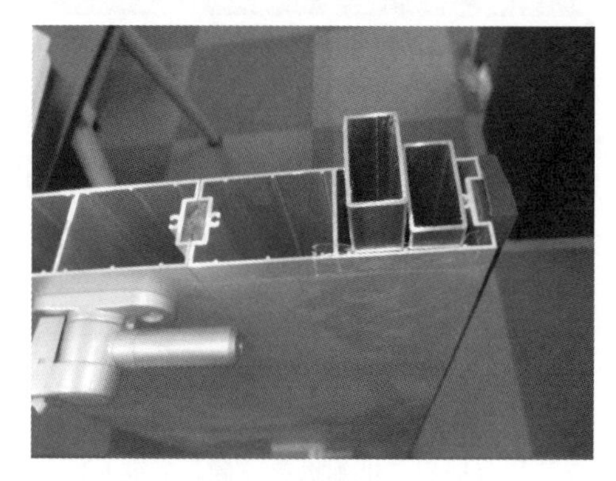

図 2　アルミ中空型材と角パイプ

止水ゴムに関しては選定に迷うことが多々あり，水密性・耐久性・操作性・復元性等を勘案した結果，当該製品には単独気泡のスポンジゴムを採用した。

地下出入口の床はほぼ大理石等で仕上がっており，床面に SUS 枠を埋め込むことは不可の場合が多いので上記スポンジゴムを直接床材に圧着させる方法を開発した。

止水パネルに付けている締め付けハンドルを 90° 回転させることで下部（床面）と側面（SUS 縦枠）を同時に押し付けることにより，単にパネルを置くだけの方法より止水効果を高めるものである。この製品は JR 品川駅にも採用されている（**図 3**）。

図 3　3 列 2 段の止水板

この製品の軽量化については現在型抜き材を使用し，幅 1 m，高さ 30 cm で重さ 6.5 kg と開発当初の製品より 40％程度の低減を行い，女性にも扱いやすい物となっている（**図 4**）。

国内では脱着式止水板が一番多く採用されていると思うが，この製品のネックとしては保管場所の確保と，設置場所までの移動時間が必要という点である。設置面積が大きくなると中間柱や控え柱などの副資材が増えるので，さらに保管場所の確保で考慮を要する。

(a) 止水パネル本体

(b) 女性が片手で持ち運べるように軽量化

図 4　軽量化したパネル

3 簡易型止水シート

顧客からの要望により「アルミパネル止水板の保管場所が無い，また，設置場所までの距離が長く設置時間がかかり過ぎる。設置者が一人しかいないので，シートを埋設して災害時には一人でも短時間でセットできるものを」との各要件を解決するため設計を見直した。

当時シートタイプは他社が製品化し施工実績もあったが，床に埋設されたシートは重なり合って収納（当社も同様の収納）されていて使用時にシートが癒着し引き上げることが不可能になる，設置時に手間がかかる等の不満が出ていた。

その問題を解決すべく，まずシート素材の選択では試験成績表と現物サンプルを多数取り寄せた中で一番シートの癒着が少なかったアキレス㈱の製品に決定した。採用したアキレス㈱のハイパロンシートY-500はゴムボートにも使用されており，水圧換算すると0.294 MPa（29 mの水深に相当するもの）であり，その強度は折り紙つきである。同時にアキレス㈱のシート接着技術も導入し高強度のシート式止水板が完成した。

図５　両サイド部（シート締付柱とファスナー）

次に両サイドの止水方法に工夫を加えた。シートの下部は容易に止水できるが，両サイドは当時シートを金属のFB（フラットバー）で押さえ，ボルトで締めこむ方法が主流であり，設置時間が長くかかっていた。当社はその解決方法として，角パイプで挟み込み，ファスナーで固定することにして短時間で一人でも操作できることが可能となった（**図5**）。

図６　実験機（洪水状態）

現在までに10回程度のモデルチェンジを行い，その都度実験を重ねて改良を続けてきた。本社実験場では幅6 m高さ1.1 mの規模で満水状態での経年実験（**図6**），およびシートを収納した状態の経年実験を続行中である。

このシート式とパネル式を合体進化させた製品の開発も行った。これは，床のハツリ工事が許されない現場に高さ36 cmのパネルを立て込んで低い浸水に対応させ，なおかつ避難時の通行を容易にするもので，それ以上の浸水高さには防水シートを引き上げて水の浸入を食い止める方法である（**図7**）。

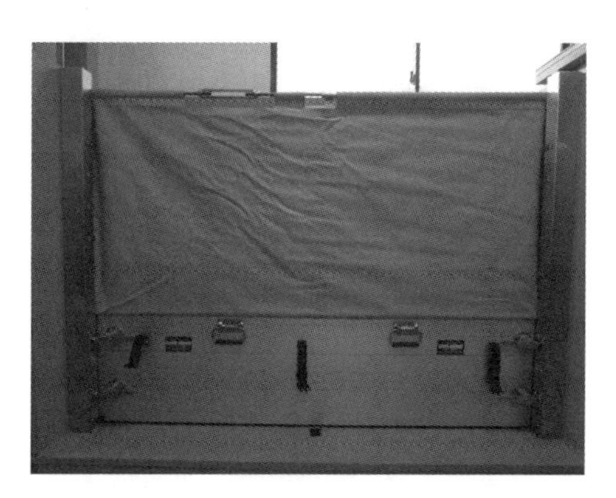

図７　シートを引き上げた状態

4 開き止水ドアで特許を得る

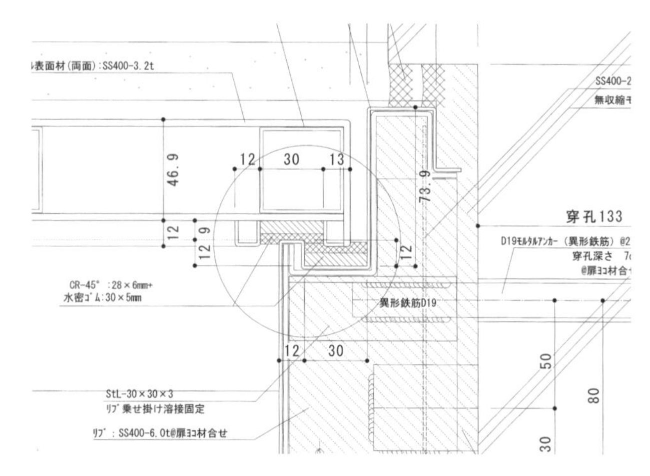

図8　四方相重ね部分の詳細図（図中円内が当該箇所）

倉庫入口や事務所入口，電気室入口と多くの場所で使用されている鉄扉において「四方相重ね」の方法で特許（第4534076号）を取得した（**図8**）。この考案には1999年の6.29福岡豪雨災害で，ある倉庫の地下駐車場入口鉄扉が歪曲し枠から外れているのを目撃したことに端を発する。扉のハズレを防ぎ，なおかつ止水性能を満足させるため扉と枠を互いに重なる構造として二重の止水ポイントを設け，通常は特定防火戸としても使用できる製品の開発に取りかかった。構造計算を綿密に行い，扉の厚みをできるだけ薄く設定し軽量化にこだわり，扉厚4.2 cmで15 m水深加圧実験に成功した（**図9**）。また，この製品には美和ロック㈱との共同開発で，シリンダー錠のサムターン側（室内側）に止水処理を行い同実験において高い止水性能を示した（**図10**）。

当社のこの止水ドアは漏水量がほぼゼロで，従来の止水扉に比べ薄くて軽く，かつ高い意匠性を保つ扉を実現提供し，コストの面でも大幅な削減を遂げ納入先の信頼を得ているものである。

図9　片開き止水扉実験機

図10　新型止水錠

5 折れ戸と両開きドア

止水扉の形状の中で難しいものが，折れ戸（図 11）と両開き負圧ドア（図 12）である。それは開口幅の中間に召し合せ部分ができることにある。その場合，普通は金属と止水ゴムの取り合わせで構成することが多いが，当社は敢えてゴムとゴムの取り合わせで折れ戸は 7 m 水深，両開き負圧ドアは 15 m 水深の加圧実験に成功した。いずれもゴムの性質と形状および張り方について何度も実験を繰り返し，実験機そのものの部材取替えも含め，独自の解決方法を編み出したものである。

折れ戸に付随する「回転戸当り」部材はステンレス板に風呂の栓をヒントに模した止水ゴムを貼り付けたものである（図 13）。

図 11　折れ戸実験機

図 12　両開き負圧扉実験機

図 13　回転式戸当りゴム

現在両開きドアの実験機を単体で正圧と負圧の二機種増設した。これは召し合わせの部分を金属とゴムの取り合わせで構成するものとし，これにより同扉形状のさまざまな止水ゴム開発が加速するものと考えている。

6 高水深での止水ドア

止水製品の当初は地上階での設置が主流であったが，近年ゲリラ豪雨の多発により地下階への雨水侵入は避けられないものとして地下階での止水扉設置が進められている。止水扉とはいえ，高水圧に対する構造体は当然として意匠性も兼ね備えた製品が求められている。水深 15 m という条件では水門ゲートなどの頑丈な土木構造体が挙げられるが，コンコースや地下通路の幅員を狭めてしまうので，当社は構造解析を行い軽量で据付担当職員が操作に手間取らないような製品作りを目指している。

また近年地下通路等のリフォームが行われており，それに付随して扉にも石を張るなどの要望が出されることがあるが，石を張ると平方メートル当り100 kgの負担増となってしまう。通路幅が6 mともなると枠も扉もその重量は3 tを超す場合があり，強い構造体に高い止水性との基本性能に加え意匠上の検討も加えなければならない。設計上の悩みが解決しても，その製品を短時間での作業によって取付ける検討が待っている。地上階から地下への重量物搬入・仮置き，地下での据付作業は他業種との協力を得ながら進められていくので，安全に設計どおりの据付が完了するまで施工管理・工程管理は気を抜けない。高い水深の設計においては扉本体と同じように，周りのコンクリート躯体と枠構造体との隙間シール部分にも気を配る必要がある。

そこで，当社は隙間の設計図を元にその部分が水圧に耐えられるかどうかの実証試験を行うため，専用の小型水圧実験機を開発製作した。これにより，あらゆる部分のシール実験および電気配線を盛り替え無しで施工できる方法を模索することが可能となる。

7 結び

筆者らは止水板とは水害時の避難経路の確保をするための防災設備として考えている。豪雨による災害の恐れが高くなり各防災機関からの指示を受け，職員が迅速にお客様を避難誘導し，止水設備の閉鎖をスムーズに行えて地下通路等の浸水から人命をまた各重要設備を守ることができて，その使命を果たすことができる。今後の課題として，①津波への対応，②地震に対応する構造の検討，③メンテナンス業務の実行の3項目を挙げることができる。

日本国内の大都市は海抜ゼロメートル地帯がかなりの面積を占めている。津波来襲時の初期流水圧を組み入れて，扉・枠の構造計算および解析を行い，破壊という最悪の事態にならないようにすることが必須と考えられる。地下構造体は地上階のものより安全な耐震計画をなされているとしても，地震時に扉が正常に開閉できるような構造の模索が求められると考えている。また，止水扉等が設置されてから数年経過しているので各設置箇所の止水製品の定期的なメンテナンス計画を策定し，お客様と協議してその実行を緊急に求められている。

当社は今後もあらゆる要求事項に対応できる体制を崩さず，緊急時に役立つ製品作りに邁進する所存である。

第6節　都市ダム化用保水材開発

小松精練株式会社　奥谷　晃宏

1 はじめに

近年，都市化の影響により屋根やアスファルト等で地表が覆われ，降雨が地下に浸透しにくくなり，内水氾濫といった都市型洪水が多発している。記憶の新しいところでは平成27年9月関東・東北豪雨では，河川氾濫により多くの被害が発生した。一方でこれまでの都市の雨水対策は，降雨をいかに速やかに排水するかといった観点から，整備されていた。しかし近年，都市の排水能力を超える局地的な都市型豪雨が頻発し，雨水対策そのものを排水型から保水型へと転換，いわゆる都市ダム構想が求められている。都市をダム化するには，地表を透水性材料で覆うだけではなく，高い保水性，雨水貯留性を有する材料を用いること，また路盤を含めた舗装方法，貯留システムそのものを設計，開発する必要がある。

当社（小松精練㈱）は日本道路㈱と共同で開発した透水性と保水性と併せ持ったブロック舗装材料“グリーンビズ Ground”（日本道路商標“レインボーエコロブロック Biz”）を活用して，こうした工法開発を行った。

2 エコロブロック Biz 工法

土地の区画形質の変更を行う開発行為において，雨水の河川流出抑制が求められている。しかし日本は国土の1/3を占める平地に人口と産業の場が集中しており，その多くが低地である。しかも河川の氾濫がおきる可能性のある国土の約10%の低地に人口の50%，資産の75%が集中しているといわれている。こうした低地は地下水位が高いところが多く，雨水浸透施設は不適である場合が多い。

こうした問題の解決策として，当社は雨水をできるだけ地表面で処理し，かつ地表部を駐車場や歩道通路・広場等として有効活用する舗装面で雨水を貯留浸透させることができるシステムの開発に取組んだ。これが本稿で紹介するエコロブロック Biz 工法である（図1）。

図1　エコロブロック Biz 工法の施行例

3 空隙貯留の仕組み

雨水を貯留浸透させる仕組みは，できるだけポーラスな舗装を表面に配置し，その空隙に雨水を貯めこみ，その雨水を重力により徐々に地下浸透させるものである。その雨水の一部は，表面に保水され，長期間に渡り水分を蒸発，気化冷却，いわゆる打ち水効果を発揮し，路面の温度低減をはかることができる（図2）。

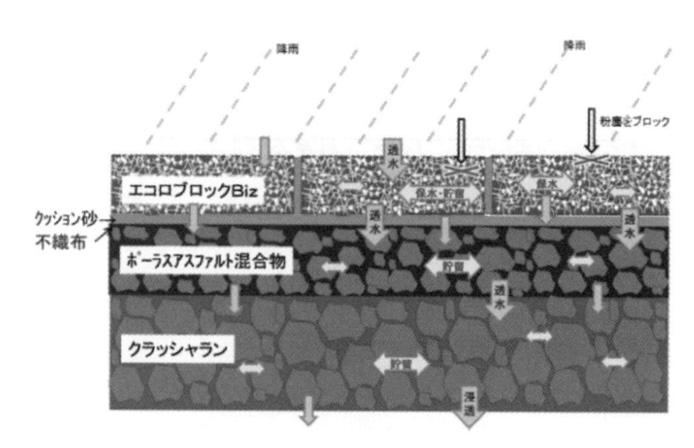

図2　雨水貯留浸透槽としてのイメージ

構造は極めてシンプルであるが，表面の浅い部分で貯留させ，かつ舗装としての機能を有し，それらの効能を長期間維持できる舗装表面材であるグリーンビズ Ground（エコロブロック Biz）は夏季の路面温度上昇抑制といった道路環境保全を目的として開発された。この材料の特徴を最大限生かし，空隙の大きさを改良することで，より多くの雨水を貯留浸透させるべくシステム化したものがエコロブロック Biz 工法である。

基層や路盤に使用される材料は一般的に使用される材料であり，本来透水機能を有する材料である。従来工法で行った場合，目詰りによりその機能を失うことがあるが，表面に特殊な空隙を持つグリーンビズ Ground は他社品比で詰り難い機能を有しており，その機能が維持できるようにした。

4 表層に使用するブロックの性状

グリーンビズ Ground（エコロブロック Biz）は，インターロッキングブロックである。このブロックの主骨材として使用している保水性セラミックは，当社が繊維素材を製造する過程で生ずる工場排水を，バクテリアを用いて浄化する際に発生・排出される余剰汚泥を有効利用している。活性汚泥法では，有機物分解の際に多量に増殖する微生物を適宜間引かなければ，自らの増殖により酸欠状況（赤潮）を引き起こし死滅してしまい，工場の操業をストップせざるを得なくなる。このため当社では年間で6,000～7,000 t もの余剰汚泥を産業廃棄物として処分していた。

この廃棄汚泥は2～3 μm の安定した大きさをもった有機物の植物や動物プランクトンで難脱水性を示す。逆に考えれば，水を抱えた丈夫なマイクロカプセルと考えることができる。これを粘土に混ぜ950～1,000 ℃で焼成したところ，活性汚泥の痕跡がそのまま残り，さらに細胞内の水分が焼成時の高温により水蒸気やガスとなって粘土から抜け，その際の空隙が連続性を持つセラミック基盤となることが確認された（図3，図4参照）。

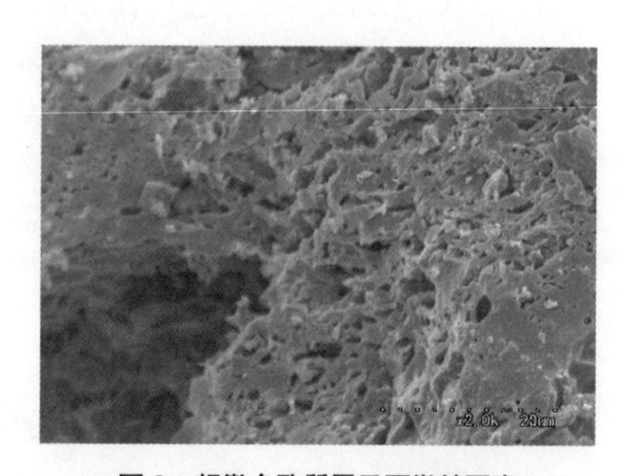

図3　超微多孔質電子顕微鏡写真

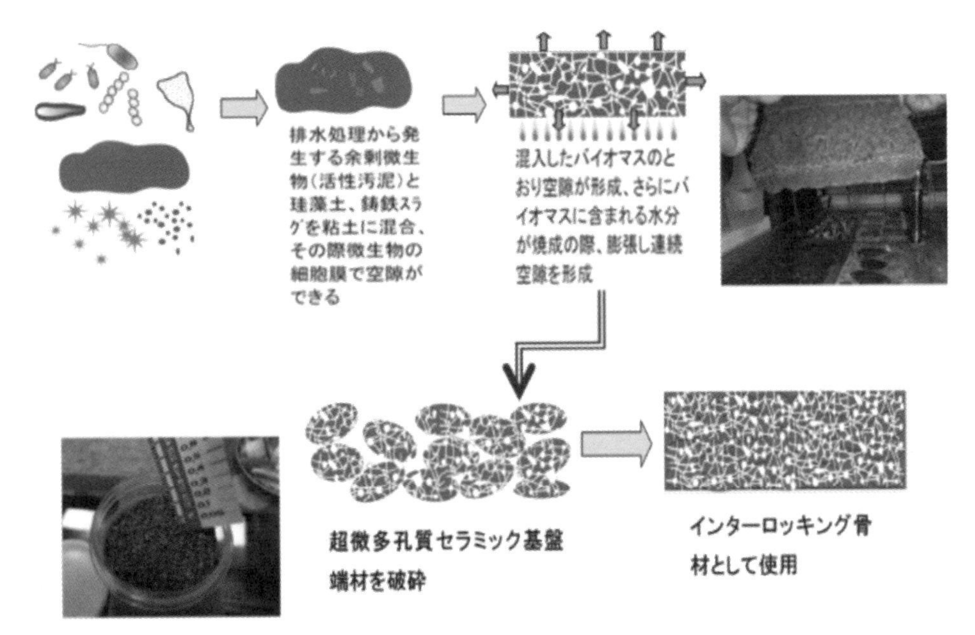

図４　余剰汚泥を利用してブロックを作る過程

この特殊なセラミック基盤は屋上緑化植生基盤材として製品となっている。しかし，この基盤自体は曲げ強度は確保できるが，舗装として適さなかった。そのため，緑化基盤として製造される際に発生する端材等を骨材として再利用し，舗装材とした。この端材等を破砕し粒径を調整したものをインターロッキングブロックの主たる骨材として使用している。これに補助骨材を加え，これらを適量配合することによって，曲げ強度3 MPaを上回るインターロッキングブロックとすることができた（**表１**参照）。

表１　グリーンビズ Groundの基準値と実測値

種別	社内計測値	製品の基準値
曲げ強度	3.23～5.04 N/mm^2	3 MPa以上
保水量（g/cm）	0.25	0.22以上
透水係（cm/s）	2.92～4.71×10^{-2}	1.0×10^{-2}以上
すべり抵抗（BPN）	83～82	60以上
環境安全性（溶出試験）	基準値以下	基準値以下

5 環境への配慮

保水性舗装は雨水を舗装に貯め，表面から蒸発させることにより潜熱（蒸発熱）効果で路面温度上昇を抑制するものである。グリーンビズ Groundは超微多孔質を有し，微細孔に保水，蒸発を継続することができる。貯留機能としては大きめの空隙が使われ，これにより保水と貯留浸透を両立できる。**図５**は2016年５月に京都で実測された舗装表面温度の様子であり，盛夏以外の季節でも温度低減効果が持続していることがわかる。

この微細な空隙を確保するため産業廃棄物である余剰汚泥を積極的に使用するが，管理された工場排水から作られたものであるため，雨水が浸透しても，有害物の溶出，汚染はない。さらに安全性を維持するため，定期的に安全性を確認している。基層にポーラスアスファルト混合物を使用する場合においても，アスファルト混合物は雨水に対して有害とはならない。

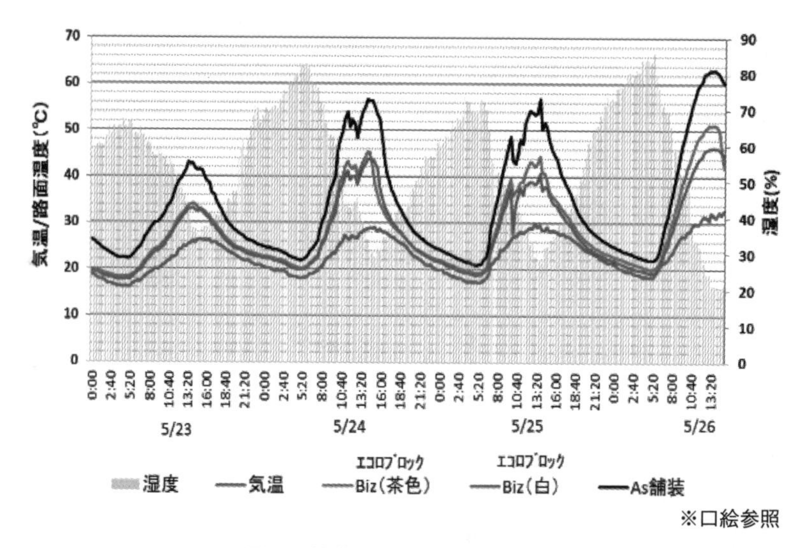

※口絵参照

図5　舗装表面温度（京都市内）

6 性能の維持

保水・透水機能が維持され，雨水貯留浸透槽として機能が継続することの実証として，木節粘土の懸濁液（8,000 ppm）を作り 10 L 投入した。これをグリーンビズ Ground に流入する土砂と想定して，目詰り試験を実施した。投入後，透水係数は 3×10^{-3} cm/s 以上であり，浸透性は良好であった（**図6**）。

さらに，実際に施工した駐車場で現場透水試験を行ったが，供用後 1 年半経過の駐車場あるいは 2 年経過の歩道であっても，透水機能は 1,000 mL/15 秒であり現場透水試験の規格値である 300 mL/15 秒を大きく上回っており，現場での透水性には一切問題がなかった。

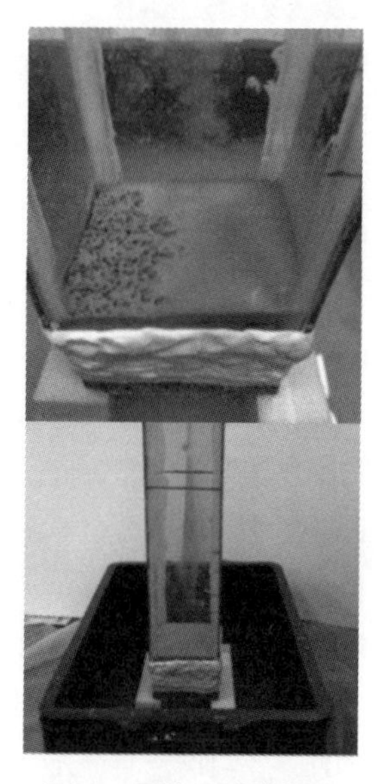

図6　目詰り試験状況

7 まとめ

埼玉県熊谷市役所公用車駐車場でエコロブロック Biz 工法による検証を行なった。施工場所は事前の調査で路床の飽和透水係数 1.81×10^{-3} cm/s であったが，グリーンビズ Ground（80 mm 厚），基層にポーラスアスファルト混合物 8 cm，路盤にクラッシャラン 15 cm 施工した状態で 100 mm/h の都市型豪雨に 4 時間以上耐え，溢流なしに処理できる結果を示した（**図7，図8**）。

図7　散水試験状況

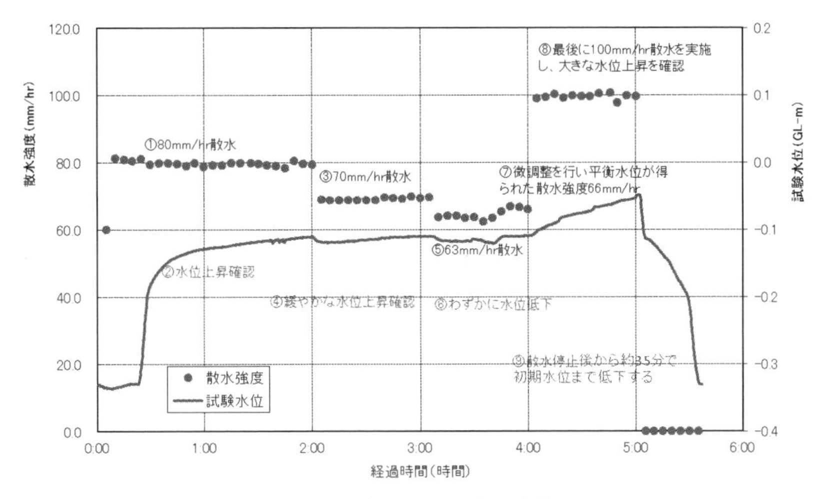

図８　散水状態での水位変化

エコロブロックBiz工法は産業廃棄物を有効利用し，道路，駐車場そのものを通行に問題が無い状態で雨水流出ができ，周辺環境温度上昇抑制に寄与できる工法である。

今回，雨水貯留浸透技術として評価認定を頂くことができた。（**図９**）本工法で施工することで雨水調整枡の機能の一部を肩代わりできるというものである。まさに都市ダム構想にふさわしい認定を頂けたと思っている。例えば，フルマラソンのコース（往復片道21.1 km道幅，21 m（両側歩道３m含む）にグリーンビズGroundを敷き詰めれば，材料だけで6,600 tを超える水を蓄えることが出来ることになる。路盤の貯水能力を含めればもっと多くの都市ダムとすることが出来る。本工法を広く世の中にご使用頂くことで社会に貢献できれば幸いである。

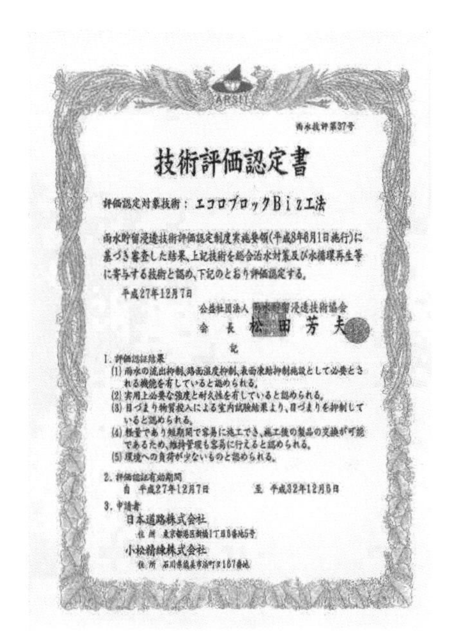
雨水技評第37号

技術評価認定書

評価認定対象技術：エコロブロックBiz工法

雨水貯留浸透技術評価認定制度実施要領（平成8年6月1日施行）に基づき審査した結果、上記技術を総合治水対策及び水循環再生等に寄与する技術と認め、下記のとおり評価認定する。

平成27年12月7日

公益社団法人　雨水貯留浸透技術協会
会　長　松田芳夫

記

1．評価認証結果
(1) 雨水の流出抑制、路面温度抑制、表面凍結抑制施設として必要とされる機能を有していると認められる。
(2) 実用上必要な強度と耐久性を有していると認められる。
(3) 目づまり物質投入による室内試験結果より、目づまりを抑制していると認められる。
(4) 軽量であり短期間で容易に施工でき、施工後の製品の交換が可能であるため、維持管理も容易に行えると認められる。
(5) 環境への負荷が少ないものと認められる。

2．評価認証有効期間
自　平成27年12月7日　　至　平成32年12月6日

3．申請者
日本道路株式会社
住所　東京都港区新橋1丁目6番地5号
小松精練株式会社
住所　石川県能美市浜町ヌ167番地

図９　技術評価認定書
（㈳雨水貯留浸透技術協会）

謝　辞

認定にあたり，ご指導頂いた㈳雨水貯留浸透技術協会各位，何よりも，今回の工法開発に当たり，全面的に評価，指導を頂いた日本道路株式会社技術営業部関部長様に感謝申し上げる。

コラム｜気象キャスターからのひとこと❸

気象キャスターの役割

現代はインターネットでいくらでも情報が得られる時代になっています。そんな中で，テレビで気象キャスターが気象情報を伝える意味はどこにあるのでしょうか。付加価値がなくては，テレビでの気象情報は見てもらえませんよね。では，その付加価値とは一体何でしょうか？

一つは，「天気予報の変動幅」を解説することだと思います。冬季に関東地方では南岸低気圧の通過に伴って雪や雨が降ったりすることがありますが，この現象の正確な予測は困難であるといわれています。このような現象が起こるとき，天気予報での天気マークの表示には雨を表す傘，あるいは雪を表す雪だるまのマークが現れます。しかし，インターネット上で気象庁の天気予報の本文をよくよく読んでみると，「雨または雪」「雪または雨」と表示されていることが多いです。

このとき，天気は雨と雪のどっちになるのでしょうか？南岸低気圧に伴う関東地方の降水現象では，ちょっとした大気下層の気温や風向き，降水強度などが雪か雨かをわけています。天気予報が「雨か雪」になっている場合は，私たち気象キャスターは防災上の観点からはきちんと「雪の可能性」について伝える必要があります。でも内心では「どちらかというと，雨の可能性が高いだろうな」と思っていることもあります。そのニュアンスはどのように伝えるべきでしょうか。

防災という意味では「雪の可能性」はもちろん伝えるべきです。しかし，「雪」ばかりが強調されてしまうとそれも問題です。交通や農業の分野で，雪対策のために多額の費用がかかってしまう場面もあるためです。

どれだけ踏み込んで気象情報を伝えることができるか悩ましいですが，できる限りそこを追求していかなくてはならないと思っています。昔，気象キャスターとして最も尊敬する先輩に，「攻める気象情報を目指しなさい」と言われたことがあります。先輩が言う「攻める気象情報」とは，「自分の解説する天気予報は自信をもって伝える」という意味だと私は解釈しています。ただし，これには十二分な経験と知識が必要です。これらの積み重ねによって，解説する言葉の一つひとつに説得力が生まれ，「この人の気象情報を見よう」とテレビのチャンネルをつけてもらえるのではないかと考えています。

そして，気象キャスターの非常に重要な役割は何より気象災害から人の命を守ることだと思っています。被災経験のない方は「きっとウチのところは大丈夫」と思われていることが多いのではないでしょうか。一方で，一度でも気象災害を目の当たりにした方の防災に対する意識はとても大きい傾向があるように思います。私が被災地に足を運んで被災者の方のお話を聞いたとき，特に災害直後は「夜に少しでも雨が降ると怖い」「ニュースにかじりついている」と口々に言われていました。そして，「次は絶対に早く逃げる」と繰り返されていたのが印象的でした。

2013年7月に，島根県や山口県で集中豪雨が発生し，大規模な水害が発生しました（気象庁はこれを「平成25年7月28日の島根県と山口県の大雨」と呼んでいます）。このとき，避難判断を誤って逃げ遅れた一家がいました。私が被災地でその一家の方に聞いた話を少し紹介したいと思います。

集中豪雨発生当時，辺りがどんどん浸水したため，その一家の方は，天井を突き破って屋根の上で救助を待ったとのことです。救助を待っている間，近所の家が流されていくのを目の当たりにして，いつ自分の家も流されてしまうのかという恐怖と戦っていたといいます。その話をしてくれた一家のお父さんが，話の最後に私にこう言いました。

「誰かの役に立つなら，自分たちが体験したことを伝えてほしい」

そのとき，気象キャスターとしての自分の役割を強く感じました。気象解析のスキルを向上することはもちろん，気象災害の発生する現場では何が起こり得るのか，人は何に油断し，避難判断を誤ってしまうのか。気象キャスターが気象情報を伝達する際に，これらのことを総合的に考慮して適切な注意喚起や避難の呼びかけを行うことができれば，みなさんの正しい避難判断や命を守るための行動に繋がっていくのではないかと思います。

気象情報を求めている方にとって，どのように役に立てるのか。命を守れるのか。そこに，気象キャスターの存在意義があると思っています。

〈寺川　奈津美〉

監修者あとがき

本書の編集過程の最中の2016年8月30日，台風第10号が太平洋から東北地方に向かうという異例のコースをとり，岩手県大船渡市に上陸した。その影響で，岩手県岩泉町を流れる小本川が氾濫するなどして，死者22名，行方不明者5名（2016年9月30日現在）の大きな被害が出た。

この災害は，近年の水害におけるさまざまな課題を浮き彫りにしている。すなわち

●気象予測の問題：
岩手県および北海道の山岳域に大雨が降ることは台風上陸前に予測され，テレビ等のメディアで警戒を呼び掛けられていた。しかし，「どの流域が危険なのか」という踏み込んだ予測は困難であった。事後の解析によれば，背の高い積乱雲が小本川周辺を通過しており，流域内で局所的に激しい雨が降った可能性がある。中小河川に対する流域雨量予測，洪水予測はこれから取り組むべき課題である。

●地方自治体の対応の問題：
災害対策基本法では，「市町村長は、必要と認める地域の居住者等に対し、避難のための立退きを勧告し、及び急を要すると認めるときは、これらの者に対し、避難のための立退きを指示することができる」と規定されており，住民避難に対して大きな責任を負っている。しかし甚大な災害は，一つの場所では数十年に一度しか起こらないため，対応する自治体職員は初めての経験を強いられてしまう。その結果，適切な対応が困難になることが多い。今回もまた，被災地の町長が避難勧告を出さなかったことについて陳謝する事態となった。

●避難の問題：
今回の災害で犠牲になったのは，高齢者福祉施設の入所者を含め，避難に時間を要する高齢者が多かった。水害の場合は，屋外避難をすることによって却って被災してしまうことがあり，いわゆる垂直避難（建物の二階以上への避難）もまた奨励されているところである。しかし大きな被害を出した高齢者福祉施設の建物は平屋であり，垂直避難は不可能であった。水害発生時に「どのタイミングで，どこへ避難するのか」は，毎回問題になる極めて難しい問題である。

今回の水害にかかわる諸問題は，今後の調査研究によって明らかになっていくと思われるが，類似の水害への対策を一歩でも前進させるために，引き続き研究者，官公庁や地方自治体の職員，民間企業，気象予報士，地域のコミュニティ等が協力し，知恵を出し合っていくことが大切である。

本書の企画をエヌ・ティー・エスからいただいたとき，「これは素晴らしい書籍になる」と思うと同時に，「第一線で活躍しているこれだけの方々が，本当に原稿を書いて下さるのだろうか」という不安があった。実際に原稿をお願いしてみると，その不安は全くの杞憂であり，40名を

超える方々がご多忙の中快く執筆を引き受けて下さった。

そのおかげで，豪雨・水害のメカニズムにとどまらず，水害対策，地方自治体での取組み，民間企業における技術開発，気象キャスターのご努力等，普段では知ることのできないさまざまな分野を網羅し，かつ最新の情報の詰まった書籍が出来上がった。監修という立場ではあるが，一人の読者として，興味深く原稿を読ませていただいたところである。執筆者の皆様にあらためて感謝を申し上げたい。

本書は水害に関する最先端の取り組みが網羅されているので，学生の方にとっては，将来取り組んでいくテーマを考える上で参考になると思うし，研究者の方々にとっては，分野間連携を図っていく上での参考になるのではないかと思う。また自治体の防災担当の方々には，本書をぜひこれからの水害対策を考える上でのヒントにしていただきたい。あるいは民間企業の方々には，新たなビジネスを考える上での参考になるかも知れない。

最後に本書の企画，編集に携わっていただいたエヌ・ティー・エスの宮木常寛氏と伊藤帝士氏に感謝申し上げます。

2016年12月30日
三隅良平・中谷剛

索　引

英数・記号

あ行

か行

さ行

た行

な行

は行

ま行

や行

ら行

豪雨のメカニズムと水害対策

降水の観測・予測から浸水対策、自然災害に強いまちづくりまで

発行日	2017年2月13日　初版第一刷発行
監修者	中谷　剛　　三隅　良平
発行者	吉田　隆
発行所	株式会社エヌ・ティー・エス 〒102-0091 東京都千代田区北の丸公園2-1　科学技術館2階 TEL.03-5224-5430　http://www.nts-book.co.jp
印刷・製本	新日本印刷株式会社

ISBN978-4-86043-459-5